高等学校计算机基础教育规划教材

网络技术基础与计算思维实验教程——基于华为eNSP

沈鑫剡 俞海英 许继恒 李兴德 邵发明 编著

清华大学出版社
北京

内容简介

本书是与《网络技术基础与计算思维》(主教材)配套的实验教材,以华为 eNSP 软件为实验平台,针对主教材内容设计了大量帮助读者理解、掌握主教材内容的实验,这些实验同时也为读者运用华为网络设备设计各种规模的网络提供了思路和方法。

本书适合作为计算机网络课程的实验指南,也可供使用华为网络设备进行网络设计的工程技术人员参考。

图书在版编目(CIP)数据

网络技术基础与计算思维实验教程:基于华为 eNSP/沈鑫剡等编著. —北京:清华大学出版社,2020.2 (2023.9重印)

高等学校计算机基础教育规划教材

ISBN 978-7-302-54735-8

Ⅰ.①网… Ⅱ.①沈… Ⅲ.①计算机网络-实验-高等学校-教材 Ⅳ.①TP393-33

中国版本图书馆 CIP 数据核字(2020)第 008458 号

责任编辑:袁勤勇　战晓雷
封面设计:常雪影
责任校对:白　蕾
责任印制:杨　艳

出版发行:清华大学出版社
网　　址:http://www.tup.com.cn,http://www.wqbook.com
地　　址:北京清华大学学研大厦 A 座　　**邮　　编**:100084
社 总 机:010-83470000　　**邮　　购**:010-62786544
投稿与读者服务:010-62776969,c-service@tup.tsinghua.edu.cn
质量反馈:010-62772015,zhiliang@tup.tsinghua.edu.cn
课件下载:http://www.tup.com.cn,010-83470236

印 装 者:三河市科茂嘉荣印务有限公司
经　　销:全国新华书店
开　　本:185mm×260mm　　**印　　张**:25　　**字　　数**:578 千字
版　　次:2020 年 4 月第 1 版　　**印　　次**:2023 年 9 月第 4 次印刷
定　　价:59.00 元

产品编号:084404-01

前言

本书是与《网络技术基础与计算思维》(主教材)配套的实验教材，以华为 eNSP 软件为实验平台，针对主教材内容设计了大量帮助读者理解、掌握主教材内容的实验。这些实验由两部分组成：一部分实验是主教材中的案例和实例的具体实现，用于验证主教材内容，帮助学生更好地理解、掌握主教材内容；另一部分实验是实际问题的解决方案，给出使用华为网络设备设计具体网络的方法和步骤。

华为 eNSP 软件实验平台的人机界面非常接近实际华为网络设备的配置过程，除了连接线缆等物理动作外，学生通过华为 eNSP 软件实验平台完成实验的过程与通过实际华为网络设备完成实验的过程几乎没有差别。通过华为 eNSP 软件实验平台，学生可以完成复杂网络系统的设计、配置和验证过程。更为难得的是，通过与 Wireshark 结合，华为 eNSP 软件实验平台可以基于具体网络环境分析各种协议运行过程中网络设备之间交换的报文类型和报文格式。

主教材《网络技术基础与计算思维》和本实验教程相得益彰，主教材为学生提供了网络设计原理和技术，本实验教程提供了在华为 eNSP 软件实验平台上运用主教材提供的理论和技术设计、配置和调试各种规模的网络的步骤和方法，学生用主教材提供的网络设计原理和技术指导实验，反过来又通过实验来加深理解网络设计原理和技术，使课堂教学和实验形成良性互动，真正实现使学生掌握网络基本概念、原理和技术，具有设计、配置和运用网络的能力，了解华为网络设备，能够使用华为网络设备设计、配置和调试各种规模的网络的教学目标。

本实验教程适合作为计算机网络课程的实验指南，也可供使用华为网络设备进行网络设计的工程技术人员参考。以《网络技术基础与计算思维》为教材的 MOOC 课程“网络技术与应用”被评为国家精品在线开放课程，已经在学堂在线和中国大学 MOOC 上线。

限于作者的水平，书中不足之处在所难免，殷切希望使用本书的老师和学生批评指正，也殷切希望读者能够就本实验教程内容和叙述方式提出宝贵建议和意见，以便作者进一步完善本实验教程内容。

作者

2020 年 1 月

目录

第1章

实 验 基 础

国内外大型网络设备公司纷纷发布软件实验平台，Cisco 公司发布了 Packet Tracer，华为公司发布了 eNSP（Enterprise Network Simulation Platform，企业网络仿真平台）。华为 eNSP 是一个非常理想的软件实验平台，可以完成各种规模的校园网和企业网的设计、配置和调试过程。与 Wireshark 结合，可以基于具体网络环境分析各种协议运行过程中网络设备之间交换的报文类型和报文格式。华为 eNSP 提供了和实际实验环境几乎一样的仿真环境。

1.1 华为 eNSP 使用说明

1.1.1 功能介绍

华为 eNSP 是华为公司为网络初学者提供的一个学习软件，初学者通过华为 eNSP 可以用华为公司的网络设备设计、配置和调试各种类型和规模的网络，与 Wireshark 结合，可以在任何网络设备接口捕获经过该接口输入输出的报文。作为辅助教学工具和软件实验平台，华为 eNSP 可以在课程教学过程中完成以下功能。

1. 完成网络设计、配置和调试过程

根据网络设计要求选择华为公司的网络设备，如路由器、交换机等，用合适的传输媒体将这些网络设备互连在一起，进入设备命令行接口（Command-Line Interface，CLI）界面对网络设备逐一进行配置，通过启动分组端到端传输过程检验网络中任意两个终端之间的连通性。如果发现问题，通过检查网络拓扑结构、互连网络设备的传输媒体、设备配置信息、设备建立的控制信息（如交换机转发表、路由器路由表）等确定问题的起因，并加以解决。

2. 模拟协议操作过程

网络中分组端到端传输过程是各种协议、各种网络技术相互作用的结果，因此，只有了解网络环境下各种协议的工作流程、各种网络技术的工作机制及它们之间的相互作用

过程，才能掌握完整、系统的网络知识。对于初学者，掌握各种协议实现过程中网络设备之间相互传输的报文类型、报文格式、报文处理流程，对理解网络工作原理至关重要。华为 eNSP 与 Wireshark 结合，给出了网络设备之间各种协议实现过程中每一个步骤涉及的报文类型和报文格式，可以让初学者观察、分析协议执行过程中的每一个细节。

3. 验证教材内容

主教材《网络技术基础与计算思维》的主要特色是：在讲述每一种协议或技术前，先构建一个运用该协议或技术的网络环境，并在该网络环境下详细讨论该协议或技术的工作机制，而且，主教材所提供的网络环境和人们在实际应用中所遇到的网络十分相似，较好地解决了教学内容和实际应用的衔接问题。因此，可以在教学过程中，用华为 eNSP 完成主教材中每一个网络环境的设计、配置和调试过程，并与 Wireshark 结合，基于具体网络环境分析各种协议运行过程中网络设备之间交换的报文类型和报文格式，以此验证主教材内容，并通过验证过程进一步加深学生对主教材内容的理解，真正做到弄懂弄透。

1.1.2 用户界面

启动华为 eNSP 后，出现如图 1.1 所示的初始界面。单击"新建拓扑"按钮，弹出如图 1.2 所示的用户界面。用户界面包括主菜单、工具栏、网络设备区、工作区、设备接口区等。

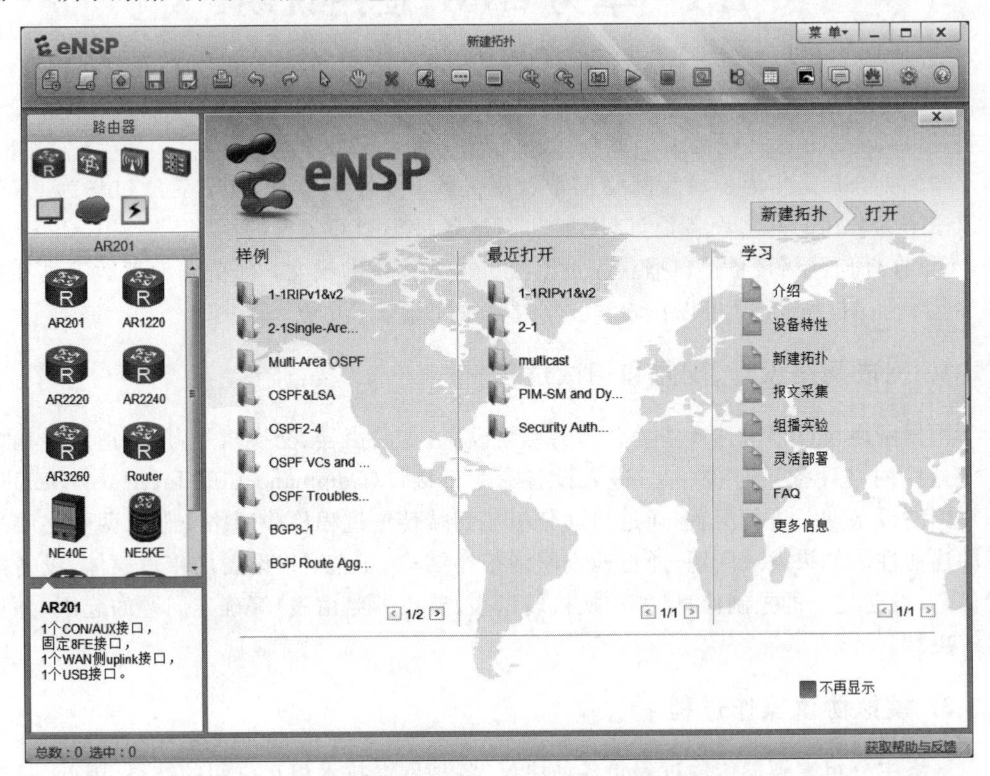

图 1.1 华为 eNSP 启动后的初始界面

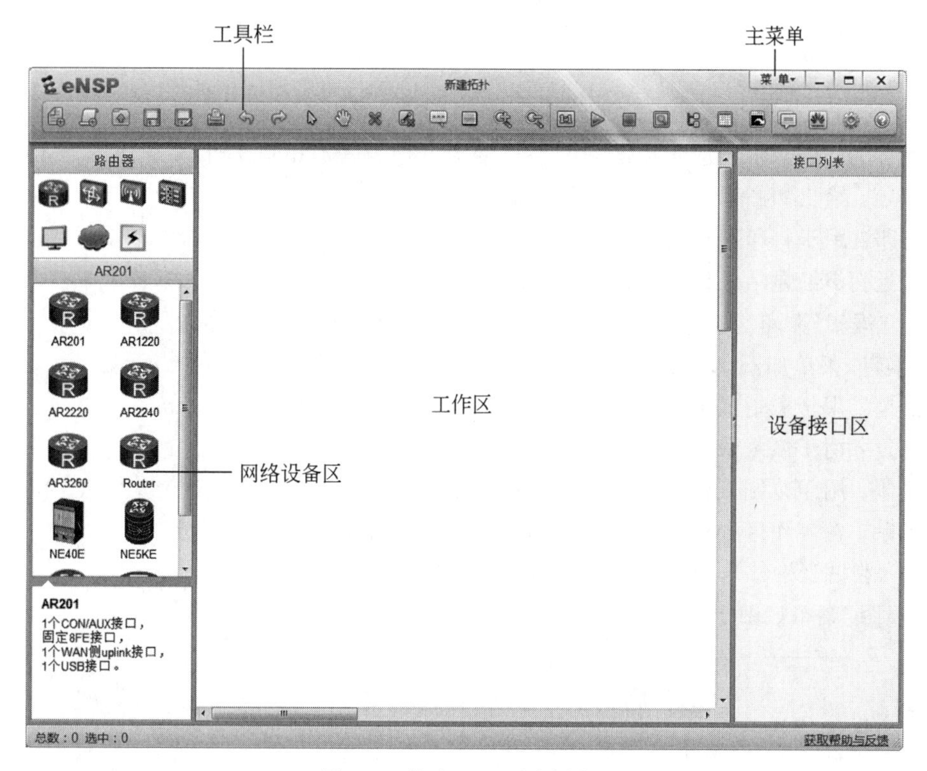

图 1.2　华为 eNSP 用户界面

1. 主菜单

主菜单如图 1.3 所示，给出该软件提供的 6 个菜单，分别是文件、编辑、视图、工具、考试和帮助。

1)“文件”菜单

“文件”菜单如图 1.4 所示。

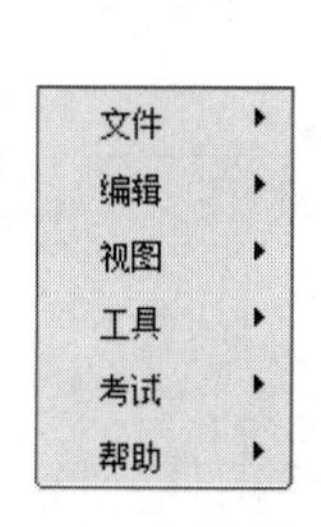

图 1.3　主菜单

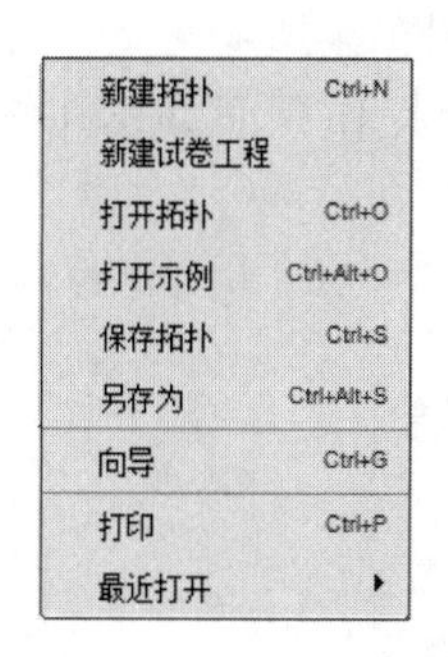

图 1.4　“文件”菜单

新建拓扑：用于新建一个网络拓扑结构。

新建试卷工程：用于新建一份考试用的试卷。

打开拓扑：用于打开保存的一个拓扑文件。拓扑文件后缀是 topo。

打开示例：用于打开华为 eNSP 自带的作为示例的拓扑文件，例如图 1.1 中所示的“样例”。

保存拓扑：用于保存当前工作区中的拓扑结构。

另存为：用于将当前工作区中的拓扑结构另存为其他拓扑文件。

向导：给出如图 1.1 所示的初始界面。

打印：用于打印工作区中的拓扑结构。

最近打开：显示最近打开的拓扑文件名。

2)“编辑”菜单

“编辑”菜单如图 1.5 所示。

撤销：用于撤销最近完成的操作。

恢复：用于恢复最近撤销的操作。

复制：用于复制工作区中拓扑结构的任意部分。

粘贴：在工作区中粘贴最近复制的工作区中拓扑结构的任意部分。

3)“视图”菜单

“视图”菜单如图 1.6 所示。

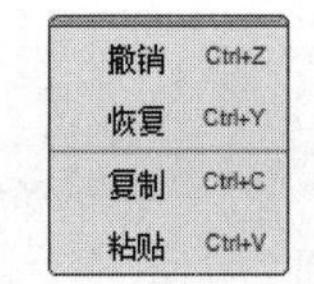

图 1.5 “编辑”菜单

图 1.6 “视图”菜单

缩放：放大、缩小工作区中的拓扑结构。也可将工作区中的拓扑结构复原到初始大小。

工具栏：勾选“右工具栏”选项，显示设备接口区；勾选“左工具栏”选项，显示网络设备区。

4)“工具”菜单

“工具”菜单如图 1.7 所示。

调色板：调色板操作界面如图 1.8 所示，用于设置图形的边框类型、边框粗细和填充色。

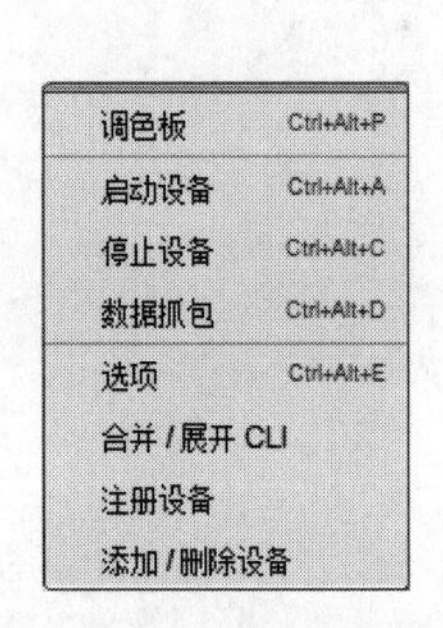

图 1.7 “工具”菜单

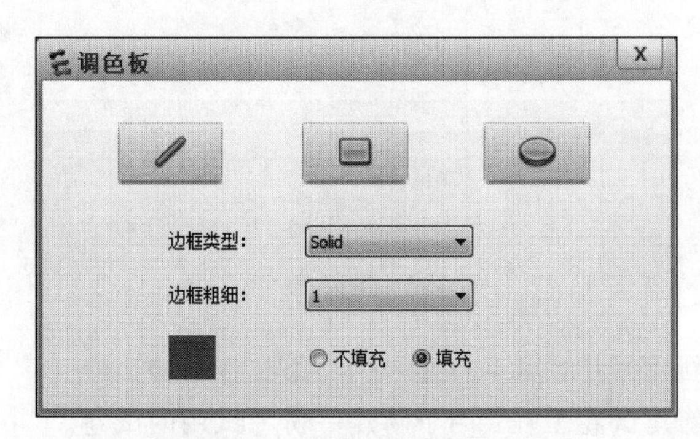

图 1.8 调色板操作界面

启动设备：启动选择的设备。只有完成设备启动过程后，才能对该设备进行配置。

停止设备：停止选择的设备。

数据抓包：启动采集数据报文过程。

选项：打开“选项”对话框，如图 1.9 所示，用于对华为 eNSP 的各种选项进行配置。

图 1.9 “选项”对话框

合并/展开 CLI：合并 CLI 可以将多个网络设备的 CLI 窗口合并为一个 CLI 窗口。图 1.10 就是合并 4 个网络设备的 CLI 窗口后生成的合并 CLI 窗口。展开 CLI 可以分别为每一个网络设备生成一个 CLI 窗口。图 1.11 是展开后的 AR1 设备的 CLI 窗口。

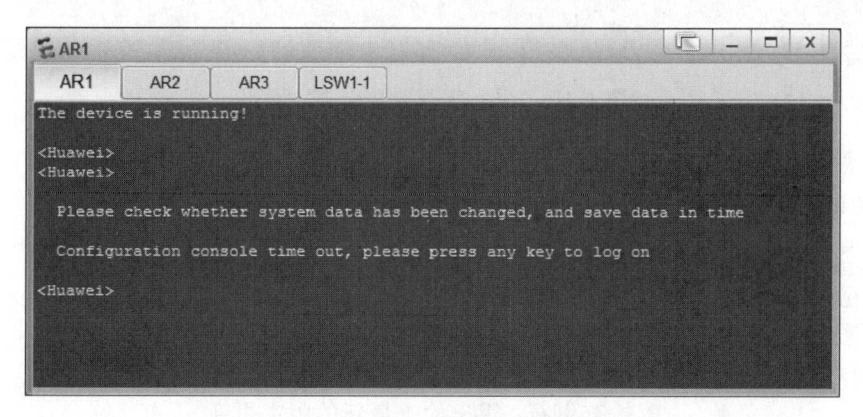

图 1.10 合并后的 4 个网络设备的 CLI 窗口

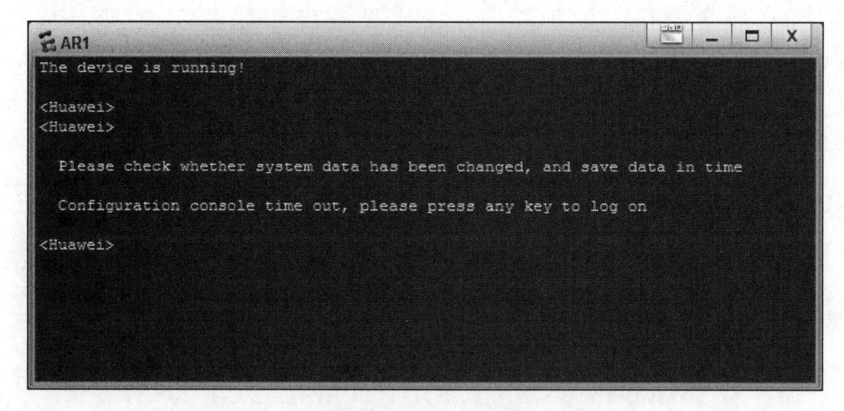

图 1.11　展开后的 AR1 设备的 CLI 窗口

注册设备：用于注册 AR、AC、AP 等设备。

添加/删除设备：用于添加或者删除一个产品型号。添加或删除产品型号界面如图 1.12 所示。

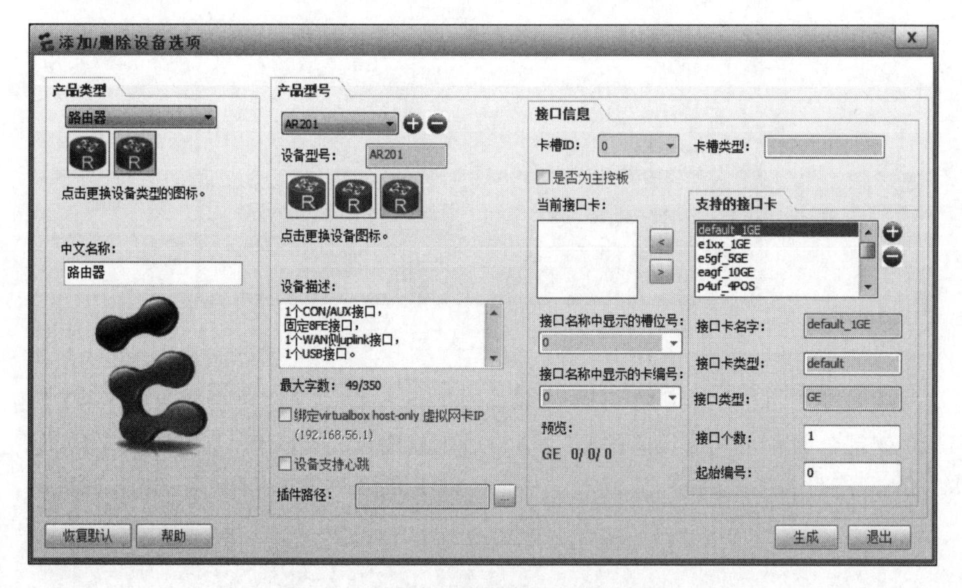

图 1.12　“添加/删除设备选项”对话框

5）“考试”菜单

“考试”菜单中的考试工具用于对学生生成的试卷进行阅卷。

图 1.13　“帮助”菜单

6）“帮助”菜单

“帮助”菜单如图 1.13 所示。

目录：给出华为 eNSP 的简要使用手册，如图 1.14 所示。所有初学者务必仔细阅读帮助目录中的内容。

检查更新：用于检查最新的版本更新。

关于 eNSP：显示 eNSP 的版本、开发时间等信息。

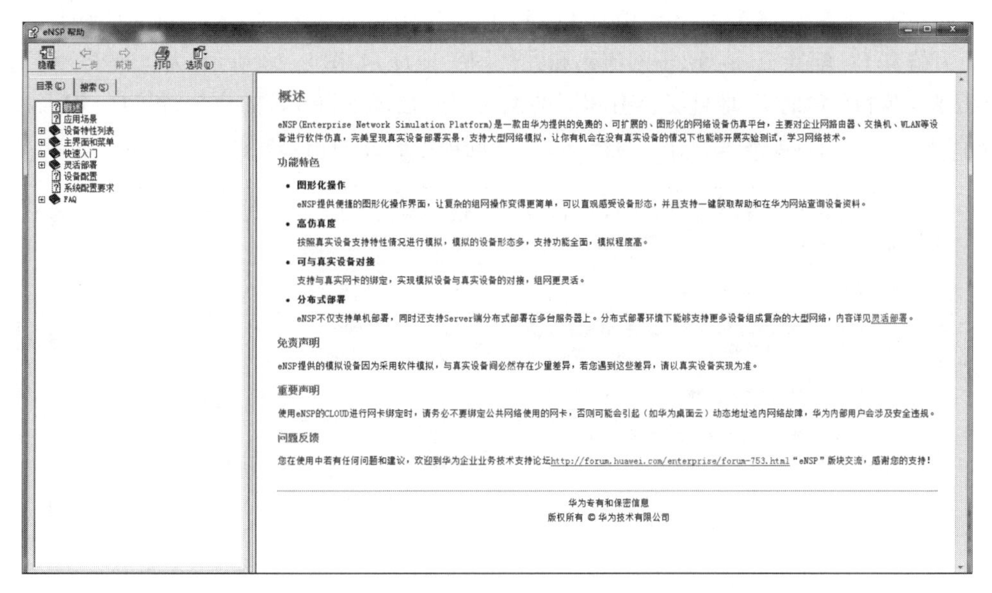

图 1.14　帮助目录

2. 工具栏

工具栏给出华为 eNSP 常用命令的快捷操作按钮，这些命令通常包含在各个菜单中。

3. 网络设备区

网络设备区从上到下分为 3 部分。

第一部分是设备类型选择框，用于选择网络设备的类型。设备类型选择框中给出的网络设备类型有路由器、交换机、无线局域网设备、防火墙、终端、其他设备、设备连线等。

第二部分是设备选择框。一旦在设备类型选择框中选定设备类型，设备选择框中就会列出华为 eNSP 支持的属于该类型的所有设备型号。如果在设备类型选择框中选中路由器，设备选择框中就会列出华为 eNSP 支持的各种型号的路由器。

第三部分是设备描述框，一旦在设备选择框中选中某种型号的网络设备，设备描述框中将列出该设备的基本配置。

下面特别介绍网络设备区中列出的两类网络设备。

1）云设备

云设备是一种可以将任意类型的设备连接在一起，实现通信过程的虚拟装置，其最大的用处是可以将实际的 PC 接入仿真环境中。假定需要将一台实际的 PC 接入工作区中的拓扑结构（仿真环境），与仿真环境中的 PC 实现相互通信过程。在设备类型选择框中选中“其他设备”，在设备选择框中选中“云设备（cloud）”，将其拖放到工作区中，双击该云设备，弹出如图 1.15 所示的云设备配置界面。“绑定信息”选择“无线网络连接-IP：192.168.1.100”，这是一台实际的笔记本计算机的无线网络端口。将该无线网络端口添加到云设备的端口列表中，再添加一个用于连接仿真 PC 的以太网端口，建立这两个端口之间的双向通道，如图 1.16 所示。将仿真 PC(PC1)连接到工作区中的云设备上，如图 1.17 所示。为仿真 PC 配置 IP 地址、子网掩码和默认网关地址，如图 1.18 所示，为仿真 PC 配置的 IP 地址与实际 PC 的 IP 地址必须有相同的网络号。启动实际 PC 的命令行接口，输入命令 ping 192.168.1.37，发现实际 PC 与仿真 PC 之间能够相互通信，如图 1.19 所示。

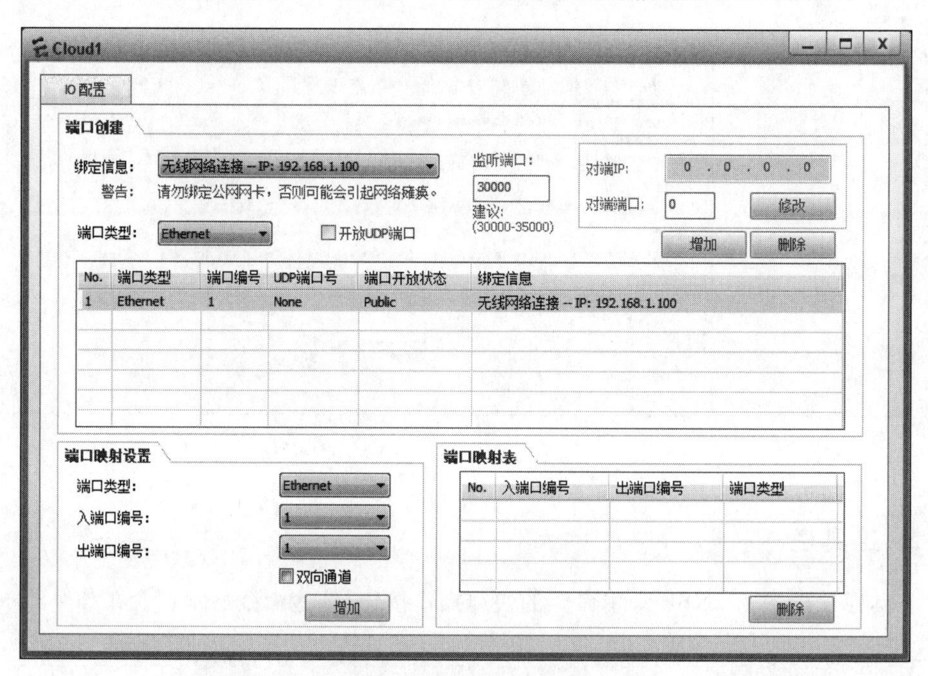

图 1.15　云设备配置界面

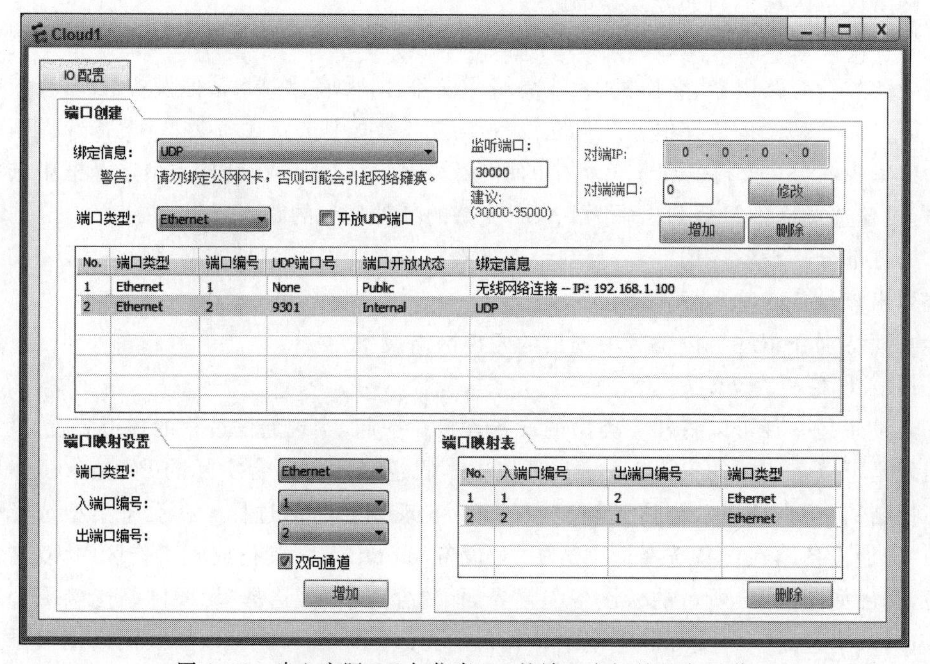

图 1.16　建立实际 PC 与仿真 PC 的端口之间的双向通道

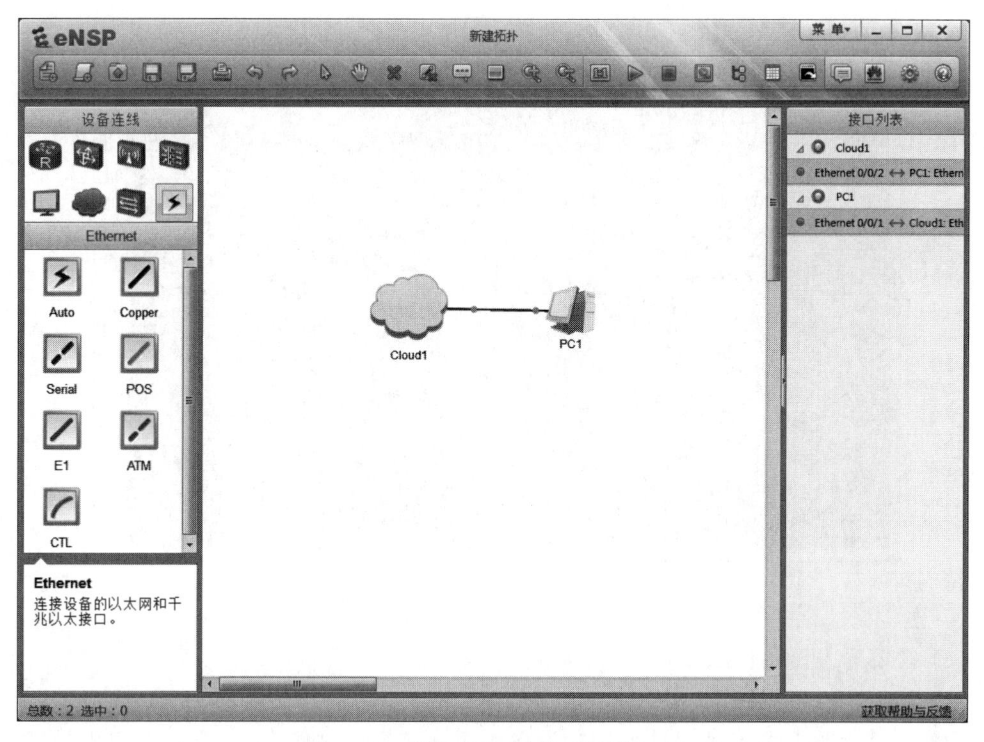

图 1.17　将仿真 PC 连接到云设备上

图 1.18　为仿真 PC 配置 IP 地址、子网掩码和默认网关地址

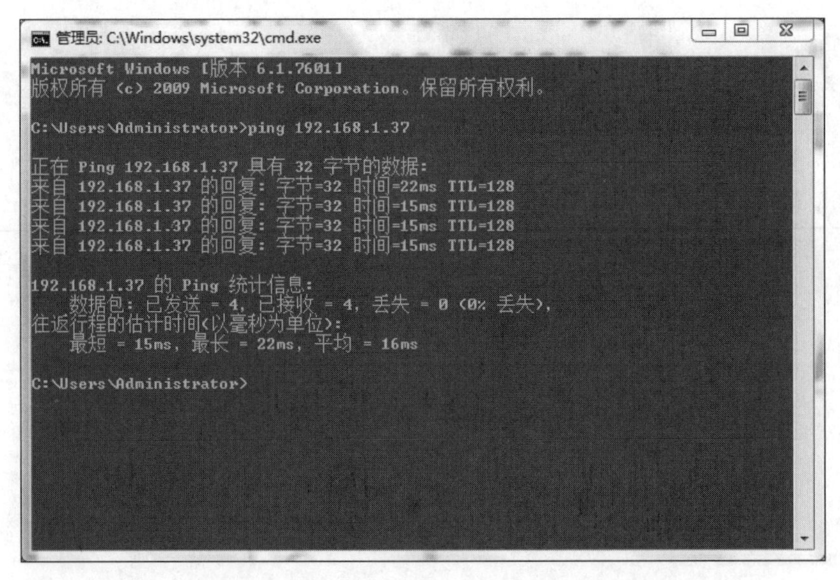

图 1.19　实际 PC 与仿真 PC 之间的通信过程

2）需要导入设备包的设备

防火墙设备、CE 系列设备(CE6800 和 CE12800)、N 系列路由器(NE40E 和 NE5KE 等)和 CX 系列路由器等需要单独导入设备包。一旦启动这些设备,会自动弹出“导入设备包”对话框。防火墙设备的“导入设备包”对话框如图 1.20 所示。NE40E 路由器的“导入设备包”对话框如图 1.21 所示。设备包通过解压下载的对应压缩文件获得。华为官网上与 eNSP 相关的可下载的压缩文件列表如图 1.22 所示。防火墙导入的设备包对应压缩文件 USG6000V. ZIP,CE 系列设备导入的设备包对应压缩文件 CE. ZIP,NE40E 路由器导入的设备包对应压缩文件 NE40E. ZIP,NE5KE 路由器导入的设备包对应压缩文件 NE5000E. ZIP,NE9KE 路由器导入的设备包对应压缩文件 NE9000E. ZIP,CX 系列路由器导入的设备包对应压缩文件 CX. ZIP。

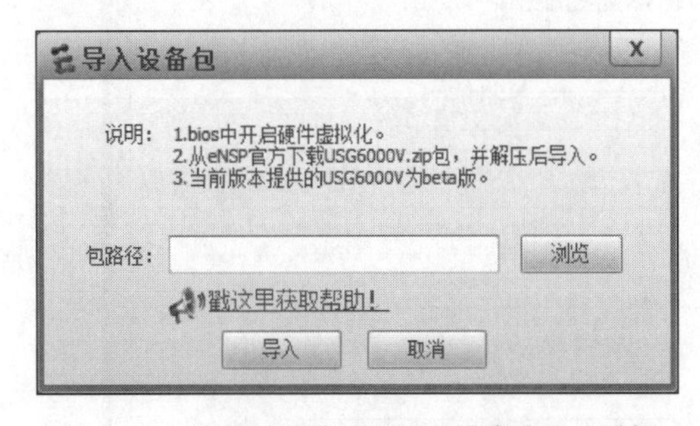

图 1.20　防火墙设备的“导入设备包”对话框

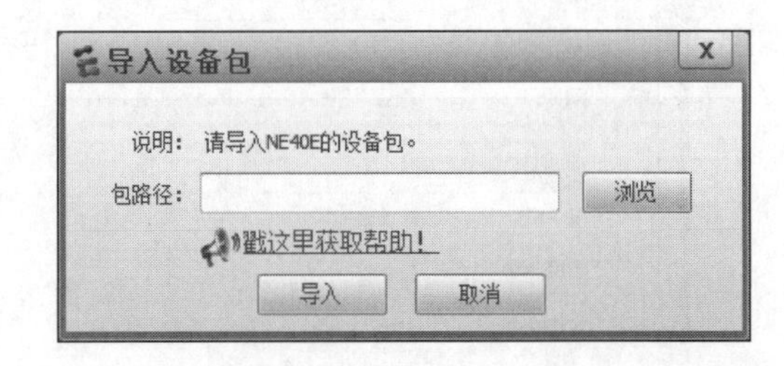

图 1.21　NE40E 系列设备的“导入设备包”对话框

4. 工作区

1）放置和连接设备

工作区用于设计网络拓扑结构、配置网络设备、检测端到端连通性等。如果需要构建

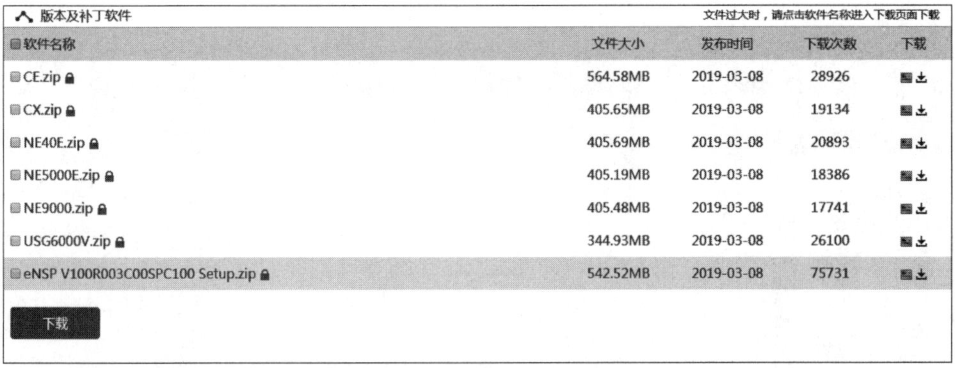

版本及补丁软件				文件过大时，请点击软件名称进入下载页面下载
软件名称	文件大小	发布时间	下载次数	下载
CE.zip	564.58MB	2019-03-08	28926	
CX.zip	405.65MB	2019-03-08	19134	
NE40E.zip	405.69MB	2019-03-08	20893	
NE5000E.zip	405.19MB	2019-03-08	18386	
NE9000.zip	405.48MB	2019-03-08	17741	
USG6000V.zip	344.93MB	2019-03-08	26100	
eNSP V100R003C00SPC100 Setup.zip	542.52MB	2019-03-08	75731	

下载

图 1.22　可下载的压缩文件列表

一个网络拓扑结构，单击工具栏中“新建拓扑”按钮，弹出如图 1.2 所示的空白工作区。首先完成工作区设备放置过程，在设备类型选择框中选中设备类型，如路由器。在设备选择框中选中设备型号，如 AR1220。将光标移到工作区，光标变为选中的设备型号，单击即可完成一次该型号设备的放置过程，如果需要放置多个该型号设备，应单击多次。如果放置其他型号的设备，可以在设备类型选择框中选中新的设备类型，在设备选择框中选中新的设备型号。如果不再放置设备，可以单击工具栏中的“恢复鼠标”按钮。

完成设备放置后，在设备类型选择框中选中设备连线，在设备选择框中选中正确的连接线类型。对于以太网，可以选择的连接线类型有 Auto 和 Copper。Auto 自动按照编号顺序选择连接线两端的端口，因此，一旦在设备选择框中选中 Auto，将光标移到工作区，光标就会变为连接线接头形状，在需要连接的两端设备上分别单击，完成一次连接过程。Copper 类型需要人工选择连接线两端的端口。因此，一旦设备选择框中选中 Copper，在需要连接的两端设备上单击，就会弹出该设备的接口列表，在接口列表中选择需要连接的接口。在需要连接的两端设备上分别选择接口后，完成一次连接过程。图 1.23 是完成设备放置和连接后的工作区界面。

2）启动设备

通过单击工具栏中的“恢复鼠标”按钮恢复鼠标，然后，通过在工作区中拖动鼠标选择需要启动的设备范围，单击工具栏中的“开启设备”按钮，开始选中设备的启动过程，直到所有连接线两端端口状态全部变绿，启动过程才真正完成。只有在完成启动过程后，才可以开始设备的配置过程。

5. 设备接口区

设备接口区用于显示拓扑结构中的设备和每一根连接线两端的设备接口。连接线两端的接口状态有 3 种：一种是红色，表明该接口处于关闭状态；另一种是绿色，表明该接口已经成功启动；还有一种是蓝色，表明该接口正在捕获报文。图 1.23 中的设备接口区和工作区中的拓扑结构是一一对应的。

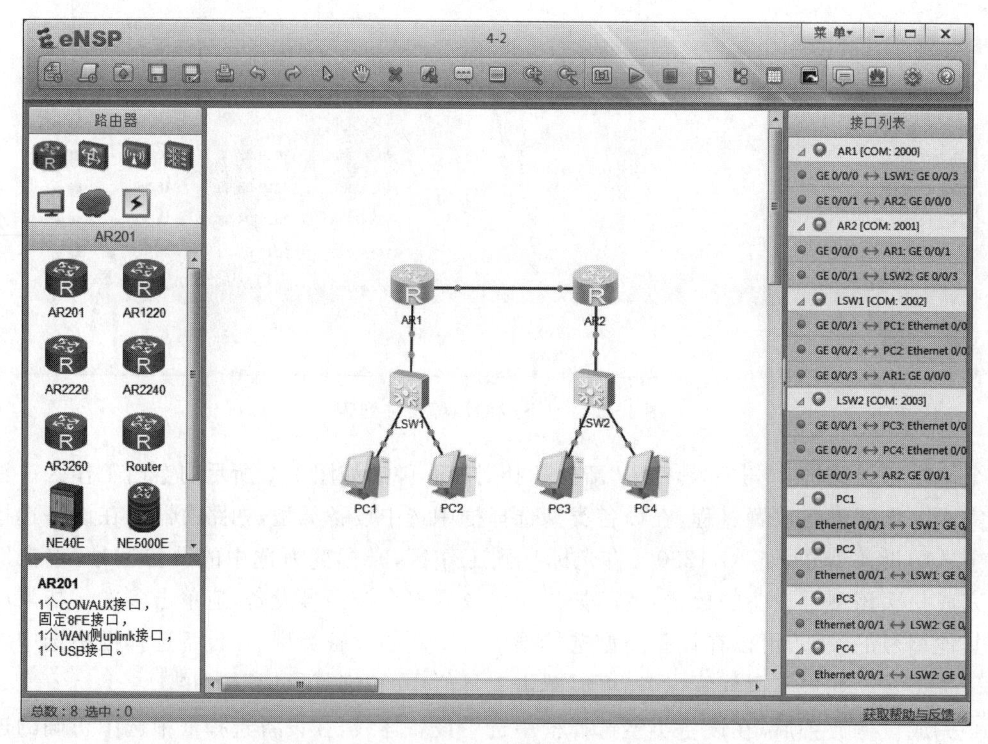

图 1.23　完成设备放置和连接后的工作区界面

1.1.3　设备模块安装过程

所有网络设备都有默认配置，如果默认配置无法满足应用要求，可以为该网络设备安装模块。为网络设备安装模块的过程如下：将某个网络设备放置到工作区，用鼠标选中并右击该网络设备，弹出如图 1.24 所示的快捷菜单，选择“设置”命令，弹出如图 1.25 所示的模块安装界面。如果没有关闭电源，则需要先关闭电源。选中需要安装的模块，如串行接口模块(2SA)，将其拖放到上面的插槽位置，如图 1.26 所示，即可完成模块安装过程。

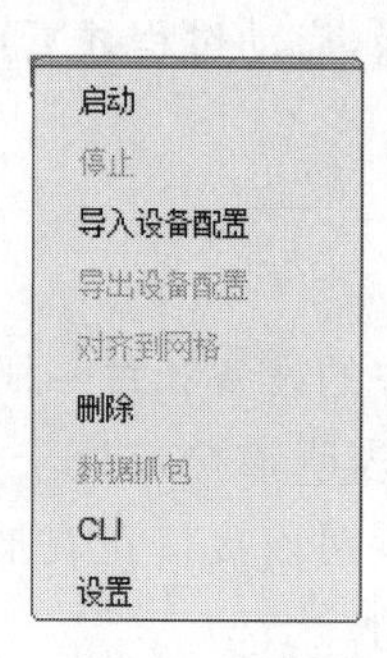

图 1.24　快捷菜单

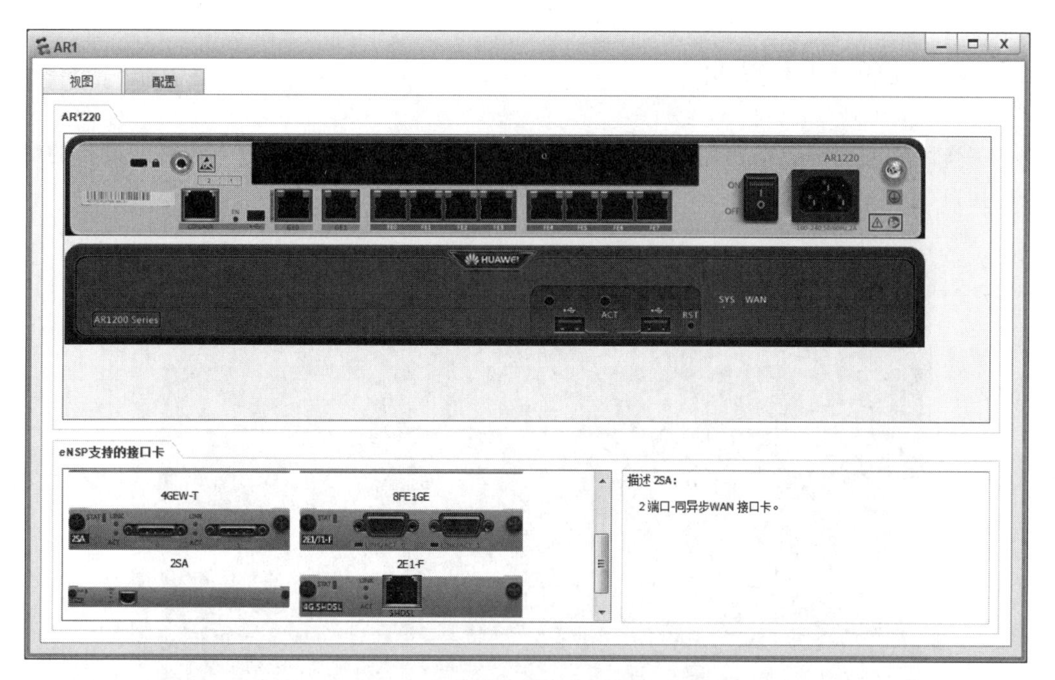

图 1.25　安装网络设备模块界面

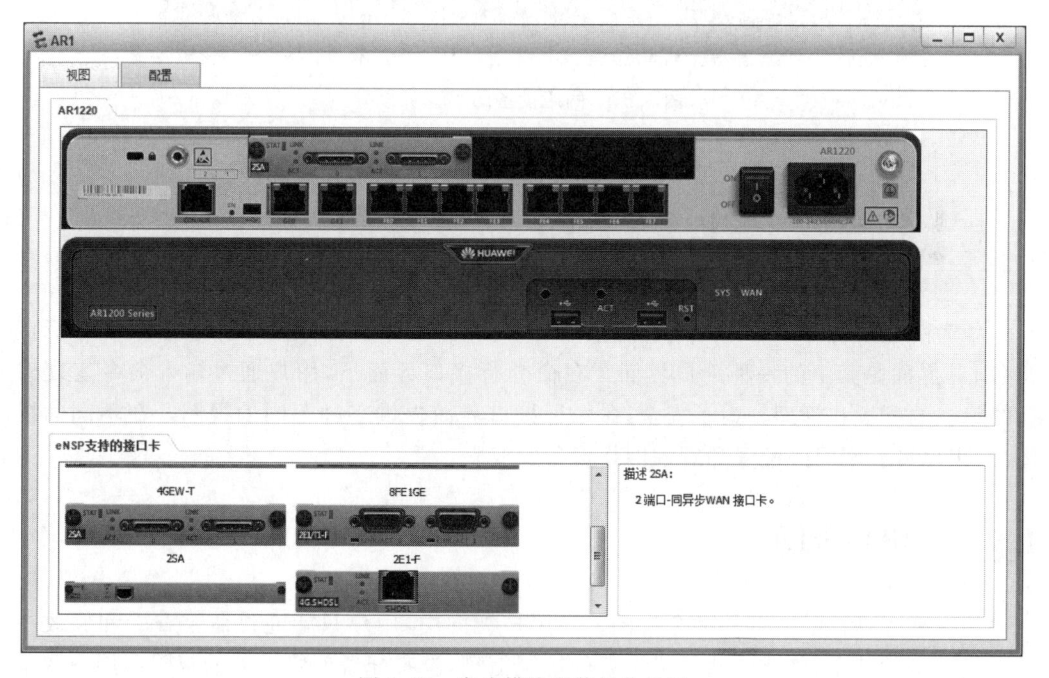

图 1.26　完成模块安装后的界面

1.1.4 设备 CLI 界面

工作区中的网络设备在完成启动过程后，可以双击该网络设备，进入该网络设备的命令行接口(CLI)界面，如图 1.27 所示。

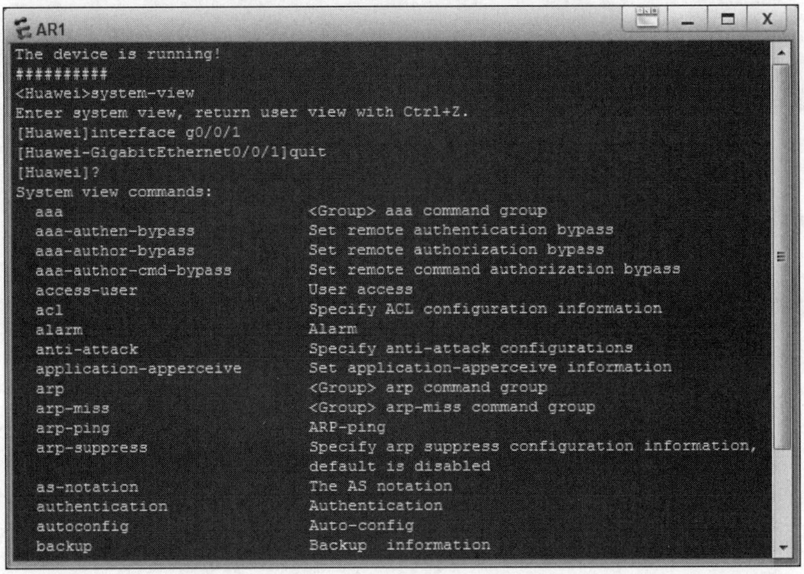

```
AR1
The device is running!
##########
<Huawei>system-view
Enter system view, return user view with Ctrl+Z.
[Huawei]interface g0/0/1
[Huawei-GigabitEthernet0/0/1]quit
[Huawei]?
System view commands:
  aaa                          <Group> aaa command group
  aaa-authen-bypass            Set remote authentication bypass
  aaa-author-bypass            Set remote authorization bypass
  aaa-author-cmd-bypass        Set remote command authorization bypass
  access-user                  User access
  acl                          Specify ACL configuration information
  alarm                        Alarm
  anti-attack                  Specify anti-attack configurations
  application-apperceive       Set application-apperceive information
  arp                          <Group> arp command group
  arp-miss                     <Group> arp-miss command group
  arp-ping                     ARP-ping
  arp-suppress                 Specify arp suppress configuration information,
                               default is disabled
  as-notation                  The AS notation
  authentication               Authentication
  autoconfig                   Auto-config
  backup                       Backup  information
```

图 1.27　网络设备的 CLI 界面

1.2 CLI 命令视图

华为网络设备可以看作专用计算机系统，同样由硬件系统和软件系统组成，命令行接口(CLI)界面是其中的一种用户界面。在命令行接口界面下，用户通过输入命令实现对网络设备的配置和管理。为了安全，命令行接口界面提供多种不同的视图。在不同的视图中，用户具有不同的配置和管理网络设备的权限。

1.2.1 用户视图

用户视图是权限最低的命令视图。在用户视图中，用户只能通过命令查看和修改一些网络设备的状态，修改一些网络设备的控制信息，没有配置网络设备的权限。用户登录网络设备后，立即进入用户视图。图 1.28 是用户视图中可以输入的部分命令列表。用户视图的命令提示符如下：

```
<Huawei>
```

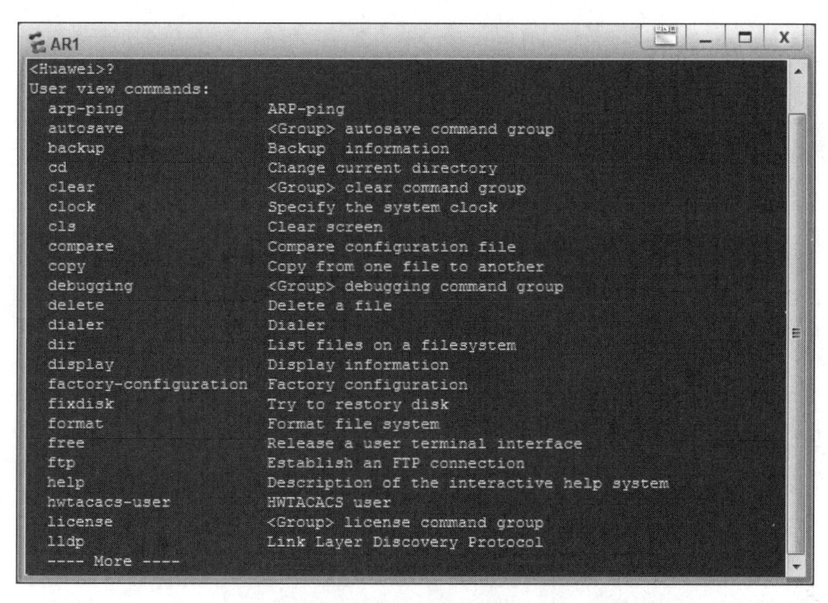

图 1.28 用户视图命令提示符和部分命令列表

Huawei 是默认的设备名。在系统视图中可以通过命令 sysname 修改默认的设备名。例如在系统视图中（系统视图的命令提示符为[Huawei]）输入命令 sysname routerabc 后，用户视图的命令提示符变为

```
<routerabc>
```

在用户视图命令提示符后，用户可以输入图 1.28 列出的命令，命令格式和参数在以后的具体网络实验中会讨论。

1.2.2 系统视图

通过在用户视图命令提示符后输入命令 system-view，进入系统视图。图 1.29 是系统视图中可以输入的部分命令列表。系统视图的命令提示符如下：

```
[Huawei]
```

在系统视图中，用户可以查看、修改网络设备的状态和控制信息，如 MAC Table（交换机转发表）等，完成对整个网络设备有效的配置。如果需要完成对网络设备部分功能块的配置，如路由器某个接口的配置，需要从系统视图进入这些功能块的视图模式。从系统视图进入路由器接口 GigabitEthernet0/0/0 的接口视图需要输入的命令如下：

```
[Huawei]interface GigabitEthernet0/0/0
```

路由器接口视图的命令提示符如下：

```
[Huawei-GigabitEthernet0/0/0]
```

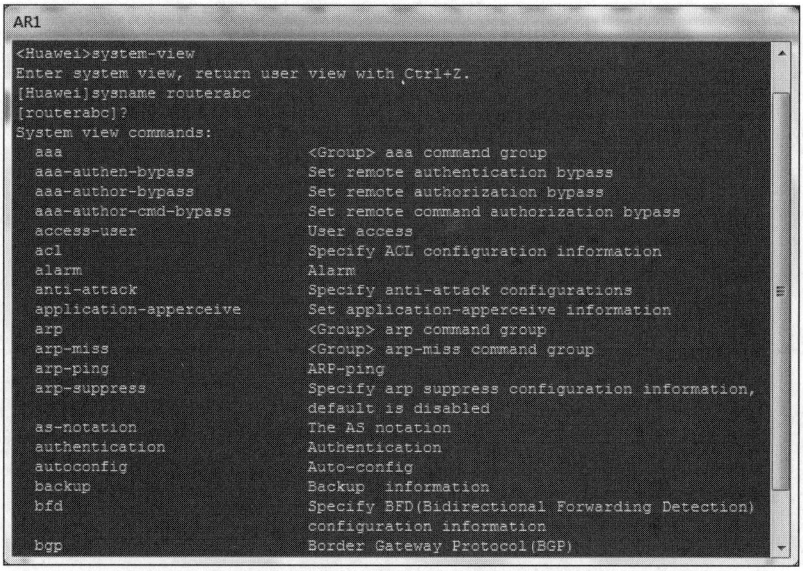

```
AR1
<Huawei>system-view
Enter system view, return user view with Ctrl+Z.
[Huawei]sysname routerabc
[routerabc]?
System view commands:
  aaa                         <Group> aaa command group
  aaa-authen-bypass           Set remote authentication bypass
  aaa-author-bypass           Set remote authorization bypass
  aaa-author-cmd-bypass       Set remote command authorization bypass
  access-user                 User access
  acl                         Specify ACL configuration information
  alarm                       Alarm
  anti-attack                 Specify anti-attack configurations
  application-apperceive      Set application-apperceive information
  arp                         <Group> arp command group
  arp-miss                    <Group> arp-miss command group
  arp-ping                    ARP-ping
  arp-suppress                Specify arp suppress configuration information,
                              default is disabled
  as-notation                 The AS notation
  authentication              Authentication
  autoconfig                  Auto-config
  backup                      Backup  information
  bfd                         Specify BFD(Bidirectional Forwarding Detection)
                              configuration information
  bgp                         Border Gateway Protocol(BGP)
```

图 1.29　系统视图命令提示符和部分命令列表

1.2.3　CLI 帮助工具

1. 查找工具

如果忘记某个命令或命令中的某个参数，可以通过输入？完成查找过程。在某个视图命令提示符后输入?，界面将显示该视图中允许输入的命令列表。如果单页显示不完，会分页显示。

在某个命令中需要输入某个参数的位置输入?，界面将列出该参数的所有选项。命令 interface 用于进入接口视图，如果不知道如何输入选择接口的参数，在需要输入选择接口的参数的位置输入?，界面将列出该参数的所有选项，如图 1.30 所示。

2. 命令和参数允许输入部分字符

无论是命令还是参数，CLI 都不要求输入完整的单词，只需要输入能够唯一确定某个命令或参数选项的部分字符。例如在路由器系统视图下进入接口 GigabitEthernet0/0/0 对应的接口视图的完整命令如下：

```
[routerabc]interface GigabitEthernet0/0/0
```

但无论是命令 interface 还是选择接口类型的参数 GigabitEthernet，都不需要输入完整的单词，只需要输入单词中的部分字符，如下所示：

```
[routerabc]int g0/0/0
```

由于系统视图下的命令列表中只有一个前 3 个字符是 int 的命令，因此，输入 int 已

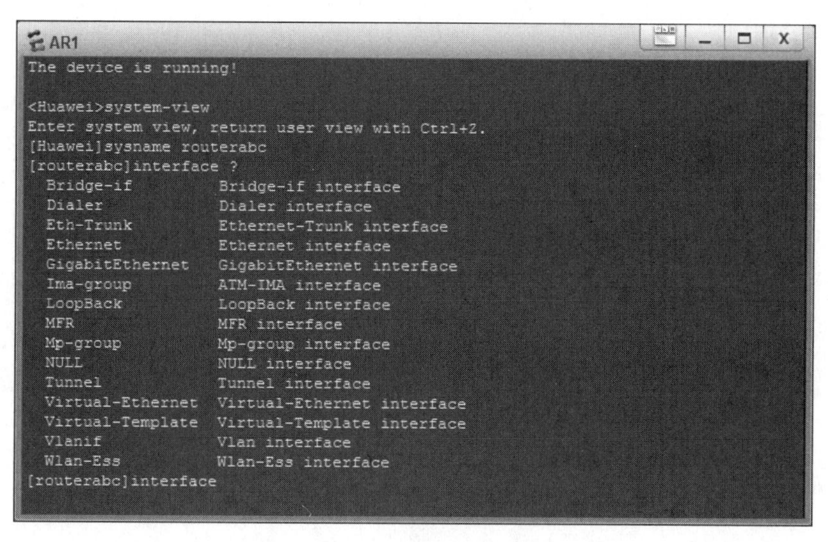

图 1.30 列出参数的所有选项

经能够唯一确定命令 interface。同样,接口类型的所有选项中只有一个以字符 g 开头的选项,因此,输入 g 已经能够唯一确定 GigabitEthernet 选项。

3. 历史命令缓存

通过↑键可以查找以前使用的命令,通过←和→键可以将光标移动到命令中需要修改的位置。如果某个命令需要输入多次,每次输入时,只有个别参数可能不同,无须每一次都重新输入命令及参数,可以通过↑键显示上一次输入的命令,通过←键移动光标到需要修改的位置,对命令中需要修改的部分进行修改即可。

4. Tab 键功能

输入不完整的关键词后,按下 Tab 键,系统自动补全关键词的余下部分。如图 1.31 所示,输入部分关键词 dis 后,按下 Tab 键,系统自动给出完整的关键词 display。紧接着 display 输入 ip rou 后,按下 Tab 键,系统自动给出完整的关键词 routing-table,这样就可以快速完成完整命令 display ip routing-table 的输入过程。

1.2.4 取消命令过程

在 CLI 界面下,如果执行的命令有错,需要取消该命令的执行结果,可在与原命令相同的命令提示符下输入命令:

```
undo 需要取消的命令
```

例如,以下是创建编号为 3 的 VLAN 的命令:

```
[Huawei]vlan 3
[Huawei-vlan3]
```

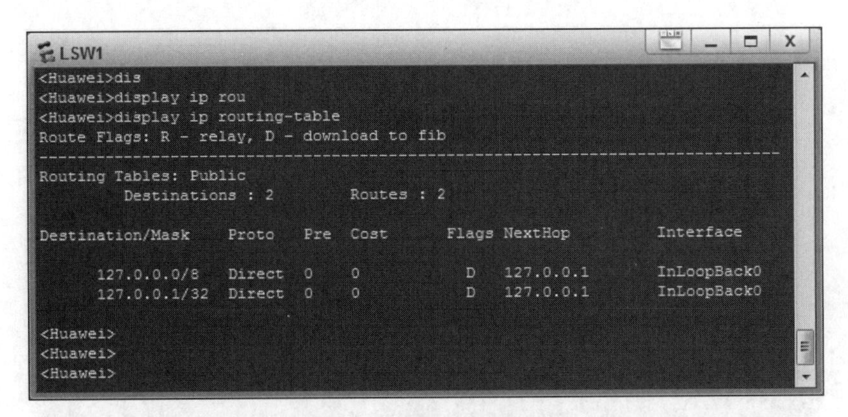

图 1.31 Tab 键的功能

以下是删除已经创建的编号为 3 的 VLAN 的命令：

```
[Huawei]undo vlan 3
```

以下是用于关闭路由器接口 GigabitEthernet0/0/0 的命令序列：

```
[routerabc]interface GigabitEthernet0/0/0
[routerabc-GigabitEthernet0/0/0]shutdown
```

以下是用于开启路由器接口 GigabitEthernet0/0/0 的命令序列：

```
[routerabc]interface GigabitEthernet0/0/0
[routerabc-GigabitEthernet0/0/0]undo shutdown
```

以下是用于为路由器接口 GigabitEthernet0/0/0 配置 IP 地址 192.1.1.254 和子网掩码 255.255.255.0 的命令序列：

```
[routerabc]interface GigabitEthernet0/0/0
[routerabc-GigabitEthernet0/0/0]ip address 192.1.1.254 24
```

以下是取消为路由器接口 GigabitEthernet0/0/0 配置的 IP 地址和子网掩码的命令序列：

```
[routerabc]interface GigabitEthernet0/0/0
[routerabc-GigabitEthernet0/0/0]undo ip address 192.1.1.254 24
```

1.2.5 保存拓扑结构

华为 eNSP 完成设备放置、连接、配置和调试过程后，在保存拓扑结构之前，需要先保存每一个设备的当前配置信息。交换机保存配置信息界面如图 1.32 所示，路由器保存配置信息界面如图 1.33 所示。在用户视图下通过输入命令 save 开始保存配置信息的过程，根据提示输入配置文件名，配置文件后缀是 cfg。

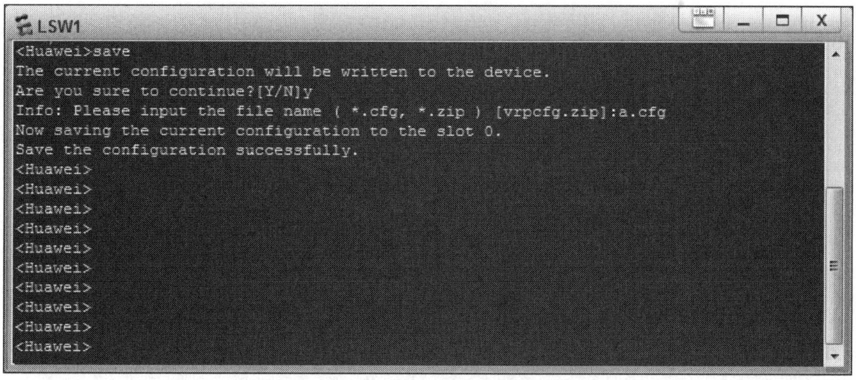

```
LSW1
<Huawei>save
The current configuration will be written to the device.
Are you sure to continue?[Y/N]y
Info: Please input the file name ( *.cfg, *.zip ) [vrpcfg.zip]:a.cfg
Now saving the current configuration to the slot 0.
Save the configuration successfully.
<Huawei>
<Huawei>
<Huawei>
<Huawei>
<Huawei>
<Huawei>
<Huawei>
<Huawei>
<Huawei>
<Huawei>
```

图 1.32　交换机保存配置信息界面

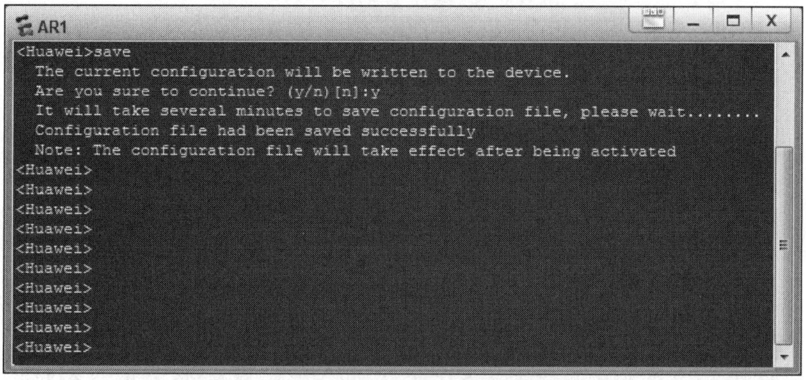

```
AR1
<Huawei>save
  The current configuration will be written to the device.
  Are you sure to continue? (y/n)[n]:y
  It will take several minutes to save configuration file, please wait........
  Configuration file had been saved successfully
  Note: The configuration file will take effect after being activated
<Huawei>
<Huawei>
<Huawei>
<Huawei>
<Huawei>
<Huawei>
<Huawei>
<Huawei>
<Huawei>
<Huawei>
```

图 1.33　路由器保存配置信息界面

1.3　报文捕获过程

华为 eNSP 与 Wireshark 结合，可以捕获网络设备运行过程中交换的各种类型的报文，显示报文中各个字段的值。

1.3.1　启动 Wireshark

如果已经在工作区完成设备放置和连接过程，且已经完成设备启动过程，就可以通过单击工具栏中"数据抓包"按钮启动数据抓包过程。针对如图 1.23 所示的工作区中的拓扑结构，启动数据抓包过程后，弹出如图 1.34 所示的选择设备和接口的界面。在"选择设备"列表框中选定需要抓包的设备，在"选择接口"列表框中选定需要抓包的接口，单击"开始抓包"按钮，启动 Wireshark。由 Wireshark 完成指定接口的报文捕获过程。可以同时在多个接口上启动 Wireshark。

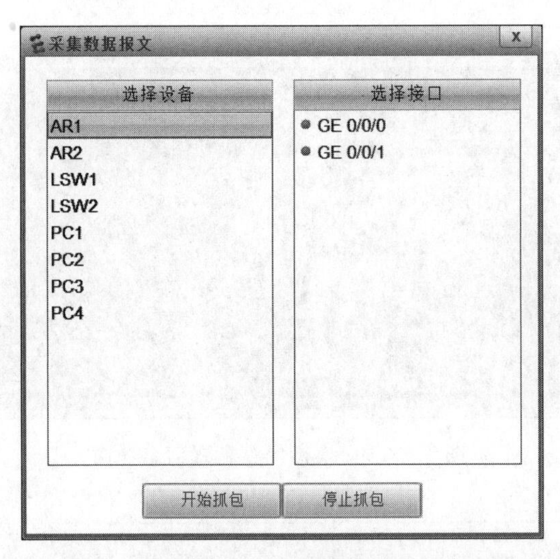

图 1.34　抓包过程中选择设备和接口的界面

1.3.2　配置显示过滤器

默认状态下，Wireshark 显示指定接口的全部报文。但在网络调试过程中，或者在观察某个协议运行过程中设备之间交换的报文类型和报文格式时，需要有选择地显示捕获的报文。显示过滤器用于设定显示报文的条件。

可以直接在 Filter(显示过滤器)文本框中输入用于设定显示报文条件的条件表达式，如图 1.35 所示。条件表达式可以由逻辑操作符连接的关系表达式组成。常见的关系操作符如表 1.1 所示。常见的逻辑操作符如表 1.2 所示。常见的关系表达式如表 1.3 所示。

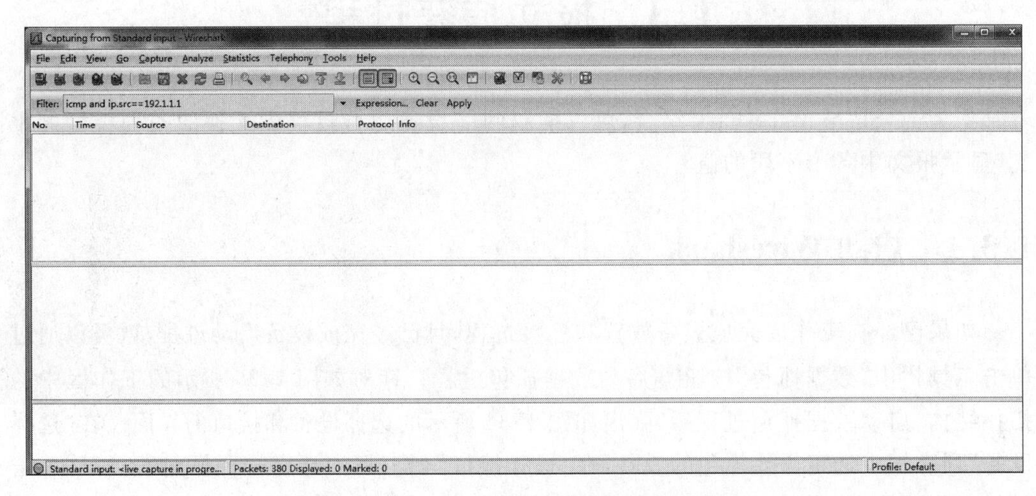

图 1.35　Filter 文本框中的条件表达式

表 1.1 常见的关系操作符

操作符	字符形式	说　明	举　　例
==	eq	等于	eth. addr==12:34:56:78:90:1a ip. src eq 192. 1. 1. 254
!=	ne	不等于	ip. src! =192. 1. 1. 254 ip. src ne 192. 1. 1. 254
＞	gt	大于	tcp. port＞1024 tcp. port gt 1024
＜	lt	小于	tcp. port＜1024 tcp. port lt 1024
＞=	ge	大于或等于	tcp. port＞=1024 tcp. port ge 1024
＜=	le	小于或等于	tcp. port＜=1024 tcp. port le 1024

表 1.2 常见的逻辑操作符

操作符	字符形式	说　明	举　　例
&&	and	逻辑与	eth. addr==12:34:56:78:90:1a && ip. src eq 192. 1. 1. 254 eth. addr==12:34:56:78:90:1a and ip. src eq 192. 1. 1. 254 MAC 帧的源或目的 MAC 地址等于 12:34:56:78:90:1a,且 MAC 帧封装的 IP 分组的源 IP 地址等于 192. 1. 1. 254
||	or	逻辑或	eth. addr==12:34:56:78:90:1a || ip. src eq 192. 1. 1. 254 eth. addr==12:34:56:78:90:1a or ip. src eq 192. 1. 1. 254 MAC 帧的源或目的 MAC 地址等于 12:34:56:78:90:1a,或者 MAC 帧封装的 IP 分组的源 IP 地址等于 192. 1. 1. 254
!	not	逻辑非	! eth. addr==12:34:56:78:90:1a 源或者目的 MAC 地址不等于 12:34:56:78:90:1a

表 1.3 常见的关系表达式

表达式	说　明
eth. addr==＜MAC 地址＞	源或目的 MAC 地址等于指定 MAC 地址的 MAC 帧。MAC 地址格式为 xx:xx:xx:xx:xx:xx,其中 x 为十六进制数
eth. src==＜MAC 地址＞	源 MAC 地址等于指定 MAC 地址的 MAC 帧
eth. dst==＜MAC 地址＞	目的 MAC 地址等于指定 MAC 地址的 MAC 帧
eth. type==＜格式为 0xnnnn 的协议类型值＞	协议类型字段值等于指定 4 位十六进制数(nnnn)的 MAC 帧
ip. addr==＜IP 地址＞	源或目的 IP 地址等于指定 IP 地址的 IP 分组
ip. src==＜IP 地址＞	源 IP 地址等于指定 IP 地址的 IP 分组
ip. dst==＜IP 地址＞	目的 IP 地址等于指定 IP 地址的 IP 分组
ip. ttl==＜值＞	ttl 字段值等于指定值的 IP 分组

表达式	说　明
ip. version==4|6	版本字段值等于 4 或 6 的 IP 分组
tcp. port==<值>	源或目的端口号等于指定值的 TCP 报文
tcp. srcport==<值>	源端口号等于指定值的 TCP 报文
tcp. dstport==<值>	目的端口号等于指定值的 TCP 报文
udp. port==<值>	源或目的端口号等于指定值的 UDP 报文
udp. srcport==<值>	源端口号等于指定值的 UDP 报文
udp. dstport==<值>	目的端口号等于指定值的 UDP 报文

假定只显示符合以下条件的 IP 分组中的报文：

- 源 IP 地址等于 192.1.1.254。
- 封装在该 IP 分组中的报文是 TCP 报文，且目的端口号等于 80。

可以通过在 Filter 文本框中输入以下条件表达式，实现只显示符合上述条件的 IP 分组中的报文的目的。

```
ip.src eq 192.1.1.254 && tcp.dstport ==80
```

在 Filter 文本框中输入条件表达式时，如果输入部分属性名称，Filter 文本框中自动列出包含该部分属性名称的全部属性名称。例如，输入部分属性名称“ip.”，Filter 文本框中自动列出如图 1.36 所示的包含“ip.”的全部属性名称的列表。

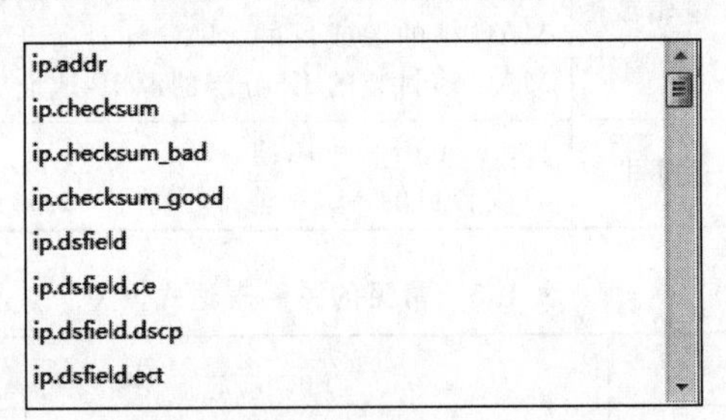

图 1.36　包括“ip.”的全部属性名称列表

1.4　网络设备配置方式

华为 eNSP 通过双击某个网络设备启动该设备的 CLI 界面，但实际网络设备的配置过程肯定与此不同。目前存在多种配置实际网络设备的方式，主要有控制台端口配置方式、Telnet 配置方式、Web 界面配置方式、SNMP 配置方式和配置文件加载方式等。对于路由器和交换机，华为 eNSP 主要支持控制台端口配置方式、Telnet 配置方式和配置文件加载方式等。本节介绍控制台端口配置方式和 Telnet 配置方式。

1.4.1 控制台端口配置方式

1. 工作原理

交换机和路由器出厂时只有默认配置，如果需要对刚购买的交换机和路由器进行配置，最直接的配置方式是采用如图 1.37 所示的控制台端口配置方式，用串行口连接线互连 PC 的 RS-232 串行口和网络设备的 Consol（控制台）端口，启动 PC 的超级终端程序，完成超级终端程序参数配置过程，按回车键进入网络设备的 CLI 界面。

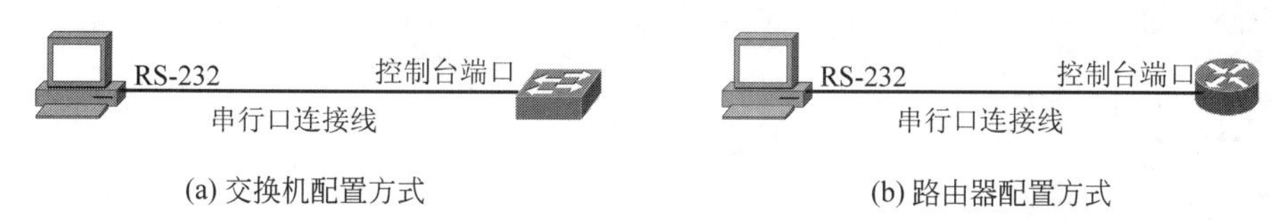

图 1.37 控制台端口配置方式

一般情况下，通过控制台端口配置方式完成网络设备的基本配置，如交换机管理地址和默认网关地址、路由器各个接口的 IP 地址、静态路由项或路由协议等。其目的是建立终端与网络设备之间的传输通路。只有在建立终端与网络设备之间的传输通路后，才能通过其他配置方式对网络设备进行配置。

2. 华为 eNSP 的实现过程

图 1.38 是华为 eNSP 通过控制台端口配置方式完成交换机和路由器初始配置的界面。在工作区中放置终端和网络设备，选择 CTL 连接线（连接线类型是互连串行口和控制台端口的串行口连接线）互连终端与网络设备。通过双击终端（PC1 或 PC2）启动终端的配置界面，单击“串口”选项卡，显示如图 1.39 所示的终端 PC1 超级终端程序参数配置界面，单击“连接”按钮，进入网络设备 CLI 界面。图 1.40 是交换机的 CLI 界面。

1.4.2 Telnet 配置方式

1. 工作原理

图 1.41 中的终端通过 Telnet 配置方式对网络设备实施远程配置的前提是交换机和路由器必须完成基本配置。例如，路由器 R 需要完成接口 IP 地址和子网掩码配置，交换机 S1 和 S2 需要完成管理地址和默认网关地址配置，终端需要完成 IP 地址和默认网关地址配置。只有完成上述配置后，终端与网络设备之间才能建立 Telnet 报文传输通路，终端才能通过 Telnet 远程登录网络设备。

Telnet 配置方式与控制台端口配置方式的最大不同在于，Telnet 配置方式必须在已经建立终端与网络设备之间的 Telnet 报文传输通路的前提下进行，而且单个终端可以通过 Telnet 配置方式对一组已经建立与终端之间的 Telnet 报文传输通路的网络设备实施远程配置。控制台端口配置方式只能对通过串行口连接线连接的单个网络设备实施配置。

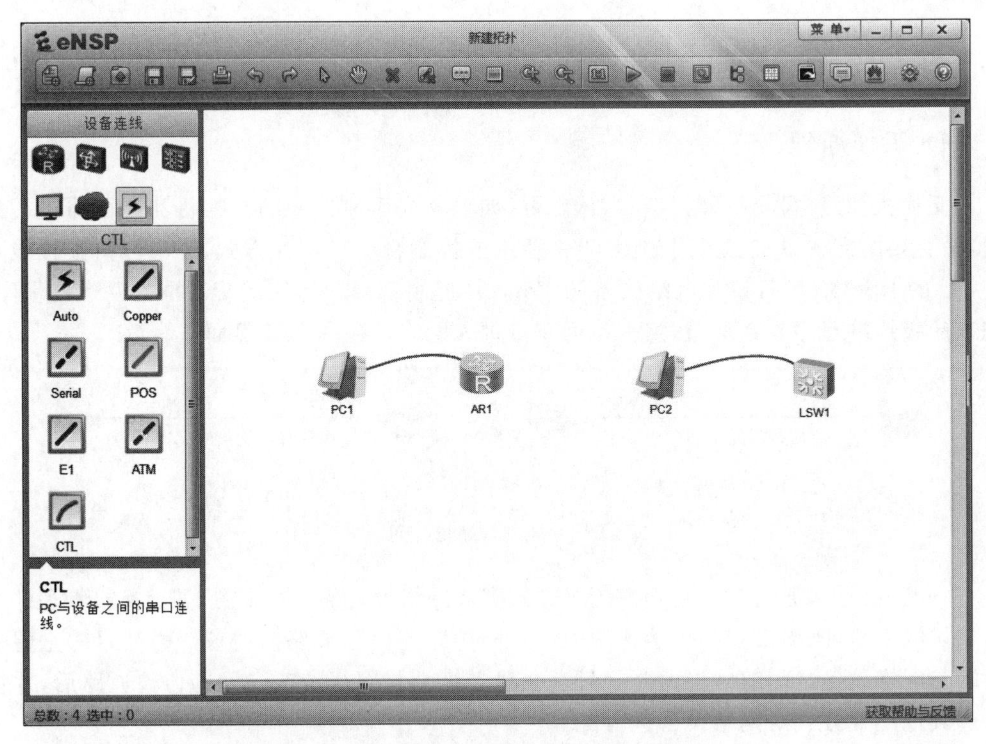

图 1.38　放置和连接设备后的工作区

图 1.39　超级终端程序参数配置界面

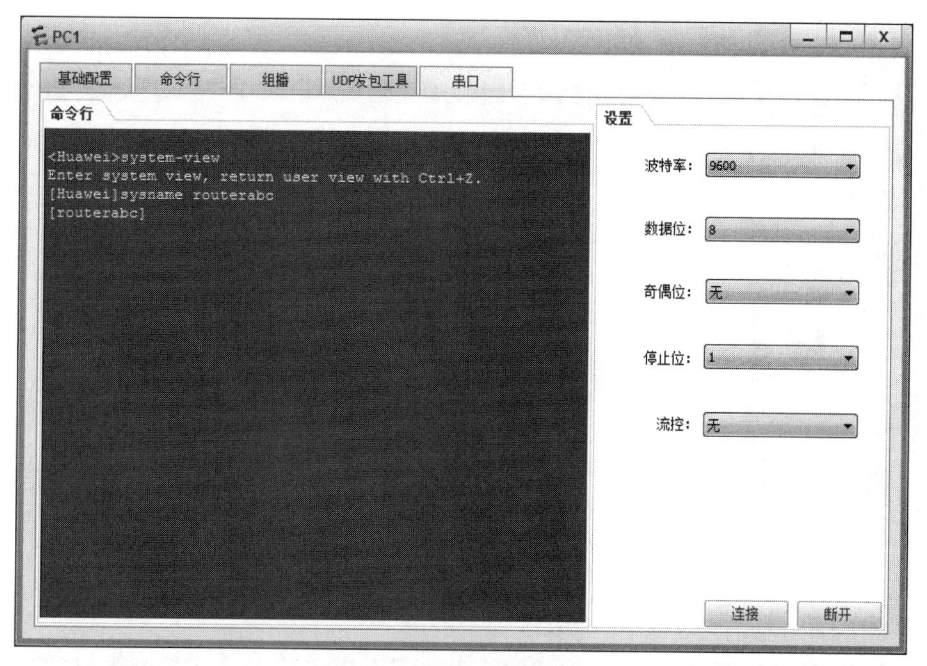

图 1.40　通过超级终端程序进入的交换机 CLI 界面

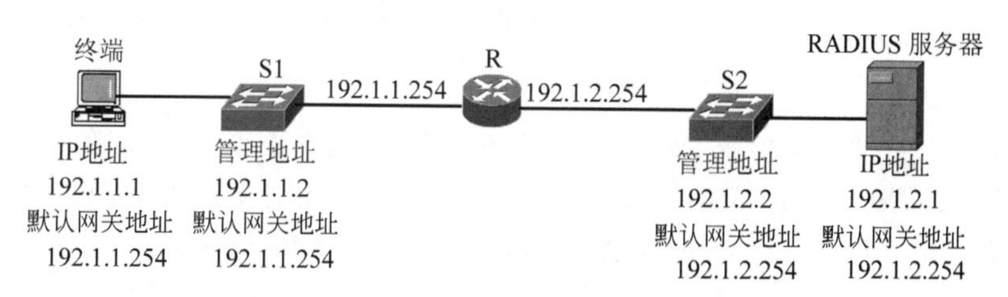

图 1.41　Telnet 配置方式

2. 华为 eNSP 的实现过程

图 1.42 是华为 eNSP 用 Telnet 配置方式配置网络设备的界面。首先需要在工作区中放置和连接网络设备，对网络设备完成基本配置。由于华为 eNSP 中的终端并没有 Telnet 实用程序，因此，需要通过启动路由器中的 Telnet 实用程序实现对交换机的远程配置过程。为了建立终端 PC、各个网络设备之间的 Telnet 报文传输通路，需要对路由器 AR1 的接口配置 IP 地址和子网掩码，对终端 PC 配置 IP 地址、子网掩码和默认网关地址等。对实际网络设备的基本配置一般通过控制台端口配置方式完成，因此，控制台端口配置方式在网络设备的配置过程中是不可或缺的。

在华为 eNSP 的实现过程中，可以通过双击某个网络设备启动该网络设备的 CLI 界面，也可以通过控制台端口配置方式逐个配置网络设备。由于本书的重点在于掌握原理和方法，因此，在以后的实验中，通常通过双击某个网络设备启动该网络设备的 CLI 界面，通过 CLI 界面完成网络设备的配置过程。具体操作步骤和命令输入过程在以后的章节中详细讨论。

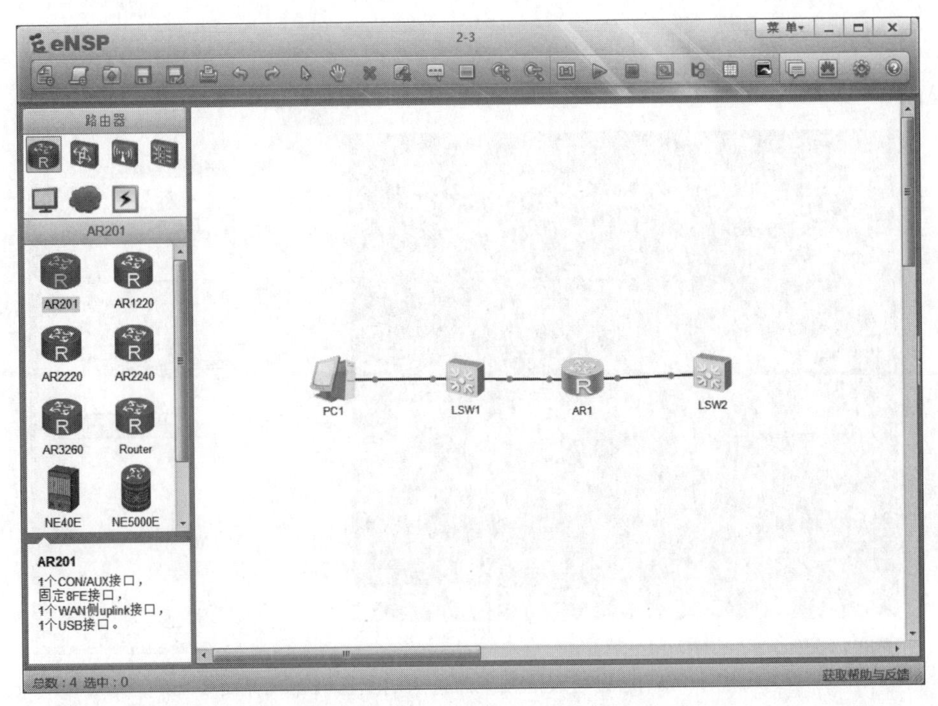

图 1.42　用 Telnet 配置方式配置设备的界面

一旦建立终端 PC、各个网络设备之间的 Telnet 报文传输通路，通过双击路由器 AR1 即可进入如图 1.43 所示的 CLI 界面，在命令提示符下，通过启动 Telnet 实用程序建立与交换机 LSW1 之间的 Telnet 会话，通过 Telnet 配置方式开始对交换机 LSW1 的配置过程。图 1.43 是路由器 AR1 通过 Telnet 远程登录交换机 LSW1 后出现的交换机 CLI 界面。

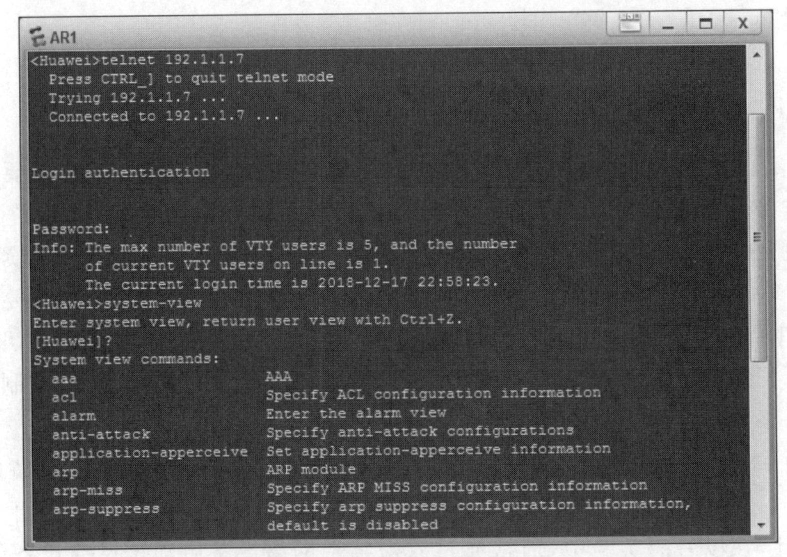

图 1.43　路由器 AR1 远程登录交换机 LSW1 后的界面

第2章

以太网实验

交换机基于媒体接入控制(Medium Access Control,MAC)表转发 MAC 帧。MAC 表(也称转发表)中存在静态和动态转发项,这两种转发项的作用有所区别。为了防止黑客终端接入交换机,交换机可以配置黑洞转发项。为了防止黑客实施 MAC 表溢出攻击,可以为每一个交换机端口设置允许学习到的 MAC 地址数,甚至可以关闭交换机端口学习 MAC 地址的功能。

虚拟局域网(Virtual LAN,VLAN)是独立的广播域。通过划分 VLAN,可以将一个大型物理以太网划分为多个独立的广播域。

2.1 华为交换机的几点说明

2.1.1 华为交换机转发项类型

交换机根据 MAC 表转发 MAC 帧。MAC 表由转发项组成,华为将转发项分为动态转发项、静态转发项和黑洞转发项。

1. 动态转发项

通过地址学习过程建立的转发项称为动态转发项。如果交换机通过端口 x 接收到 MAC 帧,且 MAC 帧的源 MAC 地址是 MAC A,交换机建立一项 MAC 地址为 MAC A、转发端口为 x 的转发项。如果交换机再次通过端口 y 接收到源 MAC 地址为 MAC A 的 MAC 帧,将 MAC 地址为 MAC A 的转发项的转发端口改为 y。每一个动态转发项都有寿命。如果在寿命对应的时间内一直没有接收到源 MAC 地址是某个转发项中 MAC 地址的 MAC 帧,该项转发项将自动失效。

2. 静态转发项

手工配置的 MAC 地址为指定 MAC 地址、转发端口为指定端口的转发项称为静态转发项。如果手工配置 MAC 地址为 MAC A、转发端口为 x 的静态转发项,交换机一旦通过除端口 x 以外的所有其他端口接收到源 MAC 地址为 MAC A 的 MAC 帧,都将丢弃该 MAC 帧，即交换机只转发通过端口 x 接收到的源 MAC 地址为 MAC A 的 MAC 帧。静态转发项永远有效，不受寿命限制。

3. 黑洞转发项

黑洞转发项只需指定 MAC 地址。一旦配置黑洞转发项，交换机如果接收到源或目的 MAC 地址是黑洞转发项指定的 MAC 地址的 MAC 帧，将丢弃该 MAC 帧。

2.1.2 华为交换机端口类型

华为交换机端口类型可以分为接入端口（Access）、主干端口（Trunk）、混合端口（Hybrid）和 QinQ 端口。这里主要讨论接入端口、主干端口和混合端口。

1. 接入端口

接入端口只能分配给单个 VLAN。从该端口输入的无标记 MAC 帧属于该端口所分配的 VLAN，从该端口输出的 MAC 帧必须是无标记 MAC 帧。

2. 主干端口

主干端口（也称共享端口）可以被多个 VLAN 共享，多个 VLAN 中只有单个 VLAN 绑定无标记帧。如果从该端口接收到某个标记帧，且该帧标记的 VLAN 是共享该端口的 VLAN，该 MAC 帧属于该帧标记的 VLAN。如果从该端口接收到无标记帧，该帧属于与无标记帧绑定的 VLAN。如果从该端口输出某个 MAC 帧，该 MAC 帧属于共享该端口的 VLAN，且该 VLAN 不是与无标记帧绑定的 VLAN，则该帧携带其所属的 VLAN 的标记。如果从该端口输出某个 MAC 帧，该 MAC 帧属于共享该端口的 VLAN，且该 VLAN 是与无标记帧绑定的 VLAN，则该帧必须是无标记帧。

3. 混合端口

混合端口可以被多个 VLAN 共享，多个 VLAN 中允许若干个 VLAN 绑定无标记帧。如果从混合端口接收到某个标记帧，且该帧标记的 VLAN 是共享该端口的 VLAN，则该 MAC 帧属于其标记的 VLAN。如果从混合端口接收到无标记帧，需要能够建立该帧与无标记帧绑定的多个 VLAN 之一的关联，使得该无标记帧属于与其建立关联的 VLAN。如果从混合端口输出某个 MAC 帧，该 MAC 帧属于共享混合端口的 VLAN，且该 VLAN 不是与无标记帧绑定的若干 VLAN 中的一个，该帧携带其所属的 VLAN 的标记。如果从混合端口输出某个 MAC 帧，该 MAC 帧属于共享该端口的 VLAN，且该 VLAN 是与无标记帧绑定的若干 VLAN 中的一个，则该帧必须是无标记帧。

混合端口与主干端口的区别在于与无标记帧绑定的 VLAN 的数量，主干端口只允许单个 VLAN 绑定无标记帧，混合端口允许多个 VLAN 绑定无标记帧，因此，从混合端口接收到无标记帧时，需要能够建立该帧与无标记帧绑定的多个 VLAN 之一的关联。

2.2 集线器和交换机工作原理验证实验

2.2.1 实验内容

本实验的网络结构如图 2.1 所示，验证终端之间 MAC 帧传输过程，观察交换机 MAC 表中动态转发项的建立过程。

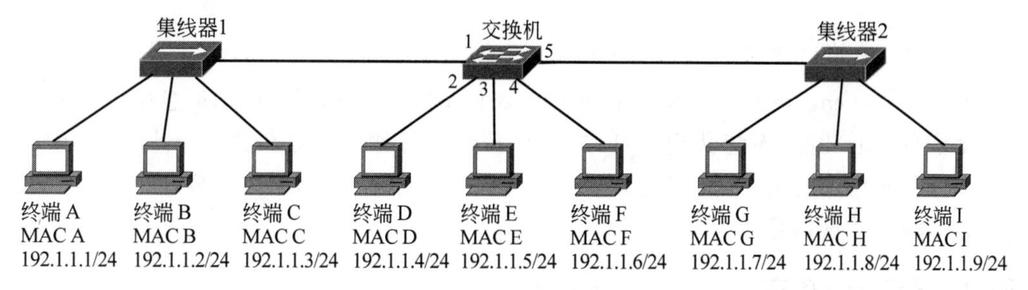

图 2.1 网络结构

通过配置，将交换机端口 1 的转发项数量限制为 2。在完成集线器 1 连接的 3 个终端与其他终端之间的通信过程后，观察交换机 MAC 表中动态转发项的建立过程。

通过配置，关闭交换机端口 5 学习 MAC 地址的功能。在完成集线器 2 连接的 3 个终端与其他终端之间的通信过程后，观察交换机 MAC 表中动态转发项的建立过程。

2.2.2 实验目的

(1) 验证集线器广播 MAC 帧过程。
(2) 验证交换机地址学习过程。
(3) 验证交换机转发、广播和丢弃接收到的 MAC 帧的条件。
(4) 验证以太网端到端数据传输过程。
(5) 验证限制端口学习到的 MAC 地址数的过程。
(6) 验证关闭端口学习 MAC 地址的功能的过程。

2.2.3 实验原理

在完成图 2.1 中各个终端之间的通信过程后，交换机 MAC 表中与端口 1 和 5 绑定的转发项各有 3 项，与端口 2、3 和 4 绑定的转发项各有 1 项。

可以为交换机端口设置允许学习到的 MAC 地址数。如果将图 2.1 中交换机端口 1 允许学习到的 MAC 地址数设置为 2，在完成集线器 1 连接的 3 个终端与其他终端之间的通信过程后，交换机 MAC 表中与端口 1 绑定的转发项只有 2 项。

可以关闭交换机端口学习 MAC 地址的功能，如果关闭图 2.1 中交换机端口 5 学习 MAC 地址的功能，在完成集线器 2 连接的 3 个终端与其他终端之间的通信过程后，交换机 MAC 表中没有与端口 5 绑定的转发项。

2.2.4 关键命令说明

1. 关闭信息中心功能

```
[Huawei]undo info-center enable
```

info-center enable 是系统视图下使用的命令，该命令的作用是启动信息中心功能，一旦启动信息中心功能，系统就会向日志主机、控制台等输出系统信息。undo info-center enable 命令的作用是关闭信息中心功能。一旦关闭信息中心功能，系统停止向日志主机、控制台等输出系统信息。

2. 显示 MAC 表

```
[Huawei]display mac-address
```

display mac-address 是系统视图下使用的命令，该命令的作用是显示交换机 MAC 表中的转发项。该命令也可以在用户视图下使用。

3. 限制端口学习到的 MAC 地址数

```
[Huawei]interface GigabitEthernet0/0/1
[Huawei-GigabitEthernet0/0/1]mac-limit maximum 2
[Huawei-GigabitEthernet0/0/1]quit
```

interface GigabitEthernet0/0/1 是系统视图下使用的命令，该命令的作用是进入端口 GigabitEthernet0/0/1 的接口视图。GigabitEthernet 是端口类型，表明是吉比特以太网端口(千兆以太网端口)，0/0/1 是端口编号。

mac-limit maximum 2 是接口视图下使用的命令，该命令的作用是将指定交换机端口(这里是端口 GigabitEthernet0/0/1)允许学习到的 MAC 地址数上限设定为 2。

4. 关闭端口学习 MAC 地址的功能

```
[Huawei]interface GigabitEthernet0/0/5
[Huawei-GigabitEthernet0/0/5]mac-address learning disable
[Huawei-GigabitEthernet0/0/5]quit
```

mac-address learning disable 是接口视图下使用的命令，该命令的作用是关闭指定交换机端口(这里是端口 GigabitEthernet0/0/5)学习 MAC 地址的功能。

2.2.5 实验步骤

(1) 启动华为 eNSP，按照如图 2.1 所示的网络拓扑结构放置和连接设备。完成设备放置和连接后的 eNSP 界面如图 2.2 所示。启动所有设备。

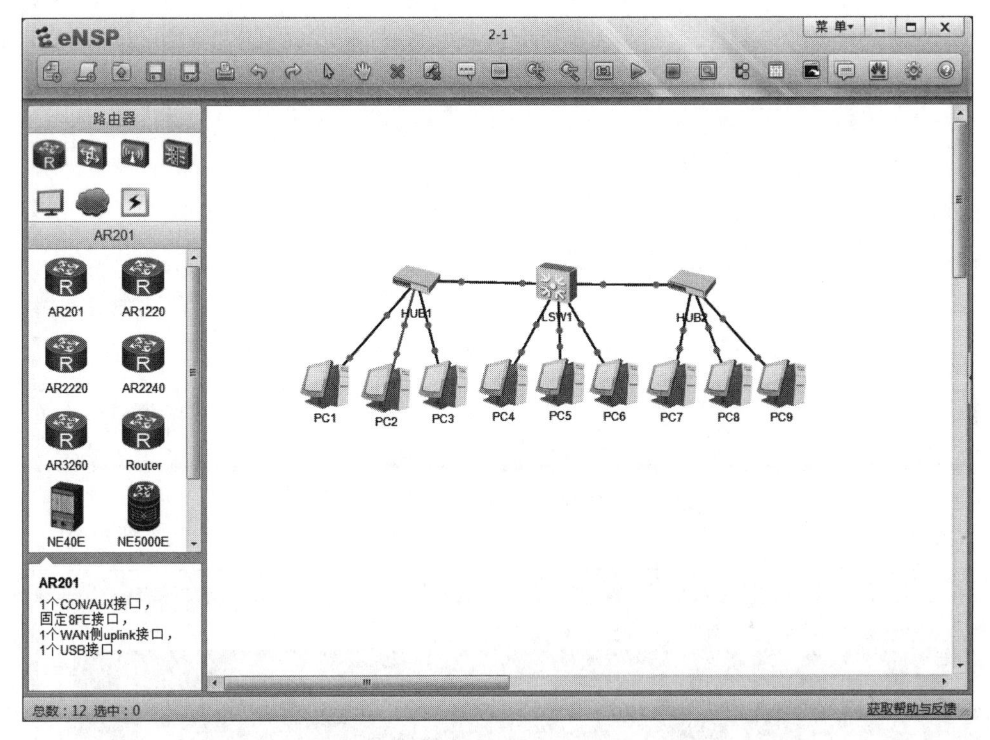

图 2.2　完成设备放置和连接后的 eNSP 界面

(2) 分别为 PC1～PC9 配置 IP 地址和子网掩码，PC1～PC9 配置的 IP 地址依次是 192.1.1.1～192.1.1.9。PC1 配置 IP 地址和子网掩码的界面如图 2.3 所示。完成 IP 地址和子网掩码配置后，单击“应用”按钮。

(3) 分别在 PC1～PC9 的命令行提示符下执行 ping 命令，启动终端之间的通信过程。图 2.4 是在 PC1 命令行提示符下执行 ping 命令的界面。

(4) 完成终端之间的通信过程后，交换机 LSW1 的 MAC 表中已经建立与 PC1～PC9 相关的转发项，其中与 PC1～PC3 相关的转发项中的输出端口是 GigabitEthernet0/0/1，与 PC4 相关的转发项中的输出端口是 GigabitEthernet0/0/2，与 PC5 相关的转发项中的输出端口是 GigabitEthernet0/0/3，与 PC6 相关的转发项中的输出端口是 GigabitEthernet0/0/4，与 PC7～PC9 相关的转发项中的输出端口是 GigabitEthernet0/0/5。在用户视图下输入显示 MAC 表命令，显示如图 2.5 所示的交换机 LSW1 的 MAC 表内容。

(5) 通过输入命令将端口 GigabitEthernet0/0/1 允许学习到的 MAC 地址数设定为 2，关闭端口 GigabitEthernet0/0/5 学习 MAC 地址的功能。重新完成终端之间的通信过

图 2.3　PC1 配置 IP 地址和子网掩码界面

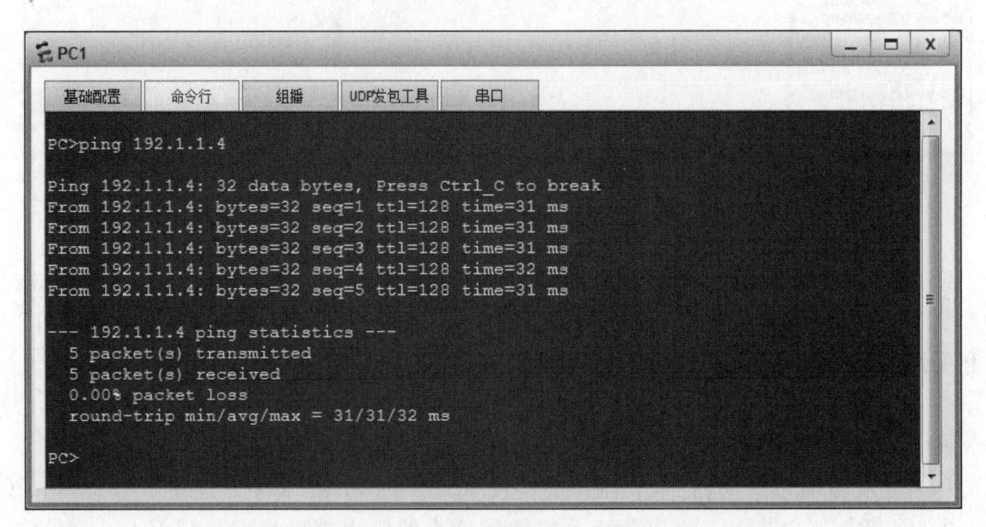

图 2.4　在 PC1 命令行提示符下执行 ping 命令的界面

程，再次在系统视图下输入显示 MAC 表命令，显示如图 2.6 所示的交换机 LSW1 的 MAC 表内容。输出端口是 GigabitEthernet0/0/1 的转发项只有两项，输出端口是 GigabitEthernet0/0/5 的转发项为 0。

```
The device is running!

<Huawei>display mac-address
MAC address table of slot 0:
-------------------------------------------------------------------------------
MAC Address    VLAN/       PEVLAN CEVLAN Port            Type      LSP/LSR-ID
               VSI/SI                                              MAC-Tunnel
-------------------------------------------------------------------------------
5489-98bb-615f 1           -      -      GE0/0/1         dynamic   0/-
5489-98bc-3579 1           -      -      GE0/0/2         dynamic   0/-
5489-9811-7a7d 1           -      -      GE0/0/1         dynamic   0/-
5489-98dd-7911 1           -      -      GE0/0/3         dynamic   0/-
5489-9803-3260 1           -      -      GE0/0/1         dynamic   0/-
5489-9803-5177 1           -      -      GE0/0/4         dynamic   0/-
5489-9891-3c76 1           -      -      GE0/0/5         dynamic   0/-
5489-987f-5551 1           -      -      GE0/0/5         dynamic   0/-
5489-980a-42f5 1           -      -      GE0/0/5         dynamic   0/-
-------------------------------------------------------------------------------
Total matching items on slot 0 displayed = 9

<Huawei>
```

图 2.5　交换机 LSW1 的 MAC 表内容

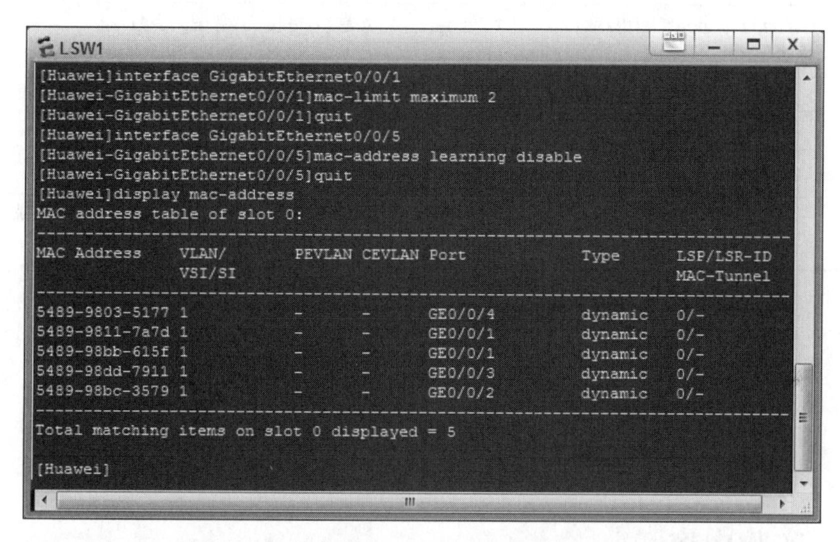

```
[Huawei]interface GigabitEthernet0/0/1
[Huawei-GigabitEthernet0/0/1]mac-limit maximum 2
[Huawei-GigabitEthernet0/0/1]quit
[Huawei]interface GigabitEthernet0/0/5
[Huawei-GigabitEthernet0/0/5]mac-address learning disable
[Huawei-GigabitEthernet0/0/5]quit
[Huawei]display mac-address
MAC address table of slot 0:
-------------------------------------------------------------------------------
MAC Address    VLAN/       PEVLAN CEVLAN Port            Type      LSP/LSR-ID
               VSI/SI                                              MAC-Tunnel
-------------------------------------------------------------------------------
5489-9803-5177 1           -      -      GE0/0/4         dynamic   0/-
5489-9811-7a7d 1           -      -      GE0/0/1         dynamic   0/-
5489-98bb-615f 1           -      -      GE0/0/1         dynamic   0/-
5489-98dd-7911 1           -      -      GE0/0/3         dynamic   0/-
5489-98bc-3579 1           -      -      GE0/0/2         dynamic   0/-
-------------------------------------------------------------------------------
Total matching items on slot 0 displayed = 5

[Huawei]
```

图 2.6　交换机 LSW1 限制 MAC 地址学习功能后的 MAC 表内容

2.2.6　命令行接口配置过程

1. 交换机 LSW1 配置过程

```
<Huawei>system-view
[Huawei]undo info-center enable
```

注：以下命令序列在完成 2.2.5 节的实验步骤(5)时执行。

```
[Huawei]interface GigabitEthernet0/0/1
[Huawei-GigabitEthernet0/0/1]mac-limit maximum 2
[Huawei-GigabitEthernet0/0/1]quit
```

```
[Huawei]interface GigabitEthernet0/0/5
[Huawei-GigabitEthernet0/0/5]mac-address learning disable
[Huawei-GigabitEthernet0/0/5]quit
[Huawei]display mac-address
```

2. 命令列表

交换机配置过程中使用的命令及功能和参数说明如表 2.1 所示。

表 2.1　交换机配置中使用的命令及功能和参数说明

命令格式	功能和参数说明
system-view	从用户视图进入系统视图
info-center enable	启动信息中心功能
display mac-address	显示交换机 MAC 表中的转发项
interface { **ethernet** | **gigabitethernet** } *interface-number*	进入指定交换机端口的接口视图，参数 *interface-number* 是端口编号
mac-limit maximum *max-num*	将指定交换机端口允许学习到的 MAC 地址数上限设定为参数 *max-num* 指定的值
mac-address learning disable	关闭指定交换机端口学习 MAC 地址的功能
quit	从当前视图退回到较低级别的视图。如果当前视图是用户视图，则退出系统

注：本书命令列表中加粗的单词是关键词，斜体单词是参数。关键词是固定的，参数是需要设置的。

2.3　交换式以太网实验

2.3.1　实验内容

在本实验中构建如图 2.7 所示的交换式以太网结构。在 3 个交换机的初始 MAC 表为空的情况下，完成终端 A 与终端 B 之间的 MAC 帧传输过程，查看 3 个交换机的 MAC 表。清除交换机 S1 的 MAC 表，完成终端 B 与终端 A 之间的 MAC 帧传输过程，查看 3 个交换机的 MAC 表。配置用于建立终端 A 与交换机 S1 端口 1 之间绑定的静态转发项，将终端 A 转接到交换机 S1 端口 4，验证：终端 A 无法与其他终端进行通信。将终端 A 转接到交换机 S3 端口 4，验证：终端 A 可以与终端 C 和终端 D 进行通信，但无法与终端 B 进行通信。将终端 D 的 MAC 地址设置为黑洞转发项的 MAC 地址，验证：终端 D 无法与其他终端通信。将终端 D 转接到交换机 S1，验证：终端 D 可以与终端 B 进行通信，但无法与终端 C 进行通信。

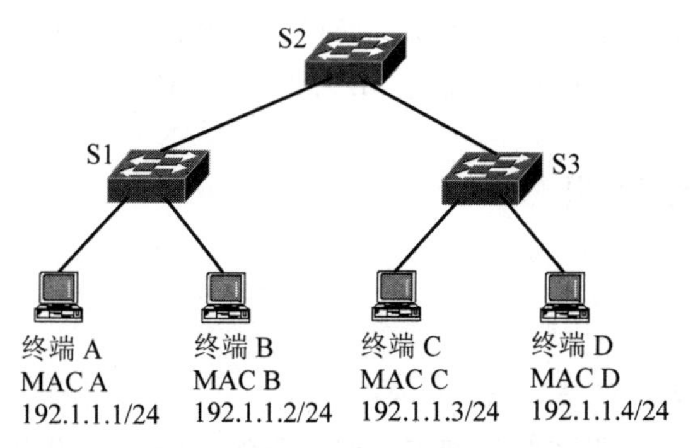

图 2.7 交换式以太网实验的网络结构

2.3.2 实验目的

(1) 验证交换式以太网的连通性，证明连接在交换式以太网上的任何两个分配了相同网络号、不同主机号的 IP 地址的终端之间能够实现 IP 分组传输过程。

(2) 验证 MAC 表建立过程。

(3) 验证交换机 MAC 帧转发过程，重点验证交换机过滤 MAC 帧的功能，即，如果交换机接收 MAC 帧的端口与该 MAC 帧匹配的转发项中的转发端口相同，则交换机丢弃该 MAC 帧。

(4) 验证转发项与交换式以太网拓扑结构一致的重要性。

(5) 验证用静态转发项控制终端接入的交换机端口的过程。

(6) 验证用黑洞转发项限制终端接入交换机的过程。

2.3.3 实验原理

终端 A 至终端 B 的 MAC 帧在如图 2.7 所示的以太网内广播，分别到达 3 个交换机，因此，3 个交换机的 MAC 表中都存在 MAC 地址为 MAC A 的转发项。终端 B 至终端 A 的 MAC 帧由交换机 S1 直接从连接终端 A 的端口转发出去，因此，只有交换机 S1 中存在 MAC 地址为 MAC B 的转发项。

如果在清除交换机 S1 中的 MAC 表内容后启动终端 B 至终端 A 的 MAC 帧传输过程，由于交换机 S1 广播该 MAC 帧，使得交换机 S2 连接交换机 S1 的端口接收到该 MAC 帧。由于交换机 S2 中与该 MAC 帧匹配的转发项中的转发端口就是交换机 S2 连接交换机 S1 的端口，交换机 S2 将丢弃该 MAC 帧。因此，只有交换机 S1 和 S2 的 MAC 表中存在 MAC 地址为 MAC B 的转发项。

在交换机 S1 中配置用于建立终端 A 的 MAC 地址 MAC A 与端口 1 之间绑定的静态转发项后，交换机 S1 能够转发通过端口 1 接收到的源 MAC 地址为 MAC A 的 MAC 帧，丢弃所有从其他端口接收到的源 MAC 地址为 MAC A 的 MAC 帧。

在交换机 S3 中将终端 D 的 MAC 地址 MAC D 设置为黑洞转发项的 MAC 地址后，交换机 S3 将丢弃源或目的 MAC 地址为 MAC D 的 MAC 帧。

2.3.4 关键命令说明

1. 清除 MAC 表

```
[Huawei]undo mac-address all
```

undo mac-address all 是系统视图下使用的命令，该命令的作用是清除 MAC 表中的所有转发项。

2. 配置静态转发项

```
[Huawei]mac-address static 5489-9862-7820 GigabitEthernet0/0/1 vlan 1
```

mac-address static 5489-9862-7820 GigabitEthernet0/0/1 vlan 1 是系统视图下使用的命令，该命令的作用是配置一项 MAC 地址为 5489-9862-7820、输出端口为 GigabitEthernet0/0/1、输出端口所属 VLAN 为 VLAN 1 的静态转发项。配置该静态转发项后，该交换机能够转发通过端口 GigabitEthernet0/0/1 接收到的属于 VLAN 1、源 MAC 地址为 5489-9862-7820 的 MAC 帧，丢弃所有从其他端口接收到的属于 VLAN 1、源 MAC 地址为 5489-9862-7820 的 MAC 帧。

3. 配置黑洞转发项

```
[Huawei]mac-address blackhole 5489-987B-5B83 vlan 1
```

mac-address blackhole 5489-987B-5B83 vlan 1 是系统视图下使用的命令，该命令的作用是配置一项 MAC 地址为 5489-987B-5B83 的黑洞转发项，并使得该黑洞转发项对应的 VLAN 为 VLAN 1。配置该黑洞转发项后，交换机将丢弃所有属于 VLAN 1、源或目的 MAC 地址为 5489-987B-5B83 的 MAC 帧。

2.3.5 实验步骤

(1) 启动华为 eNSP，按照图 2.7 所示的网络拓扑结构放置和连接设备。完成设备放置和连接后的 eNSP 界面如图 2.8 所示。启动所有设备。

(2) 分别为 PC1～PC4 配置 IP 地址和子网掩码，PC1～PC4 对应的 IP 地址是 192.1.1.1～192.1.1.4。PC1 配置 IP 地址和子网掩码的界面如图 2.9 所示。完成 IP 地址和子网掩码配置后，单击“应用”按钮。

(3) 在 PC1 命令行提示符下执行 ping 命令，启动 PC1 与 PC2 之间的通信过程。图 2.10 是在 PC1 命令行提示符下执行 ping 命令的界面。

eNSP
2-2
菜单
路由器
AR201
AR201
AR1220
AR2220
AR2240
AR3260
Router
NE40E
NE5000E
AR201
1个CON/AUX接口，
固定8FE接口，
1个WAN侧uplink接口，
1个USB接口。
LSW2
LSW1
LSW3
PC1
PC2
PC3
PC4
总数：7 选中：0
获取帮助与反馈

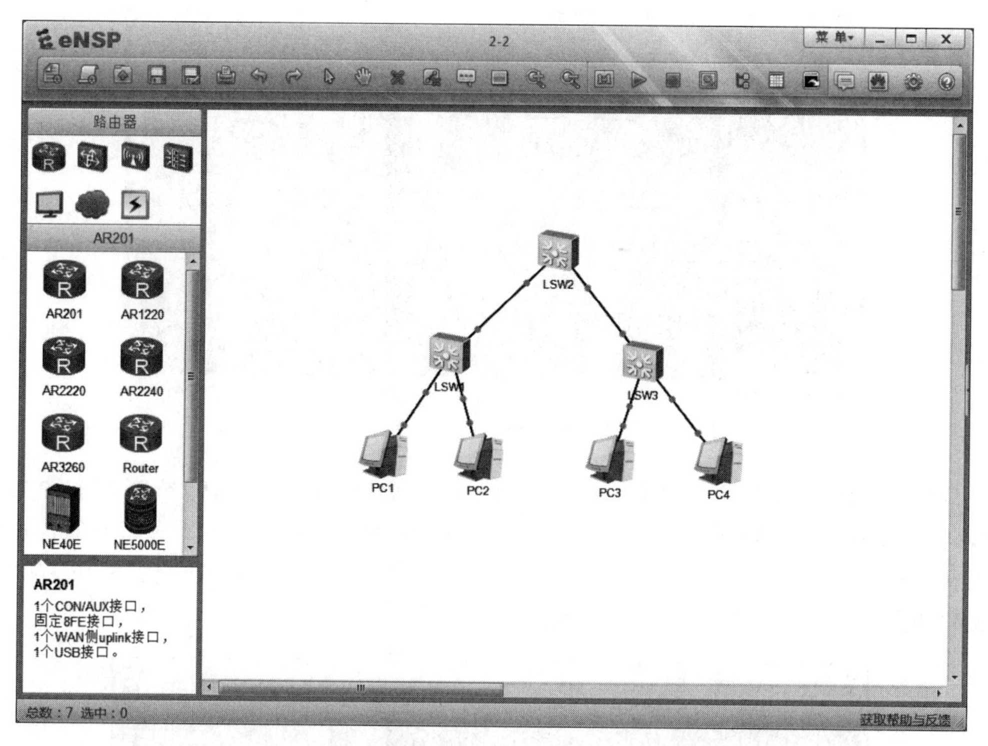

图 2.8　完成设备放置和连接后的 eNSP 界面

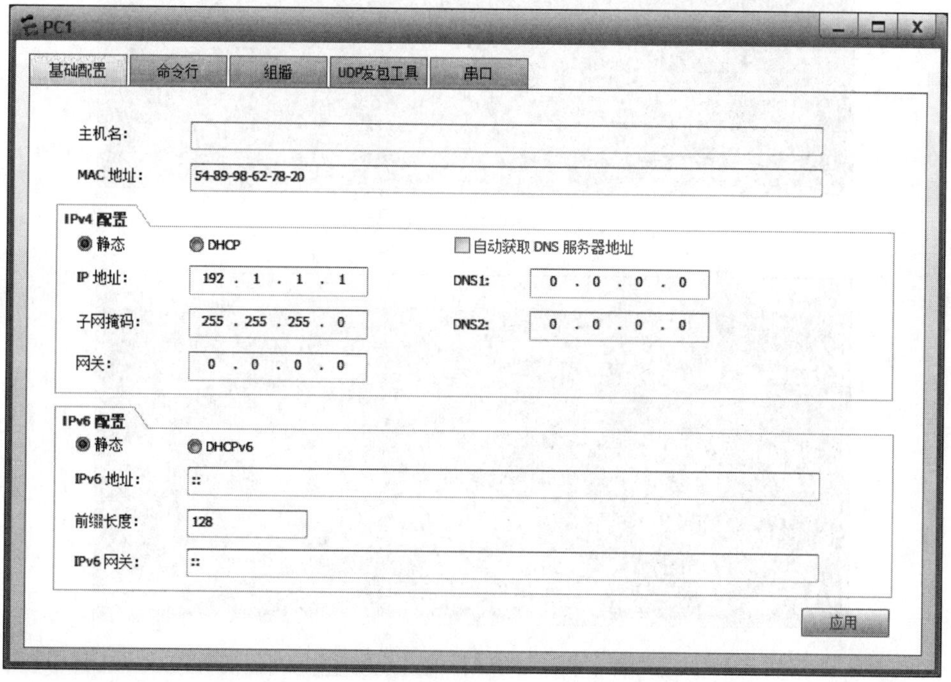

PC1
基础配置
命令行
组播
UDP发包工具
串口
主机名:
MAC 地址:
54-89-98-62-78-20
IPv4 配置
静态
DHCP
自动获取 DNS 服务器地址
IP 地址:
192 . 1 . 1 . 1
DNS1:
0 . 0 . 0 . 0
子网掩码:
255 . 255 . 255 . 0
DNS2:
0 . 0 . 0 . 0
网关:
0 . 0 . 0 . 0
IPv6 配置
静态
DHCPv6
IPv6 地址:
::
前缀长度:
128
IPv6 网关:
::
应用

图 2.9　PC1 配置 IP 地址和子网掩码界面

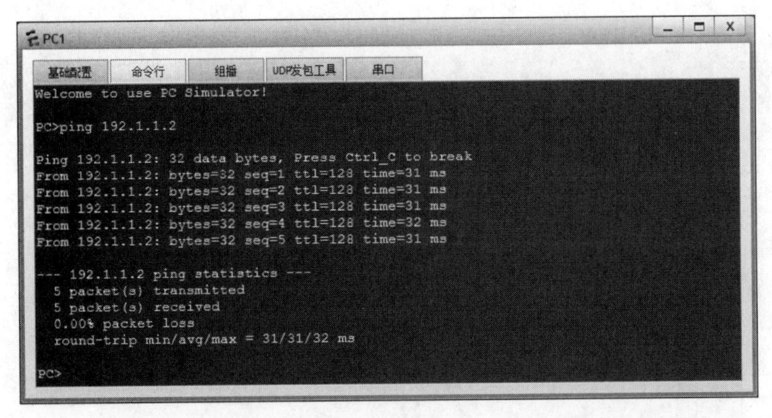

图 2.10　在 PC1 命令行提示符下执行 ping 命令的界面

(4) 显示交换机 LSW1、LSW2 和 LSW3 的 MAC 表，分别如图 2.11、图 2.12 和图 2.13 所示。在交换机 LSW1 初始 MAC 表为空的情况下，完成 PC1 和 PC2 之间的通信过程后，交换机 LSW1 的 MAC 表中分别建立 PC1 和 PC2 对应的转发项，交换机 LSW2 和 LSW3 的 MAC 表中只建立 PC1 对应的转发项。

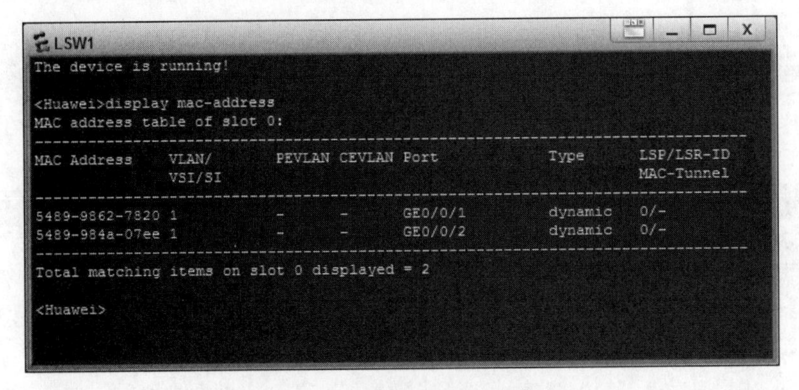

图 2.11　LSW1 的 MAC 表内容

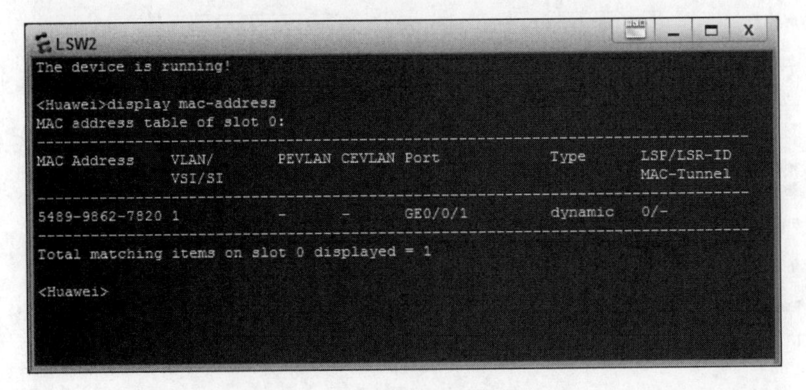

图 2.12　LSW2 的 MAC 表内容

(5) 清除 LSW1 的 MAC 表内容。在 PC2 命令行提示符下执行 ping 命令，启动 PC2

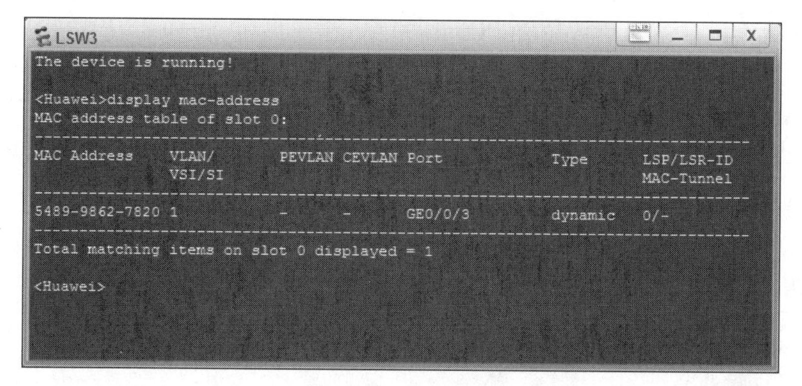

图 2.13　LSW3 的 MAC 表内容

与 PC1 之间的通信过程。图 2.14 是在 PC2 命令行提示符下执行 ping 命令的界面。

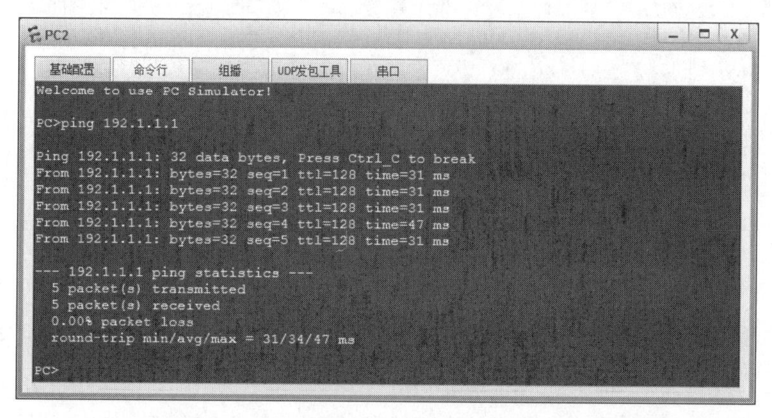

图 2.14　在 PC2 命令行提示符下执行 ping 命令的界面

（6）显示交换机 LSW1、LSW2 和 LSW3 的 MAC 表。在清除交换机 LSW1 的 MAC 表内容后，完成 PC2 与 PC1 之间的通信过程。交换机 LSW1 的 MAC 表中分别建立 PC1 和 PC2 对应的转发项，交换机 LSW2 的 MAC 表中在已经建立 PC1 对应的转发项的基础上，增加了 PC2 对应的转发项，如图 2.15 所示。交换机 LSW3 的 MAC 表中仍然只有已经建立的 PC1 对应的转发项。

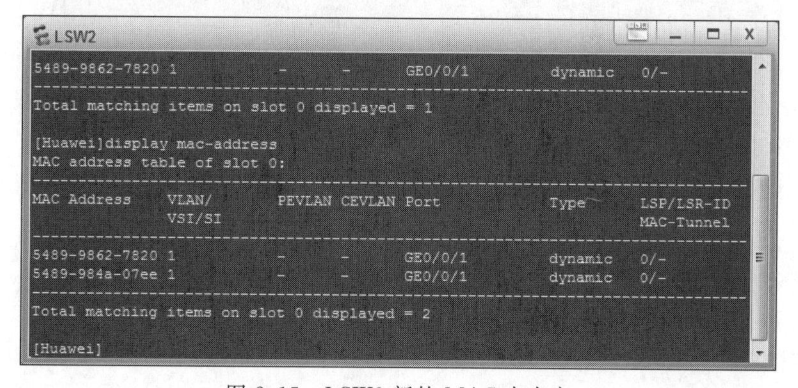

图 2.15　LSW2 新的 MAC 表内容

(7) 在交换机 LSW1 中配置将 PC1 的 MAC 地址与端口 GigabitEthernet0/0/1 绑定的静态转发项，在交换机 LSW3 中配置黑洞转发项，并将 PC4 的 MAC 地址作为黑洞转发项的 MAC 地址。

(8) 维持 PC1 连接的交换机端口不变，启动 PC1 与其他终端之间的通信过程，PC1 能够与其他终端正常通信。将 PC1 转接到 LSW1 的端口 GigabitEthernet0/0/4，启动其他终端与 PC1 之间的通信过程，其他终端无法与 PC1 正常通信。图 2.16 是 PC2 与 PC1 之间通信失败的界面。

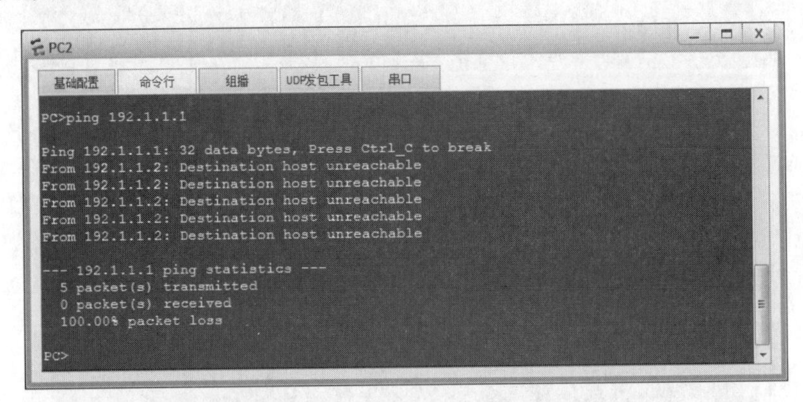

图 2.16　PC2 与 PC1 之间通信失败的界面

(9) 将 PC1 转接到交换机 LSW3，PC1 与 PC3 之间可以正常通信，但 PC1 与 PC4 之间无法正常通信。图 2.17 是将 PC1 转接到交换机 LSW3 后，在命令行提示符下执行 ping 命令的界面。

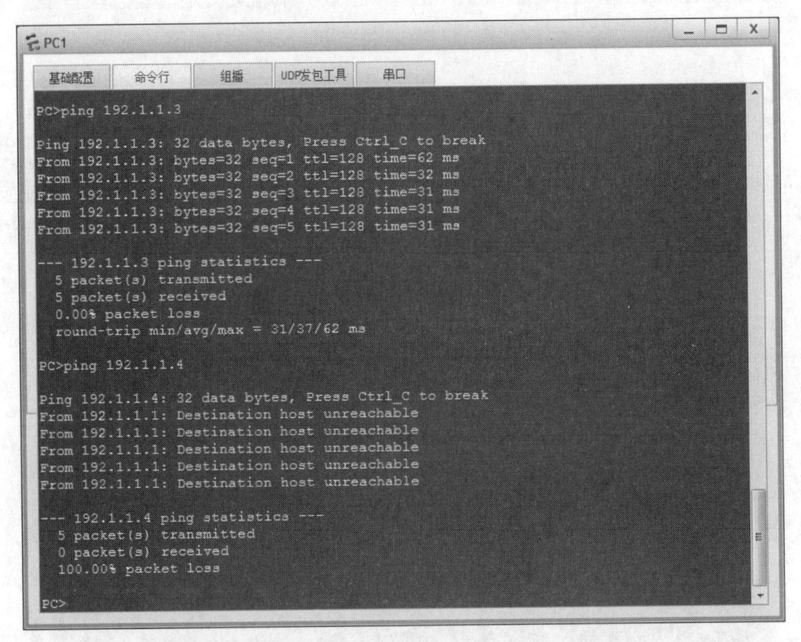

图 2.17　PC1 转接到交换机 LSW3 后在命令行提示符下执行 ping 命令的界面

(10) 将 PC4 转接到交换机 LSW1，如图 2.18 所示。PC4 与 PC2 之间可以正常通信，如图 2.19 所示。在这种情况下，PC1 与 PC4 之间以及 PC3 与 PC4 之间仍然无法正常通信。PC4 与 PC3 之间无法通信的结果如图 2.20 所示。

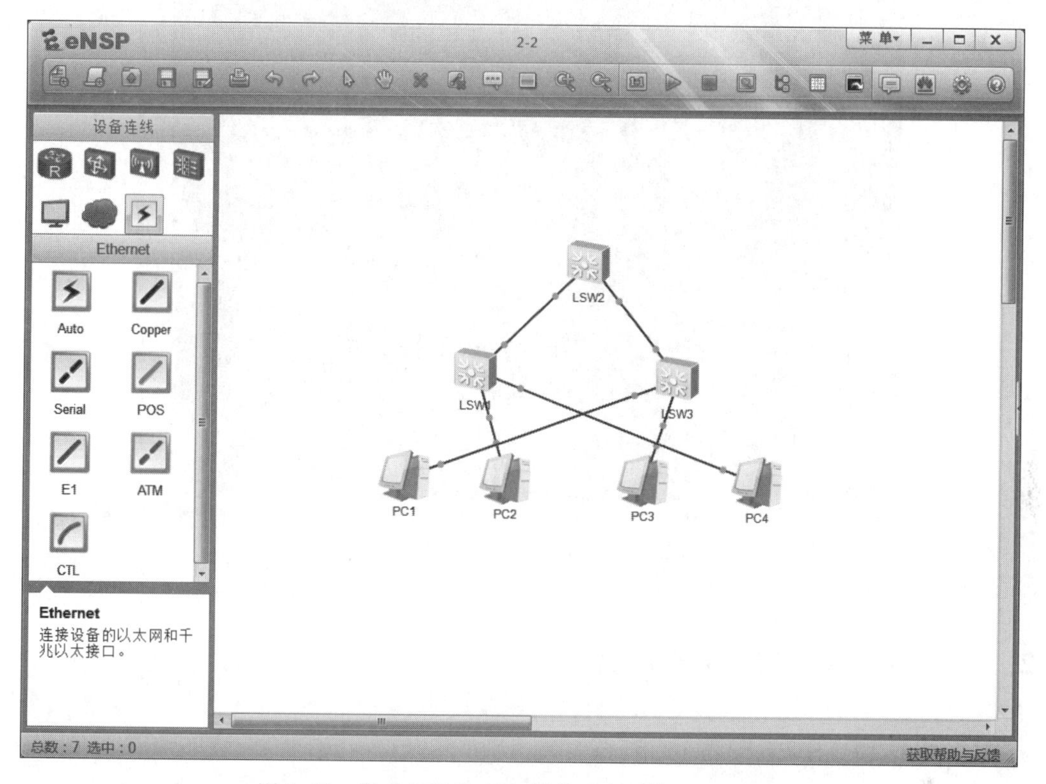

图 2.18　完成 PC1 和 PC4 转接过程后的 eNSP 界面

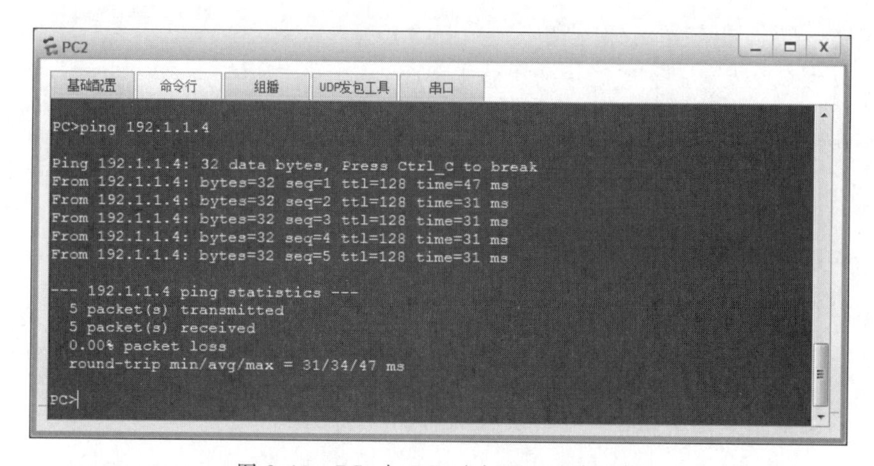

图 2.19　PC4 与 PC2 之间可以正常通信

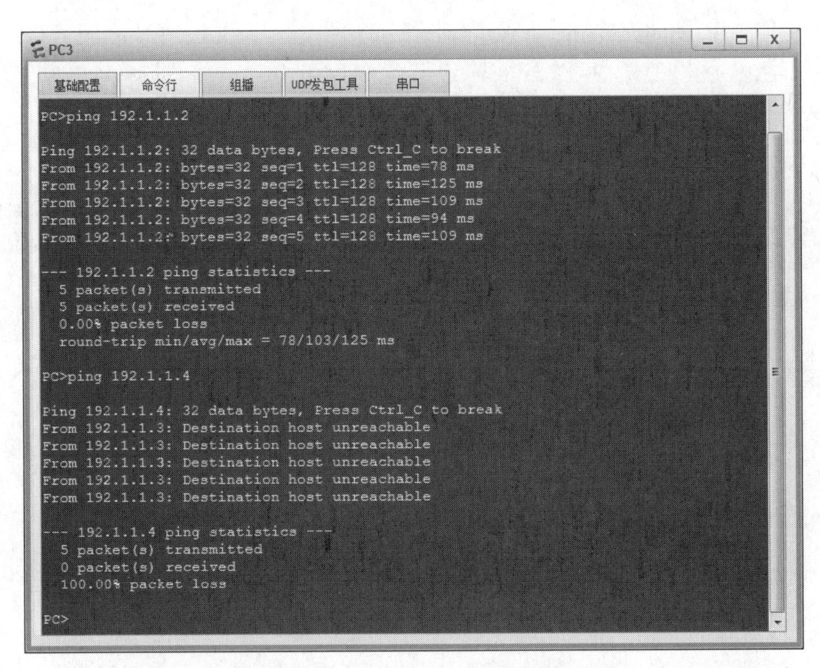

图 2.20　PC4 与 PC3 之间无法通信

2.3.6　命令行接口配置过程

1. 交换机 LSW1 配置过程

```
<Huawei>system-view
[Huawei]undo info-center enable
```

注：以下命令在完成 2.3.5 节的实验步骤(4)时执行。

```
[Huawei]display mac-address
```

注：以下命令在完成 2.3.5 节的实验步骤(5)时执行。

```
[Huawei]undo mac-address all
```

注：以下命令在完成 2.3.5 节的实验步骤(6)时执行。

```
[Huawei]display mac-address
```

注：以下命令在完成 2.3.5 节的实验步骤(7)时执行。

```
[Huawei]mac-address static 5489-9862-7820 GigabitEthernet0/0/1 vlan 1
```

2. 交换机 LSW3 配置过程

```
<Huawei>system-view
```

```
[Huawei]undo info-center enable
```

注：以下命令在完成2.3.5节的实验步骤(4)时执行。

```
[Huawei]display mac-address
```

注：以下命令在完成2.3.5节的实验步骤(6)时执行。

```
[Huawei]display mac-address
```

注：以下命令在完成2.3.5节的实验步骤(7)时执行。

```
[Huawei]mac-address blackhole 5489-987B-5B83 vlan 1
```

交换机LSW2只有显示MAC表内容的命令，这里不再赘述。

3. 命令列表

交换机配置过程中使用的命令及功能和参数说明如表2.2所示。

表2.2　交换机配置过程中使用的命令及功能和参数说明

命令格式	功能和参数说明
undo mac-address [**all** | **dynamic**]	清除MAC表内容。all选项表示清除所有类型的转发项，dynamic选项表示只清除动态转发项
mac-address static *mac-address interface-type interface-number* **vlan** *vlan-id*	配置一项静态转发项。其中，参数*mac-address*用于指定MAC地址，参数*interface-type interface-number*用于指定输出端口，参数*vlan-id*用于指定转发项所属的VLAN
mac-address blackhole *mac-address* **vlan** *vlan-id*	配置一项黑洞转发项。其中，参数*mac-address*用于指定黑洞转发项的MAC地址，参数*vlan-id*用于指定黑洞转发项对应的VLAN

2.4　单交换机VLAN划分实验

2.4.1　实验内容

在本实验中，交换机连接终端和集线器的方式及端口分配给各个VLAN的情况如图2.21所示，初始状态下各个VLAN对应的MAC表内容为空。依次进行以下(1)～(6)的MAC帧传输过程，针对每一次MAC帧传输过程，记录MAC表的变化过程及MAC帧到达的终端。

(1) 终端A→终端B。

(2) 终端B→终端A。

(3) 终端E→终端B。

(4) 终端B→终端E。

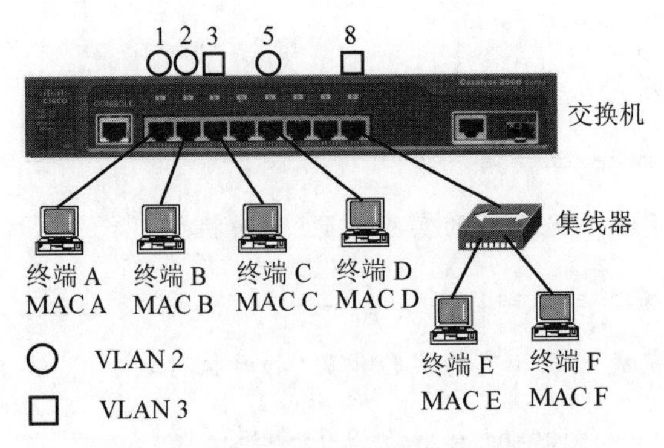

图 2.21　交换机连接终端和集线器的方式

(5) 终端 B 发送广播帧。

(6) 终端 F→终端 E。

2.4.2　实验目的

(1) 验证交换机 VLAN 配置过程。

(2) 验证属于同一 VLAN 的终端之间的通信过程。

(3) 验证每一个 VLAN 为独立的广播域。

(4) 验证属于不同 VLAN 的两个终端之间不能通信。

(5) 验证转发项和 VLAN 的对应关系。

2.4.3　实验原理

默认情况下,交换机所有端口属于默认 VLAN,即 VLAN 1,因此,交换机的所有端口属于同一个广播域,任何终端发送的以广播地址为目的 MAC 地址的 MAC 帧都会到达连接在交换机上的所有终端。由于与交换机端口 8 连接的是集线器,因此,从端口 8 输出的 MAC 帧到达连接在集线器上的所有终端。

为了完成图 2.21 所示的 VLAN 划分过程,在交换机中创建 VLAN 2 和 VLAN 3,并根据表 2.3 所示的 VLAN 与交换机端口之间的映射,将交换机端口分配给 VLAN。

完成图 2.21 所示的 VLAN 划分过程后,在(1)～(6)的 MAC 帧传输过程中,MAC 帧到达的终端如表 2.4 所示。

表 2.3　VLAN 与交换机端口的映射

VLAN	接入端口
VLAN 2	1,2,5
VLAN 3	3,8

表 2.4　MAC 帧到达的终端

MAC 帧传输过程	到 达 终 端
终端 A→终端 B	终端 B、D
终端 B→终端 A	终端 A
终端 E→终端 B	终端 F、C
终端 B→终端 E	终端 A、D
终端 B 发送广播帧	终端 A、D
终端 F→终端 E	终端 E

2.4.4　关键命令说明

1. 创建批量 VLAN

```
[Huawei]vlan batch 2 3
```

vlan batch 23 是系统视图下使用的命令，该命令的作用是批量创建 VLAN。这里批量创建的 VLAN 包括 VLAN 2 和 VLAN 3。

2. 配置接入端口

以下命令序列实现将交换机端口 GigabitEthernet0/0/1 作为接入端口分配给 VLAN 2 的功能。

```
[Huawei]interface GigabitEthernet0/0/1
[Huawei-GigabitEthernet0/0/1]port link-type access
[Huawei-GigabitEthernet0/0/1]port default vlan 2
[Huawei-GigabitEthernet0/0/1]quit
```

port link-type access 是接口视图下使用的命令，该命令的作用是将指定端口（这里是端口 GigabitEthernet0/0/1）的类型定义为接入端口（access）。

port default vlan 2 是接口视图下使用的命令，该命令的作用是将指定端口（这里是端口 GigabitEthernet0/0/1）作为接入端口分配给 VLAN 2，同时将 VLAN 2 作为指定端口的默认 VLAN。

2.4.5　实验步骤

（1）启动华为 eNSP，按照图 2.21 所示的网络拓扑结构放置和连接设备。完成设备放置和连接后的 eNSP 界面如图 2.22 所示。启动所有设备。

（2）完成各个终端的 IP 地址和子网掩码的配置过程，PC1～PC6 对应的 IP 地址是 192.1.1.1～192.1.1.6。

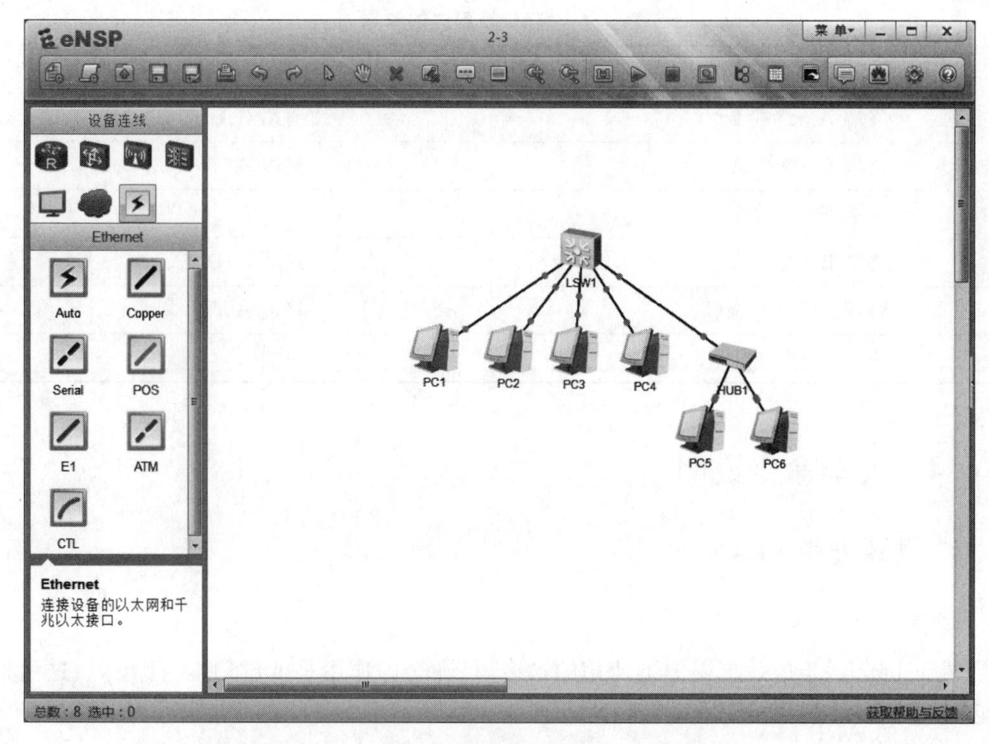

图 2.22　完成设备放置和连接后的 eNSP 界面

(3) 启动 PC1 与 PC2 之间的数据通信过程。在 PC1 命令行提示符下执行 ping 操作的界面如图 2.23 所示。

图 2.23　PC1 执行 ping 操作的界面

(4) 分别启动 PC1～PC6 捕获报文功能。启动 PC1 采集数据报文功能的界面如图 2.24 所示。选中 PC1 的以太网端口 Ethernet 0/0/1，单击"开始抓包"按钮启动 Wireshark 程序。

(5) 完成 PC1 与 PC2 之间的数据通信过程后，PC1 和 PC2 捕获的报文序列如图 2.25

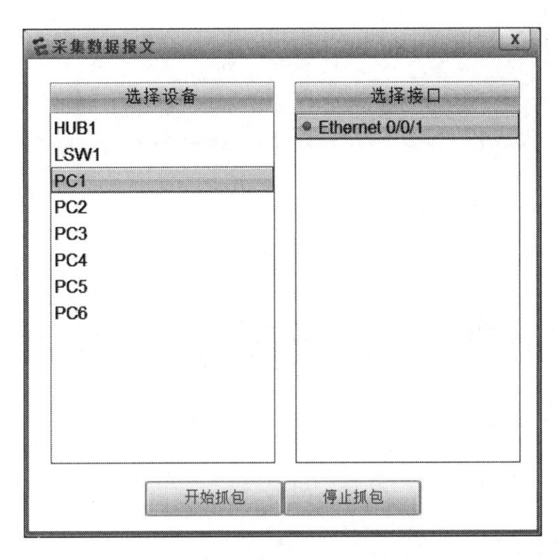

图 2.24　PC1 采集数据报文功能的界面

所示。由于 PC1 发送的用于解析 PC2 的 MAC 地址的 ARP 请求报文封装成以 PC1 的 MAC 地址为源 MAC 地址、以广播地址为目的 MAC 地址的 MAC 帧，因此，PC2～PC6 都能接收到该 ARP 请求报文，但只有 PC2 发送 ARP 响应报文，因此，PC3～PC6 只捕获 PC1 发送的 ARP 请求报文。完成 PC1 与 PC2 之间的数据通信过程后，PC3～PC6 捕获的报文序列如图 2.26 所示。

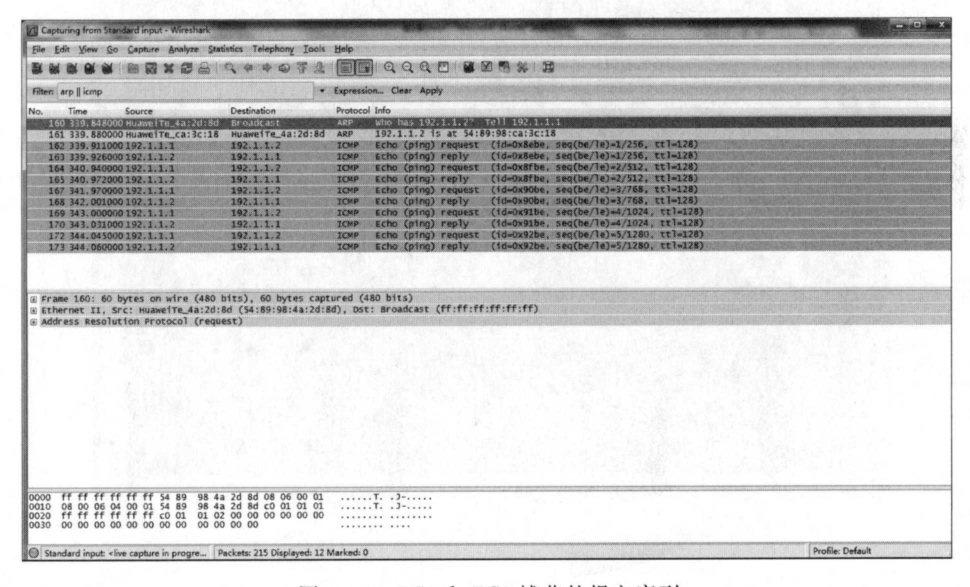

图 2.25　PC1 和 PC2 捕获的报文序列

（6）在交换机 LSW1 中创建 VLAN 2 和 VLAN 3，按照表 2.3 所示完成 VLAN 2 和 VLAN 3 的端口分配过程。VLAN 2 和 VLAN 3 的端口组成如图 2.27 所示。

（7）假定 PC1 和 PC2 已经完成对方 MAC 地址的解析过程。清空交换机 LSW1 中

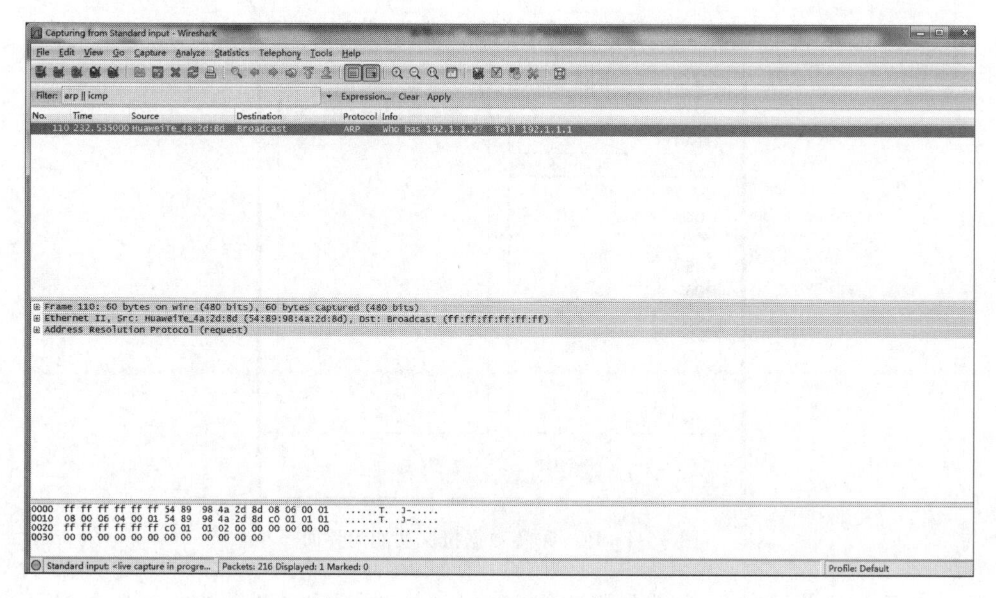

图 2.26　PC3～PC6 捕获的报文序列

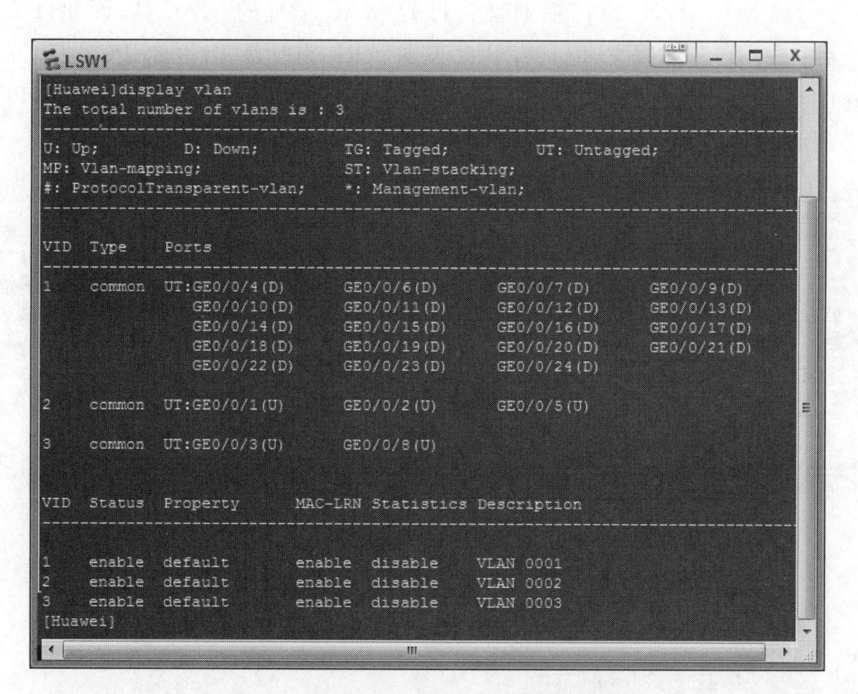

图 2.27　VLAN 2 和 VLAN 3 端口组成

的 MAC 表内容。启动 PC1 至 PC2 的 MAC 帧传输过程，PC1 至 PC2 的 MAC 帧到达属于 VLAN 2 的 PC2 和 PC4。启动 PC2 至 PC1 的 MAC 帧传输过程，PC2 至 PC1 的 MAC 帧只到达 PC1。完成 PC1 与 PC2 之间的通信过程后，PC1 和 PC2 捕获的报文序列如图 2.28 所示。PC4 捕获的报文序列如图 2.29 所示。交换机 LSW1 的 MAC 表如图 2.30 所示。

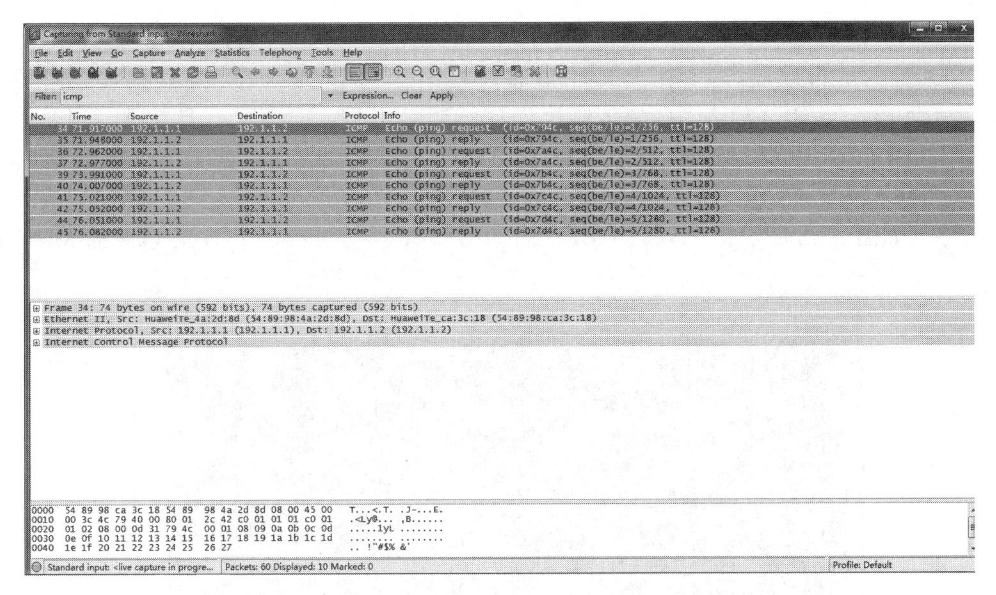

图 2.28　PC1 和 PC2 捕获的报文序列

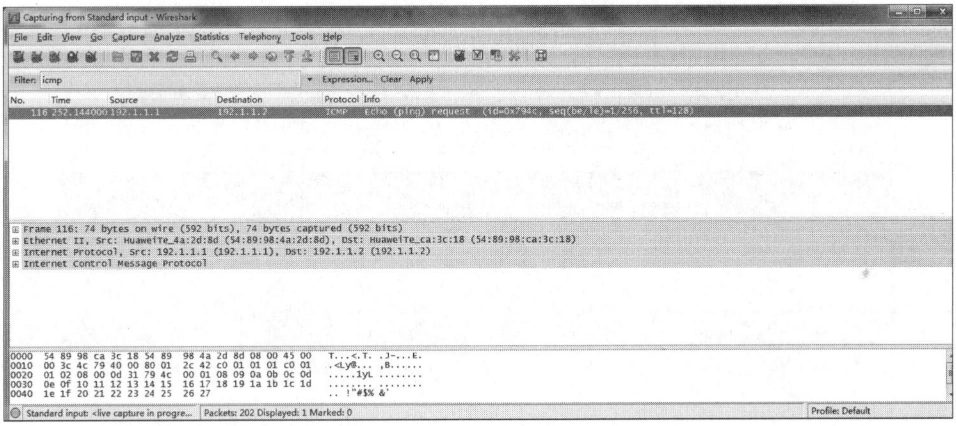

图 2.29　PC4 捕获的报文序列

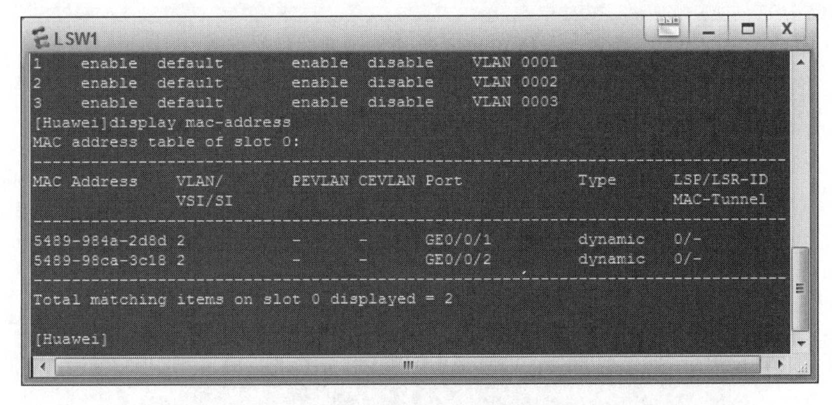

图 2.30　LSW1 的 MAC 表

(8) 由于 PC5 和 PC2 属于不同的 VLAN，因此，PC5 无法通过 ARP 完成 PC2 的 MAC 地址的解析过程，需要在 PC5 中静态建立 PC2 的 IP 地址与 MAC 地址之间的关联。启动 PC5 至 PC2 的 MAC 帧传输过程，由于 PC5 属于 VLAN 3，且在 MAC 表中找不到 VLAN ID＝3、MAC 地址为 PC2 的 MAC 地址的转发项，该 MAC 帧到达属于 VLAN 3 的 PC3 和 PC6。PC5 执行图 2.31 所示的 ping 操作后，PC5、PC3 和 PC6 捕获的报文序列如图 2.32 所示。LSW1 的 MAC 表如图 2.33 所示。由于 PC5 至 PC2 的 MAC 帧

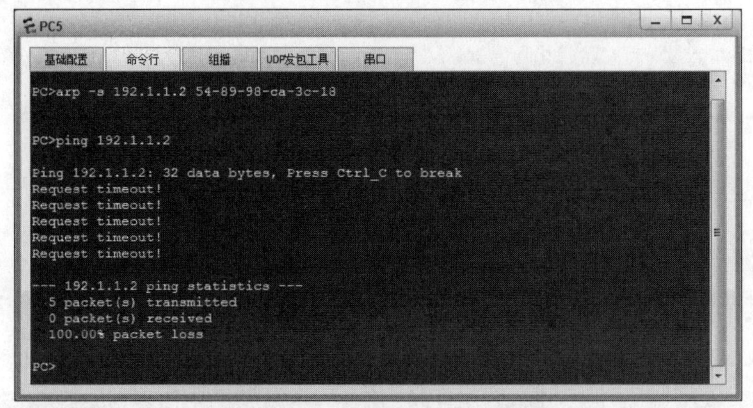

图 2.31 PC5 执行 ping 操作的界面

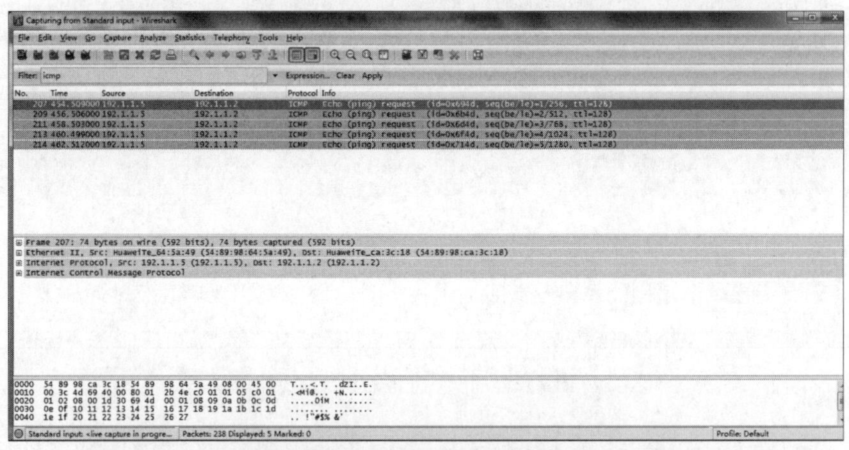

图 2.32 PC5、PC3 和 PC6 捕获的报文序列

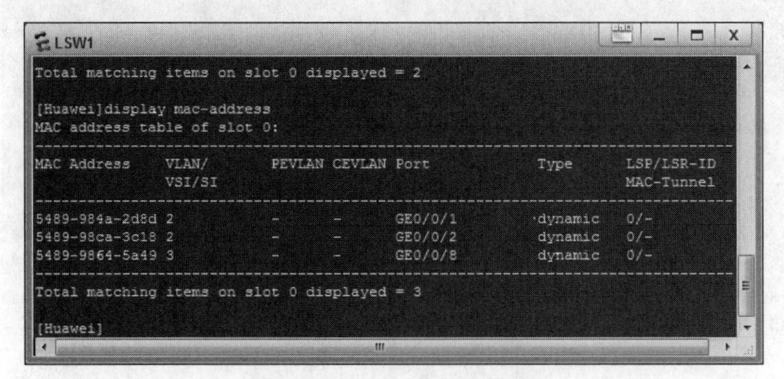

图 2.33 LSW1 的 MAC 表

无法到达 PC2，因此，PC5、PC3 和 PC6 捕获的报文序列中没有 PC2 发送的响应报文。

(9) 同样，PC2 无法通过 ARP 完成 PC5 的 MAC 地址的解析过程，需要在 PC2 中静态建立 PC5 的 IP 地址与 MAC 地址之间的关联。启动 PC2 至 PC5 的 MAC 帧传输过程，由于 PC2 属于 VLAN 2，且在 MAC 表中找不到 VLAN ID=2、MAC 地址是 PC5 的 MAC 地址的转发项，该 MAC 帧到达属于 VLAN 2 的 PC1 和 PC4。PC2 执行图 2.34 所示的 ping 操作后，PC1 和 PC2 捕获的报文序列如图 2.35 所示，PC4 捕获的报文序列如图 2.36 所示。由于 PC2 至 PC5 的 MAC 帧无法到达 PC5，因此，PC1、PC2 和 PC4 捕获的报文序列中没有 PC5 发送的响应报文。

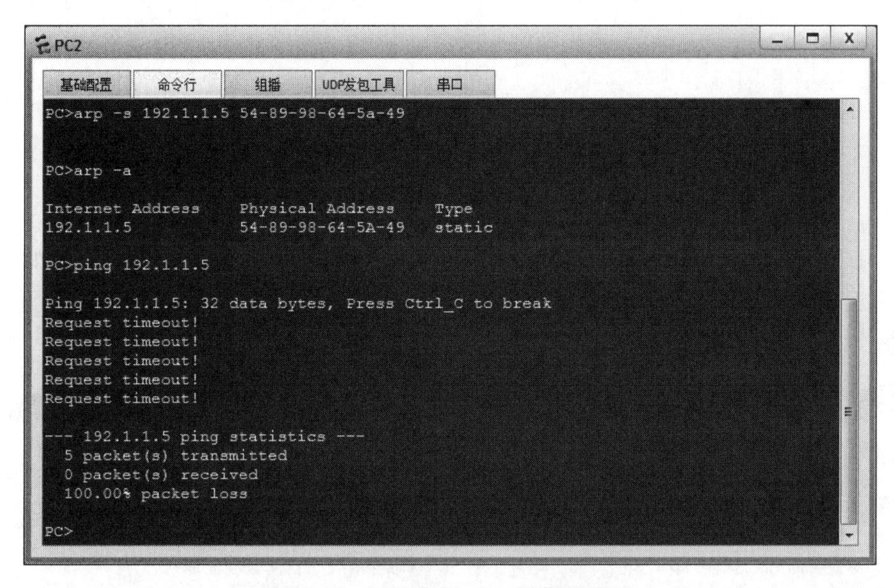

图 2.34　PC2 执行 ping 操作的界面

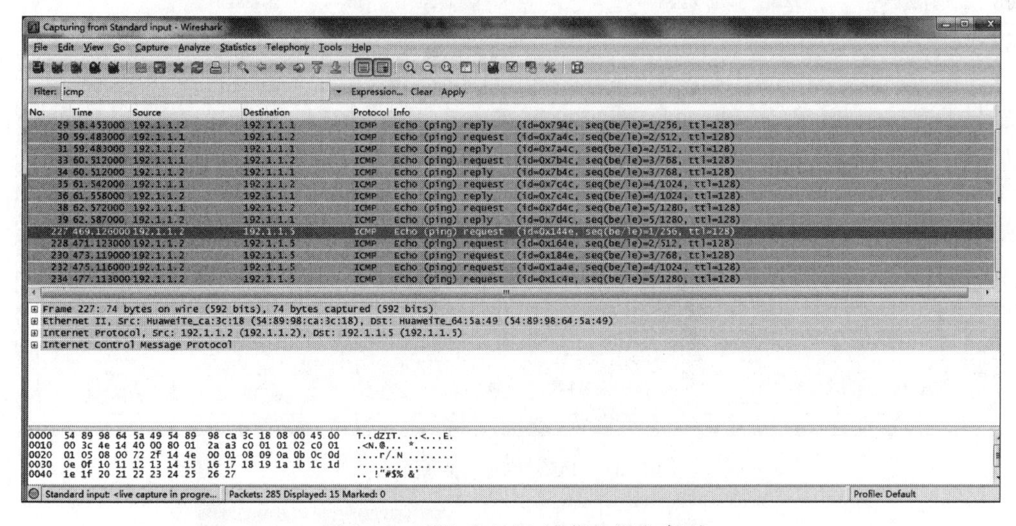

图 2.35　PC1 和 PC2 捕获的报文序列

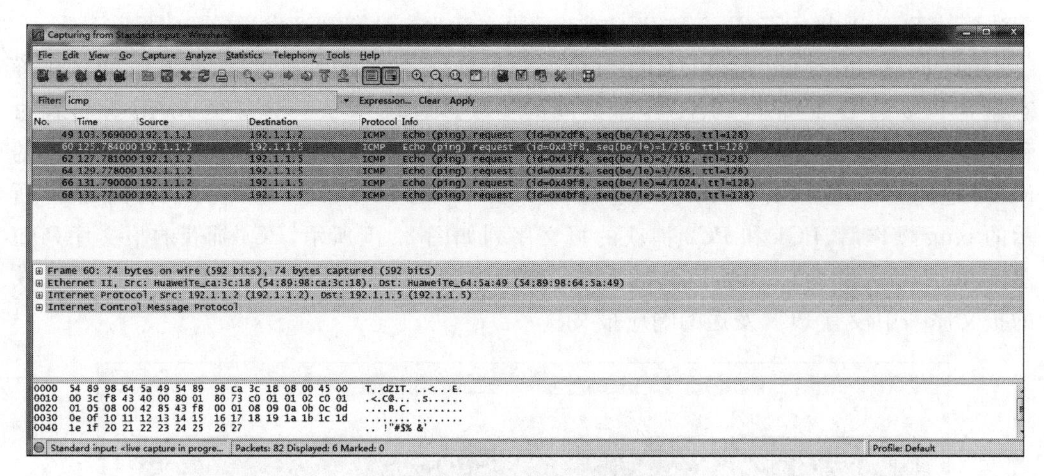

图 2.36　PC4 捕获的报文序列

（10）PC2 生成广播帧的界面如图 2.37 所示。PC2 发送的广播帧到达属于 VLAN 2 的 PC1 和 PC4。PC1、PC2 捕获的报文序列如图 2.38 所示，PC4 捕获的报文序列如图 2.39 所示，由于 PC2 只发送了一帧广播帧，因此，PC1、PC2 和 PC4 捕获的报文序列中只有一个 UDP 报文。

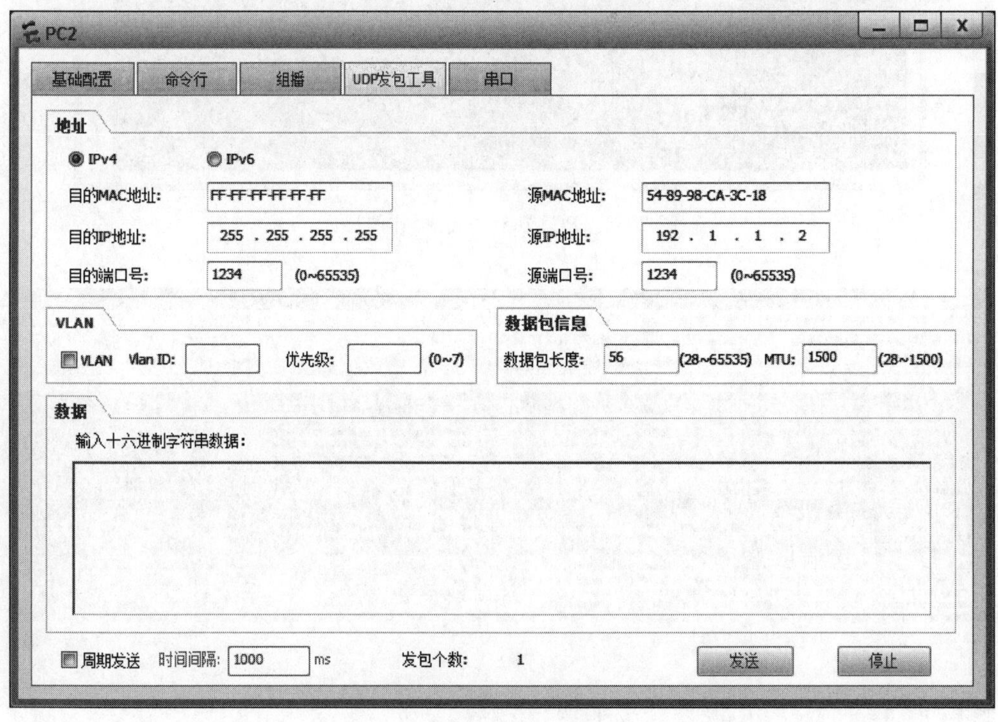

图 2.37　PC2 生成广播帧的界面

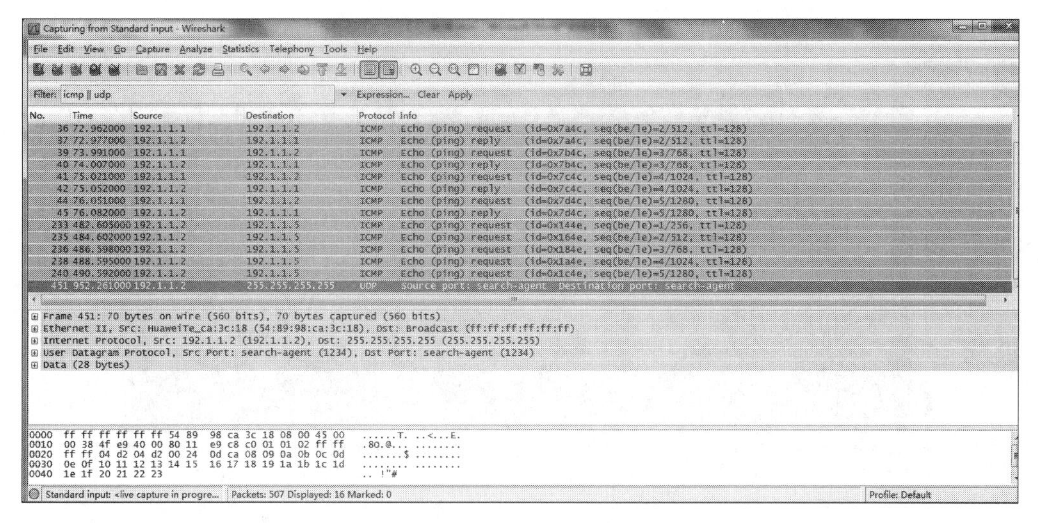

图 2.38　PC1 和 PC2 捕获的报文序列

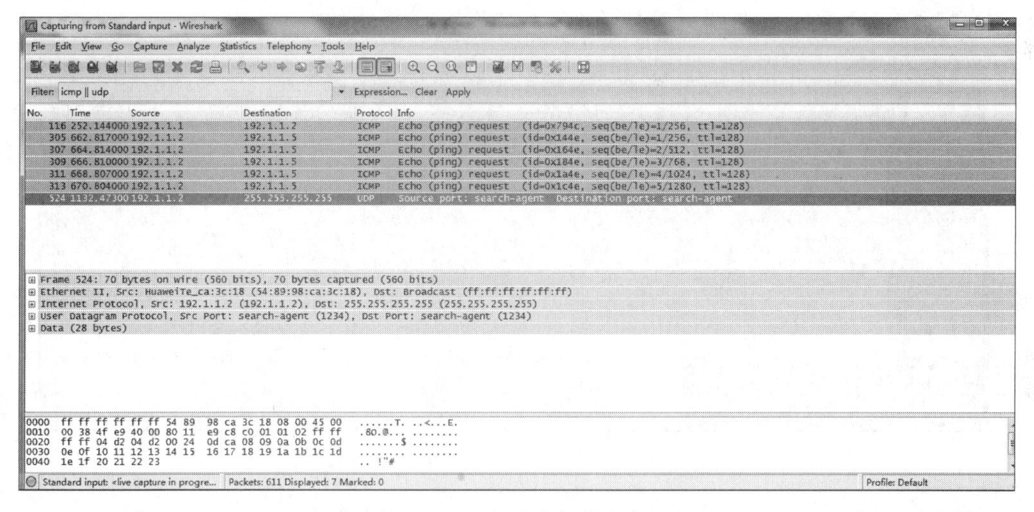

图 2.39　PC4 捕获的报文序列

(11) 通过在 PC6 执行图 2.40 所示的 ping 操作启动 PC6 至 PC5 的 MAC 帧传输过程。由于交换机 LSW1 的 MAC 表中存在 VLAN ID＝3、MAC 地址是 PC5 的 MAC 地址、转发端口是端口 GE0/0/8 的转发项，因此，丢弃通过端口 GE0/0/8 接收到的 PC6 发送给 PC5 的 MAC 帧，但生成一项 VLAN ID＝3、MAC 地址是 PC6 的 MAC 地址、转发端口是端口 GE0/0/8 的转发项。因此，PC6 至 PC5 的 MAC 帧只到达 PC5。PC6 和 PC5 捕获的报文序列如图 2.41 所示。LSW1 的 MAC 表如图 2.42 所示。

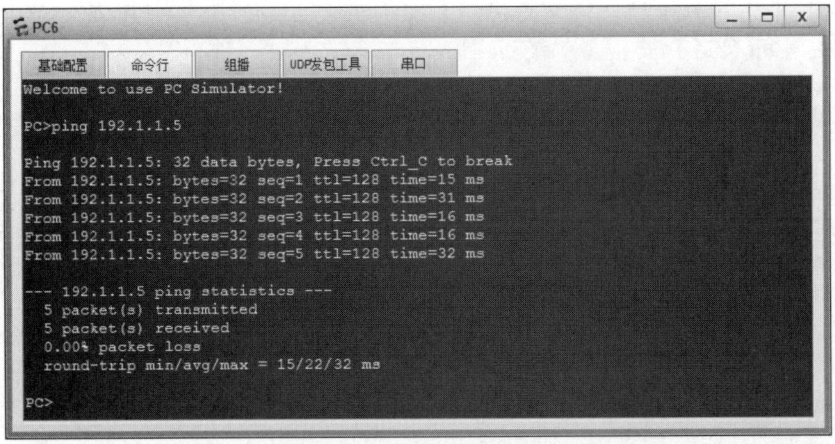

```
PC6
基础配置  命令行  组播  UDP发包工具  串口
Welcome to use PC Simulator!

PC>ping 192.1.1.5

Ping 192.1.1.5: 32 data bytes, Press Ctrl_C to break
From 192.1.1.5: bytes=32 seq=1 ttl=128 time=15 ms
From 192.1.1.5: bytes=32 seq=2 ttl=128 time=31 ms
From 192.1.1.5: bytes=32 seq=3 ttl=128 time=16 ms
From 192.1.1.5: bytes=32 seq=4 ttl=128 time=16 ms
From 192.1.1.5: bytes=32 seq=5 ttl=128 time=32 ms

--- 192.1.1.5 ping statistics ---
  5 packet(s) transmitted
  5 packet(s) received
  0.00% packet loss
  round-trip min/avg/max = 15/22/32 ms

PC>
```

图 2.40　PC6 执行 ping 操作界面

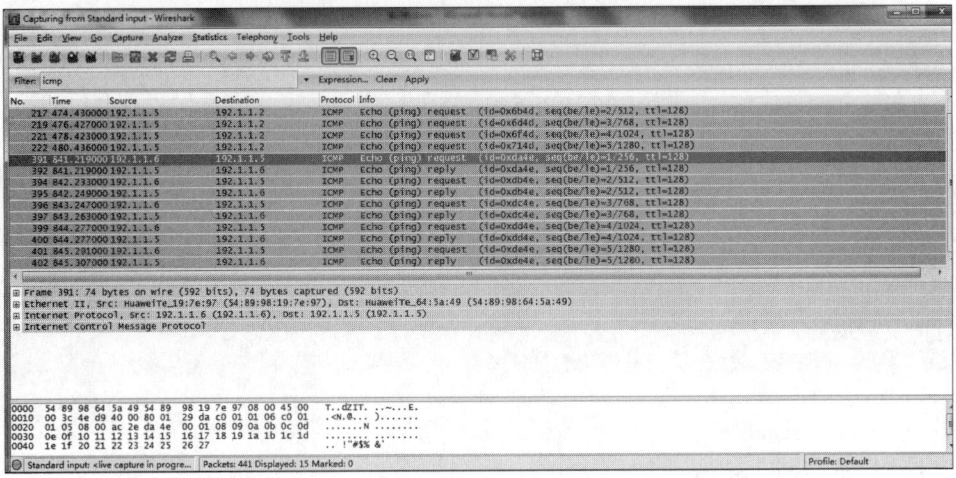

```
Capturing from Standard input - Wireshark
File Edit View Go Capture Analyze Statistics Telephony Tools Help
Filter: icmp                    Expression... Clear Apply
No.  Time       Source     Destination  Protocol Info
217 474.430000 192.1.1.5  192.1.1.2    ICMP  Echo (ping) request  (id=0x6b4d, seq(be/le)=2/512, ttl=128)
219 476.427000 192.1.1.5  192.1.1.2    ICMP  Echo (ping) request  (id=0x6d4d, seq(be/le)=3/768, ttl=128)
221 478.423000 192.1.1.5  192.1.1.2    ICMP  Echo (ping) request  (id=0x6f4d, seq(be/le)=4/1024, ttl=128)
222 480.436000 192.1.1.5  192.1.1.2    ICMP  Echo (ping) request  (id=0x714d, seq(be/le)=5/1280, ttl=128)
391 841.219000 192.1.1.6  192.1.1.5    ICMP  Echo (ping) request  (id=0xda4e, seq(be/le)=1/256, ttl=128)
392 841.219000 192.1.1.5  192.1.1.6    ICMP  Echo (ping) reply    (id=0xda4e, seq(be/le)=1/256, ttl=128)
394 842.233000 192.1.1.6  192.1.1.5    ICMP  Echo (ping) request  (id=0xdb4e, seq(be/le)=2/512, ttl=128)
395 842.249000 192.1.1.5  192.1.1.6    ICMP  Echo (ping) reply    (id=0xdb4e, seq(be/le)=2/512, ttl=128)
396 843.247000 192.1.1.6  192.1.1.5    ICMP  Echo (ping) request  (id=0xdc4e, seq(be/le)=3/768, ttl=128)
397 843.263000 192.1.1.5  192.1.1.6    ICMP  Echo (ping) reply    (id=0xdc4e, seq(be/le)=3/768, ttl=128)
399 844.277000 192.1.1.6  192.1.1.5    ICMP  Echo (ping) request  (id=0xdd4e, seq(be/le)=4/1024, ttl=128)
400 844.277000 192.1.1.5  192.1.1.6    ICMP  Echo (ping) reply    (id=0xdd4e, seq(be/le)=4/1024, ttl=128)
401 845.291000 192.1.1.6  192.1.1.5    ICMP  Echo (ping) request  (id=0xde4e, seq(be/le)=5/1280, ttl=128)
402 845.307000 192.1.1.5  192.1.1.6    ICMP  Echo (ping) reply    (id=0xde4e, seq(be/le)=5/1280, ttl=128)

Frame 391: 74 bytes on wire (592 bits), 74 bytes captured (592 bits)
Ethernet II, Src: HuaweiTe_19:7e:97 (54:89:98:19:7e:97), Dst: HuaweiTe_64:5a:49 (54:89:98:64:5a:49)
Internet Protocol, Src: 192.1.1.6 (192.1.1.6), Dst: 192.1.1.5 (192.1.1.5)
Internet Control Message Protocol

0000  54 89 98 64 5a 49 54 89  98 19 7e 97 08 00 45 00   T..dZIT. ..~...E.
0010  00 3c 4e d9 40 00 80 01  29 da c0 01 01 06 c0 01   .<N.@... ).......
0020  01 05 08 00 ac 2e da 4e  00 01 08 09 0a 0b 0c 0d   .......N ........
0030  0e 0f 10 11 12 13 14 15  16 17 18 19 1a 1b 1c 1d   ........ ........
0040  1e 1f 20 21 22 23 24 25  26 27                     .. !"#$% &'

Standard input: <live capture in progre...   Packets: 441 Displayed: 15 Marked: 0   Profile: Default
```

图 2.41　PC6 和 PC5 捕获的报文序列

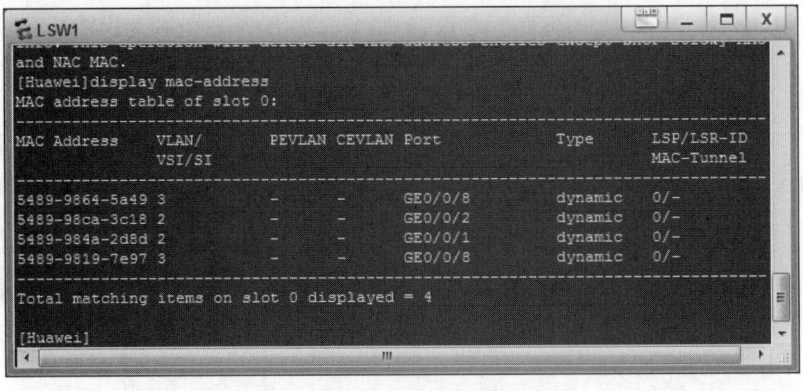

```
LSW1
and NAC MAC.
[Huawei]display mac-address
MAC address table of slot 0:
-------------------------------------------------------------------------------
MAC Address    VLAN/       PEVLAN CEVLAN Port            Type      LSP/LSR-ID
               VSI/SI                                              MAC-Tunnel
-------------------------------------------------------------------------------
5489-9864-5a49 3           -      -      GE0/0/8         dynamic   0/-
5489-98ca-3c18 2           -      -      GE0/0/2         dynamic   0/-
5489-984a-2d8d 2           -      -      GE0/0/1         dynamic   0/-
5489-9819-7e97 3           -      -      GE0/0/8         dynamic   0/-
-------------------------------------------------------------------------------
Total matching items on slot 0 displayed = 4

[Huawei]
```

图 2.42　LSW1 的 MAC 表

2.4.6 命令行接口配置过程

1. 交换机 LSW1 配置过程

```
<Huawei>system-view
[Huawei]undo info-center enable
[Huawei]vlan batch 2 3
[Huawei]interface GigabitEthernet0/0/1
[Huawei-GigabitEthernet0/0/1]port link-type access
[Huawei-GigabitEthernet0/0/1]port default vlan 2
[Huawei-GigabitEthernet0/0/1]quit
[Huawei]interface GigabitEthernet0/0/2
[Huawei-GigabitEthernet0/0/2]port link-type access
[Huawei-GigabitEthernet0/0/2]port default vlan 2
[Huawei-GigabitEthernet0/0/2]quit
[Huawei]interface GigabitEthernet0/0/3
[Huawei-GigabitEthernet0/0/3]port link-type access
[Huawei-GigabitEthernet0/0/3]port default vlan 3
[Huawei-GigabitEthernet0/0/3]quit
[Huawei]interface GigabitEthernet0/0/5
[Huawei-GigabitEthernet0/0/5]port link-type access
[Huawei-GigabitEthernet0/0/5]port default vlan 2
[Huawei-GigabitEthernet0/0/5]quit
[Huawei]interface GigabitEthernet0/0/8
[Huawei-GigabitEthernet0/0/8]port link-type access
[Huawei-GigabitEthernet0/0/8]port default vlan 3
[Huawei-GigabitEthernet0/0/8]quit
```

2. 命令列表

交换机配置过程中使用的命令及功能和参数说明如表 2.5 所示。

表 2.5 交换机配置过程中使用的命令及功能和参数说明

命令格式	功能和参数说明
vlan batch *vlan-id 列表*	批量创建 VLAN，参数 *vlan-id 列表* 用于指定一组 VLAN。*vlan-id 列表* 可以是一组空格分隔的 VLAN-ID，也可以是 *vlan-id*1 **to** *vlan-id*2
port link-type { **access** | **hybrid** | **trunk** }	指定交换机端口类型
port default vlan *vlan-id*	将指定交换机端口作为接入端口分配给编号为 *vlan-id* 的 VLAN，并将该 VLAN 作为指定交换机端口的默认 VLAN
port trunk allow-pass vlan *vlan-id 列表*	由参数 *vlan-id 列表* 指定的一组 VLAN 共享指定主干端口。*vlan-id 列表* 可以是一组空格分隔的 VLAN-ID，也可以是 *vlan-id*1 **to** *vlan-id*2

2.5 跨交换机 VLAN 配置实验

2.5.1 实验内容

在本实验中构建图 2.43 所示的物理以太网，将物理以太网划分为 3 个 VLAN，分别是 VLAN 2、VLAN 3 和 VLAN 4。其中终端 A、终端 B 和终端 G 属于 VLAN 2，终端 E、终端 F 和终端 H 属于 VLAN 3，终端 C 和终端 D 属于 VLAN 4。为了保证属于同一 VLAN 的终端之间能够相互通信，建立属于同一 VLAN 的终端之间的交换路径。为了验证两个终端之间不能通信的原因是这两个终端属于不同的 VLAN，为所有终端分配有相同网络号的 IP 地址。

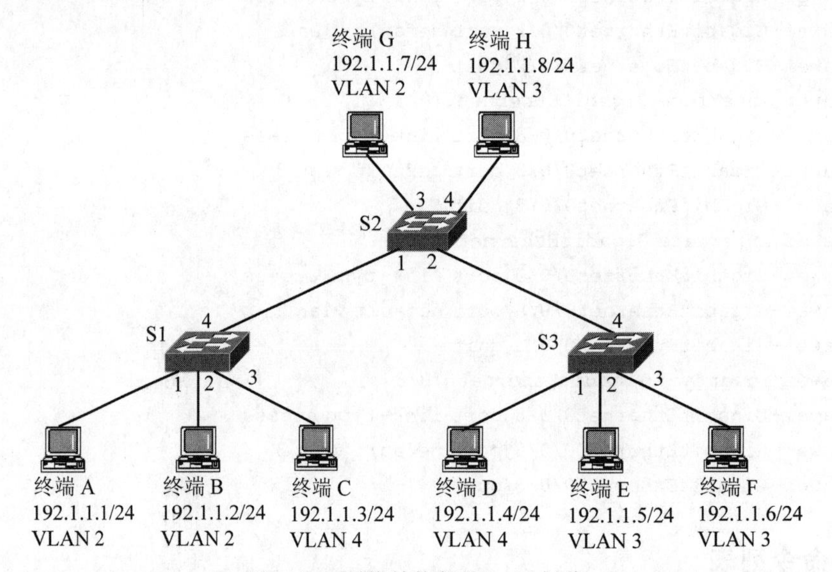

图 2.43 网络结构与 VLAN 划分

2.5.2 实验目的

(1) 掌握复杂交换式以太网的设计过程。

(2) 实现跨交换机 VLAN 划分过程。

(3) 验证接入端口和主干端口之间的区别。

(4) 验证 IEEE 802.1q 标准 MAC 帧格式。

(5) 验证属于同一 VLAN 的终端之间的通信过程。

(6) 验证属于不同 VLAN 的两个终端之间不能相互通信。

2.5.3 实验原理

1. 创建 VLAN 并为 VLAN 分配交换机端口

为了保证属于同一 VLAN 的终端之间存在交换路径，在交换机中创建 VLAN 和为 VLAN 分配端口的过程中，需要遵循以下两个原则。一是端口分配原则。如果只有属于单个 VLAN 的交换路径经过某个交换机端口，将该交换机端口作为接入端口分配给该 VLAN；如果有属于不同 VLAN 的多条交换路径经过某个交换机端口，将该交换机端口配置为被这些 VLAN 共享的主干端口。二是创建 VLAN 原则。如果某个交换机直接连接属于某个 VLAN 的终端，该交换机中需要创建该 VLAN；如果某个交换机虽然没有直接连接属于某个 VLAN 的终端，但有属于该 VLAN 的交换路径经过该交换机中的端口，该交换机也需要创建该 VLAN。例如，图 2.43 中的交换机 S2 虽然没有直接连接属于 VLAN 4 的终端，但由于属于 VLAN 4 的终端 C 与终端 D 之间的交换路径经过交换机 S2 的端口 1 和端口 2，在交换机 S2 中也需创建 VLAN 4。根据上述两个原则，按照图 2.43 所示进行 VLAN 划分，交换机 S1、S2 和 S3 中创建的 VLAN 及 VLAN 与端口之间的映射分别如表 2.6、表 2.7 和表 2.8 所示。

表 2.6 交换机 S1 中创建的 VLAN 与端口的映射

VLAN	接入端口	主干端口(共享端口)
VLAN 2	1,2	4
VLAN 4	3	4

表 2.7 交换机 S2 中创建的 VLAN 与端口的映射

VLAN	接入端口	主干端口(共享端口)
VLAN 2	3	1
VLAN 3	4	2
VLAN 4		1,2

表 2.8 交换机 S3 中创建的 VLAN 与端口的映射

VLAN	接入端口	主干端口(共享端口)
VLAN 3	2,3	4
VLAN 4	1	4

2. 端口类型与 MAC 帧格式之间的关系

从接入端口输入输出的 MAC 帧不携带 VLAN ID，是普通的 MAC 帧格式。从主干端口(共享端口)输入输出的 MAC 帧携带该 MAC 帧所属 VLAN 的 VLAN ID。MAC 帧格式是 IEEE 802.1q 标准 MAC 帧格式。

2.5.4　关键命令说明

以下命令序列实现将交换机端口 GigabitEthernet0/0/4 定义为被 VLAN 2 和 VLAN 4 共享的主干端口的功能。

```
[Huawei]interface GigabitEthernet0/0/4
[Huawei-GigabitEthernet0/0/4]port link-type trunk
[Huawei-GigabitEthernet0/0/4]port trunk allow-pass vlan 2 4
[Huawei-GigabitEthernet0/0/4]quit
```

port link-type trunk 是接口视图下使用的命令，该命令的作用是将指定端口（这里是端口 GigabitEthernet0/0/4）的类型定义为主干端口（trunk）。

port trunk allow-pass vlan 2 4 是接口视图下使用的命令，该命令的作用是将指定端口（这里是端口 GigabitEthernet0/0/4）定义为被 VLAN 2 和 VLAN 4 共享的主干端口。

2.5.5　实验步骤

（1）启动华为 eNSP，按照图 2.43 所示的网络拓扑结构放置和连接设备。完成设备放置和连接后的 eNSP 界面如图 2.44 所示。启动所有设备。

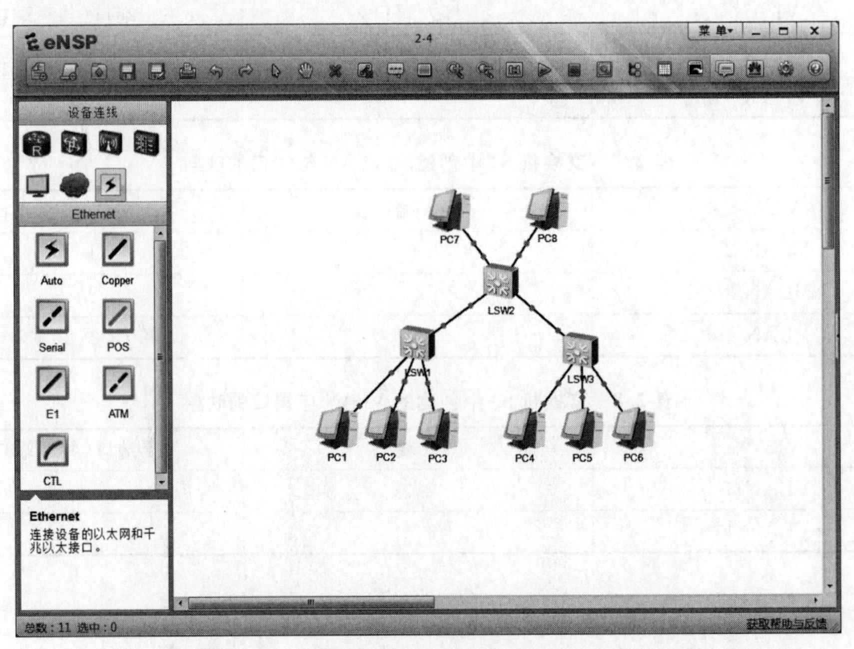

图 2.44　完成设备放置和连接后的 eNSP 界面

（2）分别为 PC1～PC8 配置 IP 地址和子网掩码。PC1～PC8 对应的 IP 地址是 192.1.1.1～192.1.1.8。

（3）划分 VLAN 之前，PC1～PC8 属于默认 VLAN（VLAN 1），因此，能够实现各个

终端之间的相互通信过程。图 2.45 是 PC1 与 PC3 和 PC6 之间相互通信的过程。

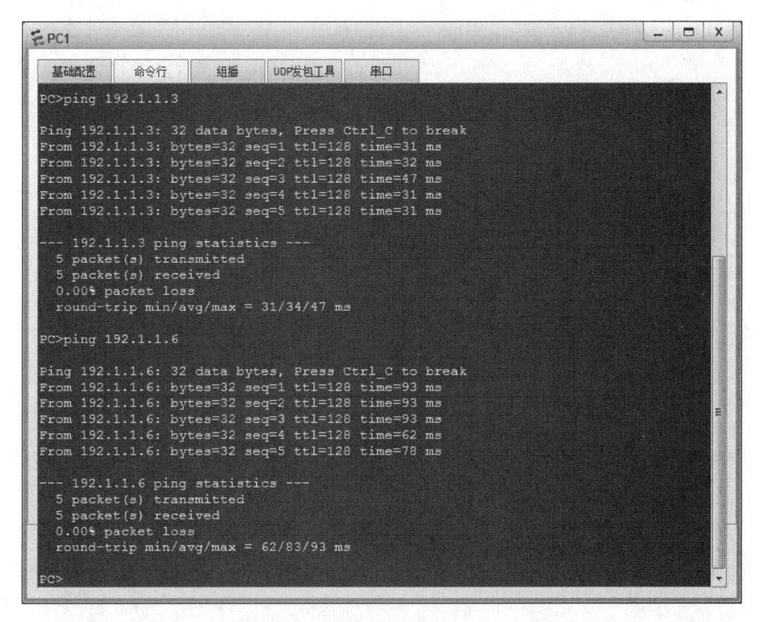

图 2.45　PC1 与 PC3 和 PC6 之间相互通信的过程

（4）按照表 2.6、表 2.7 和表 2.8 所示的 VLAN 与端口之间的映射，完成在交换机 LSW1、LSW2 和 LSW3 中创建 VLAN，为各个 VLAN 分配接入端口，定义被各个 VLAN 共享的主干端口的过程。交换机 LSW1、LSW2 和 LSW3 中各个 VLAN 的端口组成分别如图 2.46、图 2.47 和图 2.48 所示。

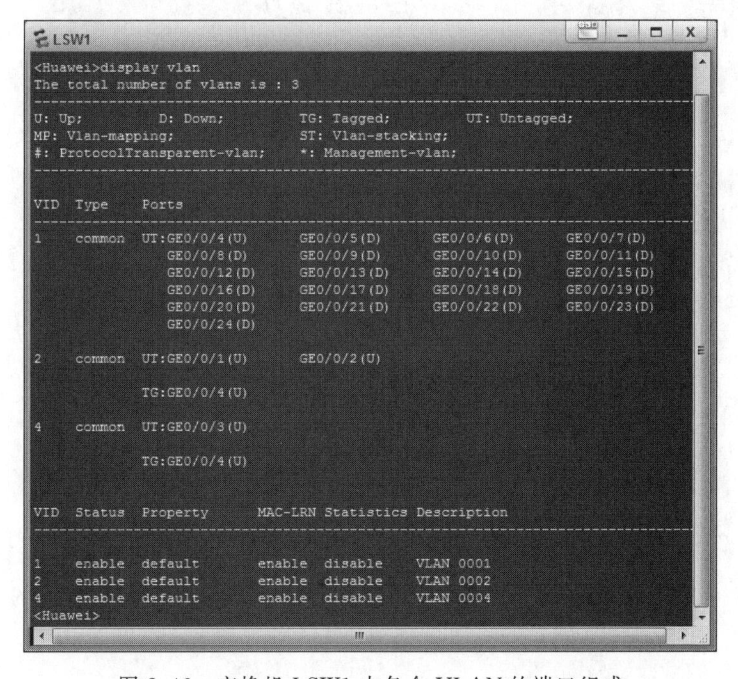

图 2.46　交换机 LSW1 中各个 VLAN 的端口组成

```
LSW2
<Huawei>display vlan
The total number of vlans is : 4
--------------------------------------------------------------------------------
U: Up;         D: Down;         TG: Tagged;         UT: Untagged;
MP: Vlan-mapping;               ST: Vlan-stacking;
#: ProtocolTransparent-vlan;    *: Management-vlan;
--------------------------------------------------------------------------------

VID  Type    Ports
--------------------------------------------------------------------------------
1    common  UT:GE0/0/1(U)      GE0/0/2(U)      GE0/0/5(D)      GE0/0/6(D)
                GE0/0/7(D)      GE0/0/8(D)      GE0/0/9(D)      GE0/0/10(D)
                GE0/0/11(D)     GE0/0/12(D)     GE0/0/13(D)     GE0/0/14(D)
                GE0/0/15(D)     GE0/0/16(D)     GE0/0/17(D)     GE0/0/18(D)
                GE0/0/19(D)     GE0/0/20(D)     GE0/0/21(D)     GE0/0/22(D)
                GE0/0/23(D)     GE0/0/24(D)

2    common  UT:GE0/0/3(U)

             TG:GE0/0/1(U)

3    common  UT:GE0/0/4(U)

             TG:GE0/0/2(U)

4    common  TG:GE0/0/1(U)      GE0/0/2(U)

VID  Status  Property      MAC-LRN Statistics Description
--------------------------------------------------------------------------------

1    enable  default       enable  disable    VLAN 0001
2    enable  default       enable  disable    VLAN 0002
3    enable  default       enable  disable    VLAN 0003
4    enable  default       enable  disable    VLAN 0004
<Huawei>
```

图 2.47　交换机 LSW2 中各个 VLAN 的端口组成

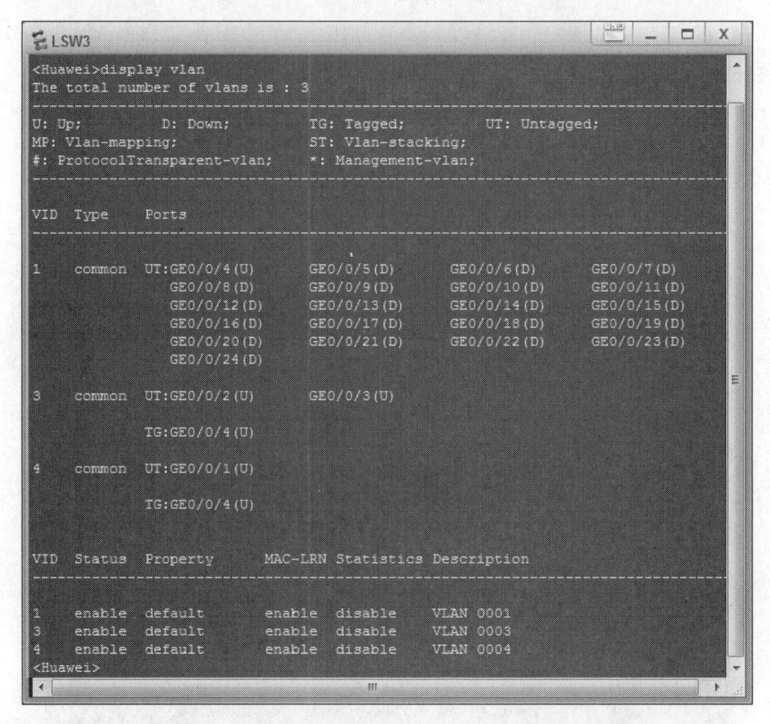

图 2.48　交换机 LSW3 中各个 VLAN 的端口组成

(5) 完成 VLAN 划分过程后，虽然所有终端的 IP 地址有着相同的网络号，但只有属于同一 VLAN 的终端之间才能相互通信，属于不同 VLAN 的终端之间无法相互通信。由于 PC3 和 PC4 属于 VLAN 4，因此，PC3 与 PC4 之间能够相互通信。由于 PC2 属于 VLAN 2，因此，PC3 与 PC2 之间无法相互通信，如图 2.49 所示。同样，由于 PC6 和 PC8 属于 VLAN 3，因此 PC6 与 PC8 之间能够相互通信，但 PC6 与 PC4 之间无法相互通信，如图 2.50 所示。

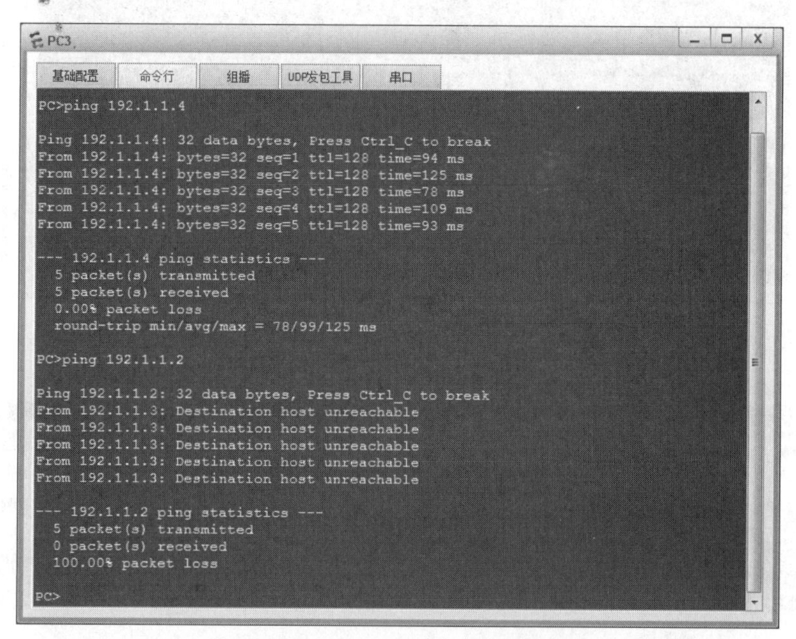

图 2.49 PC3 与 PC4 和 PC2 之间的通信过程

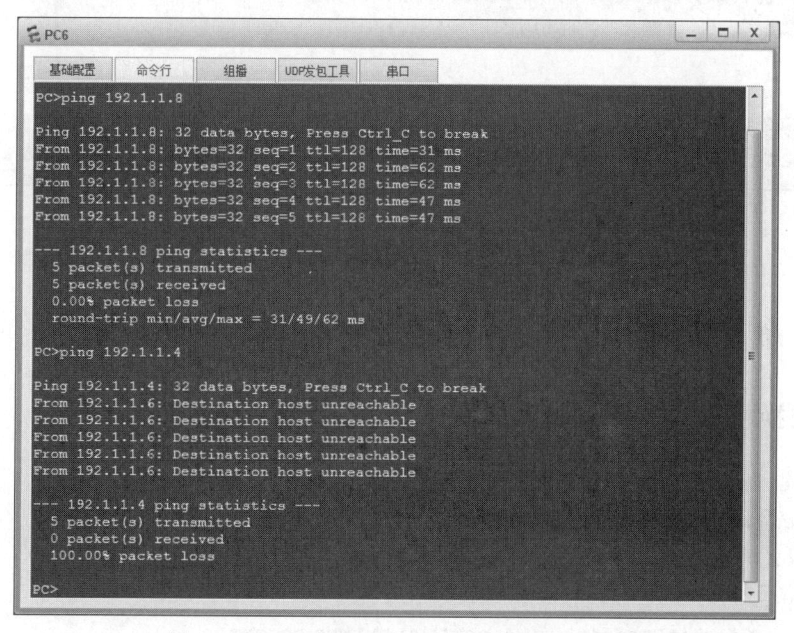

图 2.50 PC6 与 PC8 和 PC4 之间的通信过程

(6) 为了查看 IEEE 802.1q 帧格式,启动交换机 LSW1 端口 GE0/0/4 的捕获报文功能。在 PC1 中执行图 2.51 所示的 ping 操作后,交换机 LSW1 端口 GE0/0/4 捕获的报文序列如图 2.52 所示,MAC 帧中携带 VLAN ID(ID:2)。

```
PC>ping 192.1.1.7

Ping 192.1.1.7: 32 data bytes, Press Ctrl_C to break
From 192.1.1.7: bytes=32 seq=1 ttl=128 time=47 ms
From 192.1.1.7: bytes=32 seq=2 ttl=128 time=47 ms
From 192.1.1.7: bytes=32 seq=3 ttl=128 time=47 ms
From 192.1.1.7: bytes=32 seq=4 ttl=128 time=94 ms
From 192.1.1.7: bytes=32 seq=5 ttl=128 time=63 ms

--- 192.1.1.7 ping statistics ---
  5 packet(s) transmitted
  5 packet(s) received
  0.00% packet loss
  round-trip min/avg/max = 47/59/94 ms

PC>
```

图 2.51　PC1 执行 ping 操作界面

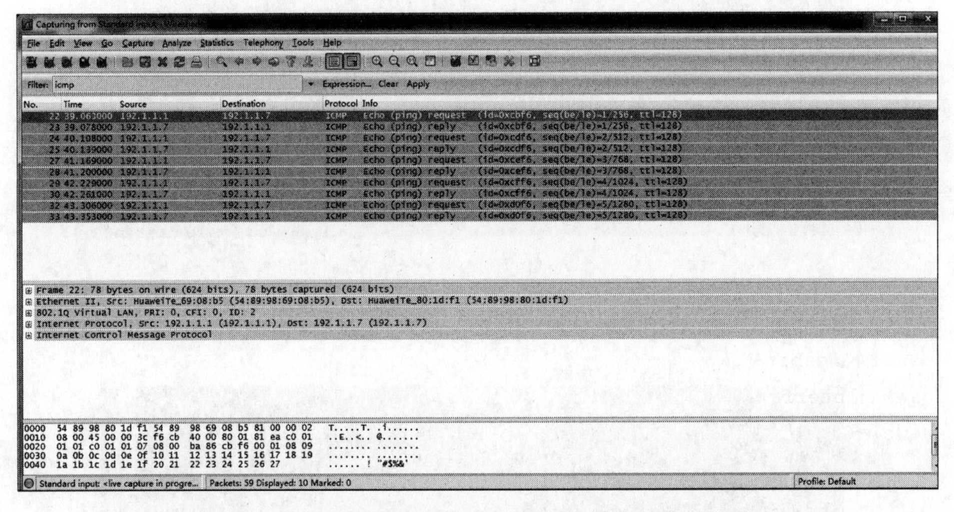

图 2.52　交换机 LSW1 端口 GE0/0/4 捕获的报文序列

2.5.6　命令行接口配置过程

1. 交换机 LSW1 配置过程

```
<Huawei>system-view
[Huawei]undo info-center enable
[Huawei]vlan batch 2 4
[Huawei]interface GigabitEthernet0/0/1
[Huawei-GigabitEthernet0/0/1]port link-type access
```

```
[Huawei-GigabitEthernet0/0/1]port default vlan 2
[Huawei-GigabitEthernet0/0/1]quit
[Huawei]interface GigabitEthernet0/0/2
[Huawei-GigabitEthernet0/0/2]port link-type access
[Huawei-GigabitEthernet0/0/2]port default vlan 2
[Huawei-GigabitEthernet0/0/2]quit
[Huawei]interface GigabitEthernet0/0/3
[Huawei-GigabitEthernet0/0/3]port link-type access
[Huawei-GigabitEthernet0/0/3]port default vlan 4
[Huawei-GigabitEthernet0/0/3]quit
[Huawei]interface GigabitEthernet0/0/4
[Huawei-GigabitEthernet0/0/4]port link-type trunk
[Huawei-GigabitEthernet0/0/4]port trunk allow-pass vlan 2 4
[Huawei-GigabitEthernet0/0/4]quit
```

2. 交换机 LSW2 配置过程

```
<Huawei>system-view
[Huawei]undo info-center enable
[Huawei]vlan batch 2 3 4
[Huawei]interface GigabitEthernet0/0/1
[Huawei-GigabitEthernet0/0/1]port link-type trunk
[Huawei-GigabitEthernet0/0/1]port trunk allow-pass vlan 2 4
[Huawei-GigabitEthernet0/0/1]quit
[Huawei]interface GigabitEthernet0/0/2
[Huawei-GigabitEthernet0/0/2]port link-type trunk
[Huawei-GigabitEthernet0/0/2]port trunk allow-pass vlan 3 4
[Huawei-GigabitEthernet0/0/2]quit
[Huawei]interface GigabitEthernet0/0/3
[Huawei-GigabitEthernet0/0/3]port link-type access
[Huawei-GigabitEthernet0/0/3]port default vlan 2
[Huawei-GigabitEthernet0/0/3]quit
[Huawei]interface GigabitEthernet0/0/4
[Huawei-GigabitEthernet0/0/4]port link-type access
[Huawei-GigabitEthernet0/0/4]port default vlan 3
[Huawei-GigabitEthernet0/0/4]quit
```

3. 交换机 LSW3 配置过程

```
<Huawei>system-view
[Huawei]undo info-center enable
[Huawei]vlan batch 3 4
[Huawei]interface GigabitEthernet0/0/1
[Huawei-GigabitEthernet0/0/1]port link-type access
```

```
[Huawei-GigabitEthernet0/0/1]port default vlan 4
[Huawei-GigabitEthernet0/0/1]quit
[Huawei]interface GigabitEthernet0/0/2
[Huawei-GigabitEthernet0/0/2]port link-type access
[Huawei-GigabitEthernet0/0/2]port default vlan 3
[Huawei-GigabitEthernet0/0/2]quit
[Huawei]interface GigabitEthernet0/0/3
[Huawei-GigabitEthernet0/0/3]port link-type access
[Huawei-GigabitEthernet0/0/3]port default vlan 3
[Huawei-GigabitEthernet0/0/3]quit
[Huawei]interface GigabitEthernet0/0/4
[Huawei-GigabitEthernet0/0/4]port link-type trunk
[Huawei-GigabitEthernet0/0/4]port trunk allow-pass vlan 3 4
[Huawei-GigabitEthernet0/0/4]quit
```

第3章

无线局域网实验

目前常见的无线局域网结构是无线控制器(Access Controller,AC)+瘦接入点(Fit Access Point,Fit AP),由无线控制器统一完成对瘦AP的配置过程。组网方式包括扩展服务集(Extended Service Set,ESS)和无线分布系统(Wireless Distribution System,WDS)等。

3.1 扩展服务集实验

3.1.1 实验内容

本实验中的扩展服务集结构如图3.1所示,由瘦接入点AP1和AP2分别将两个基本服务集(Basic Service Set,BSS)BSS1和BSS2接入由以太网组成的分配系统(Distribution System,DS)。由无线控制器统一完成对瘦AP的配置过程,实现扩展服务集中各个终端之间的通信过程。

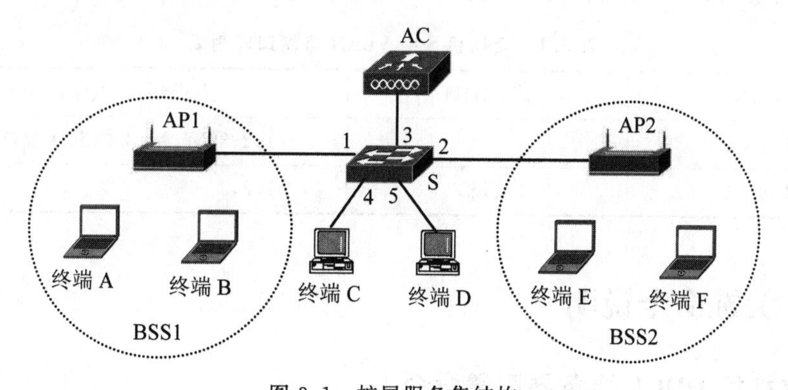

图3.1 扩展服务集结构

3.1.2 实验目的

(1) 验证BSS的通信区域。

(2) 验证终端与瘦 AP 之间建立关联的过程。

(3) 验证无线局域网 MAC 帧格式和地址字段值。

(4) 验证 ESS 中不同 BSS 中的终端之间的通信过程。

(5) 验证 BSS 中的终端自动获取网络信息的过程。

(6) 验证 AC 的配置过程。

(7) 验证 AC 统一配置瘦 AP 的过程。

3.1.3 实验原理

交换机 S 作为 DHCP 服务器,瘦 AP 通过 DHCP 自动获取 IP 地址和子网掩码。然后,瘦 AP 通过无线接入点控制与规范(Control And Provisioning of Wireless Access Points,CAPWAP)发现阶段发现 AC,建立与 AC 之间的隧道。由于瘦 AP 通过广播发现请求报文发现 AC,因此,AC 与瘦 AP 需要位于同一个 VLAN 内。瘦 AP 建立与 AC 之间的隧道后,由 AC 统一完成对瘦 AP 的配置过程。

无线局域网中的终端通过 AC 转发数据,为了实现终端 C 和终端 D 与无线局域网中的终端之间的数据传输过程,AC 与终端 C 和终端 D 需要位于同一个用于实现数据转发的 VLAN 内。因此,AC 连接交换机 S 的端口必须是一个共享端口。交换机 S 中 VLAN 与端口之间的映射如表 3.1 所示,AC 和瘦 AP 属于 VLAN 2,将 VLAN 2 定义为默认 VLAN,即 VLAN 2 内传输的 MAC 帧无须携带 VLAN ID。VLAN 3 用于实现终端之间的 MAC 帧传输过程。

无线局域网中的终端同样通过 DHCP 自动获取 IP 地址和子网掩码,由于实现数据转发的 VLAN 和实现瘦 AP 与 AC 之间传输 CAPWAP 报文的 VLAN 不同,因此,无线局域网终端获取的 IP 地址和瘦 AP 获取的 IP 地址应该是网络号不同的 IP 地址。

表 3.1 交换机 S 中 VLAN 与端口映射表

VLAN	接入端口	主干端口(共享端口)
VLAN 2		1,2,3(VLAN 2 的默认端口)
VLAN 3	4,5	1,2,3

3.1.4 关键命令说明

1. 交换机 DHCP 服务器配置命令

以下命令序列用于在交换机中启动 DHCP 服务器功能,并将分配给属于 VLAN 2 的终端或瘦 AP 的 IP 地址范围确定为 192.1.1.0/24。

```
[Huawei]dhcp enable
[Huawei]interface vlanif 2
[Huawei-Vlanif2]ip address 192.1.1.254 24
```

```
[Huawei-Vlanif2]dhcp select interface
[Huawei-Vlanif2]quit
```

dhcp enable 是系统视图下使用的命令，该命令的作用是启动交换机 DHCP 功能。只有在交换机中通过该命令启动 DHCP 功能后，才能进行后续有关 DHCP 的配置过程。

interface vlanif 2 是系统视图下使用的命令，该命令的作用是定义 VLAN 2 对应的 IP 接口(vlanif 2)，并进入 IP 接口视图。

ip address 192.1.1.254 24 是接口视图下使用的命令(24 是网络号位数)，该命令的作用是为接口(这里是 VLAN 2 对应的 IP 接口 vlanif 2)配置 IP 地址 192.1.1.254 和子网掩码 255.255.255.0。在采用基于接口地址池分配 IP 地址的方式时，IP 地址 192.1.1.254 和子网掩码 255.255.255.0 决定了接口地址池的 IP 地址范围是 192.1.1.0/24，默认网关地址是 192.1.1.254。

dhcp select interface 是接口视图下使用的命令，该命令的作用是启动 DHCP 服务器基于接口地址池的 IP 地址分配方式。启动该 IP 地址分配方式后，DHCP 服务器通过该接口接收到 DHCP 请求消息后，在该接口的接口地址池中选择一个未使用的 IP 地址作为分配给发送 DHCP 请求消息的终端或瘦 AP 的 IP 地址。

2. AC 创建 AP 组命令

以下命令序列用于创建一个名为 apg 的 AP 组。

```
[AC6605]wlan
[AC6605-wlan-view]ap-group name apg
[AC6605-wlan-ap-group-apg]quit
```

wlan 是系统视图下使用的命令，该命令的作用是从系统视图进入 wlan 视图。

ap-group name apg 是 wlan 视图下使用的命令，该命令的作用是创建一个名为 apg 的 AP 组，并进入 AP 组视图。

3. AC 创建和配置域管理模板命令

以下命令序列用于创建一个名为 domain 的域管理模板，并进入域管理模板视图，在域管理模板视图下，完成设备国家码的配置过程。

```
[AC6605-wlan-view]regulatory-domain-profile name domain
[AC6605-wlan-regulate-domain-domain]country-code cn
[AC6605-wlan-regulate-domain-domain]quit
```

regulatory-domain-profile name domain 是 wlan 视图下使用的命令，该命令的作用是创建名为 domain 的域管理模板，并进入域管理模板视图。

country-code cn 是域管理模板视图下使用的命令，该命令的作用是将 cn(中国)作为设备的国家码。一旦将设备的国家码配置为 cn，该设备将符合中国使用环境的要求。

4. AP 组引用域管理模板命令

```
[AC6605-wlan-view]ap-group name apg
[AC6605-wlan-ap-group-apg]regulatory-domain-profile domain
[AC6605-wlan-ap-group-apg]quit
```

ap-group name apg 是 wlan 视图下使用的命令，该命令的作用是进入 AP 组视图。

regulatory-domain-profile domain 是 AP 组视图下使用的命令，该命令的作用是将名为 domain 的域管理模板引用到指定的 AP 组(这里是名为 apg 的 AP 组)。

5. 指定 capwap 隧道源端命令

```
[AC6605]capwap source interface vlanif 2
```

capwap source interface vlanif 2 是系统视图下使用的命令，该命令的作用是指定 VLAN 2 对应的 IP 接口(vlanif 2)作为 capwap 隧道源端。

6. AP 鉴别方式配置命令

```
[AC6605-wlan-view]ap auth-mode mac-auth
```

ap auth-mode mac-auth 是 wlan 视图下使用的命令，该命令的作用是指定 MAC 地址鉴别作为 AP 鉴别方式。

7. 增加 AP 命令

以下命令序列用于增加一个 MAC 地址为 00e0-fceb-48b0 的 AP。

```
[AC6605-wlan-view]ap-id 0 ap-mac 00e0-fceb-48b0
[AC6605-wlan-ap-0]ap-name ap0
[AC6605-wlan-ap-0]ap-group apg
[AC6605-wlan-ap-0]quit
```

ap-id 0 ap-mac 00e0-fceb-48b0 是 wlan 视图下使用的命令，该命令的作用是增加一个设备索引值为 0、MAC 地址为 00e0-fceb-48b0 的 AP，并进入 AP 视图。因为指定了 MAC 地址鉴别作为 AP 鉴别方式，因此，增加 AP 时，需要指定增加 AP 的 MAC 地址。AC 只对成功增加的 AP 进行统一配置。

ap-name ap0 是 AP 视图下使用的命令，该命令的作用是为指定的 AP(这里是索引值为 0 的 AP)配置名字 ap0。

ap-group apg 是 AP 视图下使用的命令，该命令的作用是将指定的 AP(这里是索引值为 0 的 AP)加入名为 apg 的 AP 组。

8. AC 创建和配置安全模板命令

```
[AC6605-wlan-view]security-profile name security
[AC6605-wlan-sec-prof-security]security wpa2 psk pass-phrase Aa-12345678 aes
```

```
[AC6605-wlan-sec-prof-security]quit
```

security-profile name security 是 wlan 视图下使用的命令，该命令的作用是创建一个名为 security 的安全模板，并进入安全模板视图。

security wpa2 psk pass-phrase Aa-12345678 aes 是安全模板视图下使用的命令，该命令的作用是指定 WPA2 为鉴别机制，并指定 Aa-12345678 为预共享密钥(Pre-Shared Key，PSK)，指定高级加密标准(Advanced Encryption Standard，AES)为加密算法。

9. AC 创建和配置 SSID 模板命令

```
[AC6605-wlan-view]ssid-profile name ssid
[AC6605-wlan-ssid-prof-ssid]ssid 123456
[AC6605-wlan-ssid-prof-ssid]quit
```

ssid-profile name ssid 是 wlan 视图下使用的命令，该命令的作用是创建一个名为 ssid 的 SSID 模板，并进入 SSID 模板视图。

ssid 123456 是 SSID 模板视图下使用的命令，该命令的作用是指定 123456 为服务集标识符(Service Set Identifier，SSID)。

10. AC 创建和配置 VAP 模板命令

```
[AC6605-wlan-view]vap-profile name vap
[AC6605-wlan-vap-prof-vap]forward-mode tunnel
[AC6605-wlan-vap-prof-vap]service-vlan vlan-id 3
[AC6605-wlan-vap-prof-vap]security-profile security
[AC6605-wlan-vap-prof-vap]ssid-profile ssid
[AC6605-wlan-vap-prof-vap]quit
```

vap-profile name vap 是 wlan 视图下使用的命令，该命令的作用是创建一个名为 vap 的 VAP(Virtual Access Point，虚拟接入点)模板，并进入 VAP 模板视图。

forward-mode tunnel 是 VAP 模板视图下使用的命令，该命令的作用是指定隧道转发方式为数据转发方式。

service-vlan vlan-id 3 是 VAP 模板视图下使用的命令，该命令的作用是指定 VLAN 3 为 VAP 的业务 VLAN。

security-profile security 是 VAP 模板视图下使用的命令，该命令的作用是在指定的 VAP 模板(这里是名为 vap 的 VAP 模板)中引用名为 security 的安全模板。

ssid-profile ssid 是 VAP 模板视图下使用的命令，该命令的作用是在指定的 VAP 模板(这里是名为 vap 的 VAP 模板)中引用名为 ssid 的 SSID 模板。

11. 射频引用 VAP 模板命令

```
[AC6605-wlan-view]ap-group name apg
[AC6605-wlan-ap-group-apg]vap-profile vap wlan 1 radio 0
[AC6605-wlan-ap-group-apg]vap-profile vap wlan 1 radio 1
```

```
[AC6605-wlan-ap-group-apg]quit
```

ap-group name apg 是 wlan 视图下使用的命令，该命令的作用是进入 AP 组视图。

vap-profile vap wlan 1 radio 0 是 AP 组视图下使用的命令，该命令的作用是在编号为 0 的射频中引用名为 vap 的 VAP 模板。其中 1 是 VAP 模板编号。在指定的射频引用 VAP 模板后，VAP 模板定义的参数才对该射频生效。

3.1.5 实验步骤

(1) 启动华为 eNSP，按照图 3.1 所示的网络拓扑结构放置和连接设备。完成设备放置和连接后的 eNSP 界面如图 3.2 所示。启动所有设备。

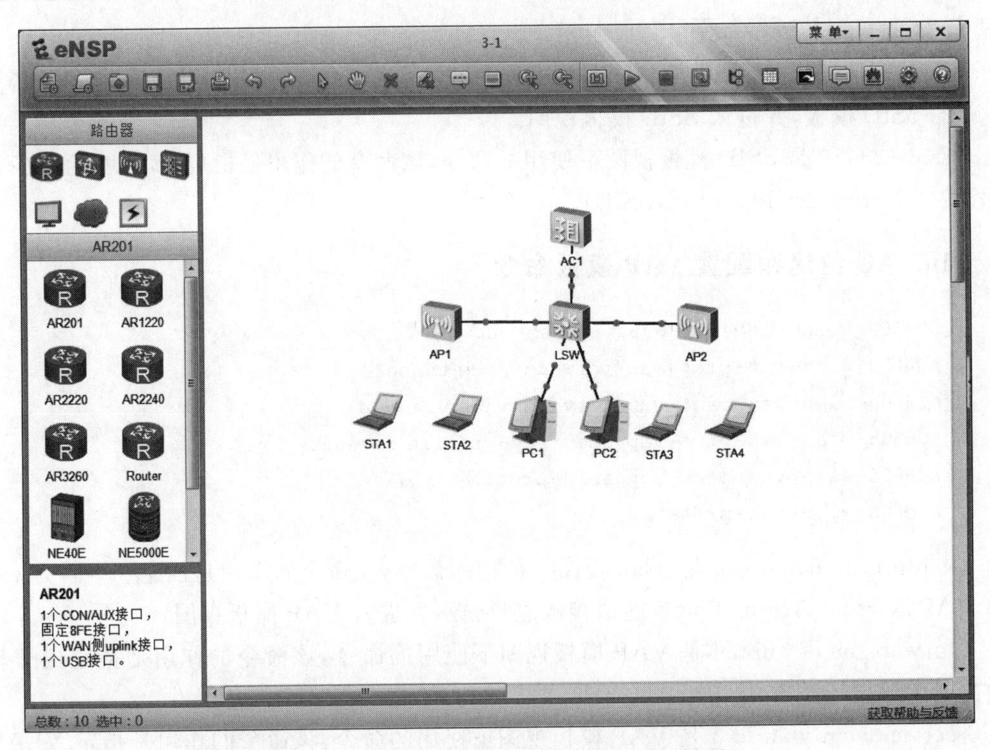

图 3.2 完成设备放置和连接后的 eNSP 界面

(2) 按照表 3.1 所示的 VLAN 与端口之间的映射，在交换机 LSW1 中创建 VLAN 2 和 VLAN 3，并为各个 VLAN 分配端口。交换机 LSW1 中各个 VLAN 的端口组成如图 3.3 所示。在 AC1 中创建 VLAN 2 和 VLAN 3，AC1 连接交换机 LSW1 的端口的 VLAN 特性与 LSW1 的端口 GE0/0/3 相同。

(3) 完成交换机 LSW1 VLAN 2 和 VLAN 3 对应的 IP 接口以及 DHCP 服务器的配置过程。

(4) 在 AC1 中配置 AP 鉴别方式，将 AP1 和 AP2 添加到 AC1 中。创建 AP 组，将 AP1 和 AP2 添加到 AP 组中。为了获得 AP1 的 MAC 地址，选中 AP1 并右击，弹出如

图 3.4 所示的快捷菜单，选择“设置”命令。在弹出的设置界面中选择“配置”选项卡，弹出如图 3.5 所示的 AP1 配置界面。将 AP1 和 AP2 添加到 AC1 中后，可以通过显示所有 AP 命令检查已经添加的 AP 的状态，如图 3.6 所示。

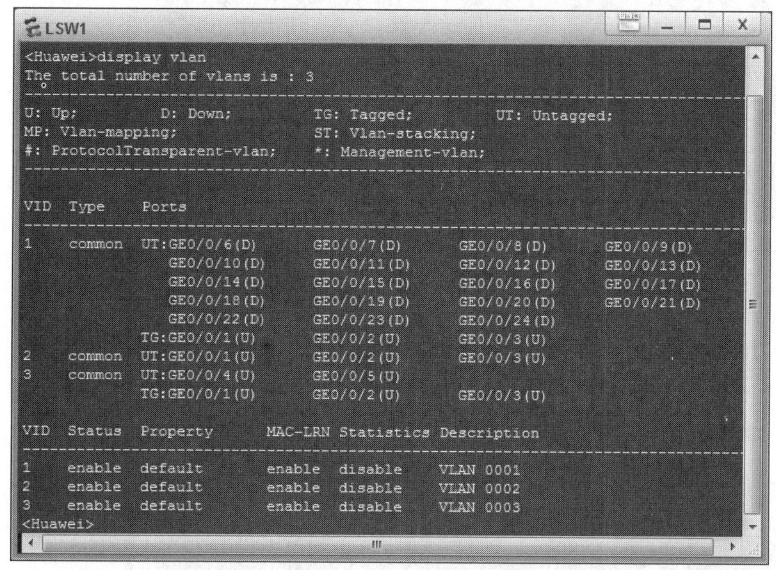

图 3.3　交换机 LSW1 中各个 VLAN 的端口组成

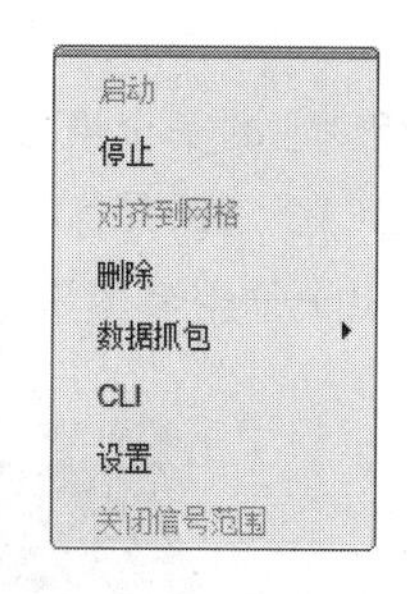

图 3.4　右击 AP1 弹出的快捷菜单

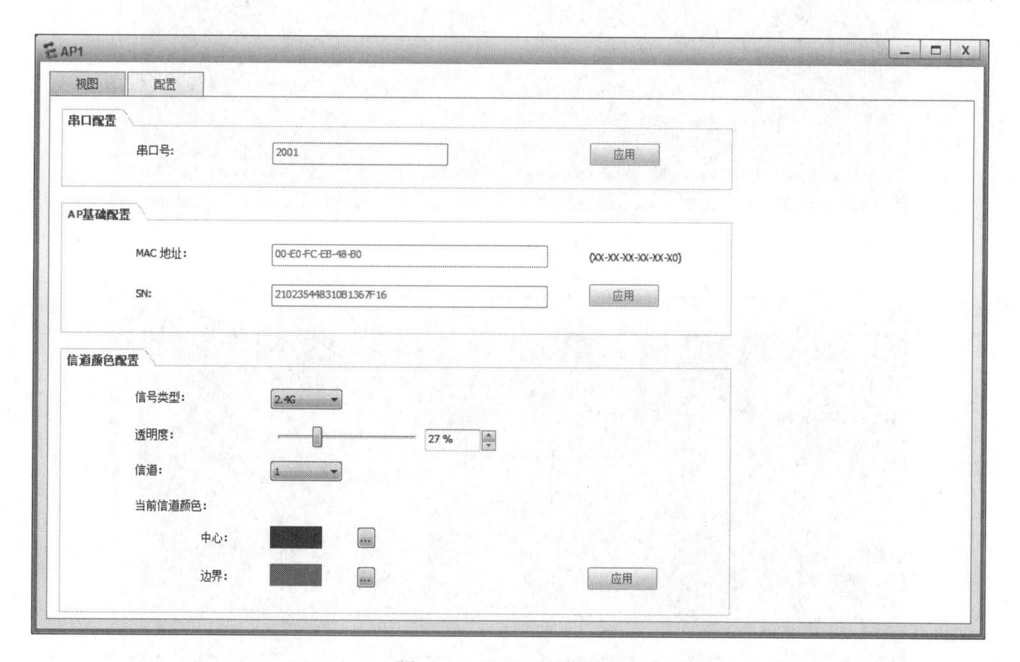

图 3.5　AP1 配置界面

（5）完成安全模板和 SSID 模板的创建过程。创建 VAP 模板，并在 VAP 模板中引用已

```
AC1
<AC6605>display ap all
Info: This operation may take a few seconds. Please wait for a moment.done.
Total AP information:
nor  : normal          [2]
--------------------------------------------------------------------------------
------
ID   MAC            Name Group IP            Type            State STA Uptime
--------------------------------------------------------------------------------
------
0    00e0-fceb-48b0 ap0  apg   192.1.1.253 AP3030DN        nor   0   6M:45S
1    00e0-fcf8-7020 ap1  apg   192.1.1.252 AP3030DN        nor   0   6M:58S
--------------------------------------------------------------------------------
------
Total: 2
<AC6605>
```

图 3.6　已经添加的 AP 的状态

经创建的安全模板和 SSID 模板。在 AP 的射频上引用 VAP 模板。AP 射频如图 3.7 所示，每一个 AP 有着两个射频。AP 射频引用的 VAP 模板如图 3.8 所示，VAP 模板用于确定 SSID、加密和鉴别机制。

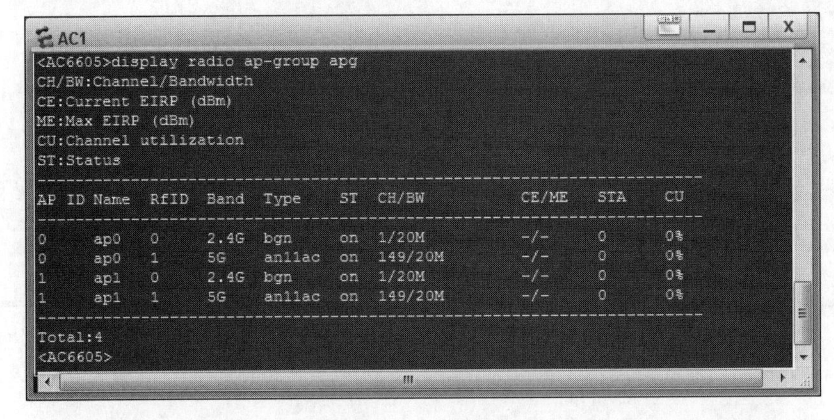

```
AC1
<AC6605>display radio ap-group apg
CH/BW:Channel/Bandwidth
CE:Current EIRP (dBm)
ME:Max EIRP (dBm)
CU:Channel utilization
ST:Status
----------------------------------------------------------------------------
AP ID Name  RfID  Band  Type    ST  CH/BW          CE/ME   STA    CU
----------------------------------------------------------------------------
0     ap0   0     2.4G  bgn     on  1/20M          -/-     0      0%
0     ap0   1     5G    an11ac  on  149/20M        -/-     0      0%
1     ap1   0     2.4G  bgn     on  1/20M          -/-     0      0%
1     ap1   1     5G    an11ac  on  149/20M        -/-     0      0%
----------------------------------------------------------------------------
Total:4
<AC6605>
```

图 3.7　AP 射频

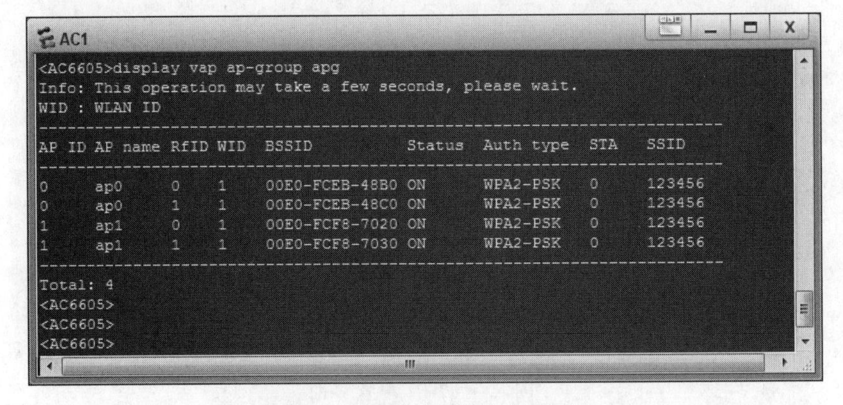

```
AC1
<AC6605>display vap ap-group apg
Info: This operation may take a few seconds, please wait.
WID : WLAN ID
----------------------------------------------------------------------------
AP ID AP name RfID WID  BSSID          Status  Auth type  STA   SSID
----------------------------------------------------------------------------
0     ap0     0    1    00E0-FCEB-48B0 ON      WPA2-PSK   0     123456
0     ap0     1    1    00E0-FCEB-48C0 ON      WPA2-PSK   0     123456
1     ap1     0    1    00E0-FCF8-7020 ON      WPA2-PSK   0     123456
1     ap1     1    1    00E0-FCF8-7030 ON      WPA2-PSK   0     123456
----------------------------------------------------------------------------
Total: 4
<AC6605>
<AC6605>
<AC6605>
```

图 3.8　射频引用的 VAP 模板

（6）完成 AC1 和交换机 LSW1 的配置过程后，AC1 将配置信息自动下传给各个 AP。

各个 AP 进入就绪状态，允许接入无线工作站。必须保证 STA1 和 STA2 位于 AP1 的有效通信范围内，STA3 和 STA4 位于 AP2 的有效通信范围内。双击 STA1，在弹出的 STA1 配置界面中选择“Vap 列表”选项卡，VAP 列表中显示允许接入的所有无线局域网，如图 3.9 所示。选中其中一个无线局域网，单击“连接”按钮，弹出“账户”对话框，正确输入密码后，完成连接过程。此时，STA1 自动获取 IP 地址和子网掩码，如图 3.10 所示。

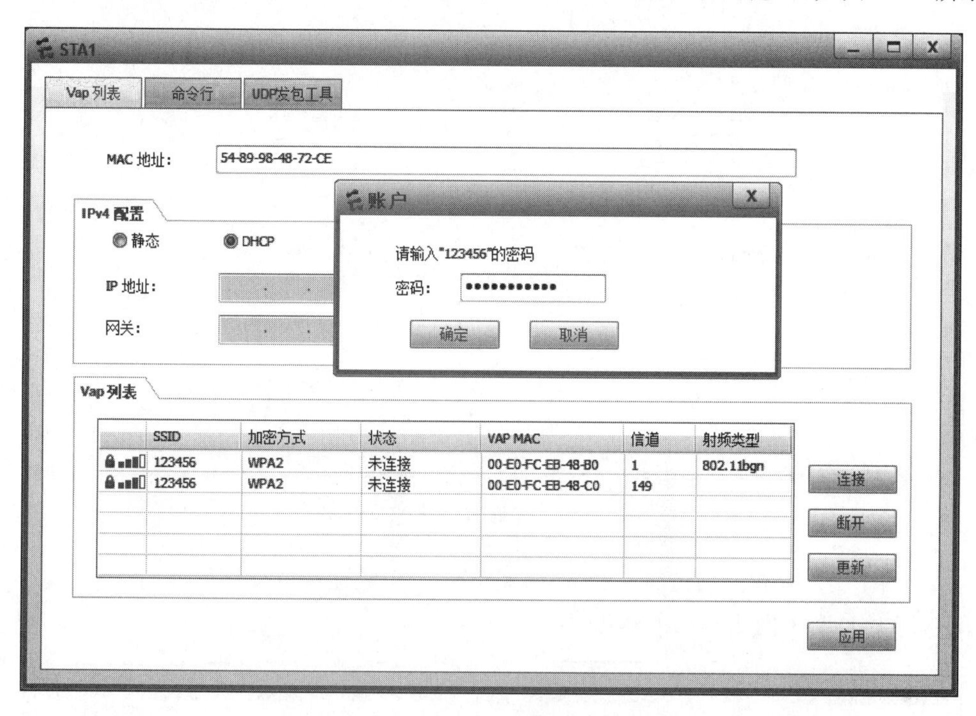

图 3.9　STA1 完成连接过程

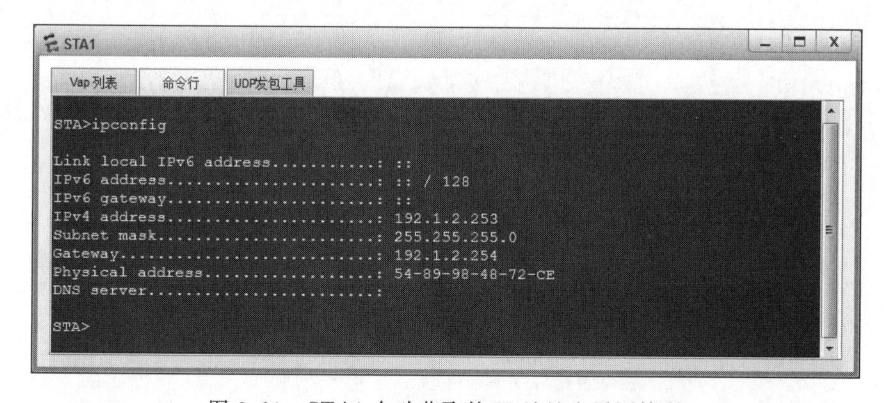

图 3.10　STA1 自动获取的 IP 地址和子网掩码

(7) 为各个终端配置 IP 地址和子网掩码，各个终端配置的 IP 地址必须与无线工作站自动获取的 IP 地址有相同的网络号。PC1 配置的 IP 地址和子网掩码如图 3.11 所示。

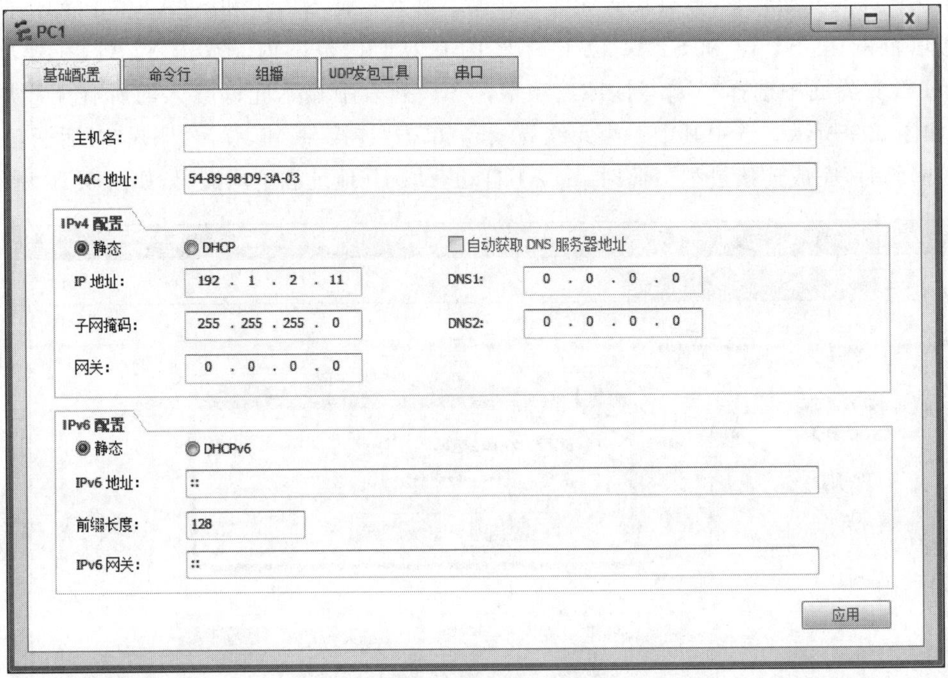

PC1

基础配置 | 命令行 | 组播 | UDP发包工具 | 串口

主机名:

MAC 地址: 54-89-98-D9-3A-03

IPv4 配置

静态　DHCP　自动获取 DNS 服务器地址

IP 地址: 192 . 1 . 2 . 11　DNS1: 0 . 0 . 0 . 0

子网掩码: 255 . 255 . 255 . 0　DNS2: 0 . 0 . 0 . 0

网关: 0 . 0 . 0 . 0

IPv6 配置

静态　DHCPv6

IPv6 地址: ::

前缀长度: 128

IPv6 网关: ::

应用

图 3.11　PC1 配置的 IP 地址和子网掩码

(8) 两个 AP 有相同的配置。图 3.12 是 STA3 完成连接过程后的界面。STA3 自动获取的 IP 地址和子网掩码如图 3.13 所示。

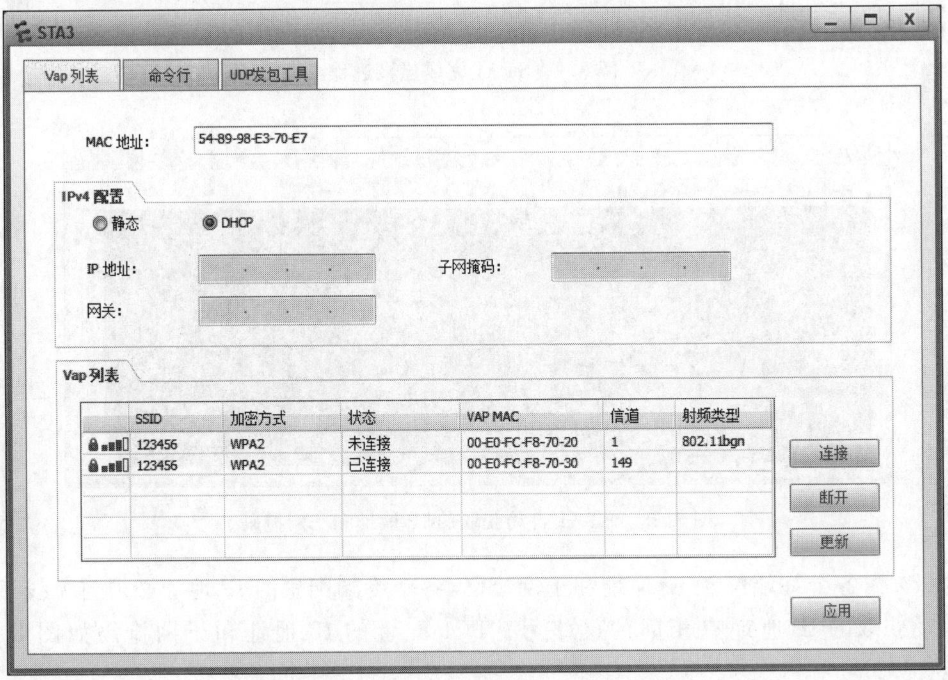

STA3

Vap 列表 | 命令行 | UDP发包工具

MAC 地址: 54-89-98-E3-70-E7

IPv4 配置

静态　DHCP

IP 地址: . . .　子网掩码: . . .

网关: . . .

Vap 列表

	SSID	加密方式	状态	VAP MAC	信道	射频类型
	123456	WPA2	未连接	00-E0-FC-F8-70-20	1	802.11bgn
	123456	WPA2	已连接	00-E0-FC-F8-70-30	149	

连接　断开　更新

应用

图 3.12　STA3 完成连接过程后的界面

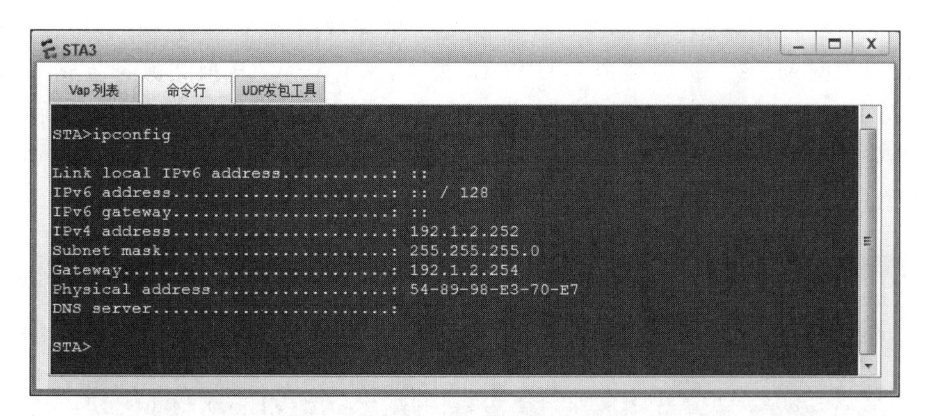

图 3.13　STA3 自动获取的 IP 地址和子网掩码

(9) 完成各个 STA 连接过程后的 eNSP 界面如图 3.14 所示。

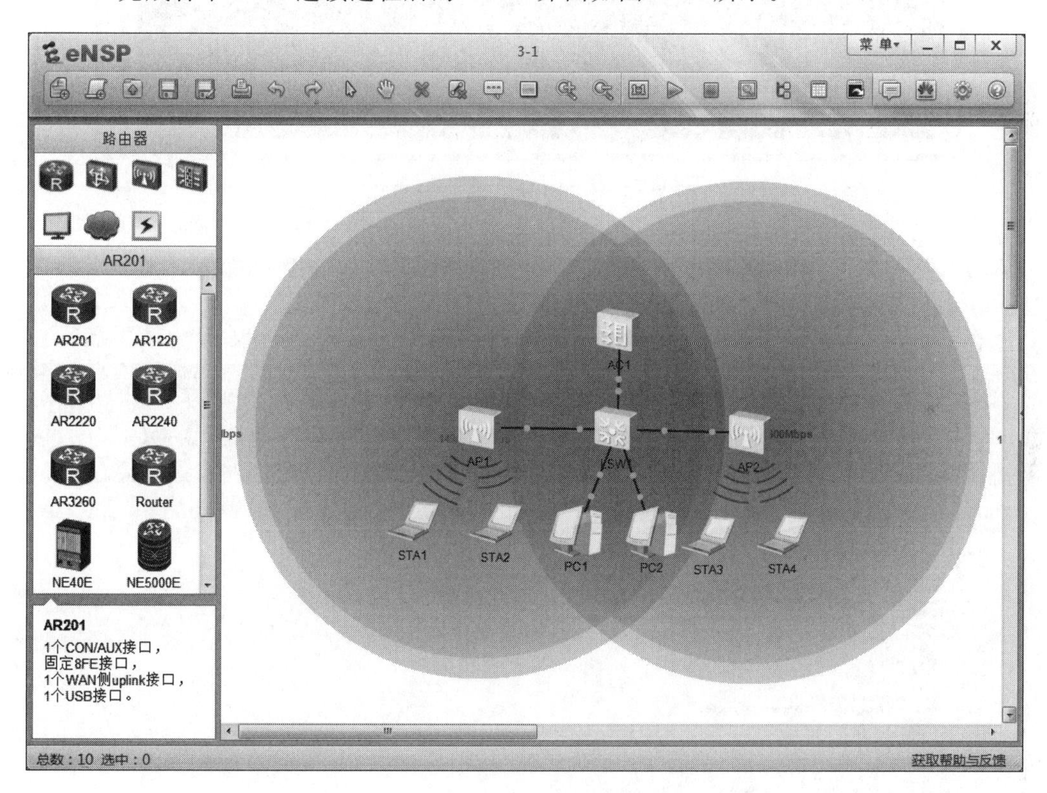

图 3.14　完成各个 STA 连接过程后的 eNSP 界面

(10) 在 AP1 的射频端口和以太网端口启动捕获报文功能。在 STA1 执行如图 3.15 所示的 ping 操作，启动 STA1 与 PC1 之间的通信过程。AP1 射频端口捕获的报文序列如图 3.16 所示，ICMP 报文最终封装成无线局域网 MAC 帧格式，无线局域网 MAC 帧中有 3 个 MAC 地址，分别是 AP1 的 MAC 地址（BSS Id）、STA1 的 MAC 地址（Source address）和 PC1 的 MAC 地址（Destination address）。AP1 以太网端口捕获的报文序列如图 3.17 所示。由于 AP1 采用隧道转发方式,无线局域网 MAC 帧转换成以太网 MAC 帧后,该以太网 MAC 帧被封装成 CAPWAP 报文,该 CAPWAP 报文被封装成 UDP 报文,该 UDP 报文被封装成以 AP1 的 IP 地址为源 IP 地址、以 AC1 的 IP 地址为目的 IP 地址的 IP 分组,该 IP 分组最终被封装成以 AP1 的 MAC 地址为源 MAC 地址、以 AC1 的 MAC 地址为目的 MAC 地址的以太网 MAC 帧。

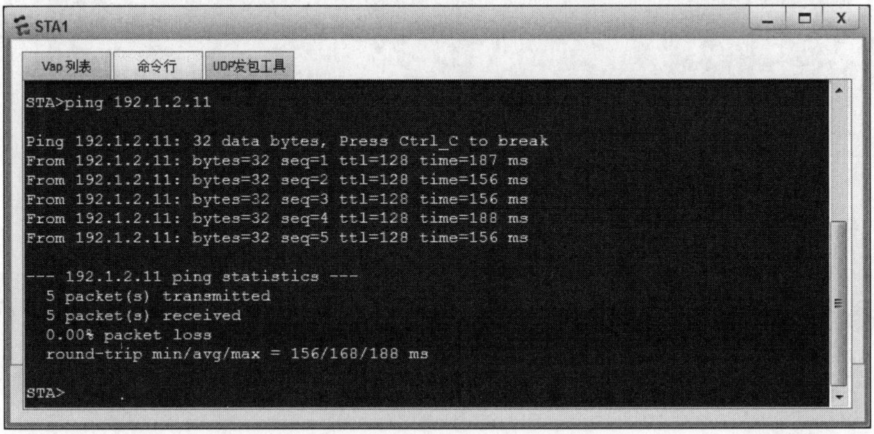

```
STA1
Vap 列表  命令行  UDP发包工具

STA>ping 192.1.2.11

Ping 192.1.2.11: 32 data bytes, Press Ctrl_C to break
From 192.1.2.11: bytes=32 seq=1 ttl=128 time=187 ms
From 192.1.2.11: bytes=32 seq=2 ttl=128 time=156 ms
From 192.1.2.11: bytes=32 seq=3 ttl=128 time=156 ms
From 192.1.2.11: bytes=32 seq=4 ttl=128 time=188 ms
From 192.1.2.11: bytes=32 seq=5 ttl=128 time=156 ms

--- 192.1.2.11 ping statistics ---
  5 packet(s) transmitted
  5 packet(s) received
  0.00% packet loss
  round-trip min/avg/max = 156/168/188 ms

STA>
```

图 3.15 STA1 执行的 ping 操作

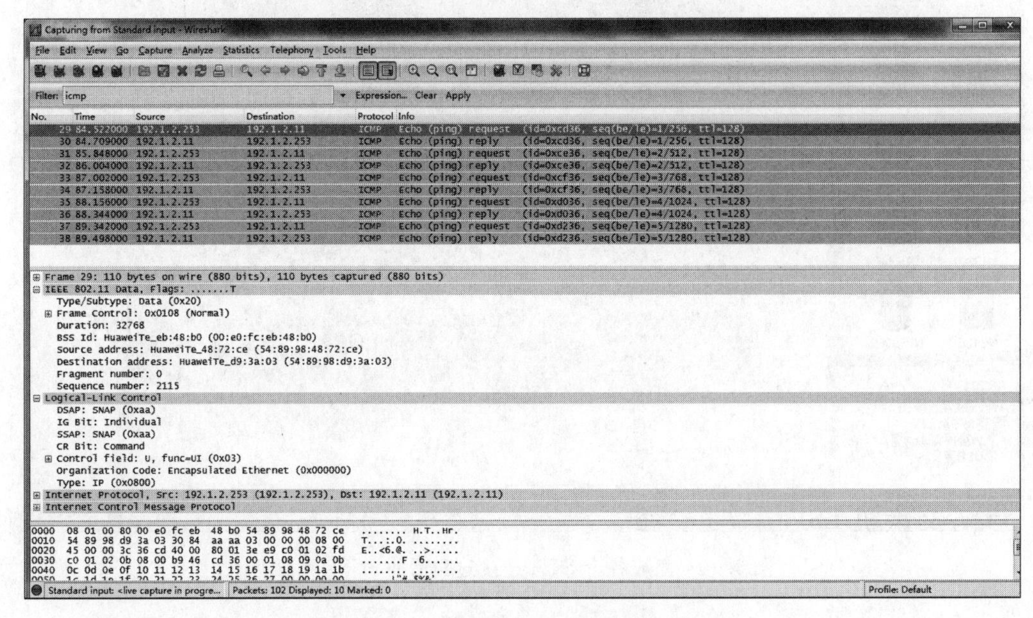

图 3.16 AP1 射频端口捕获的报文序列

(11) STA1 同样可以与属于同一个 ESS 的 STA3 相互通信。图 3.18 是 STA1 与 STA3 之间的相互通信过程。

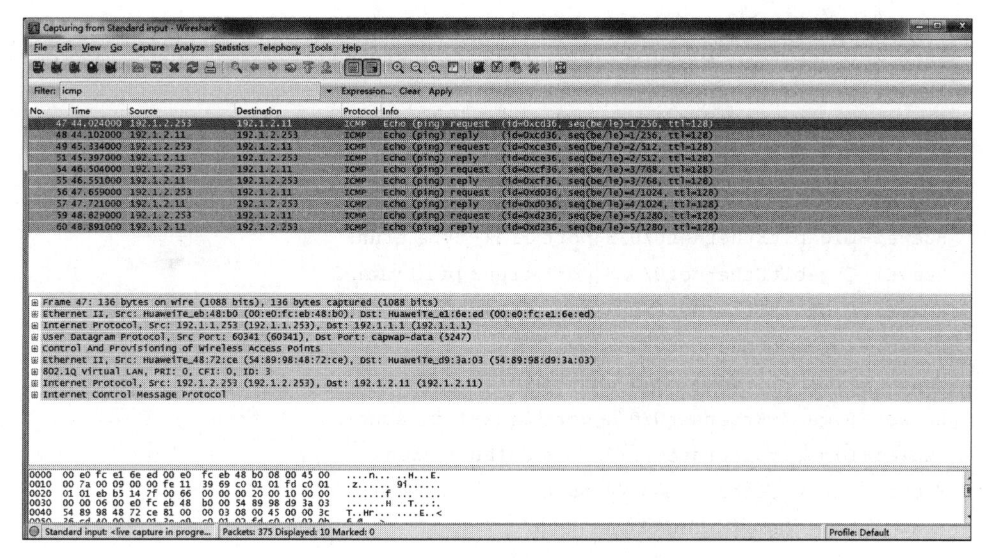

图 3.17　AP1 以太网端口捕获的报文序列

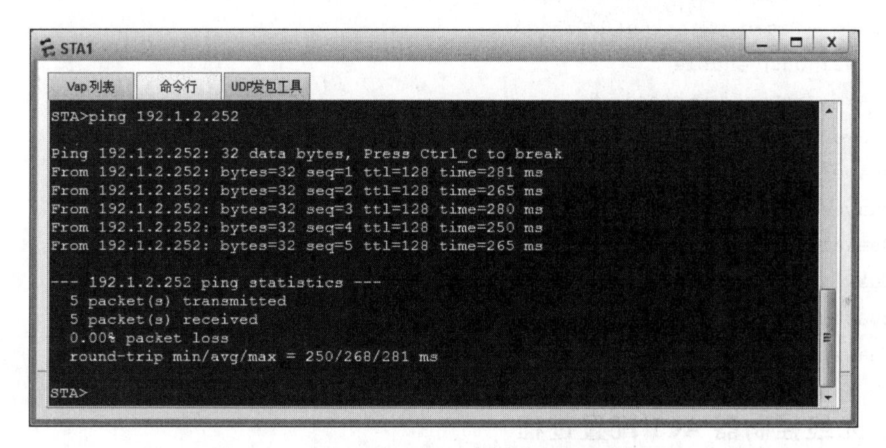

图 3.18　STA1 与 STA3 之间的相互通信过程

3.1.6　命令行接口配置过程

1. 交换机 LSW1 配置过程

```
<Huawei>system-view
[Huawei]undo info-center enable
[Huawei]vlan batch 2 3
[Huawei]interface GigabitEthernet0/0/1
[Huawei-GigabitEthernet0/0/1]port link-type trunk
[Huawei-GigabitEthernet0/0/1]port trunk pvid vlan 2
[Huawei-GigabitEthernet0/0/1]port trunk allow-pass vlan 2 3
[Huawei-GigabitEthernet0/0/1]quit
```

```
[Huawei]interface GigabitEthernet0/0/2
[Huawei-GigabitEthernet0/0/2]port link-type trunk
[Huawei-GigabitEthernet0/0/2]port trunk pvid vlan 2
[Huawei-GigabitEthernet0/0/2]port trunk allow-pass vlan 2 3
[Huawei-GigabitEthernet0/0/2]quit
[Huawei]interface GigabitEthernet0/0/3
[Huawei-GigabitEthernet0/0/3]port link-type trunk
[Huawei-GigabitEthernet0/0/3]port trunk pvid vlan 2
[Huawei-GigabitEthernet0/0/3]port trunk allow-pass vlan 2 3
[Huawei-GigabitEthernet0/0/3]quit
[Huawei]interface GigabitEthernet0/0/4
[Huawei-GigabitEthernet0/0/4]port link-type access
[Huawei-GigabitEthernet0/0/4]port default vlan 3
[Huawei-GigabitEthernet0/0/4]quit
[Huawei]interface GigabitEthernet0/0/5
[Huawei-GigabitEthernet0/0/5]port link-type access
[Huawei-GigabitEthernet0/0/5]port default vlan 3
[Huawei-GigabitEthernet0/0/5]quit
[Huawei]dhcp enable
[Huawei]interface vlanif 2
[Huawei-Vlanif2]ip address 192.1.1.254 24
[Huawei-Vlanif2]dhcp select interface
[Huawei-Vlanif2]quit
[Huawei]interface vlanif 3
[Huawei-Vlanif3]ip address 192.1.2.254 24
[Huawei-Vlanif3]dhcp select interface
[Huawei-Vlanif3]quit
```

2. 无线控制器 AC1 配置过程

```
<AC6605>system-view
[AC6605]undo info-center enable
[AC6605]vlan batch 2 3
[AC6605]interface GigabitEthernet0/0/1
[AC6605-GigabitEthernet0/0/1]port link-type trunk
[AC6605-GigabitEthernet0/0/1]port trunk pvid vlan 2
[AC6605-GigabitEthernet0/0/1]port trunk allow-pass vlan 2 3
[AC6605-GigabitEthernet0/0/1]quit
[AC6605]interface vlanif 2
[AC6605-Vlanif2]ip address 192.1.1.1 24
[AC6605-Vlanif2]quit
[AC6605]wlan
[AC6605-wlan-view]ap-group name apg
[AC6605-wlan-ap-group-apg]quit
```

```
[AC6605-wlan-view]regulatory-domain-profile name domain
[AC6605-wlan-regulate-domain-domain]country-code cn
[AC6605-wlan-regulate-domain-domain]quit
[AC6605-wlan-view]ap-group name apg
[AC6605-wlan-ap-group-apg]regulatory-domain-profile domain
Warning: Modifying the country code will clear channel, power and antenna gain
configurations of the radio and reset the AP. Continue?[Y/N]:y
[AC6605-wlan-ap-group-apg]quit
[AC6605-wlan-view]quit
[AC6605]capwap source interface vlanif 2
[AC6605]wlan
[AC6605-wlan-view]ap auth-mode mac-auth
[AC6605-wlan-view]ap-id 0 ap-mac 00e0-fceb-48b0
[AC6605-wlan-ap-0]ap-name ap0
[AC6605-wlan-ap-0]ap-group apg
Warning: This operation may cause AP reset. If the country code changes, it will
clear channel, power and antenna gain configurations of the radio, Whether to
continue? [Y/N]:y
[AC6605-wlan-ap-0]quit
[AC6605-wlan-view]ap-id 1 ap-mac 00e0-fcf8-7020
[AC6605-wlan-ap-1]ap-name ap1
[AC6605-wlan-ap-1]ap-group apg
Warning: This operation may cause AP reset. If the country code changes, it will
clear channel, power and antenna gain configurations of the radio, Whether to
continue? [Y/N]:y
[AC6605-wlan-ap-1]quit
[AC6605-wlan-view]security-profile name security
[AC6605-wlan-sec-prof-security]security wpa2 psk pass-phrase Aa-12345678 aes
[AC6605-wlan-sec-prof-security]quit
[AC6605-wlan-view]ssid-profile name ssid
[AC6605-wlan-ssid-prof-ssid]ssid 123456
[AC6605-wlan-ssid-prof-ssid]quit
[AC6605-wlan-view]vap-profile name vap
[AC6605-wlan-vap-prof-vap]forward-mode tunnel
[AC6605-wlan-vap-prof-vap]service-vlan vlan-id 3
[AC6605-wlan-vap-prof-vap]security-profile security
[AC6605-wlan-vap-prof-vap]ssid-profile ssid
[AC6605-wlan-vap-prof-vap]quit
[AC6605-wlan-view]ap-group name apg
[AC6605-wlan-ap-group-apg]vap-profile vap wlan 1 radio 0
[AC6605-wlan-ap-group-apg]vap-profile vap wlan 1 radio 1
[AC6605-wlan-ap-group-apg]quit
[AC6605-wlan-view]quit
```

3. 命令列表

交换机和无线控制器配置过程中使用的命令及功能和参数说明如表 3.2 所示。

表 3.2　交换机和无线控制器配置过程中使用的命令及功能和参数说明

命令格式	功能和参数说明
port trunk pvid vlan *vlan-id*	指定共享端口的默认 VLAN 编号。参数 *vlan-id* 是默认 VLAN 编号
interface vlanif *vlan-id*	定义某个 VLAN 对应的 IP 接口,并进入 IP 接口视图。参数 *vlan-id* 是对应 VLAN 的编号
ip address *ip-address* {*mask*|*mask-length*}	配置接口的 IP 地址和子网掩码。参数 *ip-address* 是 IP 地址,参数 *mask* 是子网掩码,参数 *mask-length* 是网络前缀长度,子网掩码和网络前缀长度二者选一
wlan	从系统视图进入 wlan 视图
ap-group name *group-name*	创建 AP 组,并进入 AP 组视图;若 AP 组已经存在,则直接进入 AP 组视图。参数 *group-name* 是 AP 组名称
regulatory-domain-profile name *profile-name*	创建域管理模板,并进入域管理模板视图;若域管理模板已经存在,则直接进入域管理模板视图。参数 *profile-name* 是域管理模板名称
country-code *country-code*	配置设备的国家码。参数 *country-code* 是国家码
regulatory-domain-profile *profile-name*	在指定 AP 组或 AP 中引用域管理模板。参数 *profile-name* 是域管理模板名称
capwap source interface vlanif *vlan-id*	指定 CAPWAP 隧道的源端接口。该源端接口是某个 VLAN 对应的 IP 接口。参数 *vlan-id* 是 VLAN 编号
ap auth-mode { **mac-auth** | **sn-auth** | **no-auth** }	指定 AP 鉴别模式：mac-auth 采用 MAC 地址鉴别模式,sn-auth 采用序列号鉴别模式,no-auth 不对 AP 进行鉴别
ap-id *ap-id* { **ap-mac** *ap-mac* | **ap-sn** *ap-sn* | **ap-mac** *ap-mac* **ap-sn** *ap-sn* }	添加实施统一配置的 AP。参数 *ap-id* 是 AP 编号。参数 *ap-mac* 是添加 AP 的 MAC 地址,参数 *ap-sn* 是添加 AP 的序列号。根据不同的 AP 鉴别模式,选择 MAC 地址或序列号
ap-name *ap-name*	配置 AP 名称。参数 *ap-name* 是 AP 名称
ap-group *ap-group*	指定 AP 加入的 AP 组。参数 *ap-group* 是 AP 组名
security-profile name *profile-name*	创建安全模板,并进入安全模板视图;若安全模板已经存在,则直接进入安全模板视图。参数 *profile-name* 是安全模板名称
security { **wpa** | **wpa2** | **wpa-wpa2** } **psk** { **hex** | **pass-phrase** } *key-value* { **aes** | **tkip** | **aes-tkip** }	配置鉴别和加密机制。参数 *key-value* 是预共享密钥,预共享密钥以十六进制数(hex)或者 ASCII 码字符串(pass-phrase)的形式给出

续表

命令格式	功能和参数说明
ssid-profile name *profile-name*	创建 SSID 模板,并进入 SSID 模板视图;若 SSID 模板已经存在,则直接进入 SSID 模板视图。参数 *profile-name* 是 SSID 模板名称
ssid *ssid*	配置服务集标识符。参数 *ssid* 是服务集标识符
vap-profile name *profile-name*	创建 VAP 模板,并进入 VAP 模板视图。若 VAP 模板已经存在,则直接进入 VAP 模板视图。参数 *profile-name* 是 VAP 模板名称
forward-mode { **tunnel** | **direct-forward** }	指定数据转发方式:隧道转发方式(tunnel)或者直接转发方式(direct-forward)
service-vlan vlan-id *vlan-id*	指定 VAP 的业务 VLAN,即用于转发数据的 VLAN。参数 *vlan-id* 是 VLAN 编号
security-profile *profile-name*	在指定 VAP 模板下引用安全模板。参数 *profile-name* 是安全模板名称
ssid-profile *profile-name*	在指定 VAP 模板下引用 SSID 模板。参数 *profile-name* 是 SSID 模板名称
vap-profile *profile-name* **wlan** *wlan-id* **radio** { *radio-id* | **all** }	为射频引用 VAP 模板。参数 *profile-name* 是 VAP 模板名称;参数 *wlan-id* 是 VAP 模板编号,不同业务对应不同的 VAP 模板编号;参数 *radio-id* 是射频编号

3.2 AP-Repeater 实验

3.2.1 实验内容

AP-Repeater 模式如图 3.19 所示,终端 A 和终端 B 与 AP2 建立连接,AP2 与 AP1 之间建立无线信道,从而使得终端 A 和终端 B 可以与图 3.19 中的其他终端相互通信。AP1 和 AP2 都是瘦 AP,由 AC 完成对 AP1 和 AP2 的统一配置过程。交换机 S 作为 DHCP 服务器有两个作用:一是完成对 AP 的 IP 地址分配过程,二是完成对连接到 AP 的终端的 IP 地址配置过程。

3.2.2 实验目的

(1) 验证 AC 配置过程。

(2) 验证 AC 统一配置 AP 过程。

(3) 验证 AP-Repeater 模式的工作过程。

(4) 验证 AP2 与 AP1 之间的无线信道建立过程。

(5) 验证不同基本服务集之间的通信过程。

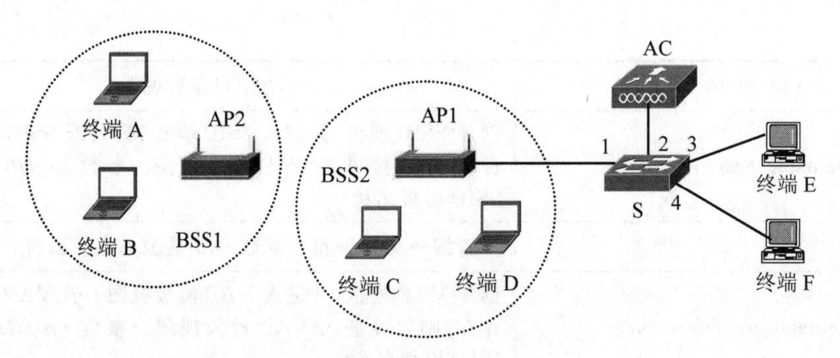

图 3.19　AP-Repeater 模式

3.2.3　实验原理

本实验基于 AP 和 AC 的无线分布式系统(Wireless Distribution System，WDS)功能实现。实现过程为：一是完成交换机 VLAN 配置过程，保证 AP 与 AC 之间存在交换路径；二是完成交换机 DHCP 服务器配置过程，由交换机完成对 AP 和无线局域网终端的 IP 地址和子网掩码的分配过程；三是将 AP1 和 AP2 添加到 AC 中，以便 AC 对 AP 进行统一配置；四是完成 WDS 配置过程，成功建立 AP2 与 AP1 之间的 WDS 链路；五是完成虚拟接入点(Virtual Access Point，VAP)配置过程，使得无线局域网终端可以通过 VAP 与 AP 建立连接。

3.2.4　关键命令说明

1. 创建和配置 WDS 白名单模板命令

```
[AC6605-wlan-view]wds-whitelist-profile name wds-root
[AC6605-wlan-wds-whitelist-wds-root]peer-ap mac 00e0-fcce-5db0
[AC6605-wlan-wds-whitelist-wds-root]quit
```

wds-whitelist-profile name wds-root 是 wlan 视图下使用的命令，该命令的作用是创建名为 wds-root 的 WDS 白名单模板(whitelist profile)，并进入 WDS 白名单模板视图。

peer-ap mac 00e0-fcce-5db0 是 WDS 白名单模板视图下使用的命令，该命令的作用是在 WDS 白名单模板中添加允许接入的邻居 AP 的 MAC 地址。

2. 创建和配置 WDS 模板命令

```
[AC6605-wlan-view]wds-profile name wds-root
[AC6605-wlan-wds-prof-wd-root]wds-name wds-net
[AC6605-wlan-wds-prof-wd-root]wds-mode root
[AC6605-wlan-wds-prof-wd-root]security-profile wds-sec
```

```
[AC6605-wlan-wds-prof-wd-root]vlan tagged 3
[AC6605-wlan-wds-prof-wd-root]quit
```

wds-profile name wds-root 是 wlan 视图下使用的命令，该命令的作用是创建名为 wds-root 的 WDS 模板(profile)，并进入 WDS 模板视图。

wds-name wds-net 是 WDS 模板视图下使用的命令，该命令的作用是指定 wds-net 为 WDS 模板的网桥标识符。

wds-mode root 是 WDS 模板视图下使用的命令，该命令的作用是将 WDS 模板的网桥模式指定为 root。建立 AP 之间的 WDS 链路时，引用该 WDS 模板的网桥作为根结点。根结点可以接入其他模式的结点，如模式为 leaf 的结点。

security-profile wds-sec 是 WDS 模板视图下使用的命令，该命令的作用是在当前 WDS 模板中引用名为 wds-sec 的安全模板(security profile)。

vlan tagged 3 是 WDS 模板视图下使用的命令，该命令的作用是将 VLAN 3 以标记帧的方式加入 WDS 模板。

3. 引用 WDS 白名单模板命令

```
[AC6605-wlan-view]ap-group name root
[AC6605-wlan-ap-group-root]radio 1
[AC6605-wlan-group-radio-root/1]wds-whitelist-profile wds-root
[AC6605-wlan-group-radio-root/1]quit
[AC6605-wlan-ap-group-root]quit
```

ap-group name root 是 wlan 视图下使用的命令，该命令的作用是进入 AP 组视图。

radio 1 是 AP 组视图下使用的命令，该命令的作用是进入射频视图。1 是射频编号。

wds-whitelist-profile wds-root 是射频视图下使用的命令，该命令的作用是在当前射频下引用名为 wds-root 的 WDS 白名单模板。通常作为根结点的 AP 需要引用 WDS 白名单模板。一旦在某个 AP 的射频下引用了 WDS 白名单模板，只有 MAC 地址列在 WDS 白名单模板中的邻居 AP 才能与该 AP 建立 WDS 链路。

4. 引用 WDS 模板命令

```
[AC6605-wlan-view]ap-group name root
[AC6605-wlan-ap-group-root]wds-profile wds-root radio 1
[AC6605-wlan-ap-group-root]quit
```

wds-profile wds-root radio 1 是 AP 组视图下使用的命令，该命令的作用是在指定 AP 组(这里是名为 root 的 AP 组)的射频 1 中引用名为 wds-root 的 WDS 模板。1 是射频编号。

3.2.5 实验步骤

（1）启动 eNSP，按照图 3.19 所示的网络拓扑结构放置和连接设备。完成设备放置和连接后的 eNSP 界面如图 3.20 所示。启动所有设备。

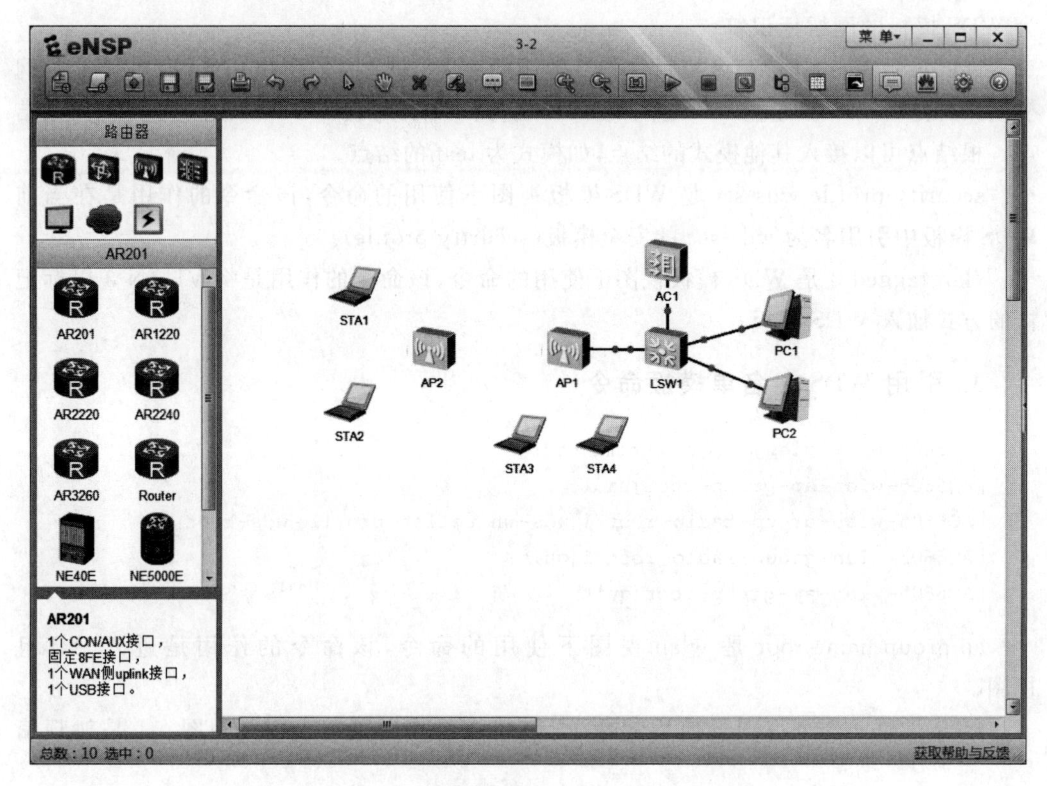

图 3.20 完成设备放置和连接后的 eNSP 界面

（2）在交换机 LSW1 中创建 VLAN 2 和 VLAN 3，并为各个 VLAN 分配端口。交换机 LSW1 中各个 VLAN 的端口组成如图 3.21 所示。在 AC1 中创建 VLAN 2 和 VLAN 3，AC1 连接交换机 LSW1 的端口的 VLAN 特性与 LSW1 的端口 GE0/0/2 相同。

（3）完成交换机 LSW1 VLAN 2 和 VLAN 3 对应的 IP 接口以及 DHCP 服务器的配置过程。

（4）在 AC1 中配置 AP 鉴别方式，将 AP1 和 AP2 添加到 AC1 中。创建 AP 组 root 和 leaf，分别将 AP1 和 AP2 添加到 AP 组 root 和 leaf 中。为了获得 AP1 的 MAC 地址，选中 AP1 并右击，在弹出的快捷菜单中选择“设置”命令，在弹出的 AP1 配置界面中选择“配置”选项卡，如图 3.22 所示。将 AP1 和 AP2 添加到 AC1 中后，可以通过显示所有 AP 命令检查已经添加的 AP 的状态，如图 3.23 所示。

（5）完成 WDS 白名单模板配置过程，将 AP2 的 MAC 地址添加到 WDS 白名单模板中，完成 WDS 安全模板配置过程，完成 WDS 模板配置过程。在 AP1 射频 1 下引用 WDS

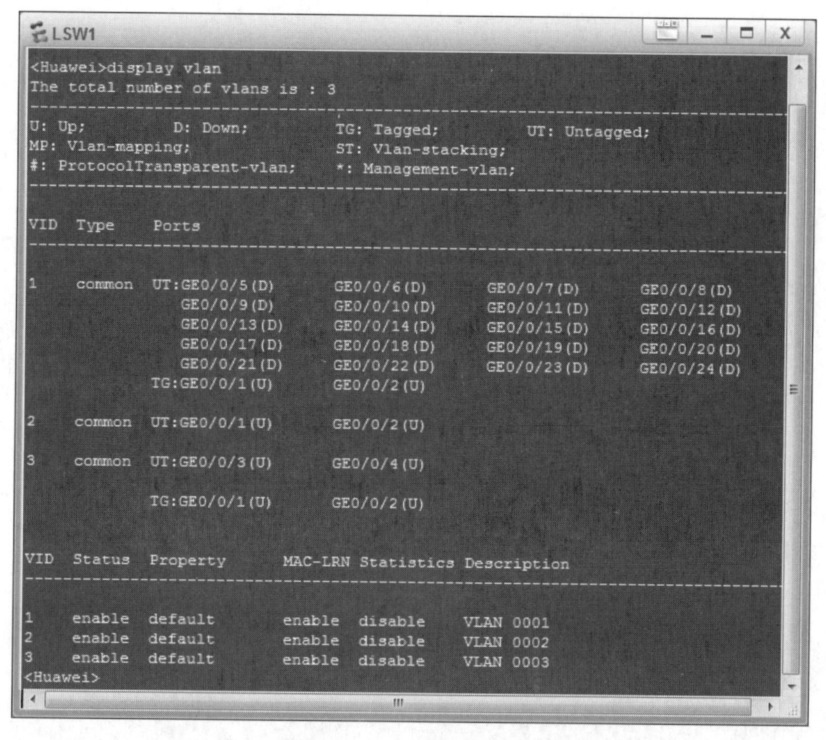

图 3.21　交换机 LSW1 中各个 VLAN 的端口组成

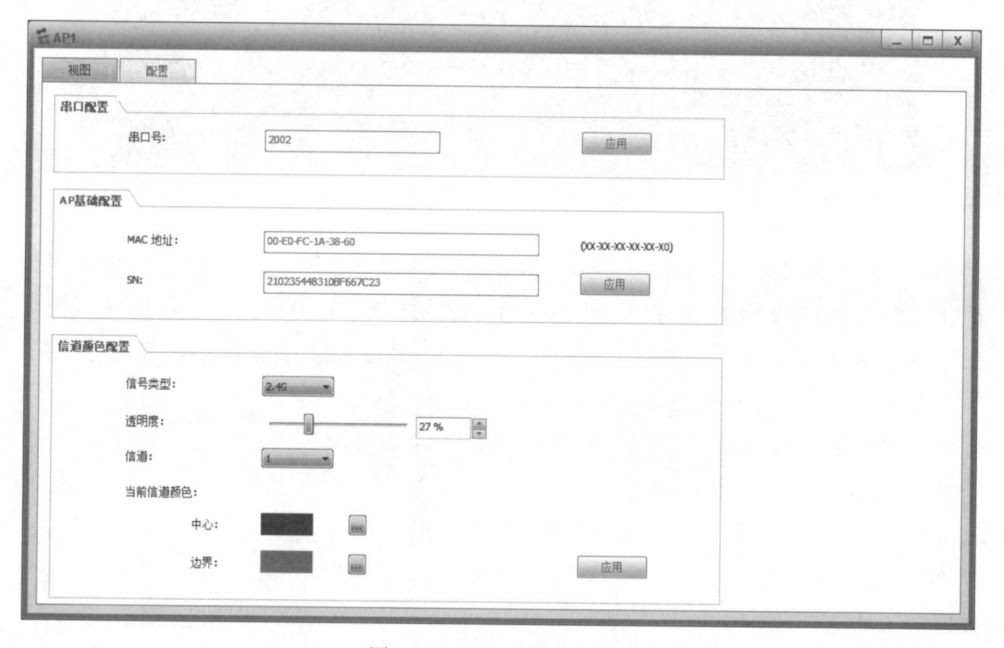

图 3.22　AP1 的配置界面

白名单模板。分别在 AP1 和 AP2 的射频 1 下引用 WDS 模板。建立 AP1 与 AP2 之间的 WDS 链路，显示如图 3.24 所示的 WDS 链路状态。

```
AC1
<AC6605>display ap all
Info: This operation may take a few seconds. Please wait for a moment.done.
Total AP information:
nor  : normal          [2]
-------------------------------------------------------------------------------
------
ID   MAC            Name Group IP            Type              State STA Uptime
-------------------------------------------------------------------------------
------
1    00e0-fc1a-3860 root root  192.1.1.253 AP8130DN-W      nor   0   3M:52S
2    00e0-fcce-5db0 leaf leaf  192.1.1.252 AP8130DN-W      nor   0   26S
-------------------------------------------------------------------------------
------
Total: 2
<AC6605>
```

图 3.23　添加到 AC1 中的 AP 的状态

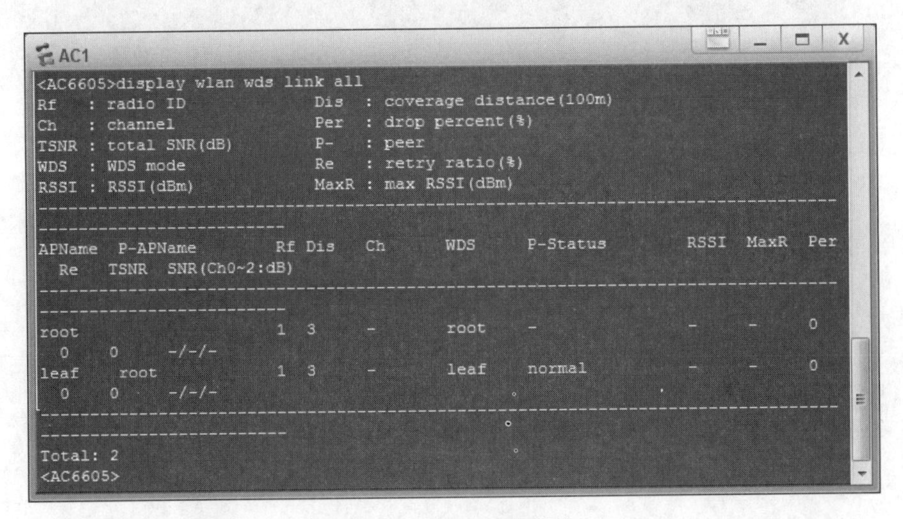
AC1
<AC6605>display wlan wds link all
Rf   : radio ID   Dis : coverage distance(100m)
Ch   : channel   Per : drop percent(%)
TSNR : total SNR(dB)   P-   : peer
WDS : WDS mode   Re   : retry ratio(%)
RSSI : RSSI(dBm)   MaxR : max RSSI(dBm)
APName P-APName Rf Dis Ch WDS P-Status RSSI MaxR Per
Re TSNR SNR(Ch0~2:dB)
root 1 3 - root - - - 0
0 0 -/-/-
leaf root 1 3 - leaf normal - - 0
0 0 -/-/-
Total: 2
<AC6605>

图 3.24　WDS 链路状态

(6) 完成安全模板和 SSID 模板创建过程，创建 VAP 模板，并在 VAP 模板中引用已经创建的安全模板和 SSID 模板。在 AP1 和 AP2 的射频 0 上引用 VAP 模板。AP1 和 AP2 的射频如图 3.25 所示，每一个 AP 有两个射频。AP1 和 AP2 射频 0 引用的 VAP 模板如图 3.26 所示。VAP 模板用于确定 SSID、加密和鉴别机制。

(7) 完成 AC1 和交换机 LSW1 的配置过程后，AC1 将配置信息自动下传给各个 AP，各个 AP 进入就绪状态，允许接入无线工作站。为了保证 STA1 和 STA2 只能连接到 AP2，必须将 STA1 和 STA2 移出 AP1 的通信范围。同样，为了保证 STA3 和 STA4 只能连接到 AP1，必须将 STA3 和 STA4 移出 AP2 的通信范围。STA1 成功连接到 AP2 后的界面如图 3.27 所示。STA1 自动获取的 IP 地址和子网掩码如图 3.28 所示。STA3 成功连接到 AP1 后的界面如图 3.29 所示。STA3 自动获取的 IP 地址和子网掩码如图 3.30 所示。各个 STA 成功连接到对应的 AP 后的 eNSP 界面如图 3.31 所示。

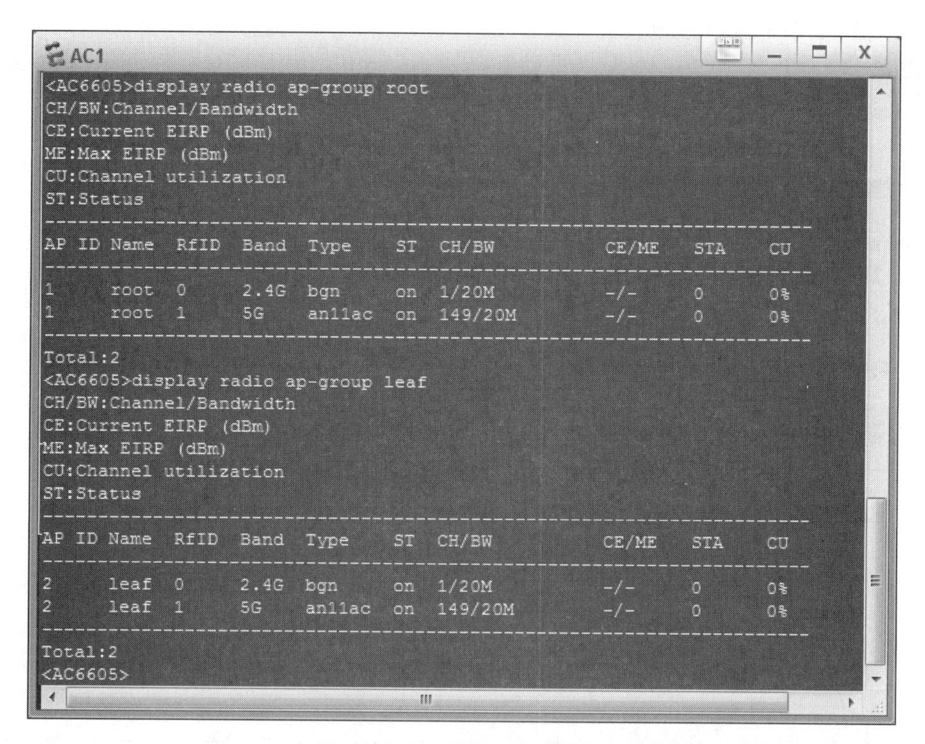

图 3.25　AP1 和 AP2 的射频

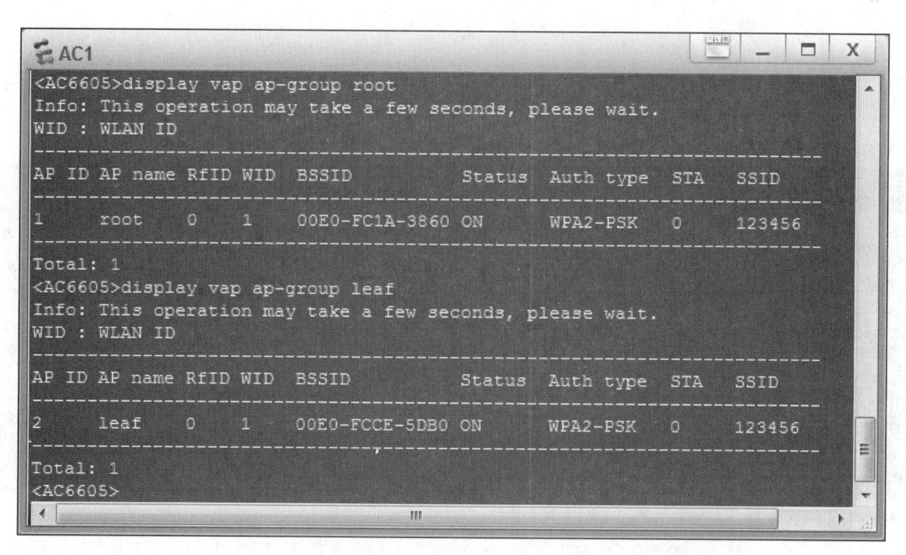

图 3.26　AP1 和 AP2 射频 0 引用的 VAP 模板

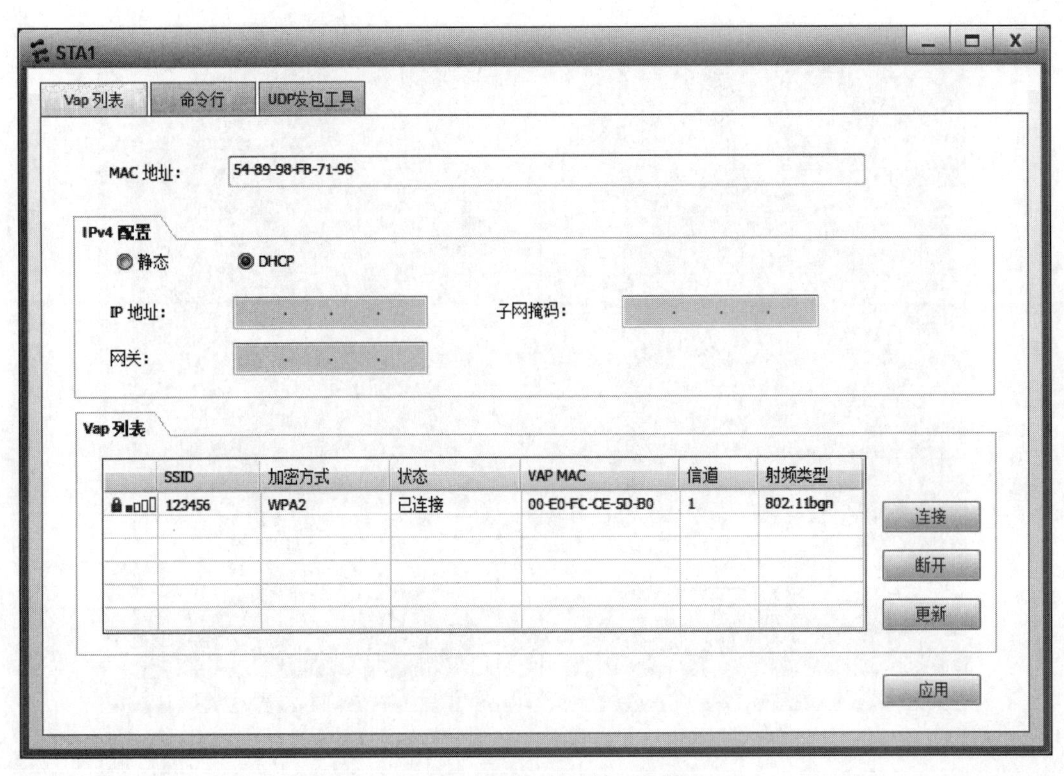

图 3.27　STA1 成功连接到 AP2 后的界面

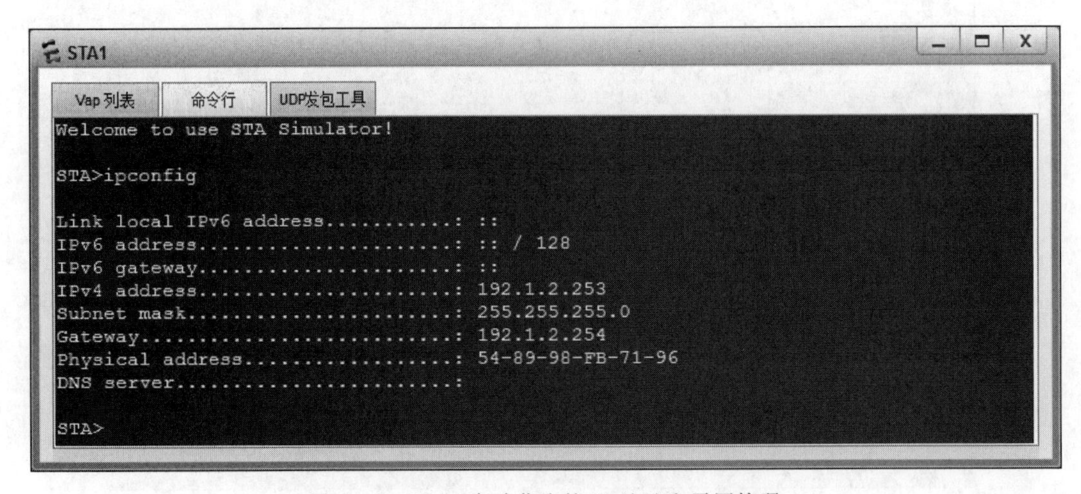

图 3.28　STA1 自动获取的 IP 地址和子网掩码

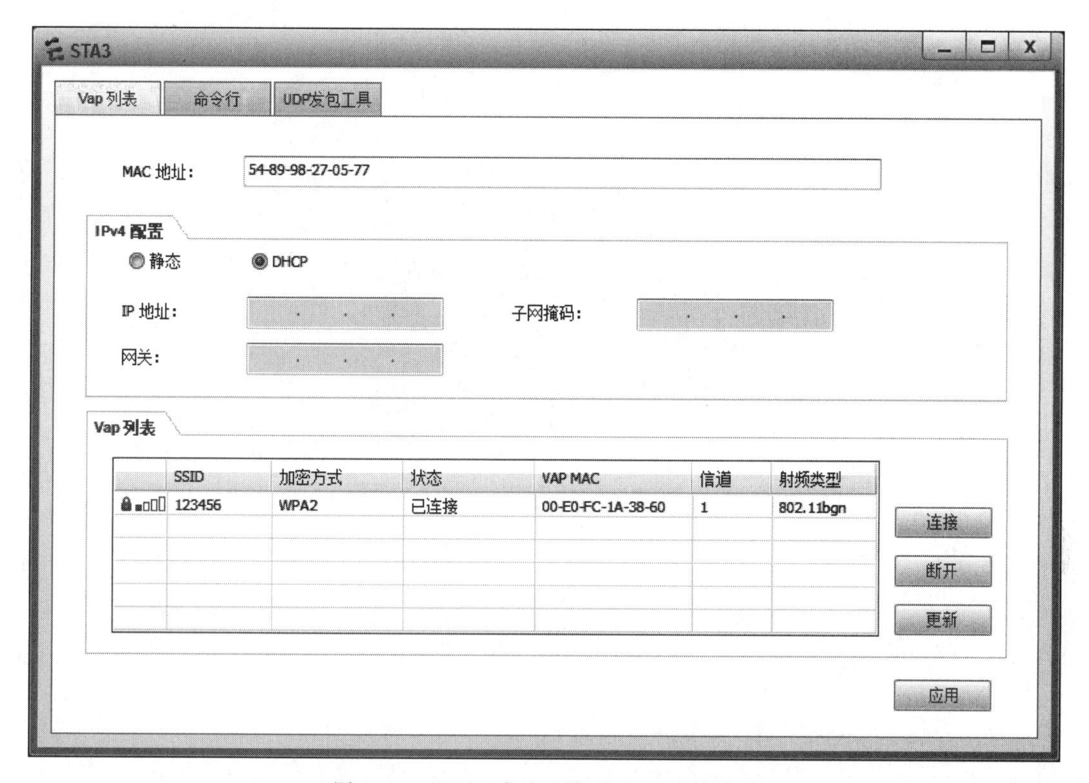

图 3.29　STA3 成功连接到 AP1 后的界面

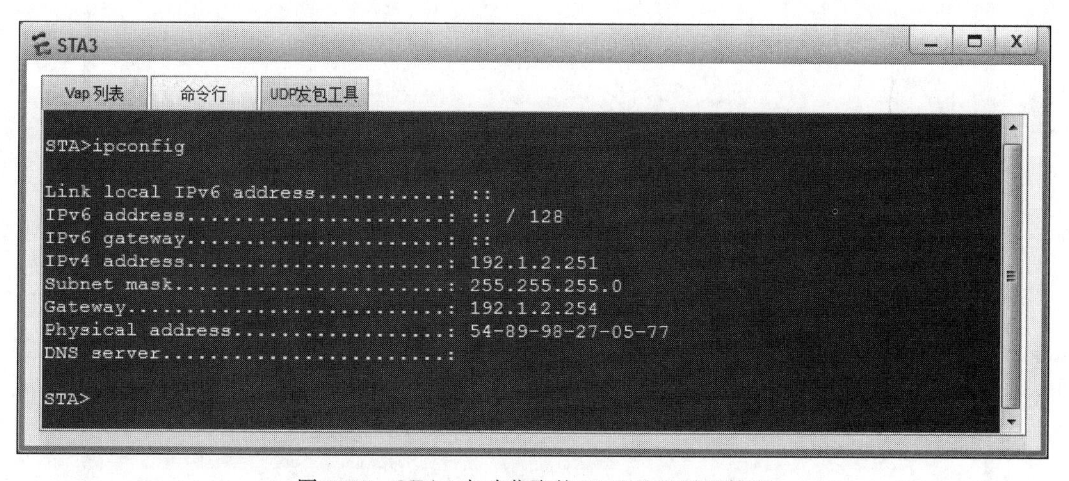

图 3.30　STA3 自动获取的 IP 地址和子网掩码

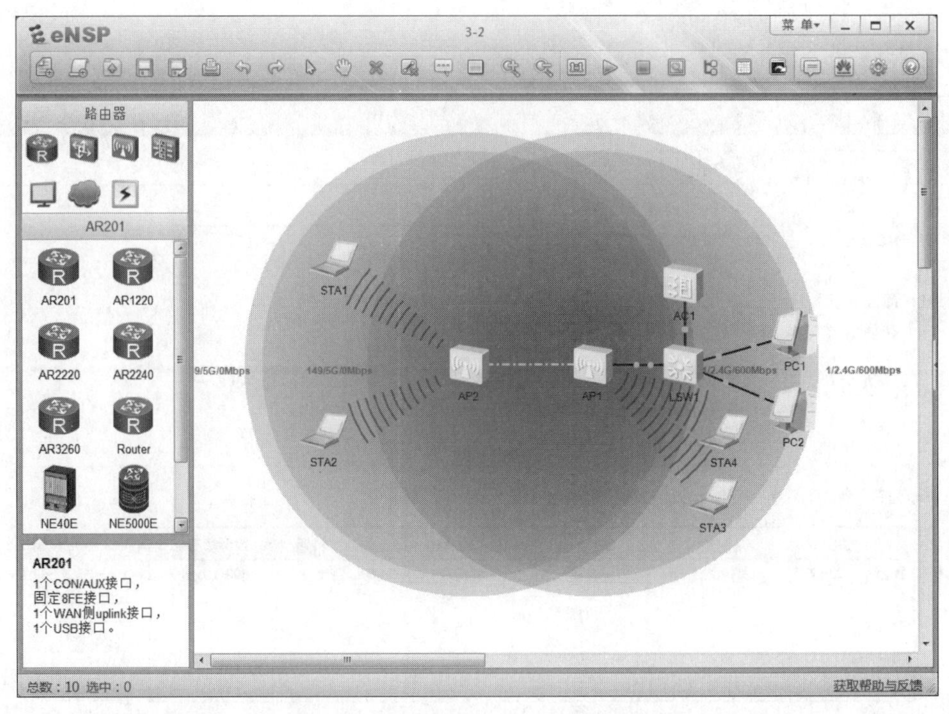

图 3.31　各个 STA 成功连接到对应的 AP 后的 eNSP 界面

(8) 为各个终端配置 IP 地址和子网掩码。各个终端配置的 IP 地址必须与无线工作站自动获取的 IP 地址有相同的网络号。PC1 配置的 IP 地址和子网掩码如图 3.32 所示。

图 3.32　PC1 配置的 IP 地址和子网掩码

（9）在 AP2 的 WiFi 端口启动捕获报文功能。通过在 STA1 执行如图 3.33 所示的 ping 操作启动 STA1 与 PC1 之间的通信过程。AP2 WiFi 端口捕获的报文序列中包含两类报文。一是射频 0 接收到的无线局域网 MAC 帧，帧格式如图 3.34 所示。其中有 3 个 MAC 地址，分别是 AP2 的 MAC 地址（BSS Id）、STA1 的 MAC 地址（Source address）和 PC1 的 MAC 地址（Destination address）。二是 AP2 以隧道转发方式转发给 AC1 的报文，报文封装过程如图 3.35 所示。无线局域网 MAC 帧转换成以太网 MAC 帧后，该以太网 MAC 帧被封装成 CAPWAP 报文，该 CAPWAP 报文被封装成 UDP 报文，该 UDP 报文被封装成以 AP2 的 IP 地址为源 IP 地址、以 AC1 的 IP 地址为目的 IP 地址的 IP 分组，该 IP 分组最终被封装成以 AP2 的 MAC 地址为源 MAC 地址、以 AC1 的 MAC 地址为目的 MAC 地址的以太网 MAC 帧。

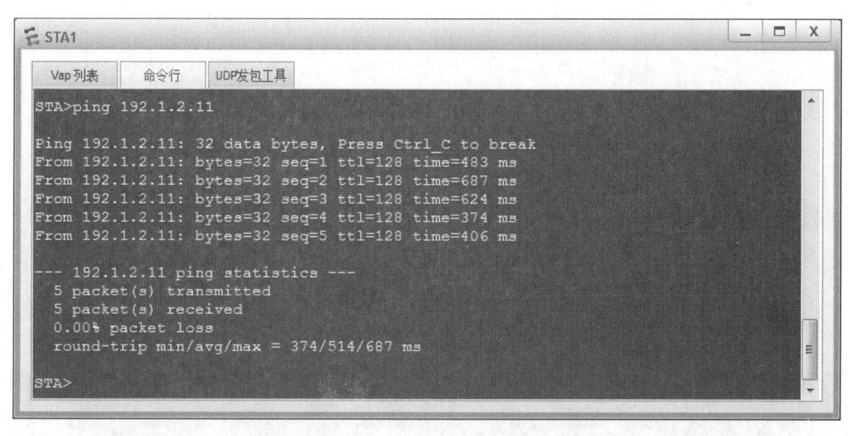

图 3.33　STA1 执行 ping 操作的界面

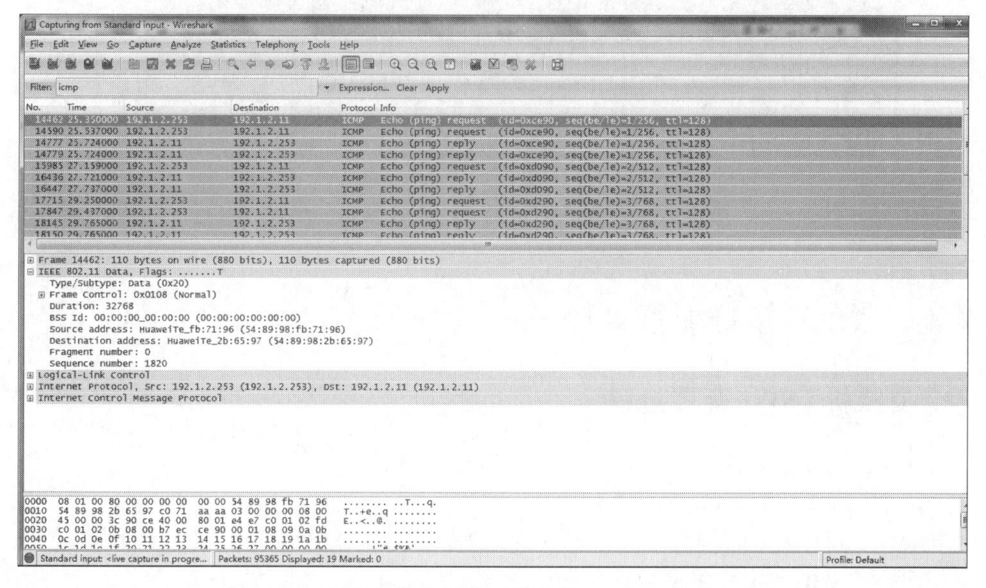

图 3.34　射频 0 接收到的无线局域网 MAC 帧的格式

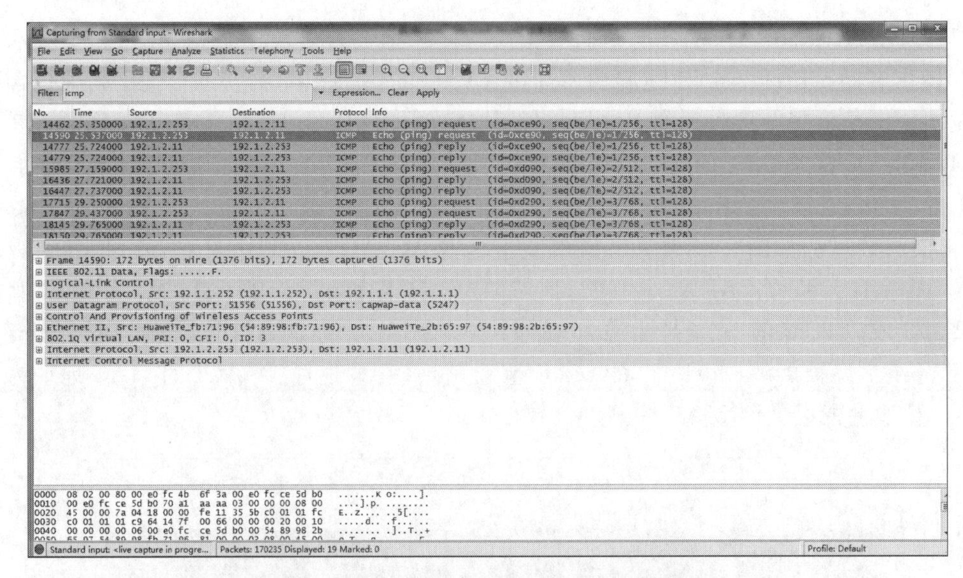

图 3.35　射频 1 转发的 CAPWAP 报文

(10) 与 AP2 建立连接的 STA1 和与 AP1 建立连接的 STA3 之间可以相互通信。图 3.36 是 STA1 与 STA3 之间相互通信的过程。

STA1

Vap 列表　命令行　UDP发包工具

```
STA>ping 192.1.2.251

Ping 192.1.2.251: 32 data bytes, Press Ctrl_C to break
From 192.1.2.251: bytes=32 seq=1 ttl=128 time=437 ms
From 192.1.2.251: bytes=32 seq=2 ttl=128 time=452 ms
From 192.1.2.251: bytes=32 seq=3 ttl=128 time=468 ms
From 192.1.2.251: bytes=32 seq=4 ttl=128 time=437 ms
From 192.1.2.251: bytes=32 seq=5 ttl=128 time=437 ms

--- 192.1.2.251 ping statistics ---
  5 packet(s) transmitted
  5 packet(s) received
  0.00% packet loss
  round-trip min/avg/max = 437/446/468 ms

STA>
```

图 3.36　STA1 与 STA3 之间相互通信的过程

3.2.6　命令行接口配置过程

1. 交换机 LSW1 配置过程

```
<Huawei>system-view
[Huawei]undo info-center enable
[Huawei]vlan batch 2 3
[Huawei]interface GigabitEthernet0/0/1
[Huawei-GigabitEthernet0/0/1]port link-type trunk
[Huawei-GigabitEthernet0/0/1]port trunk pvid vlan 2
```

```
[Huawei-GigabitEthernet0/0/1]port trunk allow-pass vlan 2 3
[Huawei-GigabitEthernet0/0/1]quit
[Huawei]interface GigabitEthernet0/0/2
[Huawei-GigabitEthernet0/0/2]port link-type trunk
[Huawei-GigabitEthernet0/0/2]port trunk pvid vlan 2
[Huawei-GigabitEthernet0/0/2]port trunk allow-pass vlan 2 3
[Huawei-GigabitEthernet0/0/2]quit
[Huawei]interface GigabitEthernet0/0/3
[Huawei-GigabitEthernet0/0/3]port link-type access
[Huawei-GigabitEthernet0/0/3]port default vlan 3
[Huawei-GigabitEthernet0/0/3]quit
[Huawei]interface GigabitEthernet0/0/4
[Huawei-GigabitEthernet0/0/4]port link-type access
[Huawei-GigabitEthernet0/0/4]port default vlan 3
[Huawei-GigabitEthernet0/0/4]quit
[Huawei]dhcp enable
[Huawei]interface vlanif 2
[Huawei-Vlanif2]ip address 192.1.1.254 24
[Huawei-Vlanif2]dhcp select interface
[Huawei-Vlanif2]quit
[Huawei]interface vlanif 3
[Huawei-Vlanif3]ip address 192.1.2.254 24
[Huawei-Vlanif3]dhcp select interface
[Huawei-Vlanif3]quit
```

2. 无线控制器 AC1 配置过程

```
<AC6605>system-view
[AC6605]undo info-center enable
[AC6605]vlan batch 2 3
[AC6605]interface GigabitEthernet0/0/1
[AC6605-GigabitEthernet0/0/1]port link-type trunk
[AC6605-GigabitEthernet0/0/1]port trunk pvid vlan 2
[AC6605-GigabitEthernet0/0/1]port trunk allow-pass vlan 2 3
[AC6605-GigabitEthernet0/0/1]quit
[AC6605]wlan
[AC6605-wlan-view]ap-group name root
[AC6605-wlan-ap-group-root]quit
[AC6605-wlan-view]ap-group name leaf
[AC6605-wlan-ap-group-leaf]quit
[AC6605-wlan-view]regulatory-domain-profile name domain
[AC6605-wlan-regulate-domain-domain]country-code cn
[AC6605-wlan-regulate-domain-domain]quit
```

```
[AC6605-wlan-view]ap-group name root
[AC6605-wlan-ap-group-root]regulatory-domain-profile domain
Warning: Modifying the country code will clear channel, power and antenna gain
configurations of the radio and reset the AP. Continue?[Y/N]:y
[AC6605-wlan-ap-group-root]quit
[AC6605-wlan-view]ap-group name leaf
[AC6605-wlan-ap-group-leaf]regulatory-domain-profile domain
Warning: Modifying the country code will clear channel, power and antenna gain
configurations of the radio and reset the AP. Continue?[Y/N]:y
[AC6605-wlan-ap-group-leaf]quit
[AC6605-wlan-view]quit
[AC6605]interface vlanif 2
[AC6605-Vlanif2]ip address 192.1.1.1 24
[AC6605-Vlanif2]quit
[AC6605]capwap source interface vlanif 2
[AC6605]wlan
[AC6605-wlan-view]ap auth-mode mac-auth
[AC6605-wlan-view]ap-id 1 ap-mac 00e0-fc1a-3860
[AC6605-wlan-ap-1]ap-name root
[AC6605-wlan-ap-1]ap-group root
Warning: This operation may cause AP reset. If the country code changes, it will
clear channel, power and antenna gain configurations of the radio, Whether to
continue? [Y/N]:y
[AC6605-wlan-ap-1]quit
[AC6605-wlan-view]ap-id 2 ap-mac 00e0-fcce-5db0
[AC6605-wlan-ap-2]ap-name leaf
[AC6605-wlan-ap-2]ap-group leaf
Warning: This operation may cause AP reset. If the country code changes, it will
clear channel, power and antenna gain configurations of the radio, Whether to
continue? [Y/N]:y
[AC6605-wlan-ap-2]quit
[AC6605-wlan-view]security-profile name wds-sec
[AC6605-wlan-sec-prof-wds-sec]security wpa2 psk pass-phrase Ww-12345678 aes
[AC6605-wlan-sec-prof-wds-sec]quit
[AC6605-wlan-view]wds-whitelist-profile name wds-root
[AC6605-wlan-wds-whitelist-wds-root]peer-ap mac 00e0-fcce-5db0
[AC6605-wlan-wds-whitelist-wds-root]quit
[AC6605-wlan-view]wds-profile name wds-root
[AC6605-wlan-wds-prof-wd-root]wds-name wds-net
[AC6605-wlan-wds-prof-wd-root]wds-mode root
[AC6605-wlan-wds-prof-wd-root]security-profile wds-sec
[AC6605-wlan-wds-prof-wd-root]vlan tagged 3
[AC6605-wlan-wds-prof-wd-root]quit
```

```
[AC6605-wlan-view]wds-profile name wds-leaf
[AC6605-wlan-wds-prof-wds-leaf]wds-name wds-net
[AC6605-wlan-wds-prof-wds-leaf]wds-mode leaf
[AC6605-wlan-wds-prof-wds-leaf]security-profile wds-sec
[AC6605-wlan-wds-prof-wds-leaf]vlan tagged 3
[AC6605-wlan-wds-prof-wds-leaf]quit
[AC6605-wlan-view]ap-group name root
[AC6605-wlan-ap-group-root]radio 1
[AC6605-wlan-group-radio-root/1]wds-whitelist-profile wds-root
[AC6605-wlan-group-radio-root/1]quit
[AC6605-wlan-ap-group-root]quit
[AC6605-wlan-view]ap-group name root
[AC6605-wlan-ap-group-root]wds-profile wds-root radio 1
Warning: This action may cause service interruption. Continue?[Y/N]y
[AC6605-wlan-ap-group-root]quit
[AC6605-wlan-view]ap-group name leaf
[AC6605-wlan-ap-group-leaf]wds-profile wds-leaf radio 1
Warning: This action may cause service interruption. Continue?[Y/N]y
[AC6605-wlan-ap-group-leaf]quit
[AC6605-wlan-view]security-profile name vap-sec
[AC6605-wlan-sec-prof-vap-sec]security wpa2 psk pass-phrase Aa-12345678 aes
[AC6605-wlan-sec-prof-vap-sec]quit
[AC6605-wlan-view]ssid-profile name vap-ssid
[AC6605-wlan-ssid-prof-va-ssid]ssid 123456
[AC6605-wlan-ssid-prof-va-ssid]quit
[AC6605-wlan-view]vap-profile name vap
[AC6605-wlan-vap-prof-vap]forward-mode tunnel
[AC6605-wlan-vap-prof-vap]service-vlan vlan-id 3
[AC6605-wlan-vap-prof-vap]security-profile vap-sec
[AC6605-wlan-vap-prof-vap]ssid-profile vap-ssid
[AC6605-wlan-vap-prof-vap]quit
[AC6605-wlan-view]ap-group name root
[AC6605-wlan-ap-group-root]vap-profile vap wlan 1 radio 0
[AC6605-wlan-ap-group-root]quit
[AC6605-wlan-view]ap-group name leaf
[AC6605-wlan-ap-group-leaf]vap-profile vap wlan 1 radio 0
[AC6605-wlan-ap-group-leaf]quit
[AC6605-wlan-view]quit
```

3. 命令列表

无线控制器配置过程中使用的命令及功能和参数说明如表 3.3 所示。

表 3.3　无线控制器配置过程中使用的命令及功能和参数说明

命令格式	功能和参数说明
wds-whitelist-profile name *whitelist-name*	创建 WDS 白名单模板，并进入 WDS 白名单模板视图；若 WDS 白名单模板已经存在，则直接进入 WDS 白名单模板视图。参数 *whitelist-name* 是 WDS 白名单模板名称
peer-ap mac *mac-address*	在 WDS 白名单模板中添加允许接入的邻居 AP 的 MAC 地址。参数 *mac-address* 是邻居 AP 的 MAC 地址
wds-profile name *profile-name*	创建 WDS 模板，并进入 WDS 模板视图；若 WDS 模板已经存在，则直接进入 WDS 模板视图。参数 *profile-name* 是 WDS 模板名称
wds-name *name*	在 WDS 模板中指定网桥标识符，参数 *name* 是网桥标识符
wds-mode { **root** | **middle** | **leaf** }	在 WDS 模板中指定网桥模式为根网桥(root)、中间网桥(middle)或叶网桥(leaf)。根网桥允许接入中间网桥和叶网桥，中间网桥允许接入叶网桥
vlan tagged { *vlan-id*1 [**to** *vlan-id*2] }	将一组 VLAN 以标记 VLAN 的方式添加到 WDS 模板中。参数 *vlan-id*1 是一组 VLAN 的起始编号，参数 *vlan-id*2 是一组 VLAN 的结束编号
radio *radio-id*	进入射频视图。参数 *radio-id* 是射频编号
wds-whitelist-profile *whitelist-name*	在 AP 射频视图下引用 WDS 白名单模板。参数 *whitelist-name* 是 WDS 白名单模板名称
wds-profile *profile-name* **radio** { **all** | *radio-id* }	在 AP 或 AP 组视图下引用 WDS 模板。参数 *profile-name* 是 WDS 模板名称，参数 *radio-id* 是射频编号

3.3　WDS 实验

3.3.1　实验内容

WDS 模式的实现过程如图 3.37 所示，交换机 S1、终端 A 和终端 B 构成一个以太网，交换机 S2、终端 C 和终端 D 构成另一个以太网，两个以太网分别与 AP1 和 AP2 相连。建立 AP1 与 AP2 之间的 WDS 链路，以此实现连接在不同以太网上的终端之间的通信过程。AP1 和 AP2 都是瘦 AP，统一由 AC 完成 AP1 和 AP2 的配置过程。

3.3.2　实验目的

(1) 验证 AC 配置过程。
(2) 验证 AC 统一配置 AP 的过程。
(3) 验证 WDS 模式的工作过程。
(4) 验证 AP2 与 AP1 之间 WDS 链路的建立过程。

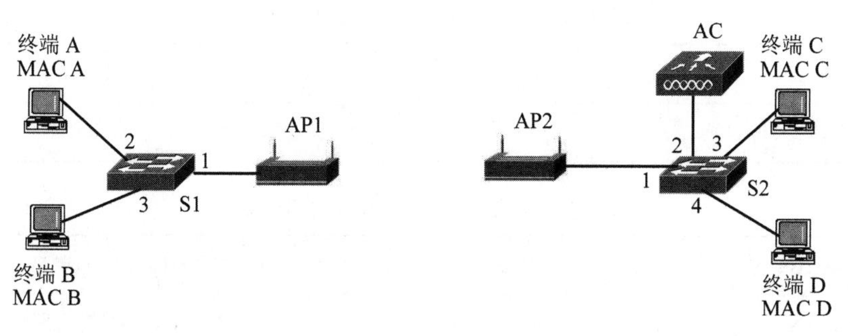

图 3.37　WDS 模式的实现过程

（5）验证连接在不同以太网上的终端之间的通信过程。

3.3.3　实验原理

AP1 和 AP2 作为网桥实现以下功能：一是实现以太网和 WDS 链路之间的互联，完成以太网 MAC 帧与无线局域网 MAC 帧之间的转发和转换过程；二是建立 AP1 与 AP2 之间的 WDS 链路，通过 AP1 与 AP2 之间的 WDS 链路实现属于不同以太网的终端之间的通信过程；三是通过地址学习过程建立转发表(MAC 表)。完成属于不同以太网的终端之间的通信过程后，AP1 和 AP2 分别建立如表 3.4 和表 3.5 所示的转发表。

表 3.4　AP1 转发表

MAC 地址	转发端口
MAC A	以太网端口
MAC B	以太网端口
MAC C	WiFi 端口
MAC D	WiFi 端口

表 3.5　AP2 转发表

MAC 地址	转发端口
MAC A	WiFi 端口
MAC B	WiFi 端口
MAC C	以太网端口
MAC D	以太网端口

为了实现终端之间的相互通信过程，位于不同以太网的终端要属于同一个 VLAN (这里是 VLAN 3)，经过 WDS 链路传输的 MAC 帧需要携带 VLAN 标识符。同样，为了实现 AP 与 AC 之间的通信过程，AP 和 AC 要属于同一个 VLAN(这里是 VLAN 2)，交换机 S2 和 AC 需要将 VLAN 2 作为默认 VLAN。交换机 S1 和 S2 VLAN 与端口之间的映射分别如表 3.6 和表 3.7 所示。

表 3.6　交换机 S1 VLAN 与端口的映射

VLAN	接入端口	主干端口(共享端口)
VLAN 3	2,3	1

表 3.7　交换机 S2 VLAN 与端口的映射

VLAN	接入端口	主干端口(共享端口)
VLAN 2		1,2(VLAN 2 的默认端口)
VLAN 3	3,4	1,2

3.3.4　实验步骤

(1) 启动华为 eNSP,按照图 3.37 所示的网络拓扑结构放置和连接设备。完成设备放置和连接后的 eNSP 界面如图 3.38 所示。启动所有设备。

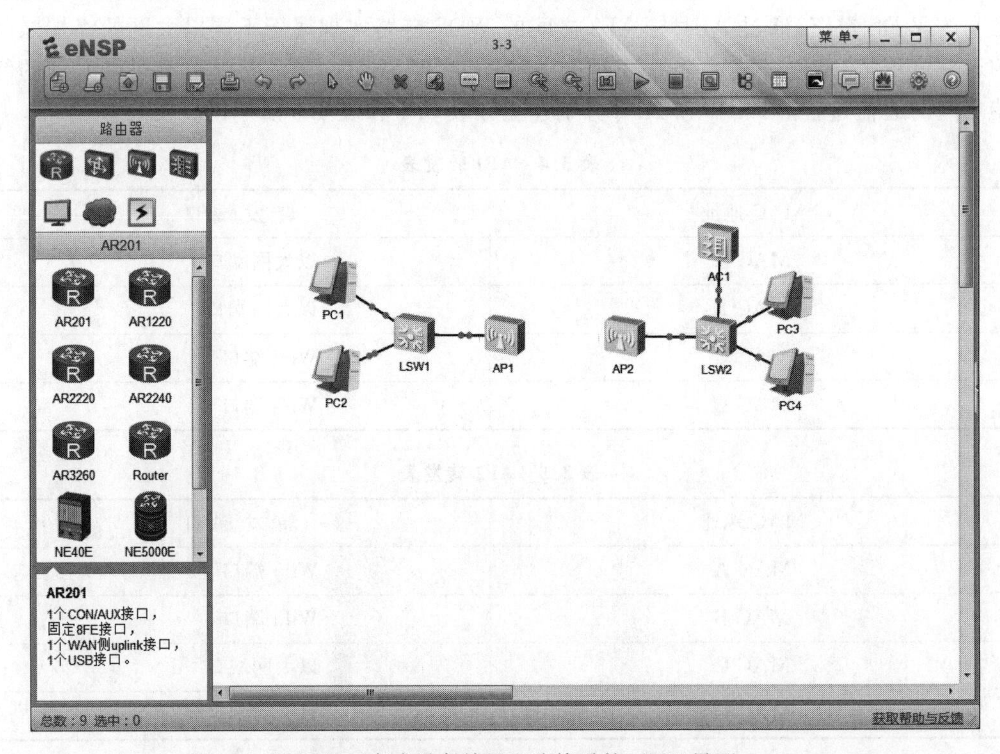

图 3.38　完成设备放置和连接后的 eNSP 界面

(2) 在交换机 LSW1 中创建 VLAN 3,VLAN 3 的端口组成如图 3.39 所示。将连接 PC1 和 PC2 的端口作为接入端口分配给 VLAN 3,将连接 AP1 的端口定义为被 VLAN 3 共享的主干端口。在交换机 LSW2 中创建 VLAN 2 和 VLAN 3,VLAN 2 和 VLAN 3 的端口组成如图 3.40 所示。为便于建立 AP 与 AC 之间的交换路径,将 VLAN 2 定义为默认 VLAN。在 AC1 中创建 VLAN 2 和 VLAN 3,AC1 连接交换机 LSW1 的端口的 VLAN 特性与 LSW2 的端口 GE0/0/2 相同。

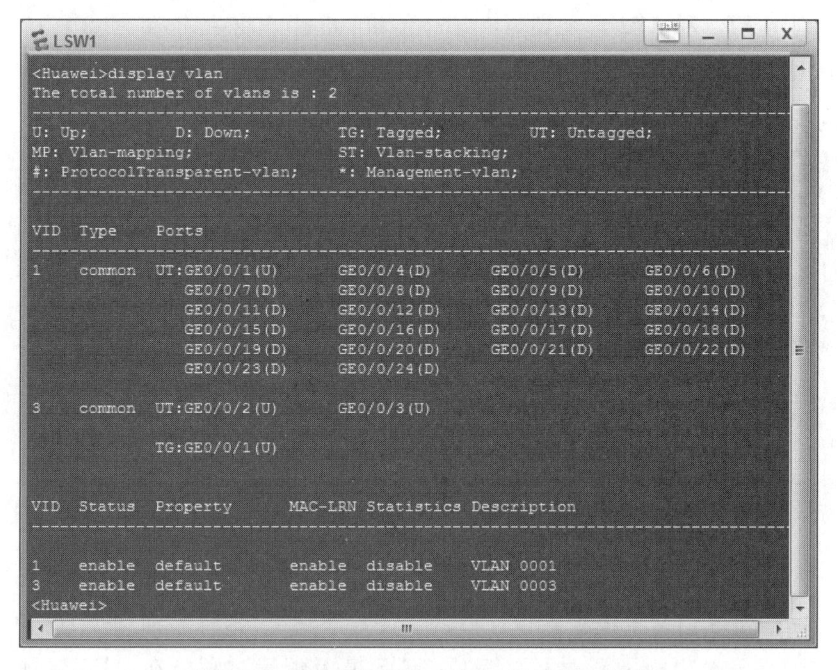

图 3.39　交换机 LSW1 中 VLAN 的端口组成

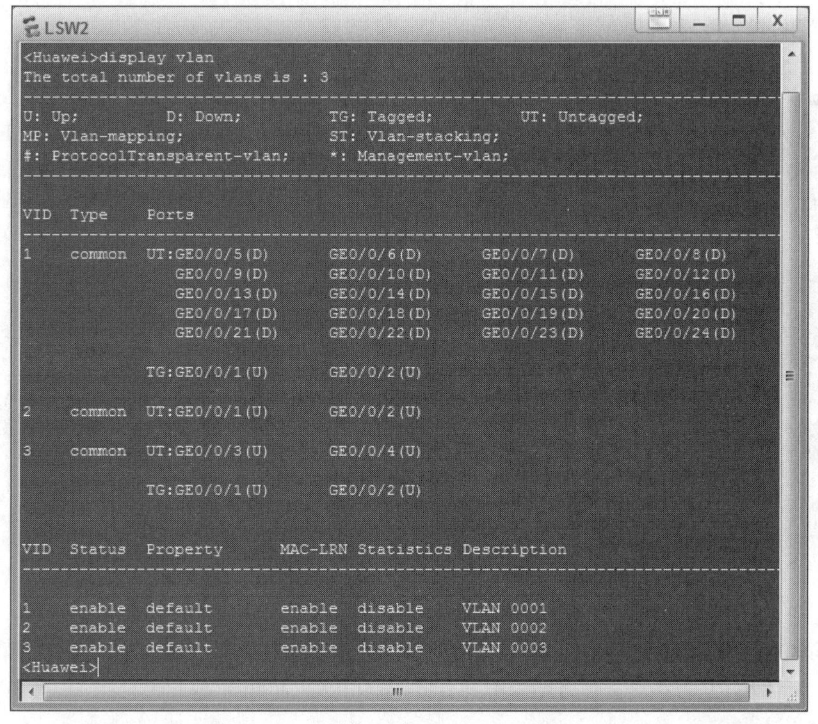

图 3.40　交换机 LSW2 中 VLAN 的端口组成

(3) 完成交换机 LSW2 VLAN 2 对应的 IP 接口以及 DHCP 服务器的配置过程。

(4) 在 AC1 中配置 AP 鉴别方式,将 AP1 和 AP2 添加到 AC1 中。创建 AP 组 root 和 leaf,分别将 AP2 和 AP2 添加到 AP 组 root 和 leaf 中。将 AP1 和 AP2 添加到 AC1 中后,可以通过显示所有 AP 命令检查已经添加的 AP 的状态,如图 3.41 所示。

```
AC1
The device is running!

<AC6605>display ap all
Info: This operation may take a few seconds. Please wait for a moment.done.
Total AP information:
nor  : normal          [2]
---------------------------------------------------------------------------------
------
ID   MAC            Name Group IP            Type            State STA Uptime
---------------------------------------------------------------------------------
------
1    00e0-fcff-7770 ap1  leaf  192.1.1.252 AP8030DN        nor   0   1M:26S
2    00e0-fc3e-0960 ap2  root  192.1.1.253 AP8030DN        nor   0   5M:51S
---------------------------------------------------------------------------------
------
Total: 2
<AC6605>
```

图 3.41 添加到 AC1 的 AP 的状态

(5) 完成 WDS 白名单模板配置过程,将 AP1 的 MAC 地址添加到 WDS 白名单模板中。完成 WDS 安全模板配置过程。完成 WDS 模板配置过程。在 AP2 射频 1 下引用 WDS 白名单模板。分别在 AP1 和 AP2 的射频 1 下引用 WDS 模板。建立 AP1 与 AP2 之间的 WDS 链路,显示如图 3.42 所示的 WDS 链路状态。

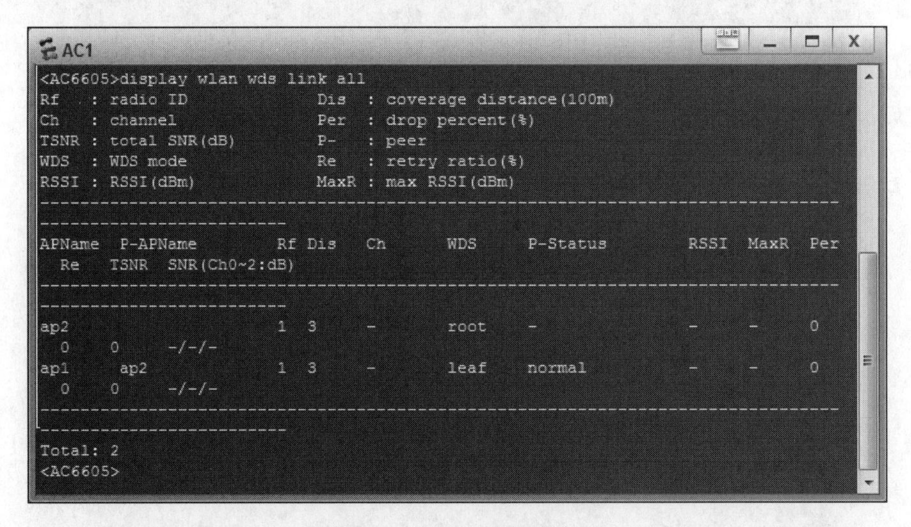
AC1
<AC6605>display wlan wds link all
Rf   : radio ID   Dis : coverage distance(100m)
Ch   : channel   Per : drop percent(%)
TSNR : total SNR(dB)   P-   : peer
WDS : WDS mode   Re   : retry ratio(%)
RSSI : RSSI(dBm)   MaxR : max RSSI(dBm)
APName P-APName   Rf Dis Ch   WDS   P-Status   RSSI MaxR Per
Re   TSNR SNR(Ch0~2:dB)
ap2   1 3   -   root   -   -   -   0
0   0   -/-/-
ap1   ap2   1 3   -   leaf   normal   -   -   0
0   0   -/-/-
Total: 2
<AC6605>

图 3.42 WDS 链路状态

(6) 为所有 PC 配置网络号相同、主机号不同的 IP 地址。图 3.43 是 PC1 配置的 IP 地址和子网掩码以及 PC1 的 MAC 地址。图 3.44 是 PC3 配置的 IP 地址和子网掩码以及 PC3 的 MAC 地址。

PC1

基础配置　命令行　组播　UDP发包工具　串口

主机名:

MAC 地址: 54-89-98-D0-33-89

IPv4 配置

静态　DHCP　自动获取 DNS 服务器地址

IP 地址: 192 . 1 . 2 . 1　DNS1: 0 . 0 . 0 . 0

子网掩码: 255 . 255 . 255 . 0　DNS2: 0 . 0 . 0 . 0

网关: 0 . 0 . 0 . 0

IPv6 配置

静态　DHCPv6

IPv6 地址: ::

前缀长度: 128

IPv6 网关: ::

应用

图 3.43　PC1 配置的 IP 地址和子网掩码以及 PC1 的 MAC 地址

PC3

基础配置　命令行　组播　UDP发包工具　串口

主机名:

MAC 地址: 54-89-98-CE-1D-9D

IPv4 配置

静态　DHCP　自动获取 DNS 服务器地址

IP 地址: 192 . 1 . 2 . 3　DNS1: 0 . 0 . 0 . 0

子网掩码: 255 . 255 . 255 . 0　DNS2: 0 . 0 . 0 . 0

网关: 0 . 0 . 0 . 0

IPv6 配置

静态　DHCPv6

IPv6 地址: ::

前缀长度: 128

IPv6 网关: ::

应用

图 3.44　PC3 配置的 IP 地址和子网掩码以及 PC3 的 MAC 地址

(7) 启动连接在不同以太网上的 PC 之间的通信过程。图 3.45 是 PC1 与 PC3 之间的通信过程，图 3.46 所示的是 PC2 与 PC4 之间的通信过程。完成上述通信过程后，

LSW1、AP1、AP2 和 LSW2 的 MAC 表分别如图 3.47 至图 3.50 所示。LSW1 学习到的 4 个 MAC 地址分别是 PC1～PC4 的 MAC 地址，AP1 学习到 6 个 MAC 地址，增加的两个 MAC 地址分别是 AC1 和 LSW2 中 VLAN 2 对应的 IP 接口(vlanif 2)的 MAC 地址。AP2 学习到 7 个 MAC 地址，在 AP1 学习到的 MAC 地址的基础上，增加了 AP1 的 MAC 地址。LSW2 学习到的 MAC 地址与 AP2 相同，但 LSW2 将 VLAN 2 定义为默认 VLAN。

```
PC1
基础配置 命令行 组播 UDP发包工具 串口
Welcome to use PC Simulator!

PC>ping 192.1.2.3

Ping 192.1.2.3: 32 data bytes, Press Ctrl_C to break
From 192.1.2.3: bytes=32 seq=1 ttl=128 time=93 ms
From 192.1.2.3: bytes=32 seq=2 ttl=128 time=78 ms
From 192.1.2.3: bytes=32 seq=3 ttl=128 time=109 ms
From 192.1.2.3: bytes=32 seq=4 ttl=128 time=46 ms
From 192.1.2.3: bytes=32 seq=5 ttl=128 time=47 ms

--- 192.1.2.3 ping statistics ---
  5 packet(s) transmitted
  5 packet(s) received
  0.00% packet loss
  round-trip min/avg/max = 46/74/109 ms

PC>
```

图 3.45 PC1 与 PC3 之间的通信过程

```
PC2
基础配置 命令行 组播 UDP发包工具 串口
Welcome to use PC Simulator!

PC>ping 192.1.2.4

Ping 192.1.2.4: 32 data bytes, Press Ctrl_C to break
From 192.1.2.4: bytes=32 seq=1 ttl=128 time=78 ms
From 192.1.2.4: bytes=32 seq=2 ttl=128 time=62 ms
From 192.1.2.4: bytes=32 seq=3 ttl=128 time=62 ms
From 192.1.2.4: bytes=32 seq=4 ttl=128 time=78 ms
From 192.1.2.4: bytes=32 seq=5 ttl=128 time=78 ms

--- 192.1.2.4 ping statistics ---
  5 packet(s) transmitted
  5 packet(s) received
  0.00% packet loss
  round-trip min/avg/max = 62/71/78 ms

PC>
```

图 3.46 PC2 与 PC4 之间的通信过程

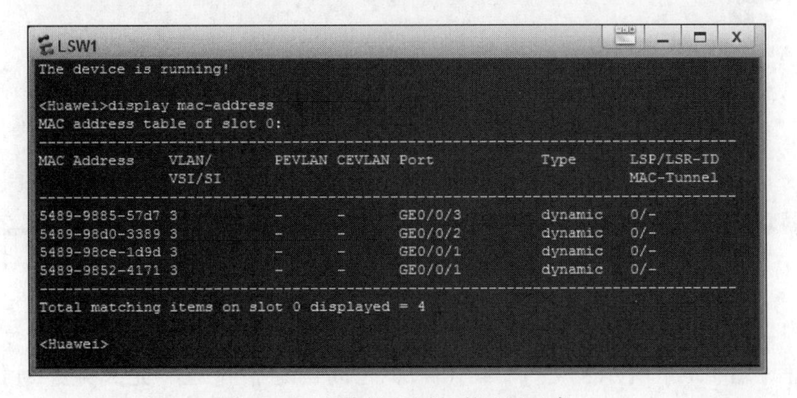

图 3.47 交换机 LSW1 的 MAC 表

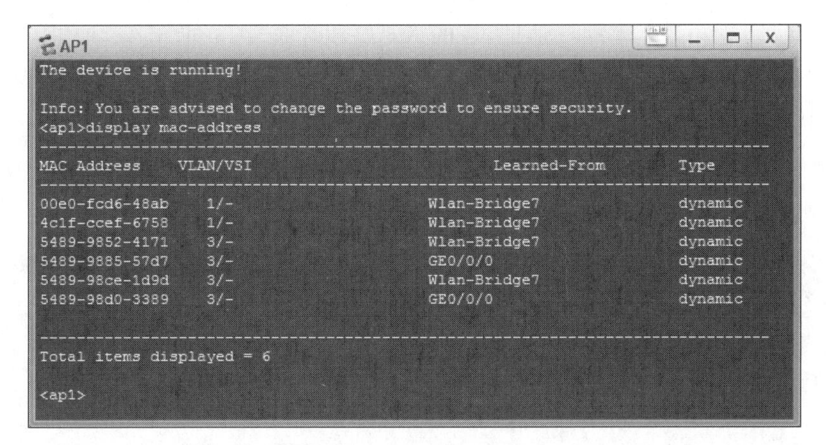

图 3.48 AP1 的 MAC 表

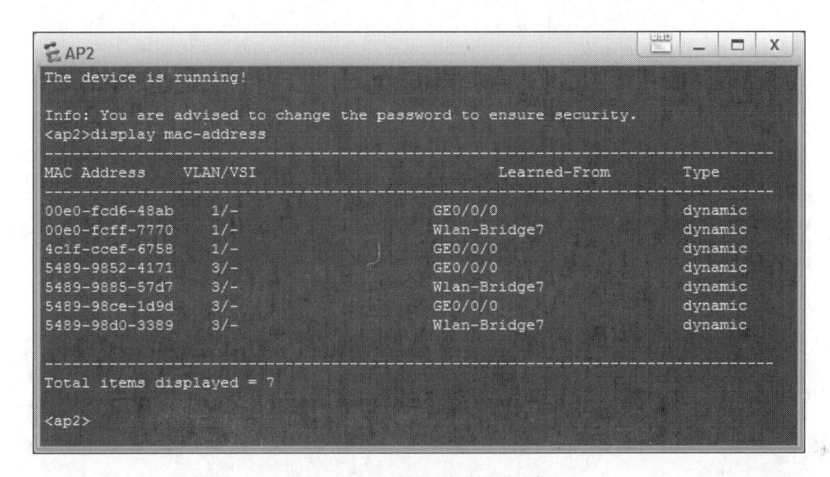

图 3.49 AP2 的 MAC 表

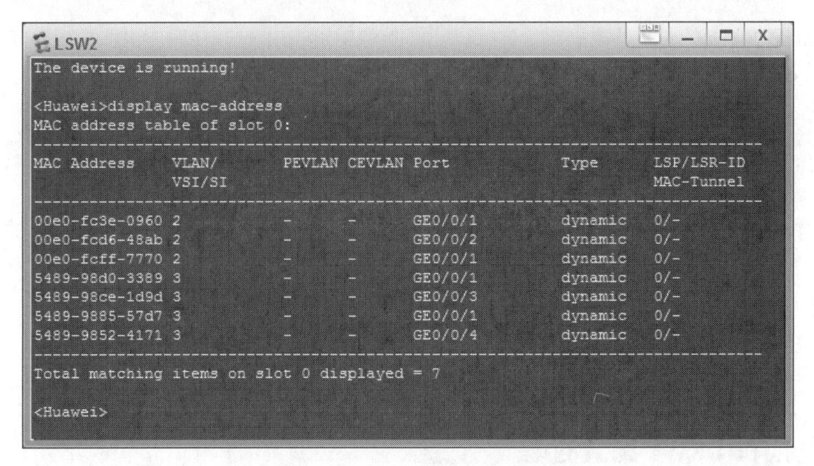

图 3.50 交换机 LSW2 的 MAC 表

(8) 分别在 AP1 的以太网端口和 WiFi 端口启动捕获报文功能。再次启动 PC1 与 PC3 之间的通信过程。AP1 以太网端口捕获的报文序列如图 3.51 所示，以太网 MAC 帧的源 MAC 地址是 PC1 的 MAC 地址，目的 MAC 地址是 PC3 的 MAC 地址。AP1 WiFi 端口捕获的报文序列如图 3.52 所示，无线局域网 MAC 帧的源和目的 MAC 地址与以太网 MAC 帧相同。

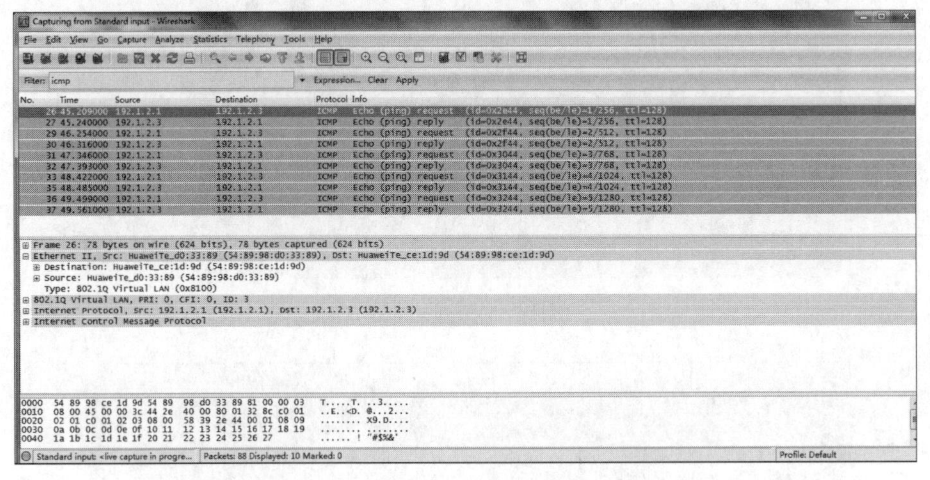

图 3.51　AP1 以太网端口捕获的报文序列

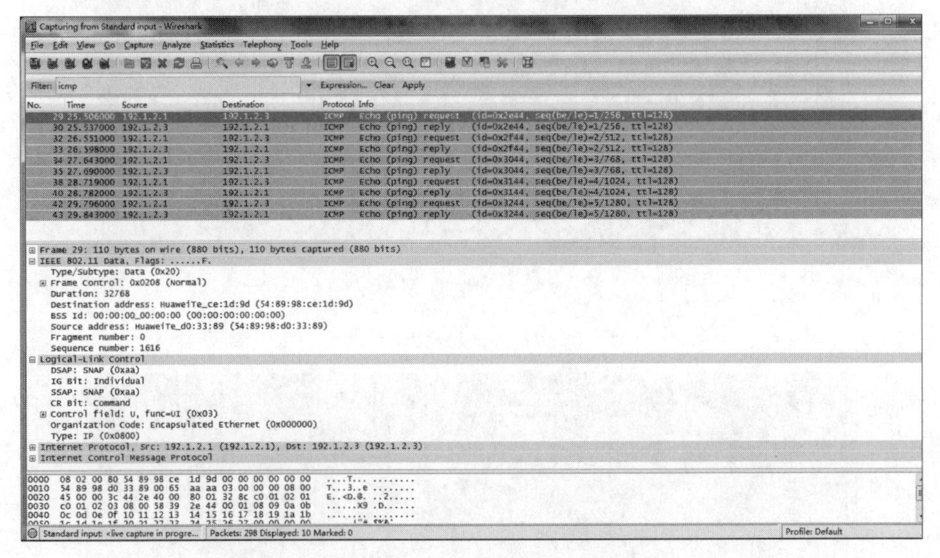

图 3.52　AP1 WiFi 端口捕获的报文序列

3.3.5　命令行接口配置过程

1. 交换机 LSW1 配置过程

```
<Huawei>system-view
[Huawei]undo info-center enable
[Huawei]vlan 3
```

```
[Huawei-vlan3]quit
[Huawei]interface GigabitEthernet0/0/1
[Huawei-GigabitEthernet0/0/1]port link-type trunk
[Huawei-GigabitEthernet0/0/1]port trunk allow-pass vlan 3
[Huawei-GigabitEthernet0/0/1]quit
[Huawei]interface GigabitEthernet0/0/2
[Huawei-GigabitEthernet0/0/2]port link-type access
[Huawei-GigabitEthernet0/0/2]port default vlan 3
[Huawei-GigabitEthernet0/0/2]quit
[Huawei]interface GigabitEthernet0/0/3
[Huawei-GigabitEthernet0/0/3]port link-type access
[Huawei-GigabitEthernet0/0/3]port default vlan 3
[Huawei-GigabitEthernet0/0/3]quit
```

2. 交换机 LSW2 配置过程

```
<Huawei>system-view
[Huawei]undo info-center enable
[Huawei]vlan batch 2 3
[Huawei]interface GigabitEthernet0/0/1
[Huawei-GigabitEthernet0/0/1]port link-type trunk
[Huawei-GigabitEthernet0/0/1]port trunk pvid vlan 2
[Huawei-GigabitEthernet0/0/1]port trunk allow-pass vlan 2 3
[Huawei-GigabitEthernet0/0/1]quit
[Huawei]interface GigabitEthernet0/0/2
[Huawei-GigabitEthernet0/0/2]port link-type trunk
[Huawei-GigabitEthernet0/0/2]port trunk pvid vlan 2
[Huawei-GigabitEthernet0/0/2]port trunk allow-pass vlan 2 3
[Huawei-GigabitEthernet0/0/2]quit
[Huawei]interface GigabitEthernet0/0/3
[Huawei-GigabitEthernet0/0/3]port link-type access
[Huawei-GigabitEthernet0/0/3]port default vlan 3
[Huawei-GigabitEthernet0/0/3]quit
[Huawei]interface GigabitEthernet0/0/4
[Huawei-GigabitEthernet0/0/4]port link-type access
[Huawei-GigabitEthernet0/0/4]port default vlan 3
[Huawei-GigabitEthernet0/0/4]quit
[Huawei]dhcp enable
[Huawei]interface vlanif 2
[Huawei-Vlanif2]ip address 192.1.1.254 24
[Huawei-Vlanif2]dhcp select interface
[Huawei-Vlanif2]quit
```

3. AC1 配置过程

```
<AC6605>system-view
```

```
[AC6605]undo info-center enable
[AC6605]vlan batch 2 3
[AC6605]interface GigabitEthernet0/0/1
[AC6605-GigabitEthernet0/0/1]port link-type trunk
[AC6605-GigabitEthernet0/0/1]port trunk pvid vlan 2
[AC6605-GigabitEthernet0/0/1]port trunk allow-pass vlan 2 3
[AC6605-GigabitEthernet0/0/1]quit
[AC6605]interface vlanif 2
[AC6605-Vlanif2]ip address 192.1.1.1 24
[AC6605-Vlanif2]quit
[AC6605]wlan
[AC6605-wlan-view]ap-group name root
[AC6605-wlan-ap-group-root]quit
[AC6605-wlan-view]ap-group name leaf
[AC6605-wlan-ap-group-leaf]quit
[AC6605-wlan-view]regulatory-domain-profile name domain
[AC6605-wlan-regulate-domain-domain]country-code cn
[AC6605-wlan-regulate-domain-domain]quit
[AC6605-wlan-view]ap-group name root
[AC6605-wlan-ap-group-root]regulatory-domain-profile domain
Warning: Modifying the country code will clear channel, power and antenna gain
configurations of the radio and reset the AP. Continue?[Y/N]:y
[AC6605-wlan-ap-group-root]quit
[AC6605-wlan-view]ap-group name leaf
[AC6605-wlan-ap-group-leaf]regulatory-domain-profile domain
Warning: Modifying the country code will clear channel, power and antenna gain
configurations of the radio and reset the AP. Continue?[Y/N]:y
[AC6605-wlan-ap-group-leaf]quit
[AC6605-wlan-view]quit
[AC6605]capwap source interface vlanif 2
[AC6605]wlan
[AC6605-wlan-view]ap auth-mode mac-auth
[AC6605-wlan-view]ap-id 1 ap-mac 00e0-fcff-7770
[AC6605-wlan-ap-1]ap-name ap1
[AC6605-wlan-ap-1]ap-group leaf
Warning: This operation may cause AP reset. If the country code changes, it will
clear channel, power and antenna gain configurations of the radio, Whether to
continue? [Y/N]:y
[AC6605-wlan-ap-1]quit
[AC6605-wlan-view]ap-id 2 ap-mac 00e0-fc3e-0960
[AC6605-wlan-ap-2]ap-name ap2
[AC6605-wlan-ap-2]ap-group root
Warning: This operation may cause AP reset. If the country code changes, it will
clear channel, power and antenna gain configurations of the radio, Whether to
```

```
continue? [Y/N]:y
[AC6605-wlan-ap-2]quit
[AC6605-wlan-view]security-profile name wds-sec
[AC6605-wlan-sec-prof-wds-sec]security wpa2 psk pass-phrase Ww-12345678 aes
[AC6605-wlan-sec-prof-wds-sec]quit
[AC6605-wlan-view]wds-whitelist-profile name root
[AC6605-wlan-wds-whitelist-root]peer-ap mac 00e0-fcff-7770
[AC6605-wlan-wds-whitelist-root]quit
[AC6605-wlan-view]wds-profile name root
[AC6605-wlan-wds-prof-root]wds-name wds-net
[AC6605-wlan-wds-prof-root]wds-mode root
[AC6605-wlan-wds-prof-root]security-profile wds-sec
[AC6605-wlan-wds-prof-root]vlan tagged 3
[AC6605-wlan-wds-prof-root]quit
[AC6605-wlan-view]wds-profile name leaf
[AC6605-wlan-wds-prof-leaf]wds-name wds-net
[AC6605-wlan-wds-prof-leaf]wds-mode leaf
[AC6605-wlan-wds-prof-leaf]security-profile wds-sec
[AC6605-wlan-wds-prof-leaf]vlan tagged 3
[AC6605-wlan-wds-prof-leaf]quit
[AC6605-wlan-view]ap-group name root
[AC6605-wlan-ap-group-root]radio 1
[AC6605-wlan-group-radio-root/1]wds-whitelist-profile root
[AC6605-wlan-group-radio-root/1]quit
[AC6605-wlan-ap-group-root]quit
[AC6605-wlan-view]ap-group name root
[AC6605-wlan-ap-group-root]wds-profile root radio 1
Warning: This action may cause service interruption. Continue?[Y/N]y
[AC6605-wlan-ap-group-root]quit
[AC6605-wlan-view]ap-group name leaf
[AC6605-wlan-ap-group-leaf]wds-profile leaf radio 1
Warning: This action may cause service interruption. Continue?[Y/N]y
[AC6605-wlan-ap-group-leaf]quit
[AC6605-wlan-view]quit
```

第4章

IP和网络互联实验

路由器用于实现不同类型的网络之间的互联。路由器转发IP分组的基础是路由表，路由表中的路由项分为直连路由项、静态路由项和动态路由项。通过配置路由器接口的IP地址和子网掩码自动生成直连路由项，通过手工配置创建静态路由项，通过路由信息协议（Routing Information Protocol，RIP）生成动态路由项。三层交换机集路由和交换功能于一身，用于实现VLAN间的通信过程。

4.1 直连路由项配置实验

4.1.1 实验内容

构建如图4.1所示的互联以太网，实现网络地址为192.1.1.0/24的以太网与网络地址为192.1.2.0/24的以太网之间的相互通信过程。需要说明的是，网络地址分别为192.1.1.0/24和192.1.2.0/24的两个以太网都与路由器R直接相连。

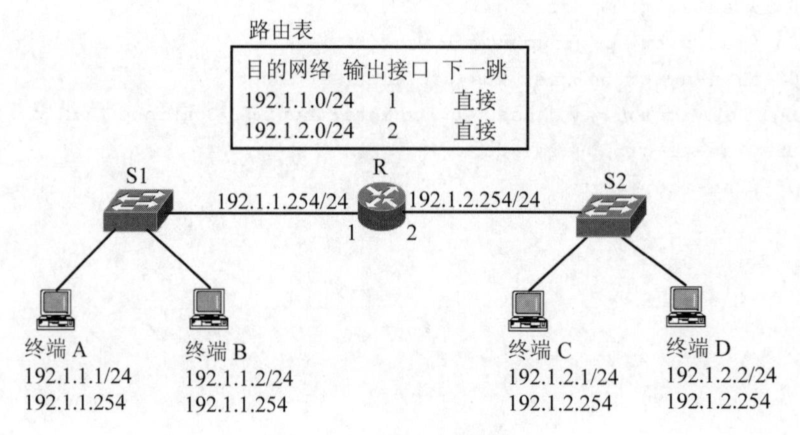

图4.1 互联以太网结构

4.1.2 实验目的

(1) 掌握路由器接口配置过程。

(2) 掌握直连路由项自动生成过程。

(3) 掌握路由器逐跳转发过程。

(4) 掌握 IPoE 的工作原理。

(5) 验证连接在以太网上的两个结点之间的 IP 分组传输过程。

4.1.3 实验原理

1. 路由器接口和网络配置

本实验的互联以太网结构如图 4.1 所示,路由器 R 的两个接口分别连接两个以太网,这两个以太网是不同的网络,需要分配不同的网络地址。为路由器接口配置的 IP 地址和子网掩码决定了该接口连接的网络的网络地址。如果为路由器 R 接口 1 分配 IP 地址 192.1.1.254 和子网掩码 255.255.255.0,接口 1 连接的以太网的网络地址为 192.1.1.0/24,连接在该以太网上的终端必须分配属于网络地址 192.1.1.0/24 的 IP 地址,并以路由器 R 接口 1 的 IP 地址 192.1.1.254 为默认网关地址。

由于路由器的不同接口连接不同的网络,因此,根据为不同的路由器接口分配的 IP 地址和子网掩码得出的网络地址必须不同。例如,根据为路由器 R 接口 1 分配的 IP 地址和子网掩码得出网络地址为 192.1.1.0/24,根据为路由器 R 接口 2 分配的 IP 地址和子网掩码得出网络地址为 192.1.2.0/24。

一旦为某个路由器接口分配了 IP 地址和子网掩码,并开启了该路由器接口,路由器的路由表中就会自动生成一项路由项,路由项的目的网络字段值是根据为该接口分配的 IP 地址和子网掩码得出的网络地址,输出接口字段值是该路由器接口的接口标识符,下一跳字段值是“直接”。由于该路由项用于指明通往路由器直接连接的网络的传输路径,因此被称为直连路由项。一旦为图 4.1 中路由器 R 的两个接口分配了 IP 地址和子网掩码,路由器 R 的路由表中就会自动生成如图 4.1 所示的两项直连路由项。

2. IP 分组传输过程

IP 分组终端 A 至终端 D 的传输路径由两段交换路径组成:一段是终端 A 至路由器 R 接口 1 之间的交换路径,IP 分组经过这一段交换路径传输时被封装成以终端 A 的 MAC 地址为源 MAC 地址、以路由器 R 接口 1 的 MAC 地址为目的 MAC 地址的 MAC 帧;另一段是路由器 R 接口 2 至终端 D 之间的交换路径,IP 分组经过这一段交换路径传输时被封装成以路由器 R 接口 2 的 MAC 地址为源 MAC 地址、以终端 D 的 MAC 地址为目的 MAC 地址的 MAC 帧。终端 A 通过地址解析协议(Address Resolution Protocol,

ARP)完成地址解析过程,获取路由器 R 接口 1 的 MAC 地址。路由器 R 通过 ARP 完成地址解析过程,获取终端 D 的 MAC 地址。

4.1.4 关键命令说明

以下命令序列用于为路由器接口 GigabitEthernet0/0/0 和 GigabitEthernet0/0/1 分配 IP 地址和子网掩码。

```
[Huawei]interface GigabitEthernet0/0/0
[Huawei-GigabitEthernet0/0/0]ip address 192.1.1.254 24
[Huawei-GigabitEthernet0/0/0]quit
[Huawei]interface GigabitEthernet0/0/1
[Huawei-GigabitEthernet0/0/1]ip address 192.1.2.254 255.255.255.0
[Huawei-GigabitEthernet0/0/1]quit
```

interface GigabitEthernet0/0/0 是系统视图下使用的命令,该命令的作用是进入接口 GigabitEthernet0/0/0 的接口视图。GigabitEthernet0/0/0 中包含两部分信息:一是接口类型 GigabitEthernet,表明该接口是千兆以太网接口;二是接口编号 0/0/0,用于区分相同类型的多个接口。

ip address 192.1.1.254 24 是接口视图下使用的命令,该命令的作用是为指定接口(这里是接口 GigabitEthernet0/0/0)分配 IP 地址 192.1.1.254 和子网掩码 255.255.255.0,24 是网络前缀长度。

ip address 192.1.2.254 255.255.255.0 是接口视图下使用的命令,该命令的作用是为指定接口(这里是接口 GigabitEthernet0/0/1)分配 IP 地址 192.1.2.254 和子网掩码 255.255.255.0,255.255.255.0 是点分十进制表示的 32 位子网掩码。

4.1.5 实验步骤

(1)启动 eNSP,按照如图 4.1 所示的网络拓扑结构放置和连接设备。完成设备放置和连接后的 eNSP 界面如图 4.2 所示。启动所有设备。

(2) 查看路由器 AR1 的接口配置情况,如图 4.3 所示,有 8 个以太网端口和 2 个千兆以太网接口。需要说明的是,2 个千兆以太网接口是路由接口,8 个以太网端口是交换端口。

(3) 分别为 AR1 的两个千兆以太网接口分配 IP 地址和子网掩码。千兆以太网接口 GigabitEthernet0/0/0 配置的 IP 地址和子网掩码以及接口的 MAC 地址如图 4.4 所示,千兆以太网接口 GigabitEthernet0/0/1 配置的 IP 地址和子网掩码以及接口的 MAC 地址如图 4.5 所示。

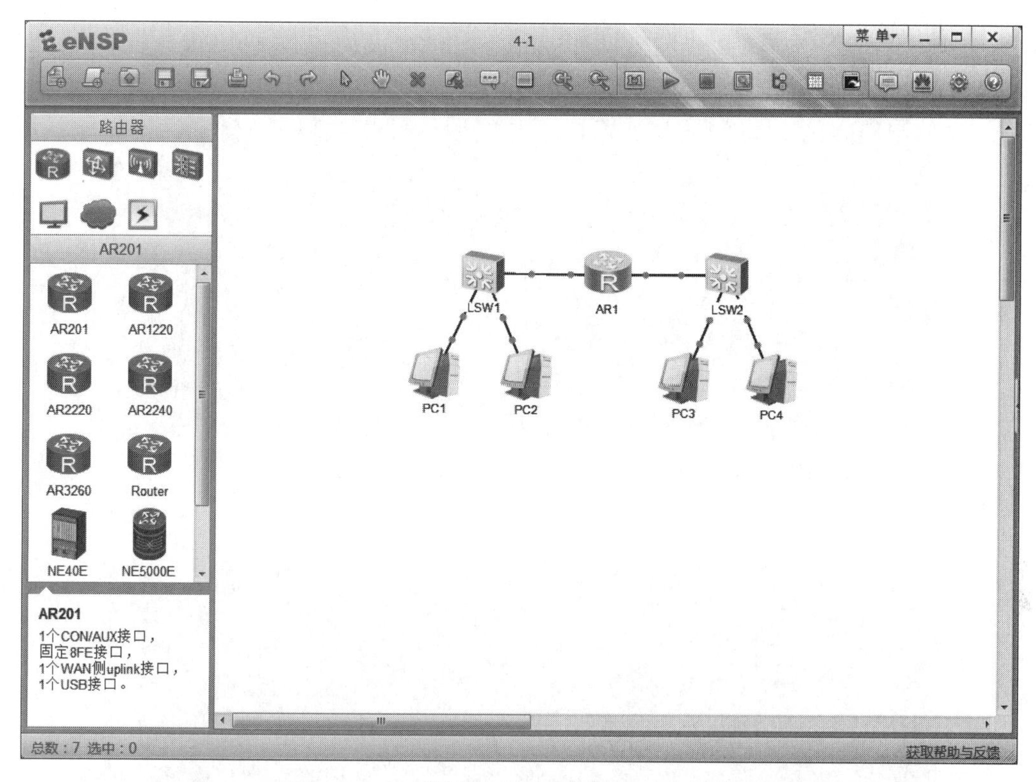

图 4.2 完成设备放置和连接后的 eNSP 界面

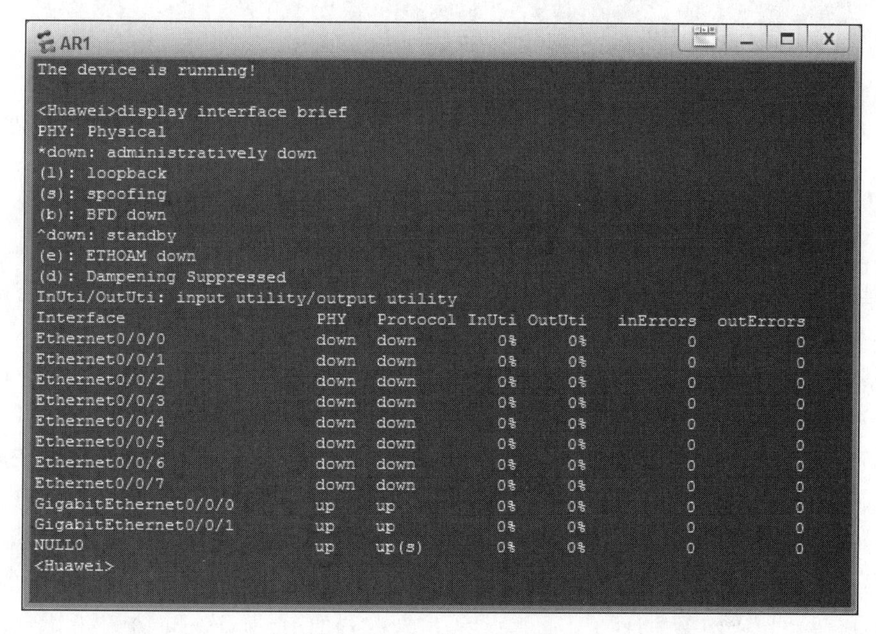

图 4.3 AR1 接口配置情况

```
AR1
<Huawei>display interface g0/0/0
GigabitEthernet0/0/0 current state : UP
Line protocol current state : UP
Last line protocol up time : 2019-02-26 22:45:16 UTC-08:00
Description:HUAWEI, AR Series, GigabitEthernet0/0/0 Interface
Route Port,The Maximum Transmit Unit is 1500
Internet Address is 192.1.1.254/24
IP Sending Frames' Format is PKTFMT_ETHNT_2, Hardware address is 00e0-fcc3-3d97
Last physical up time   : 2019-02-26 22:45:16 UTC-08:00
Last physical down time : 2019-02-26 22:45:03 UTC-08:00
Current system time: 2019-02-26 22:48:14-08:00
Port Mode: COMMON COPPER
Speed : 1000,  Loopback: NONE
Duplex: FULL,  Negotiation: ENABLE
Mdi    : AUTO
Last 300 seconds input rate 256 bits/sec, 0 packets/sec
Last 300 seconds output rate 0 bits/sec, 0 packets/sec
Input peak rate 488 bits/sec,Record time: 2019-02-26 22:45:49
Output peak rate 48 bits/sec,Record time: 2019-02-26 22:45:29
```

图 4.4　千兆以太网接口 GigabitEthernet0/0/0 的相关信息

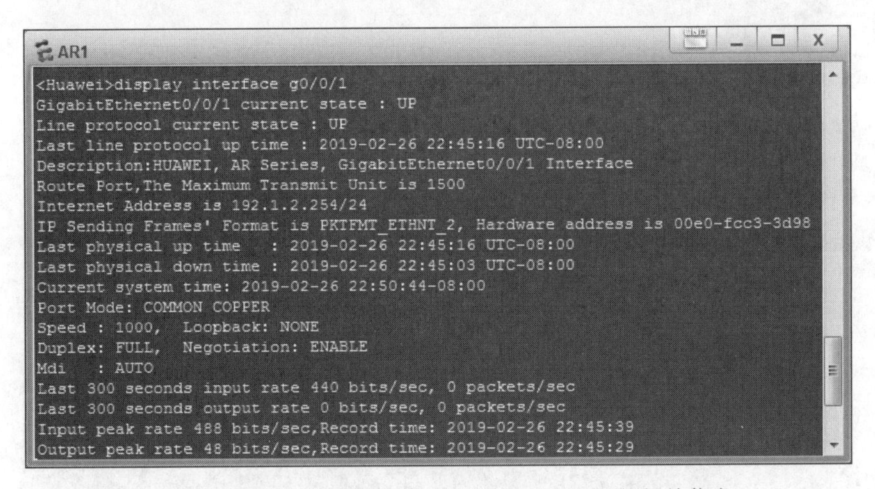

图 4.5　千兆以太网接口 GigabitEthernet0/0/1 的相关信息

(4) 完成接口 IP 地址和子网掩码配置过程后，路由器 AR1 的路由表中自动生成直连路由项。对应直连网络 192.1.1.0/24 和 192.1.2.0/24 的直连路由项如图 4.6 所示，协议类型(Proto)是直接(Direct)，下一跳(NextHop)是连接这两个直连网络的路由器接口的 IP 地址。

(5) 完成各个终端的 IP 地址、子网掩码和默认网关地址的配置过程，PC1 和 PC2 的默认网关地址是路由器连接 PC1 和 PC2 所在以太网的接口的 IP 地址 192.1.1.254。该接口的 IP 地址 192.1.1.254 和子网掩码 255.255.255.0 决定了 PC1 和 PC2 所在以太网的网络地址 192.1.1.0/24。PC3 和 PC4 的默认网关地址是路由器连接 PC3 和 PC4 所在以太网的接口的 IP 地址 192.1.2.254。该接口的 IP 地址 192.1.2.254 和子网掩码 255.255.255.0 决定了 PC3 和 PC4 所在以太网的网络地址 192.1.2.0/24。PC1 配置的 IP 地址、子网掩码和默认网关地址如图 4.7 所示，PC3 配置的 IP 地址、子网掩码和默认网关地址如图 4.8 所示。

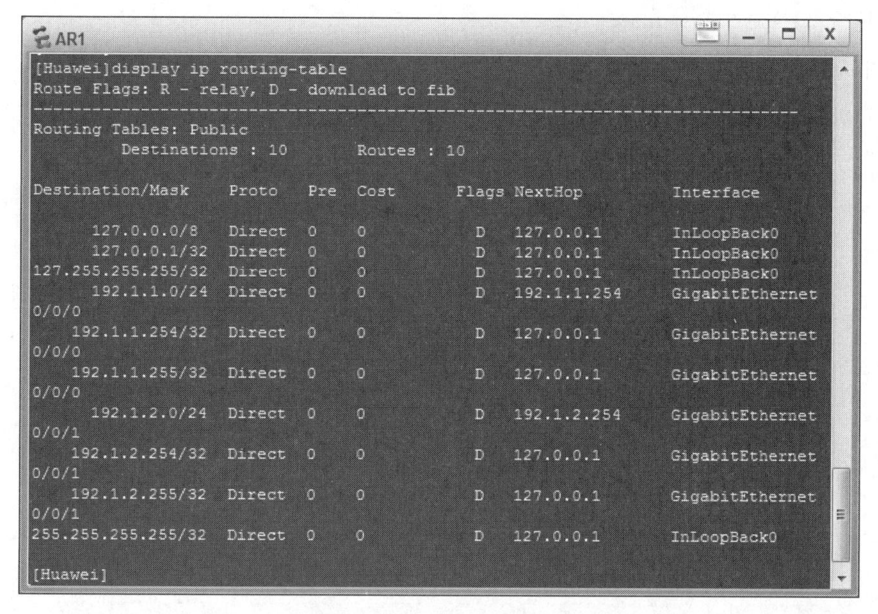

图 4.6 路由器 AR1 的路由表中的直连路由项

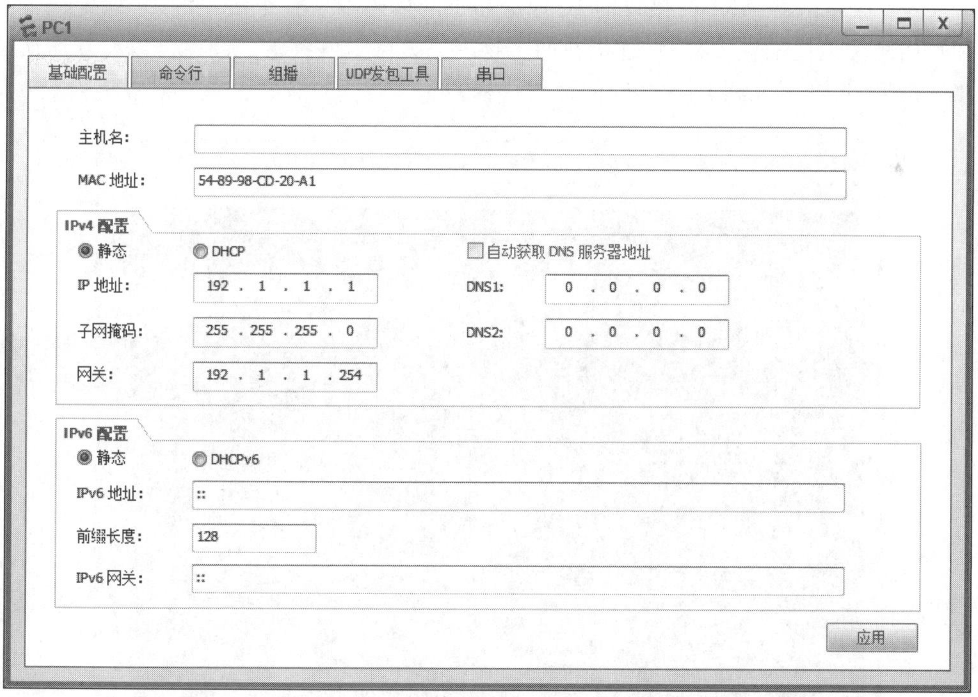

图 4.7 PC1 配置的 IP 地址、子网掩码和默认网关地址

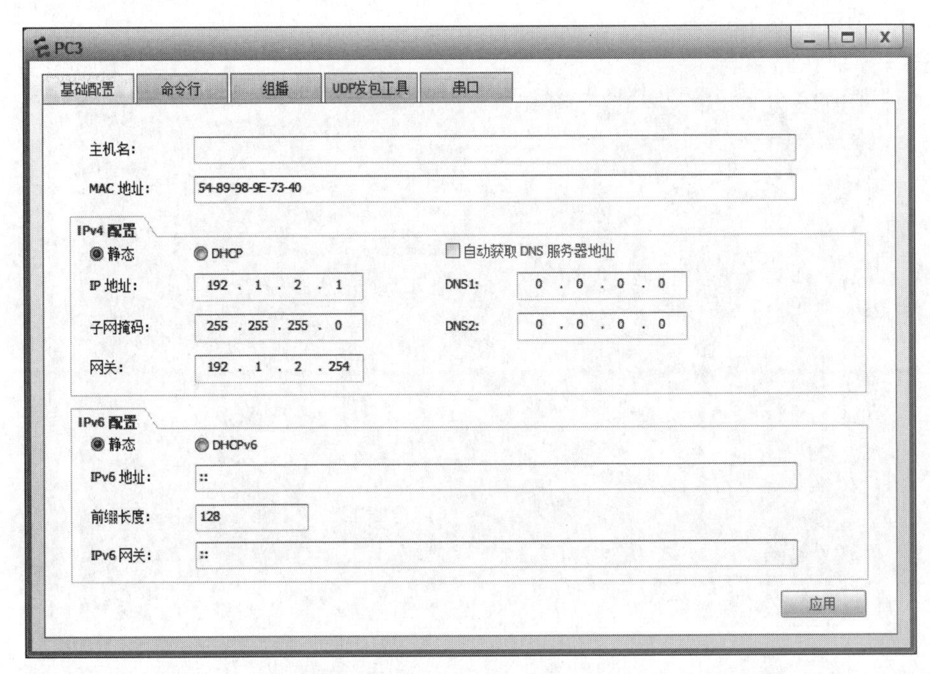

图 4.8　PC3 配置的 IP 地址、子网掩码和默认网关地址

(6) 完成路由器 AR1 的接口的 IP 地址和子网掩码以及各个终端的 IP 地址、子网掩码和默认网关地址配置过程后，连接在两个物理以太网上的终端之间就可以相互通信了。图 4.9 是 PC1 与 PC3 和 PC4 之间的通信过程。

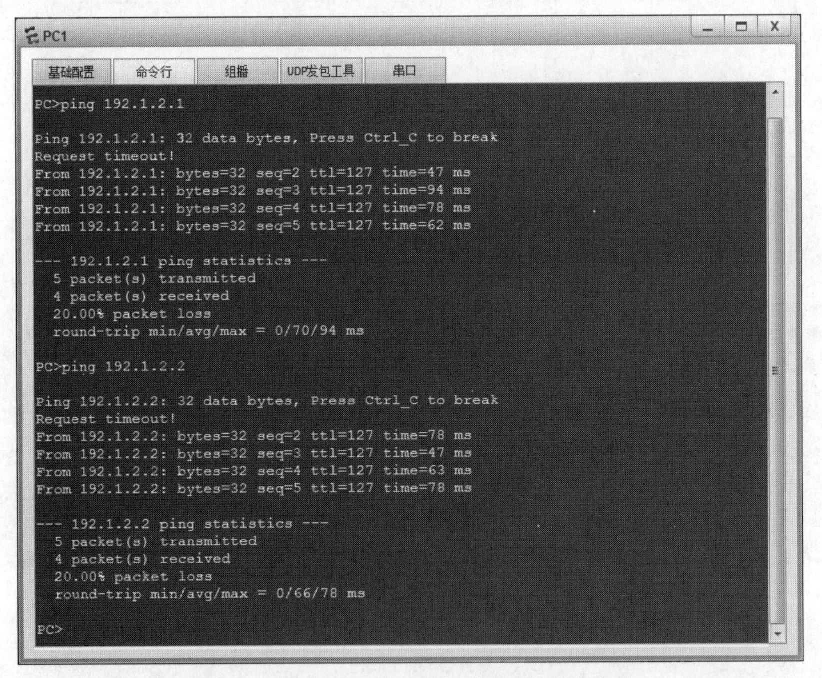

图 4.9　PC1 与 PC3 和 PC4 之间的通信过程

(7) 为了观察 PC1 至 PC3 的 IP 分组传输过程，以及该 IP 分组在两个以太网中的封装格式，分别在路由器 AR1 的接口 GigabitEthernet0/0/0 和接口 GigabitEthernet0/0/1 上启动捕获报文功能，如图 4.10 所示。

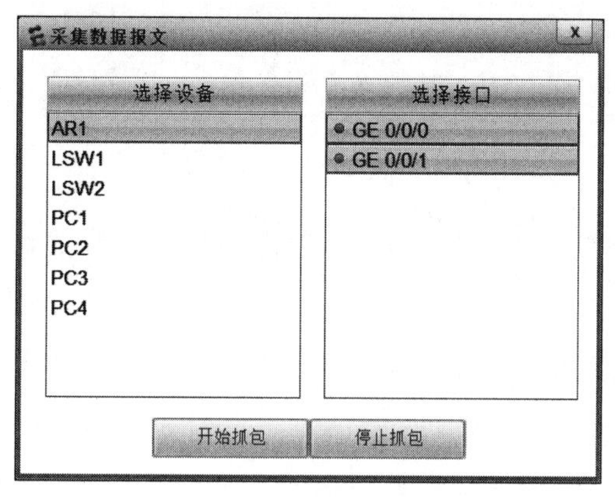

图 4.10　在路由器 AR1 的两个千兆以太网接口上启动捕获报文功能

(8) 在路由器 AR1 的接口 GigabitEthernet0/0/0 上捕获的报文序列如图 4.11 所示。其中包括两部分：一是 PC1 向路由器 AR1 发送 IP 分组前通过 ARP 地址解析过程获取路由器 AR1 接口 GigabitEthernet0/0/0 的 MAC 地址时交换的 ARP 报文；二是 IP 分组在 PC1 至路由器 AR1 的接口 GigabitEthernet0/0/0 这一段的传输过程中，封装成以 PC1 的 MAC 地址为源 MAC 地址、以路由器 AR1 的接口 GigabitEthernet0/0/0 的 MAC 地址为目的 MAC 地址的 MAC 帧。在路由器 AR1 的接口 GigabitEthernet0/0/1 上捕获的报文序列如图 4.12 所示。其中包括两部分：一是路由器 AR1 向 PC3 发送 IP 分组前通过 ARP 地址解析过程获取 PC3 的 MAC 地址时交换的 ARP 报文；二是 IP 分组在路由器 AR1 接口 GigabitEthernet0/0/1 至 PC3 这一段的传输过程中，封装成以路由器 AR1 的接口 GigabitEthernet0/0/1 的 MAC 地址为源 MAC 地址、以 PC3 的 MAC 地址为目的 MAC 地址的 MAC 帧。

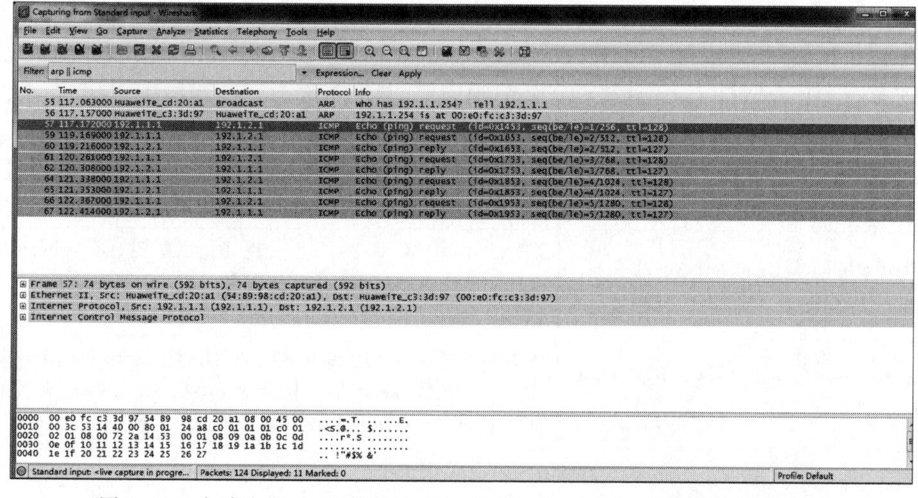

图 4.11　在路由器 AR1 的接口 GigabitEthernet0/0/0 上捕获的报文序列

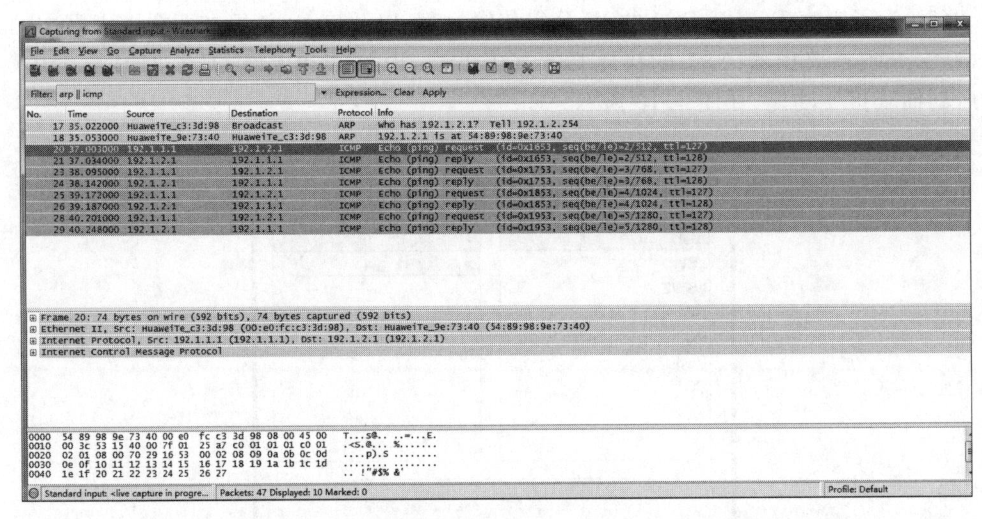

图 4.12　在路由器 AR1 的接口 GigabitEthernet0/0/1 上捕获的报文序列

4.1.6　命令行接口配置过程

1. 路由器 AR1 配置过程

```
<Huawei>system-view
[Huawei]undo info-center enable
[Huawei]interface GigabitEthernet0/0/0
[Huawei-GigabitEthernet0/0/0]ip address 192.1.1.254 24
[Huawei-GigabitEthernet0/0/0]quit
[Huawei]interface GigabitEthernet0/0/1
[Huawei-GigabitEthernet0/0/1]ip address 192.1.2.254 255.255.255.0
[Huawei-GigabitEthernet0/0/1]quit
```

2. 命令列表

路由器配置过程中使用的命令及功能和参数说明如表 4.1 所示。

表 4.1　路由器配置过程中使用的命令及功能和参数说明

命令格式	功能和参数说明
interface{**ethernet**|**gigabitethernet**} *interface-number*	进入指定接口的接口视图。关键词 ethernet 和 gigabitethernet 是接口类型，参数 *interface-number* 是接口编号
ip address *ip-address*{*mask*|*mask-length*}	配置指定接口的 IP 地址和子网掩码。参数 *ip-address* 是 IP 地址，参数 *mask* 是子网掩码，参数 *mask-length* 是网络前缀长度，子网掩码和网络前缀长度二者选一

续表

命令格式	功能和参数说明
display interface brief	简要显示路由器接口配置情况和接口状态
display ip interface brief	简要显示路由器接口状态和接口配置的 IP 地址和子网掩码
display ip routing-table	显示路由器路由表
display interface *interface-type interface-number*	显示指定接口的有关信息。参数 *interface-type* 是接口类型，参数 *interface-number* 是接口编号

4.2 静态路由项配置实验

4.2.1 实验内容

构建如图 4.13 所示的互联以太网，实现互联网中各个终端之间的相互通信过程。需要说明的是，对于路由器 R1，网络地址为 192.1.2.0/24 的网络不是直接连接的网络，因此，无法自动生成用于指明通往网络 192.1.2.0/24 的传输路径的路由项；对于路由器 R2，网络地址为 192.1.1.0/24 的网络也不是直接连接的网络，同样无法自动生成用于指明通往网络 192.1.1.0/24 的传输路径的路由项。

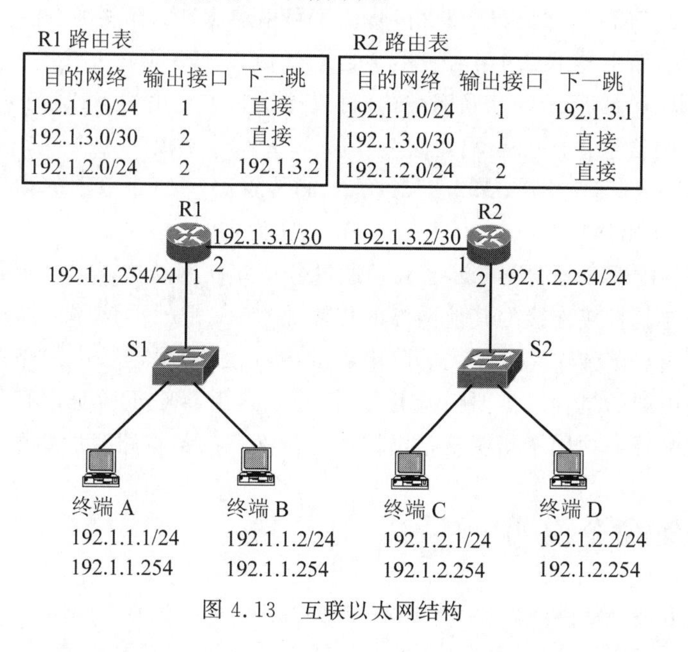

图 4.13 互联以太网结构

4.2.2 实验目的

（1）掌握路由器静态路由项配置过程。

（2）掌握 IP 分组逐跳转发过程。

（3）了解路由表在实现 IP 分组逐跳转发过程中的作用。

4.2.3 实验原理

本实验中的互联网结构如图 4.13 所示。路由器接收到某个 IP 分组后，只有在路由表中检索到与该 IP 分组的目的 IP 地址匹配的路由项时，才转发该 IP 分组；否则，丢弃该 IP 分组。因此，对于互联网中的任何一个网络，只有在所有路由器的路由表中都存在用于指明通往该网络的传输路径的路由项的前提下，才能正确地将以该网络为目的网络的 IP 分组送达该网络。

路由器完成接口的 IP 地址和子网掩码配置过程后，能够自动生成用于指明通往与其直接连接的网络的传输路径的直连路由项。如图 4.13 所示，一旦为路由器 R1 接口 1 和接口 2 配置了 IP 地址与子网掩码，路由器 R1 将自动生成以 192.1.1.0/24 和 192.1.3.0/30 为目的网络的直连路由项。为了使路由器 R1 能够准确转发以属于网络 192.1.2.0/24 的 IP 地址为目的 IP 地址的 IP 分组，路由器 R1 的路由表中必须存在用于指明通往网络 192.1.2.0/24 的传输路径的路由项，由于路由器 R1 没有直接连接网络 192.1.2.0/24 的接口，因此，路由器 R1 的路由表不会自动生成以 192.1.2.0/24 为目的网络的路由项。通过分析图 4.13 所示的互联网结构，可以得出有关路由器 R1 通往网络 192.1.2.0/24 的传输路径的信息：下一跳 IP 地址为 192.1.3.2，输出接口为接口 2；并因此可以得出用于指明路由器 R1 通往网络 192.1.2.0/24 的传输路径的路由项的内容：目的网络为 192.1.2.0/24，输出接口为接口 2，下一跳 IP 地址为 192.1.3.2。

静态路由项配置过程分为 3 步：一是通过分析互联网结构得出某个路由器通往互联网中所有没有与其直接连接的其他网络的传输路径；二是根据该路由器通往每一个网络的传输路径求出与该传输路径相关的路由项的内容；三是根据求出的路由项内容完成手工配置静态路由项的过程。需要强调的是，每一个路由器对于所有没有与其直接连接的网络都需手工配置一项用于指明该路由器通往该网络的传输路径的路由项。

4.2.4 关键命令说明

```
[Huawei]ip route-static 192.1.2.0 24 192.1.3.2
```

ip route-static 192.1.2.0 24 192.1.3.2 是系统视图下使用的命令，该命令的作用是配置一项目的网络是 192.1.2.0/24、下一跳是 192.1.3.2 的静态路由项。其中，192.1.2.0 是目的网络的网络地址，24 是目的网络的网络前缀长度，192.1.3.2 是下一跳 IP 地址。

4.2.5 实验步骤

(1) 启动 eNSP,按照图 4.13 所示的网络拓扑结构放置和连接设备。完成设备放置和连接后的 eNSP 界面如图 4.14 所示。启动所有设备。

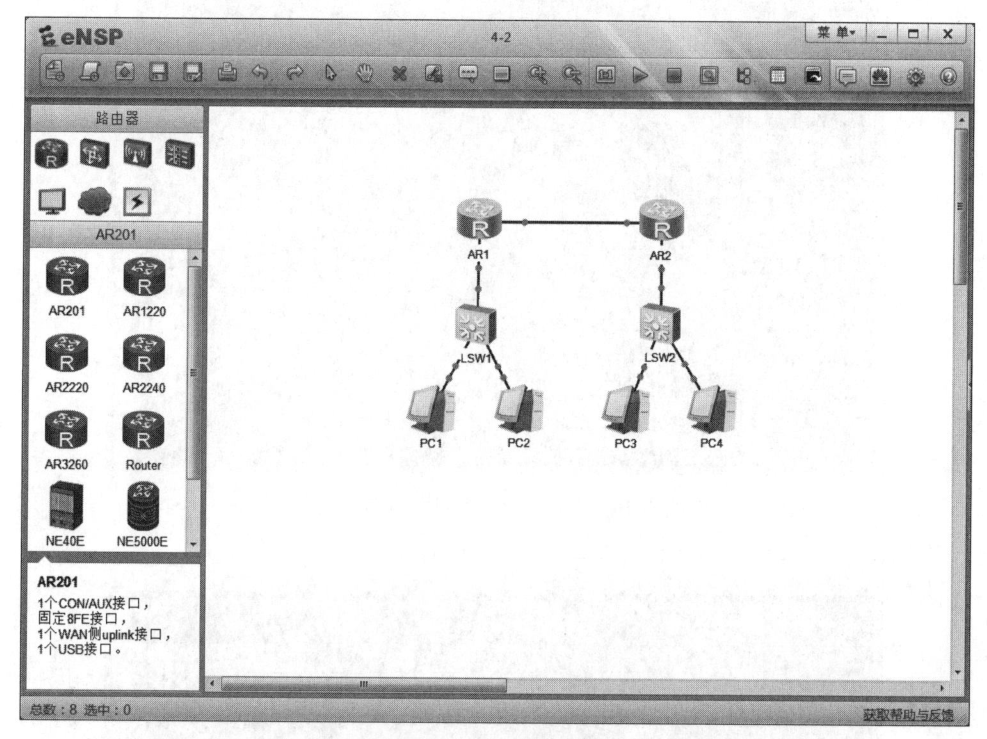

图 4.14 完成设备放置和连接后的 eNSP 界面

(2) 完成 AR1 各个接口的 IP 地址和子网掩码配置过程,如图 4.15 所示。根据接口配置的 IP 地址和子网掩码自动生成的直连路由项如图 4.16 所示。完成 AR1 静态路由

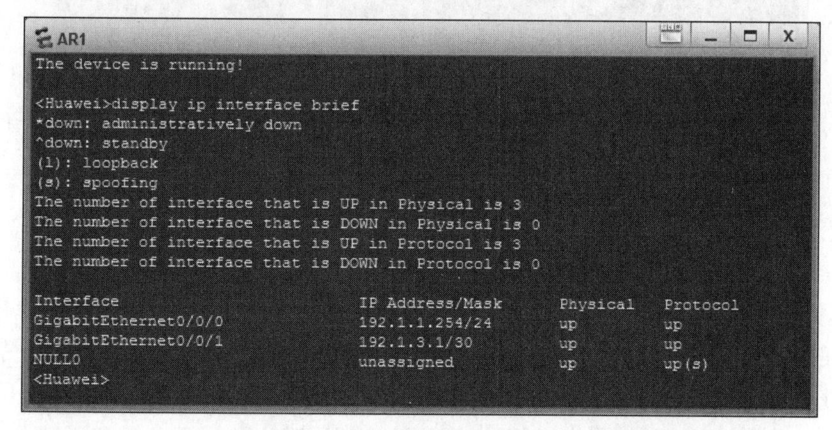

图 4.15 AR1 各个接口配置的 IP 地址和子网掩码

项配置过程。包含静态路由项的 AR1 路由表的内容如图 4.17 所示。在目的网络为 192.1.2.0/24 的路由项中，优先级值是 60，下一跳 IP 地址是 192.1.3.2。优先级值越小，路由项的优先级越高。由于直连路由项的优先级值为 0，因此，直连路由项的优先级最高。

```
AR1
Route Flags: R - relay, D - download to fib
------------------------------------------------------------------------------
Routing Tables: Public
         Destinations : 10       Routes : 10

Destination/Mask    Proto   Pre  Cost      Flags NextHop         Interface

      127.0.0.0/8   Direct  0    0           D   127.0.0.1       InLoopBack0
      127.0.0.1/32  Direct  0    0           D   127.0.0.1       InLoopBack0
127.255.255.255/32  Direct  0    0           D   127.0.0.1       InLoopBack0
    192.1.1.0/24    Direct  0    0           D   192.1.1.254     GigabitEthernet
0/0/0
  192.1.1.254/32    Direct  0    0           D   127.0.0.1       GigabitEthernet
0/0/0
  192.1.1.255/32    Direct  0    0           D   127.0.0.1       GigabitEthernet
0/0/0
    192.1.3.0/30    Direct  0    0           D   192.1.3.1       GigabitEthernet
0/0/1
    192.1.3.1/32    Direct  0    0           D   127.0.0.1       GigabitEthernet
0/0/1
    192.1.3.3/32    Direct  0    0           D   127.0.0.1       GigabitEthernet
0/0/1
255.255.255.255/32  Direct  0    0           D   127.0.0.1       InLoopBack0

[Huawei]
```

图 4.16　AR1 路由表中的直连路由项

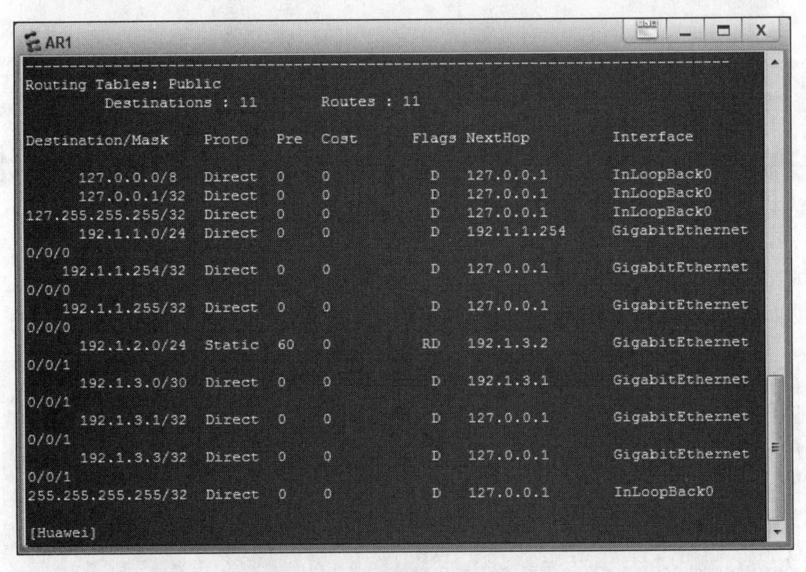

```
AR1
------------------------------------------------------------------------------
Routing Tables: Public
         Destinations : 11       Routes : 11

Destination/Mask    Proto   Pre  Cost      Flags NextHop         Interface

      127.0.0.0/8   Direct  0    0           D   127.0.0.1       InLoopBack0
      127.0.0.1/32  Direct  0    0           D   127.0.0.1       InLoopBack0
127.255.255.255/32  Direct  0    0           D   127.0.0.1       InLoopBack0
    192.1.1.0/24    Direct  0    0           D   192.1.1.254     GigabitEthernet
0/0/0
  192.1.1.254/32    Direct  0    0           D   127.0.0.1       GigabitEthernet
0/0/0
  192.1.1.255/32    Direct  0    0           D   127.0.0.1       GigabitEthernet
0/0/0
    192.1.2.0/24    Static  60   0          RD   192.1.3.2       GigabitEthernet
0/0/1
    192.1.3.0/30    Direct  0    0           D   192.1.3.1       GigabitEthernet
0/0/1
    192.1.3.1/32    Direct  0    0           D   127.0.0.1       GigabitEthernet
0/0/1
    192.1.3.3/32    Direct  0    0           D   127.0.0.1       GigabitEthernet
0/0/1
255.255.255.255/32  Direct  0    0           D   127.0.0.1       InLoopBack0

[Huawei]
```

图 4.17　AR1 路由表的内容

（3）完成 AR2 各个接口的 IP 地址和子网掩码配置过程，如图 4.18 所示。根据接口配置的 IP 地址和子网掩码自动生成的直连路由项如图 4.19 所示。完成 AR2 静态路由项配置过程。包含静态路由项的 AR2 路由表的内容如图 4.20 所示。在目的网络为 192.1.1.0/24 的路由项中，优先级值是 60，下一跳 IP 地址是 192.1.3.1。

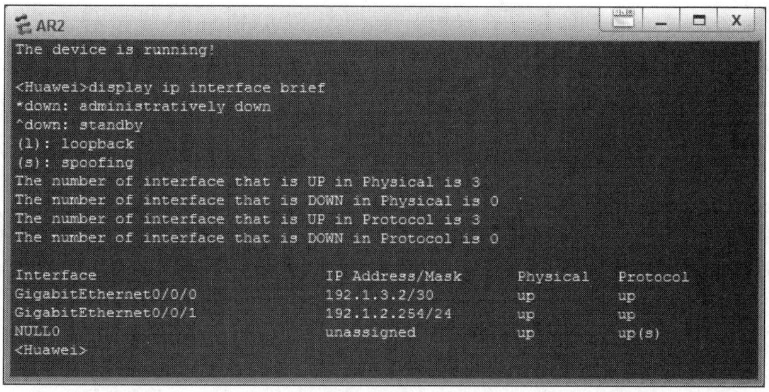

```
AR2
The device is running!

<Huawei>display ip interface brief
*down: administratively down
^down: standby
(l): loopback
(s): spoofing
The number of interface that is UP in Physical is 3
The number of interface that is DOWN in Physical is 0
The number of interface that is UP in Protocol is 3
The number of interface that is DOWN in Protocol is 0

Interface                         IP Address/Mask      Physical   Protocol
GigabitEthernet0/0/0              192.1.3.2/30         up         up
GigabitEthernet0/0/1              192.1.2.254/24       up         up
NULL0                             unassigned           up         up(s)
<Huawei>
```

图 4.18　AR2 各个接口配置的 IP 地址和子网掩码

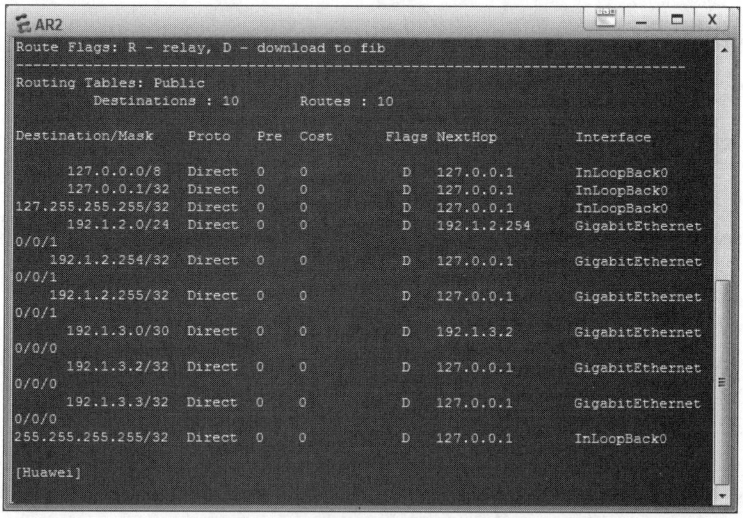

```
AR2
Route Flags: R - relay, D - download to fib
------------------------------------------------------------------------------
Routing Tables: Public
         Destinations : 10       Routes : 10

Destination/Mask    Proto   Pre  Cost      Flags NextHop         Interface

      127.0.0.0/8   Direct  0    0           D   127.0.0.1       InLoopBack0
      127.0.0.1/32  Direct  0    0           D   127.0.0.1       InLoopBack0
127.255.255.255/32  Direct  0    0           D   127.0.0.1       InLoopBack0
      192.1.2.0/24  Direct  0    0           D   192.1.2.254     GigabitEthernet
0/0/1
    192.1.2.254/32  Direct  0    0           D   127.0.0.1       GigabitEthernet
0/0/1
    192.1.2.255/32  Direct  0    0           D   127.0.0.1       GigabitEthernet
0/0/1
      192.1.3.0/30  Direct  0    0           D   192.1.3.2       GigabitEthernet
0/0/0
      192.1.3.2/32  Direct  0    0           D   127.0.0.1       GigabitEthernet
0/0/0
      192.1.3.3/32  Direct  0    0           D   127.0.0.1       GigabitEthernet
0/0/0
255.255.255.255/32  Direct  0    0           D   127.0.0.1       InLoopBack0

[Huawei]
```

图 4.19　AR2 路由表中的直连路由项

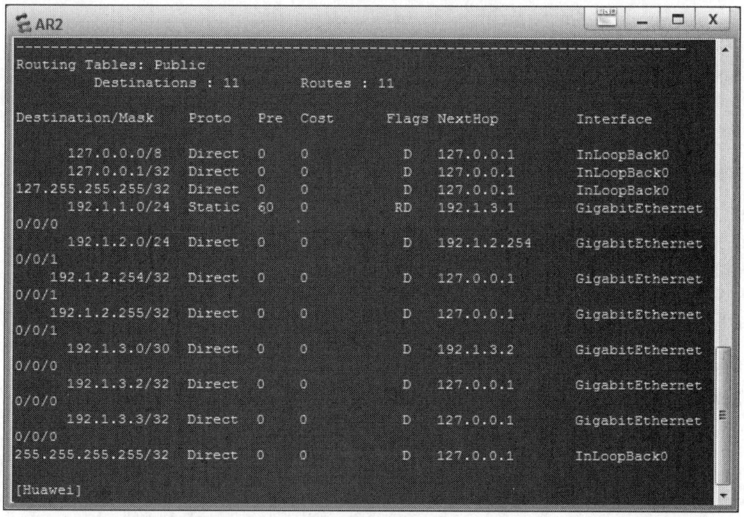

```
AR2
------------------------------------------------------------------------------
Routing Tables: Public
         Destinations : 11       Routes : 11

Destination/Mask    Proto   Pre  Cost      Flags NextHop         Interface

      127.0.0.0/8   Direct  0    0           D   127.0.0.1       InLoopBack0
      127.0.0.1/32  Direct  0    0           D   127.0.0.1       InLoopBack0
127.255.255.255/32  Direct  0    0           D   127.0.0.1       InLoopBack0
      192.1.1.0/24  Static  60   0          RD   192.1.3.1       GigabitEthernet
0/0/0
      192.1.2.0/24  Direct  0    0           D   192.1.2.254     GigabitEthernet
0/0/1
    192.1.2.254/32  Direct  0    0           D   127.0.0.1       GigabitEthernet
0/0/1
    192.1.2.255/32  Direct  0    0           D   127.0.0.1       GigabitEthernet
0/0/1
      192.1.3.0/30  Direct  0    0           D   192.1.3.2       GigabitEthernet
0/0/0
      192.1.3.2/32  Direct  0    0           D   127.0.0.1       GigabitEthernet
0/0/0
      192.1.3.3/32  Direct  0    0           D   127.0.0.1       GigabitEthernet
0/0/0
255.255.255.255/32  Direct  0    0           D   127.0.0.1       InLoopBack0

[Huawei]
```

图 4.20　AR2 路由表的内容

(4) 完成各个终端的 IP 地址、子网掩码和默认网关地址配置过程。PC1 的配置信息如图 4.21 所示，默认网关地址是 AR1 连接 PC1 和 PC2 所在以太网的接口的 IP 地址。PC3 的配置信息如图 4.22 所示，默认网关地址是 AR2 连接 PC3 和 PC4 所在以太网的接口的 IP 地址。

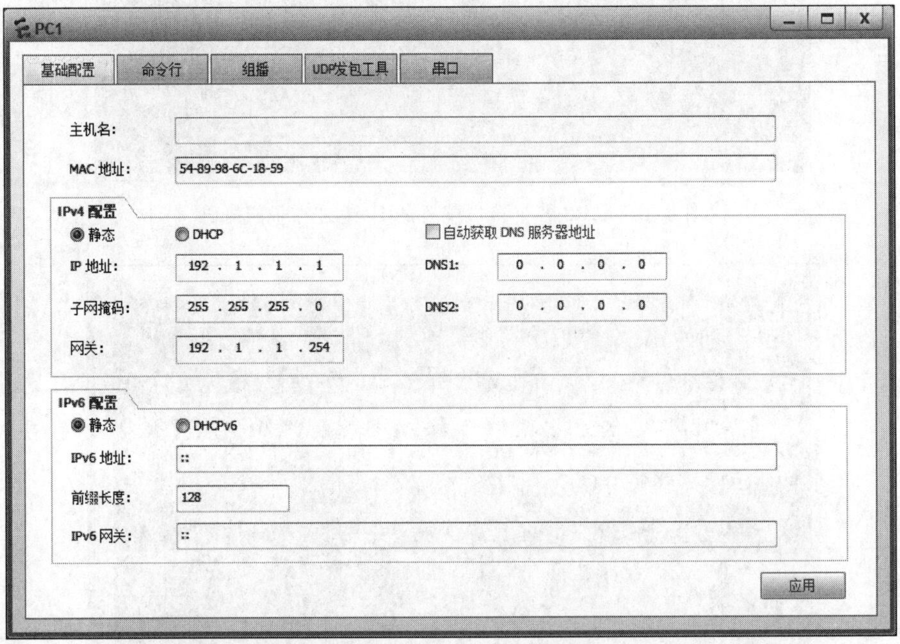

图 4.21 PC1 配置的 IP 地址、子网掩码和默认网关地址

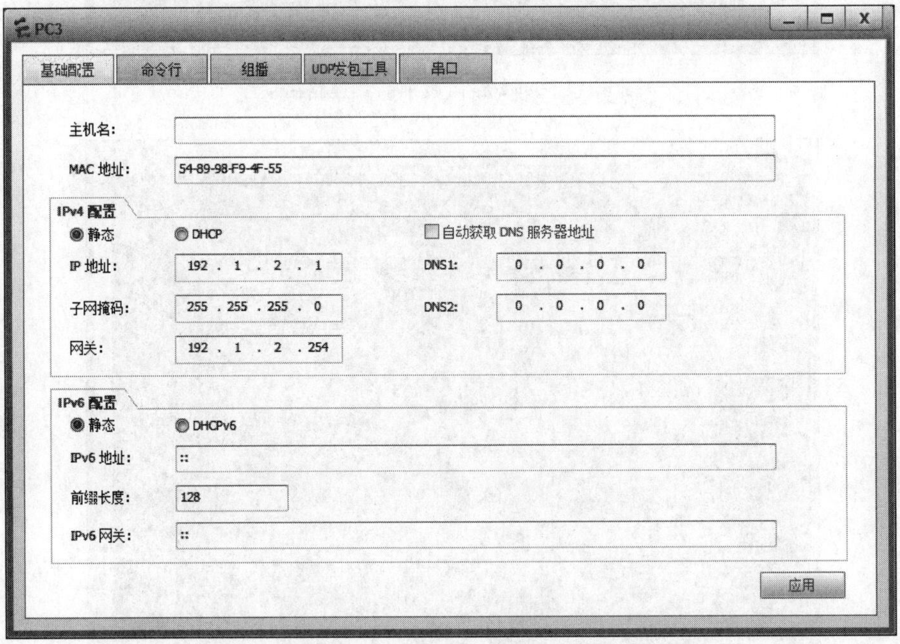

图 4.22 PC3 配置的 IP 地址、子网掩码和默认网关地址

（5）完成上述配置过程后，可以启动连接在不同以太网上的 PC1、PC2 与 PC3、PC4 之间的通信过程。图 4.23 是 PC1 与 PC3 和 PC4 之间的通信过程。

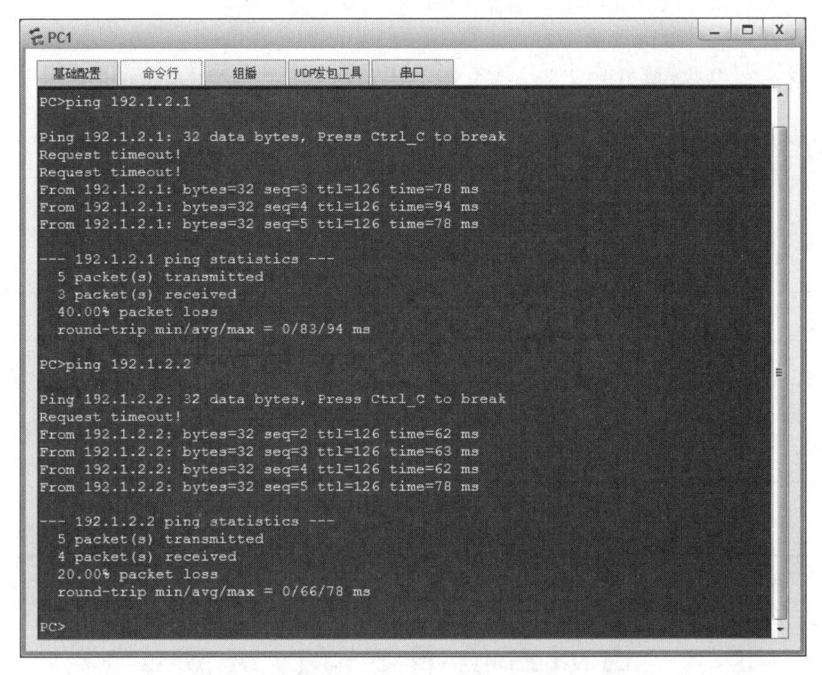

图 4.23　PC1 与 PC3 和 PC4 之间的通信过程

4.2.6　命令行接口配置过程

1. 路由器 AR1 配置过程

```
<Huawei>system-view
[Huawei]undo info-center enable
[Huawei]interface GigabitEthernet0/0/0
[Huawei-GigabitEthernet0/0/0]ip address 192.1.1.254 24
[Huawei-GigabitEthernet0/0/0]quit
[Huawei]interface GigabitEthernet0/0/1
[Huawei-GigabitEthernet0/0/1]ip address 192.1.3.1 30
[Huawei-GigabitEthernet0/0/1]quit
[Huawei]ip route-static 192.1.2.0 24 192.1.3.2
```

2. 路由器 AR2 命令行接口配置过程

```
<Huawei>system-view
[Huawei]undo info-center enable
[Huawei]interface GigabitEthernet0/0/0
[Huawei-GigabitEthernet0/0/0]ip address 192.1.3.2 30
```

```
[Huawei-GigabitEthernet0/0/0]quit
[Huawei]interface GigabitEthernet0/0/1
[Huawei-GigabitEthernet0/0/1]ip address 192.1.2.254 24
[Huawei-GigabitEthernet0/0/1]quit
[Huawei]ip route-static 192.1.1.0 24 192.1.3.1
```

3. 命令列表

路由器配置过程中使用的命令及功能和参数说明如表 4.2 所示。

表 4.2　路由器配置过程中使用的命令及功能和参数说明

命 令 格 式	功能和参数说明
ip route-static *ip-address* {*mask* | *mask-length* } {*nexthop-address* | *interface-type interface-number*}	配置静态路由项。参数 *ip-address* 是目的网络的网络地址；参数 *mask* 是目的网络的子网掩码，参数 *mask-length* 是目的网络的网络前缀长度，子网掩码和网络前缀长度二者选一；参数 *nexthop-address* 是下一跳 IP 地址，参数 *interface-type interface-number* 是输出接口，下一跳 IP 地址和输出接口二者选一，对于以太网，需要配置下一跳 IP 地址

4.3　点对点信道互联以太网实验

4.3.1　实验内容

本实验的点对点信道互联以太网结构如图 4.24 所示，路由器 R1 和 R2 之间用点对点信道互连，路由器 R1 连接一个网络地址为 192.1.1.0/24 的以太网，路由器 R2 连接一个网络地址为 192.1.2.0/24 的以太网，两个以太网上分别连接终端 A 和终端 B，完成终端 A 和终端 B 之间的数据传输过程。由于同步数字体系（Synchronous Digital Hierarchy，SDH）等电路交换网络提供的是点对点信道，因此，可以用图 4.24 所示的互联以太网结构仿真用 SDH 等广域网连接路由器的情况。

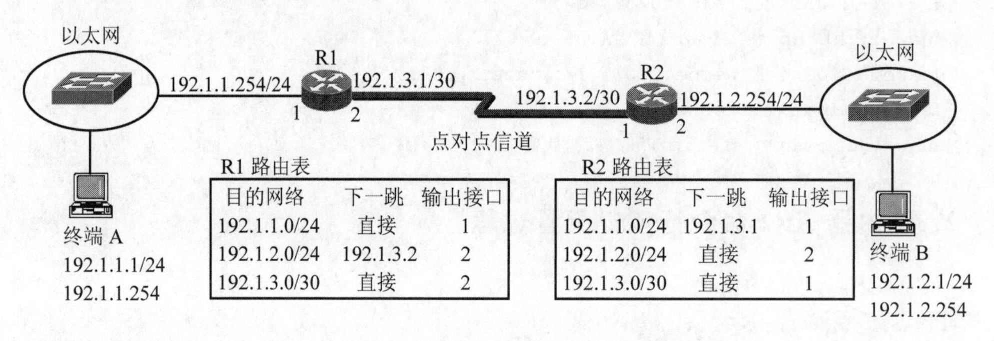

图 4.24　点对点信道互联以太网结构

4.3.2 实验目的

(1) 验证路由器串行接口配置过程。

(2) 验证建立 PPP 链路过程。

(3) 验证静态路由项配置过程。

(4) 验证路由表与 IP 分组传输路径之间的关系。

(5) 验证 IP 分组端到端传输过程。

(6) 验证不同类型的传输网络将 IP 分组封装成该传输网络对应的帧格式的过程。

4.3.3 实验原理

路由器 R1 和 R2 通过串行接口互连以仿真点对点信道，基于点对点信道建立 PPP 链路。路由器在建立 PPP 链路时可以相互鉴别对方身份，即只在两个互信的路由器之间建立 PPP 链路，并通过 PPP 链路传输 IP 分组。图 4.24 是由两个路由器互联 3 个网络组成的互联以太网。完成路由器接口配置过程后，路由器中只自动生成用于指明通往直接连接的传输网络的传输路径的直连路由项；对于没有与该路由器直接连接的传输网络，需要手工配置用于指明通往该传输网络的传输路径的静态路由项。对于路由器 R1，需要手工配置用于指明通往网络地址为 192.1.2.0/24 的以太网的传输路径的静态路由项。对于路由器 R2，需要手工配置用于指明通往网络地址为 192.1.1.0/24 的以太网的传输路径的静态路由项。在终端 A 至终端 B 的 IP 分组传输过程中，IP 分组分别经过 3 个不同的网络，需要封装成这 3 个网络对应的帧格式。IP 分组经过网络地址为 192.1.1.0/24 的以太网时，封装成以终端 A 的 MAC 地址为源 MAC 地址，以路由器 R1 以太网接口的 MAC 地址为目的 MAC 地址的 MAC 帧；IP 分组经过互连路由器的点对点信道时，封装成 PPP 帧；IP 分组经过网络地址为 192.1.2.0/24 的以太网时，封装成以路由器 R2 以太网接口的 MAC 地址为源 MAC 地址，以终端 B 的 MAC 地址为目的 MAC 地址的 MAC 帧。

4.3.4 关键命令说明

1. 配置串行接口

以下命令序列将 PPP 作为串行接口 Serial2/0/0 使用的链路层协议，并为该接口配置 IP 地址 192.1.3.1 和子网掩码 255.255.255.252(网络前缀长度为 30)。

```
[Huawei]interface Serial2/0/0
[Huawei-Serial2/0/0]link-protocol ppp
[Huawei-Serial2/0/0]ip address 192.1.3.1 30
[Huawei-Serial2/0/0]quit
```

link-protocol ppp 是接口视图下使用的命令，该命令的作用是将 PPP 作为指定接口（这里是串行接口 Serial2/0/0）使用的链路层协议。

2. 配置鉴别方案

以下命令序列用于创建一个采用本地鉴别机制的、名为 yyy 的鉴别方案。

```
[Huawei]aaa
[Huawei-aaa]authentication-scheme yyy
[Huawei-aaa-authen-yyy]authentication-mode local
[Huawei-aaa-authen-yyy]quit
```

aaa 是系统视图下使用的命令，该命令的作用是进入 AAA 视图。AAA 是 Authentication（鉴别）、Authorization（授权）和 Accounting（计费）的简称。

authentication-scheme yyy 是 AAA 视图下使用的命令，该命令的作用是创建一个名为 yyy 的鉴别方案，并进入鉴别方案视图。

authentication-mode local 是鉴别方案视图下使用的命令，该命令的作用是指定本地鉴别模式为当前鉴别方案所采用的鉴别机制。

3. 创建和配置鉴别域

以下命令序列用于创建一个域名为 system 的鉴别域，并为该鉴别域引用名为 yyy 的鉴别方案。

```
[Huawei-aaa]domain system
[Huawei-aaa-domain-system]authentication-scheme yyy
[Huawei-aaa-domain-system]quit
```

domain system 是 AAA 视图下使用的命令，该命令的作用是创建一个名为 system 的鉴别域，并进入该鉴别域的域视图。

authentication-scheme yyy 是域视图下使用的命令，该命令的作用是指定名为 yyy 的鉴别方案作为该鉴别域使用的鉴别方案。

4. 创建本地用户

```
[Huawei-aaa]local-user aaa1 password cipher bbb1
```

local-user aaa1 password cipher bbb1 是 AAA 视图下使用的命令，该命令的作用是创建一个用户名为 aaa1、口令为 bbb1 的本地用户，并以密文方式存储口令。

5. 配置本地用户接入类型

```
[Huawei-aaa]local-user aaa1 service-type ppp
```

local-user aaa1 service-type ppp 是 AAA 视图下使用的命令，该命令的作用是指定 PPP 作为名为 aaa1 的本地用户的接入类型，即名为 aaa1 的本地用户通过 PPP 完成接入过程。

6. 指定建立 PPP 链路时的鉴别方式

以下命令序列指定建立 PPP 链路时使用的鉴别协议是 CHAP，鉴别方案是名为 system 的鉴别域所引用的鉴别方案。用 CHAP 鉴别自身身份时，向对端提供的用户名是 aaa2，口令是 bbb2。

```
[Huawei]interface Serial2/0/0
[Huawei-Serial2/0/0]ppp authentication-mode chap domain system
[Huawei-Serial2/0/0]ppp chap user aaa2
[Huawei-Serial2/0/0]ppp chap password cipher bbb2
[Huawei-Serial2/0/0]shutdown
[Huawei-Serial2/0/0]undo shutdown
[Huawei-Serial2/0/0]quit
```

ppp authentication-mode chap domain system 是接口视图下使用的命令，该命令的作用是指定 CHAP 作为建立 PPP 链路时使用的鉴别协议，指定名为 system 的鉴别域所引用的鉴别方案作为建立 PPP 链路时使用的鉴别方案。

ppp chap user aaa2 是接口视图下使用的命令，该命令的作用是指定 aaa2 作为用 CHAP 鉴别自身身份时向对端提供的用户名。

ppp chap password cipher bbb2 是接口视图下使用的命令，该命令的作用是指定 bbb2 作为用 CHAP 鉴别自身身份时向对端提供的口令，口令以密文方式提供。

shutdown 是接口视图下使用的命令，该命令的作用是关闭指定接口(这里是串行接口 Serial2/0/0)。

undo shutdown 是接口视图下使用的命令，该命令的作用是启动指定接口(这里是串行接口 Serial2/0/0)。

4.3.5 实验步骤

(1) AR1220 的默认配置是没有串行接口的，因此，需要为 AR1220 安装串行接口模块。安装过程为：启动 eNSP，将 AR1220 放置到工作区。选中并右击 AR1220，弹出如图 4.25 所示的快捷菜单，选择“设置”命令，弹出如图 4.26 所示的 AR1220 串行接口模块安装界面。如果没有关闭电源，则需要先关闭电源。选中串行接口模块 2SA，将其拖放到上面的插槽中，如图 4.27 所示。

(2) 按照图 4.24 所示的网络拓扑结构放置和连接设备。完成设备放置和连接后的 eNSP 界面如图 4.28 所示。启动所有设备。需要说明的是，AR1 和 AR2 必须事先完成串行接口模块 2SA 的安装过程。安装串行接口模块 2SA 后的 AR1 接口配置情况如图 4.29 所示。

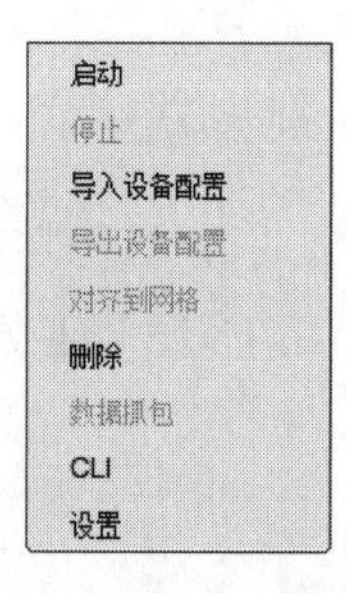

图 4.25　右击 AR1220 弹出的快捷菜单

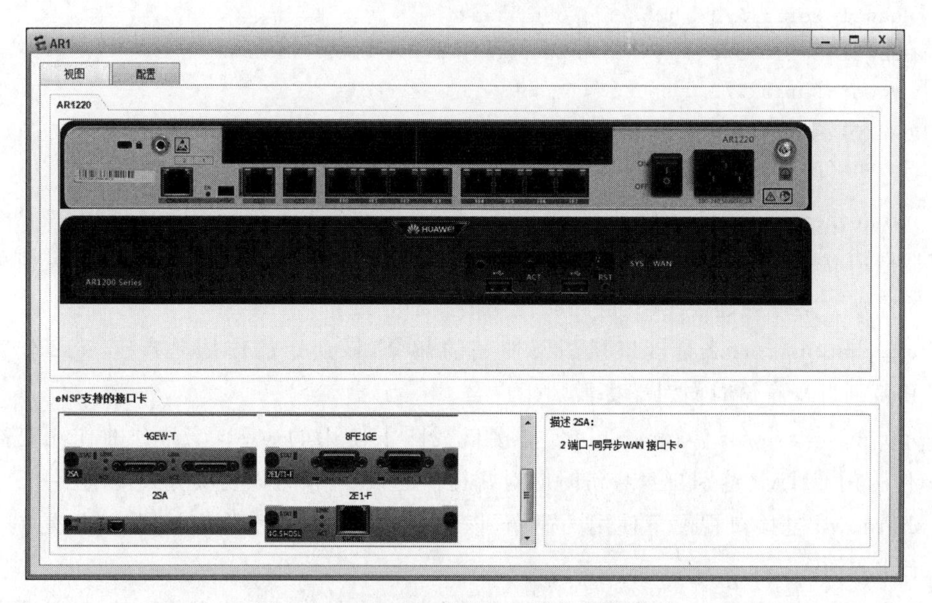

图 4.26　AR1220 串行接口模块安装界面

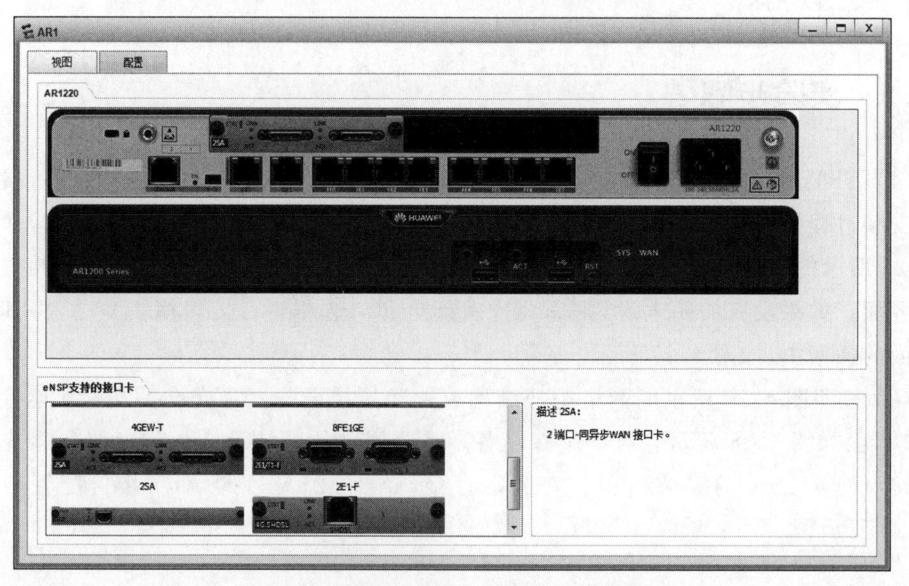

图 4.27　完成 2SA 模块安装过程后的界面

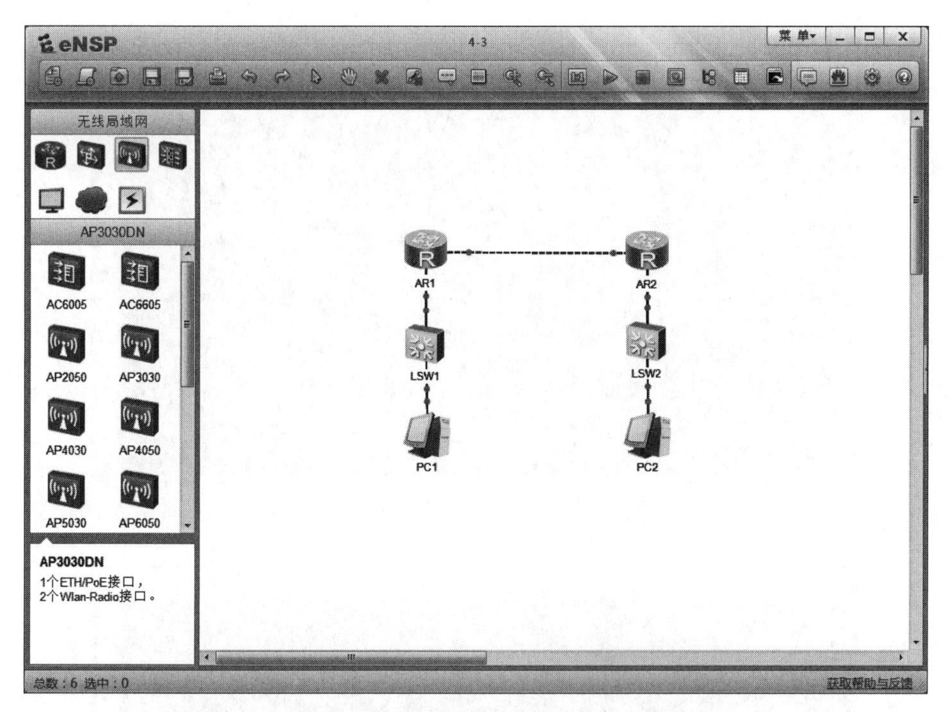

图 4.28　完成设备放置和连接后的 eNSP 界面

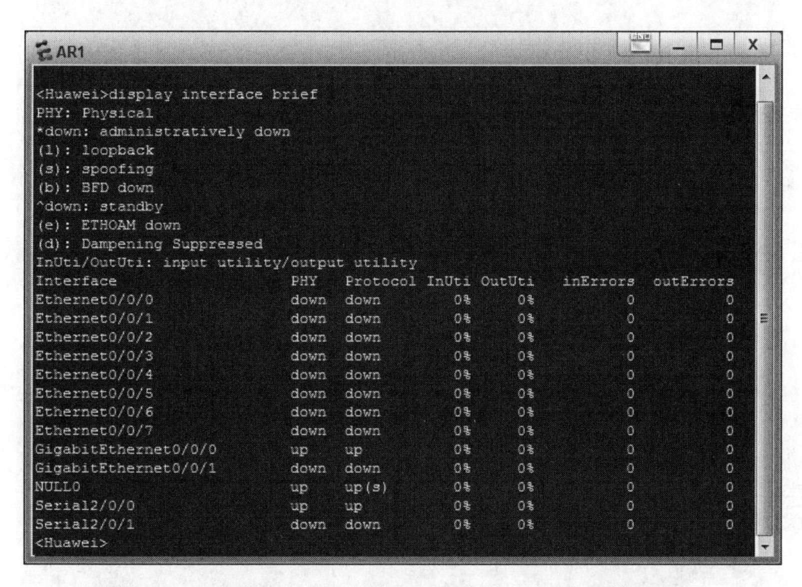

图 4.29　安装串行接口模块 2SA 后的 AR1 接口配置情况

(3) 完成 AR1、AR2 千兆以太网接口和串行接口的 IP 地址和子网掩码配置过程。指定 PPP 作为串行接口使用的链路层协议，建立 PPP 链路时需要用 CHAP 完成双方身份鉴别过程。创建本地用户。图 4.30 是 AR1 千兆以太网接口配置的 IP 地址和子网掩码以及该接口的 MAC 地址，图 4.31 是 AR1 串行接口配置的 IP 地址、子网掩码和 PPP 相关信息。图 4.32 是 AR2 千兆以太网接口配置的 IP 地址和子网掩码以及该接口的

MAC 地址，图 4.33 是 AR2 串行接口配置的 IP 地址、子网掩码和 PPP 相关信息。

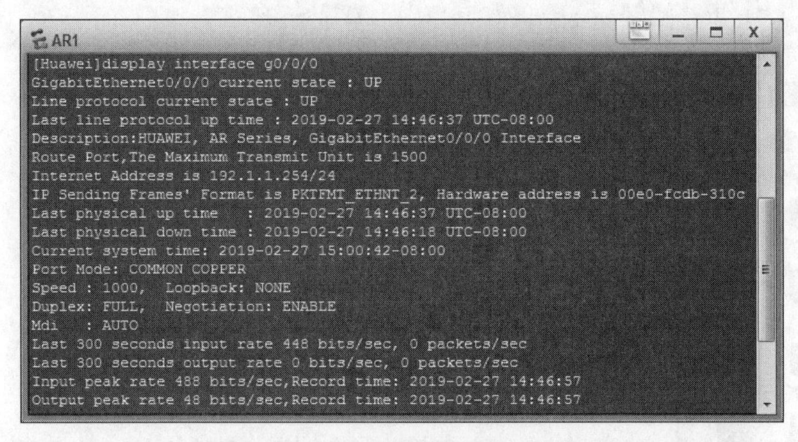

图 4.30　AR1 千兆以太网接口状态

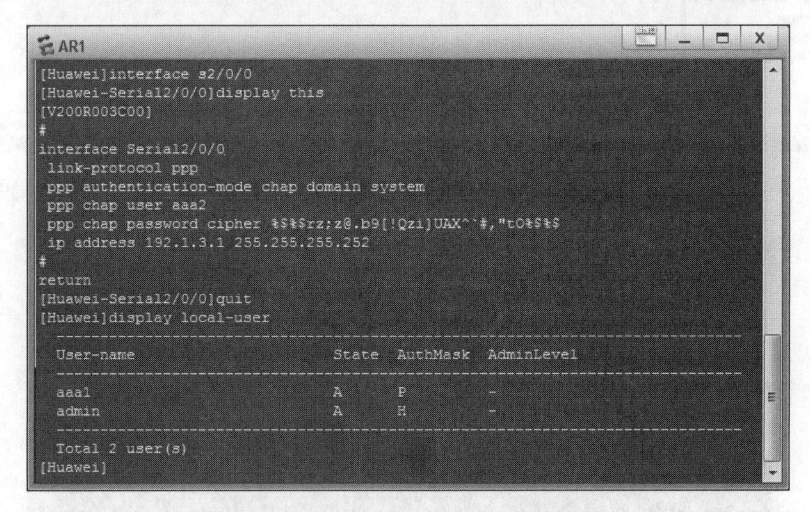

图 4.31　AR1 串行接口配置的 IP 地址、子网掩码和 PPP 相关信息

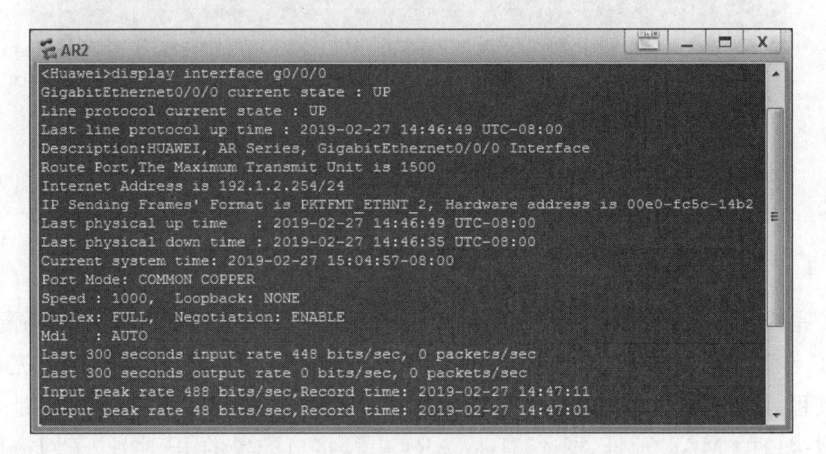

图 4.32　AR2 千兆以太网接口状态

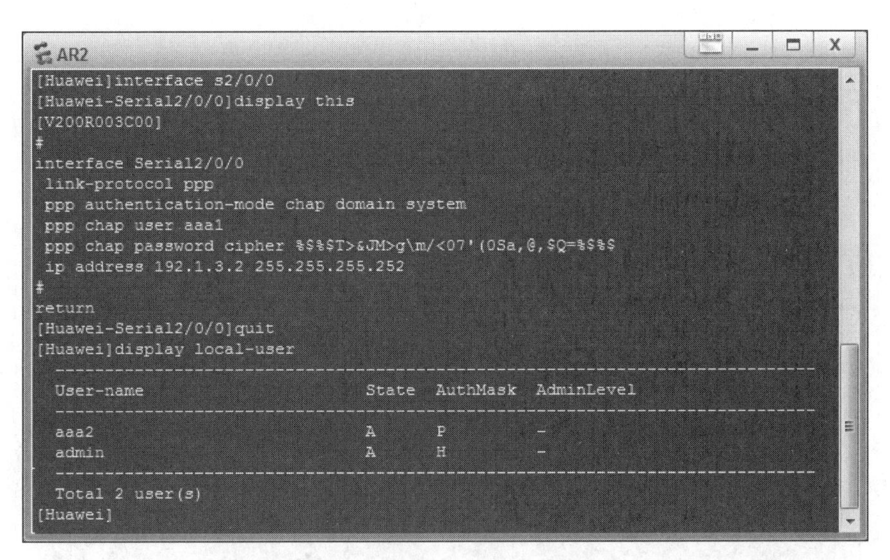

```
[Huawei]interface s2/0/0
[Huawei-Serial2/0/0]display this
[V200R003C00]
#
interface Serial2/0/0
 link-protocol ppp
 ppp authentication-mode chap domain system
 ppp chap user aaa1
 ppp chap password cipher %$%$T>&JM>g\m/<07'(0Sa,@,$Q=%$%$
 ip address 192.1.3.2 255.255.255.252
#
return
[Huawei-Serial2/0/0]quit
[Huawei]display local-user
  ----------------------------------------------------------------------------
  User-name                          State  AuthMask  AdminLevel
  ----------------------------------------------------------------------------
  aaa2                               A      P          -
  admin                              A      H          -
  ----------------------------------------------------------------------------
  Total 2 user(s)
[Huawei]
```

图 4.33　AR2 串行接口配置的 IP 地址、子网掩码和 PPP 相关信息

(4) 完成路由器 AR1 和 AR2 的静态路由项配置过程，成功建立 PPP 链路后，AR1 的路由表如图 4.34 所示。AR2 的路由表如图 4.35 所示。

```
AR1
<Huawei>display ip routing-table
Route Flags: R - relay, D - download to fib
------------------------------------------------------------------------------
Routing Tables: Public
         Destinations : 12       Routes : 12

Destination/Mask    Proto   Pre  Cost      Flags NextHop         Interface

      127.0.0.0/8   Direct  0    0           D   127.0.0.1       InLoopBack0
      127.0.0.1/32  Direct  0    0           D   127.0.0.1       InLoopBack0
127.255.255.255/32  Direct  0    0           D   127.0.0.1       InLoopBack0
      192.1.1.0/24  Direct  0    0           D   192.1.1.254     GigabitEthernet
0/0/0
    192.1.1.254/32  Direct  0    0           D   127.0.0.1       GigabitEthernet
0/0/0
    192.1.1.255/32  Direct  0    0           D   127.0.0.1       GigabitEthernet
0/0/0
      192.1.2.0/24  Static  60   0          RD   192.1.3.2       Serial2/0/0
      192.1.3.0/30  Direct  0    0           D   192.1.3.1       Serial2/0/0
      192.1.3.1/32  Direct  0    0           D   127.0.0.1       Serial2/0/0
      192.1.3.2/32  Direct  0    0           D   192.1.3.2       Serial2/0/0
      192.1.3.3/32  Direct  0    0           D   127.0.0.1       Serial2/0/0
255.255.255.255/32  Direct  0    0           D   127.0.0.1       InLoopBack0

<Huawei>
```

图 4.34　AR1 的路由表

(5) 完成 PC1 和 PC2 的 IP 地址、子网掩码和默认网关地址配置过程，如图 4.36 和图 4.37 所示。

(6) 为了观察 PC1 至 PC2 的 IP 分组在两个以太网和点对点链路上的封装格式，分别在 AR1 的千兆以太网接口和串行接口以及 AR2 的千兆以太网接口上启动捕获报文功能。启动 PC1 与 PC2 之间的通信过程，如图 4.38 所示。

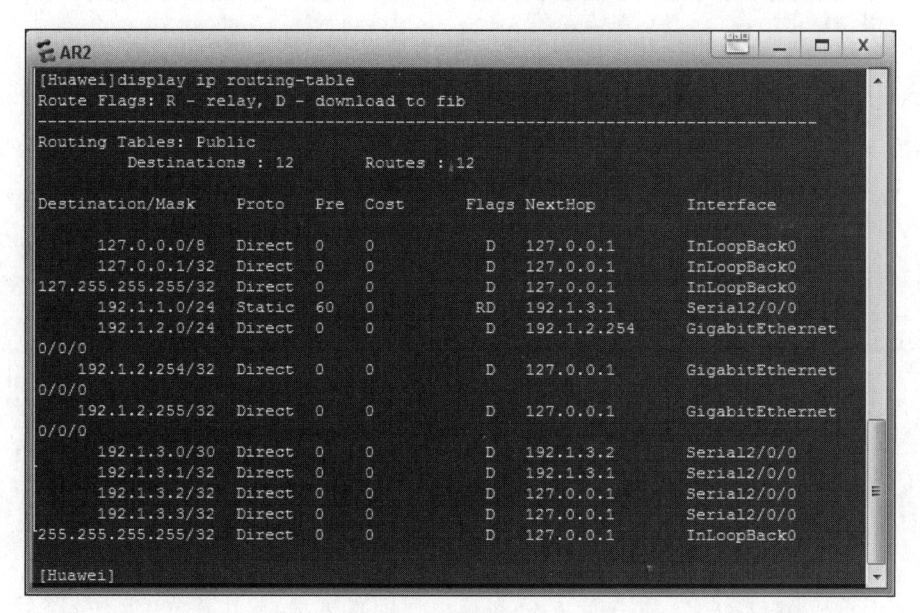

```
[Huawei]display ip routing-table
Route Flags: R - relay, D - download to fib
------------------------------------------------------------------------------
Routing Tables: Public
         Destinations : 12       Routes : 12

Destination/Mask    Proto   Pre  Cost      Flags NextHop         Interface

      127.0.0.0/8   Direct  0    0           D   127.0.0.1       InLoopBack0
      127.0.0.1/32  Direct  0    0           D   127.0.0.1       InLoopBack0
127.255.255.255/32  Direct  0    0           D   127.0.0.1       InLoopBack0
      192.1.1.0/24  Static  60   0          RD   192.1.3.1       Serial2/0/0
      192.1.2.0/24  Direct  0    0           D   192.1.2.254     GigabitEthernet
0/0/0
    192.1.2.254/32  Direct  0    0           D   127.0.0.1       GigabitEthernet
0/0/0
    192.1.2.255/32  Direct  0    0           D   127.0.0.1       GigabitEthernet
0/0/0
      192.1.3.0/30  Direct  0    0           D   192.1.3.2       Serial2/0/0
      192.1.3.1/32  Direct  0    0           D   192.1.3.1       Serial2/0/0
      192.1.3.2/32  Direct  0    0           D   127.0.0.1       Serial2/0/0
      192.1.3.3/32  Direct  0    0           D   127.0.0.1       Serial2/0/0
255.255.255.255/32  Direct  0    0           D   127.0.0.1       InLoopBack0

[Huawei]
```

图 4.35　AR2 的路由表

PC1

基础配置　命令行　组播　UDP发包工具　串口

主机名：

MAC 地址：54-89-98-56-64-E1

IPv4 配置

静态　DHCP　自动获取 DNS 服务器地址

IP 地址：192 . 1 . 1 . 1　DNS1：0 . 0 . 0 . 0

子网掩码：255 . 255 . 255 . 0　DNS2：0 . 0 . 0 . 0

网关：192 . 1 . 1 . 254

IPv6 配置

静态　DHCPv6

IPv6 地址：::

前缀长度：128

IPv6 网关：::

应用

图 4.36　PC1 配置的 IP 地址、子网掩码和默认网关地址

PC2

基础配置 命令行 组播 UDP发包工具 串口

主机名:

MAC 地址: 54-89-98-43-48-BA

IPv4 配置

静态 DHCP 自动获取 DNS 服务器地址

IP 地址: 192 . 1 . 2 . 1 DNS1: 0 . 0 . 0 . 0

子网掩码: 255 . 255 . 255 . 0 DNS2: 0 . 0 . 0 . 0

网关: 192 . 1 . 2 . 254

IPv6 配置

静态 DHCPv6

IPv6 地址: ::

前缀长度: 128

IPv6 网关: ::

应用

图 4.37 PC2 配置的 IP 地址、子网掩码和默认网关地址

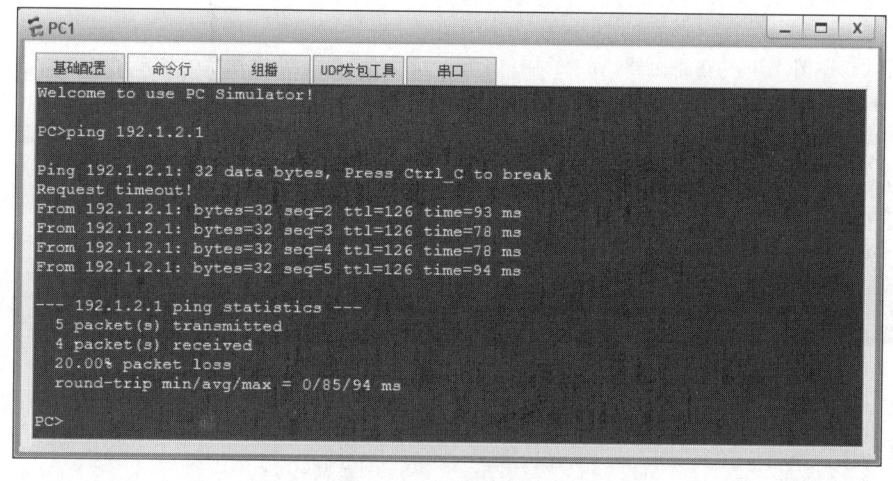

PC1
基础配置
命令行
组播
UDP发包工具
串口
Welcome to use PC Simulator!
PC>ping 192.1.2.1
Ping 192.1.2.1: 32 data bytes, Press Ctrl_C to break
Request timeout!
From 192.1.2.1: bytes=32 seq=2 ttl=126 time=93 ms
From 192.1.2.1: bytes=32 seq=3 ttl=126 time=78 ms
From 192.1.2.1: bytes=32 seq=4 ttl=126 time=78 ms
From 192.1.2.1: bytes=32 seq=5 ttl=126 time=94 ms
--- 192.1.2.1 ping statistics ---
5 packet(s) transmitted
4 packet(s) received
20.00% packet loss
round-trip min/avg/max = 0/85/94 ms
PC>

图 4.38 PC1 与 PC2 之间的通信过程

(7) 在路由器 AR1 的接口 GigabitEthernet0/0/0 上捕获的报文序列如图 4.39 所示。它包括两部分：一是 PC1 向路由器 AR1 发送 IP 分组前通过 ARP 地址解析过程获取路由器 AR1 接口 GigabitEthernet0/0/0 的 MAC 地址时交换的 ARP 报文；二是 IP 分组在 PC1 至路由器 AR1 接口 GigabitEthernet0/0/0 这一段的传输过程中，封装成以 PC1 的 MAC 地址为源 MAC 地址、以路由器 AR1 接口 GigabitEthernet0/0/0 的 MAC 地址为目的 MAC 地址的 MAC 帧。在路由器 AR1 的接口 Serial2/0/0 上捕获的报文序列如图 4.40

所示，IP 分组在路由器 AR1 的接口 Serial2/0/0 至路由器 AR2 的接口 Serial2/0/0 这一段的传输过程中，封装成 PPP 帧格式。在路由器 AR2 接口 GigabitEthernet0/0/0 上捕获的报文序列如图 4.41 所示。它包括两部分：一是路由器 AR2 向 PC2 发送 IP 分组前通过 ARP 地址解析过程获取 PC2 的 MAC 地址时交换的 ARP 报文；二是 IP 分组在路由器 AR2 接口 GigabitEthernet0/0/0 至 PC2 这一段的传输过程中，封装成以路由器 AR2 接口 GigabitEthernet0/0/0 的 MAC 地址为源 MAC 地址、以 PC2 的 MAC 地址为目的 MAC 地址的 MAC 帧。

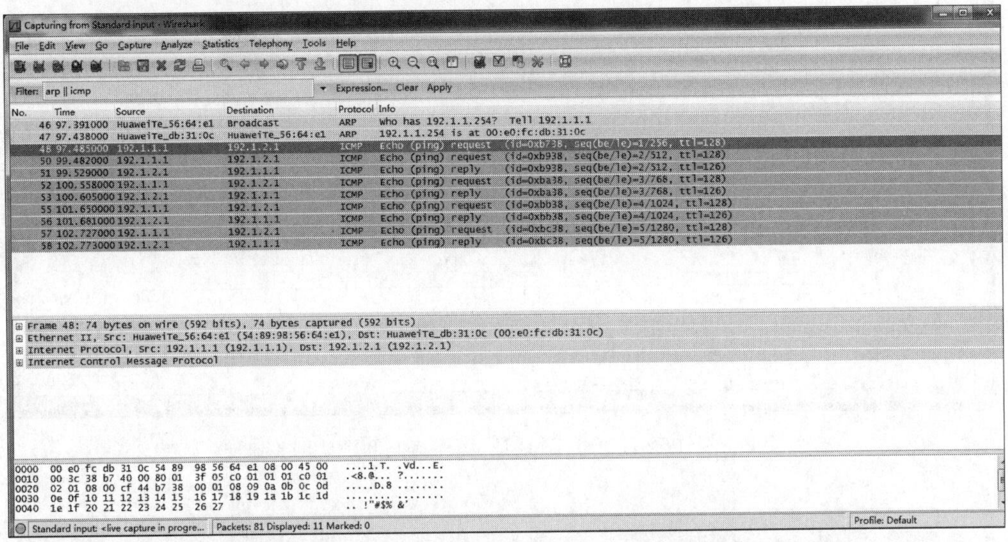

图 4.39 在路由器 AR1 的接口 GigabitEthernet0/0/0 上捕获的报文序列

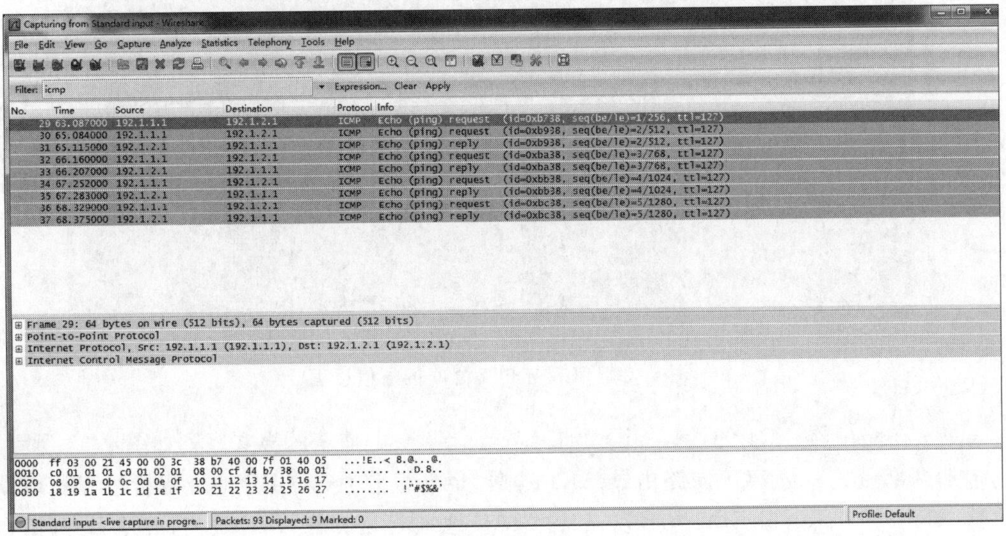

图 4.40 在路由器 AR1 的接口 Serial2/0/0 上捕获的报文序列

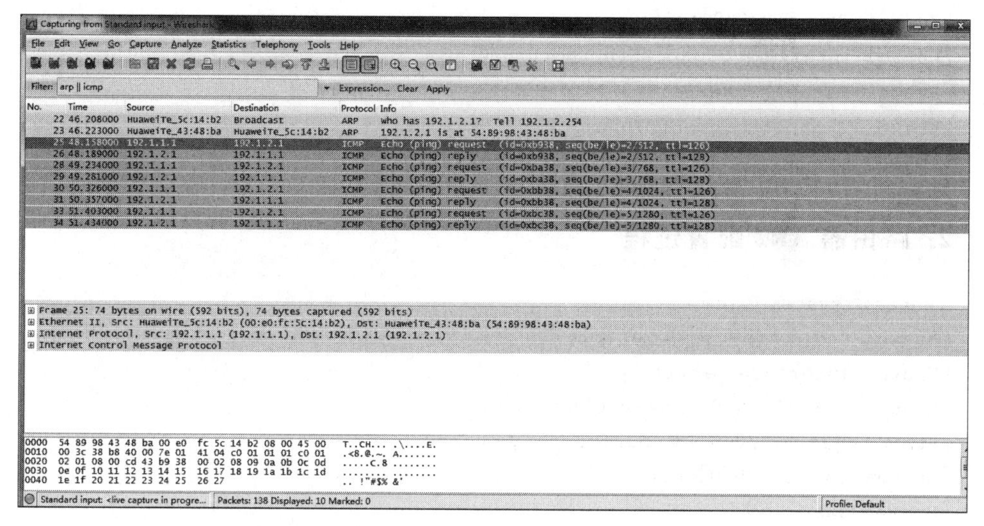

图 4.41 在路由器 AR2 的接口 GigabitEthernet0/0/0 上捕获的报文序列

4.3.6 命令行接口配置过程

1. 路由器 AR1 配置过程

```
<Huawei>system-view
[Huawei]undo info-center enable
[Huawei]interface Serial2/0/0
[Huawei-Serial2/0/0]link-protocol ppp
[Huawei-Serial2/0/0]ip address 192.1.3.1 30
[Huawei-Serial2/0/0]quit
[Huawei]aaa
[Huawei-aaa]authentication-scheme yyy
[Huawei-aaa-authen-yyy]authentication-mode local
[Huawei-aaa-authen-yyy]quit
[Huawei-aaa]domain system
[Huawei-aaa-domain-system]authentication-scheme yyy
[Huawei-aaa-domain-system]quit
[Huawei-aaa]local-user aaa1 password cipher bbb1
[Huawei-aaa]local-user aaa1 service-type ppp
[Huawei-aaa]quit
[Huawei]interface Serial2/0/0
[Huawei-Serial2/0/0]ppp authentication-mode chap domain system
[Huawei-Serial2/0/0]ppp chap user aaa2
[Huawei-Serial2/0/0]ppp chap password cipher bbb2
[Huawei-Serial2/0/0]shutdown
[Huawei-Serial2/0/0]undo shutdown
```

```
[Huawei-Serial2/0/0]quit
[Huawei]interface GigabitEthernet0/0/0
[Huawei-GigabitEthernet0/0/0]ip address 192.1.1.254 24
[Huawei-GigabitEthernet0/0/0]quit
[Huawei]ip route-static 192.1.2.0 24 192.1.3.2
```

2. 路由器 AR2 配置过程

```
<Huawei>system-view
[Huawei]undo info-center enable
[Huawei]interface Serial2/0/0
[Huawei-Serial2/0/0]link-protocol ppp
[Huawei-Serial2/0/0]ip address 192.1.3.2 30
[Huawei-Serial2/0/0]quit
[Huawei]aaa
[Huawei-aaa]authentication-scheme yyy
[Huawei-aaa-authen-yyy]authentication-mode local
[Huawei-aaa-authen-yyy]quit
[Huawei-aaa]domain system
[Huawei-aaa-domain-system]authentication-scheme yyy
[Huawei-aaa-domain-system]quit
[Huawei-aaa]local-user aaa2 password cipher bbb2
[Huawei-aaa]local-user aaa2 service-type ppp
[Huawei-aaa]quit
[Huawei]interface Serial2/0/0
[Huawei-Serial2/0/0]ppp authentication-mode chap domain system
[Huawei-Serial2/0/0]ppp chap user aaa1
[Huawei-Serial2/0/0]ppp chap password cipher bbb1
[Huawei-Serial2/0/0]shutdown
[Huawei-Serial2/0/0]undo shutdown
[Huawei-Serial2/0/0]quit
[Huawei]interface GigabitEthernet0/0/0
[Huawei-GigabitEthernet0/0/0]ip address 192.1.2.254 24
[Huawei-GigabitEthernet0/0/0]quit
[Huawei]ip route-static 192.1.1.0 24 192.1.3.1
```

3. 命令列表

路由器配置过程中使用的命令及功能和参数说明如表 4.3 所示。

表 4.3 路由器配置过程中使用的命令及功能和参数说明

命令格式	功能和参数说明
link-protocol ppp	指定 PPP 作为接口使用的链路层协议
authentication-scheme *scheme-name*	创建鉴别方案，并进入该鉴别方案视图。参数 *scheme-name* 是鉴别方案名

续表

命令格式	功能和参数说明
authentication-mode local	将本地鉴别机制作为指定鉴别方案使用的鉴别机制
domain *domain-name*	创建鉴别域，并进入该鉴别域的域视图。参数 *domain-name* 是鉴别域的域名
authentication-scheme *scheme-name*	指定鉴别域所使用的鉴别方案。参数 *scheme-name* 是鉴别方案名。
local-user *user-name* **password** {**cipher** | **irreversible-cipher** } *password*	定义本地用户。参数 *user-name* 是本地用户名；参数 *password* 是本地用户口令，加密口令时，密文或者是可逆的(cipher)，或者是不可逆的(irreversible-cipher)
local-user *user-name* **service-type** {**ppp** | **ssh** | **telnet**}	指定本地用户接入类型，或者通过 PPP 完成接入过程，或者通过 SSH 完成接入过程，或者通过 Telnet 完成接入过程
ppp authentication-mode {**chap**|**pap** } **domain** *domain-name*	指定本端设备用于鉴别对端设备的鉴别方式。可以选择的鉴别协议有 CHAP 和 PAP，采用名为 *domain-name* 的鉴别域所引用的鉴别方案
ppp chap user *username*	用于在对端设备使用 CHAP 鉴别本端设备时，指定提供给对端设备的用户名。参数 *username* 是用户名
ppp chap password {**cipher**|**simple**} *password*	用于在对端设备使用 CHAP 鉴别本端设备时，指定提供给对端设备的口令。参数 *password* 是口令，或者是密文形式(cipher)，或者是明文形式(simple)
shutdown	关闭接口
display this	查看当前视图下的运行配置
display local-user	查看本地用户的配置信息

4.4 默认路由项配置实验

4.4.1 实验内容

本实验的互联以太网结构如图 4.42 所示。对于路由器 R1，通往网络 202.3.6.0/24、33.77.6.0/24 和 101.7.3.0/24 的传输路径有着相同的下一跳，但这 3 个网络地址无法聚合为单个 CIDR 地址块，因此，路由器 R1 无法用一项路由项指明通往这 3 个网络的传输路径。路由器 R2 的情况与其相似。解决这种问题的手段是配置默认路由项，默认路由项与所有 IP 地址匹配，并且前缀长度为 0，因此，是优先级最低，且与所有 IP 分组的目的 IP 地址匹配的路由项。通过配置默认路由项，可以有效减少路由表的路由项。

本实验通过在路由器 R1 和 R2 中配置默认路由项实现互联以太网中各个终端之间的相互通信过程。

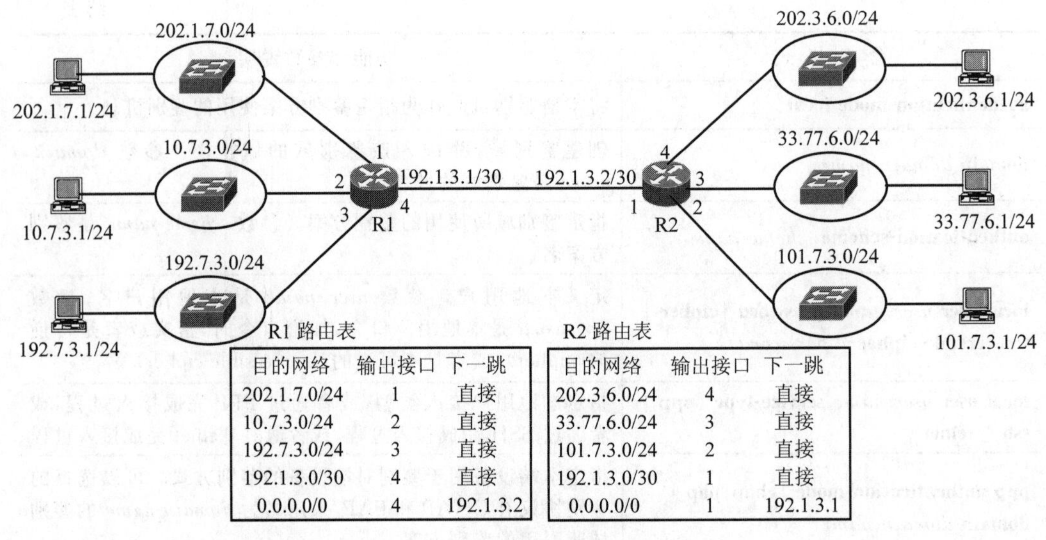

R1 路由表

目的网络	输出接口	下一跳
202.1.7.0/24	1	直接
10.7.3.0/24	2	直接
192.7.3.0/24	3	直接
192.1.3.0/30	4	直接
0.0.0.0/0	4	192.1.3.2

R2 路由表

目的网络	输出接口	下一跳
202.3.6.0/24	4	直接
33.77.6.0/24	3	直接
101.7.3.0/24	2	直接
192.1.3.0/30	1	直接
0.0.0.0/0	1	192.1.3.1

图 4.42　互联以太网结构及路由表

4.4.2　实验目的

(1) 了解默认路由项的适用环境。

(2) 掌握默认路由项的配置过程。

(3) 了解默认路由项可能存在的问题。

4.4.3　实验原理

1. 默认路由项适用环境

由于默认路由项的网络前缀最短(网络前缀长度为 0),且默认路由项与所有 IP 地址匹配,因此,只要某个 IP 分组的目的 IP 地址与路由表中的所有其他路由项都不匹配,路由器就会根据默认路由项指定的传输路径转发该 IP 分组。由此可以得出默认路由项的适用环境必须满足的两个条件:一是某个路由器通往多个网络的传输路径有相同的下一跳;二是这些网络的网络地址不连续,无法用一个 CIDR 地址块涵盖。在这种情况下,路由器可以用默认路由项指明通往这些网络的传输路径。如图 4.42 所示,路由器 R1 通往网络 202.3.6.0/24、33.77.6.0/24 和 101.7.3.0/24 的传输路径有相同的下一跳,而且这 3 个网络的网络地址不连续,因此,路由器 R1 可以用默认路由项指明通往这 3 个网络的传输路径。图 4.43 给出了用默认路由项代替用于指明通往这 3 个网络的传输路径的 3 项路由项的过程。

2. 默认路由项存在的问题

默认路由项的目的网络地址用 0.0.0.0/0 表示,网络前缀长度为 0,意味着 32 位子

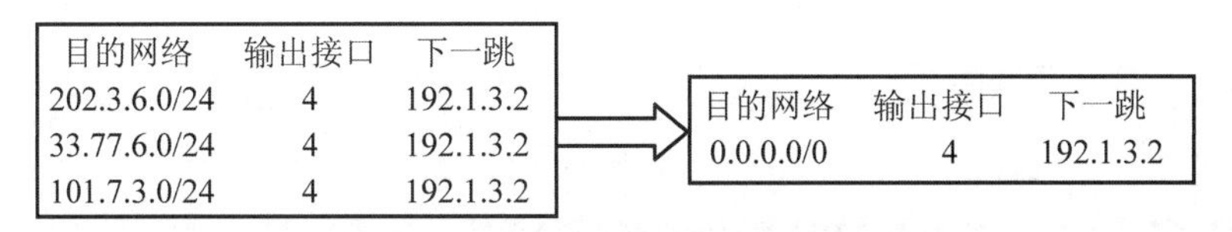

目的网络 输出接口 下一跳
202.3.6.0/24 4 192.1.3.2
33.77.6.0/24 4 192.1.3.2
101.7.3.0/24 4 192.1.3.2
目的网络 输出接口 下一跳
0.0.0.0/0 4 192.1.3.2

图 4.43 将多项路由项合并为默认路由项

网掩码为 0.0.0.0。由于任何 IP 地址与子网掩码 0.0.0.0“与”操作后的结果均等于 0.0.0.0,因此,任何 IP 地址都与默认路由项匹配。由于默认路由项具有与任意 IP 地址匹配的特点,如果图 4.42 中的路由器 R1 和 R2 均使用了默认路由项,一旦某个 IP 分组的目的网络不是图 4.42 所示的互联以太网中的一个网络,就可能导致该 IP 分组的传输环路。正常情况下,如果某个 IP 分组的目的 IP 地址不属于图 4.42 所示的互联以太网中的任何一个网络,路由器应该丢弃该 IP 分组;而如果路由器 R1 和 R2 使用了默认路由项,一旦路由器 R1 接收到这样的 IP 分组,由于该 IP 分组的目的 IP 地址只与路由器 R1 的默认路由项匹配,因此它被转发给路由器 R2;同样,由于该 IP 分组的目的 IP 地址只与路由器 R2 的默认路由项匹配,因此它又被转发给路由器 R1。这会导致该 IP 分组在路由器 R1 和 R2 之间来回传输,直到因为 TTL 字段值变 0 而被路由器丢弃。引发上述问题的原因是,路由器 R1 的默认路由项不仅把目的 IP 地址属于网络地址 202.3.6.0/24、33.77.6.0/24 和 101.7.3.0/24 的 IP 分组转发给路由器 R2,而且把所有目的 IP 地址不属于网络地址 202.1.7.0/24、10.7.3.0/24 和 192.7.3.0/24 的 IP 分组也转发给路由器 R2,这些 IP 分组中包含太多本来因为目的网络不是图 4.42 所示的互联以太网中的一个网络而需要被路由器丢弃的 IP 分组。因此,为了避免出现 IP 分组的传输环路,需要仔细选择配置默认路由项的路由器。

4.4.4 实验步骤

(1) AR1220 只有 2 个三层千兆以太网接口。图 4.42 所示的互联以太网结构要求 AR1 和 AR2 配置 4 个三层接口,因此,在 AR1220 上安装一个有 4 个三层千兆以太网接口的模块 4GEW-T,安装该模块后的 AR1220 如图 4.44 所示。

(2) 按照图 4.42 所示的网络拓扑结构放置和连接设备。完成设备放置和连接后的 eNSP 界面如图 4.45 所示。启动所有设备。需要说明的是,AR1 和 AR2 必须事先完成有 4 个三层千兆以太网接口的 4GEW-T 模块的安装过程。

(3) 完成 AR1 和 AR2 各个接口的 IP 地址和子网掩码配置过程。AR1 各个接口配置的 IP 地址和子网掩码如图 4.46 所示。AR2 各个接口配置的 IP 地址和子网掩码如图 4.47 所示。

(4) 完成路由器 AR1 和 AR2 的默认路由项配置过程。AR1 的路由表如图 4.48 所示。AR2 的路由表如图 4.49 所示。

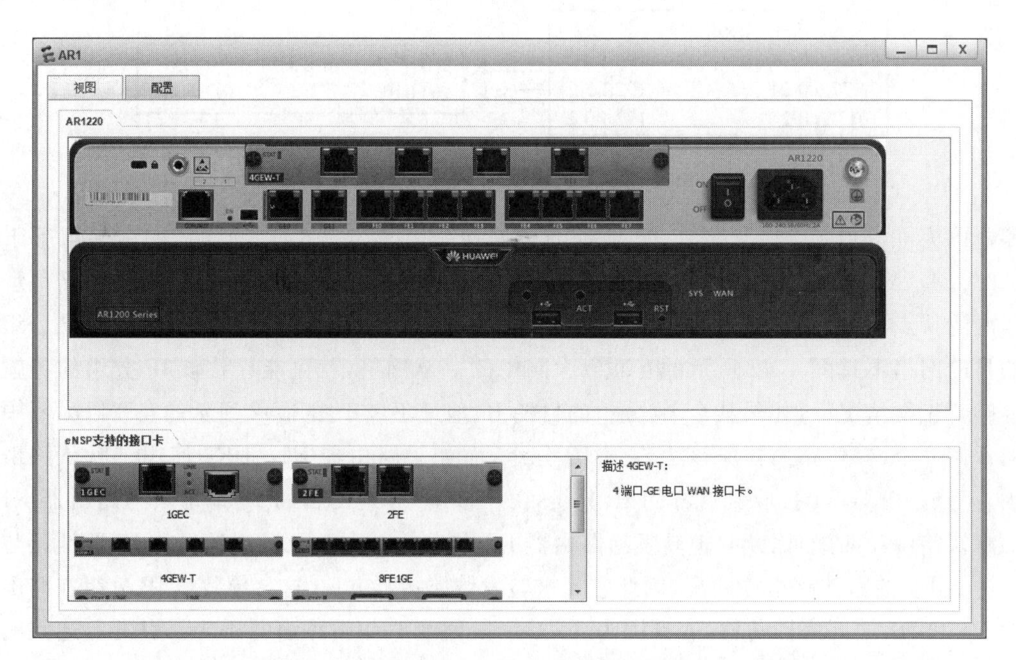

图 4.44　安装有 4 个三层千兆以太网接口的模块 4GEW-T 后的 AR1220

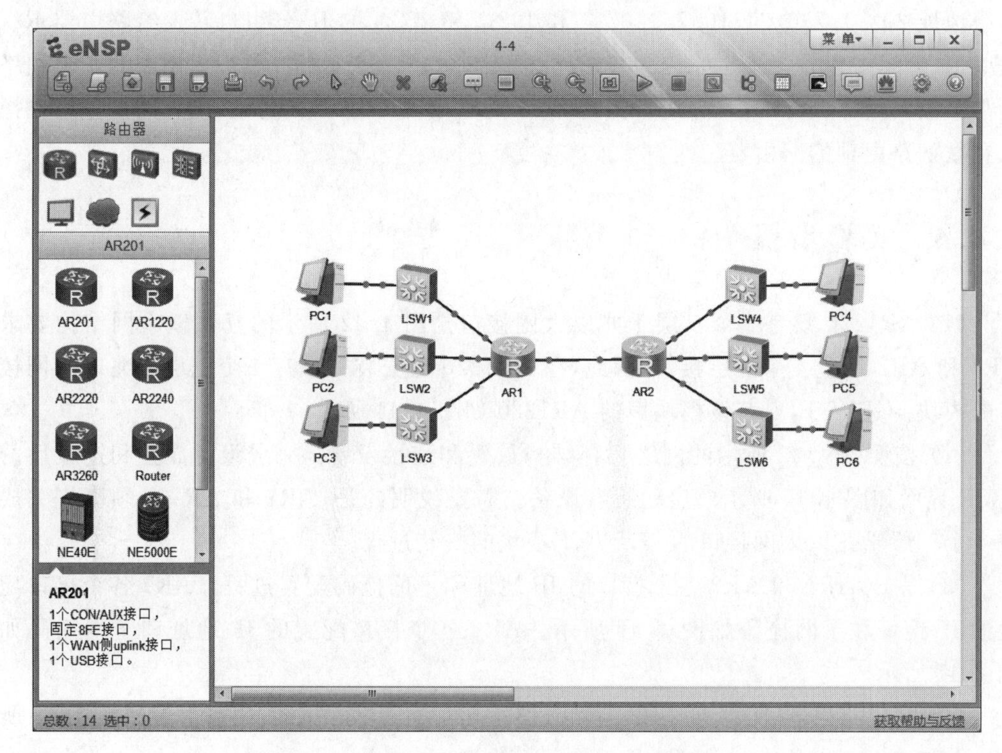

图 4.45　完成设备放置和连接后的 eNSP 界面

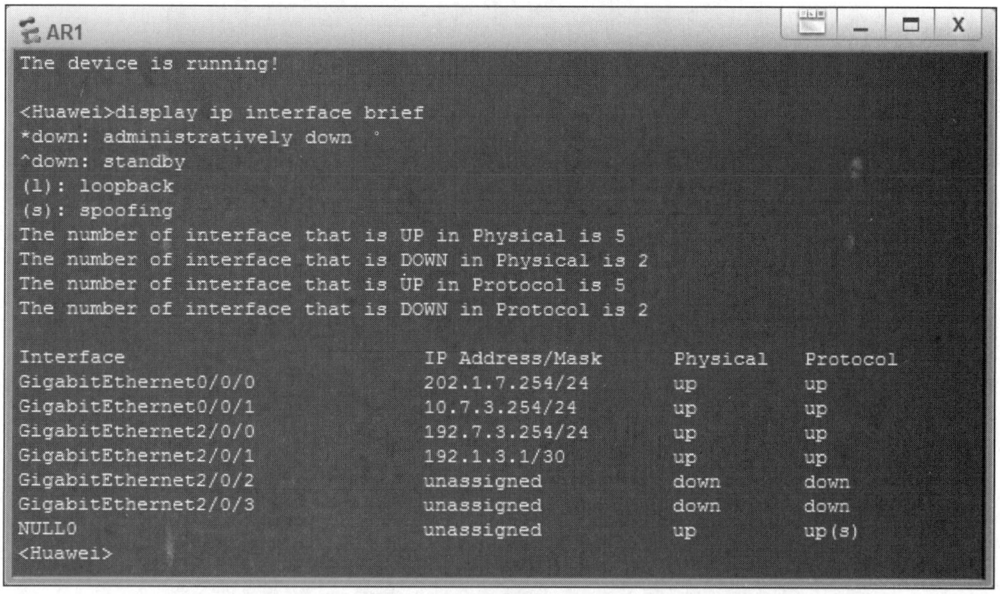

```
AR1
The device is running!

<Huawei>display ip interface brief
*down: administratively down
^down: standby
(l): loopback
(s): spoofing
The number of interface that is UP in Physical is 5
The number of interface that is DOWN in Physical is 2
The number of interface that is UP in Protocol is 5
The number of interface that is DOWN in Protocol is 2

Interface                         IP Address/Mask      Physical   Protocol
GigabitEthernet0/0/0              202.1.7.254/24       up         up
GigabitEthernet0/0/1              10.7.3.254/24        up         up
GigabitEthernet2/0/0              192.7.3.254/24       up         up
GigabitEthernet2/0/1              192.1.3.1/30         up         up
GigabitEthernet2/0/2              unassigned           down       down
GigabitEthernet2/0/3              unassigned           down       down
NULL0                             unassigned           up         up(s)
<Huawei>
```

图 4.46　AR1 各个接口配置的 IP 地址和子网掩码

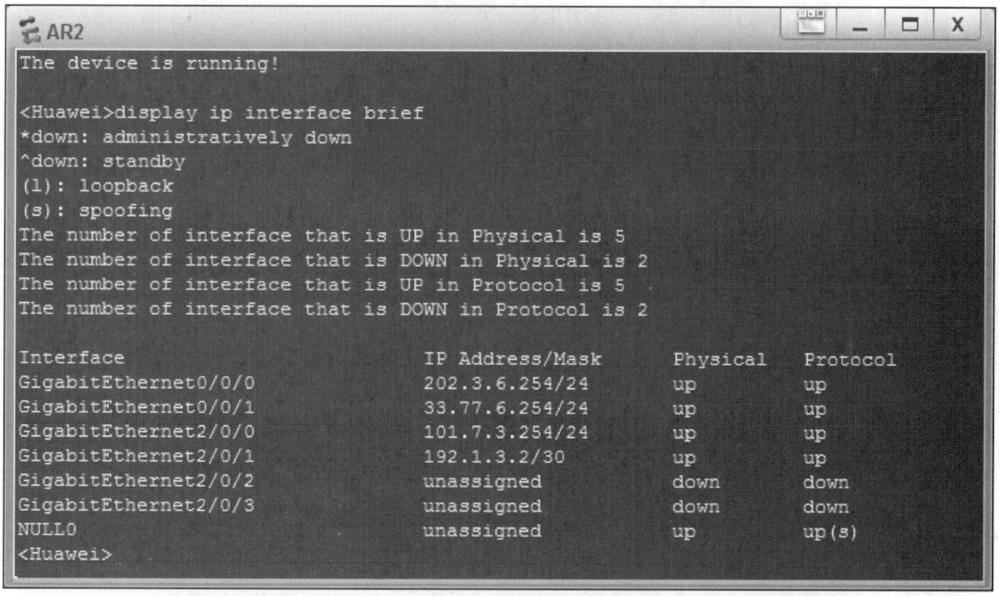

```
AR2
The device is running!

<Huawei>display ip interface brief
*down: administratively down
^down: standby
(l): loopback
(s): spoofing
The number of interface that is UP in Physical is 5
The number of interface that is DOWN in Physical is 2
The number of interface that is UP in Protocol is 5
The number of interface that is DOWN in Protocol is 2

Interface                         IP Address/Mask      Physical   Protocol
GigabitEthernet0/0/0              202.3.6.254/24       up         up
GigabitEthernet0/0/1              33.77.6.254/24       up         up
GigabitEthernet2/0/0              101.7.3.254/24       up         up
GigabitEthernet2/0/1              192.1.3.2/30         up         up
GigabitEthernet2/0/2              unassigned           down       down
GigabitEthernet2/0/3              unassigned           down       down
NULL0                             unassigned           up         up(s)
<Huawei>
```

图 4.47　AR2 各个接口配置的 IP 地址和子网掩码

```
AR1
<Huawei>display ip routing-table
Route Flags: R - relay, D - download to fib
------------------------------------------------------------------------------
Routing Tables: Public
         Destinations : 17       Routes : 17

Destination/Mask    Proto   Pre  Cost      Flags NextHop         Interface

        0.0.0.0/0   Static  60   0           RD   192.1.3.2       GigabitEthernet
2/0/1
       10.7.3.0/24  Direct  0    0           D    10.7.3.254      GigabitEthernet
0/0/1
     10.7.3.254/32  Direct  0    0           D    127.0.0.1       GigabitEthernet
0/0/1
     10.7.3.255/32  Direct  0    0           D    127.0.0.1       GigabitEthernet
0/0/1
      127.0.0.0/8   Direct  0    0           D    127.0.0.1       InLoopBack0
      127.0.0.1/32  Direct  0    0           D    127.0.0.1       InLoopBack0
127.255.255.255/32  Direct  0    0           D    127.0.0.1       InLoopBack0
      192.1.3.0/30  Direct  0    0           D    192.1.3.1       GigabitEthernet
2/0/1
      192.1.3.1/32  Direct  0    0           D    127.0.0.1       GigabitEthernet
2/0/1
      192.1.3.3/32  Direct  0    0           D    127.0.0.1       GigabitEthernet
2/0/1
      192.7.3.0/24  Direct  0    0           D    192.7.3.254     GigabitEthernet
2/0/0
    192.7.3.254/32  Direct  0    0           D    127.0.0.1       GigabitEthernet
2/0/0
    192.7.3.255/32  Direct  0    0           D    127.0.0.1       GigabitEthernet
2/0/0
      202.1.7.0/24  Direct  0    0           D    202.1.7.254     GigabitEthernet
0/0/0
    202.1.7.254/32  Direct  0    0           D    127.0.0.1       GigabitEthernet
0/0/0
    202.1.7.255/32  Direct  0    0           D    127.0.0.1       GigabitEthernet
0/0/0
255.255.255.255/32  Direct  0    0           D    127.0.0.1       InLoopBack0

<Huawei>
```

图 4.48　AR1 的路由表

```
AR2
<Huawei>display ip routing-table
Route Flags: R - relay, D - download to fib
------------------------------------------------------------------------------
Routing Tables: Public
         Destinations : 17       Routes : 17

Destination/Mask    Proto   Pre  Cost      Flags NextHop         Interface

        0.0.0.0/0   Static  60   0           RD   192.1.3.1       GigabitEthernet
2/0/1
      33.77.6.0/24  Direct  0    0           D    33.77.6.254     GigabitEthernet
0/0/1
    33.77.6.254/32  Direct  0    0           D    127.0.0.1       GigabitEthernet
0/0/1
    33.77.6.255/32  Direct  0    0           D    127.0.0.1       GigabitEthernet
0/0/1
      101.7.3.0/24  Direct  0    0           D    101.7.3.254     GigabitEthernet
2/0/0
    101.7.3.254/32  Direct  0    0           D    127.0.0.1       GigabitEthernet
2/0/0
    101.7.3.255/32  Direct  0    0           D    127.0.0.1       GigabitEthernet
2/0/0
      127.0.0.0/8   Direct  0    0           D    127.0.0.1       InLoopBack0
      127.0.0.1/32  Direct  0    0           D    127.0.0.1       InLoopBack0
127.255.255.255/32  Direct  0    0           D    127.0.0.1       InLoopBack0
      192.1.3.0/30  Direct  0    0           D    192.1.3.2       GigabitEthernet
2/0/1
      192.1.3.2/32  Direct  0    0           D    127.0.0.1       GigabitEthernet
2/0/1
      192.1.3.3/32  Direct  0    0           D    127.0.0.1       GigabitEthernet
2/0/1
      202.3.6.0/24  Direct  0    0           D    202.3.6.254     GigabitEthernet
0/0/0
    202.3.6.254/32  Direct  0    0           D    127.0.0.1       GigabitEthernet
0/0/0
    202.3.6.255/32  Direct  0    0           D    127.0.0.1       GigabitEthernet
0/0/0
255.255.255.255/32  Direct  0    0           D    127.0.0.1       InLoopBack0

<Huawei>
```

图 4.49　AR2 的路由表

(5) 完成各个终端的 IP 地址、子网掩码和默认网关地址配置过程。验证 PC1 与 PC4 之间能够相互通信,如图 4.50 所示。如果 PC1 生成一个目的 IP 地址不属于图 4.42 所示的互联以太网中任何一个网络的 IP 分组,该 IP 分组将在 AR1 与 AR2 之间反复传输,直到 TTL 字段值为 0。如图 4.51 所示,当 PC1 对 IP 地址 192.1.1.1 进行 ping 操作时,如果在 AR1 连接 AR2 的接口启动报文捕获功能,捕获到的报文序列如图 4.52 所示。这些报文是同一 IP 分组反复经过 AR1 连接 AR2 的接口时被捕获的,它们的 TTL 字段值是递减的。

```
PC1
基础配置  命令行  组播  UDP发包工具  串口

PC>ping 202.3.6.1

Ping 202.3.6.1: 32 data bytes, Press Ctrl_C to break
Request timeout!
Request timeout!
From 202.3.6.1: bytes=32 seq=3 ttl=126 time=78 ms
From 202.3.6.1: bytes=32 seq=4 ttl=126 time=63 ms
From 202.3.6.1: bytes=32 seq=5 ttl=126 time=63 ms

--- 202.3.6.1 ping statistics ---
  5 packet(s) transmitted
  3 packet(s) received
  40.00% packet loss
  round-trip min/avg/max = 0/68/78 ms

PC>
```

图 4.50　PC1 与 PC4 之间的通信过程

```
PC1
基础配置  命令行  组播  UDP发包工具  串口

PC>ping 192.1.1.1

Ping 192.1.1.1: 32 data bytes, Press Ctrl_C to break
Request timeout!
Request timeout!
Request timeout!
Request timeout!
Request timeout!

--- 192.1.1.1 ping statistics ---
  5 packet(s) transmitted
  0 packet(s) received
  100.00% packet loss

PC>
```

图 4.51　PC1 对 IP 地址 192.1.1.1 进行 ping 操作

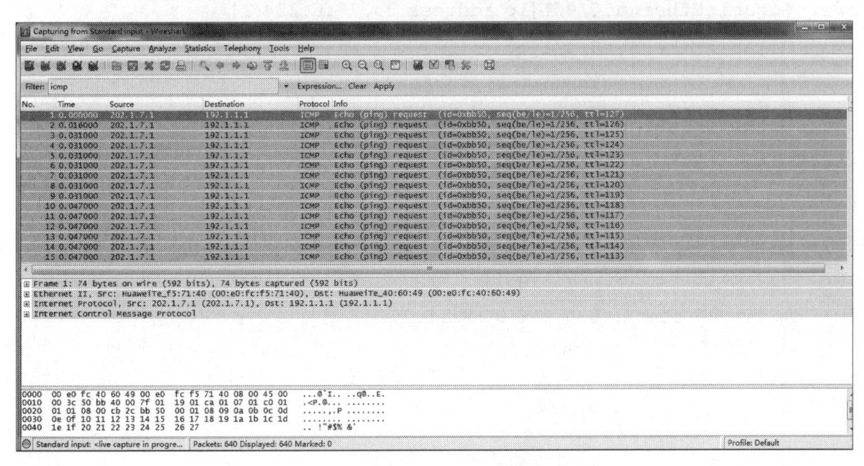

图 4.52　AR1 连接 AR2 接口时捕获的报文序列

4.4.5 命令行接口配置过程

1. 路由器 AR1 配置过程

```
<Huawei>system-view
[Huawei]undo info-center enable
[Huawei]interface GigabitEthernet0/0/0
[Huawei-GigabitEthernet0/0/0]ip address 202.1.7.254 24
[Huawei-GigabitEthernet0/0/0]quit
[Huawei]interface GigabitEthernet0/0/1
[Huawei-GigabitEthernet0/0/1]ip address 10.7.3.254 24
[Huawei-GigabitEthernet0/0/1]quit
[Huawei]interface GigabitEthernet2/0/0
[Huawei-GigabitEthernet2/0/0]ip address 192.7.3.254 24
[Huawei-GigabitEthernet2/0/0]quit
[Huawei]interface GigabitEthernet2/0/1
[Huawei-GigabitEthernet2/0/1]ip address 192.1.3.1 30
[Huawei-GigabitEthernet2/0/1]quit
[Huawei]ip route-static 0.0.0.0 0 192.1.3.2
```

2. 路由器 AR2 配置过程

```
<Huawei>system-view
[Huawei]undo info-center enable
[Huawei]interface GigabitEthernet0/0/0
[Huawei-GigabitEthernet0/0/0]ip address 202.3.6.254 24
[Huawei-GigabitEthernet0/0/0]quit
[Huawei]interface GigabitEthernet0/0/1
[Huawei-GigabitEthernet0/0/1]ip address 33.77.6.254 24
[Huawei-GigabitEthernet0/0/1]quit
[Huawei]interface GigabitEthernet2/0/0
[Huawei-GigabitEthernet2/0/0]ip address 101.7.3.254 24
[Huawei-GigabitEthernet2/0/0]quit
[Huawei]interface GigabitEthernet2/0/1
[Huawei-GigabitEthernet2/0/1]ip address 192.1.3.2 30
[Huawei-GigabitEthernet2/0/1]quit
[Huawei]ip route-static 0.0.0.0 0 192.1.3.1
```

4.5 路由项聚合实验

4.5.1 实验内容

本实验的互联以太网结构如图 4.53 所示。对于路由器 R1,通往网络 192.1.4.0/24、192.1.5.0/24 和 192.1.6.0/23 的传输路径有相同的下一跳,而且这 3 个网络地址可以聚合为单个 CIDR 地址块 192.1.4.0/22,因此,路由器 R1 可以用一项路由项指明通往这些网络的传输路径。同样,路由器 R2 也可以用一项路由项指明通往网络 192.1.0.0/24、192.1.1.0/24 和 192.1.2.0/23 的传输路径。本实验通过在路由器 R1 和 R2 中聚合用于指明通往没有与其直接连接的网络的传输路径的路由项,实现互联以太网中各个终端之间的相互通信过程。

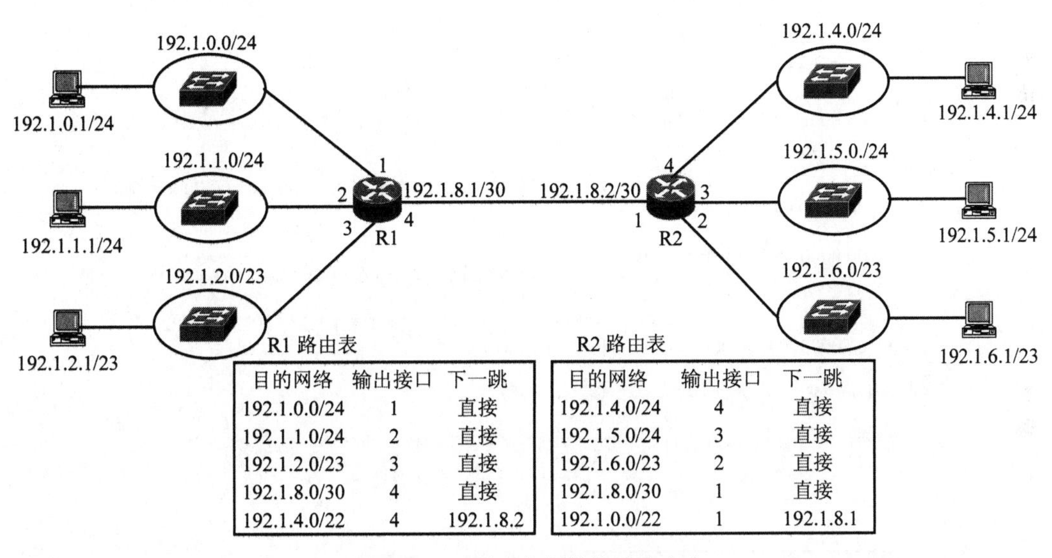

图 4.53 互联以太网结构及路由表

4.5.2 实验目的

(1) 掌握网络地址分配方法。
(2) 掌握路由项聚合过程。
(3) 了解路由项聚合的好处。

4.5.3 实验原理

本实验的互联以太网结构如图 4.53 所示。网络地址 192.1.4.0/24 与网络地址

192.1.5.0/24 是连续的，可以合并为 CIDR 地址块 192.1.4.0/23。该 CIDR 地址块与网络地址 192.1.6.0/23 是连续的，可以合并为 CIDR 地址块 192.1.4.0/22。合并过程如图 4.54 所示，其中，用符号‖表示合并操作。对于路由器 R1，通往目的网络 192.1.4.0/24、192.1.5.0/24 和 192.1.6.0/23 的传输路径有相同的下一跳，而且这 3 个网络的网络地址可以合并成 CIDR 地址块 192.1.4.0/22，因此，可以用一项路由项指明通往这 3 个网络的传输路径，这种路由项合并过程称为路由项聚合。路由器 R1 的路由项聚合过程如图 4.55 所示。

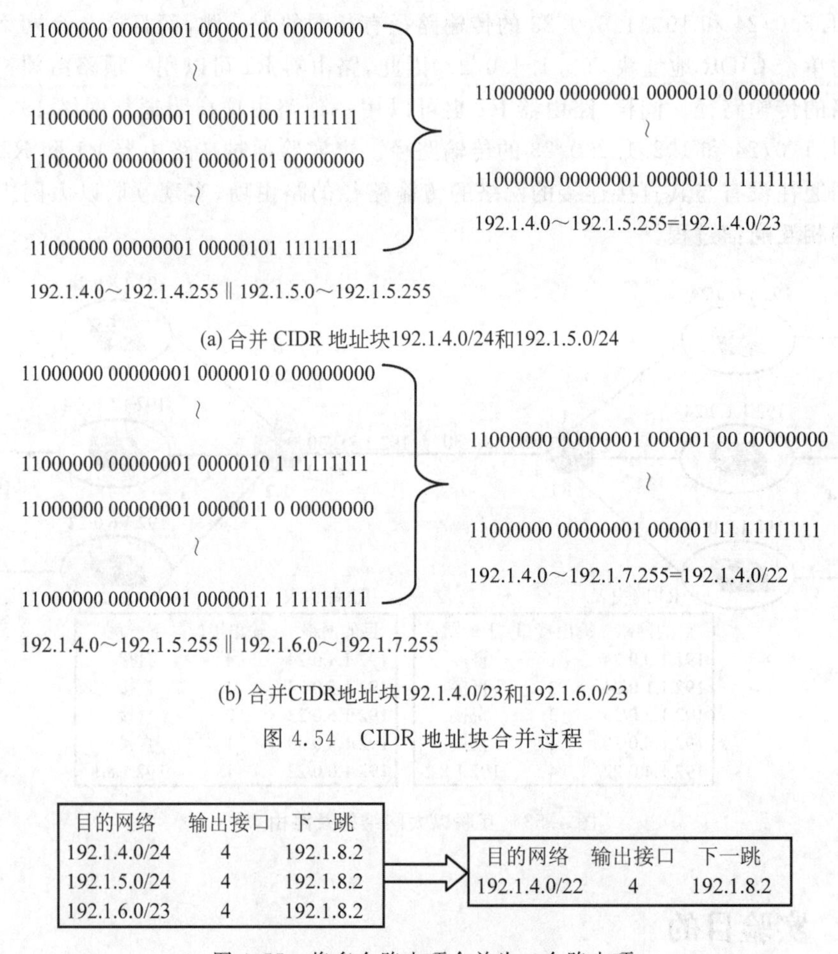

(a) 合并 CIDR 地址块192.1.4.0/24和192.1.5.0/24

(b) 合并CIDR地址块192.1.4.0/23和192.1.6.0/23

图 4.54　CIDR 地址块合并过程

目的网络	输出接口	下一跳
192.1.4.0/24	4	192.1.8.2
192.1.5.0/24	4	192.1.8.2
192.1.6.0/23	4	192.1.8.2

目的网络	输出接口	下一跳
192.1.4.0/22	4	192.1.8.2

图 4.55　将多个路由项合并为一个路由项

路由项聚合的前提有两个：一是通往多个目的网络的传输路径有相同的下一跳，二是这些目的网络的网络地址可以合并为一个 CIDR 地址块。聚合后的路由项与默认路由项的最大不同在于，默认路由项与任意 IP 地址匹配，而聚合后的路由项只与属于合并后的 CIDR 地址块的 IP 地址匹配。因此，对于图 4.53 所示的路由器 R1 和 R2 的路由表，如果某个 IP 分组的目的 IP 地址与其中一个路由项匹配，该 IP 分组的目的网络一定是如图 4.53 所示的互联以太网中的一个网络。

4.5.4 实验步骤

(1) 启动 eNSP,按照图 4.53 所示的网络拓扑结构放置和连接设备。完成设备放置和连接后的 eNSP 界面如图 4.56 所示。启动所有设备。需要说明的是,AR1 和 AR2 必须事先完成有 4 个三层千兆以太网接口的模块 4GEW-T 的安装过程。

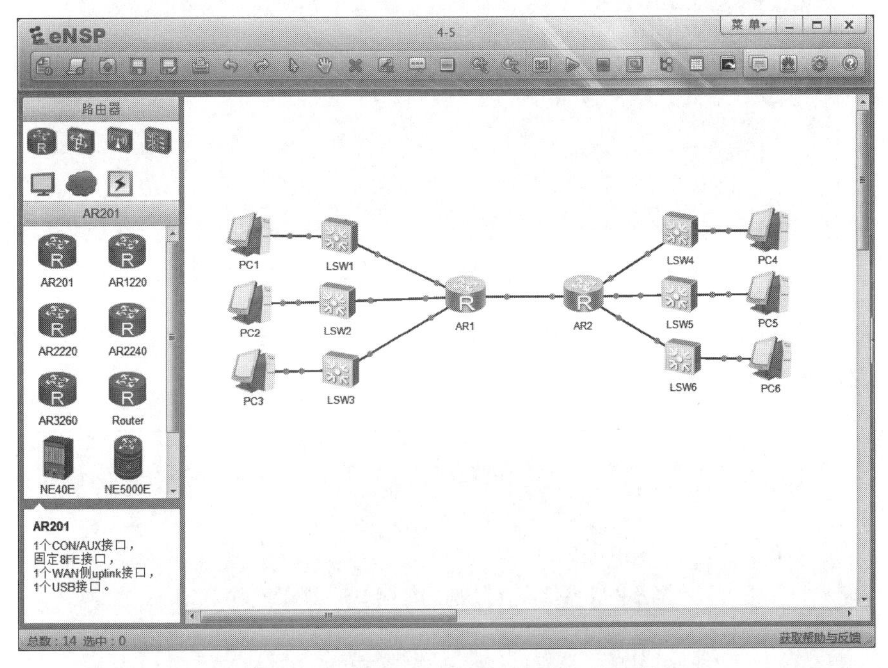

图 4.56 完成设备放置和连接后的 eNSP 界面

(2) 完成 AR1 和 AR2 各个接口的 IP 地址和子网掩码配置过程。AR1 各个接口配置的 IP 地址和子网掩码如图 4.57 所示。AR2 各个接口配置的 IP 地址和子网掩码如图 4.58 所示。

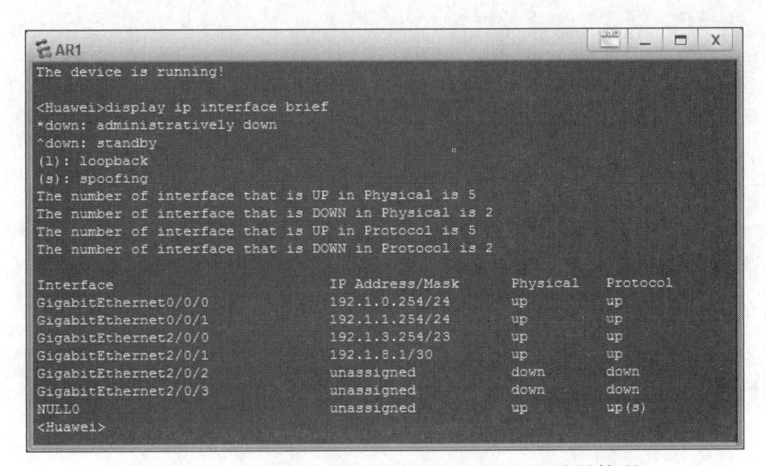

图 4.57 AR1 各个接口配置的 IP 地址和子网掩码

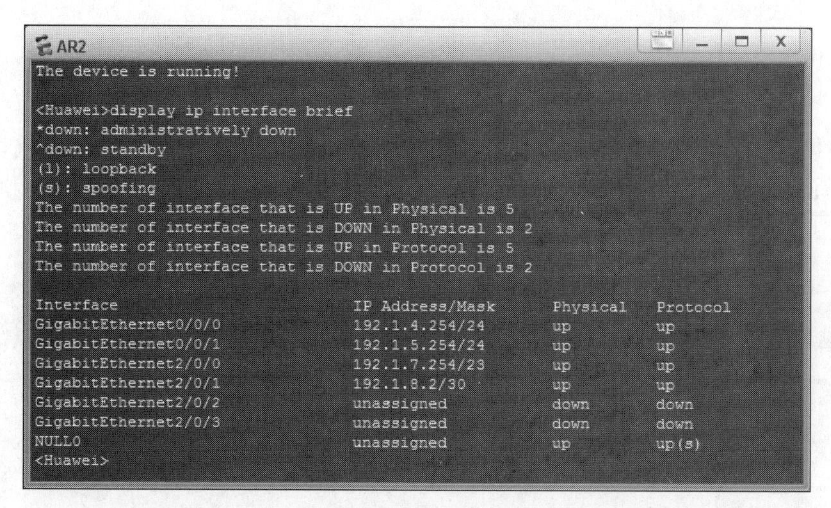

```
AR2
The device is running!

<Huawei>display ip interface brief
*down: administratively down
^down: standby
(l): loopback
(s): spoofing
The number of interface that is UP in Physical is 5
The number of interface that is DOWN in Physical is 2
The number of interface that is UP in Protocol is 5
The number of interface that is DOWN in Protocol is 2

Interface                         IP Address/Mask      Physical   Protocol
GigabitEthernet0/0/0              192.1.4.254/24       up         up
GigabitEthernet0/0/1              192.1.5.254/24       up         up
GigabitEthernet2/0/0              192.1.7.254/23       up         up
GigabitEthernet2/0/1              192.1.8.2/30         up         up
GigabitEthernet2/0/2              unassigned           down       down
GigabitEthernet2/0/3              unassigned           down       down
NULL0                             unassigned           up         up(s)
<Huawei>
```

图 4.58　AR2 各个接口配置的 IP 地址和子网掩码

(3) 完成路由器 AR1 和 AR2 静态路由项配置过程。AR1 的路由表如图 4.59 所示。AR2 的路由表如图 4.60 所示。

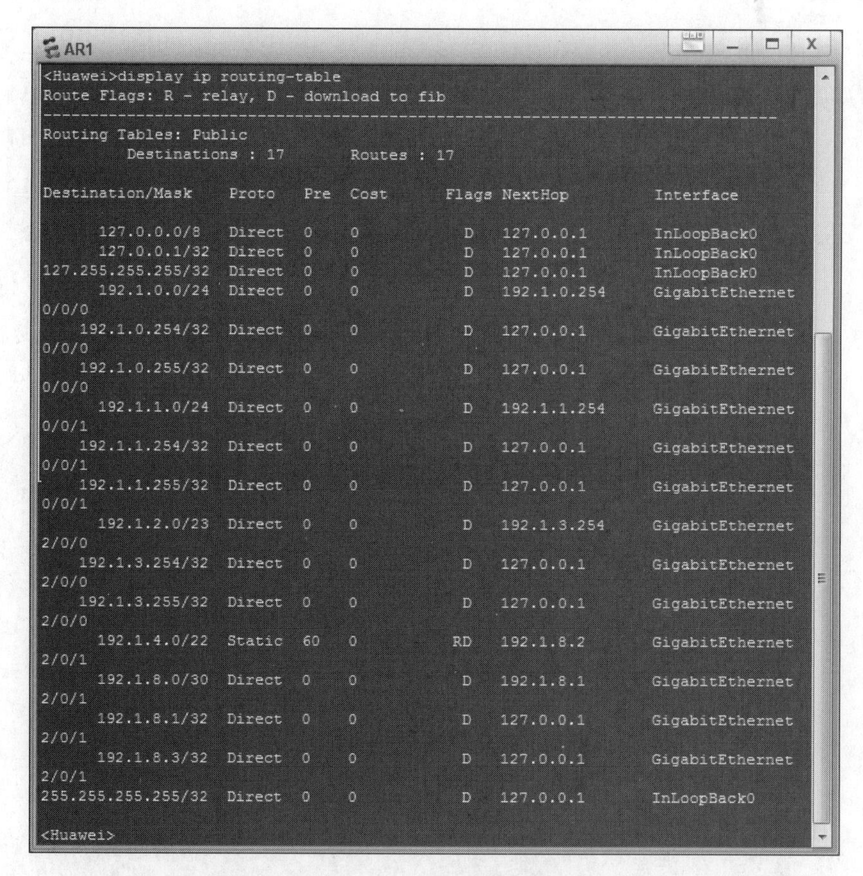

```
AR1
<Huawei>display ip routing-table
Route Flags: R - relay, D - download to fib
------------------------------------------------------------------------------
Routing Tables: Public
         Destinations : 17       Routes : 17

Destination/Mask    Proto   Pre  Cost      Flags NextHop         Interface

      127.0.0.0/8   Direct  0    0           D   127.0.0.1       InLoopBack0
      127.0.0.1/32  Direct  0    0           D   127.0.0.1       InLoopBack0
127.255.255.255/32  Direct  0    0           D   127.0.0.1       InLoopBack0
      192.1.0.0/24  Direct  0    0           D   192.1.0.254     GigabitEthernet
0/0/0
    192.1.0.254/32  Direct  0    0           D   127.0.0.1       GigabitEthernet
0/0/0
    192.1.0.255/32  Direct  0    0           D   127.0.0.1       GigabitEthernet
0/0/0
      192.1.1.0/24  Direct  0    0           D   192.1.1.254     GigabitEthernet
0/0/1
    192.1.1.254/32  Direct  0    0           D   127.0.0.1       GigabitEthernet
0/0/1
    192.1.1.255/32  Direct  0    0           D   127.0.0.1       GigabitEthernet
0/0/1
      192.1.2.0/23  Direct  0    0           D   192.1.3.254     GigabitEthernet
2/0/0
    192.1.3.254/32  Direct  0    0           D   127.0.0.1       GigabitEthernet
2/0/0
    192.1.3.255/32  Direct  0    0           D   127.0.0.1       GigabitEthernet
2/0/0
      192.1.4.0/22  Static  60   0          RD   192.1.8.2       GigabitEthernet
2/0/1
      192.1.8.0/30  Direct  0    0           D   192.1.8.1       GigabitEthernet
2/0/1
      192.1.8.1/32  Direct  0    0           D   127.0.0.1       GigabitEthernet
2/0/1
      192.1.8.3/32  Direct  0    0           D   127.0.0.1       GigabitEthernet
2/0/1
255.255.255.255/32  Direct  0    0           D   127.0.0.1       InLoopBack0

<Huawei>
```

图 4.59　AR1 的路由表

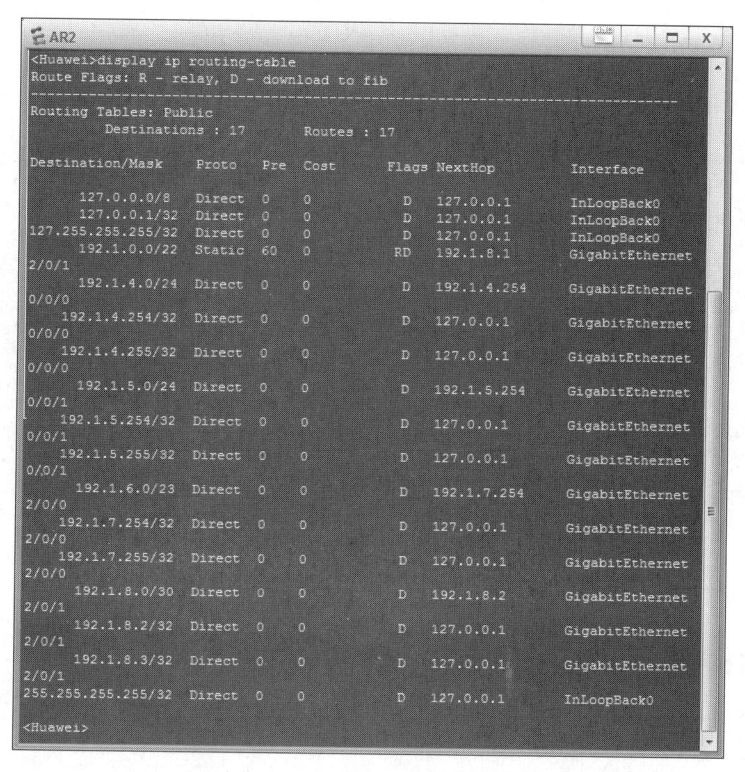

```
<Huawei>display ip routing-table
Route Flags: R - relay, D - download to fib
------------------------------------------------------------------------------
Routing Tables: Public
         Destinations : 17       Routes : 17

Destination/Mask    Proto   Pre  Cost      Flags NextHop         Interface

      127.0.0.0/8   Direct  0    0           D   127.0.0.1       InLoopBack0
      127.0.0.1/32  Direct  0    0           D   127.0.0.1       InLoopBack0
127.255.255.255/32  Direct  0    0           D   127.0.0.1       InLoopBack0
      192.1.0.0/22  Static  60   0          RD   192.1.8.1       GigabitEthernet
2/0/1
      192.1.4.0/24  Direct  0    0           D   192.1.4.254     GigabitEthernet
0/0/0
    192.1.4.254/32  Direct  0    0           D   127.0.0.1       GigabitEthernet
0/0/0
    192.1.4.255/32  Direct  0    0           D   127.0.0.1       GigabitEthernet
0/0/0
      192.1.5.0/24  Direct  0    0           D   192.1.5.254     GigabitEthernet
0/0/1
    192.1.5.254/32  Direct  0    0           D   127.0.0.1       GigabitEthernet
0/0/1
    192.1.5.255/32  Direct  0    0           D   127.0.0.1       GigabitEthernet
0/0/1
      192.1.6.0/23  Direct  0    0           D   192.1.7.254     GigabitEthernet
2/0/0
    192.1.7.254/32  Direct  0    0           D   127.0.0.1       GigabitEthernet
2/0/0
    192.1.7.255/32  Direct  0    0           D   127.0.0.1       GigabitEthernet
2/0/0
      192.1.8.0/30  Direct  0    0           D   192.1.8.2       GigabitEthernet
2/0/1
      192.1.8.2/32  Direct  0    0           D   127.0.0.1       GigabitEthernet
2/0/1
      192.1.8.3/32  Direct  0    0           D   127.0.0.1       GigabitEthernet
2/0/1
255.255.255.255/32  Direct  0    0           D   127.0.0.1       InLoopBack0

<Huawei>
```

图 4.60　AR2 的路由表

(4) PC3 连接的以太网的网络地址是 192.1.2.0/23。根据将最大可用 IP 地址作为连接该以太网的路由器接口的 IP 地址的习惯，分配给路由器 AR1 连接该以太网的接口的 IP 地址和子网掩码是 192.1.3.254/23，因此，PC3 的默认网关地址是 192.1.3.254，如图 4.61 所示。

图 4.61　PC3 配置的 IP 地址、子网掩码和默认网关地址

(5) 验证 PC 之间的连通性。图 4.62 是 PC1 与 PC6 之间的通信过程。

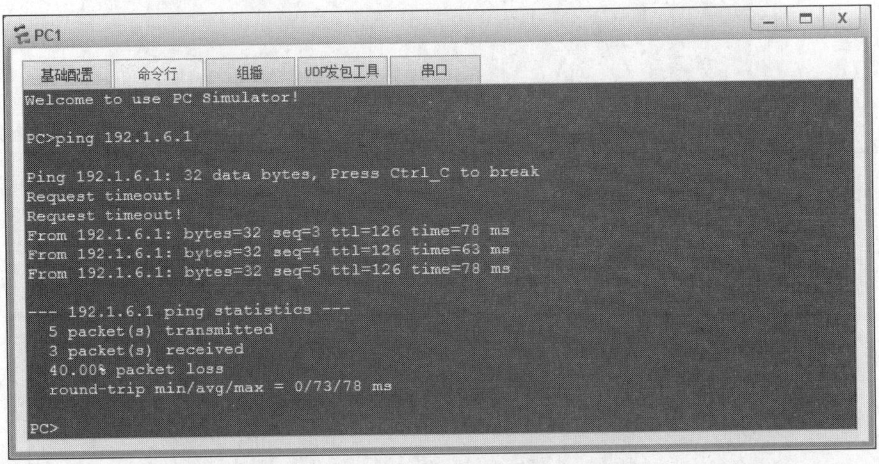

```
PC1
基础配置 命令行 组播 UDP发包工具 串口
Welcome to use PC Simulator!

PC>ping 192.1.6.1

Ping 192.1.6.1: 32 data bytes, Press Ctrl_C to break
Request timeout!
Request timeout!
From 192.1.6.1: bytes=32 seq=3 ttl=126 time=78 ms
From 192.1.6.1: bytes=32 seq=4 ttl=126 time=63 ms
From 192.1.6.1: bytes=32 seq=5 ttl=126 time=78 ms

--- 192.1.6.1 ping statistics ---
  5 packet(s) transmitted
  3 packet(s) received
  40.00% packet loss
  round-trip min/avg/max = 0/73/78 ms

PC>
```

图 4.62　PC1 与 PC6 之间的通信过程

4.5.5　命令行接口配置过程

1. 路由器 AR1 配置过程

```
<Huawei>system-view
[Huawei]undo info-center enable
[Huawei]interface GigabitEthernet0/0/0
[Huawei-GigabitEthernet0/0/0]ip address 192.1.0.254 24
[Huawei-GigabitEthernet0/0/0]quit
[Huawei]interface GigabitEthernet0/0/1
[Huawei-GigabitEthernet0/0/1]ip address 192.1.1.254 24
[Huawei-GigabitEthernet0/0/1]quit
[Huawei]interface GigabitEthernet2/0/0
[Huawei-GigabitEthernet2/0/0]ip address 192.1.3.254 23
[Huawei-GigabitEthernet2/0/0]quit
[Huawei]interface GigabitEthernet2/0/1
[Huawei-GigabitEthernet2/0/1]ip address 192.1.8.1 30
[Huawei-GigabitEthernet2/0/1]quit
[Huawei]ip route-static 192.1.4.0 22 192.1.8.2
```

2. 路由器 AR2 配置过程

```
<Huawei>system-view
[Huawei]undo info-center enable
[Huawei]interface GigabitEthernet0/0/0
```

```
[Huawei-GigabitEthernet0/0/0]ip address 192.1.4.254 24
[Huawei-GigabitEthernet0/0/0]quit
[Huawei]interface GigabitEthernet0/0/1
[Huawei-GigabitEthernet0/0/1]ip address 192.1.5.254 24
[Huawei-GigabitEthernet0/0/1]quit
[Huawei]interface GigabitEthernet2/0/0
[Huawei-GigabitEthernet2/0/0]ip address 192.1.7.254 23
[Huawei-GigabitEthernet2/0/0]quit
[Huawei]interface GigabitEthernet2/0/1
[Huawei-GigabitEthernet2/0/1]ip address 192.1.8.2 30
[Huawei-GigabitEthernet2/0/1]quit
[Huawei]ip route-static 192.1.0.0 22 192.1.8.1
```

4.6 RIP 配置实验

4.6.1 实验内容

本实验的互联以太网结构如图 4.63 所示，通过配置所有路由器各个接口的 IP 地址和子网掩码，使得每一个路由器自动生成直连路由项。通过在各个路由器中启动路由信息协议(Routing Information Protocol，RIP)，使得每一个路由器生成用于指明通往没有与其直接连接的网络的传输路径的动态路由项。为了验证路由协议的自适应性，删除路由器 R11 与 R14 之间的物理链路，路由器 R11 和 R14 能够根据新的网络拓扑结构重新生成用于指明通往没有与其直接连接的网络的传输路径的动态路由项。互连路由器 R11 和 R14 的物理链路的传输速率是 100Mb/s，其他互连路由器的物理链路的传输速率是 1Gb/s。为了节省 IP 地址，可用 CIDR 地址块 192.1.3.0/27 涵盖所有分配给实现路由器互连的路由器接口的 IP 地址。各个路由器接口配置的 IP 地址和子网掩码如表 4.4 所示。

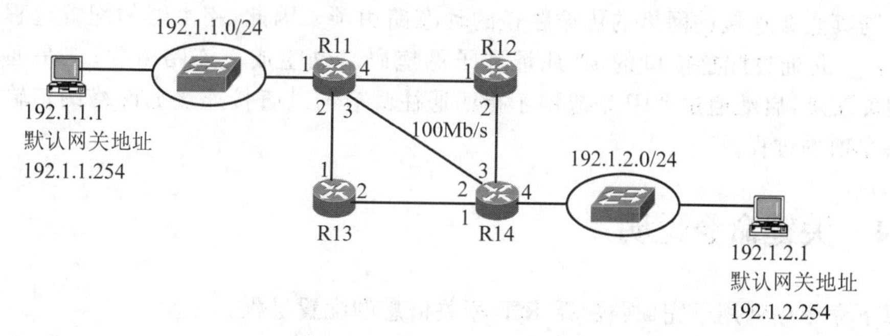

图 4.63　互联以太网结构

表 4.4 路由器接口配置

路由器	接口	IP 地址	子网掩码
R11	1	192.1.1.254	255.255.255.0
	2	192.1.3.5	255.255.255.252
	3	192.1.3.9	255.255.255.252
	4	192.1.3.1	255.255.255.252
R12	1	192.1.3.2	255.255.255.252
	2	192.1.3.13	255.255.255.252
R13	1	192.1.3.6	255.255.255.252
	2	192.1.3.17	255.255.255.252
R14	1	192.1.3.18	255.255.255.252
	2	192.1.3.10	255.255.255.252
	3	192.1.3.14	255.255.255.252
	4	192.1.2.254	255.255.255.0

4.6.2 实验目的

(1) 验证 RIP 创建动态路由项的过程。
(2) 验证直连路由项和 RIP 之间的关联。
(3) 了解动态路由项和静态路由项的差别。
(4) 验证动态路由项的自适应性。

4.6.3 实验原理

由于 RIP 的功能是使得每一个路由器能够在直连路由项的基础上,创建用于指明通往没有与其直接连接的网络的传输路径的动态路由项。因此,路由器的配置过程分为两个部分:一是通过配置接口的 IP 地址和子网掩码自动生成直连路由项;二是通过配置 RIP 相关信息,启动通过 RIP 生成用于指明通往没有与其直接连接的网络的传输路径的动态路由项的过程。

4.6.4 关键命令说明

以下命令序列用于完成路由器 RIP 相关信息的配置过程。

```
[Huawei]rip
[Huawei-rip-1]version 2
[Huawei-rip-1]undo summary
```

```
[Huawei-rip-1]network 192.1.1.0
[Huawei-rip-1]network 192.1.3.0
[Huawei-rip-1]quit
```

rip 是系统视图下使用的命令，该命令的作用是启动 RIP 进程，并进入 RIP 视图。由于没有给出进程编号，启动编号为 1 的 RIP 进程。

version 2 是 RIP 视图下使用的命令，该命令的作用是启动 RIPv2。eNSP 支持 RIPv1 和 RIPv2。RIPv1 只支持分类编址，RIPv2 支持无分类编址。

undo summary 是 RIP 视图下使用的命令，该命令的作用是取消路由项聚合功能。

network 192.1.3.0 是 RIP 视图下使用的命令，紧随 network 命令之后的参数通常是分类网络地址。192.1.3.0 是 C 类网络地址，其 IP 地址空间为 192.1.3.0～192.1.3.255。该命令的作用有两个：一是启动所有配置的 IP 地址属于网络地址 192.1.3.0 的路由器接口的 RIP 功能，允许这些接口接收和发送 RIP 路由消息；二是如果网络 192.1.3.0 是该路由器直接连接的网络，或者划分网络 192.1.3.0 后产生的若干个子网是该路由器直接连接的网络，网络 192.1.3.0 对应的直连路由项（启动路由项聚合功能情况）或者划分网络 192.1.3.0 后产生的若干个子网对应的直连路由项（取消路由项聚合功能情况）将参与 RIP 建立动态路由项的过程，即其他路由器的路由表中会生成用于指明通往网络 192.1.3.0（启动路由项聚合功能情况），或者划分网络 192.1.3.0 后产生的若干个子网（取消路由项聚合功能情况）的传输路径的路由项。

4.6.5 实验步骤

（1）启动 eNSP，按照图 4.63 所示的网络拓扑结构放置和连接设备。完成设备放置和连接后的 eNSP 界面如图 4.64 所示。启动所有设备。需要说明的是，路由器 AR1 和 AR4 事先需要安装相应模块。

（2）按照表 4.4 所示的路由器接口配置信息，完成所有路由器各个接口的 IP 地址和子网掩码配置过程。路由器 AR1～AR4 各个接口配置的 IP 地址和子网掩码分别如图 4.65 至图 4.68 所示。

（3）完成各个路由器 RIP 相关信息的配置过程。由于 RIP 只能配置分类 IP 地址，因此，在各个路由器中需要配置网络地址 192.1.3.0。

（4）路由器 AR1～AR4 的完整路由表分别如图 4.69 至图 4.72 所示。路由表中有两种类型的路由项：直连路由项和 RIP 生成的动态路由项，RIP 生成的动态路由项的优先级值是 100。由于优先级值越大，路由项的优先级越低，因此，RIP 生成的动态路由项的优先级低于直连路由项（优先级值为 0）和静态路由项（优先级值为 60）。RIP 生成的动态路由项的代价（cost）是该路由器通往目的网络的传输路径所经过的跳数。例如，路由器 AR1 通往目的网络 192.1.2.0/24 的传输路径是 AR1→AR4→192.1.2.0/24，除了 AR1 自身，该传输路径经过一跳路由器（AR4），因此，路由器 AR1 中目的网络为 192.1.2.0/24 的路由项的代价为 1，下一跳是路由器 AR4 连接路由器 AR1 的接口的 IP 地址 192.1.3.10。

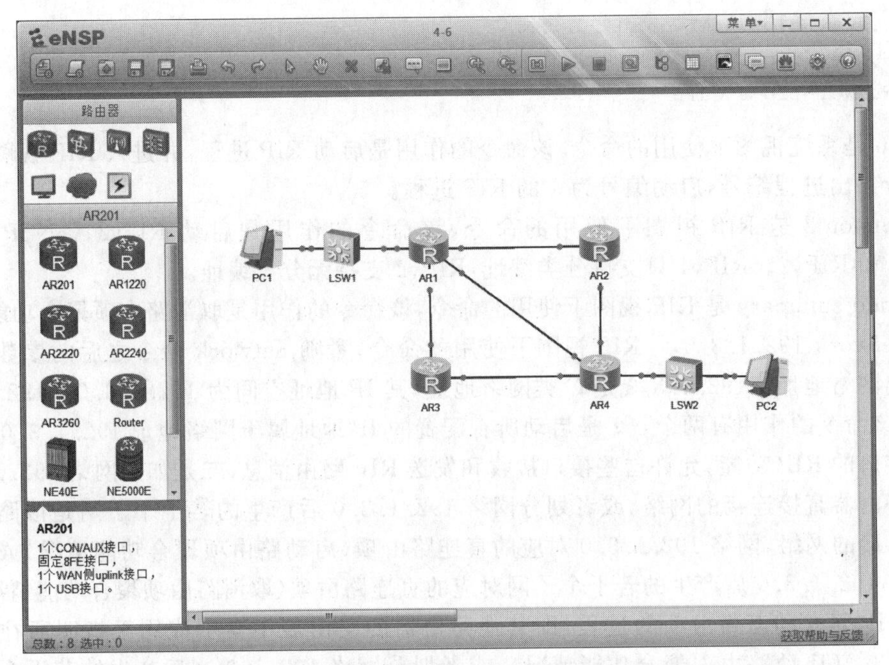

图 4.64 完成设备放置和连接后的 eNSP 界面

```
AR1
The device is running!

<Huawei>display ip interface brief
*down: administratively down
^down: standby
(l): loopback
(s): spoofing
The number of interface that is UP in Physical is 5
The number of interface that is DOWN in Physical is 0
The number of interface that is UP in Protocol is 5
The number of interface that is DOWN in Protocol is 0

Interface                         IP Address/Mask      Physical   Protocol
Ethernet2/0/0                     192.1.1.254/24       up         up
Ethernet2/0/1                     192.1.3.9/30         up         up
GigabitEthernet0/0/0              192.1.3.1/30         up         up
GigabitEthernet0/0/1              192.1.3.5/30         up         up
NULL0                             unassigned           up         up(s)
<Huawei>
```

图 4.65 路由器 AR1 的接口状态

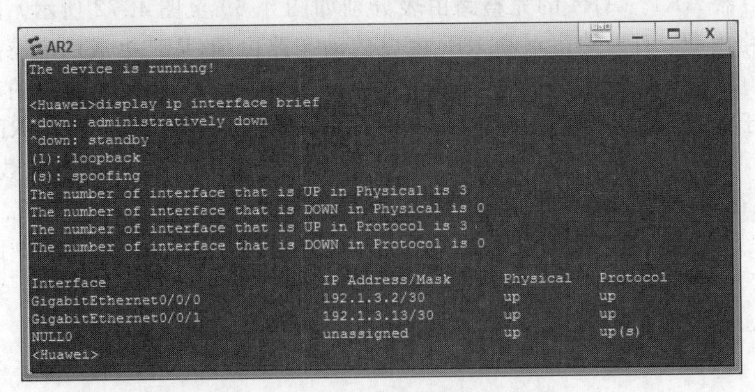

```
AR2
The device is running!

<Huawei>display ip interface brief
*down: administratively down
^down: standby
(l): loopback
(s): spoofing
The number of interface that is UP in Physical is 3
The number of interface that is DOWN in Physical is 0
The number of interface that is UP in Protocol is 3
The number of interface that is DOWN in Protocol is 0

Interface                         IP Address/Mask      Physical   Protocol
GigabitEthernet0/0/0              192.1.3.2/30         up         up
GigabitEthernet0/0/1              192.1.3.13/30        up         up
NULL0                             unassigned           up         up(s)
<Huawei>
```

图 4.66 路由器 AR2 的接口状态

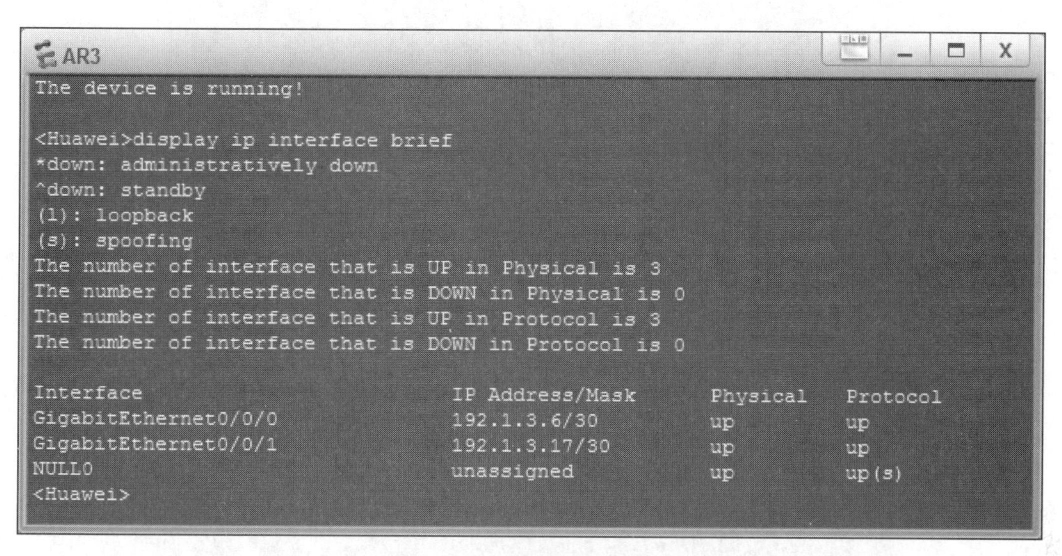

图 4.67 路由器 AR3 的接口状态

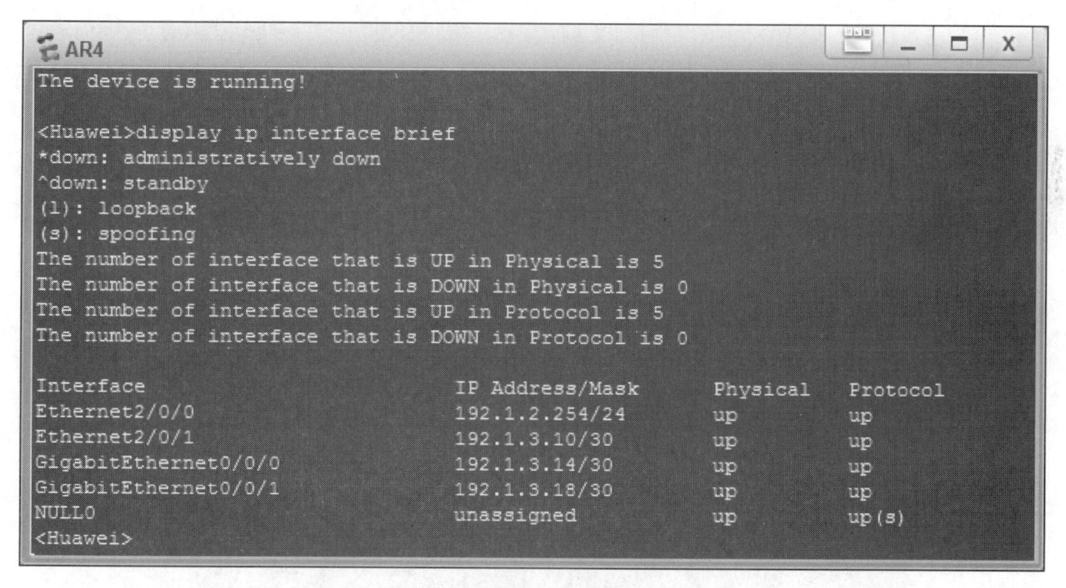

图 4.68 路由器 AR4 的接口状态

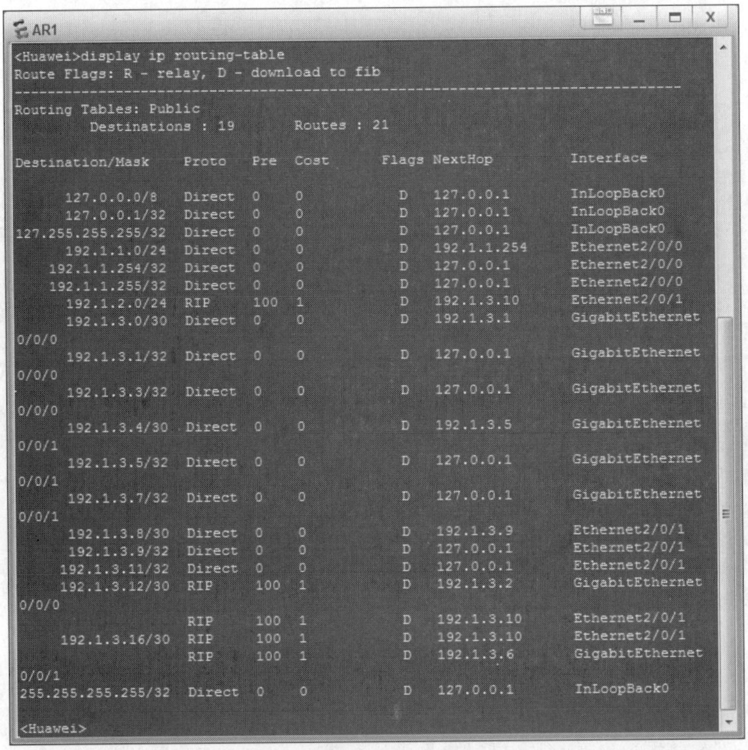

```
AR1
<Huawei>display ip routing-table
Route Flags: R - relay, D - download to fib
------------------------------------------------------------------------------
Routing Tables: Public
         Destinations : 19       Routes : 21

Destination/Mask    Proto   Pre  Cost      Flags NextHop         Interface

      127.0.0.0/8   Direct  0    0           D   127.0.0.1       InLoopBack0
      127.0.0.1/32  Direct  0    0           D   127.0.0.1       InLoopBack0
127.255.255.255/32  Direct  0    0           D   127.0.0.1       InLoopBack0
      192.1.1.0/24  Direct  0    0           D   192.1.1.254     Ethernet2/0/0
    192.1.1.254/32  Direct  0    0           D   127.0.0.1       Ethernet2/0/0
    192.1.1.255/32  Direct  0    0           D   127.0.0.1       Ethernet2/0/0
      192.1.2.0/24  RIP     100  1           D   192.1.3.10      Ethernet2/0/1
      192.1.3.0/30  Direct  0    0           D   192.1.3.1       GigabitEthernet
0/0/0
      192.1.3.1/32  Direct  0    0           D   127.0.0.1       GigabitEthernet
0/0/0
      192.1.3.3/32  Direct  0    0           D   127.0.0.1       GigabitEthernet
0/0/0
      192.1.3.4/30  Direct  0    0           D   192.1.3.5       GigabitEthernet
0/0/1
      192.1.3.5/32  Direct  0    0           D   127.0.0.1       GigabitEthernet
0/0/1
      192.1.3.7/32  Direct  0    0           D   127.0.0.1       GigabitEthernet
0/0/1
      192.1.3.8/30  Direct  0    0           D   192.1.3.9       Ethernet2/0/1
      192.1.3.9/32  Direct  0    0           D   127.0.0.1       Ethernet2/0/1
     192.1.3.11/32  Direct  0    0           D   127.0.0.1       Ethernet2/0/1
     192.1.3.12/30  RIP     100  1           D   192.1.3.2       GigabitEthernet
0/0/0
                    RIP     100  1           D   192.1.3.10      Ethernet2/0/1
     192.1.3.16/30  RIP     100  1           D   192.1.3.10      Ethernet2/0/1
                    RIP     100  1           D   192.1.3.6       GigabitEthernet
0/0/1
255.255.255.255/32  Direct  0    0           D   127.0.0.1       InLoopBack0

<Huawei>
```

图 4.69　路由器 AR1 的路由表

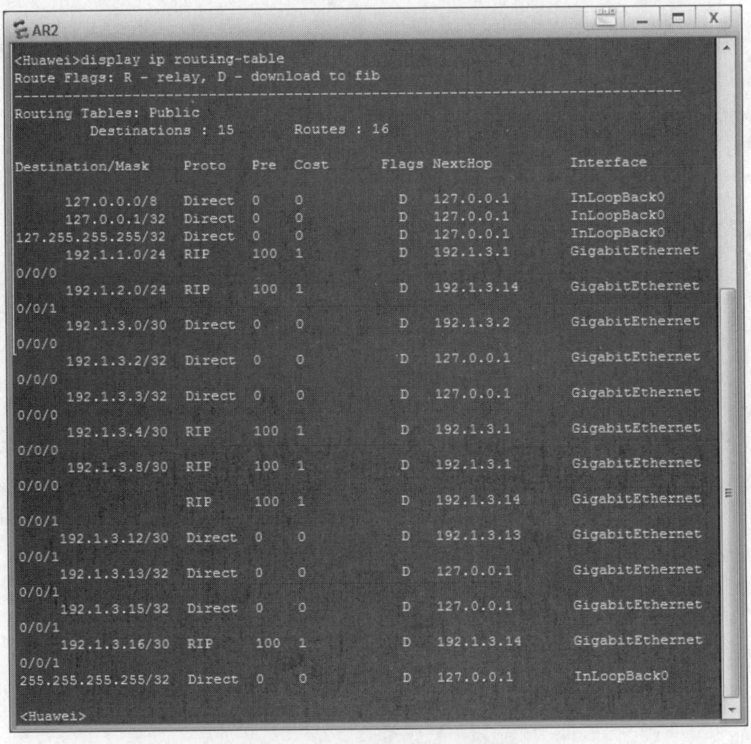

```
AR2
<Huawei>display ip routing-table
Route Flags: R - relay, D - download to fib
------------------------------------------------------------------------------
Routing Tables: Public
         Destinations : 15       Routes : 16

Destination/Mask    Proto   Pre  Cost      Flags NextHop         Interface

      127.0.0.0/8   Direct  0    0           D   127.0.0.1       InLoopBack0
      127.0.0.1/32  Direct  0    0           D   127.0.0.1       InLoopBack0
127.255.255.255/32  Direct  0    0           D   127.0.0.1       InLoopBack0
      192.1.1.0/24  RIP     100  1           D   192.1.3.1       GigabitEthernet
0/0/0
      192.1.2.0/24  RIP     100  1           D   192.1.3.14      GigabitEthernet
0/0/1
      192.1.3.0/30  Direct  0    0           D   192.1.3.2       GigabitEthernet
0/0/0
      192.1.3.2/32  Direct  0    0           D   127.0.0.1       GigabitEthernet
0/0/0
      192.1.3.3/32  Direct  0    0           D   127.0.0.1       GigabitEthernet
0/0/0
      192.1.3.4/30  RIP     100  1           D   192.1.3.1       GigabitEthernet
0/0/0
      192.1.3.8/30  RIP     100  1           D   192.1.3.1       GigabitEthernet
0/0/0
                    RIP     100  1           D   192.1.3.14      GigabitEthernet
0/0/1
     192.1.3.12/30  Direct  0    0           D   192.1.3.13      GigabitEthernet
0/0/1
     192.1.3.13/32  Direct  0    0           D   127.0.0.1       GigabitEthernet
0/0/1
     192.1.3.15/32  Direct  0    0           D   127.0.0.1       GigabitEthernet
0/0/1
     192.1.3.16/30  RIP     100  1           D   192.1.3.14      GigabitEthernet
0/0/1
255.255.255.255/32  Direct  0    0           D   127.0.0.1       InLoopBack0

<Huawei>
```

图 4.70　路由器 AR2 的路由表

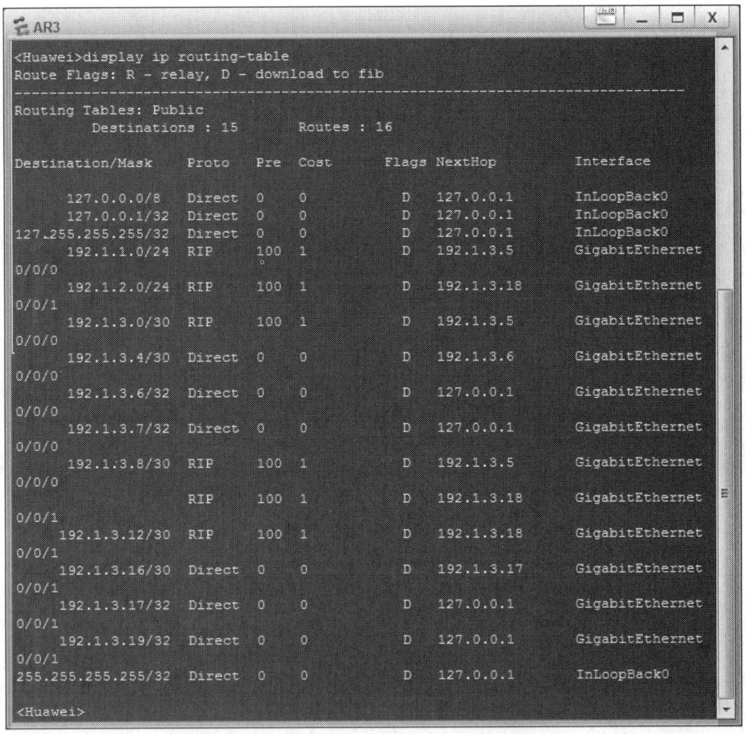

```
AR3
<Huawei>display ip routing-table
Route Flags: R - relay, D - download to fib
------------------------------------------------------------------------------
Routing Tables: Public
         Destinations : 15       Routes : 16

Destination/Mask    Proto   Pre  Cost      Flags NextHop         Interface

      127.0.0.0/8   Direct  0    0           D   127.0.0.1       InLoopBack0
      127.0.0.1/32  Direct  0    0           D   127.0.0.1       InLoopBack0
127.255.255.255/32  Direct  0    0           D   127.0.0.1       InLoopBack0
      192.1.1.0/24  RIP     100  1           D   192.1.3.5       GigabitEthernet
0/0/0
      192.1.2.0/24  RIP     100  1           D   192.1.3.18      GigabitEthernet
0/0/1
      192.1.3.0/30  RIP     100  1           D   192.1.3.5       GigabitEthernet
0/0/0
      192.1.3.4/30  Direct  0    0           D   192.1.3.6       GigabitEthernet
0/0/0
      192.1.3.6/32  Direct  0    0           D   127.0.0.1       GigabitEthernet
0/0/0
      192.1.3.7/32  Direct  0    0           D   127.0.0.1       GigabitEthernet
0/0/0
      192.1.3.8/30  RIP     100  1           D   192.1.3.5       GigabitEthernet
0/0/0
                    RIP     100  1           D   192.1.3.18      GigabitEthernet
0/0/1
     192.1.3.12/30  RIP     100  1           D   192.1.3.18      GigabitEthernet
0/0/1
     192.1.3.16/30  Direct  0    0           D   192.1.3.17      GigabitEthernet
0/0/1
     192.1.3.17/32  Direct  0    0           D   127.0.0.1       GigabitEthernet
0/0/1
     192.1.3.19/32  Direct  0    0           D   127.0.0.1       GigabitEthernet
0/0/1
255.255.255.255/32  Direct  0    0           D   127.0.0.1       InLoopBack0

<Huawei>
```

图 4.71　路由器 AR3 的路由表

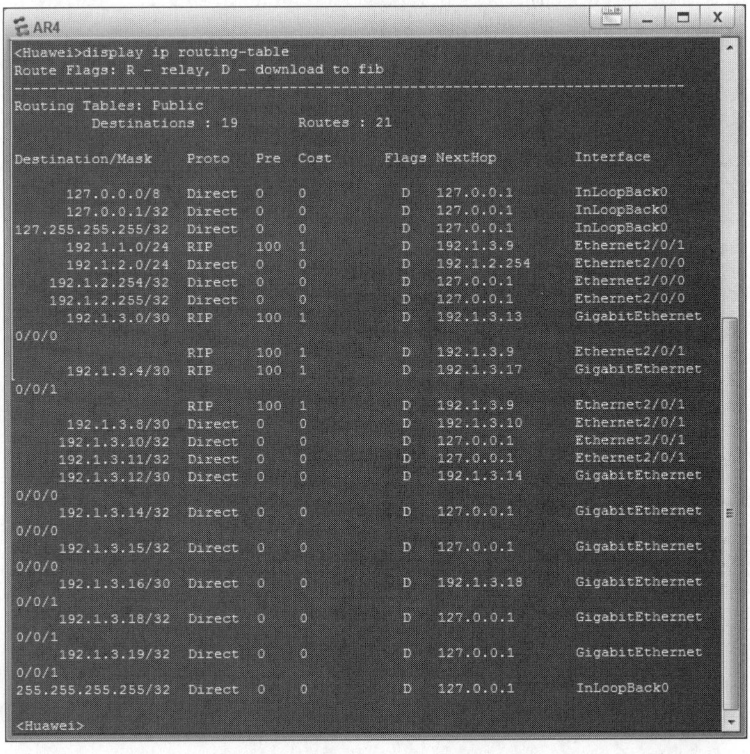

```
AR4
<Huawei>display ip routing-table
Route Flags: R - relay, D - download to fib
------------------------------------------------------------------------------
Routing Tables: Public
         Destinations : 19       Routes : 21

Destination/Mask    Proto   Pre  Cost      Flags NextHop         Interface

      127.0.0.0/8   Direct  0    0           D   127.0.0.1       InLoopBack0
      127.0.0.1/32  Direct  0    0           D   127.0.0.1       InLoopBack0
127.255.255.255/32  Direct  0    0           D   127.0.0.1       InLoopBack0
      192.1.1.0/24  RIP     100  1           D   192.1.3.9       Ethernet2/0/1
      192.1.2.0/24  Direct  0    0           D   192.1.2.254     Ethernet2/0/0
    192.1.2.254/32  Direct  0    0           D   127.0.0.1       Ethernet2/0/0
    192.1.2.255/32  Direct  0    0           D   127.0.0.1       Ethernet2/0/0
      192.1.3.0/30  RIP     100  1           D   192.1.3.13      GigabitEthernet
0/0/0
                    RIP     100  1           D   192.1.3.9       Ethernet2/0/1
      192.1.3.4/30  RIP     100  1           D   192.1.3.17      GigabitEthernet
0/0/1
                    RIP     100  1           D   192.1.3.9       Ethernet2/0/1
      192.1.3.8/30  Direct  0    0           D   192.1.3.10      Ethernet2/0/1
     192.1.3.10/32  Direct  0    0           D   127.0.0.1       Ethernet2/0/1
     192.1.3.11/32  Direct  0    0           D   127.0.0.1       Ethernet2/0/1
     192.1.3.12/30  Direct  0    0           D   192.1.3.14      GigabitEthernet
0/0/0
     192.1.3.14/32  Direct  0    0           D   127.0.0.1       GigabitEthernet
0/0/0
     192.1.3.15/32  Direct  0    0           D   127.0.0.1       GigabitEthernet
0/0/0
     192.1.3.16/30  Direct  0    0           D   192.1.3.18      GigabitEthernet
0/0/1
     192.1.3.18/32  Direct  0    0           D   127.0.0.1       GigabitEthernet
0/0/1
     192.1.3.19/32  Direct  0    0           D   127.0.0.1       GigabitEthernet
0/0/1
255.255.255.255/32  Direct  0    0           D   127.0.0.1       InLoopBack0

<Huawei>
```

图 4.72　路由器 AR4 的路由表

（5）完成PC1和PC2的IP地址、子网掩码和默认网关地址配置过程。验证PC1与PC2之间的连通性，如图4.73所示。

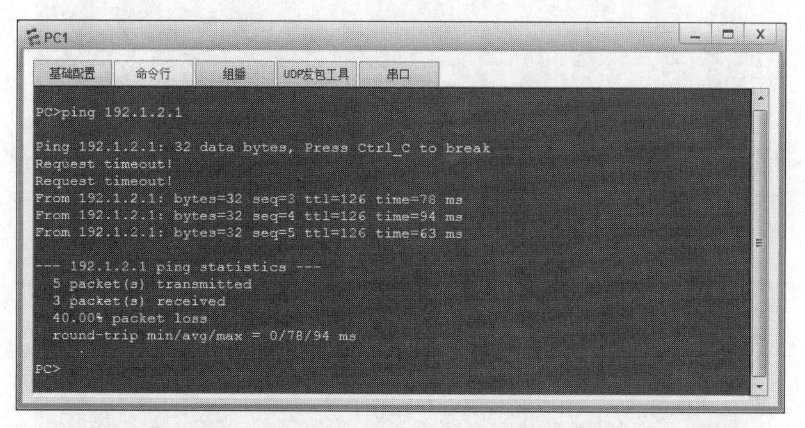

图4.73 PC1与PC2之间的通信过程

（6）删除AR1与AR4之间的物理链路，此时的网络拓扑结构如图4.74所示。路由器AR1重新生成的路由表如图4.75所示。路由器AR1通往网络192.1.2.0/24的传输路径改为AR1→AR2→AR4→192.1.2.0/24和AR1→AR3→AR4→192.1.2.0/24，除了AR1自身，这两条传输路径分别经过两跳路由器（AR2、AR4和AR3、AR4），因此，路由器AR1中目的网络为192.1.2.0/24的两项路由项的代价均为2，下一跳分别是路由器AR2连接路由器AR1的接口的IP地址192.1.3.2和路由器AR3连接路由器AR1的接口的IP地址192.1.3.6。

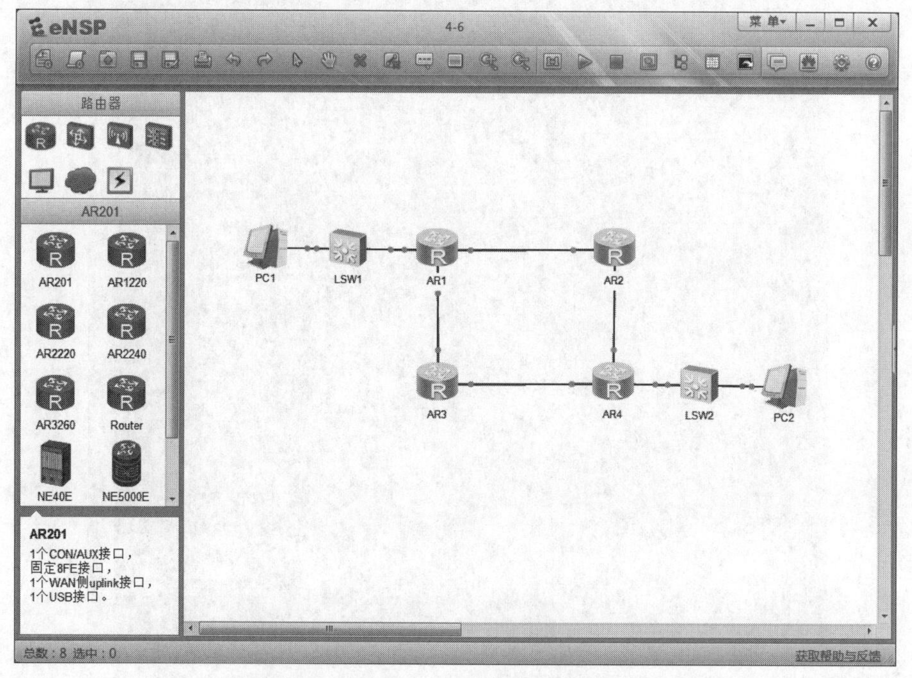

图4.74 删除AR1与AR4之间物理链路后的网络拓扑结构

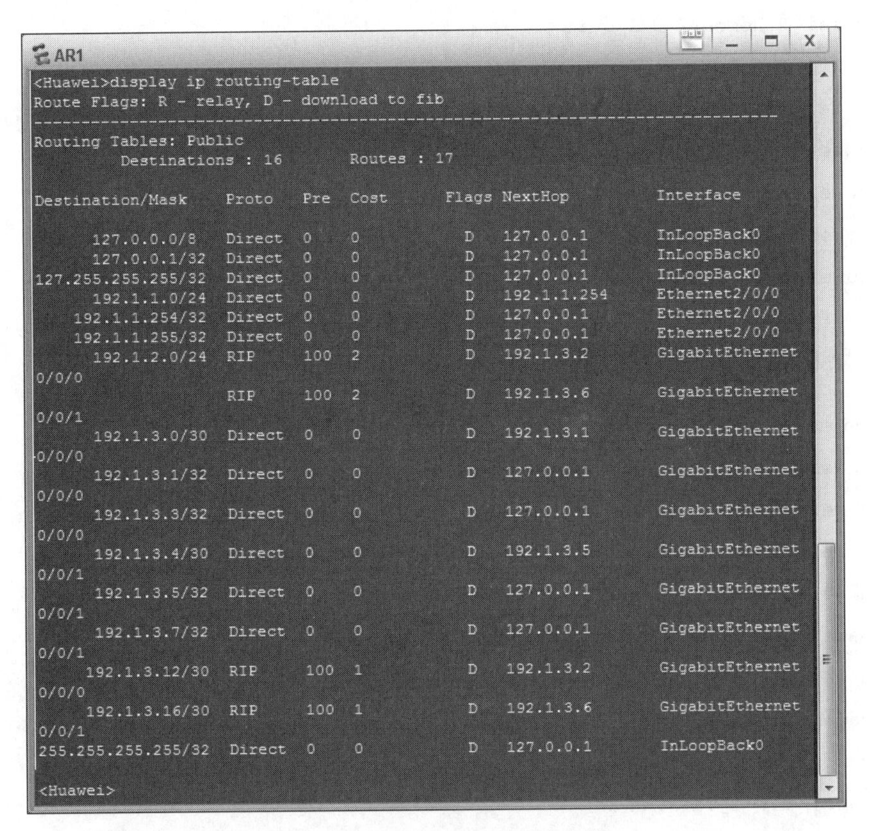

```
<Huawei>display ip routing-table
Route Flags: R - relay, D - download to fib
------------------------------------------------------------------------------
Routing Tables: Public
         Destinations : 16       Routes : 17

Destination/Mask    Proto   Pre  Cost      Flags NextHop         Interface

      127.0.0.0/8   Direct  0    0           D   127.0.0.1       InLoopBack0
      127.0.0.1/32  Direct  0    0           D   127.0.0.1       InLoopBack0
127.255.255.255/32  Direct  0    0           D   127.0.0.1       InLoopBack0
      192.1.1.0/24  Direct  0    0           D   192.1.1.254     Ethernet2/0/0
    192.1.1.254/32  Direct  0    0           D   127.0.0.1       Ethernet2/0/0
    192.1.1.255/32  Direct  0    0           D   127.0.0.1       Ethernet2/0/0
      192.1.2.0/24  RIP     100  2           D   192.1.3.2       GigabitEthernet
0/0/0
                    RIP     100  2           D   192.1.3.6       GigabitEthernet
0/0/1
      192.1.3.0/30  Direct  0    0           D   192.1.3.1       GigabitEthernet
0/0/0
      192.1.3.1/32  Direct  0    0           D   127.0.0.1       GigabitEthernet
0/0/0
      192.1.3.3/32  Direct  0    0           D   127.0.0.1       GigabitEthernet
0/0/0
      192.1.3.4/30  Direct  0    0           D   192.1.3.5       GigabitEthernet
0/0/1
      192.1.3.5/32  Direct  0    0           D   127.0.0.1       GigabitEthernet
0/0/1
      192.1.3.7/32  Direct  0    0           D   127.0.0.1       GigabitEthernet
0/0/1
     192.1.3.12/30  RIP     100  1           D   192.1.3.2       GigabitEthernet
0/0/0
     192.1.3.16/30  RIP     100  1           D   192.1.3.6       GigabitEthernet
0/0/1
255.255.255.255/32  Direct  0    0           D   127.0.0.1       InLoopBack0

<Huawei>
```

图 4.75　AR1 重新生成的路由表

(7) 再次验证 PC1 和 PC2 之间的连通性。

4.6.6　命令行接口配置过程

1. 路由器 AR1 配置过程

```
<Huawei>system-view
[Huawei]undo info-center enable
[Huawei]interface Ethernet2/0/0
[Huawei-Ethernet2/0/0]ip address 192.1.1.254 24
[Huawei-Ethernet2/0/0]quit
[Huawei]interface GigabitEthernet0/0/0
[Huawei-GigabitEthernet0/0/0]ip address 192.1.3.1 30
[Huawei-GigabitEthernet0/0/0]quit
[Huawei]interface GigabitEthernet0/0/1
[Huawei-GigabitEthernet0/0/1]ip address 192.1.3.5 30
[Huawei-GigabitEthernet0/0/1]quit
[Huawei]interface Ethernet2/0/1
[Huawei-Ethernet2/0/1]ip address 192.1.3.9 30
```

```
[Huawei-Ethernet2/0/1]quit
[Huawei]rip
[Huawei-rip-1]version 2
[Huawei-rip-1]undo summary
[Huawei-rip-1]network 192.1.1.0
[Huawei-rip-1]network 192.1.3.0
[Huawei-rip-1]quit
```

2. 路由器 AR2 配置过程

```
<Huawei>system-view
[Huawei]undo info-center enable
[Huawei]interface GigabitEthernet0/0/0
[Huawei-GigabitEthernet0/0/0]ip address 192.1.3.2 30
[Huawei-GigabitEthernet0/0/0]quit
[Huawei]interface GigabitEthernet0/0/1
[Huawei-GigabitEthernet0/0/1]ip address 192.1.3.13 30
[Huawei-GigabitEthernet0/0/1]quit
[Huawei]rip
[Huawei-rip-1]version 2
[Huawei-rip-1]undo summary
[Huawei-rip-1]network 192.1.3.0
[Huawei-rip-1]quit
```

路由器 AR3 的配置过程与 AR2 相似，路由器 AR4 的配置过程与 AR1 相似，这里不再赘述。

3. 命令列表

路由器配置过程中使用的命令及功能和参数说明如表 4.5 所示。

表 4.5 路由器配置过程中使用的命令及功能和参数说明

命令格式	功能和参数说明
rip [*process-id*]	启动 RIP 进程，并进入 RIP 视图，在 RIP 视图下完成 RIP 相关参数的配置过程。参数 *process-id* 是 RIP 进程编号，默认值是 1
version {**1** | **2**}	选择 RIP 版本号，可以选择 RIPv1 或 RIPv2
summary	启动路由项聚合功能，将多项以子网地址为目的网络地址的路由项聚合为一项以分类网络地址为目的网络地址的路由项
network *network-address*	指定参与 RIP 创建动态路由项过程的路由器接口和直接连接的网络。参数 *network-address* 用于指定分类网络地址

4.7 多端口路由器互联 VLAN 实验

4.7.1 实验内容

构建如图 4.76 所示的互联以太网结构，在交换机中创建 3 个 VLAN，分别是 VLAN 2、VLAN 3 和 VLAN 4，将交换机的端口 1、2 和 3 分配给 VLAN 2，将交换机的端口 4、5 和 6 分配给 VLAN 3，将交换机的端口 7、8 和 9 分配给 VLAN 4，路由器 R 的 3 个接口分别连接交换机的端口 3、6 和 9。实现连接在属于不同 VLAN 的交换机端口上的终端之间的通信过程。

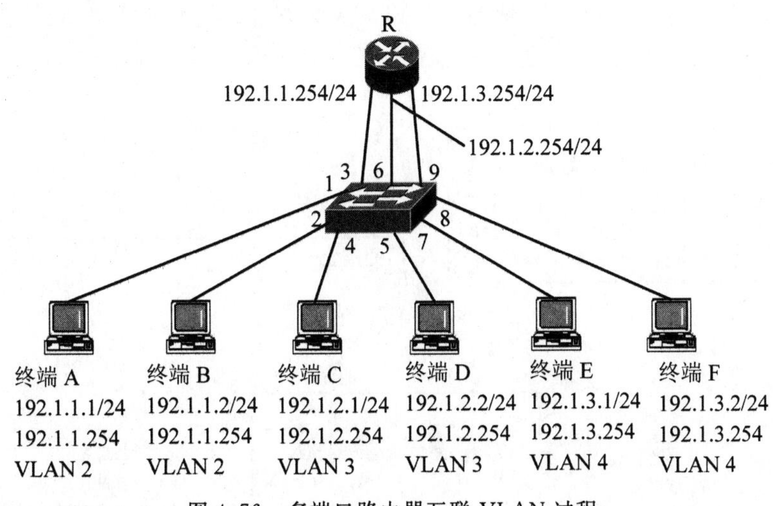

图 4.76　多端口路由器互联 VLAN 过程

4.7.2 实验目的

(1) 掌握交换机 VLAN 配置过程。

(2) 掌握路由器接口配置过程。

(3) 验证 VLAN 间 IP 分组传输过程。

(4) 验证多端口路由器实现多个 VLAN 互联的过程。

4.7.3 实验原理

在交换机中创建 3 个 VLAN，分别是 VLAN 2、VLAN 3 和 VLAN 4，并根据表 4.6 所示的 VLAN 与交换机端口之间的映射，将交换机端口分配给各个 VLAN。

表 4.6 VLAN 与交换机端口的映射

VLAN	接入端口
VLAN 2	1,2,3
VLAN 3	4,5,6
VLAN 4	7,8,9

如图 4.77 所示，路由器 3 个接口分别连接属于 3 个不同 VLAN 的交换机端口，如交换机端口 3、6 和 9，且这 3 个交换机端口必须作为接入端口分别分配给 3 个不同的 VLAN。为路由器接口分配 IP 地址和子网掩码，每一个路由器接口分配的 IP 地址和子网掩码决定了该接口连接的 VLAN 的网络地址，连接在该 VLAN 上的终端以该接口的 IP 地址作为默认网关地址。如图 4.77 所示，路由器接口 1 连接 VLAN 2，连接在 VLAN 2 上的终端以路由器接口 1 的 IP 地址作为默认网关地址。完成路由器 3 个接口的 IP 地址和子网掩码配置过程后，路由器自动生成如图 4.77 所示的直连路由项。

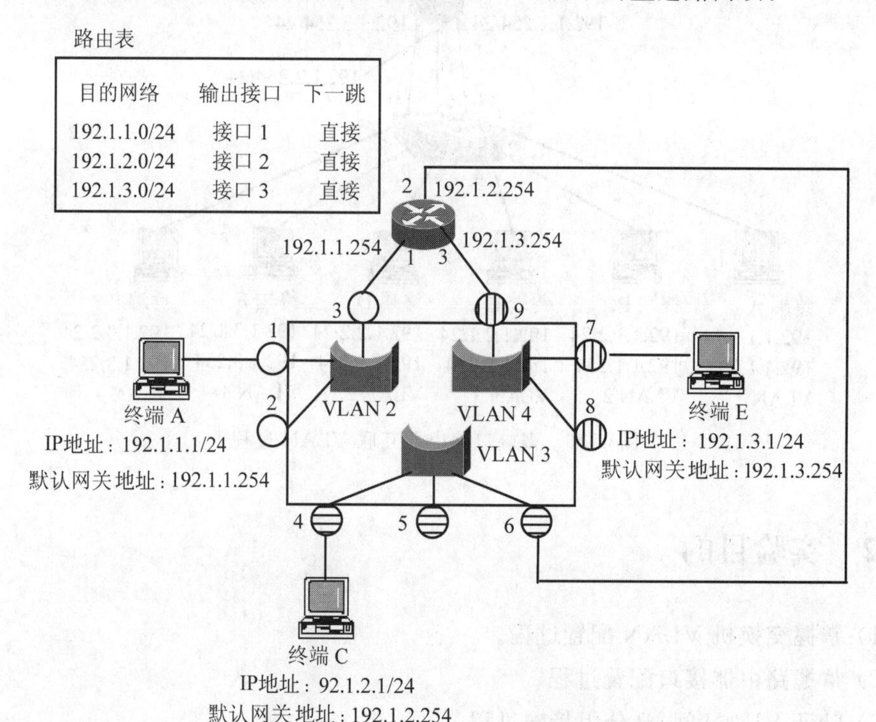

图 4.77 多端口路由器实现 VLAN 互联的原理

4.7.4 实验步骤

(1) 启动 eNSP，按照图 4.76 所示的网络拓扑结构放置和连接设备。完成设备放置和连接后的 eNSP 界面如图 4.78 所示。启动所有设备。需要说明的是，路由器 AR1 事先需要安装相应模块。

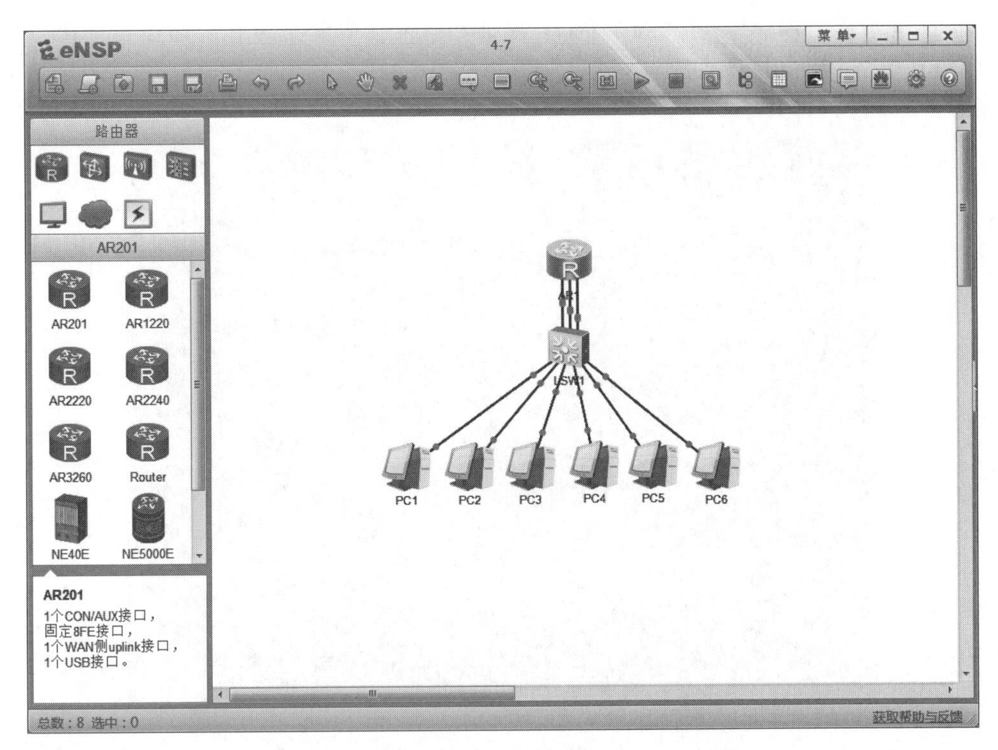

图 4.78 完成设备放置和连接后的 eNSP 界面

(2) 在交换机 LSW1 中创建 3 个 VLAN，并为每一个 VLAN 分配端口。各个 VLAN 的成员组成如图 4.79 所示。

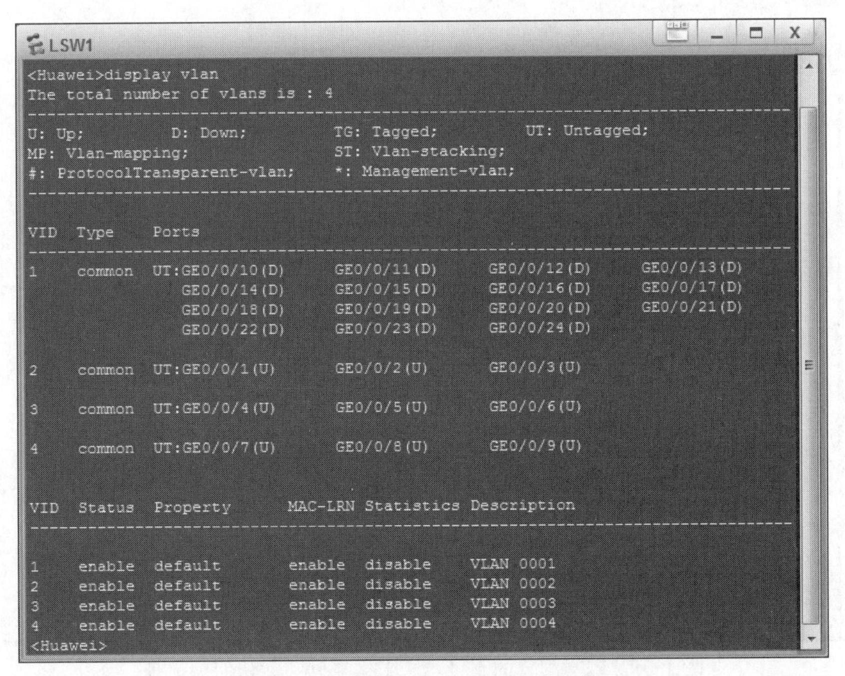


```
<Huawei>display vlan
The total number of vlans is : 4
--------------------------------------------------------------------------------
U: Up;         D: Down;         TG: Tagged;         UT: Untagged;
MP: Vlan-mapping;               ST: Vlan-stacking;
#: ProtocolTransparent-vlan;    *: Management-vlan;
--------------------------------------------------------------------------------

VID  Type    Ports
--------------------------------------------------------------------------------
1    common  UT:GE0/0/10(D)     GE0/0/11(D)     GE0/0/12(D)     GE0/0/13(D)
                GE0/0/14(D)     GE0/0/15(D)     GE0/0/16(D)     GE0/0/17(D)
                GE0/0/18(D)     GE0/0/19(D)     GE0/0/20(D)     GE0/0/21(D)
                GE0/0/22(D)     GE0/0/23(D)     GE0/0/24(D)

2    common  UT:GE0/0/1(U)      GE0/0/2(U)      GE0/0/3(U)

3    common  UT:GE0/0/4(U)      GE0/0/5(U)      GE0/0/6(U)

4    common  UT:GE0/0/7(U)      GE0/0/8(U)      GE0/0/9(U)


VID  Status  Property      MAC-LRN Statistics Description
--------------------------------------------------------------------------------

1    enable  default       enable  disable    VLAN 0001
2    enable  default       enable  disable    VLAN 0002
3    enable  default       enable  disable    VLAN 0003
4    enable  default       enable  disable    VLAN 0004
<Huawei>
```

图 4.79 各个 VLAN 的成员组成

(3) 完成路由器 AR1 各个接口的 IP 地址和子网掩码配置过程。路由器 AR1 自动生成的直连路由项如图 4.80 所示。

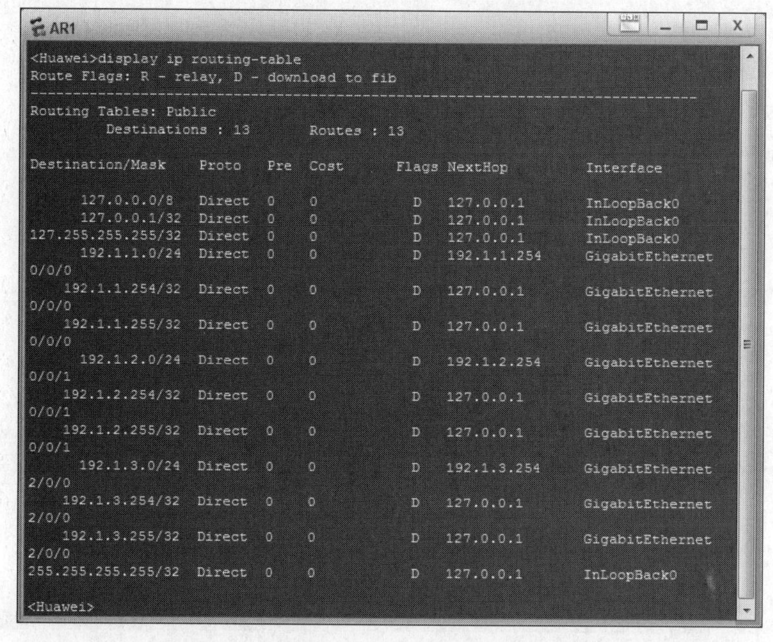

```
AR1
<Huawei>display ip routing-table
Route Flags: R - relay, D - download to fib
------------------------------------------------------------------------------
Routing Tables: Public
         Destinations : 13       Routes : 13

Destination/Mask    Proto   Pre  Cost      Flags NextHop         Interface

      127.0.0.0/8   Direct  0    0           D   127.0.0.1       InLoopBack0
      127.0.0.1/32  Direct  0    0           D   127.0.0.1       InLoopBack0
127.255.255.255/32  Direct  0    0           D   127.0.0.1       InLoopBack0
      192.1.1.0/24  Direct  0    0           D   192.1.1.254     GigabitEthernet
0/0/0
    192.1.1.254/32  Direct  0    0           D   127.0.0.1       GigabitEthernet
0/0/0
    192.1.1.255/32  Direct  0    0           D   127.0.0.1       GigabitEthernet
0/0/0
      192.1.2.0/24  Direct  0    0           D   192.1.2.254     GigabitEthernet
0/0/1
    192.1.2.254/32  Direct  0    0           D   127.0.0.1       GigabitEthernet
0/0/1
    192.1.2.255/32  Direct  0    0           D   127.0.0.1       GigabitEthernet
0/0/1
      192.1.3.0/24  Direct  0    0           D   192.1.3.254     GigabitEthernet
2/0/0
    192.1.3.254/32  Direct  0    0           D   127.0.0.1       GigabitEthernet
2/0/0
    192.1.3.255/32  Direct  0    0           D   127.0.0.1       GigabitEthernet
2/0/0
255.255.255.255/32  Direct  0    0           D   127.0.0.1       InLoopBack0

<Huawei>
```

图 4.80　路由器 AR1 自动生成的直连路由项

(4) 完成各个终端的 IP 地址、子网掩码和默认网关地址配置过程。路由器接口的 IP 地址成为连接在该路由器接口所连接的 VLAN 上的终端的默认网关地址。图 4.81 是 PC1 配置的 IP 地址、子网掩码和默认网关地址。

PC1

基础配置　命令行　组播　UDP发包工具　串口

主机名:

MAC 地址: 54-89-98-15-5F-8F

IPv4 配置

静态　DHCP　自动获取 DNS 服务器地址

IP 地址: 192 . 1 . 1 . 1　DNS1: 0 . 0 . 0 . 0

子网掩码: 255 . 255 . 255 . 0　DNS2: 0 . 0 . 0 . 0

网关: 192 . 1 . 1 . 254

IPv6 配置

静态　DHCPv6

IPv6 地址: ::

前缀长度: 128

IPv6 网关: ::

应用

图 4.81　PC1 配置的 IP 地址、子网掩码和默认网关地址

(5) 完成上述配置过程后，可以实现连接在不同 VLAN 上的终端之间的通信过程。图 4.82 是连接在 VLAN 2 上的 PC1 与连接在 VLAN 3 上的 PC3 和连接在 VLAN 4 上的 PC5 之间相互通信的过程。图 4.83 是连接在 VLAN 3 上的 PC3 与连接在 VLAN 4 上的 PC6 之间相互通信的过程。

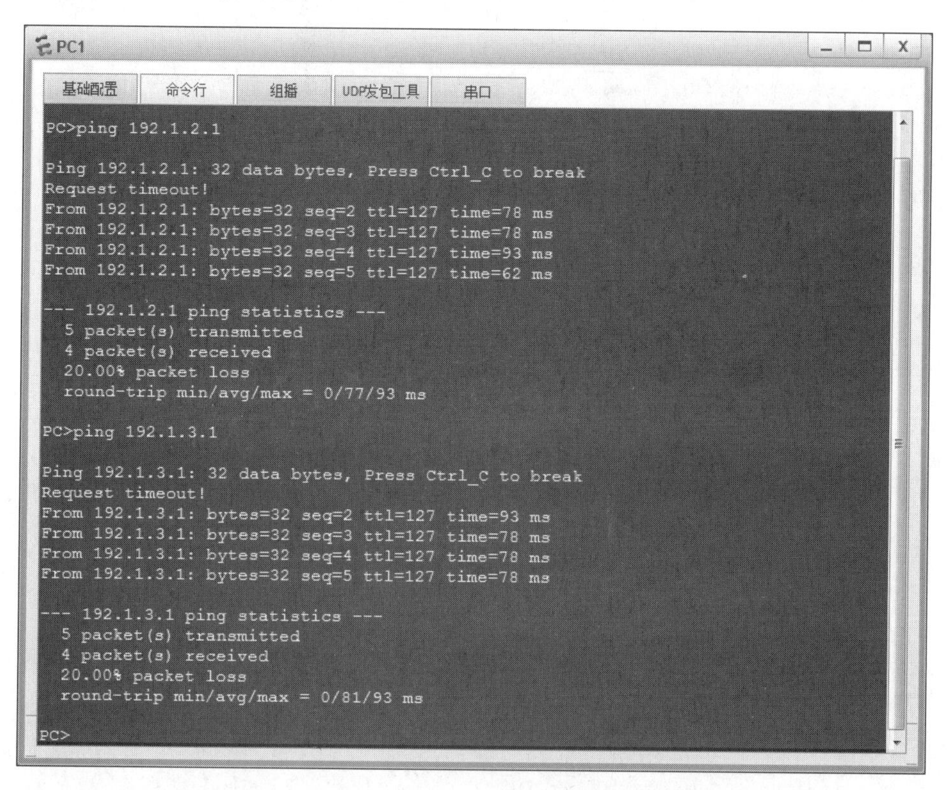

图 4.82 PC1 与 PC3 和 PC5 相互通信的过程

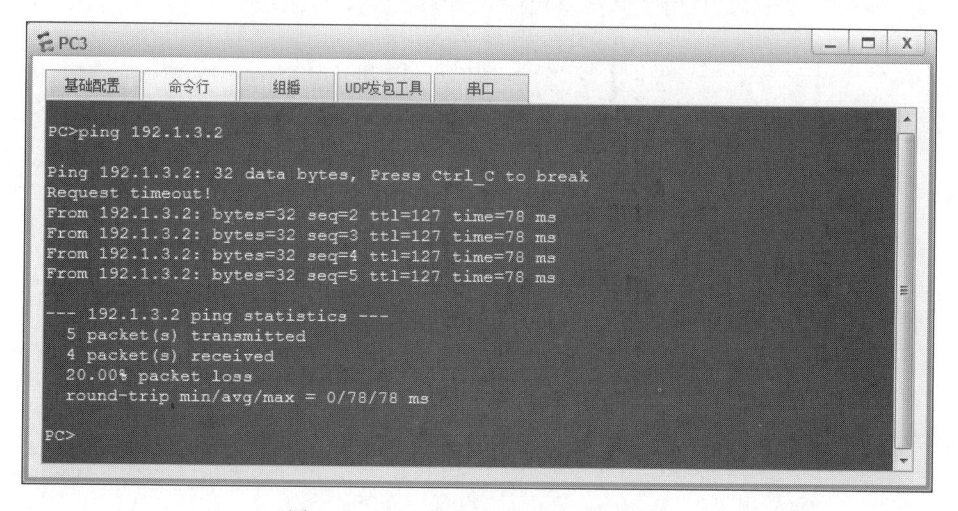

图 4.83 PC3 与 PC6 相互通信的过程

4.7.5 命令行接口配置过程

1. 交换机 LSW1 配置过程

```
<Huawei>system-view
[Huawei]undo info-center enable
[Huawei]vlan batch 2 3 4
[Huawei]interface GigabitEthernet0/0/1
[Huawei-GigabitEthernet0/0/1]port link-type access
[Huawei-GigabitEthernet0/0/1]port default vlan 2
[Huawei-GigabitEthernet0/0/1]quit
[Huawei]interface GigabitEthernet0/0/2
[Huawei-GigabitEthernet0/0/2]port link-type access
[Huawei-GigabitEthernet0/0/2]port default vlan 2
[Huawei-GigabitEthernet0/0/2]quit
[Huawei]interface GigabitEthernet0/0/3
[Huawei-GigabitEthernet0/0/3]port link-type access
[Huawei-GigabitEthernet0/0/3]port default vlan 2
[Huawei-GigabitEthernet0/0/3]quit
[Huawei]interface GigabitEthernet0/0/4
[Huawei-GigabitEthernet0/0/4]port link-type access
[Huawei-GigabitEthernet0/0/4]port default vlan 3
[Huawei-GigabitEthernet0/0/4]quit
[Huawei]interface GigabitEthernet0/0/5
[Huawei-GigabitEthernet0/0/5]port link-type access
[Huawei-GigabitEthernet0/0/5]port default vlan 3
[Huawei-GigabitEthernet0/0/5]quit
[Huawei]interface GigabitEthernet0/0/6
[Huawei-GigabitEthernet0/0/6]port link-type access
[Huawei-GigabitEthernet0/0/6]port default vlan 3
[Huawei-GigabitEthernet0/0/6]quit
[Huawei]interface GigabitEthernet0/0/7
[Huawei-GigabitEthernet0/0/7]port link-type access
[Huawei-GigabitEthernet0/0/7]port default vlan 4
[Huawei-GigabitEthernet0/0/7]quit
[Huawei]interface GigabitEthernet0/0/8
[Huawei-GigabitEthernet0/0/8]port link-type access
[Huawei-GigabitEthernet0/0/8]port default vlan 4
[Huawei-GigabitEthernet0/0/8]quit
[Huawei]interface GigabitEthernet0/0/9
[Huawei-GigabitEthernet0/0/9]port link-type access
[Huawei-GigabitEthernet0/0/9]port default vlan 4
[Huawei-GigabitEthernet0/0/9]quit
```

2. 路由器 AR1 配置过程

```
<Huawei>system-view
[Huawei]undo info-center enable
[Huawei]interface GigabitEthernet0/0/0
[Huawei-GigabitEthernet0/0/0]ip address 192.1.1.254 24
[Huawei-GigabitEthernet0/0/0]quit
[Huawei]interface GigabitEthernet0/0/1
[Huawei-GigabitEthernet0/0/1]ip address 192.1.2.254 24
[Huawei-GigabitEthernet0/0/1]quit
[Huawei]interface GigabitEthernet2/0/0
[Huawei-GigabitEthernet2/0/0]ip address 192.1.3.254 24
[Huawei-GigabitEthernet2/0/0]quit
```

4.8 单臂路由器互联 VLAN 实验

4.8.1 实验内容

在本实验中构建如图 4.84 所示的网络结构，将以太网划分为 3 个 VLAN，分别是 VLAN 2、VLAN 3 和 VLAN 4，并使得终端 A、B 和 G 属于 VLAN 2，终端 E、F 和 H 属于 VLAN 3，终端 C 和 D 属于 VLAN 4。路由器 R 用单个物理接口连接以太网，通过用单个物理接口连接以太网的路由器 R 实现属于不同 VLAN 的终端之间的通信过程。

4.8.2 实验目的

(1) 验证用单个路由器物理接口实现 VLAN 互联的机制。
(2) 验证单臂路由器的配置过程。
(3) 验证 VLAN 划分过程。
(4) 验证 VLAN 间 IP 分组传输过程。

4.8.3 实验原理

如图 4.84 所示，路由器 R 物理接口 1 连接交换机 S2 端口 5。对于交换机 S2 端口 5 有两个要求：一是必须被所有 VLAN 共享，二是必须存在至所有终端的交换路径。因此，交换机 S1、S2 和 S3 中创建的 VLAN 及 VLAN 与端口之间的映射分别如表 4.7 至表 4.9 所示。对于路由器 R 物理接口 1 有两个要求：一是必须划分为多个逻辑接口，每一个逻辑接口连接一个 VLAN；二是路由器 R 物理接口 1 与交换机 S2 端口 5 之间传输的 MAC 帧必须携带 VLAN ID，路由器和交换机通过 VLAN ID 确定该 MAC 帧对应的

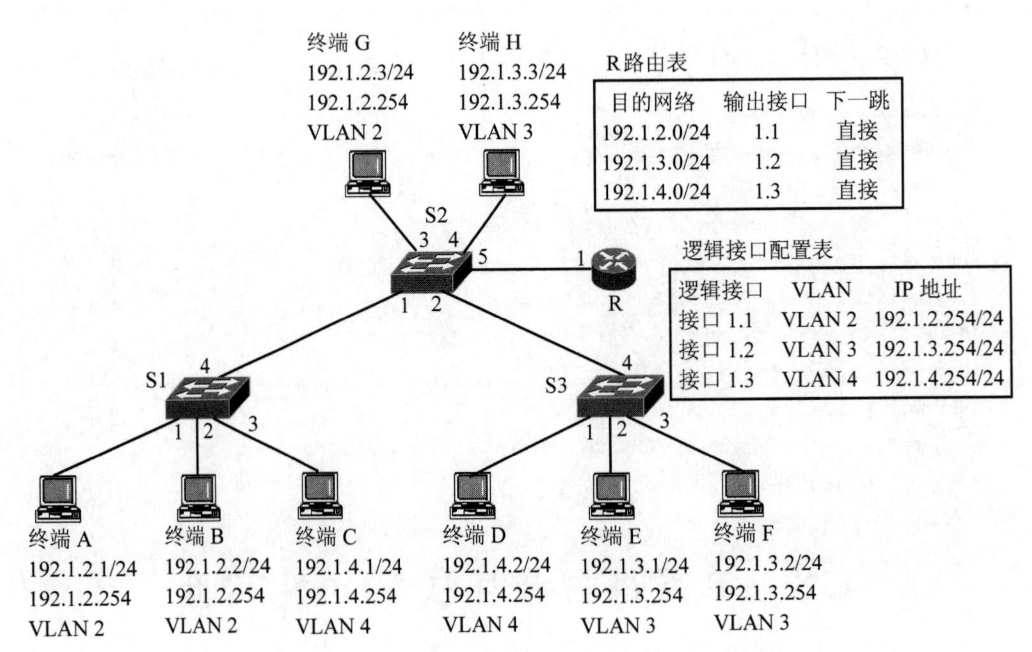

图 4.84　单臂路由器互联 VLAN 实验的网络结构

逻辑接口和该 MAC 帧所属的 VLAN。

表 4.7　交换机 S1 VLAN 与端口的映射

VLAN	接入端口	共享端口
VLAN 2	1,2	4
VLAN 4	3	4

表 4.8　交换机 S2 VLAN 与端口的映射

VLAN	接入端口	共享端口
VLAN 2	3	1,5
VLAN 3	4	2,5
VLAN 4		1,2,5

表 4.9　交换机 S3 VLAN 与端口的映射

VLAN	接入端口	共享端口
VLAN 3	2,3	4
VLAN 4	1	4

每一个逻辑接口都需要分配 IP 地址和子网掩码，为某个逻辑接口分配的 IP 地址和子网掩码确定了该逻辑接口连接的 VLAN 的网络地址，该逻辑接口的 IP 地址成为连接在该 VLAN 上的终端的默认网关地址。为所有逻辑接口分配 IP 地址和子网掩码后，路

由器 R 自动生成如图 4.84 所示的路由表。

4.8.4 关键命令说明

以下命令序列用于完成路由器子接口配置过程。

```
[Huawei]interface GigabitEthernet0/0/0.1
[Huawei-GigabitEthernet0/0/0.1]dot1q termination vid 2
[Huawei-GigabitEthernet0/0/0.1]arp broadcast enable
[Huawei-GigabitEthernet0/0/0.1]ip address 192.1.2.254 24
[Huawei-GigabitEthernet0/0/0.1]quit
```

interface GigabitEthernet0/0/0.1 是系统视图下使用的命令，该命令的作用是进入子接口视图，其中 GigabitEthernet0/0/0 是接口编号，.1 是子接口编号。

dot1q termination vid 2 是子接口视图下使用的命令，该命令的作用是建立当前子接口（这里是子接口 GigabitEthernet0/0/0.1）与 VLAN ID＝2 之间的绑定。接收到携带 VLAN ID＝2 的 MAC 帧后，将该 MAC 帧传输给与其绑定的子接口；从与其绑定的子接口输出的 MAC 帧携带 VLAN ID＝2。

arp broadcast enable 是子接口视图下使用的命令，该命令的作用是在当前子接口（这里是子接口 GigabitEthernet0/0/0.1）上启动 ARP 广播功能。如果子接口连接 VLAN，子接口需要通过广播 ARP 报文获取下一跳的 MAC 地址，因此，连接 VLAN 的子接口必须启动 ARP 广播功能。

ip address 192.1.2.254 24 是子接口视图下使用的命令，该命令的作用是为当前子接口（这里是子接口 GigabitEthernet0/0/0.1）配置 IP 地址和子网掩码。由于不同子接口连接不同的 VLAN，因此，不同子接口需要配置网络地址不同的 IP 地址。

4.8.5 实验步骤

（1）启动 eNSP，按照图 4.84 所示的网络拓扑结构放置和连接设备。完成设备放置和连接后的 eNSP 界面如图 4.85 所示。启动所有设备。

（2）分别按照表 4.7 至表 4.9 所示，在 3 个交换机中创建 VLAN，并为 VLAN 分配端口。交换机 LSW1、LSW2 和 LSW3 中各个 VLAN 的成员组成分别如图 4.86 至图 4.88 所示。

（3）完成路由器 AR1 的 3 个子接口的配置过程，3 个子接口分别绑定 VLAN 2、VLAN 3 和 VLAN 4。分别为 3 个子接口配置 IP 地址和子网掩码，如图 4.89 所示。

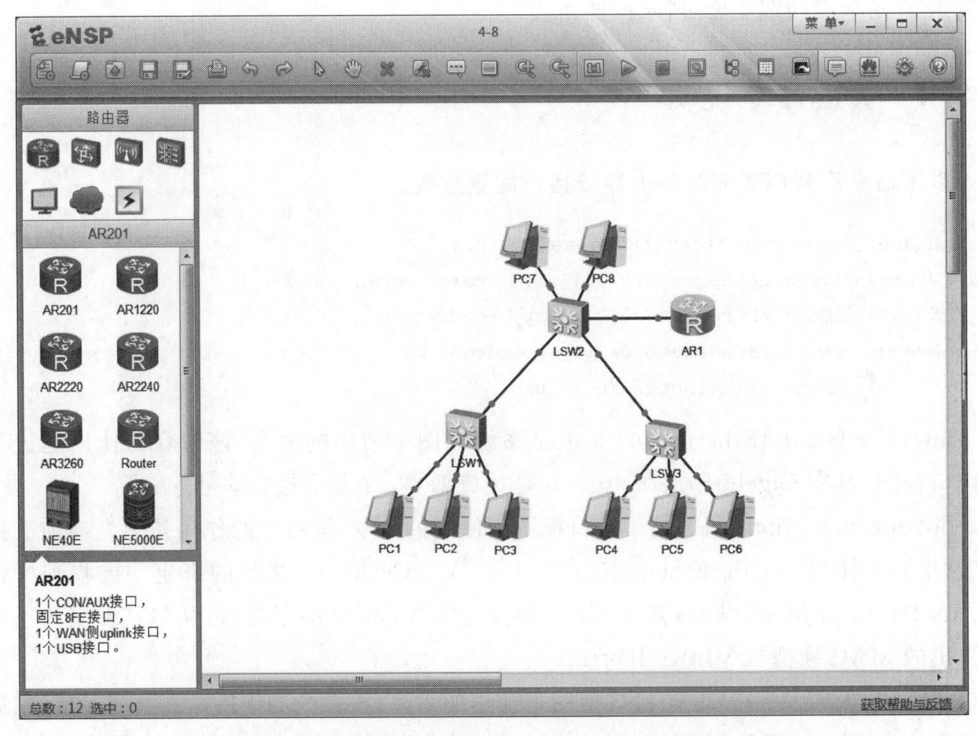

图 4.85　完成设备放置和连接后的 eNSP 界面

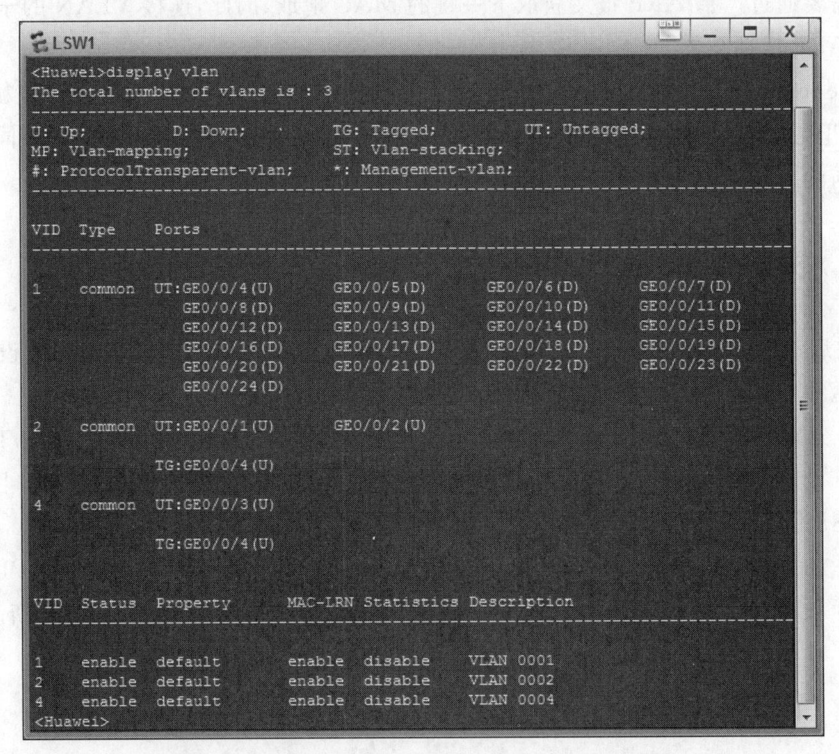

图 4.86　交换机 LSW1 中各个 VLAN 的成员组成

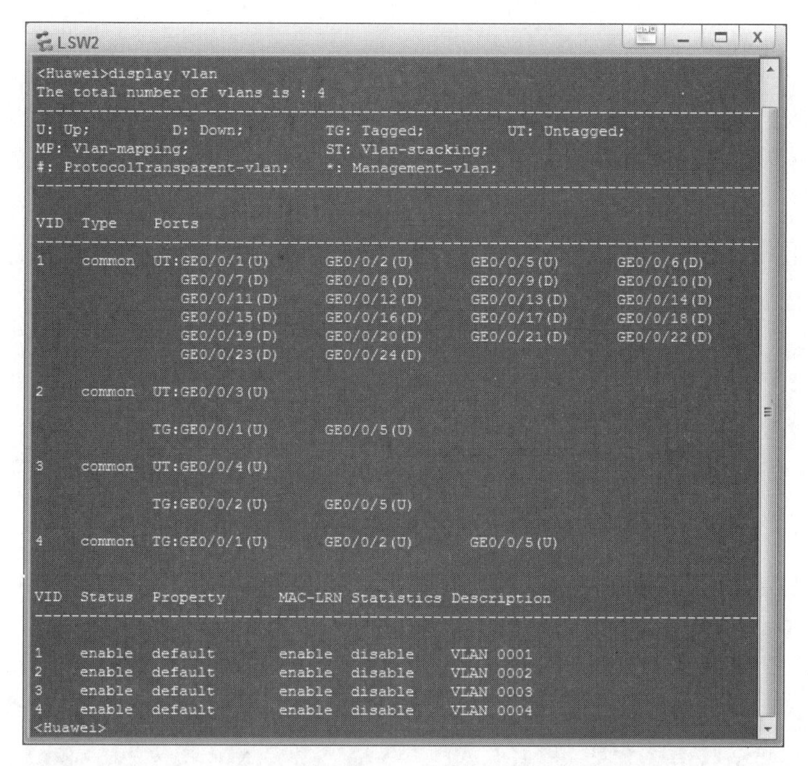

图 4.87　交换机 LSW2 中各个 VLAN 的成员组成

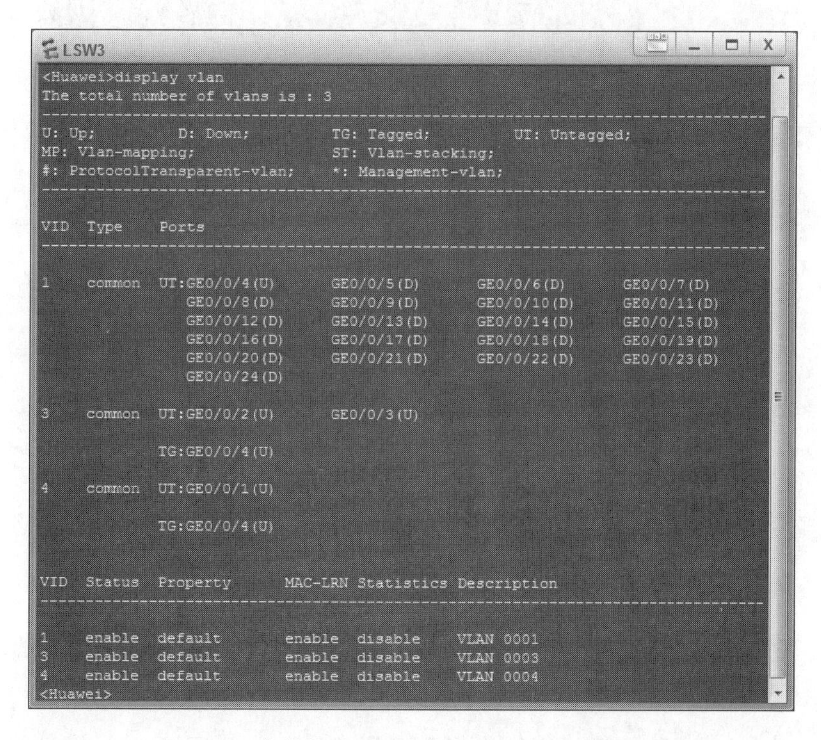

图 4.88　交换机 LSW3 中各个 VLAN 的成员组成

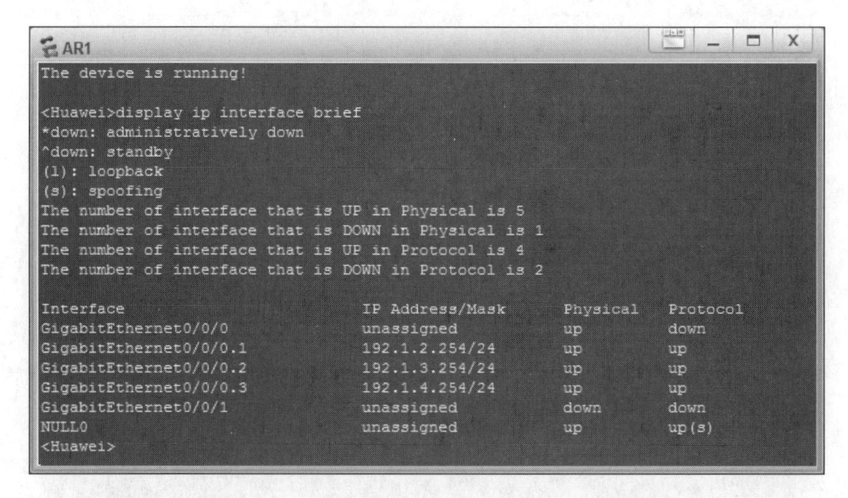

```
The device is running!

<Huawei>display ip interface brief
*down: administratively down
^down: standby
(l): loopback
(s): spoofing
The number of interface that is UP in Physical is 5
The number of interface that is DOWN in Physical is 1
The number of interface that is UP in Protocol is 4
The number of interface that is DOWN in Protocol is 2

Interface                         IP Address/Mask      Physical   Protocol
GigabitEthernet0/0/0              unassigned           up         down
GigabitEthernet0/0/0.1            192.1.2.254/24       up         up
GigabitEthernet0/0/0.2            192.1.3.254/24       up         up
GigabitEthernet0/0/0.3            192.1.4.254/24       up         up
GigabitEthernet0/0/1              unassigned           down       down
NULL0                             unassigned           up         up(s)
<Huawei>
```

图 4.89　3 个子接口配置的 IP 地址和子网掩码

(4) 完成路由器 AR1 的 3 个子接口的 IP 地址和子网掩码配置过程后，路由器 AR1 自动生成如图 4.90 所示的直连路由项。

```
<Huawei>display ip routing-table
Route Flags: R - relay, D - download to fib
------------------------------------------------------------------------------
Routing Tables: Public
         Destinations : 13       Routes : 13

Destination/Mask    Proto   Pre  Cost      Flags NextHop         Interface

      127.0.0.0/8   Direct  0    0           D   127.0.0.1       InLoopBack0
      127.0.0.1/32  Direct  0    0           D   127.0.0.1       InLoopBack0
127.255.255.255/32  Direct  0    0           D   127.0.0.1       InLoopBack0
      192.1.2.0/24  Direct  0    0           D   192.1.2.254     GigabitEthernet
0/0/0.1
    192.1.2.254/32  Direct  0    0           D   127.0.0.1       GigabitEthernet
0/0/0.1
    192.1.2.255/32  Direct  0    0           D   127.0.0.1       GigabitEthernet
0/0/0.1
      192.1.3.0/24  Direct  0    0           D   192.1.3.254     GigabitEthernet
0/0/0.2
    192.1.3.254/32  Direct  0    0           D   127.0.0.1       GigabitEthernet
0/0/0.2
    192.1.3.255/32  Direct  0    0           D   127.0.0.1       GigabitEthernet
0/0/0.2
      192.1.4.0/24  Direct  0    0           D   192.1.4.254     GigabitEthernet
0/0/0.3
    192.1.4.254/32  Direct  0    0           D   127.0.0.1       GigabitEthernet
0/0/0.3
    192.1.4.255/32  Direct  0    0           D   127.0.0.1       GigabitEthernet
0/0/0.3
255.255.255.255/32  Direct  0    0           D   127.0.0.1       InLoopBack0

<Huawei>
```

图 4.90　路由器 AR1 自动生成的直连路由项

(5) 子接口配置的 IP 地址成为连接在与该子接口绑定的 VLAN 上的终端的默认网关地址。图 4.91 是连接在 VLAN 2 上的终端 PC1 配置的 IP 地址、子网掩码和默认网关地址，与 VLAN 2 绑定的子接口是 GigabitEthernet0/0/0.1，为子接口 GigabitEthernet0/0/0.1 配置的 IP 地址是 192.1.2.254。

图 4.91　PC1 配置的 IP 地址、子网掩码和默认网关地址

(6) 完成上述配置过程后，可以启动连接在不同 VLAN 上的终端之间的通信过程。图 4.92 是连接在 VLAN 2 上的 PC1 与连接在 VLAN 3 上的 PC8 和连接在 VLAN 4 上的 PC4 之间的通信过程。

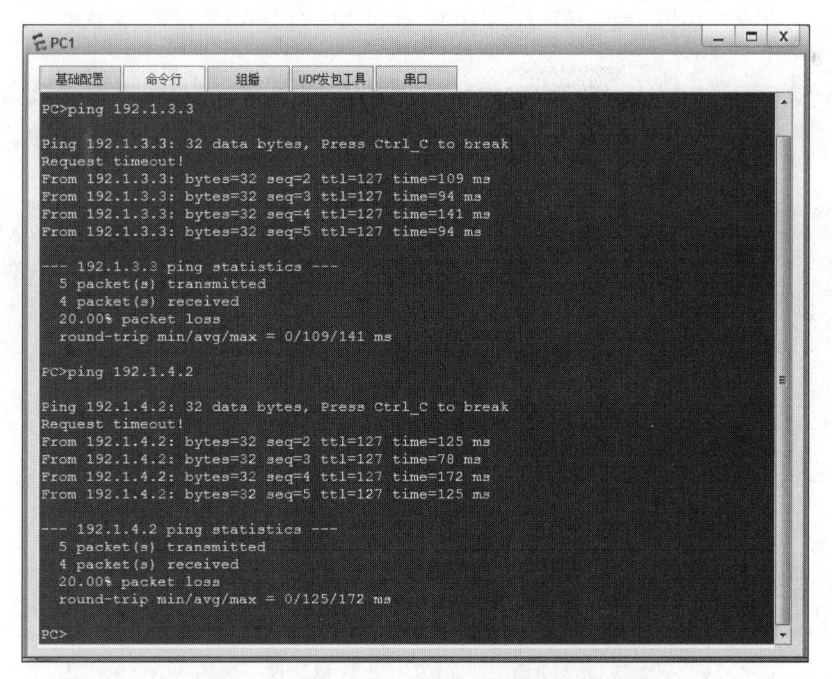

图 4.92　PC1 与 PC8 和 PC4 之间的通信过程

(7) 在 AR1 物理接口 GigabitEthernet0/0/0 上启动捕获报文功能。在 PC1 至 PC8 的 ICMP 报文传输过程中，ICMP 报文封装成以 PC1 的 IP 地址 192.1.2.1 为源 IP 地址、以 PC8 的 IP 地址 192.1.3.3 为目的 IP 地址的 IP 分组，该 IP 分组在 PC1 至子接口 GigabitEthernet0/0/0.1 这一段传输过程中封装成 VLAN ID=2 的 MAC 帧，其格式如图 4.93 所示。该 IP 分组在子接口 GigabitEthernet0/0/0.2 至 PC8 这一段传输过程中封装成 VLAN ID=3 的 MAC 帧，其格式如图 4.94 所示。

```
Capturing from Standard input - Wireshark
File Edit View Go Capture Analyze Statistics Telephony Tools Help
Filter: icmp                    Expression... Clear Apply
No. Time      Source     Destination  Protocol Info
26 41.886000 192.1.2.1  192.1.3.3    ICMP  Echo (ping) request  (id=0xd968, seq(be/le)=2/512, ttl=128)
27 41.886000 192.1.2.1  192.1.3.3    ICMP  Echo (ping) request  (id=0xd968, seq(be/le)=2/512, ttl=127)
28 41.933000 192.1.3.3  192.1.2.1    ICMP  Echo (ping) reply    (id=0xd968, seq(be/le)=2/512, ttl=128)
29 41.933000 192.1.3.3  192.1.2.1    ICMP  Echo (ping) reply    (id=0xd968, seq(be/le)=2/512, ttl=127)
31 43.009000 192.1.2.1  192.1.3.3    ICMP  Echo (ping) request  (id=0xda68, seq(be/le)=3/768, ttl=128)
32 43.025000 192.1.2.1  192.1.3.3    ICMP  Echo (ping) request  (id=0xda68, seq(be/le)=3/768, ttl=127)
33 43.041000 192.1.3.3  192.1.2.1    ICMP  Echo (ping) reply    (id=0xda68, seq(be/le)=3/768, ttl=128)
34 43.056000 192.1.3.3  192.1.2.1    ICMP  Echo (ping) reply    (id=0xda68, seq(be/le)=3/768, ttl=127)
35 44.101000 192.1.2.1  192.1.3.3    ICMP  Echo (ping) request  (id=0xdb68, seq(be/le)=4/1024, ttl=128)
36 44.101000 192.1.2.1  192.1.3.3    ICMP  Echo (ping) request  (id=0xdb68, seq(be/le)=4/1024, ttl=127)
37 44.148000 192.1.3.3  192.1.2.1    ICMP  Echo (ping) reply    (id=0xdb68, seq(be/le)=4/1024, ttl=128)
38 44.148000 192.1.3.3  192.1.2.1    ICMP  Echo (ping) reply    (id=0xdb68, seq(be/le)=4/1024, ttl=127)
40 45.209000 192.1.2.1  192.1.3.3    ICMP  Echo (ping) request  (id=0xdc68, seq(be/le)=5/1280, ttl=128)
41 45.225000 192.1.2.1  192.1.3.3    ICMP  Echo (ping) request  (id=0xdc68, seq(be/le)=5/1280, ttl=127)
42 45.256000 192.1.3.3  192.1.2.1    ICMP  Echo (ping) reply    (id=0xdc68, seq(be/le)=5/1280, ttl=128)

⊞ Frame 26: 78 bytes on wire (624 bits), 78 bytes captured (624 bits)
⊞ Ethernet II, Src: HuaweiTe_69:08:b5 (54:89:98:69:08:b5), Dst: HuaweiTe_a9:67:9d (00:e0:fc:a9:67:9d)
⊞ 802.1Q Virtual LAN, PRI: 0, CFI: 0, ID: 2
⊞ Internet Protocol, Src: 192.1.2.1 (192.1.2.1), Dst: 192.1.3.3 (192.1.3.3)
⊞ Internet Control Message Protocol

0000  00 e0 fc a9 67 9d 54 89  98 69 08 b5 81 00 00 02   ....g.T. .i......
0010  08 00 45 00 00 3c 68 d8  40 00 80 01 0c e2 c0 01   ..E..<h. @.......
0020  02 01 c0 01 03 03 08 00  ad 13 d9 68 00 02 08 09   ........ ...h....
0030  0a 0b 0c 0d 0e 0f 10 11  12 13 14 15 16 17 18 19   ........ ........
0040  1a 1b 1c 1d 1e 1f 20 21  22 23 24 25 26 27         ...... ! "#$%&'
```

图 4.93 PC1 至子接口 GigabitEthernet0/0/0.1 这一段的 MAC 帧格式

```
Capturing from Standard input - Wireshark
File Edit View Go Capture Analyze Statistics Telephony Tools Help
Filter: icmp                    Expression... Clear Apply
No. Time      Source     Destination  Protocol Info
22 39.874000 192.1.2.1  192.1.3.3    ICMP  Echo (ping) request  (id=0xd768, seq(be/le)=1/256, ttl=128)
23 39.874000 192.1.2.1  192.1.3.3    ICMP  Echo (ping) request  (id=0xd768, seq(be/le)=1/256, ttl=127)
26 41.886000 192.1.2.1  192.1.3.3    ICMP  Echo (ping) request  (id=0xd968, seq(be/le)=2/512, ttl=128)
27 41.886000 192.1.2.1  192.1.3.3    ICMP  Echo (ping) request  (id=0xd968, seq(be/le)=2/512, ttl=127)
28 41.933000 192.1.3.3  192.1.2.1    ICMP  Echo (ping) reply    (id=0xd968, seq(be/le)=2/512, ttl=128)
29 41.933000 192.1.3.3  192.1.2.1    ICMP  Echo (ping) reply    (id=0xd968, seq(be/le)=2/512, ttl=127)
31 43.009000 192.1.2.1  192.1.3.3    ICMP  Echo (ping) request  (id=0xda68, seq(be/le)=3/768, ttl=128)
32 43.025000 192.1.2.1  192.1.3.3    ICMP  Echo (ping) request  (id=0xda68, seq(be/le)=3/768, ttl=127)
33 43.041000 192.1.3.3  192.1.2.1    ICMP  Echo (ping) reply    (id=0xda68, seq(be/le)=3/768, ttl=128)
34 43.056000 192.1.3.3  192.1.2.1    ICMP  Echo (ping) reply    (id=0xda68, seq(be/le)=3/768, ttl=127)
35 44.101000 192.1.2.1  192.1.3.3    ICMP  Echo (ping) request  (id=0xdb68, seq(be/le)=4/1024, ttl=128)
36 44.101000 192.1.2.1  192.1.3.3    ICMP  Echo (ping) request  (id=0xdb68, seq(be/le)=4/1024, ttl=127)
37 44.148000 192.1.3.3  192.1.2.1    ICMP  Echo (ping) reply    (id=0xdb68, seq(be/le)=4/1024, ttl=128)
38 44.148000 192.1.3.3  192.1.2.1    ICMP  Echo (ping) reply    (id=0xdb68, seq(be/le)=4/1024, ttl=127)
40 45.209000 192.1.2.1  192.1.3.3    ICMP  Echo (ping) request  (id=0xdc68, seq(be/le)=5/1280, ttl=128)

⊞ Frame 23: 78 bytes on wire (624 bits), 78 bytes captured (624 bits)
⊞ Ethernet II, Src: HuaweiTe_a9:67:9d (00:e0:fc:a9:67:9d), Dst: HuaweiTe_38:61:47 (54:89:98:38:61:47)
⊞ 802.1Q Virtual LAN, PRI: 0, CFI: 0, ID: 3
⊞ Internet Protocol, Src: 192.1.2.1 (192.1.2.1), Dst: 192.1.3.3 (192.1.3.3)
⊞ Internet Control Message Protocol

0000  54 89 98 38 61 47 00 e0  fc a9 67 9d 81 00 00 03   T..8aG.. ..g.....
0010  08 00 45 00 00 3c 68 d7  40 00 7f 01 0d e3 c0 01   ..E..<h. @.......
0020  02 01 c0 01 03 03 08 00  af 14 d7 68 00 01 08 09   ........ ...h....
0030  0a 0b 0c 0d 0e 0f 10 11  12 13 14 15 16 17 18 19   ........ ........
0040  1a 1b 1c 1d 1e 1f 20 21  22 23 24 25 26 27         ...... ! "#$%&'
```

图 4.94 子接口 GigabitEthernet0/0/0.2 至 PC8 这一段的 MAC 帧格式

4.8.6 命令行接口配置过程

1. 交换机 LSW1 配置过程

```
<Huawei>system-view
[Huawei]undo info-center enable
[Huawei]vlan batch 2 4
[Huawei]interface GigabitEthernet0/0/1
[Huawei-GigabitEthernet0/0/1]port link-type access
[Huawei-GigabitEthernet0/0/1]port default vlan 2
[Huawei-GigabitEthernet0/0/1]quit
[Huawei]interface GigabitEthernet0/0/2
[Huawei-GigabitEthernet0/0/2]port link-type access
[Huawei-GigabitEthernet0/0/2]port default vlan 2
[Huawei-GigabitEthernet0/0/2]quit
[Huawei]interface GigabitEthernet0/0/3
[Huawei-GigabitEthernet0/0/3]port link-type access
[Huawei-GigabitEthernet0/0/3]port default vlan 4
[Huawei-GigabitEthernet0/0/3]quit
[Huawei]interface GigabitEthernet0/0/4
[Huawei-GigabitEthernet0/0/4]port link-type trunk
[Huawei-GigabitEthernet0/0/4]port trunk allow-pass vlan 2 4
[Huawei-GigabitEthernet0/0/4]quit
```

2. 交换机 LSW2 配置过程

```
<Huawei>system-view
[Huawei]undo info-center enable
[Huawei]vlan batch 2 3 4
[Huawei]interface GigabitEthernet0/0/1
[Huawei-GigabitEthernet0/0/1]port link-type trunk
[Huawei-GigabitEthernet0/0/1]port trunk allow-pass vlan 2 4
[Huawei-GigabitEthernet0/0/1]quit
[Huawei]interface GigabitEthernet0/0/2
[Huawei-GigabitEthernet0/0/2]port link-type trunk
[Huawei-GigabitEthernet0/0/2]port trunk allow-pass vlan 3 4
[Huawei-GigabitEthernet0/0/2]quit
[Huawei]interface GigabitEthernet0/0/3
[Huawei-GigabitEthernet0/0/3]port link-type access
[Huawei-GigabitEthernet0/0/3]port default vlan 2
[Huawei-GigabitEthernet0/0/3]quit
```

```
[Huawei]interface GigabitEthernet0/0/4
[Huawei-GigabitEthernet0/0/4]port link-type access
[Huawei-GigabitEthernet0/0/4]port default vlan 3
[Huawei-GigabitEthernet0/0/4]quit
[Huawei]interface GigabitEthernet0/0/5
[Huawei-GigabitEthernet0/0/5]port link-type trunk
[Huawei-GigabitEthernet0/0/5]port trunk allow-pass vlan 2 3 4
[Huawei-GigabitEthernet0/0/5]quit
```

3. 交换机 LSW3 配置过程

```
<Huawei>system-view
[Huawei]undo info-center enable
[Huawei]vlan batch 3 4
[Huawei]interface GigabitEthernet0/0/1
[Huawei-GigabitEthernet0/0/1]port link-type access
[Huawei-GigabitEthernet0/0/1]port default vlan 4
[Huawei-GigabitEthernet0/0/1]quit
[Huawei]interface GigabitEthernet0/0/2
[Huawei-GigabitEthernet0/0/2]port link-type access
[Huawei-GigabitEthernet0/0/2]port default vlan 3
[Huawei-GigabitEthernet0/0/2]quit
[Huawei]interface GigabitEthernet0/0/3
[Huawei-GigabitEthernet0/0/3]port link-type access
[Huawei-GigabitEthernet0/0/3]port default vlan 3
[Huawei-GigabitEthernet0/0/3]quit
[Huawei]interface GigabitEthernet0/0/4
[Huawei-GigabitEthernet0/0/4]port link-type trunk
[Huawei-GigabitEthernet0/0/4]port trunk allow-pass vlan 3 4
[Huawei-GigabitEthernet0/0/4]quit
```

4. 路由器 AR1 配置过程

```
<Huawei>system-view
[Huawei]undo info-center enable
[Huawei]interface GigabitEthernet0/0/0.1
[Huawei-GigabitEthernet0/0/0.1]dot1q termination vid 2
[Huawei-GigabitEthernet0/0/0.1]arp broadcast enable
[Huawei-GigabitEthernet0/0/0.1]ip address 192.1.2.254 24
[Huawei-GigabitEthernet0/0/0.1]quit
[Huawei]interface GigabitEthernet0/0/0.2
[Huawei-GigabitEthernet0/0/0.2]dot1q termination vid 3
[Huawei-GigabitEthernet0/0/0.2]arp broadcast enable
```

```
[Huawei-GigabitEthernet0/0/0.2]ip address 192.1.3.254 24
[Huawei-GigabitEthernet0/0/0.2]quit
[Huawei]interface GigabitEthernet0/0/0.3
[Huawei-GigabitEthernet0/0/0.3]dot1q termination vid 4
[Huawei-GigabitEthernet0/0/0.3]arp broadcast enable
[Huawei-GigabitEthernet0/0/0.3]ip address 192.1.4.254 24
[Huawei-GigabitEthernet0/0/0.3]quit
```

5. 命令列表

路由器配置过程中使用的命令及功能和参数说明如表 4.10 所示。

表 4.10　路由器配置过程中使用的命令及功能和参数说明

命令格式	功能和参数说明
interface { **ethernet** | **gigabitethernet** } *interface-number*. *subinterface-number*	进入子接口视图。参数 *interface-number*. *subinterface-number* 用于指定子接口
dot1q termination vid *low-pe-vid*	建立特定子接口与 VLAN ID 之间的绑定。参数 *low-pe-vid* 是 VLAN ID。绑定批量 VLAN 时，参数 *low-pe-vid* 是批量 VLAN 的 VLAN ID 下限，但这里只能绑定唯一的 VLAN
arp broadcast enable	在子接口上启动 ARP 广播功能。

4.9　三层交换机 IP 接口实验

4.9.1　实验内容

在本实验中构建如图 4.95 所示的网络结构。在三层交换机 S1 上创建两个 VLAN，分别是 VLAN 2 和 VLAN 3，终端 A 和终端 B 属于 VLAN 2，终端 C 和终端 D 属于 VLAN 3，由三层交换机 S1 实现属于同一 VLAN 的终端之间的通信过程和属于不同 VLAN 的终端之间的通信过程。

4.9.2　实验目的

(1) 验证三层交换机的路由功能。

(2) 验证三层交换机的交换功能。

(3) 验证三层交换机实现 VLAN 间通信的过程。

(4) 了解 VLAN 关联的 IP 接口与路由器接口之间的差别。

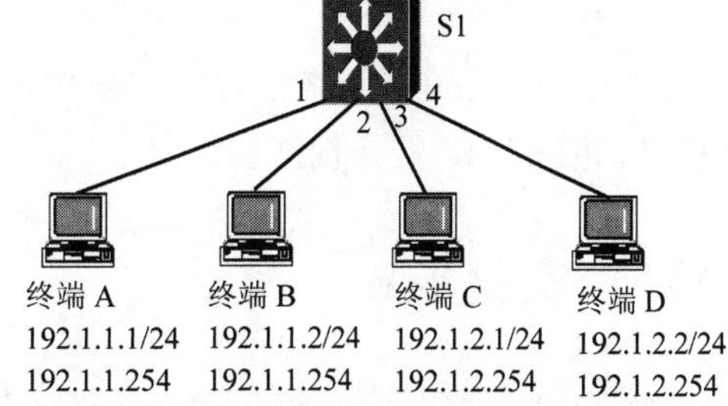

图 4.95　三层交换机 IP 接口实验的网络结构

4.9.3 实验原理

图 4.95 中的交换机 S1 是一个三层交换机,具有二层交换功能和三层路由功能。二层交换功能用于实现属于同一 VLAN 的终端之间的通信过程,三层路由功能用于实现属于不同 VLAN 的终端之间的通信过程。图 4.96 给出了交换机 S1 二层交换功能和三层路由功能的实现原理。每一个 VLAN 对应的网桥用于实现二层交换功能。路由模块能够为每一个 VLAN 定义一个 IP 接口,并为该 IP 接口分配 IP 地址和子网掩码,该 IP 接口的 IP 地址和子网掩码确定了该 IP 接口关联的 VLAN 的网络地址。连接在每一个 VLAN 上的终端与该 VLAN 关联的 IP 接口之间必须建立交换路径,与某个 VLAN 关联的 IP 接口的 IP 地址作为连接在该 VLAN 上的终端的默认网关地址。为每一个 VLAN 定义的 IP 接口在实现 VLAN 间 IP 分组转发功能方面等同于路由器逻辑接口。由于三层交换机中可以定义大量 VLAN,因此,三层交换机的路由模块可以看作存在大量逻辑接口的路由器,且接口数量可以随着需要定义 IP 接口的 VLAN 数量的变化而变化。

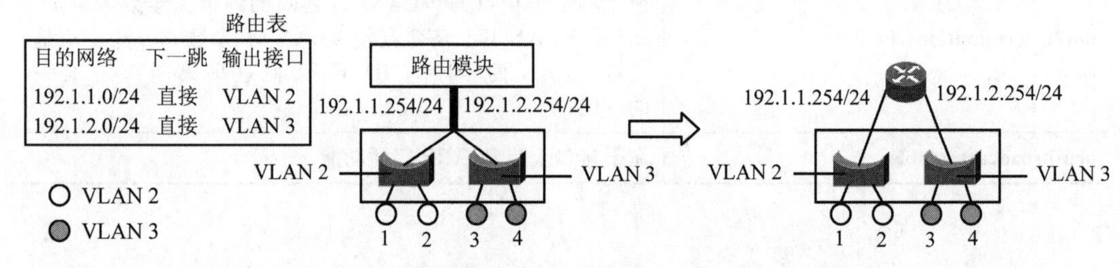

图 4.96 二层交换功能和三层路由功能的实现原理

4.9.4 关键命令说明

以下命令序列用于创建一个 VLAN 2 对应的 IP 接口,并为该 IP 接口配置 IP 地址 192.1.1.254 和子网掩码 255.255.255.0(24 位网络前缀)。

```
[Huawei]interface vlanif 2
[Huawei-Vlanif2]ip address 192.1.1.254 24
[Huawei-Vlanif2]quit
```

interface vlanif 2 是系统视图下使用的命令,该命令的作用是创建 VLAN 2 对应的 IP 接口,并进入 IP 接口视图。

4.9.5 实验步骤

(1) 启动 eNSP,按照图 4.95 所示的网络拓扑结构放置和连接设备。完成设备放置和连接后的 eNSP 界面如图 4.97 所示。启动所有设备。

(2) 在交换机 LSW1 中创建 VLAN 2 和 VLAN 3,并为 VLAN 分配端口。各个

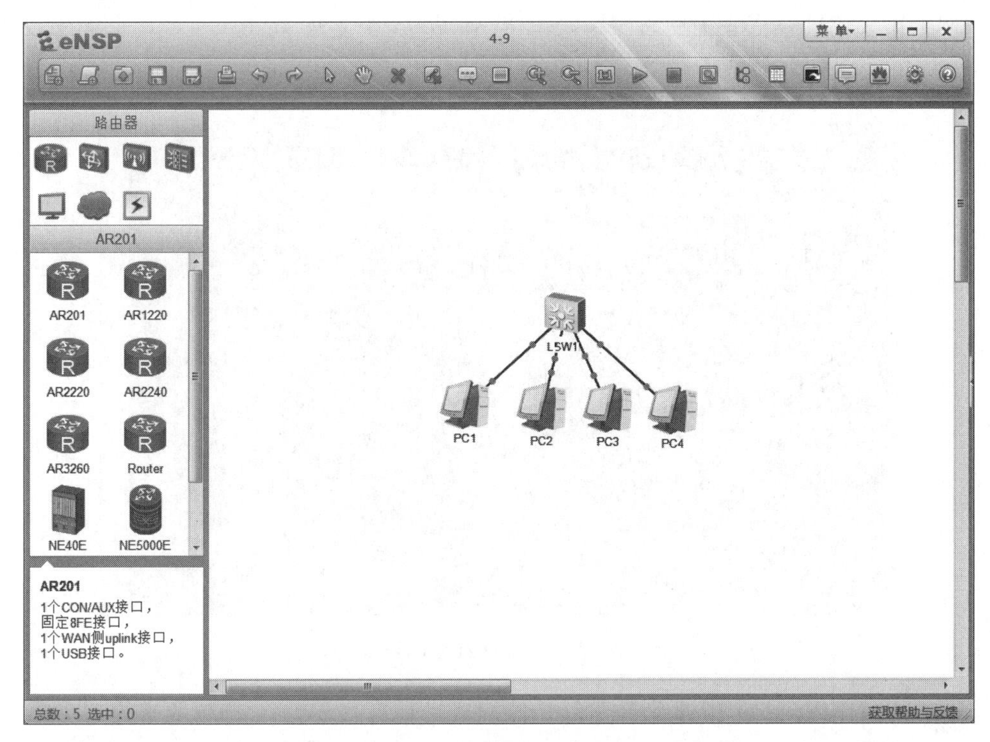

图 4.97　完成设备放置和连接后的 eNSP 界面

VLAN 的成员组成如图 4.98 所示。

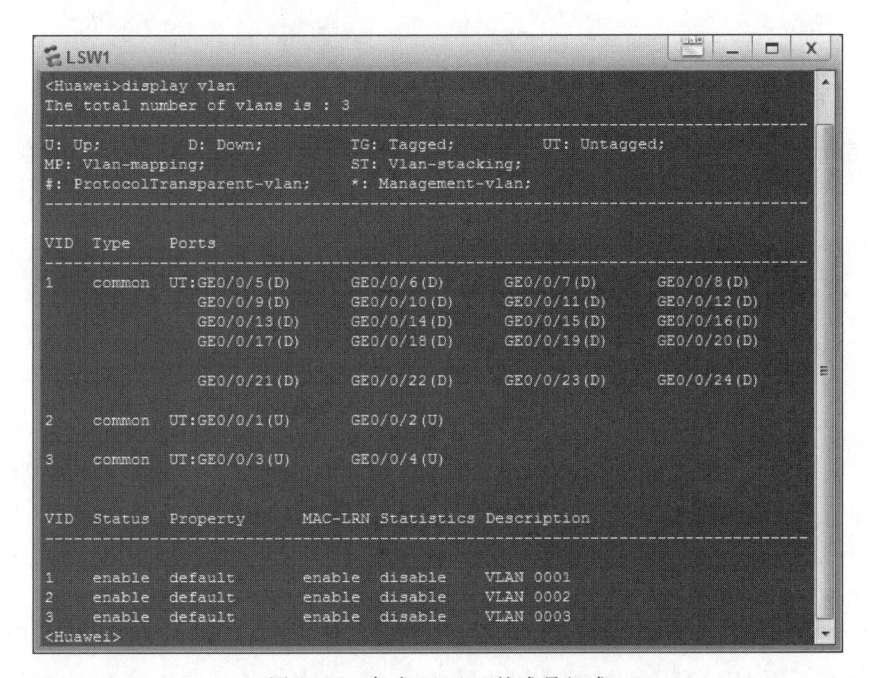

图 4.98　各个 VLAN 的成员组成

(3) 在交换机 LSW1 中创建 VLAN 2 和 VLAN 3 对应的 IP 接口，为 IP 接口分配 IP 地址和子网掩码。LSW1 中创建的 IP 接口如图 4.99 所示。

```
LSW1
Vlanif2 current state : UP
Line protocol current state : UP
Last line protocol up time : 2019-02-02 22:49:34 UTC-08:00
Description:
Route Port,The Maximum Transmit Unit is 1500
Internet Address is 192.1.1.254/24
IP Sending Frames' Format is PKTFMT_ETHNT_2, Hardware address is 4c1f-cce0-52a9
Current system time: 2019-02-02 22:56:00-08:00
    Input bandwidth utilization  : --
    Output bandwidth utilization : --

Vlanif3 current state : UP
Line protocol current state : UP
Last line protocol up time : 2019-02-02 22:49:59 UTC-08:00
Description:
Route Port,The Maximum Transmit Unit is 1500
Internet Address is 192.1.2.254/24
IP Sending Frames' Format is PKTFMT_ETHNT_2, Hardware address is 4c1f-cce0-52a9
Current system time: 2019-02-02 22:56:00-08:00
    Input bandwidth utilization  : --
    Output bandwidth utilization : --

[Huawei]
```

图 4.99　LSW1 中创建的 IP 接口

(4) 完成 IP 接口的 IP 地址和子网掩码配置过程后，LSW1 自动生成直连路由项，如图 4.100 所示。需要说明的是，路由项中的输出接口分别是 VLAN 2 和 VLAN 3 对应的 IP 接口。

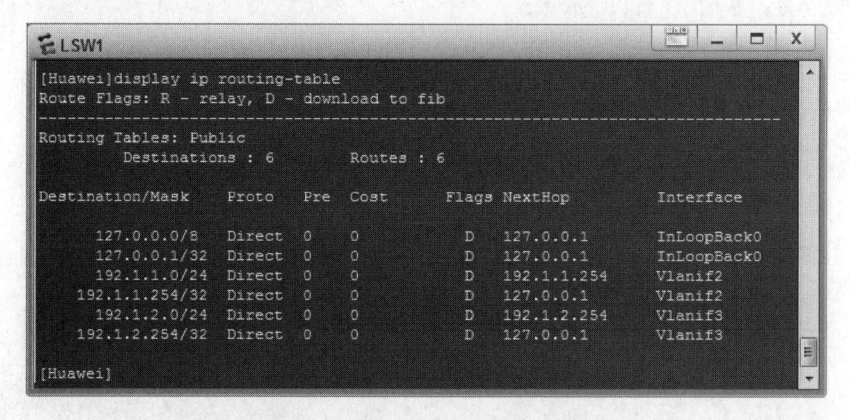

```
LSW1
[Huawei]display ip routing-table
Route Flags: R - relay, D - download to fib
------------------------------------------------------------------------------
Routing Tables: Public
         Destinations : 6        Routes : 6

Destination/Mask    Proto   Pre  Cost      Flags NextHop         Interface

      127.0.0.0/8   Direct  0    0           D   127.0.0.1       InLoopBack0
      127.0.0.1/32  Direct  0    0           D   127.0.0.1       InLoopBack0
      192.1.1.0/24  Direct  0    0           D   192.1.1.254     Vlanif2
    192.1.1.254/32  Direct  0    0           D   127.0.0.1       Vlanif2
      192.1.2.0/24  Direct  0    0           D   192.1.2.254     Vlanif3
    192.1.2.254/32  Direct  0    0           D   127.0.0.1       Vlanif3

[Huawei]
```

图 4.100　LSW1 自动生成的直连路由项

(5) 某个 VLAN 对应的 IP 接口的 IP 地址成为连接在该 VLAN 上的终端的默认网关地址。例如，连接在 VLAN 2 上的终端 PC1 的默认网关地址就是 VLAN 2 对应的 IP 接口的 IP 地址。PC1、PC2 和 PC4 配置的 IP 地址、子网掩码和默认网关地址分别如图 4.101 至图 4.103 所示。

(6) 三层交换机 LSW1 既能实现连接在同一 VLAN 上的终端之间的通信过程，又能实现连接在不同 VLAN 上的终端之间的通信过程。图 4.104 就是连接在 VLAN 2 上的 PC1 与连接在 VLAN 2 上的 PC2 和连接在 VLAN 3 上的 PC4 之间的通信过程。

PC1

基础配置　命令行　组播　UDP发包工具　串口

主机名:

MAC 地址: 54-89-98-A2-7C-42

IPv4 配置

静态　DHCP　自动获取 DNS 服务器地址

IP 地址: 192 . 1 . 1 . 1　DNS1: 0 . 0 . 0 . 0

子网掩码: 255 . 255 . 255 . 0　DNS2: 0 . 0 . 0 . 0

网关: 192 . 1 . 1 . 254

IPv6 配置

静态　DHCPv6

IPv6 地址: ::

前缀长度: 128

IPv6 网关: ::

应用

图 4.101　PC1 配置的 IP 地址、子网掩码和默认网关地址

PC2

基础配置　命令行　组播　UDP发包工具　串口

主机名:

MAC 地址: 54-89-98-E4-43-36

IPv4 配置

静态　DHCP　自动获取 DNS 服务器地址

IP 地址: 192 . 1 . 1 . 2　DNS1: 0 . 0 . 0 . 0

子网掩码: 255 . 255 . 255 . 0　DNS2: 0 . 0 . 0 . 0

网关: 192 . 1 . 1 . 254

IPv6 配置

静态　DHCPv6

IPv6 地址: ::

前缀长度: 128

IPv6 网关: ::

应用

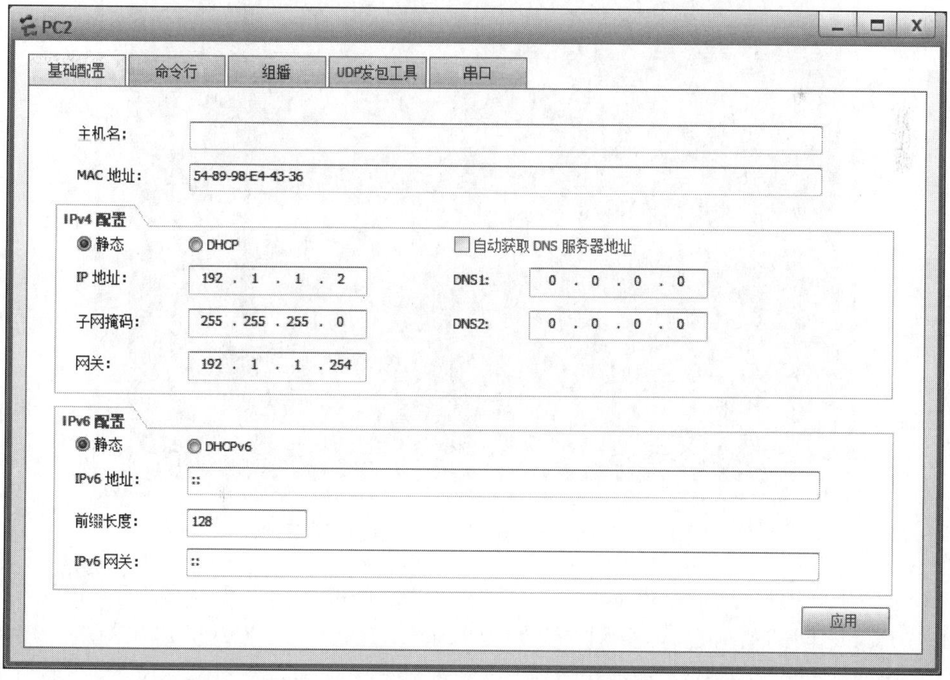

图 4.102　PC2 配置的 IP 地址、子网掩码和默认网关地址

图 4.103　PC4 配置的 IP 地址、子网掩码和默认网关地址

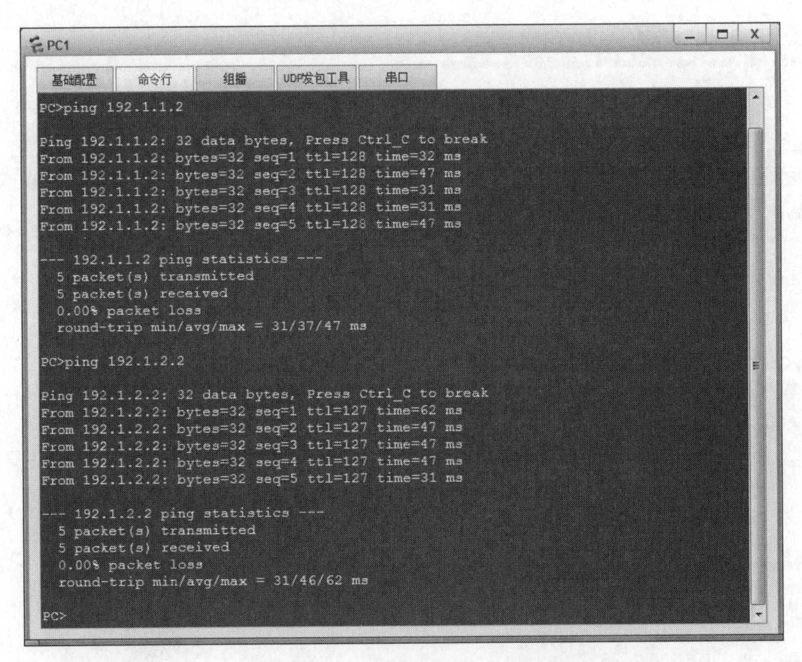

图 4.104　PC1 与 PC2 和 PC4 之间的通信过程

(7) 为了观察属于同一 VLAN 的 PC1 与 PC2 之间的通信过程和属于不同 VLAN 的 PC1 与 PC4 之间的通信过程，分别在交换机 LSW1 连接 PC1、PC2 和 PC4 的端口启动捕获报文功能。交换机 LSW1 连接 PC1 和 PC2 的端口在属于同一 VLAN 的 PC1 与 PC2 之间的通信过程中捕获的报文序列分别如图 4.105 和图 4.106 所示，PC1 至 PC2 的 ICMP 报文在 PC1 至交换机 LSW1 和交换机 LSW1 至 PC2 的传输过程中都被封装成以

PC1 的 MAC 地址为源 MAC 地址、以 PC2 的 MAC 地址为目的 MAC 地址的 MAC 帧，表明 PC1 至交换机 LSW1 和交换机 LSW1 至 PC2 这两段交换路径属于同一个 VLAN。交换机 LSW1 连接 PC1 和 PC4 的端口在属于不同 VLAN 的 PC1 与 PC4 之间的通信过程中捕获的报文序列分别如图 4.107 和图 4.108 所示，PC1 至 PC4 的 ICMP 报文在 PC1 至交换机 LSW1 的传输过程中，被封装成以 PC1 的 MAC 地址为源 MAC 地址、以对应 VLAN 2 的 IP 接口的 MAC 地址为目的 MAC 地址的 MAC 帧，该 ICMP 报文在交换机 LSW1 至 PC4 的传输过程中，被封装成以对应 VLAN 3 的 IP 接口的 MAC 地址为源 MAC 地址、以 PC4 的 MAC 地址为目的 MAC 地址的 MAC 帧，表明 PC1 至交换机 LSW1 和交换机 LSW1 至 PC4 这两段交换路径属于不同的 VLAN。

```
Capturing from Standard input - Wireshark
File Edit View Go Capture Analyze Statistics Telephony Tools Help
Filter: icmp                    Expression... Clear Apply
No.  Time        Source     Destination  Protocol Info
55 112.383000 192.1.1.1  192.1.1.2  ICMP  Echo (ping) request  (id=0xb1ed, seq(be/le)=1/256, ttl=128)
56 112.398000 192.1.1.2  192.1.1.1  ICMP  Echo (ping) reply    (id=0xb1ed, seq(be/le)=1/256, ttl=128)
57 113.397000 192.1.1.1  192.1.1.2  ICMP  Echo (ping) request  (id=0xb2ed, seq(be/le)=2/512, ttl=128)
58 113.444000 192.1.1.2  192.1.1.1  ICMP  Echo (ping) reply    (id=0xb2ed, seq(be/le)=2/512, ttl=128)
60 114.442000 192.1.1.1  192.1.1.2  ICMP  Echo (ping) request  (id=0xb4ed, seq(be/le)=3/768, ttl=128)
61 114.473000 192.1.1.2  192.1.1.1  ICMP  Echo (ping) reply    (id=0xb4ed, seq(be/le)=3/768, ttl=128)
62 115.472000 192.1.1.1  192.1.1.2  ICMP  Echo (ping) request  (id=0xb5ed, seq(be/le)=4/1024, ttl=128)
63 115.518000 192.1.1.2  192.1.1.1  ICMP  Echo (ping) reply    (id=0xb5ed, seq(be/le)=4/1024, ttl=128)
64 116.317000 192.1.1.1  192.1.1.2  ICMP  Echo (ping) request  (id=0xb6ed, seq(be/le)=5/1280, ttl=128)
65 116.564000 192.1.1.2  192.1.1.1  ICMP  Echo (ping) reply    (id=0xb6ed, seq(be/le)=5/1280, ttl=128)
72 125.190000 192.1.1.1  192.1.2.2  ICMP  Echo (ping) request  (id=0xbeed, seq(be/le)=1/256, ttl=128)
74 127.187000 192.1.1.1  192.1.2.2  ICMP  Echo (ping) request  (id=0xc0ed, seq(be/le)=2/512, ttl=128)
75 127.218000 192.1.2.2  192.1.1.1  ICMP  Echo (ping) reply    (id=0xc0ed, seq(be/le)=2/512, ttl=127)
77 128.232000 192.1.1.1  192.1.2.2  ICMP  Echo (ping) request  (id=0xc1ed, seq(be/le)=3/768, ttl=128)
Frame 55: 74 bytes on wire (592 bits), 74 bytes captured (592 bits)
Ethernet II, Src: HuaweiTe_a2:7c:42 (54:89:98:a2:7c:42), Dst: HuaweiTe_e4:43:36 (54:89:98:e4:43:36)
Internet Protocol, Src: 192.1.1.1 (192.1.1.1), Dst: 192.1.1.2 (192.1.1.2)
Internet Control Message Protocol
0000  54 89 98 e4 43 36 54 89  98 a2 7c 42 08 00 45 00   T...C6T. ..|B..E.
0010  00 3c ed b1 40 00 80 01  8b 09 c0 01 01 01 c0 01   .<..@... ........
0020  01 02 08 00 d4 8f b1 ed  00 01 08 09 0a 0b 0c 0d   ........ ........
0030  0e 0f 10 11 12 13 14 15  16 17 18 19 1a 1b 1c 1d   ........ ........
0040  1e 1f 20 21 22 23 24 25  26 27                     .. !"#$% &'
Standard input: <live capture in progre...  Packets: 108 Displayed: 19 Marked: 0  Profile: Default
```

图 4.105　LSW1 连接 PC1 的端口捕获的 PC1 至 PC2 的报文序列

```
Capturing from Standard input - Wireshark
File Edit View Go Capture Analyze Statistics Telephony Tools Help
Filter: icmp                    Expression... Clear Apply
No.  Time       Source     Destination  Protocol Info
25 46.285000  192.1.1.1  192.1.1.2  ICMP  Echo (ping) request  (id=0xb1ed, seq(be/le)=1/256, ttl=128)
26 46.285000  192.1.1.2  192.1.1.1  ICMP  Echo (ping) reply    (id=0xb1ed, seq(be/le)=1/256, ttl=128)
27 47.315000  192.1.1.1  192.1.1.2  ICMP  Echo (ping) request  (id=0xb2ed, seq(be/le)=2/512, ttl=128)
28 47.315000  192.1.1.2  192.1.1.1  ICMP  Echo (ping) reply    (id=0xb2ed, seq(be/le)=2/512, ttl=128)
29 48.345000  192.1.1.1  192.1.1.2  ICMP  Echo (ping) request  (id=0xb4ed, seq(be/le)=3/768, ttl=128)
30 48.345000  192.1.1.2  192.1.1.1  ICMP  Echo (ping) reply    (id=0xb4ed, seq(be/le)=3/768, ttl=128)
32 49.374000  192.1.1.1  192.1.1.2  ICMP  Echo (ping) request  (id=0xb5ed, seq(be/le)=4/1024, ttl=128)
33 49.374000  192.1.1.2  192.1.1.1  ICMP  Echo (ping) reply    (id=0xb5ed, seq(be/le)=4/1024, ttl=128)
34 50.419000  192.1.1.1  192.1.1.2  ICMP  Echo (ping) request  (id=0xb6ed, seq(be/le)=5/1280, ttl=128)
35 50.419000  192.1.1.2  192.1.1.1  ICMP  Echo (ping) reply    (id=0xb6ed, seq(be/le)=5/1280, ttl=128)
Frame 25: 74 bytes on wire (592 bits), 74 bytes captured (592 bits)
Ethernet II, Src: HuaweiTe_a2:7c:42 (54:89:98:a2:7c:42), Dst: HuaweiTe_e4:43:36 (54:89:98:e4:43:36)
Internet Protocol, Src: 192.1.1.1 (192.1.1.1), Dst: 192.1.1.2 (192.1.1.2)
Internet Control Message Protocol
0000  54 89 98 e4 43 36 54 89  98 a2 7c 42 08 00 45 00   T...C6T. ..|B..E.
0010  00 3c ed b1 40 00 80 01  8b 09 c0 01 01 01 c0 01   .<..@... ........
0020  01 02 08 00 d4 8f b1 ed  00 01 08 09 0a 0b 0c 0d   ........ ........
0030  0e 0f 10 11 12 13 14 15  16 17 18 19 1a 1b 1c 1d   ........ ........
0040  1e 1f 20 21 22 23 24 25  26 27                     .. !"#$% &'
Standard input: <live capture in progre...  Packets: 93 Displayed: 10 Marked: 0  Profile: Default
```

图 4.106　LSW1 连接 PC2 的端口捕获的 PC1 至 PC2 的报文序列

```
Capturing from Standard input - Wireshark
File Edit View Go Capture Analyze Statistics Telephony Tools Help
Filter: icmp    Expression... Clear Apply
No.  Time        Source     Destination  Protocol Info
 61 114.473000 192.1.1.2  192.1.1.1    ICMP  Echo (ping) reply    (id=0xb4ed, seq(be/le)=3/768, ttl=128)
 62 115.472000 192.1.1.1  192.1.1.2    ICMP  Echo (ping) request  (id=0xb5ed, seq(be/le)=4/1024, ttl=128)
 63 115.518000 192.1.1.2  192.1.1.1    ICMP  Echo (ping) reply    (id=0xb5ed, seq(be/le)=4/1024, ttl=128)
 64 116.517000 192.1.1.1  192.1.1.2    ICMP  Echo (ping) request  (id=0xb6ed, seq(be/le)=5/1280, ttl=128)
 65 116.564000 192.1.1.2  192.1.1.1    ICMP  Echo (ping) reply    (id=0xb6ed, seq(be/le)=5/1280, ttl=128)
 72 125.190000 192.1.1.1  192.1.2.2    ICMP  Echo (ping) request  (id=0xbeed, seq(be/le)=1/256, ttl=128)
 74 127.187000 192.1.1.1  192.1.2.2    ICMP  Echo (ping) request  (id=0xc0ed, seq(be/le)=2/512, ttl=128)
 75 127.218000 192.1.2.2  192.1.1.1    ICMP  Echo (ping) reply    (id=0xc0ed, seq(be/le)=2/512, ttl=127)
 77 128.232000 192.1.1.1  192.1.2.2    ICMP  Echo (ping) request  (id=0xc1ed, seq(be/le)=3/768, ttl=128)
 78 128.248000 192.1.2.2  192.1.1.1    ICMP  Echo (ping) reply    (id=0xc1ed, seq(be/le)=3/768, ttl=127)
 79 129.262000 192.1.1.1  192.1.2.2    ICMP  Echo (ping) request  (id=0xc2ed, seq(be/le)=4/1024, ttl=128)
 80 129.293000 192.1.2.2  192.1.1.1    ICMP  Echo (ping) reply    (id=0xc2ed, seq(be/le)=4/1024, ttl=127)
 82 130.307000 192.1.1.1  192.1.2.2    ICMP  Echo (ping) request  (id=0xc3ed, seq(be/le)=5/1280, ttl=128)
 83 130.354000 192.1.2.2  192.1.1.1    ICMP  Echo (ping) reply    (id=0xc3ed, seq(be/le)=5/1280, ttl=127)
⊞ Frame 72: 74 bytes on wire (592 bits), 74 bytes captured (592 bits)
⊞ Ethernet II, Src: HuaweiTe_a2:7c:42 (54:89:98:a2:7c:42), Dst: HuaweiTe_e0:52:a9 (4c:1f:cc:e0:52:a9)
⊞ Internet Protocol, Src: 192.1.1.1 (192.1.1.1), Dst: 192.1.2.2 (192.1.2.2)
⊞ Internet Control Message Protocol
0000  4c 1f cc e0 52 a9 54 89  98 a2 7c 42 08 00 45 00   L...R.T. ..|B..E.
0010  00 3c ed be 40 00 80 01  89 fc c0 01 01 01 c0 01   .<..@... ........
0020  02 02 08 00 c7 8f be ed  00 01 08 09 0a 0b 0c 0d   ........ ........
0030  0e 0f 10 11 12 13 14 15  16 17 18 19 1a 1b 1c 1d   ........ ........
0040  1e 1f 20 21 22 23 24 25  26 27                     .. !"#$% &'
Standard input: <live capture in progre...  Packets: 167 Displayed: 19 Marked: 0   Profile: Default
```

图 4.107　LSW1 连接 PC1 的端口捕获的 PC1 至 PC4 的报文序列

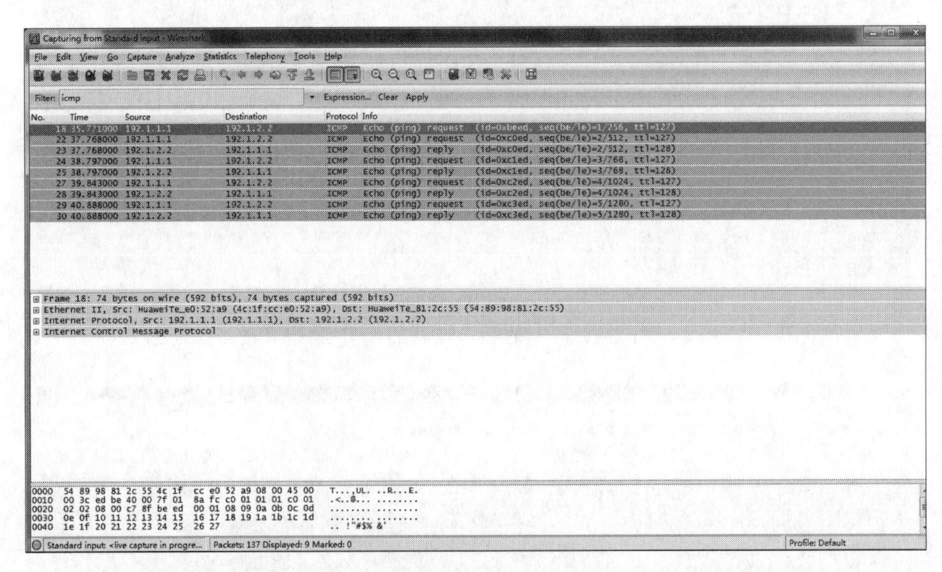

图 4.108　LSW1 连接 PC4 的端口捕获的 PC1 至 PC4 的报文序列

4.9.6　命令行接口配置过程

1. 交换机 LSW1 配置过程

```
<Huawei>system-view
[Huawei]undo info-center enable
[Huawei]vlan batch 2 3
[Huawei]interface GigabitEthernet0/0/1
[Huawei-GigabitEthernet0/0/1]port link-type access
```

```
[Huawei-GigabitEthernet0/0/1]port default vlan 2
[Huawei-GigabitEthernet0/0/1]quit
[Huawei]interface GigabitEthernet0/0/2
[Huawei-GigabitEthernet0/0/2]port link-type access
[Huawei-GigabitEthernet0/0/2]port default vlan 2
[Huawei-GigabitEthernet0/0/2]quit
[Huawei]interface GigabitEthernet0/0/3
[Huawei-GigabitEthernet0/0/3]port link-type access
[Huawei-GigabitEthernet0/0/3]port default vlan 3
[Huawei-GigabitEthernet0/0/3]quit
[Huawei]interface GigabitEthernet0/0/4
[Huawei-GigabitEthernet0/0/4]port link-type access
[Huawei-GigabitEthernet0/0/4]port default vlan 3
[Huawei-GigabitEthernet0/0/4]quit
[Huawei]interface vlanif 2
[Huawei-Vlanif2]ip address 192.1.1.254 24
[Huawei-Vlanif2]quit
[Huawei]interface vlanif 3
[Huawei-Vlanif3]ip address 192.1.2.254 24
[Huawei-Vlanif3]quit
```

2. 命令列表

三层交换机配置过程中使用的命令及功能和参数说明如表 4.11 所示。

表 4.11 三层交换机配置过程中使用的命令及功能和参数说明

命令格式	功能和参数说明
interface vlanif *vlan-id*	创建编号为 *vlan-id* 的 VLAN 对应的 IP 接口,并进入 IP 接口视图

4.10 多个三层交换机互连实验

4.10.1 实验内容

在本实验中构建如图 4.109 所示的网络结构。在三层交换机 S1 上创建两个 VLAN,分别是 VLAN 2 和 VLAN 3,终端 A 和终端 B 属于 VLAN 2,终端 C 和终端 D 属于 VLAN 3。在三层交换机 S2 上创建两个 VLAN,分别是 VLAN 4 和 VLAN 5,终端 E 和终端 F 属于 VLAN 4,终端 G 和终端 H 属于 VLAN 5。本实验实现属于同一 VLAN 的两个终端之间的通信过程,以及属于不同 VLAN 的两个终端之间的通信过程。

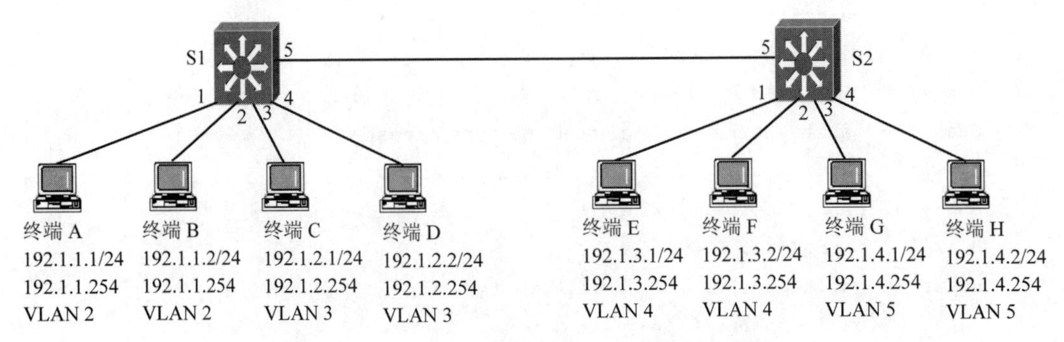

图 4.109　多个三层交换机互连实验的网络结构

4.10.2　实验目的

(1) 对三层交换机的路由功能加深理解。

(2) 验证三层交换机建立完整路由表的过程。

(3) 验证三层交换机 RIP 配置过程。

(4) 验证多个三层交换机互连过程。

4.10.3　实验原理

关于三层交换机 S1 针对 VLAN 2 和 VLAN 3 实现 VLAN 内和 VLAN 间通信的过程及三层交换机 S2 针对 VLAN 4 和 VLAN 5 实现 VLAN 内和 VLAN 间通信的过程，已经在 4.9 节中作了详细讨论。本节讨论的重点是如何实现 VLAN 2 和 VLAN 3 与 VLAN 4 和 VLAN 5 之间的通信过程。

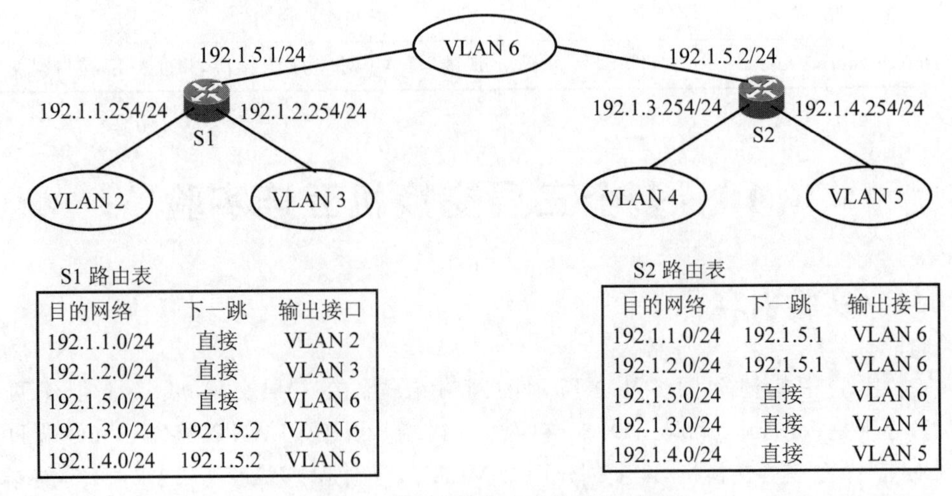

S1 路由表

目的网络	下一跳	输出接口
192.1.1.0/24	直接	VLAN 2
192.1.2.0/24	直接	VLAN 3
192.1.5.0/24	直接	VLAN 6
192.1.3.0/24	192.1.5.2	VLAN 6
192.1.4.0/24	192.1.5.2	VLAN 6

S2 路由表

目的网络	下一跳	输出接口
192.1.1.0/24	192.1.5.1	VLAN 6
192.1.2.0/24	192.1.5.1	VLAN 6
192.1.5.0/24	直接	VLAN 6
192.1.3.0/24	直接	VLAN 4
192.1.4.0/24	直接	VLAN 5

图 4.110　三层交换机互连过程实现原理

为了实现 VLAN 2 和 VLAN 3 与 VLAN 4 和 VLAN 5 之间的通信过程，需要创建一个实现 S1 和 S2 互连的 VLAN。例如图 4.110 所示的 VLAN 6,在 S1 中需要定义 VLAN 6 对应的 IP 接口,并为 IP 接口分配 IP 地址 192.1.5.1 和子网掩码 255.255.255.0;在 S2 中需要定义 VLAN 6 对应的 IP 接口,并为 IP 接口分配 IP 地址 192.1.5.2 和子网掩码 255.255.255.0。对于 S1,通往 VLAN 4 和 VLAN 5 的传输路径上的下一跳是 S2 中 VLAN 6 对应的 IP 接口;对于 S2,通往 VLAN 2 和 VLAN 3 的传输路径上的下一跳是 S1 中 VLAN 6 对应的 IP 接口。由此可以生成如图 4.110 所示的 S1 和 S2 的完整路由表。S1 和 S2 路由表中用于指明通往没有直接连接的网络的传输路径的路由项可以通过路由信息协议(RIP)生成。

4.10.4 实验步骤

(1) 启动 eNSP,按照图 4.109 所示的网络拓扑结构放置和连接设备。完成设备放置和连接后的 eNSP 界面如图 4.111 所示。启动所有设备。

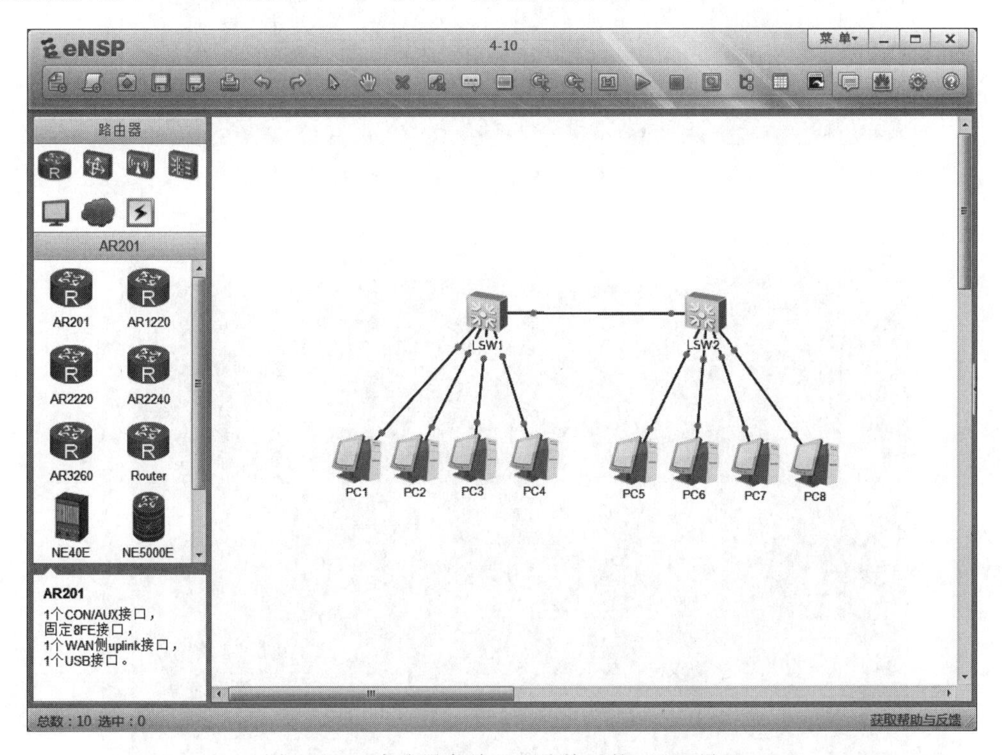

图 4.111　完成设备放置和连接后的 eNSP 界面

(2) 在交换机 LSW1 中创建 VLAN 2、VLAN 3 和 VLAN 6,并为这些 VLAN 分配交换机端口。在交换机 LSW2 中创建 VLAN 4、VLAN 5 和 VLAN 6,并为这些 VLAN 分配交换机端口。完成 VLAN 配置过程后的交换机 LSW1 和 LSW2 中 VLAN 的成员组成分别如图 4.112 和图 4.113 所示。

(3) 在交换机 LSW1 中分别定义 VLAN 2、VLAN 3 和 VLAN 6 对应的 IP 接口,并为这些 IP 接口分配 IP 地址和子网掩码。在交换机 LSW2 中分别定义 VLAN 4、VLAN

```
LSW1
<Huawei>display vlan
The total number of vlans is : 4
--------------------------------------------------------------------------------
U: Up;         D: Down;         TG: Tagged;         UT: Untagged;
MP: Vlan-mapping;               ST: Vlan-stacking;
#: ProtocolTransparent-vlan;    *: Management-vlan;
--------------------------------------------------------------------------------

VID  Type    Ports
--------------------------------------------------------------------------------
1    common  UT:GE0/0/6(D)      GE0/0/7(D)      GE0/0/8(D)      GE0/0/9(D)
                GE0/0/10(D)     GE0/0/11(D)     GE0/0/12(D)     GE0/0/13(D)
                GE0/0/14(D)     GE0/0/15(D)     GE0/0/16(D)     GE0/0/17(D)
                GE0/0/18(D)     GE0/0/19(D)     GE0/0/20(D)     GE0/0/21(D)
                GE0/0/22(D)     GE0/0/23(D)     GE0/0/24(D)

2    common  UT:GE0/0/1(U)      GE0/0/2(U)

3    common  UT:GE0/0/3(U)      GE0/0/4(U)

6    common  UT:GE0/0/5(U)


VID  Status  Property      MAC-LRN Statistics Description
--------------------------------------------------------------------------------

1    enable  default       enable  disable    VLAN 0001
2    enable  default       enable  disable    VLAN 0002
3    enable  default       enable  disable    VLAN 0003
6    enable  default       enable  disable    VLAN 0006
<Huawei>
```

图 4.112　交换机 LSW1 中 VLAN 的成员组成

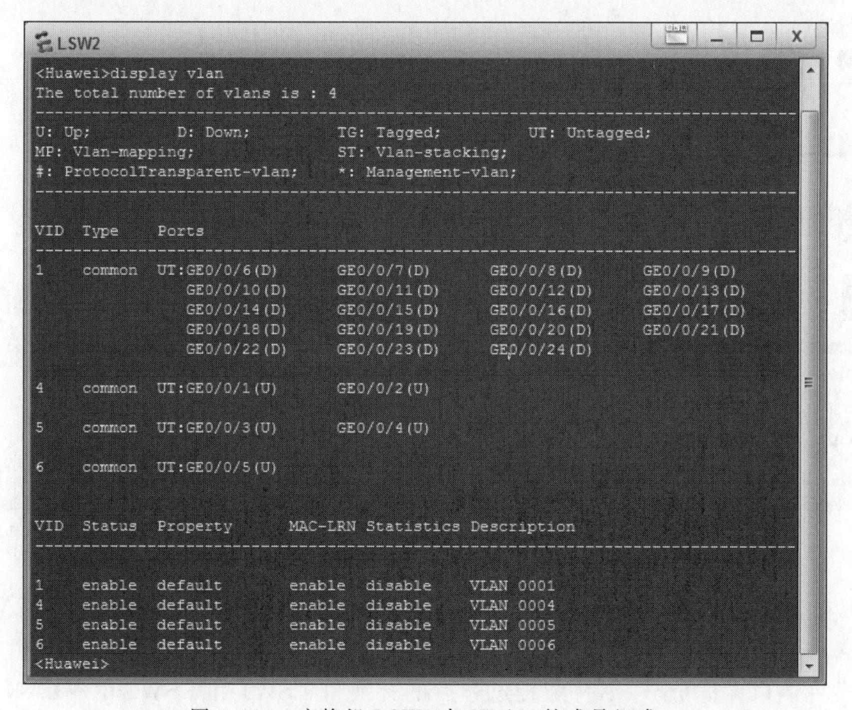

图 4.113　交换机 LSW2 中 VLAN 的成员组成

5 和 VLAN 6 对应的 IP 接口，并为这些 IP 接口分配 IP 地址和子网掩码。完成 IP 接口定义后，交换机 LSW1 和 LSW2 的 IP 接口状态分别如图 4.114 和图 4.115 所示。

```
LSW1
Vlanif2 current state : UP
Line protocol current state : UP
Last line protocol up time : 2019-03-07 23:39:20 UTC-08:00
Description:
Route Port,The Maximum Transmit Unit is 1500
Internet Address is 192.1.1.254/24
IP Sending Frames' Format is PKTFMT_ETHNT_2, Hardware address is 4c1f-cc97-1e2b
Current system time: 2019-03-07 23:43:27-08:00
    Input bandwidth utilization  : --
    Output bandwidth utilization : --

Vlanif3 current state : UP
Line protocol current state : UP
Last line protocol up time : 2019-03-07 23:39:20 UTC-08:00
Description:
Route Port,The Maximum Transmit Unit is 1500
Internet Address is 192.1.2.254/24
IP Sending Frames' Format is PKTFMT_ETHNT_2, Hardware address is 4c1f-cc97-1e2b
Current system time: 2019-03-07 23:43:27-08:00
    Input bandwidth utilization  : --
    Output bandwidth utilization : --

Vlanif6 current state : UP
Line protocol current state : UP
Last line protocol up time : 2019-03-07 23:39:21 UTC-08:00
Description:
Route Port,The Maximum Transmit Unit is 1500
Internet Address is 192.1.5.1/24
IP Sending Frames' Format is PKTFMT_ETHNT_2, Hardware address is 4c1f-cc97-1e2b
Current system time: 2019-03-07 23:43:41-08:00
    Input bandwidth utilization  : --
    Output bandwidth utilization : --
```

图 4.114　交换机 LSW1 的 IP 接口状态

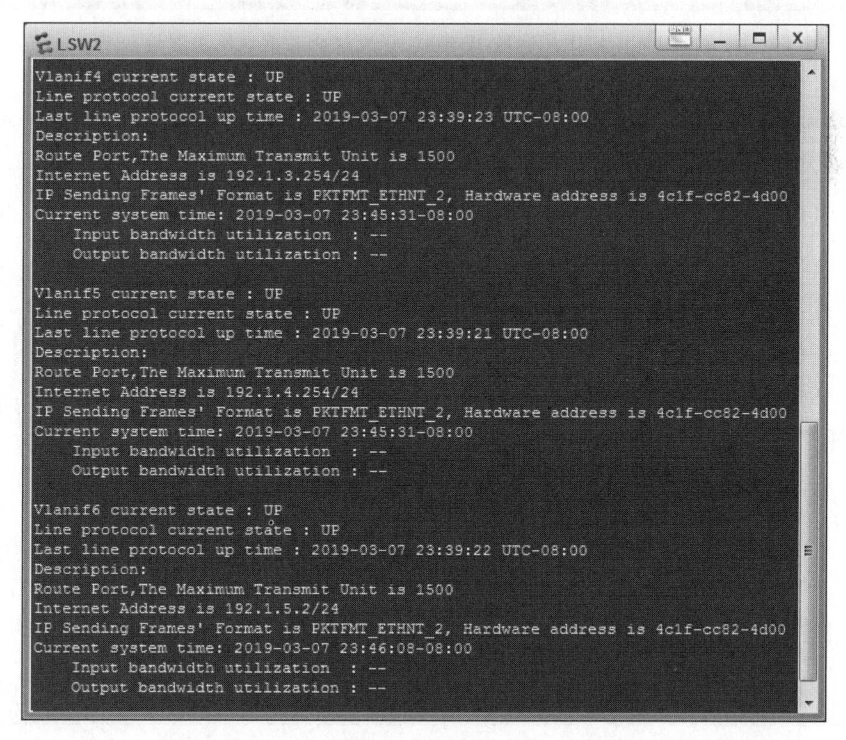

图 4.115　交换机 LSW2 的 IP 接口状态

(4) 完成各个终端的 IP 地址、子网掩码和默认网关地址配置过程。某个终端连接的 VLAN 所对应的 IP 接口的 IP 地址成为该终端的默认网关地址。PC1 配置的 IP 地址、子网掩码和默认网关地址如图 4.116 所示。PC7 配置的 IP 地址、子网掩码和默认网关地址如图 4.117 所示。

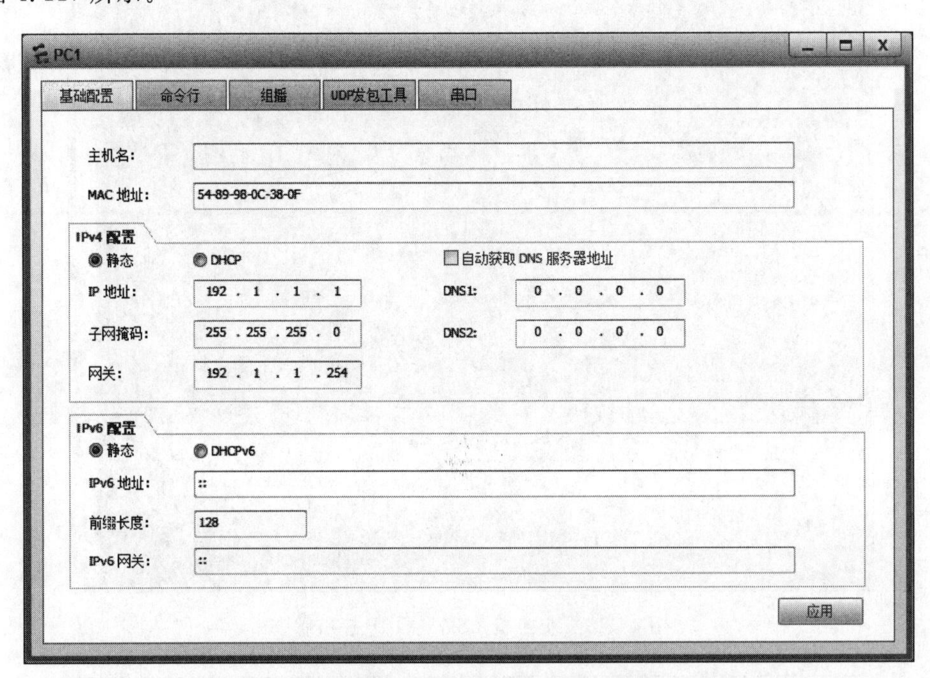

图 4.116　PC1 配置的 IP 地址、子网掩码和默认网关地址

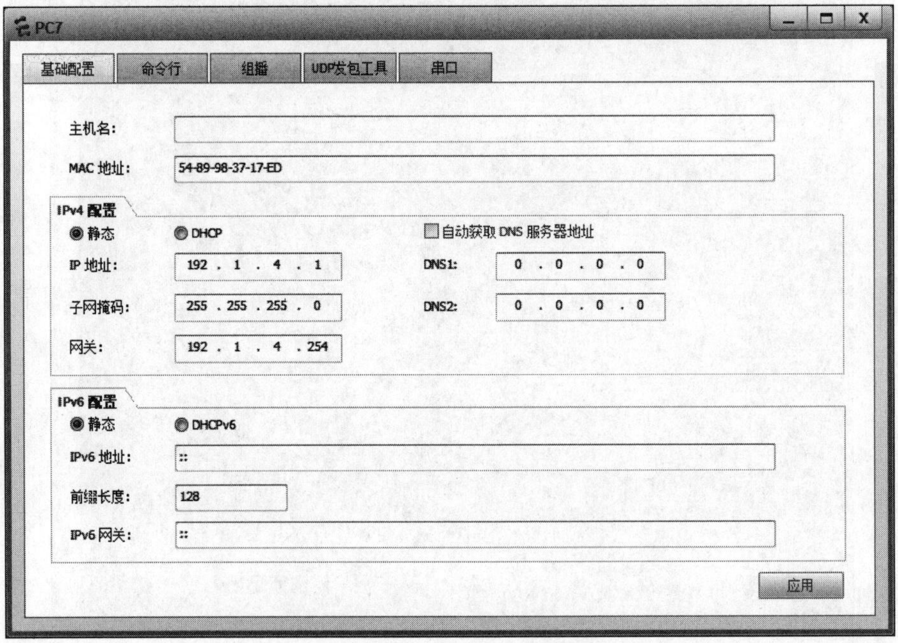

图 4.117　PC7 配置的 IP 地址、子网掩码和默认网关地址

（5）完成交换机 LSW1 和 LSW2 有关 RIP 的配置过程。交换机 LSW1 和 LSW2 生成的完整路由表分别如图 4.118 和图 4.119 所示。

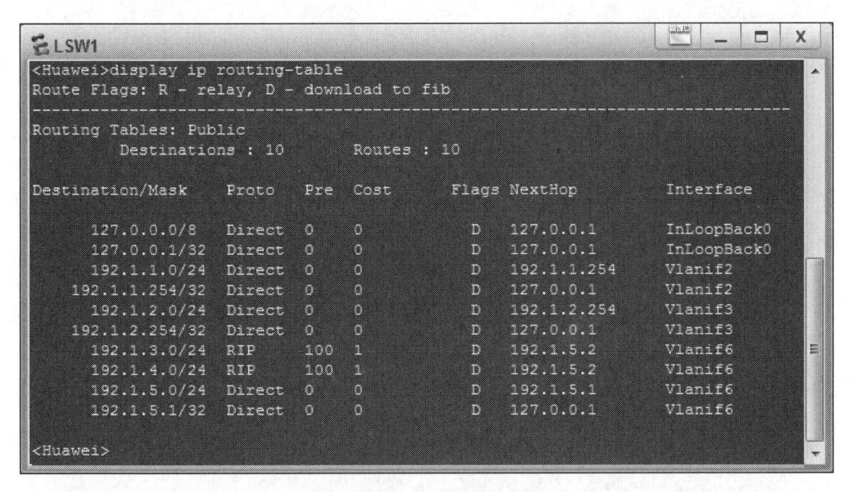

```
LSW1
<Huawei>display ip routing-table
Route Flags: R - relay, D - download to fib
------------------------------------------------------------------------------
Routing Tables: Public
         Destinations : 10       Routes : 10

Destination/Mask    Proto   Pre  Cost      Flags NextHop         Interface

      127.0.0.0/8   Direct  0    0           D   127.0.0.1       InLoopBack0
      127.0.0.1/32  Direct  0    0           D   127.0.0.1       InLoopBack0
      192.1.1.0/24  Direct  0    0           D   192.1.1.254     Vlanif2
    192.1.1.254/32  Direct  0    0           D   127.0.0.1       Vlanif2
      192.1.2.0/24  Direct  0    0           D   192.1.2.254     Vlanif3
    192.1.2.254/32  Direct  0    0           D   127.0.0.1       Vlanif3
      192.1.3.0/24  RIP     100  1           D   192.1.5.2       Vlanif6
      192.1.4.0/24  RIP     100  1           D   192.1.5.2       Vlanif6
      192.1.5.0/24  Direct  0    0           D   192.1.5.1       Vlanif6
      192.1.5.1/32  Direct  0    0           D   127.0.0.1       Vlanif6

<Huawei>
```

图 4.118　交换机 LSW1 的完整路由表

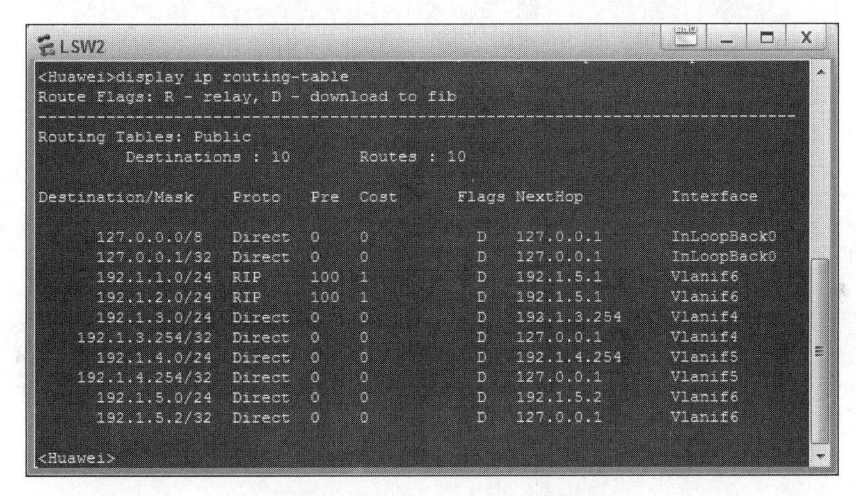

```
LSW2
<Huawei>display ip routing-table
Route Flags: R - relay, D - download to fib
------------------------------------------------------------------------------
Routing Tables: Public
         Destinations : 10       Routes : 10

Destination/Mask    Proto   Pre  Cost      Flags NextHop         Interface

      127.0.0.0/8   Direct  0    0           D   127.0.0.1       InLoopBack0
      127.0.0.1/32  Direct  0    0           D   127.0.0.1       InLoopBack0
      192.1.1.0/24  RIP     100  1           D   192.1.5.1       Vlanif6
      192.1.2.0/24  RIP     100  1           D   192.1.5.1       Vlanif6
      192.1.3.0/24  Direct  0    0           D   192.1.3.254     Vlanif4
    192.1.3.254/32  Direct  0    0           D   127.0.0.1       Vlanif4
      192.1.4.0/24  Direct  0    0           D   192.1.4.254     Vlanif5
    192.1.4.254/32  Direct  0    0           D   127.0.0.1       Vlanif5
      192.1.5.0/24  Direct  0    0           D   192.1.5.2       Vlanif6
      192.1.5.2/32  Direct  0    0           D   127.0.0.1       Vlanif6

<Huawei>
```

图 4.119　交换机 LSW2 的完整路由表

（6）完成上述配置过程后，可以启动连接在不同 VLAN 上的终端之间的通信过程。图 4.120 是连接在 VLAN 2 上的 PC1 与连接在 VLAN 4 上的 PC5 和连接在 VLAN 5 上的 PC7 之间的通信过程。

（7）为观察 ICMP 报文 PC1 至 PC7 的传输过程，分别在交换机 LSW1 连接 PC1 的端口、交换机 LSW1 连接交换机 LSW2 的端口和交换机 LSW2 连接 PC7 的端口启动捕获报文功能。ICMP 报文在 PC1 至交换机 LSW1 的传输过程中被封装成以 PC1 的 MAC 地址为源 MAC 地址、以交换机 LSW1 中 VLAN 2 对应的 IP 接口的 MAC 地址为目的 MAC 地址的 MAC 帧。图 4.121 是交换机 LSW1 连接 PC1 的端口捕获的报文序列。ICMP 报文在交换机 LSW1 至交换机 LSW2 的传输过程中被封装成以交换机 LSW1 中 VLAN 6 对应的 IP 接口的 MAC 地址为源 MAC 地址、以交换机 LSW2 中 VLAN 6 对应

```
PC1
基础配置 命令行 组播 UDP发包工具 串口

PC>ping 192.1.3.1

Ping 192.1.3.1: 32 data bytes, Press Ctrl_C to break
From 192.1.3.1: bytes=32 seq=1 ttl=126 time=78 ms
From 192.1.3.1: bytes=32 seq=2 ttl=126 time=47 ms
From 192.1.3.1: bytes=32 seq=3 ttl=126 time=78 ms
From 192.1.3.1: bytes=32 seq=4 ttl=126 time=63 ms
From 192.1.3.1: bytes=32 seq=5 ttl=126 time=63 ms

--- 192.1.3.1 ping statistics ---
  5 packet(s) transmitted
  5 packet(s) received
  0.00% packet loss
  round-trip min/avg/max = 47/65/78 ms

PC>ping 192.1.4.1

Ping 192.1.4.1: 32 data bytes, Press Ctrl_C to break
From 192.1.4.1: bytes=32 seq=1 ttl=126 time=93 ms
From 192.1.4.1: bytes=32 seq=2 ttl=126 time=78 ms
From 192.1.4.1: bytes=32 seq=3 ttl=126 time=63 ms
From 192.1.4.1: bytes=32 seq=4 ttl=126 time=62 ms
From 192.1.4.1: bytes=32 seq=5 ttl=126 time=63 ms

--- 192.1.4.1 ping statistics ---
  5 packet(s) transmitted
  5 packet(s) received
  0.00% packet loss
  round-trip min/avg/max = 62/71/93 ms

PC>
```

图 4.120　PC1 与 PC5 和 PC7 之间的通信过程

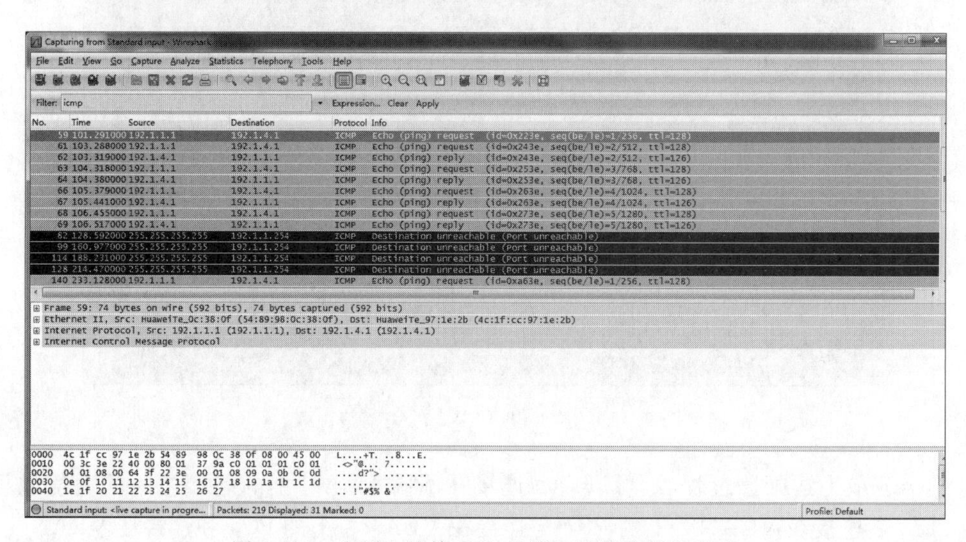

图 4.121　LSW1 连接 PC1 的端口捕获的报文序列

的 IP 接口的 MAC 地址为目的 MAC 地址的 MAC 帧。图 4.122 是交换机 LSW1 连接交换机 LSW2 的端口捕获的报文序列。ICMP 报文在交换机 LSW2 至 PC7 的传输过程中被封装成以交换机 LSW2 中 VLAN 5 对应的 IP 接口的 MAC 地址为源 MAC 地址、以 PC7 的 MAC 地址为目的 MAC 地址的 MAC 帧。图 4.123 是交换机 LSW2 连接 PC7 的端口捕获的报文序列。交换机 LSW1 连接 PC1 的端口和交换机 LSW2 连接 PC7 的端口捕获的报文序列中包含 PC1 和 PC7 接收到交换机 LSW1 和交换机 LSW2 发送的 RIP 路由消息后，因为没有对应的接收进程而回送的终点不可达的 ICMP 差错报告报文。

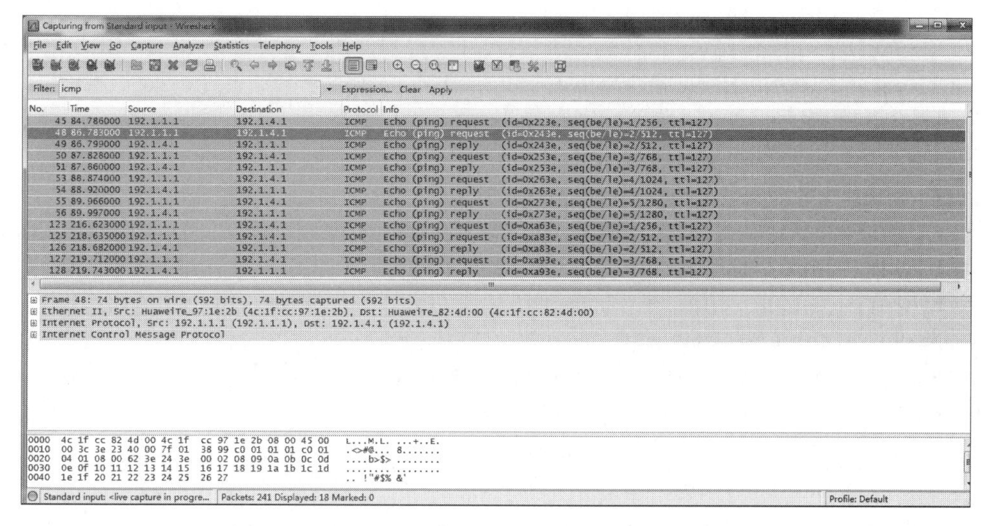

图 4.122　LSW1 连接 LSW2 的端口捕获的报文序列

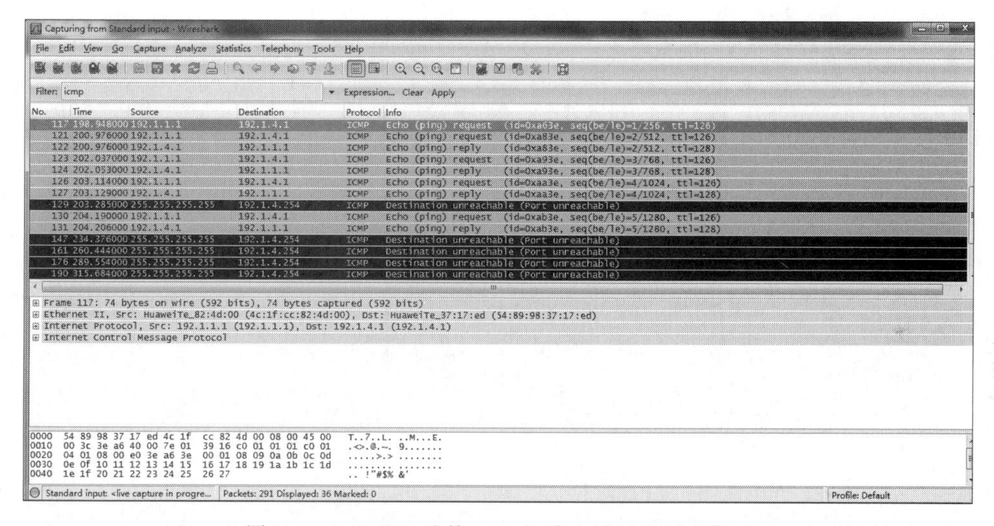

图 4.123　LSW2 连接 PC7 的端口捕获的报文序列

4.10.5　命令行接口配置过程

1. 交换机 LSW1 配置过程

```
<Huawei>system-view
[Huawei]undo info-center enable
[Huawei]vlan batch 2 3 6
[Huawei]interface GigabitEthernet0/0/1
[Huawei-GigabitEthernet0/0/1]port link-type access
[Huawei-GigabitEthernet0/0/1]port default vlan 2
```

```
[Huawei-GigabitEthernet0/0/1]quit
[Huawei]interface GigabitEthernet0/0/2
[Huawei-GigabitEthernet0/0/2]port link-type access
[Huawei-GigabitEthernet0/0/2]port default vlan 2
[Huawei-GigabitEthernet0/0/2]quit
[Huawei]interface GigabitEthernet0/0/3
[Huawei-GigabitEthernet0/0/3]port link-type access
[Huawei-GigabitEthernet0/0/3]port default vlan 3
[Huawei-GigabitEthernet0/0/3]quit
[Huawei]interface GigabitEthernet0/0/4
[Huawei-GigabitEthernet0/0/4]port link-type access
[Huawei-GigabitEthernet0/0/4]port default vlan 3
[Huawei-GigabitEthernet0/0/4]quit
[Huawei]interface GigabitEthernet0/0/5
[Huawei-GigabitEthernet0/0/5]port link-type access
[Huawei-GigabitEthernet0/0/5]port default vlan 6
[Huawei-GigabitEthernet0/0/5]quit
[Huawei]interface vlanif 2
[Huawei-Vlanif2]ip address 192.1.1.254 24
[Huawei-Vlanif2]quit
[Huawei]interface vlanif 3
[Huawei-Vlanif3]ip address 192.1.2.254 24
[Huawei-Vlanif3]quit
[Huawei]interface vlanif 6
[Huawei-Vlanif6]ip address 192.1.5.1 24
[Huawei-Vlanif6]quit
[Huawei]rip 1
[Huawei-rip-1]network 192.1.1.0
[Huawei-rip-1]network 192.1.2.0
[Huawei-rip-1]network 192.1.5.0
[Huawei-rip-1]quit
```

2. 交换机 LSW2 配置过程

```
<Huawei>system-view
[Huawei]undo info-center enable
[Huawei]vlan batch 4 5 6
[Huawei]interface GigabitEthernet0/0/1
[Huawei-GigabitEthernet0/0/1]port link-type access
[Huawei-GigabitEthernet0/0/1]port default vlan 4
[Huawei-GigabitEthernet0/0/1]quit
[Huawei]interface GigabitEthernet0/0/2
[Huawei-GigabitEthernet0/0/2]port link-type access
[Huawei-GigabitEthernet0/0/2]port default vlan 4
```

```
[Huawei-GigabitEthernet0/0/2]quit
[Huawei]interface GigabitEthernet0/0/3
[Huawei-GigabitEthernet0/0/3]port link-type access
[Huawei-GigabitEthernet0/0/3]port default vlan 5
[Huawei-GigabitEthernet0/0/3]quit
[Huawei]interface GigabitEthernet0/0/4
[Huawei-GigabitEthernet0/0/4]port link-type access
[Huawei-GigabitEthernet0/0/4]port default vlan 5
[Huawei-GigabitEthernet0/0/4]quit
[Huawei]interface GigabitEthernet0/0/5
[Huawei-GigabitEthernet0/0/5]port link-type access
[Huawei-GigabitEthernet0/0/5]port default vlan 6
[Huawei-GigabitEthernet0/0/5]quit
[Huawei]interface vlanif 4
[Huawei-Vlanif4]ip address 192.1.3.254 24
[Huawei-Vlanif4]quit
[Huawei]interface vlanif 5
[Huawei-Vlanif5]ip address 192.1.4.254 24
[Huawei-Vlanif5]quit
[Huawei]interface vlanif 6
[Huawei-Vlanif6]ip address 192.1.5.2 24
[Huawei-Vlanif6]quit
[Huawei]rip 2
[Huawei-rip-2]network 192.1.3.0
[Huawei-rip-2]network 192.1.4.0
[Huawei-rip-2]network 192.1.5.0
[Huawei-rip-2]quit
```

4.11 两个三层交换机互连实验

4.11.1 实验内容

在本实验中构建如图 4.124 所示的互联以太网结构。在三层交换机 S1 上创建两个 VLAN，分别是 VLAN 2 和 VLAN 3，终端 A 和终端 B 属于 VLAN 2，终端 C 和终端 D 属于 VLAN 3。与 4.10 节不同的是，在三层交换机 S2 上同样创建两个编号分别是 2 和 3 的 VLAN，即 VLAN 2 和 VLAN 3，并使得终端 E 和终端 F 属于 VLAN 2，终端 G 和终端 H 属于 VLAN 3。本实验实现属于同一 VLAN 的两个终端之间的通信过程，以及属于不同 VLAN 的两个终端之间的通信过程。

4.11.2 实验目的

(1) 进一步理解三层交换机的二层交换功能。

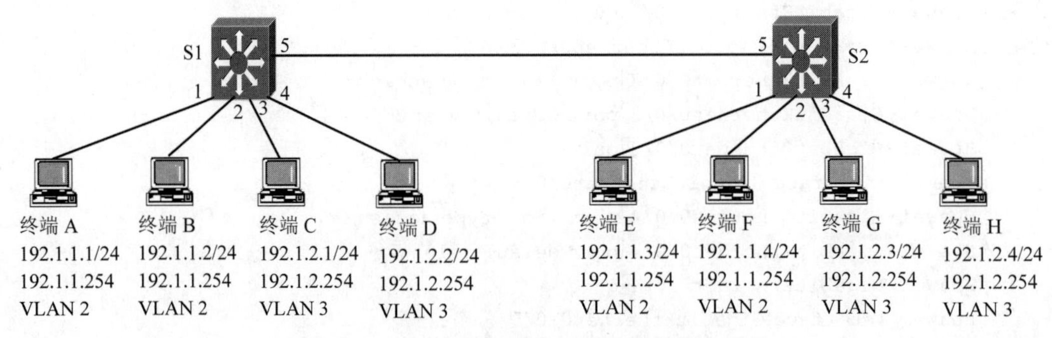

图 4.124 两个三层交换机互连实验的网络结构

(2) 了解三层交换机 IP 接口与路由器逻辑接口之间的差别。

(3) 了解三层交换机与路由器之间的差别。

(4) 了解跨交换机 VLAN 与 IP 接口组合带来的便利。

(5) 验证 IP 分组逐跳转发过程。

(6) 验证三层交换机静态路由项配置过程。

4.11.3 实验原理

1. VLAN 配置

为实现 VLAN 内的通信过程，属于同一 VLAN 的终端之间必须建立交换路径。表 4.12 和表 4.13 分别给出了三层交换机 S1 和 S2 的 VLAN 与端口之间的映射。根据表 4.12 和表 4.13 所示的 VLAN 与端口之间的映射，完成三层交换机 S1 和 S2 的 VLAN 配置过程后。三层交换机 S1 和 S2 的 VLAN 内交换路径如图 4.125 所示。

表 4.12 S1 的 VLAN 与端口的映射

VLAN	接入端口	共享端口
VLAN 2	1,2	5
VLAN 3	3,4	5

表 4.13 S2 的 VLAN 与端口的映射

VLAN	接入端口	共享端口
VLAN 2	1,2	5
VLAN 3	3,4	5

2. IP 接口配置方式一

S1 实现 VLAN 互联的过程和逻辑结构如图 4.126 所示。图 4.126(a)给出 VLAN 内交换路径和 VLAN 间 IP 分组的传输路径。图 4.126(b)给出由 S1 路由模块实现

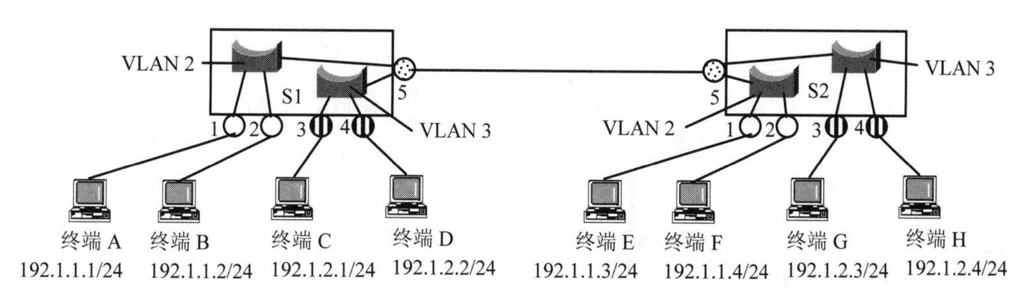

图 4.125 S1 和 S2 的 VLAN 内交换路径

VLAN 互联的逻辑结构。

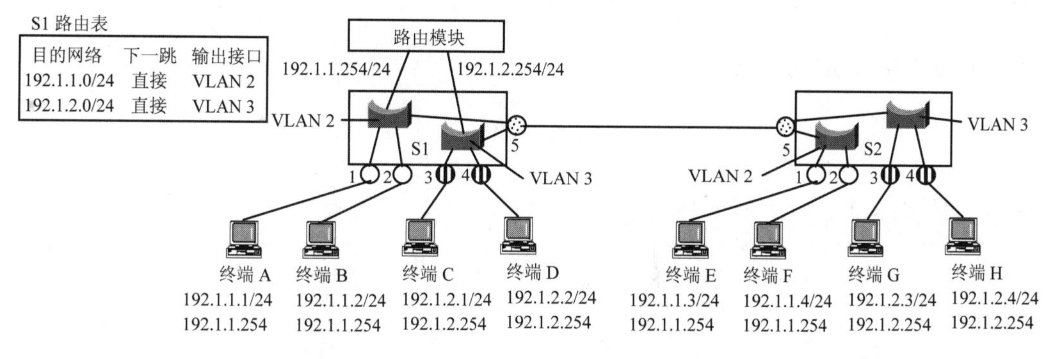

(a) VLAN 互联的过程

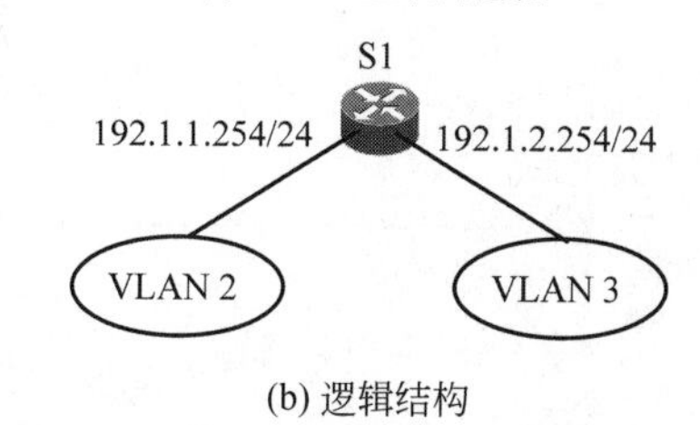

(b) 逻辑结构

图 4.126 S1 实现 VLAN 互联的过程和逻辑结构

在 S1 中定义两个分别对应 VLAN 2 和 VLAN 3 的 IP 接口。属于 VLAN 2 的终端必须建立与 VLAN 2 对应的 IP 接口之间的交换路径，属于 VLAN 3 的终端必须建立与 VLAN 3 对应的 IP 接口之间的交换路径。三层交换机 S2 完全作为二层交换机使用，用于建立属于同一 VLAN 的终端之间的交换路径和连接在三层交换机 S2 上的终端与对应的 IP 接口之间的交换路径。为两个 IP 接口分配 IP 地址和子网掩码，为某个 IP 接口分配的 IP 地址和子网掩码决定了该 IP 接口连接的 VLAN 的网络地址，连接在该 VLAN 上的终端以连接该 VLAN 的 IP 接口的 IP 地址为默认网关地址。属于同一 VLAN 的终端之间通过已经建立的终端之间的交换路径完成 MAC 帧传输过程。例如，终端 A 至终端 E 的 MAC 帧传输过程经过的交换路径为：终端 A→S1 的端口 1→S1 的端口 5→S2 的端口 5→S2 的端口 1→终端 E。

属于不同 VLAN 的终端之间的 IP 分组传输过程需要经过路由模块，由路由模块完成 IP 分组转发过程。因此，终端 E 至终端 G 的 IP 分组的传输路径分为两段，一段是终端E至VLAN 2对应的IP接口，另一段是VLAN 3对应的IP接口至终端G。IP分组终端E至VLAN 2对应的IP接口的传输过程中，IP分组封装成以终端E的MAC地址为源MAC地址、以S1标识VLAN 2对应的IP接口的特殊MAC地址为目的MAC地址的MAC帧，该MAC帧经过的交换路径为：终端E→S2的端口1→S2的端口5→S1的端口5→VLAN 2对应的IP接口。路由模块通过VLAN 2对应的IP接口接收到该MAC帧，从该MAC帧中分离出IP分组，根据IP分组的目的IP地址和路由表，确定将IP分组通过VLAN 3对应的IP接口输出。IP分组VLAN 3对应的IP接口至终端G的传输过程中，IP分组封装成以S1标识VLAN 3对应的IP接口的特殊MAC地址为源MAC地址、以终端G的MAC地址为目的MAC地址的MAC帧，该MAC帧经过的交换路径为：VLAN 3对应的IP接口→S1的端口5→S2的端口5→S2的端口3→终端G。

3. IP接口配置方式二

S1和S2同时实现VLAN互联的过程和逻辑结构如图4.127所示。图4.127(a)给出VLAN内交换路径和VLAN间IP分组的传输路径，图4.127(b)给出由S1和S2路由模块同时实现VLAN互联的逻辑结构。

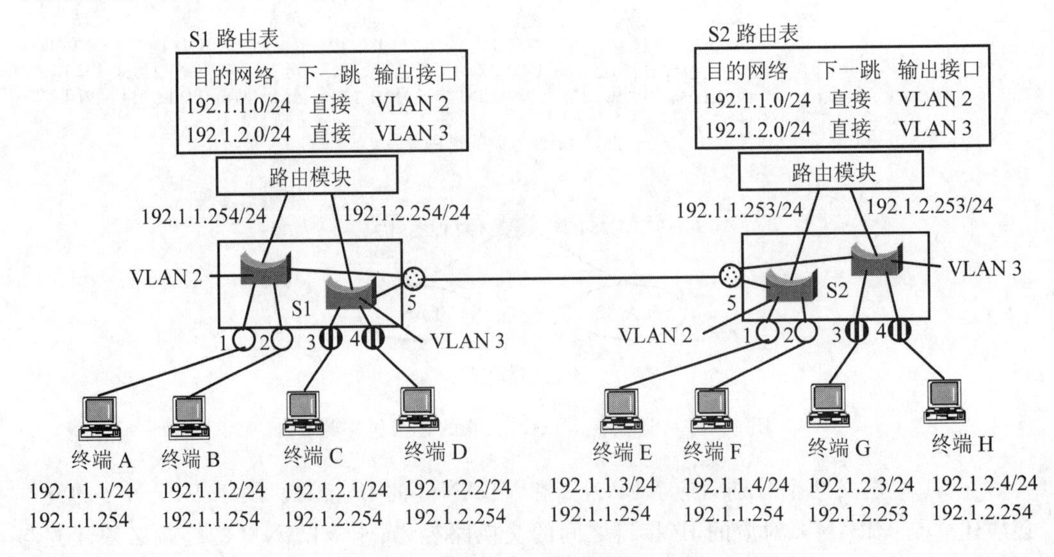

(a) VLAN互联的过程

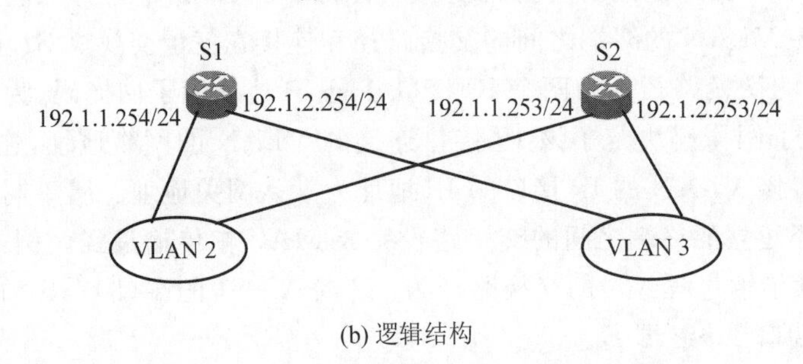

(b) 逻辑结构

图4.127 S1和S2同时实现VLAN互联的过程和逻辑结构

在 S1 和 S2 中定义 VLAN 2 和 VLAN 3 对应的 IP 接口，S1 和 S2 中相同 VLAN 对应的 IP 接口配置网络号相同、主机号不同的 IP 地址。例如，S1 中 VLAN 2 对应的 IP 接口配置的 IP 地址和子网掩码是 192.1.1.254/24，S2 中 VLAN 2 对应的 IP 接口配置的 IP 地址和子网掩码是 192.1.1.253/24。属于不同 VLAN 的终端之间的 IP 分组的传输过程需要经过路由模块，但可以选择经过 S1 中的路由模块或 S2 中的路由模块。终端根据默认网关地址确定经过的路由模块。如果终端 A 的默认网关地址是 192.1.1.254，终端 G 的默认网关地址是 192.1.2.253，则终端 A 至终端 G 的 IP 分组传输路径是：终端 A→S1 路由模块→终端 G，终端 G 至终端 A 的 IP 分组传输路径是：终端 G→S2 路由模块→终端 A。

4. IP 接口配置方式三

IP 接口配置方式三如图 4.128 所示。S1 中只定义 VLAN 2 对应的 IP 接口，S2 中只定义 VLAN 3 对应的 IP 接口，因此，连接在 VLAN 2 中的终端如果需要向连接在 VLAN 3 中的终端传输 IP 分组，只能将 IP 分组传输给 S1 的路由模块。由于只有 S2 的路由模块中定义了 VLAN 3 对应的 IP 接口，因此，需要建立 S1 路由模块与 S2 路由模块之间的 IP 分组传输路径。为了建立 S1 路由模块与 S2 路由模块之间的 IP 分组传输路径，如图 4.128(a)所示，需要在 S1 和 S2 中创建 VLAN 4，同时在 S1 和 S2 中定义 VLAN 4 对应的 IP 接口，建立 S1 中 VLAN 4 对应的 IP 接口与 S2 中 VLAN 4 对应的 IP 接口之间的交换路径，因此，S1 和 S2 中需要完成如表 4.14 和表 4.15 所示的 VLAN 与端口之间的映射。

表 4.14　S1 VLAN 与端口的映射

VLAN	接入端口	主干端口(共享端口)
VLAN 2	1,2	5
VLAN 3	3,4	5
VLAN 4		5

表 4.15　S2 VLAN 与端口的映射

VLAN	接入端口	主干端口(共享端口)
VLAN 2	1,2	5
VLAN 3	3,4	5
VLAN 4		5

当连接在 VLAN 2 中的终端 A 需要向连接在 VLAN 3 中的终端 C 传输 IP 分组时，IP 分组传输路径分为 3 段：第一段是终端 A 至 S1 中 VLAN 2 对应的 IP 接口，第二段是 S1 中 VLAN 4 对应的 IP 接口至 S2 中 VLAN 4 对应的 IP 接口，第三段是 S2 中 VLAN 3 对应的 IP 接口至终端 C。表示 VLAN 间传输路径的逻辑结构如图 4.128(b)所示，S1 的

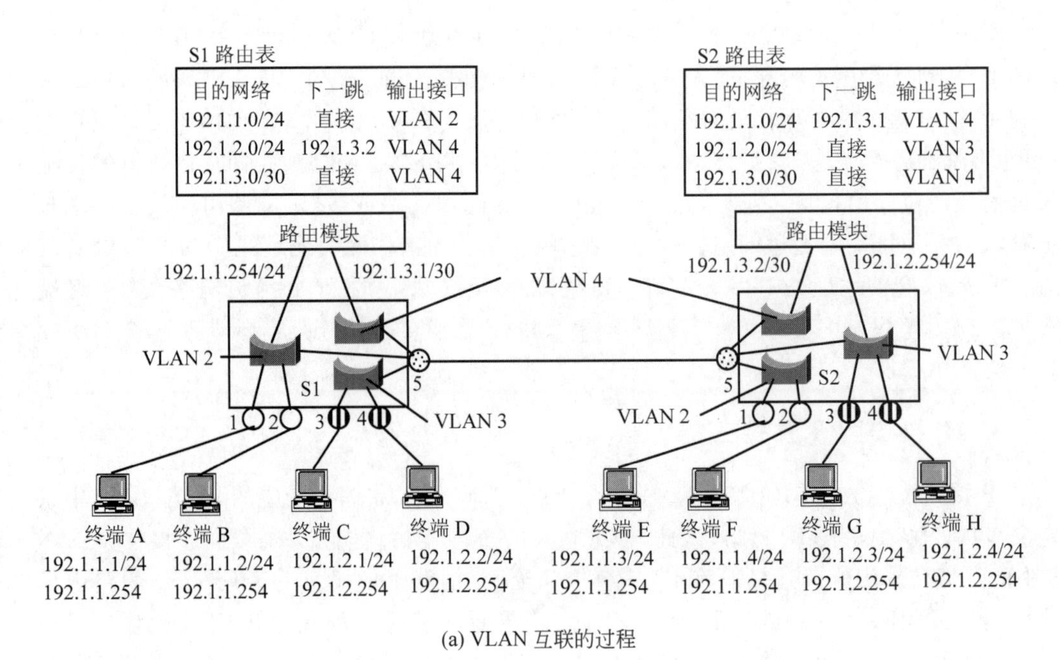

(a) VLAN 互联的过程

S1 S2
VLAN 2 192.1.1.254/24 192.1.3.1/30 VLAN 4 192.1.3.2/30 192.1.2.254/24 VLAN 3

(b) 逻辑结构

图 4.128 S1 和 S2 实现 VLAN 互联的过程和逻辑结构

路由模块根据 IP 分组的目的 IP 地址和路由表确定 IP 分组的输出接口和下一跳 IP 地址,因此,S1 的路由模块的路由表中需要建立用于指明通往 VLAN 3 的传输路径的路由项,该路由项的目的网络是 VLAN 3 的网络地址 192.1.2.0/24,输出接口是 VLAN 4 对应的 IP 接口,下一跳是 S2 中 VLAN 4 对应的 IP 接口的 IP 地址 192.1.3.2。同样,S2 的路由模块的路由表中需要建立目的网络是 VLAN 2 的网络地址 192.1.1.0/24,输出接口是 VLAN 4 对应的 IP 接口,下一跳是 S1 中 VLAN 4 对应的 IP 接口的 IP 地址 192.1.3.1 的路由项。

对应图 4.128(a)所示的 VLAN 内和 VLAN 间传输路径,终端 A 传输给终端 C 的 IP 分组,在终端 A 至 S1 中 VLAN 2 对应的 IP 接口这一段的传输过程中,封装成以终端 A 的 MAC 地址为源 MAC 地址、以 S1 标识 VLAN 2 对应的 IP 接口的特殊 MAC 地址为目的 MAC 地址的 MAC 帧,该 MAC 帧的交换路径为:终端 A→S1 的端口 1→S1 中 VLAN 2 对应的 IP 接口。IP 分组在 S1 中 VLAN 4 对应的 IP 接口至 S2 中 VLAN 4 对应的 IP 接口这一段的传输过程中,封装成以 S1 标识 VLAN 4 对应的 IP 接口的特殊 MAC 地址为源 MAC 地址、以 S2 标识 VLAN 4 对应的 IP 接口的特殊 MAC 地址为目的 MAC 地址的 MAC 帧,该 MAC 帧的交换路径为:S1 中 VLAN 4 对应的 IP 接口→S1 的端口 5→S2 的端口 5→S2 中 VLAN 4 对应的 IP 接口。IP 分组在 S2 中 VLAN 3 对应的 IP 接口至终端 C 这一段的传输过程中,封装成以 S2 标识 VLAN 3 对应的 IP 接口的特殊

MAC 地址为源 MAC 地址、以终端 C 的 MAC 地址为目的 MAC 地址的 MAC 帧，该 MAC 帧的交换路径为：S2 中 VLAN 3 对应的 IP 接口→S2 的端口 5→S1 的端口 5→S1 的端口 3→终端 C。

4.11.4 实验步骤

1. IP 接口配置方式一对应的实验步骤

(1) 启动 eNSP，按照图 4.124 所示的网络拓扑结构放置和连接设备。完成设备放置和连接后的 eNSP 界面如图 4.129 所示。启动所有设备。

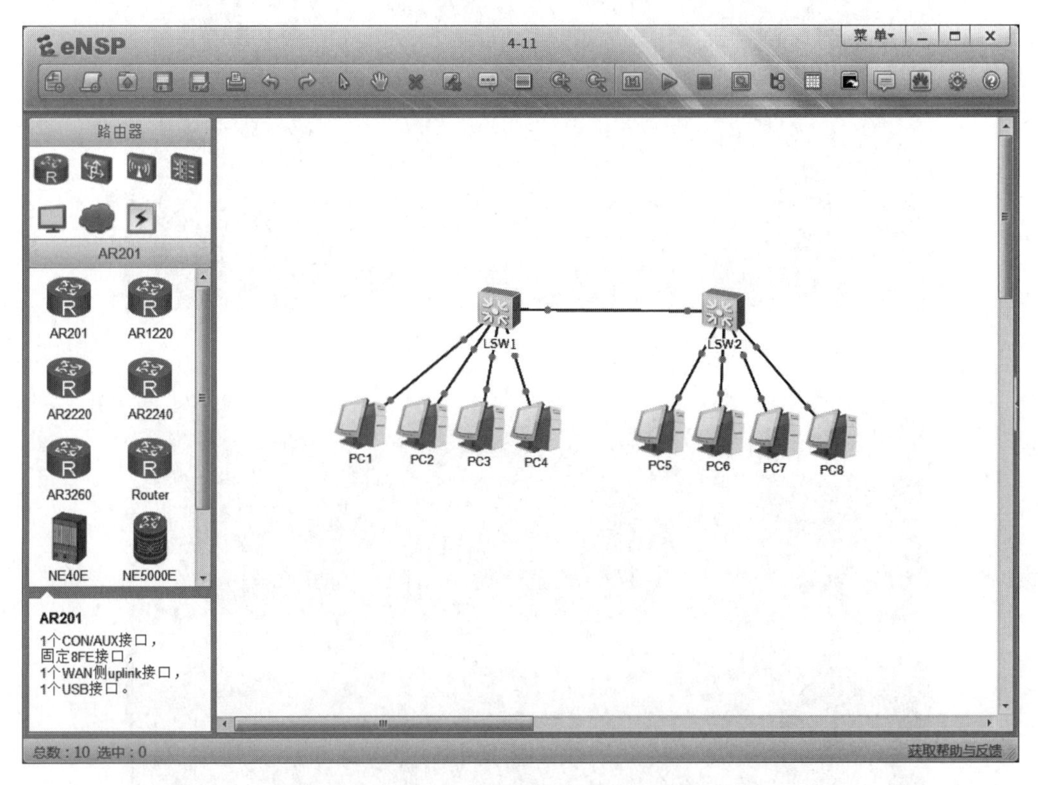

图 4.129 完成设备放置和连接后的 eNSP 界面

(2) 在交换机 LSW1 和 LSW2 中创建 VLAN 2 和 VLAN 3，并为这些 VLAN 分配交换机端口。完成 VLAN 配置过程后的交换机 LSW1 和 LSW2 中各个 VLAN 的成员组成分别如图 4.130 和图 4.131 所示。

(3) 在交换机 LSW1 中分别定义 VLAN 2 和 VLAN 3 对应的 IP 接口，并为这些 IP 接口分配 IP 地址和子网掩码。交换机 LSW1 的 IP 接口分配的 IP 地址和子网掩码以及这些 IP 接口对应的 MAC 地址如图 4.132 所示。由于没有在交换机 LSW2 中定义 VLAN 2 和 VLAN 3 对应的 IP 接口，因此，LSW2 中并不存在 VLAN 2 和 VLAN 3 对应的 IP 接口，如图 4.133 所示。交换机 LSW2 只作为二层交换机使用。

```
LSW1
<Huawei>display vlan
The total number of vlans is : 3
--------------------------------------------------------------------------------
U: Up;          D: Down;          TG: Tagged;          UT: Untagged;
MP: Vlan-mapping;                 ST: Vlan-stacking;
#: ProtocolTransparent-vlan;      *: Management-vlan;
--------------------------------------------------------------------------------

VID  Type    Ports
--------------------------------------------------------------------------------
1    common  UT:GE0/0/5(U)      GE0/0/6(D)      GE0/0/7(D)      GE0/0/8(D)
                GE0/0/9(D)      GE0/0/10(D)     GE0/0/11(D)     GE0/0/12(D)
                GE0/0/13(D)     GE0/0/14(D)     GE0/0/15(D)     GE0/0/16(D)
                GE0/0/17(D)     GE0/0/18(D)     GE0/0/19(D)     GE0/0/20(D)
                GE0/0/21(D)     GE0/0/22(D)     GE0/0/23(D)     GE0/0/24(D)

2    common  UT:GE0/0/1(U)      GE0/0/2(U)

             TG:GE0/0/5(U)

3    common  UT:GE0/0/3(U)      GE0/0/4(U)

             TG:GE0/0/5(U)


VID  Status  Property      MAC-LRN Statistics Description
--------------------------------------------------------------------------------

1    enable  default       enable  disable    VLAN 0001
2    enable  default       enable  disable    VLAN 0002
3    enable  default       enable  disable    VLAN 0003
<Huawei>
```

图 4.130　交换机 LSW1 中 VLAN 的成员组成

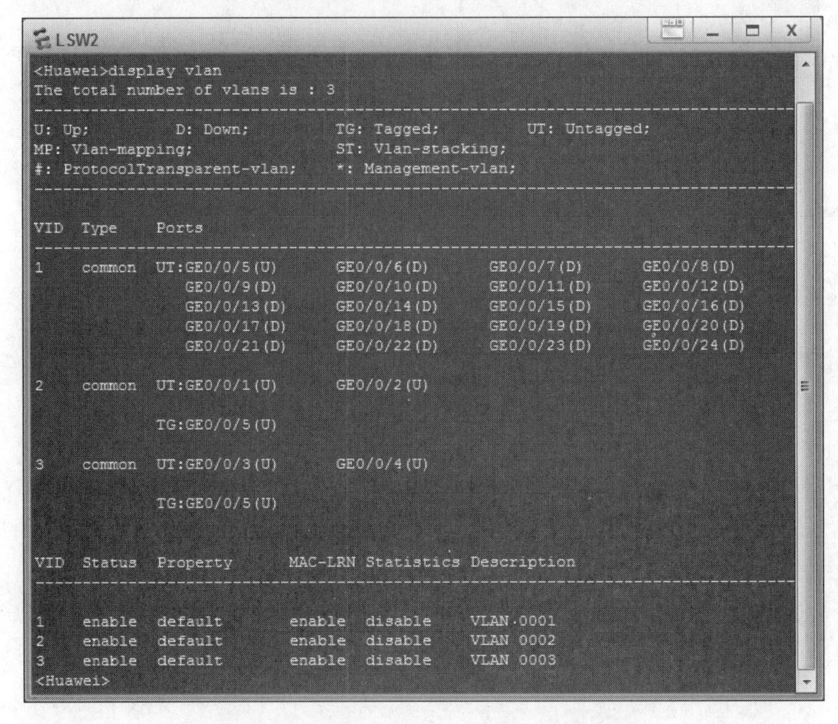

```
LSW2
<Huawei>display vlan
The total number of vlans is : 3
--------------------------------------------------------------------------------
U: Up;          D: Down;          TG: Tagged;          UT: Untagged;
MP: Vlan-mapping;                 ST: Vlan-stacking;
#: ProtocolTransparent-vlan;      *: Management-vlan;
--------------------------------------------------------------------------------

VID  Type    Ports
--------------------------------------------------------------------------------
1    common  UT:GE0/0/5(U)      GE0/0/6(D)      GE0/0/7(D)      GE0/0/8(D)
                GE0/0/9(D)      GE0/0/10(D)     GE0/0/11(D)     GE0/0/12(D)
                GE0/0/13(D)     GE0/0/14(D)     GE0/0/15(D)     GE0/0/16(D)
                GE0/0/17(D)     GE0/0/18(D)     GE0/0/19(D)     GE0/0/20(D)
                GE0/0/21(D)     GE0/0/22(D)     GE0/0/23(D)     GE0/0/24(D)

2    common  UT:GE0/0/1(U)      GE0/0/2(U)

             TG:GE0/0/5(U)

3    common  UT:GE0/0/3(U)      GE0/0/4(U)

             TG:GE0/0/5(U)


VID  Status  Property      MAC-LRN Statistics Description
--------------------------------------------------------------------------------

1    enable  default       enable  disable    VLAN 0001
2    enable  default       enable  disable    VLAN 0002
3    enable  default       enable  disable    VLAN 0003
<Huawei>
```

图 4.131　交换机 LSW2 中 VLAN 的成员组成

```
LSW1
<Huawei>display interface vlanif 2
Vlanif2 current state : UP
Line protocol current state : UP
Last line protocol up time : 2019-02-11 15:19:58 UTC-08:00
Description:
Route Port,The Maximum Transmit Unit is 1500
Internet Address is 192.1.1.254/24
IP Sending Frames' Format is PKTFMT_ETHNT_2, Hardware address is 4c1f-cc2e-7d4d
Current system time: 2019-02-11 15:59:26-08:00
    Input bandwidth utilization  : --
    Output bandwidth utilization : --

<Huawei>display interface vlanif 3
Vlanif3 current state : UP
Line protocol current state : UP
Last line protocol up time : 2019-02-11 15:19:58 UTC-08:00
Description:
Route Port,The Maximum Transmit Unit is 1500
Internet Address is 192.1.2.254/24
IP Sending Frames' Format is PKTFMT_ETHNT_2, Hardware address is 4c1f-cc2e-7d4d
Current system time: 2019-02-11 15:59:54-08:00
    Input bandwidth utilization  : --
    Output bandwidth utilization : --

<Huawei>
```

图 4.132　交换机 LSW1 有关 IP 接口的信息

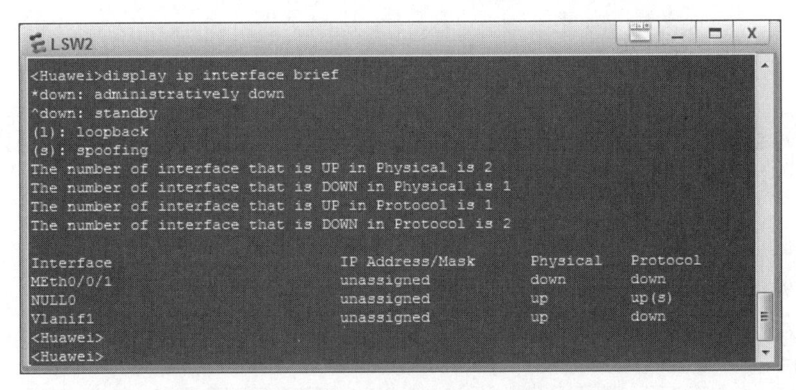

图 4.133　交换机 LSW2 有关 IP 接口的信息

(4) 完成交换机 LSW1 的 IP 接口配置过程后，交换机 LSW1 自动生成如图 4.134 所示的直连路由项。

(5) 完成各个终端的 IP 地址、子网掩码和默认网关地址配置过程，由于 PC5 和 PC6 连接在 VLAN 2 上，因此，VLAN 2 对应的 IP 接口的 IP 地址成为 PC5 和 PC6 的默认网关地址。PC6 配置的 IP 地址、子网掩码和默认网关地址如图 4.135 所示。由于 PC7 和 PC8 连接在 VLAN 3 上，因此，VLAN 3 对应的 IP 接口的 IP 地址成为 PC7 和 PC8 的默认网关地址。PC7 配置的 IP 地址、子网掩码和默认网关地址如图 4.136 所示。

(6) 连接在 VLAN 2 上的 PC6 发送给连接在 VLAN 3 上的 PC7 的 IP 分组的传输路径是 PC6→VLAN 2 对应的 IP 接口→VLAN 3 对应的 IP 接口→PC7。由于 VLAN 2 和 VLAN 3 对应的 IP 接口都在交换机 LSW1 中，因此，该 IP 分组既需要从交换机 LSW1 的端口 GE0/0/5(GigabitEthernet0/0/5)输入，又需要从交换机 LSW1 的端口 GE0/0/5 输出。在交换机 LSW1 的端口 GE0/0/5 上启动捕获报文功能。启动连接在 VLAN 2 上的 PC6 与连接在 VLAN 3 上的 PC7 之间的 ICMP 报文传输过程，如图 4.137 所示。

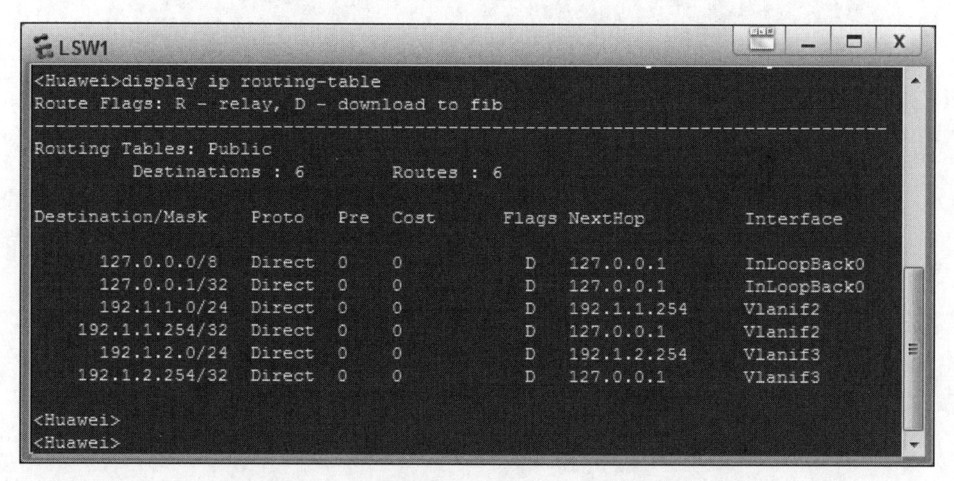

图 4.134 交换机 LSW1 自动生成的直连路由项

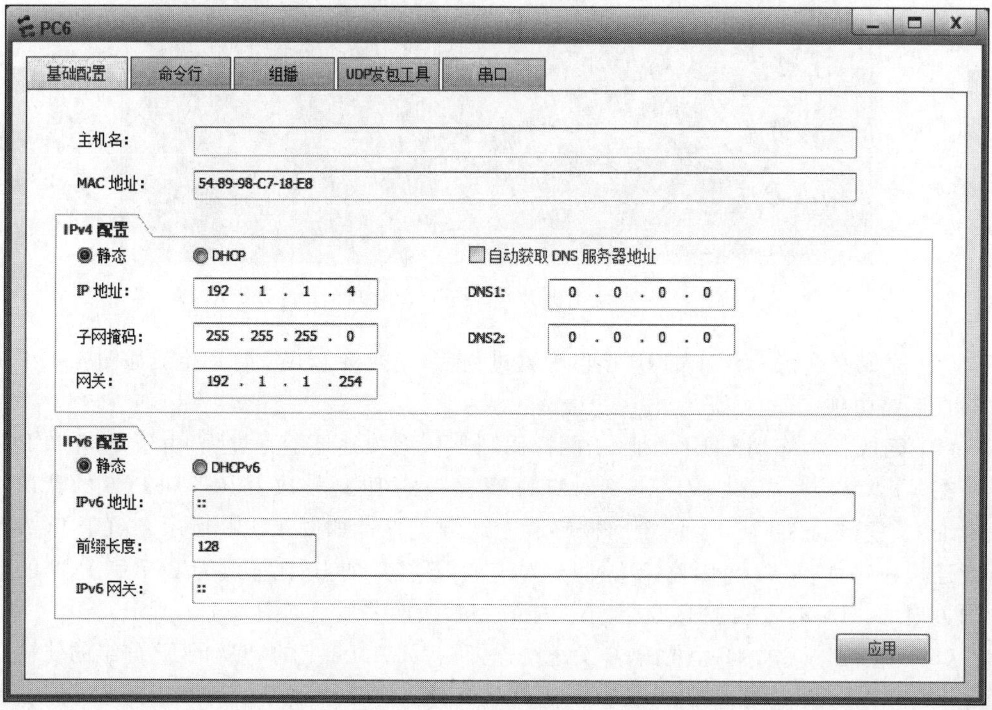

PC6
基础配置 命令行 组播 UDP发包工具 串口
主机名:
MAC 地址: 54-89-98-C7-18-E8
IPv4 配置
静态 DHCP 自动获取 DNS 服务器地址
IP 地址: 192 . 1 . 1 . 4 DNS1: 0 . 0 . 0 . 0
子网掩码: 255 . 255 . 255 . 0 DNS2: 0 . 0 . 0 . 0
网关: 192 . 1 . 1 . 254
IPv6 配置
静态 DHCPv6
IPv6 地址: ::
前缀长度: 128
IPv6 网关: ::
应用

图 4.135 PC6 配置的 IP 地址、子网掩码和默认网关地址

PC7

基础配置 命令行 组播 UDP发包工具 串口

主机名:

MAC 地址: 54-89-98-B6-66-C6

IPv4 配置

静态 DHCP 自动获取 DNS 服务器地址

IP 地址: 192 . 1 . 2 . 3 DNS1: 0 . 0 . 0 . 0

子网掩码: 255 . 255 . 255 . 0 DNS2: 0 . 0 . 0 . 0

网关: 192 . 1 . 2 . 254

IPv6 配置

静态 DHCPv6

IPv6 地址: ::

前缀长度: 128

IPv6 网关: ::

应用

图 4.136 PC7 配置的 IP 地址、子网掩码和默认网关地址

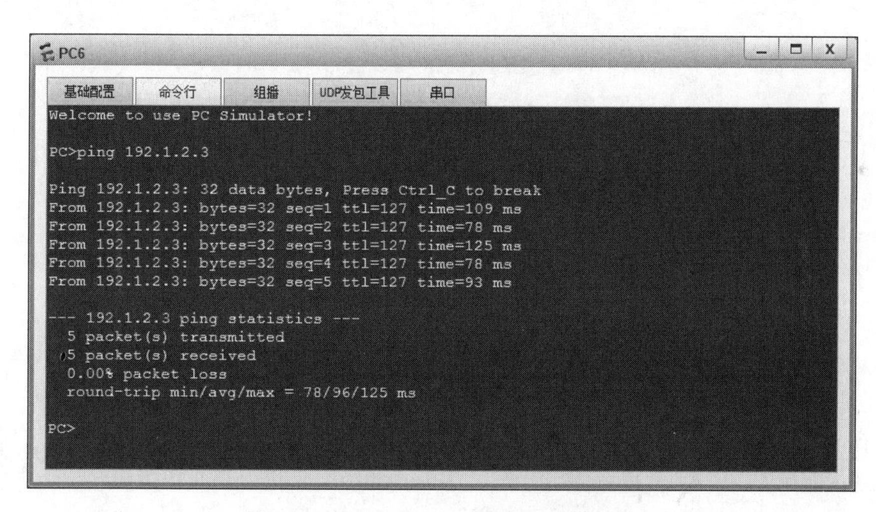

图 4.137 PC6 与 PC7 之间的通信过程

(7) PC6 至 PC7 的 ICMP 报文封装成以 PC6 的 IP 地址 192.1.1.4 为源 IP 地址、以 PC7 的 IP 地址 192.1.2.3 为目的 IP 地址的 IP 分组，该 IP 分组 PC6 至 VLAN 2 对应的 IP 接口这一段的封装格式如图 4.138 所示。MAC 帧的源 MAC 地址是 PC6 的 MAC 地址，目的 MAC 地址是 VLAN 2 对应的 IP 接口的 MAC 地址。该 IP 分组 VLAN 3 对应的 IP 接口至 PC7 这一段的封装格式如图 4.139 所示。MAC 帧的源 MAC 地址是 VLAN 3 对应的 IP 接口的 MAC 地址，目的 MAC 地址是 PC7 的 MAC 地址。

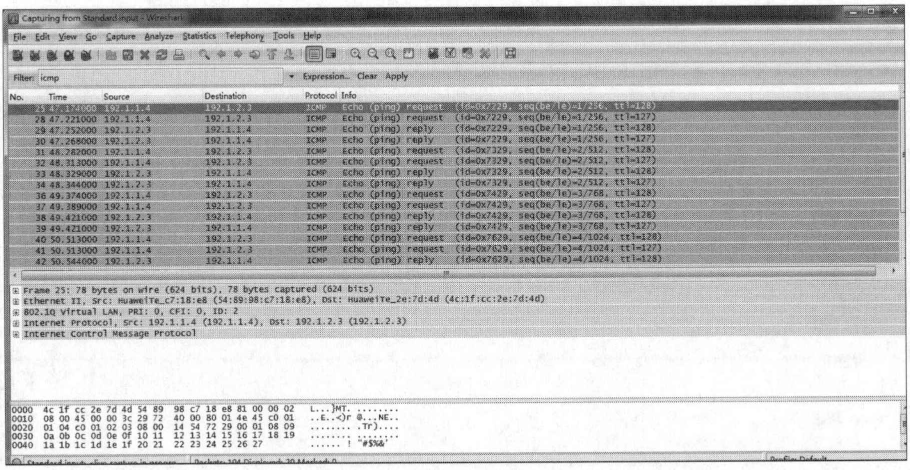

图 4.138　PC6 至 VLAN 2 对应的 IP 接口这一段的 IP 分组封装格式

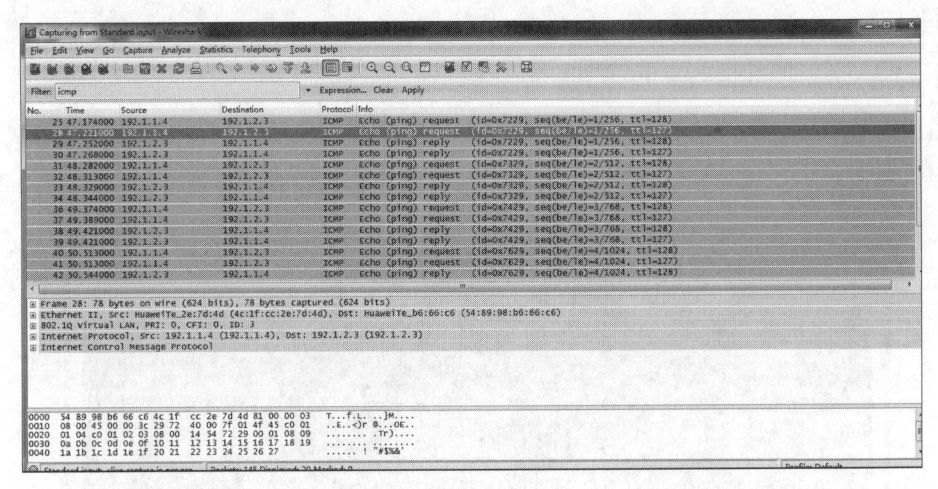

图 4.139　VLAN 3 对应的 IP 接口至 PC7 这一段的 IP 分组封装格式

2. IP 接口配置方式二对应的实验步骤

IP 接口配置方式二对应的实验步骤在完成 IP 接口配置方式一对应的实验步骤的基础上进行。

(1) 在交换机 LSW2 中分别定义 VLAN 2 和 VLAN 3 对应的 IP 接口，并为这些 IP 接口分配 IP 地址和子网掩码。交换机 LSW2 的 IP 接口分配的 IP 地址和子网掩码以及这些 IP 接口对应的 MAC 地址如图 4.140 所示。需要说明的是，交换机 LSW1 中为某个 VLAN 对应的 IP 接口配置的 IP 地址与交换机 LSW2 中为同一个 VLAN 对应的 IP 接口配置的 IP 地址必须是网络号相同的 IP 地址。例如，交换机 LSW1 中为 VLAN 2 对应的 IP 接口配置的 IP 地址是 192.1.1.254/24，交换机 LSW2 中为 VLAN 2 对应的 IP 接口配置的 IP 地址是 192.1.1.253/24。

(2) 完成交换机 LSW2 的 IP 接口配置过程后，交换机 LSW2 自动生成如图 4.141 所

```
LSW2
<Huawei>display interface vlanif 2
Vlanif2 current state : UP
Line protocol current state : UP
Last line protocol up time : 2019-02-11 17:43:56 UTC-08:00
Description:
Route Port,The Maximum Transmit Unit is 1500
Internet Address is 192.1.1.253/24
IP Sending Frames' Format is PKTFMT_ETHNT_2, Hardware address is 4c1f-cc13-2215
Current system time: 2019-02-11 17:46:10-08:00
    Input bandwidth utilization  : --
    Output bandwidth utilization : --

<Huawei>display interface vlanif 3
Vlanif3 current state : UP
Line protocol current state : UP
Last line protocol up time : 2019-02-11 17:44:24 UTC-08:00
Description:
Route Port,The Maximum Transmit Unit is 1500
Internet Address is 192.1.2.253/24
IP Sending Frames' Format is PKTFMT_ETHNT_2, Hardware address is 4c1f-cc13-2215
Current system time: 2019-02-11 17:46:30-08:00
    Input bandwidth utilization  : --
    Output bandwidth utilization : --

<Huawei>
```

图 4.140　交换机 LSW2 有关 IP 接口的信息

示的直连路由项。

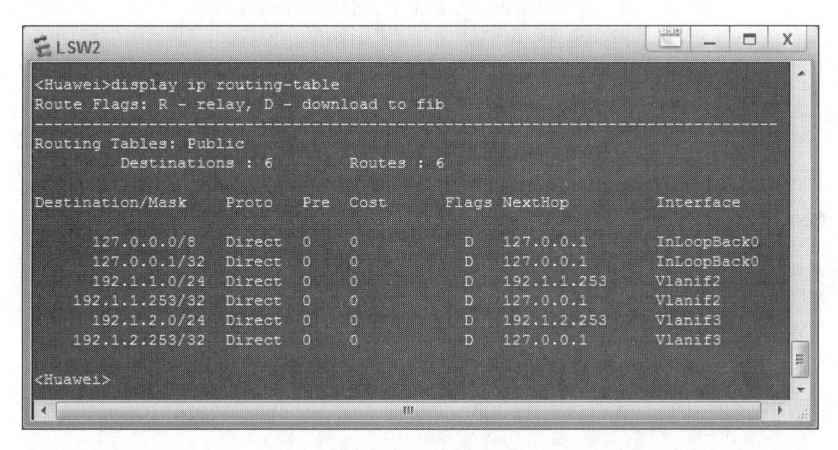

```
LSW2
<Huawei>display ip routing-table
Route Flags: R - relay, D - download to fib
------------------------------------------------------------------------------
Routing Tables: Public
         Destinations : 6        Routes : 6

Destination/Mask    Proto   Pre  Cost      Flags NextHop         Interface

      127.0.0.0/8   Direct  0    0           D   127.0.0.1       InLoopBack0
      127.0.0.1/32  Direct  0    0           D   127.0.0.1       InLoopBack0
      192.1.1.0/24  Direct  0    0           D   192.1.1.253     Vlanif2
    192.1.1.253/32  Direct  0    0           D   127.0.0.1       Vlanif2
      192.1.2.0/24  Direct  0    0           D   192.1.2.253     Vlanif3
    192.1.2.253/32  Direct  0    0           D   127.0.0.1       Vlanif3

<Huawei>
```

图 4.141　交换机 LSW2 自动生成的直连路由项

(3) 连接在某个 VLAN 中的终端，既可选择 LSW1 中为该 VLAN 对应的 IP 接口配置的 IP 地址作为默认网关地址，也可选择 LSW2 中为该 VLAN 对应的 IP 接口配置的 IP 地址作为默认网关地址。PC2 选择 LSW1 中为 VLAN 2 对应的 IP 接口配置的 IP 地址 192.1.1.254 作为默认网关地址，如图 4.142 所示。PC3 选择 LSW2 中为 VLAN 3 对应的 IP 接口配置的 IP 地址 192.1.2.253 作为默认网关地址，如图 4.143 所示。

(4) PC2 至 PC3 的 IP 分组传输路径是：PC2→LSW1 中 VLAN 2 对应的 IP 接口→LSW1 中 VLAN 3 对应的 IP 接口→PC3，无须经过交换机 LSW1 的端口 GE0/0/5。PC3 至 PC2 的 IP 分组传输路径是：PC3→LSW2 中 VLAN 3 对应的 IP 接口→LSW2 中 VLAN 2 对应的 IP 接口→PC2，需要两次经过交换机 LSW1 的端口 GE0/0/5。在交换机

图 4.142　PC2 配置的 IP 地址、子网掩码和默认网关地址

图 4.143　PC3 配置的 IP 地址、子网掩码和默认网关地址

LSW1 的端口 GE0/0/5 上启动捕获报文功能。启动如图 4.144 所示的 PC2 与 PC3 之间的通信过程。PC3 至 PC2 的 ICMP 报文封装成以 PC3 的 IP 地址 192.1.2.1 为源 IP 地

址、以 PC2 的 IP 地址 192.1.1.2 为目的 IP 地址的 IP 分组，该 IP 分组 PC3 至 LSW2 中 VLAN 3 对应的 IP 接口这一段的封装格式如图 4.145 所示。MAC 帧的源 MAC 地址是 PC3 的 MAC 地址，目的 MAC 地址是 LSW2 中 VLAN 3 对应的 IP 接口的 MAC 地址。该 IP 分组从 LSW2 中 VLAN 2 对应的 IP 接口至 PC2 这一段的封装格式如图 4.146 所示。MAC 帧的源 MAC 地址是 LSW2 中 VLAN 2 对应的 IP 接口的 MAC 地址，目的 MAC 地址是 PC2 的 MAC 地址。

PC2

基础配置 | 命令行 | 组播 | UDP发包工具 | 串口

```
Welcome to use PC Simulator!

PC>ping 192.1.2.1

Ping 192.1.2.1: 32 data bytes, Press Ctrl_C to break
Request timeout!
From 192.1.2.1: bytes=32 seq=2 ttl=127 time=110 ms
From 192.1.2.1: bytes=32 seq=3 ttl=127 time=47 ms
From 192.1.2.1: bytes=32 seq=4 ttl=127 time=63 ms
From 192.1.2.1: bytes=32 seq=5 ttl=127 time=47 ms

--- 192.1.2.1 ping statistics ---
  5 packet(s) transmitted
  4 packet(s) received
  20.00% packet loss
  round-trip min/avg/max = 0/66/110 ms

PC>
```

图 4.144 PC2 与 PC3 之间的通信过程

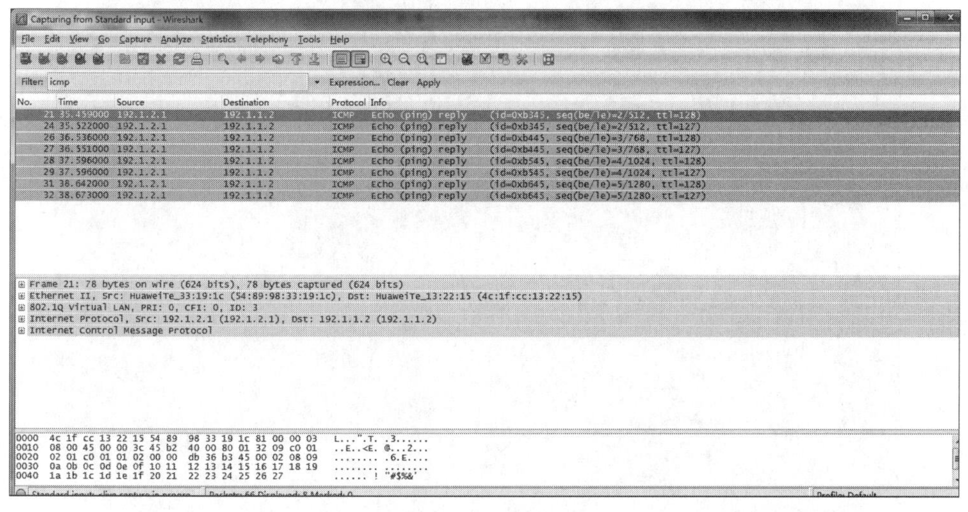

图 4.145 PC3 至 LSW2 中 VLAN 3 对应的 IP 接口这一段的 IP 分组封装格式

3. IP 接口配置方式三对应的实验步骤

(1) 分别在交换机 LSW1 和 LSW2 中创建 VLAN 2、VLAN 3 和 VLAN 4，并将端口分配给各个 VLAN。交换机 LSW1 和 LSW2 中各个 VLAN 的端口组成分别如图 4.147 和图 4.148 所示。

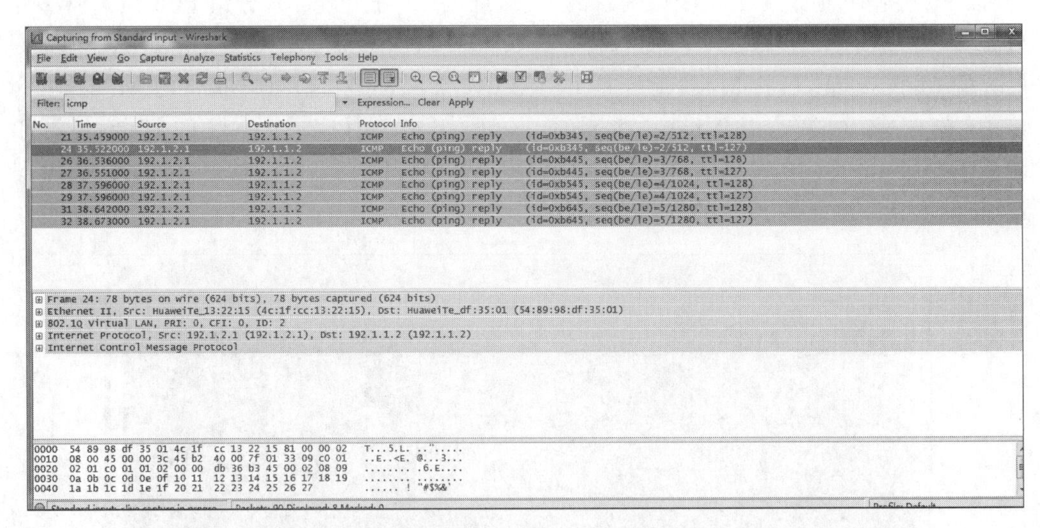

图 4.146　LSW2 中 VLAN 2 对应的 IP 接口至 PC2 这一段的 IP 分组封装格式

```
LSW1
<Huawei>display vlan
The total number of vlans is : 4
--------------------------------------------------------------------------------
U: Up;         D: Down;          TG: Tagged;          UT: Untagged;
MP: Vlan-mapping;                ST: Vlan-stacking;
#: ProtocolTransparent-vlan;     *: Management-vlan;
--------------------------------------------------------------------------------

VID  Type    Ports
--------------------------------------------------------------------------------
1    common  UT:GE0/0/5(U)      GE0/0/6(D)      GE0/0/7(D)      GE0/0/8(D)
                GE0/0/9(D)      GE0/0/10(D)     GE0/0/11(D)     GE0/0/12(D)
                GE0/0/13(D)     GE0/0/14(D)     GE0/0/15(D)     GE0/0/16(D)
                GE0/0/17(D)     GE0/0/18(D)     GE0/0/19(D)     GE0/0/20(D)
                GE0/0/21(D)     GE0/0/22(D)     GE0/0/23(D)     GE0/0/24(D)

2    common  UT:GE0/0/1(U)      GE0/0/2(U)

             TG:GE0/0/5(U)

3    common  UT:GE0/0/3(U)      GE0/0/4(U)

             TG:GE0/0/5(U)

4    common  TG:GE0/0/5(U)


VID  Status  Property      MAC-LRN Statistics Description
--------------------------------------------------------------------------------

1    enable  default       enable  disable    VLAN 0001
2    enable  default       enable  disable    VLAN 0002
3    enable  default       enable  disable    VLAN 0003
4    enable  default       enable  disable    VLAN 0004
<Huawei>
```

图 4.147　交换机 LSW1 中 VLAN 的端口组成

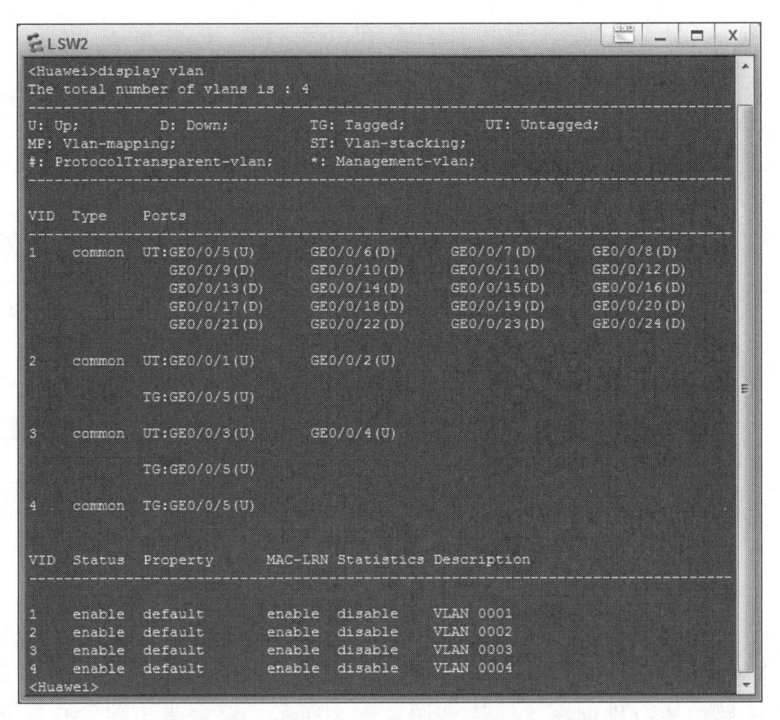

图 4.148　交换机 LSW2 中 VLAN 的端口组成

(2) 在交换机 LSW1 中定义 VLAN 2 和 VLAN 4 对应的 IP 接口，并为 IP 接口分配 IP 地址和子网掩码。在交换机 LSW2 中定义 VLAN 3 和 VLAN 4 对应的 IP 接口，并为 IP 接口分配 IP 地址和子网掩码。交换机 LSW1 和 LSW2 的 IP 接口状态分别如图 4.149 和图 4.150 所示。

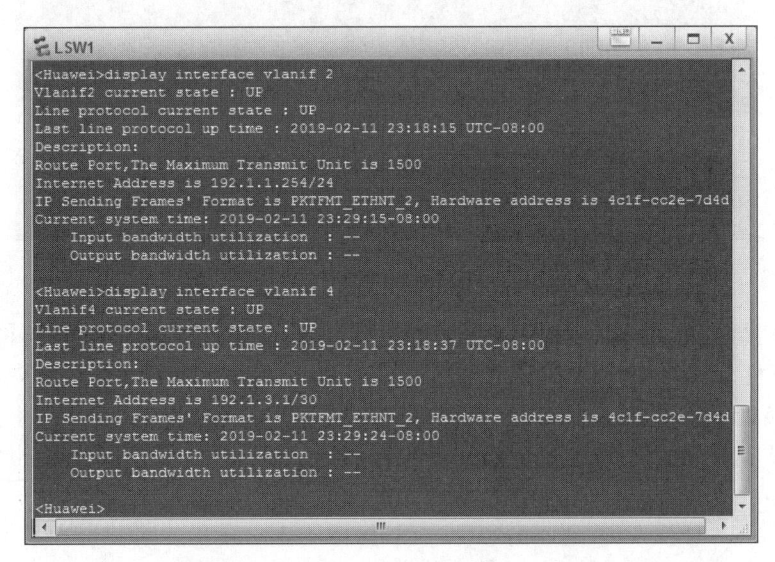

图 4.149　交换机 LSW1 的 IP 接口状态

(3) 在交换机 LSW1 中配置用于指明通往 VLAN 3 对应的网络 192.1.2.0/24 的传

```
LSW2
<Huawei>display interface vlanif 3
Vlanif3 current state : UP
Line protocol current state : UP
Last line protocol up time : 2019-02-11 23:21:04 UTC-08:00
Description:
Route Port,The Maximum Transmit Unit is 1500
Internet Address is 192.1.2.254/24
IP Sending Frames' Format is PKTFMT_ETHNT_2, Hardware address is 4c1f-cc13-2215
Current system time: 2019-02-11 23:30:29-08:00
    Input bandwidth utilization  : --
    Output bandwidth utilization : --

<Huawei>display interface vlanif 4
Vlanif4 current state : UP
Line protocol current state : UP
Last line protocol up time : 2019-02-11 23:21:26 UTC-08:00
Description:
Route Port,The Maximum Transmit Unit is 1500
Internet Address is 192.1.3.2/30
IP Sending Frames' Format is PKTFMT_ETHNT_2, Hardware address is 4c1f-cc13-2215
Current system time: 2019-02-11 23:30:35-08:00
    Input bandwidth utilization  : --
    Output bandwidth utilization : --

<Huawei>
```

图 4.150　交换机 LSW2 的 IP 接口状态

输路径的静态路由项。在交换机 LSW2 中配置用于指明通往 VLAN 2 对应的网络 192.1.1.0/24 的传输路径的静态路由项。完成静态路由项配置过程后，交换机 LSW1 和 LSW2 的完整路由表分别如图 4.151 和图 4.152 所示。路由表中除了直连路由项，还包括静态路由项。

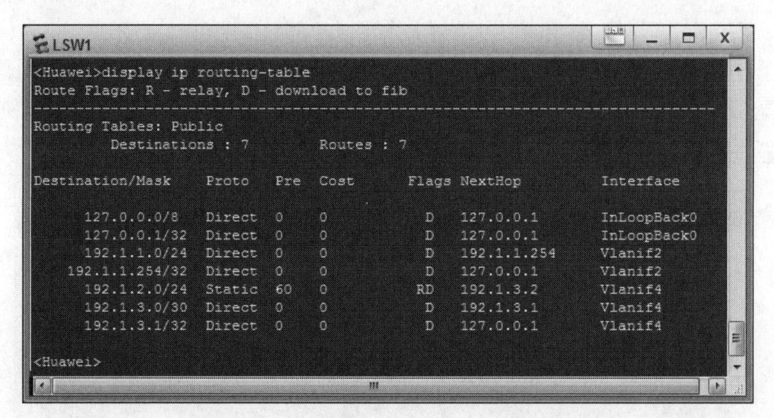

图 4.151　交换机 LSW1 的完整路由表

（4）连接在 VLAN 2 上的 PC1 至连接在 VLAN 3 上的 PC3 的 IP 分组传输路径是：PC1→交换机 LSW1 中 VLAN 2 对应的 IP 接口→交换机 LSW1 中 VLAN 4 对应的 IP 接口→交换机 LSW2 中 VLAN 4 对应的 IP 接口→交换机 LSW2 中 VLAN 3 对应的 IP 接口→PC2，因此，该 IP 分组将分别从交换机 LSW1 的端口 GE0/0/5 中输出和输入。在交换机 LSW1 的端口 GE0/0/5 上启动捕获报文功能。启动连接在 VLAN 2 上的 PC1 与连接在 VLAN 3 上的 PC3 之间的通信过程，如图 4.153 所示。封装 ICMP 报文的 IP 分组在交换机 LSW1 中 VLAN 4 对应的 IP 接口至交换机 LSW2 中 VLAN 4 对应的 IP 接口这一段的封装格式如图 4.154 所示，封装该 IP 分组的 MAC 帧的源 MAC 地址是交换机 LSW1 中 VLAN 4 对应的 IP 接口的 MAC 地址、目的 MAC 地址是交换机 LSW2 中

```
<Huawei>display ip routing-table
Route Flags: R - relay, D - download to fib
------------------------------------------------------------------------------
Routing Tables: Public
         Destinations : 7        Routes : 7

Destination/Mask    Proto   Pre  Cost      Flags NextHop         Interface

      127.0.0.0/8   Direct  0    0           D   127.0.0.1       InLoopBack0
      127.0.0.1/32  Direct  0    0           D   127.0.0.1       InLoopBack0
      192.1.1.0/24  Static  60   0          RD   192.1.3.1       Vlanif4
      192.1.2.0/24  Direct  0    0           D   192.1.2.254     Vlanif3
    192.1.2.254/32  Direct  0    0           D   127.0.0.1       Vlanif3
      192.1.3.0/30  Direct  0    0           D   192.1.3.2       Vlanif4
      192.1.3.2/32  Direct  0    0           D   127.0.0.1       Vlanif4

<Huawei>
```

图 4.152 交换机 LSW2 的完整路由表

```
PC>ping 192.1.2.1

Ping 192.1.2.1: 32 data bytes, Press Ctrl_C to break
Request timeout!
From 192.1.2.1: bytes=32 seq=2 ttl=126 time=109 ms
From 192.1.2.1: bytes=32 seq=3 ttl=126 time=124 ms
From 192.1.2.1: bytes=32 seq=4 ttl=126 time=93 ms
From 192.1.2.1: bytes=32 seq=5 ttl=126 time=78 ms

--- 192.1.2.1 ping statistics ---
  5 packet(s) transmitted
  4 packet(s) received
  20.00% packet loss
  round-trip min/avg/max = 0/101/124 ms

PC>
```

图 4.153 PC1 与 PC3 之间的通信过程

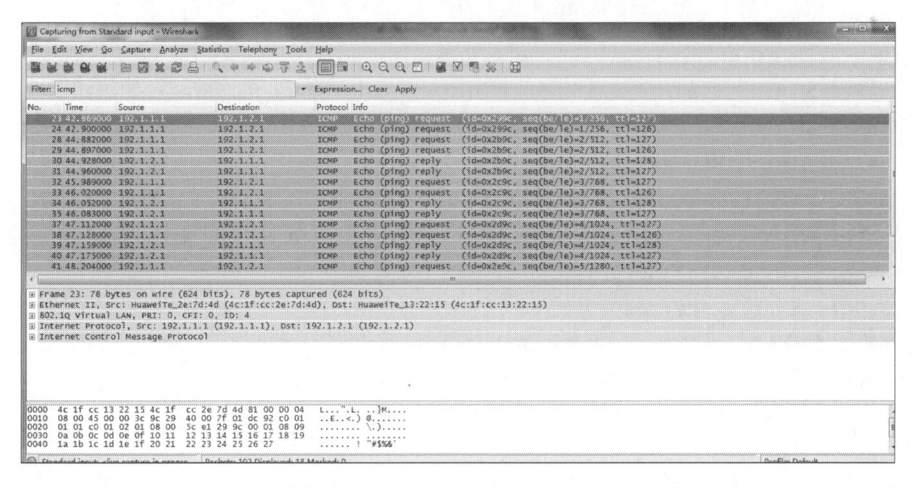

图 4.154 LSW1 中 VLAN 4 对应的 IP 接口至 LSW2 中 VLAN 4 对应的 IP 接口这一段的 IP 分组封装格式

VLAN 4 对应的 IP 接口的 MAC 地址。封装 ICMP 报文的 IP 分组在交换机 LSW2 中 VLAN 3 对应的 IP 接口至 PC3 这一段的封装格式如图 4.155 所示，封装该 IP 分组的 MAC 帧的源 MAC 地址是交换机 LSW2 中 VLAN 3 对应的 IP 接口的 MAC 地址，目的

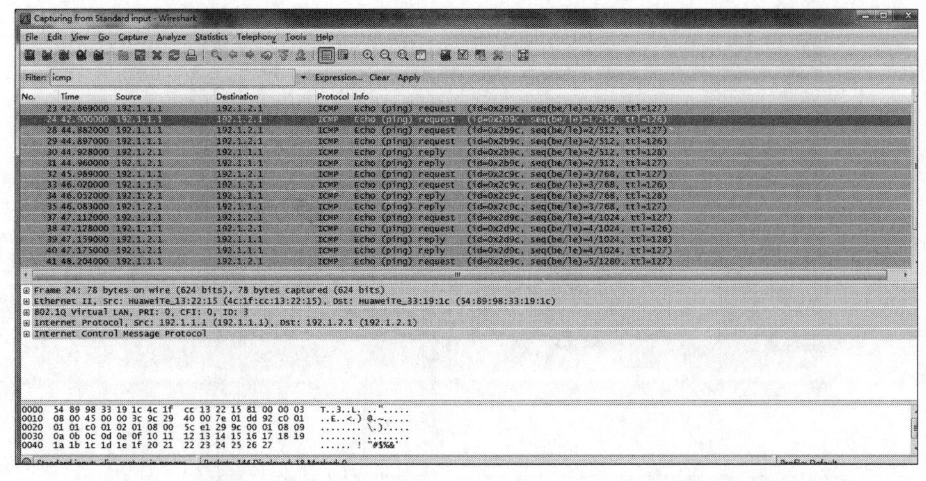

图 4.155　LSW2 中 VLAN 3 对应的 IP 接口至 PC3 这一段的 IP 分组封装格式

MAC 地址是 PC3 的 MAC 地址。

4.11.5　命令行接口配置过程

1. IP 接口配置方式一对应的配置过程

(1) 以下是 LSW1 和 LSW2 相同的配置过程：

```
<Huawei>system-view
[Huawei]undo info-center enable
[Huawei]vlan batch 2 3
[Huawei]interface GigabitEthernet0/0/1
[Huawei-GigabitEthernet0/0/1]port link-type access
[Huawei-GigabitEthernet0/0/1]port default vlan 2
[Huawei-GigabitEthernet0/0/1]quit
[Huawei]interface GigabitEthernet0/0/2
[Huawei-GigabitEthernet0/0/2]port link-type access
[Huawei-GigabitEthernet0/0/2]port default vlan 2
[Huawei-GigabitEthernet0/0/2]quit
[Huawei]interface GigabitEthernet0/0/3
[Huawei-GigabitEthernet0/0/3]port link-type access
[Huawei-GigabitEthernet0/0/3]port default vlan 3
[Huawei-GigabitEthernet0/0/3]quit
[Huawei]interface GigabitEthernet0/0/4
[Huawei-GigabitEthernet0/0/4]port link-type access
[Huawei-GigabitEthernet0/0/4]port default vlan 3
[Huawei-GigabitEthernet0/0/4]quit
[Huawei]interface GigabitEthernet0/0/5
[Huawei-GigabitEthernet0/0/5]port link-type trunk
```

```
[Huawei-GigabitEthernet0/0/5]port trunk allow-pass vlan 2 3
[Huawei-GigabitEthernet0/0/5]quit
```

(2) 以下是 LSW1 的 IP 接口的配置过程：

```
[Huawei]interface vlanif 2
[Huawei-Vlanif2]ip address 192.1.1.254 24
[Huawei-Vlanif2]quit
[Huawei]interface vlanif 3
[Huawei-Vlanif3]ip address 192.1.2.254 24
[Huawei-Vlanif3]quit
```

2. IP 接口配置方式二对应的配置过程

以下是 LSW2 的 IP 接口的配置过程：

```
[Huawei]interface vlanif 2
[Huawei-Vlanif2]ip address 192.1.1.253 24
[Huawei-Vlanif2]quit
[Huawei]interface vlanif 3
[Huawei-Vlanif3]ip address 192.1.2.253 24
[Huawei-Vlanif3]quit
```

3. IP 接口配置方式三对应的配置过程

(1) 以下是 LSW1 和 LSW2 相同的配置过程：

```
<Huawei>system-view
[Huawei]undo info-center enable
[Huawei]vlan batch 2 3 4
[Huawei]interface GigabitEthernet0/0/1
[Huawei-GigabitEthernet0/0/1]port link-type access
[Huawei-GigabitEthernet0/0/1]port default vlan 2
[Huawei-GigabitEthernet0/0/1]quit
[Huawei]interface GigabitEthernet0/0/2
[Huawei-GigabitEthernet0/0/2]port link-type access
[Huawei-GigabitEthernet0/0/2]port default vlan 2
[Huawei-GigabitEthernet0/0/2]quit
[Huawei]interface GigabitEthernet0/0/3
[Huawei-GigabitEthernet0/0/3]port link-type access
[Huawei-GigabitEthernet0/0/3]port default vlan 3
[Huawei-GigabitEthernet0/0/3]quit
[Huawei]interface GigabitEthernet0/0/4
[Huawei-GigabitEthernet0/0/4]port link-type access
[Huawei-GigabitEthernet0/0/4]port default vlan 3
[Huawei-GigabitEthernet0/0/4]quit
```

```
[Huawei]interface GigabitEthernet0/0/5
[Huawei-GigabitEthernet0/0/5]port link-type trunk
[Huawei-GigabitEthernet0/0/5]port trunk allow-pass vlan 2 3 4
[Huawei-GigabitEthernet0/0/5]quit
```

(2) 以下是交换机 LSW1 有关 IP 接口和静态路由项的配置过程：

```
[Huawei]interface vlanif 2
[Huawei-Vlanif2]ip address 192.1.1.254 24
[Huawei-Vlanif2]quit
[Huawei]interface vlanif 4
[Huawei-Vlanif4]ip address 192.1.3.1 30
[Huawei-Vlanif4]quit
[Huawei]ip route-static 192.1.2.0 24 192.1.3.2
```

(3) 以下是交换机 LSW2 有关 IP 接口和静态路由项的配置过程：

```
[Huawei]interface vlanif 3
[Huawei-Vlanif3]ip address 192.1.2.254 24
[Huawei-Vlanif3]quit
[Huawei]interface vlanif 4
[Huawei-Vlanif4]ip address 192.1.3.2 30
[Huawei-Vlanif4]quit
[Huawei]ip route-static 192.1.1.0 24 192.1.3.1
```

第5章

Internet 接入实验

终端、内部以太网和内部无线局域网可以通过 Internet 接入过程接入 Internet。内部以太网和内部无线局域网对于 Internet 是透明的，因此，内部以太网和内部无线局域网中的终端访问 Internet 时，需要由边缘路由器完成地址转换过程。

连接在 Internet 中的终端可以通过 VPN 接入内部网络，并实现对内部网络的访问过程。

5.1 PPPoE 基本配置实验

5.1.1 实验内容

在图 5.1(a)所示的接入网络中，路由器 R1 作为接入控制设备，终端通过以太网与路由器 R1 实现互连。路由器 R1 一端连接作为接入网络的以太网，另一端连接 Internet。实现宽带接入前，终端没有配置任何网络信息，也无法访问 Internet。

终端访问 Internet 前，需要完成以下操作过程：一是完成注册，获取有效的用户名和口令；二是启动宽带连接程序。终端成功接入 Internet 后，可以访问 Internet 中的资源，如 Web 服务器，也可以和 Internet 中的其他终端进行通信。

如图 5.1(b)所示，当路由器仿真终端通过以太网接入 Internet 时，对于作为接入控制设备的路由器 R1，仿真终端的路由器等同于图 5.1(a)中的终端。

5.1.2 实验目的

(1) 验证宽带接入网络的设计过程。
(2) 验证接入控制设备的配置过程。
(3) 验证路由器 PPPoE 接入过程。
(4) 验证以本地鉴别方式鉴别终端用户的过程。
(5) 验证仿真终端的路由器访问 Internet 的过程。

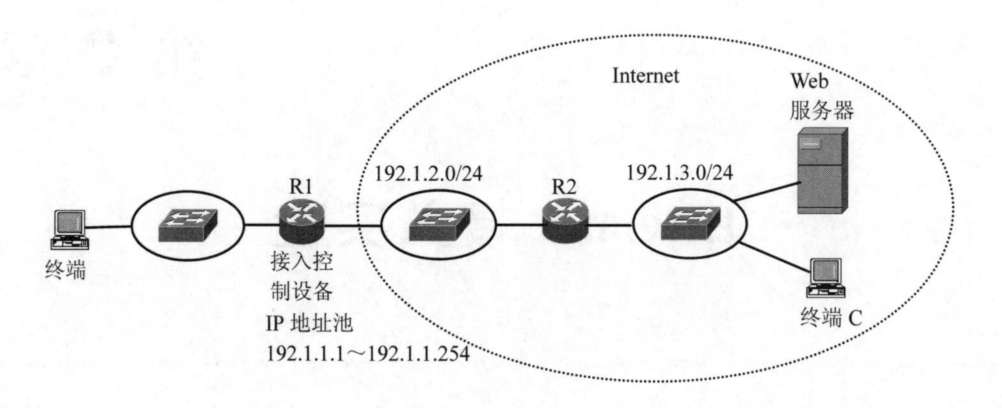

(a) 终端以太网接入 Internet 过程

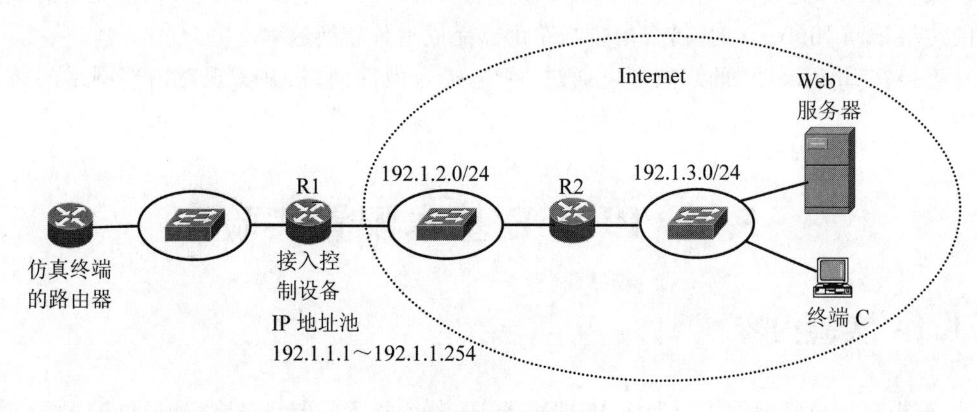

(b) 路由器仿真终端过程

图 5.1　终端以太网接入 Internet 的过程

5.1.3　实验原理

由于仿真终端的路由器通过以太网与作为接入控制设备的路由器 R1 实现互连，因此，需要通过 PPPoE 完成接入过程。对于路由器 R1 要进行以下 3 个配置：一是配置授权用户，二是配置用于鉴别授权用户身份的鉴别协议，三是配置 IP 地址池。对于仿真终端的路由器，需要启动 PPPoE 客户端功能，配置表明授权用户身份的有效用户名和口令。仿真终端的路由器与路由器 R1 之间完成以下操作过程：一是建立仿真终端的路由器与路由器 R1 之间的 PPP 会话；二是基于 PPP 会话建立仿真终端的路由器与路由器 R1 之间的 PPP 链路；三是由路由器 R1 完成对用户的身份鉴别过程；四是由路由器 R1 对仿真终端的路由器分配 IP 地址，并在路由表中创建用于将路由器 R1 与仿真终端的路由器之间的 PPP 会话和为仿真终端的路由器分配的 IP 地址绑定在一起的路由项。

5.1.4 关键命令说明

1. PPPoE 服务器端配置过程

(1) 定义 IP 地址池：

```
[Huawei]ip pool r2
[Huawei-ip-pool-r2]network 192.1.1.0 mask 255.255.255.0
[Huawei-ip-pool-r2]gateway-list 192.1.1.254
[Huawei-ip-pool-r2]quit
```

ip pool r2 是系统视图下使用的命令，该命令的作用是创建一个名为 r2 的全局 IP 地址池，并进入全局 IP 地址池视图。

network 192.1.1.0 mask 255.255.255.0 是全局 IP 地址池视图下使用的命令，该命令的作用是为全局 IP 地址池分配 CIDR 地址块 192.1.1.0/24，其中 192.1.1.0 是 CIDR 地址块起始地址，255.255.255.0 是子网掩码(24 位网络前缀)。

gateway-list 192.1.1.254 是全局 IP 地址池视图下使用的命令，该命令的作用是为 PPPoE 客户端配置默认网关地址 192.1.1.254。

(2) 定义鉴别方案：

```
[Huawei]aaa
[Huawei-aaa]authentication-scheme r2
[Huawei-aaa-authen-r2]authentication-mode local
[Huawei-aaa-authen-r2]quit
```

aaa 是系统视图下使用的命令，该命令的作用是进入 AAA 视图，AAA 是 Authentication(鉴别)、Authorization(授权)和 Accounting(计费)的缩写，是网络安全的一种管理机制。

authentication-scheme r2 是 AAA 视图下使用的命令，该命令的作用是创建名为 r2 的鉴别方案，并进入鉴别方案视图。

authentication-mode local 是鉴别方案视图下使用的命令，该命令的作用是指定本地鉴别机制为当前鉴别方案使用的鉴别机制。

(3) 定义鉴别域：

```
[Huawei-aaa]domain r2
[Huawei-aaa-domain-r2]authentication-scheme r2
[Huawei-aaa-domain-r2]quit
```

domain r2 是 AAA 视图下使用的命令，该命令的作用是创建名为 r2 的鉴别域，并进入 AAA 域视图。

authentication-scheme r2 是 AAA 域视图下使用的命令，该命令的作用是指定名为 r2 的鉴别方案为当前鉴别域引用的鉴别方案。

(4) 定义授权用户：

```
[Huawei-aaa]local-user aaa1 password cipher bbb1
[Huawei-aaa]local-user aaa1 service-type ppp
```

local-user aaa1 password cipher bbb1 是 AAA 视图下使用的命令，该命令的作用是创建一个用户名为 aaa1、口令为 bbb1 的授权用户。采用可逆加密算法对口令进行加密。

local-user aaa1 service-type ppp 是 AAA 视图下使用的命令，该命令的作用是指定 PPP 为用户名是 aaa1 的授权用户的接入类型。

(5) 定义虚拟接口模板：

```
[Huawei]interface virtual-template 1
[Huawei-Virtual-Template1]ppp authentication-mode chap domain r2
[Huawei-Virtual-Template1]ip address 192.1.1.254 255.255.255.0
[Huawei-Virtual-Template1]remote address pool r2
[Huawei-Virtual-Template1]quit
```

interface virtual-template 1 是系统视图下使用的命令，该命令的作用是创建编号为 1 的虚拟接口模板，并进入虚拟接口模板视图。

ppp authentication-mode chap domain r2 是虚拟接口模板视图下使用的命令，该命令的作用是指定 CHAP 为本端设备鉴别对端设备时采用的鉴别协议，指定域名为 r2 的鉴别域所引用的鉴别方案为本端设备鉴别对端设备时引用的鉴别方案。

ip address 192.1.1.254 255.255.255.0 是虚拟接口模板视图下使用的命令，该命令的作用是为虚拟接口配置 IP 地址 192.1.1.254 和子网掩码 255.255.255.0。

remote address pool r2 是虚拟接口模板视图下使用的命令，该命令的作用是指定名为 r2 的全局 IP 地址池用于为对端设备分配 IP 地址。

(6) 建立虚拟接口模板与以太网接口之间关联：

```
[Huawei]interface GigabitEthernet0/0/0
[Huawei-GigabitEthernet0/0/0]pppoe-server bind virtual-template 1
[Huawei-GigabitEthernet0/0/0]quit
```

pppoe-server bind virtual-template 1 是接口视图下使用的命令，该命令的作用是建立编号为 1 的虚拟接口模板与当前接口(这里是接口 GigabitEthernet0/0/0)之间的关联，并在当前接口(这里是接口 GigabitEthernet0/0/0)启用 PPPoE 协议。

2. PPPoE 客户端配置过程

(1) 创建并配置 dialer 接口：

```
[Huawei]interface dialer 1
[Huawei-Dialer1]dialer user aaa2
[Huawei-Dialer1]dialer bundle 1
[Huawei-Dialer1]ppp chap user aaa1
[Huawei-Dialer1]ppp chap password cipher bbb1
```

```
[Huawei-Dialer1]ip address ppp-negotiate
[Huawei-Dialer1]quit
```

interface dialer 1 是系统视图下使用的命令，该命令的作用是创建一个编号为 1 的 dialer 接口，并进入 dialer 接口视图。

dialer user aaa2 是 dialer 接口视图下使用的命令，该命令的作用有两个，一是启动当前 dialer 接口（这里是编号为 1 的 dialer 接口）的共享拨号控制中心（Dial Control Center，DCC）功能，二是指定 aaa2 为当前 dialer 接口（这里是编号为 1 的 dialer 接口）对应的对端用户名。

dialer bundle 1 是 dialer 接口视图下使用的命令，该命令的作用是指定编号为 1 的 dialer bundle 为当前 dialer 接口（这里是编号为 1 的 dialer 接口）使用的 dialer bundle。每一个 dialer 接口需要绑定一个 dialer bundle，然后通过该 dialer bundle 绑定一个或多个物理接口。

ppp chap user aaa1 是 dialer 接口视图下使用的命令，该命令的作用是指定 aaa1 为对端设备使用 CHAP 鉴别本端设备身份时发送给对端设备的用户名。

ppp chap password cipher bbb1 是 dialer 接口视图下使用的命令，该命令的作用是指定 bbb1 为对端设备使用 CHAP 鉴别本端设备身份时发送给对端设备的口令，口令用可逆加密算法加密。

ip address ppp-negotiate 是 dialer 接口视图下使用的命令，该命令的作用是指定当前 dialer 接口（这里是编号为 1 的 dialer 接口）通过 PPP 协商获取 IP 地址。

（2）建立物理接口与 dialer bundle 之间的关联：

```
[Huawei]interface GigabitEthernet0/0/0
[Huawei-GigabitEthernet0/0/0]pppoe-client dial-bundle-number 1
[Huawei-GigabitEthernet0/0/0]quit
```

pppoe-client dial-bundle-number 1 是接口视图下使用的命令，该命令的作用是指定编号为 1 的 dialer bundle 作为当前接口（这里是接口 GigabitEthernet0/0/0）建立 PPPoE 会话时对应的 dialer bundle。

dialer 接口、dialer bundle 和物理接口之间关系是：每一个 dialer 接口需要绑定一个 dialer bundle，每一个 dialer bundle 允许绑定一个或多个物理接口。dialer 接口通过 dialer bundle 建立与物理接口之间的关联。

5.1.5 实验步骤

（1）启动 eNSP，按照图 5.1(b)所示的网络拓扑结构放置和连接设备。完成设备放置和连接后的 eNSP 界面如图 5.2 所示。启动所有设备。

（2）路由器 AR2 作为接入控制设备，路由器 AR1 作为仿真终端的路由器。完成路由器 AR2 全局 IP 地址池配置过程，全局 IP 地址池信息如图 5.3 所示。

（3）完成路由器 AR2 鉴别方案、鉴别域和本地用户配置过程，本地用户信息如图 5.4

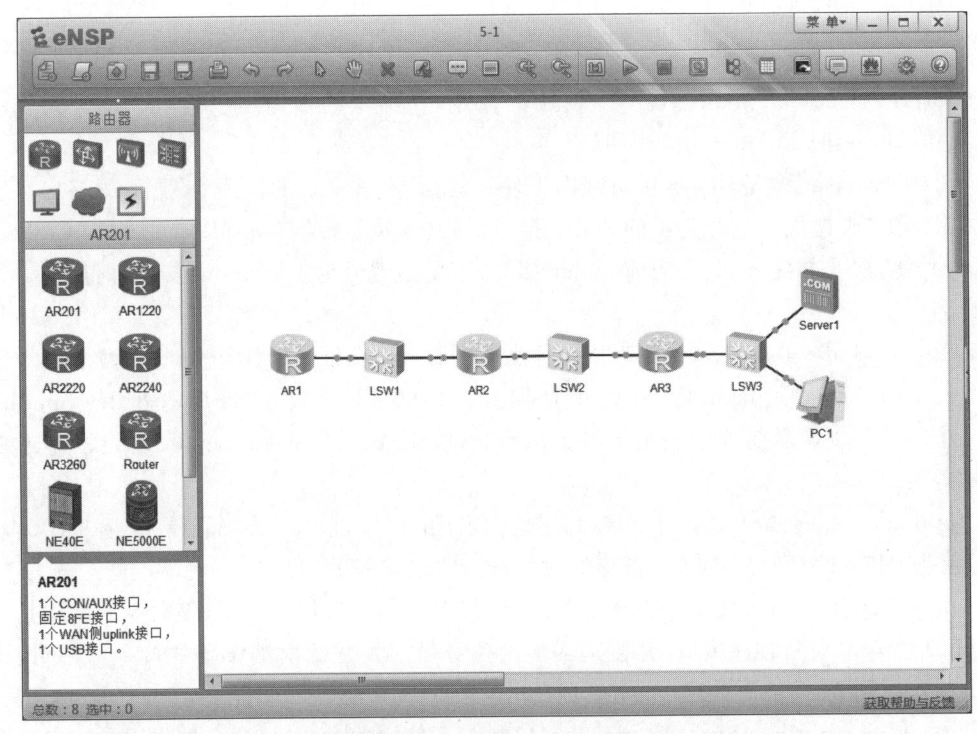

图 5.2　完成设备放置和连接后的 eNSP 界面

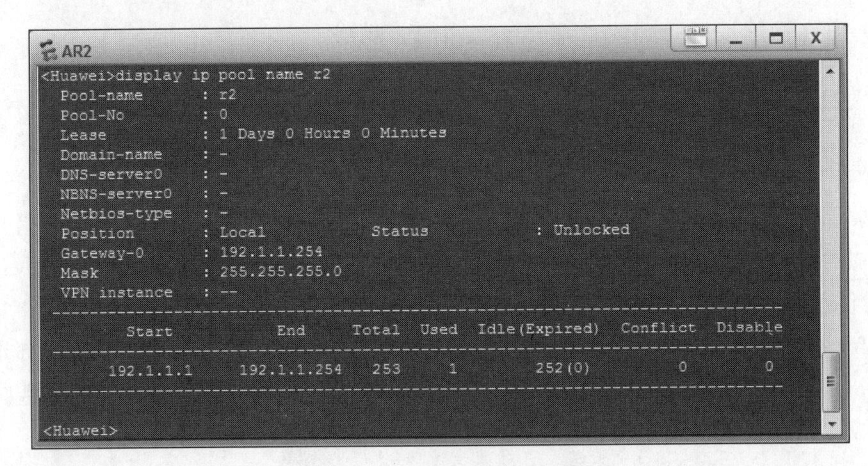

图 5.3　全局 IP 地址池信息

所示。

(4) 完成路由器 AR2 虚拟接口模板配置过程，虚拟接口模板信息如图 5.5 所示。建立虚拟接口模板与以太网接口 GigabitEthernet0/0/0 之间的关联，与以太网接口 GigabitEthernet0/0/0 关联的虚拟接口模板如图 5.5 所示。

(5) 完成路由器 AR1 dialer 接口配置过程，建立 dialer bundle 与以太网接口 GigabitEthernet0/0/0 之间的绑定。路由器 AR1 dialer 接口信息如图 5.6 所示。路由器

```
AR2
[Huawei]interface g0/0/0
[Huawei-GigabitEthernet0/0/0]display this
[V200R003C00]
#
interface GigabitEthernet0/0/0
 pppoe-server bind Virtual-Template 1
#
return
[Huawei-GigabitEthernet0/0/0]quit
[Huawei]display local-user
  ----------------------------------------------------------------------------
  User-name                       State  AuthMask  AdminLevel
  ----------------------------------------------------------------------------
  aaa1                            A      P         -
  admin                           A      H         -
  ----------------------------------------------------------------------------
  Total 2 user(s)
[Huawei]
```

图 5.4　本地用户信息

```
AR2
[Huawei]display interface virtual-template 1
Virtual-Template1 current state : UP
Line protocol current state : UP
Last line protocol up time : 2019-04-11 22:41:16 UTC-08:00
Description:HUAWEI, AR Series, Virtual-Template1 Interface
Route Port,The Maximum Transmit Unit is 1492, Hold timer is 10(sec)
Internet Address is 192.1.1.254/24
Link layer protocol is PPP
LCP initial
Physical is None
Current system time: 2019-04-11 22:59:36-08:00
    Last 300 seconds input rate 0 bits/sec, 0 packets/sec
    Last 300 seconds output rate 0 bits/sec, 0 packets/sec
    Realtime 0 seconds input rate 0 bits/sec, 0 packets/sec
    Realtime 0 seconds output rate 0 bits/sec, 0 packets/sec
    Input: 0 bytes
    Output:0 bytes
    Input bandwidth utilization  :    0%
    Output bandwidth utilization :    0%

[Huawei]
```

图 5.5　虚拟接口模板信息

AR1 完成接入过程后，由路由器 AR2 为其分配 IP 地址 192.1.1.253。

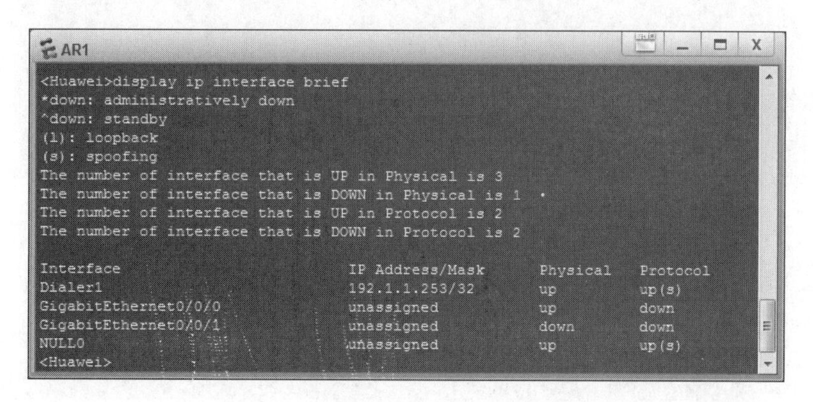

```
AR1
<Huawei>display ip interface brief
*down: administratively down
^down: standby
(l): loopback
(s): spoofing
The number of interface that is UP in Physical is 3
The number of interface that is DOWN in Physical is 1
The number of interface that is UP in Protocol is 2
The number of interface that is DOWN in Protocol is 2

Interface                         IP Address/Mask      Physical   Protocol
Dialer1                           192.1.1.253/32       up         up(s)
GigabitEthernet0/0/0              unassigned           up         down
GigabitEthernet0/0/1              unassigned           down       down
NULL0                             unassigned           up         up(s)
<Huawei>
```

图 5.6　路由器 AR1 dialer 接口信息

(6) 路由器 AR2 为路由器 AR1 分配 IP 地址 192.1.1.253 后，在路由表中建立目的 IP 地址为 192.1.1.253/32 的直连路由项。除此之外，路由器 AR2 的路由表中还存在分别用于指明通往网络 192.1.2.0/24 和 192.1.3.0/24 的传输路径的路由项。路由器 AR3 的路由表中存在分别用于指明通往网络 192.1.1.0/24、192.1.2.0/24 和 192.1.3.0/24 的传输路径的路由项。路由器 AR2 和 AR3 的完整路由表分别如图 5.7 和图 5.8 所示。

```
AR2
<Huawei>display ip routing-table
Route Flags: R - relay, D - download to fib
------------------------------------------------------------------------------
Routing Tables: Public
         Destinations : 12       Routes : 12

Destination/Mask    Proto   Pre  Cost      Flags NextHop         Interface

      127.0.0.0/8   Direct  0    0           D   127.0.0.1       InLoopBack0
      127.0.0.1/32  Direct  0    0           D   127.0.0.1       InLoopBack0
127.255.255.255/32  Direct  0    0           D   127.0.0.1       InLoopBack0
      192.1.1.0/24  Direct  0    0           D   192.1.1.254     Virtual-Templat
e1
    192.1.1.253/32  Direct  0    0           D   192.1.1.253     Virtual-Templat
e1
    192.1.1.254/32  Direct  0    0           D   127.0.0.1       Virtual-Templat
e1
    192.1.1.255/32  Direct  0    0           D   127.0.0.1       Virtual-Templat
e1
      192.1.2.0/24  Direct  0    0           D   192.1.2.1       GigabitEthernet
0/0/1
      192.1.2.1/32  Direct  0    0           D   127.0.0.1       GigabitEthernet
0/0/1
    192.1.2.255/32  Direct  0    0           D   127.0.0.1       GigabitEthernet
0/0/1
      192.1.3.0/24  RIP     100  1           D   192.1.2.2       GigabitEthernet
0/0/1
255.255.255.255/32  Direct  0    0           D   127.0.0.1       InLoopBack0

<Huawei>
```

图 5.7　路由器 AR2 的完整路由表

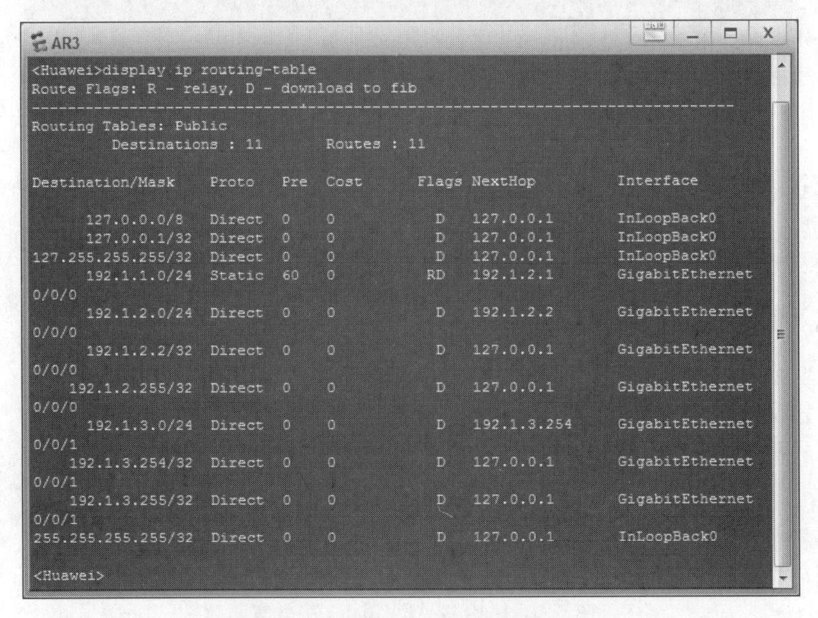

```
AR3
<Huawei>display ip routing-table
Route Flags: R - relay, D - download to fib
------------------------------------------------------------------------------
Routing Tables: Public
         Destinations : 11       Routes : 11

Destination/Mask    Proto   Pre  Cost      Flags NextHop         Interface

      127.0.0.0/8   Direct  0    0           D   127.0.0.1       InLoopBack0
      127.0.0.1/32  Direct  0    0           D   127.0.0.1       InLoopBack0
127.255.255.255/32  Direct  0    0           D   127.0.0.1       InLoopBack0
      192.1.1.0/24  Static  60   0          RD   192.1.2.1       GigabitEthernet
0/0/0
      192.1.2.0/24  Direct  0    0           D   192.1.2.2       GigabitEthernet
0/0/0
      192.1.2.2/32  Direct  0    0           D   127.0.0.1       GigabitEthernet
0/0/0
    192.1.2.255/32  Direct  0    0           D   127.0.0.1       GigabitEthernet
0/0/0
      192.1.3.0/24  Direct  0    0           D   192.1.3.254     GigabitEthernet
0/0/1
    192.1.3.254/32  Direct  0    0           D   127.0.0.1       GigabitEthernet
0/0/1
    192.1.3.255/32  Direct  0    0           D   127.0.0.1       GigabitEthernet
0/0/1
255.255.255.255/32  Direct  0    0           D   127.0.0.1       InLoopBack0

<Huawei>
```

图 5.8　路由器 AR3 的完整路由表

(7) 完成服务器和终端的 IP 地址、子网掩码和默认网关地址配置过程。PC1 配置的

IP 地址、子网掩码和默认网关地址如图 5.9 所示。启动 PC1 与路由器 AR1 之间的通信过程，如图 5.10 所示。

图 5.9　PC1 配置的 IP 地址、子网掩码和默认网关地址

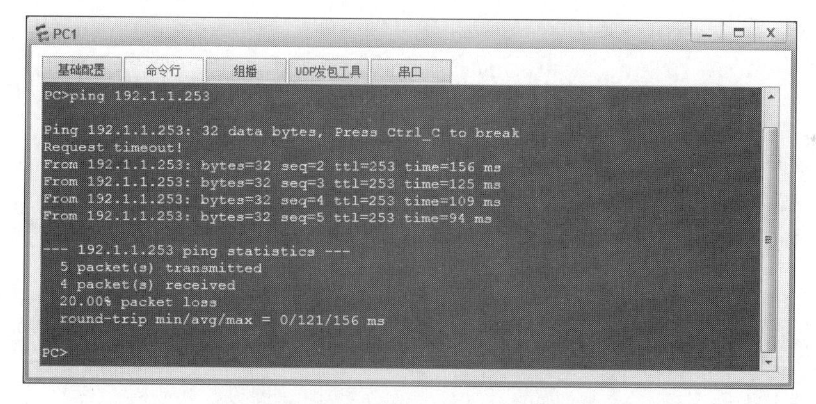

图 5.10　PC1 执行 ping 操作的界面

5.1.6　命令行接口配置过程

1. 路由器 AR1 配置过程

```
<Huawei>system-view
[Huawei]undo info-center enable
[Huawei]interface dialer 1
[Huawei-Dialer1]dialer user aaa2
[Huawei-Dialer1]dialer bundle 1
```

```
[Huawei-Dialer1]ppp chap user aaa1
[Huawei-Dialer1]ppp chap password cipher bbb1
[Huawei-Dialer1]ip address ppp-negotiate
[Huawei-Dialer1]quit
[Huawei]interface GigabitEthernet0/0/0
[Huawei-GigabitEthernet0/0/0]pppoe-client dial-bundle-number 1
[Huawei-GigabitEthernet0/0/0]quit
[Huawei]ip route-static 0.0.0.0 0 dialer 1
```

2. 路由器 AR2 配置过程

```
<Huawei>system-view
[Huawei]undo info-center enable
[Huawei]interface GigabitEthernet0/0/1
[Huawei-GigabitEthernet0/0/1]ip address 192.1.2.1 24
[Huawei-GigabitEthernet0/0/1]quit
[Huawei]rip 2
[Huawei-rip-2]version 2
[Huawei-rip-2]network 192.1.2.0
[Huawei-rip-2]quit
[Huawei]ip pool r2
[Huawei-ip-pool-r2]network 192.1.1.0 mask 255.255.255.0
[Huawei-ip-pool-r2]gateway-list 192.1.1.254
[Huawei-ip-pool-r2]quit
[Huawei]aaa
[Huawei-aaa]authentication-scheme r2
[Huawei-aaa-authen-r2]authentication-mode local
[Huawei-aaa-authen-r2]quit
[Huawei-aaa]domain r2
[Huawei-aaa-domain-r2]authentication-scheme r2
[Huawei-aaa-domain-r2]quit
[Huawei-aaa]local-user aaa1 password cipher bbb1
[Huawei-aaa]local-user aaa1 service-type ppp
[Huawei-aaa]quit
[Huawei]interface virtual-template 1
[Huawei-Virtual-Template1]ppp authentication-mode chap domain r2
[Huawei-Virtual-Template1]ip address 192.1.1.254 255.255.255.0
[Huawei-Virtual-Template1]remote address pool r2
[Huawei-Virtual-Template1]quit
[Huawei]interface GigabitEthernet0/0/0
[Huawei-GigabitEthernet0/0/0]pppoe-server bind virtual-template 1
[Huawei-GigabitEthernet0/0/0]quit
```

3. 路由器 AR3 配置过程

```
<Huawei>system-view
```

```
[Huawei]undo info-center enable
[Huawei]interface GigabitEthernet0/0/0
[Huawei-GigabitEthernet0/0/0]ip address 192.1.2.2 24
[Huawei-GigabitEthernet0/0/0]quit
[Huawei]interface GigabitEthernet0/0/1
[Huawei-GigabitEthernet0/0/1]ip address 192.1.3.254 24
[Huawei-GigabitEthernet0/0/1]quit
[Huawei]rip 3
[Huawei-rip-3]version 2
[Huawei-rip-3]network 192.1.2.0
[Huawei-rip-3]network 192.1.3.0
[Huawei-rip-3]quit
[Huawei]ip route-static 192.1.1.0 24 192.1.2.1
```

4. 命令列表

路由器配置过程中使用的命令及功能和参数说明如表 5.1 所示。

表 5.1　路由器配置过程中使用的命令及功能和参数说明

命令格式	功能和参数说明
ip pool *ip-pool-name*	创建全局 IP 地址池,并进入全局 IP 地址池视图。参数 *ip-pool-name* 是全局 IP 地址池名称
network *ip-address* [**mask** { *mask* | *mask-length* }]	配置全局 IP 地址池中可分配的网络地址段。参数 *ip-address* 是网络地址;参数 *mask* 是子网掩码,参数 *mask-length* 是网络前缀长度,子网掩码和网络前缀长度二者选一
gateway-list *ip-address*	配置 DHCP 客户端的默认网关地址。参数 *ip-address* 是默认网关地址
aaa	用于进入 AAA 视图
authentication-scheme *scheme-name*	创建鉴别方案,并进入鉴别方案视图。参数 *scheme-name* 是鉴别方案名称
authentication-mode {**local** | **radius**}	配置鉴别模式。local 是本地鉴别模式,radius 是基于 RADIUS 服务器的统一鉴别模式
domain *domain-name*	创建鉴别域,并进入 AAA 域视图。参数 *domain-name* 是鉴别域名称
local-user *user-name* **password** {**cipher** | **irreversible-cipher**} *password*	定义授权用户。参数 *user-name* 是授权用户名,参数 *password* 是授权用户口令,cipher 表明用可逆加密算法加密口令,irreversible-cipher 表明用不可逆加密算法加密口令
local-user *user-name* **service-type** { **ppp** | **telnet** }	指定授权用户的接入类型。参数 *user-name* 是授权用户名,ppp 表明授权用户通过 PPP 完成接入过程,telnet 表明授权用户通过 Telnet 完成接入过程
interface virtual-template *vt-number*	创建虚拟接口模板,并进入虚拟接口模板视图。参数 *vt-number* 是虚拟接口模板编号

续表

命令格式	功能和参数说明
ppp authentication-mode { **chap** | **pap** } **domain** *domain-name*	配置本端设备鉴别对端设备时使用的鉴别协议和鉴别方案，chap 表明采用 CHAP 鉴别协议，pap 表明采用 PAP 鉴别协议。参数 *domain-name* 是鉴别域的名称，表明使用该鉴别域引用的鉴别方案。
remote address { *ip-address* | **pool** *pool-name* }	为对端设备指定 IP 地址，或指定用于分配 IP 地址的全局 IP 地址池。参数 *ip-address* 是为对端设备指定的 IP 地址，参数 *pool-name* 是用于为对端设备分配 IP 地址的全局 IP 地址池名称
pppoe-server bind virtual-template *vt-number*	用来将指定的虚拟接口模板绑定到当前以太网接口上，并在该以太网接口上启用 PPPoE 协议。参数 *vt-number* 是虚拟接口模板编号
interface dialer *number*	创建 dialer 接口，并进入 dialer 接口视图。参数 *number* 是 dialer 接口编号
dialer user *user-name*	启动共享 DCC 功能，并配置对端用户名。参数 *user-name* 是对端用户名
dialer bundle *number*	指定 dialer 接口使用的 dialer bundle。参数 *number* 是 dialer bundle 编号
ppp chap user *username*	设置对端设备通过 CHAP 鉴别本端设备身份时，本端设备发送给对端设备的用户名。参数 *username* 是用户名
ppp chap password { **cipher** | **simple** } *password*	设置对端设备通过 CHAP 鉴别本端设备身份时，本端设备发送给对端设备的口令，cipher 表明以密文方式存储口令，simple 表明以明文方式存储口令。参数 *password* 是用户名
ip address ppp-negotiate	指定通过 PPP 协商获取 IP 地址

5.2 内部以太网接入 Internet 实验

5.2.1 实验内容

内部以太网接入 Internet 实验的网络结构如图 5.11 所示。路由器 R1 作为接入控制设备，完成对边缘路由器的接入控制过程。边缘路由器一端连接 Internet 接入网络，另一端连接内部以太网。连接 Internet 接入网络的一端由路由器 R1 分配全球 IP 地址。内部以太网分配私有 IP 地址 192.168.1.0/24，连接在内部以太网上分配私有 IP 地址的终端访问 Internet 时，由边缘路由器完成地址转换过程。

本实验在 5.1 节 PPPoE 基本配置实验的基础上进行，边缘路由器通过 PPPoE 完成接入 Internet 的过程。内部以太网中的终端通过边缘路由器完成 Internet 访问过程。

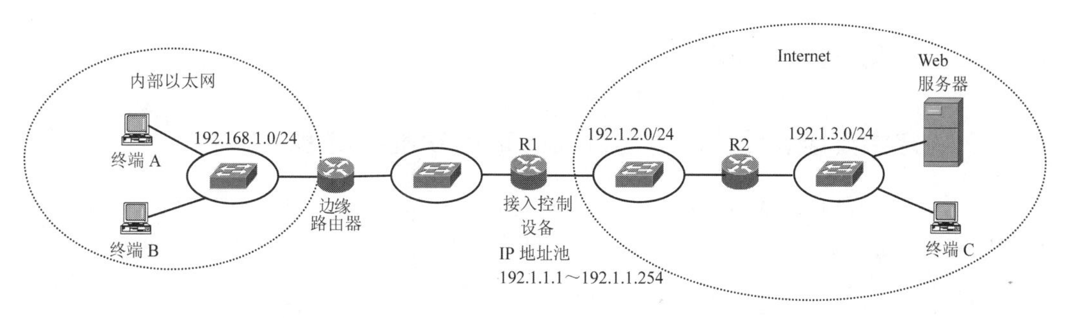

图 5.11　内部以太网接入 Internet 实验的网络结构

5.2.2　实验目的

(1) 验证内部以太网的设计过程。

(2) 验证边缘路由器的配置过程。

(3) 验证内部以太网接入 Internet 的过程。

(4) 验证边缘路由器 PPPoE 的接入过程。

(5) 验证边缘路由器的网络地址转换(Network Address Translation,NAT)功能。

5.2.3　实验原理

在图 5.11 所示的内部以太网接入 Internet 的过程中,对于内部以太网中的终端,边缘路由器是默认网关,内部以太网中的终端发送给 Internet 的 IP 分组首先传输给边缘路由器,由边缘路由器转发给 Internet。对于 Internet 中的路由器,边缘路由器等同于连接在 Internet 上的一个终端。

内部以太网及内部以太网分配的私有 IP 地址对 Internet 中的终端和路由器是透明的,因此,当边缘路由器将内部以太网中的终端发送给 Internet 的 IP 分组转发给 Internet 时,需要将这些 IP 分组的源 IP 地址转换成边缘路由器连接 Internet 接入网络的接口的全球 IP 地址。当 Internet 中的终端向内部以太网中的终端发送 IP 分组时,这些 IP 分组以边缘路由器连接 Internet 接入网络的接口的全球 IP 地址为目的 IP 地址;当边缘路由器将这些 IP 分组转发给内部以太网中的终端时,需要将这些 IP 分组的目的 IP 地址转换成内部以太网中的终端配置的私有 IP 地址。边缘路由器根据建立的地址转换表完成地址转换过程。

由于内部以太网的私有 IP 地址被统一转换成边缘路由器连接 Internet 接入网络的接口的全球 IP 地址,因此,Internet 发送给边缘路由器的 IP 分组有着相同的目的 IP 地址,边缘路由器建立的地址转换表必须能够根据作为接收到的 IP 分组净荷的 TCP/UDP 报文中的全局端口号或 ICMP 报文中的全局标识符找到对应的内部以太网中的终端。因此,对于 TCP/UDP 报文,边缘路由器建立的地址转换表必须建立全局端口号与内部以太网中的终端的私有 IP 地址之间的映射;对于 ICMP 报文,边缘路由器建立的地址转换表必须建立全局标识符与内部以太网中的终端的私有 IP 地址之间的映射。

5.2.4 关键命令说明

1. 确定需要地址转换的内部以太网私有 IP 地址范围

以下命令序列通过基本过滤规则集将内部以太网需要转换的私有 IP 地址范围定义为 CIDR 地址块 192.168.1.0/24。

```
[Huawei]acl 2000
[Huawei-acl-basic-2000]rule 10 permit source 192.168.1.0 0.0.0.255
[Huawei-acl-basic-2000]quit
```

acl 2000 是系统视图下使用的命令,该命令的作用是创建一个编号为 2000 的基本过滤规则集,并进入基本 ACL 视图。

rule 10 permit source 192.168.1.0 0.0.0.255 是基本 ACL 视图下使用的命令,该命令的作用是创建允许源 IP 地址属于 CIDR 地址块 192.168.1.0/24 的 IP 分组通过的过滤规则。这里,该过滤规则的含义变为对源 IP 地址属于 CIDR 地址块 192.168.1.0/24 的 IP 分组实施地址转换过程。

2. 建立基本过滤规则集与公共接口之间的联系

```
[Huawei]interface dialer 1
[Huawei-Dialer1]nat outbound 2000
[Huawei-Dialer1]quit
```

nat outbound 2000 是 dialer 接口视图下使用的命令,该命令的作用是建立编号为 2000 的基本过滤规则集与指定 dialer 接口(这里是接口 dialer 1)之间的联系。建立该联系后,要进行以下两个操作:一是对从该接口输出的源 IP 地址属于编号为 2000 的基本过滤规则集指定的允许通过的源 IP 地址范围的 IP 分组实施地址转换过程;二是指定该接口的 IP 地址作为 IP 分组完成地址转换过程后的源 IP 地址。

5.2.5 实验步骤

(1) 启动 eNSP,打开完成 5.1 节实验时生成的 topo 文件,按照图 5.11 所示的网络拓扑结构增加内部以太网。增加内部以太网后的 eNSP 界面如图 5.12 所示。启动所有设备。

(2) 路由器 AR1 连接内部以太网的接口配置 IP 地址和子网掩码 192.168.1.254/24,使得内部以太网的网络地址为 192.168.1.0/24,终端 PC2 和 PC3 需要配置属于网络地址 192.168.1.0/24 的 IP 地址,并将路由器 AR1 连接内部以太网的接口的 IP 地址 192.168.1.254 作为默认网关地址。终端 PC2 配置的 IP 地址、子网掩码和默认网关地址如图 5.13 所示。

(3) 启动 PC2 访问 Internet 的过程,PC2 执行的 ping 操作如图 5.14 所示。PC2 发

eNSP
5-2
菜 单
设备连线
Ethernet
Auto
Copper
Serial
POS
E1
ATM
CTL
Ethernet
连接设备的以太网和千兆以太接口。
PC2
PC3
LSW4
AR1
LSW1
AR2
LSW2
AR3
LSW3
Server1
PC1
总数：11 选中：0
获取帮助与反馈

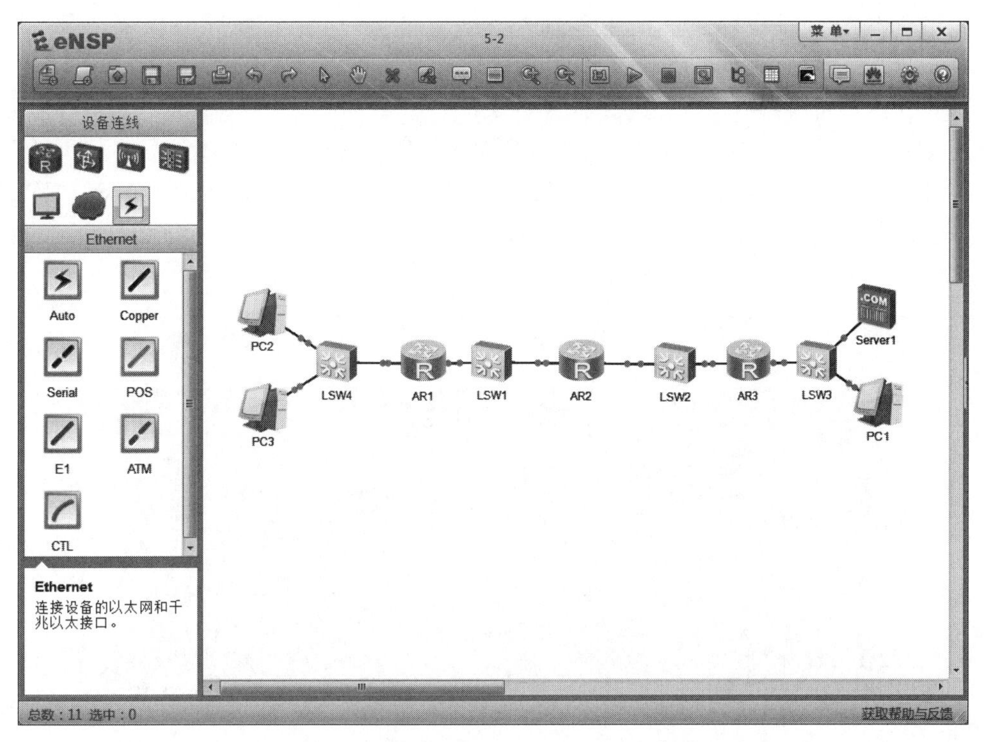

图 5.12　完成设备放置和连接后的 eNSP 界面

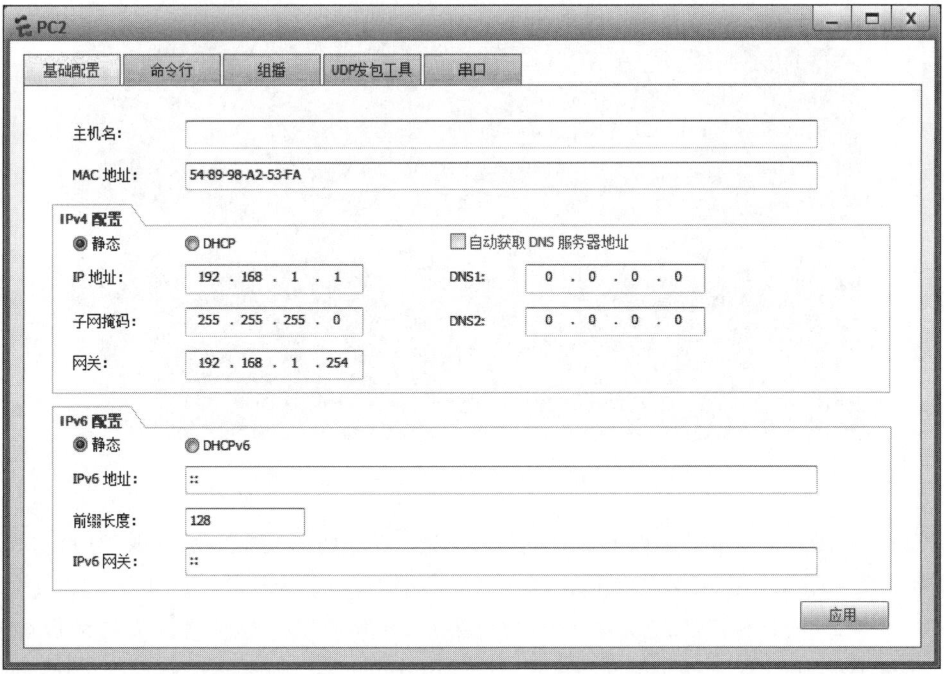

PC2
基础配置
命令行
组播
UDP发包工具
串口
主机名:
MAC 地址:
54-89-98-A2-53-FA
IPv4 配置
静态
DHCP
自动获取 DNS 服务器地址
IP 地址:
192 . 168 . 1 . 1
DNS1:
0 . 0 . 0 . 0
子网掩码:
255 . 255 . 255 . 0
DNS2:
0 . 0 . 0 . 0
网关:
192 . 168 . 1 . 254
IPv6 配置
静态
DHCPv6
IPv6 地址:
::
前缀长度:
128
IPv6 网关:
::
应用

图 5.13　终端 PC2 配置的 IP 地址、子网掩码和默认网关地址

送给PC1的IP分组经过路由器AR1转发后，源IP地址转换成路由器AR1连接Internet接入网络的接口的全球IP地址，该IP地址在路由器AR1通过PPPoE接入Internet时，由路由器AR2负责配置，这里是192.1.1.253。由于IP分组封装的是ICMP报文，且一次ICMP ECHO请求和响应过程即为一次会话，路由器AR1需要为ICMP报文分配唯一的全局标识符，且建立该全局标识符与PC2私有IP地址192.168.1.1之间的关联。路由器AR1建立的地址转换表如图5.15所示，最上面的一个地址转换项对应图5.14中ping操作的最后一次ICMP ECHO请求和响应过程。

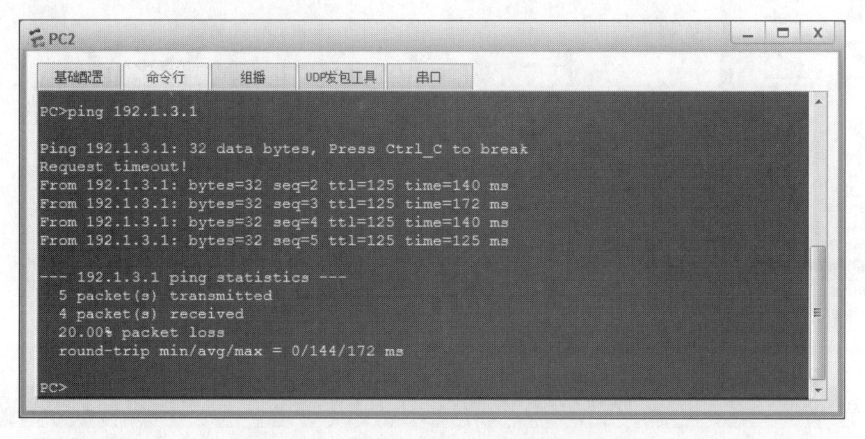

图5.14　PC2执行ping操作的界面

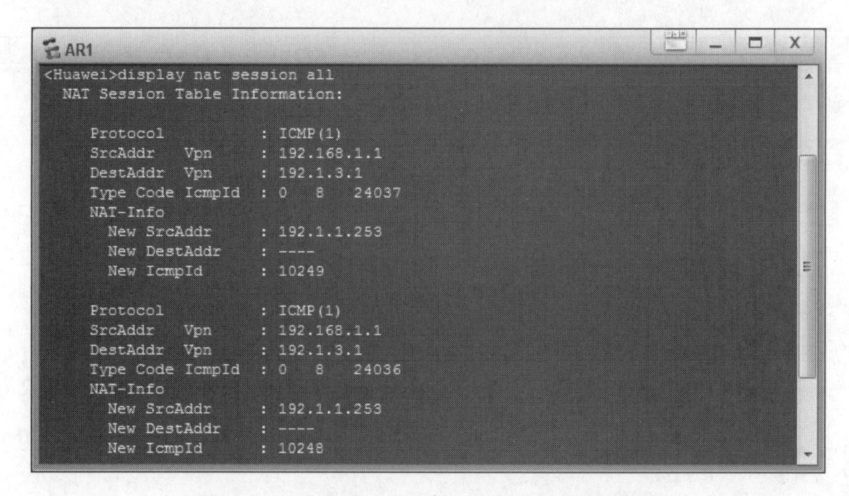

图5.15　路由器AR1建立的部分地址转换项

(4) 根据图5.15中最上面的地址转换项，PC2发送的封装了本地标识符为24037(十六进制值为0x5de5)的ICMP ECHO请求报文和源IP地址为192.168.1.1、目的IP地址为192.1.3.1的IP分组经过路由器AR1转发后，ICMP ECHO请求报文的标识符转换为全局标识符10249(十六进制值为0x2809)，IP分组的源IP地址转换为192.1.1.253。PC2至路由器AR1这一段的IP分组格式如图5.16所示，它是路由器AR1连接内部以太网的接口捕获的报文序列；路由器AR1至PC1这一段的IP分组格式如图5.17所示，它是路由器 AR1 连接 Internet 接入网络的接口捕获的报文序列。需要注意的是，标识符左边是低字节，右边是高字节，即 0x5de5 表示为 id=0xe55d。

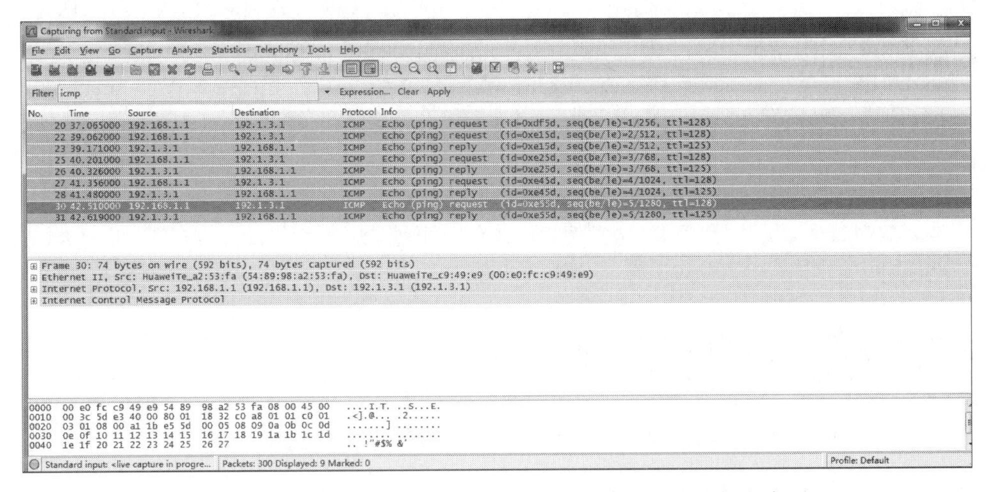

图 5.16 路由器 AR1 连接内部以太网的接口捕获的报文序列

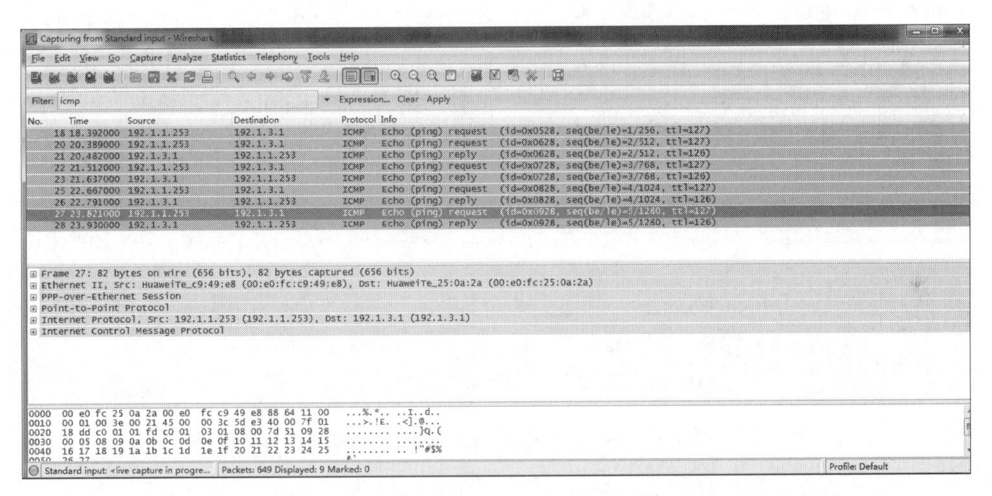

图 5.17 路由器 AR1 连接 Internet 接入网络的接口捕获的报文序列

(5) PC1 发送给 PC2 的 ICMP ECHO 响应报文，其标识符为全局标识符 0x2809。该 ICMP ECHO 响应报文封装成源 IP 地址为 PC1 的 IP 地址 192.1.3.1、目的 IP 地址为路由器 AR1 连接 Internet 接入网络的接口的全球 IP 地址 192.1.1.253 的 IP 分组，当路由器 AR1 接收到该 IP 分组时，根据 ICMP ECHO 响应报文的全局标识符找到地址转换项，即图 5.15 中最上面的地址转换项，将 ICMP ECHO 响应报文的全局标识符转换为本地标识符 24037(十六进制值为 0x5de5)，将 IP 分组的目的 IP 地址转换为 PC2 的私有 IP 地址 192.168.1.1。PC1 至路由器 AR1 这一段的 IP 分组格式如图 5.18 所示，它是路由器 AR1 连接 Internet 接入网络的接口捕获的报文序列；路由器 AR1 至 PC2 这一段的 IP 分组格式如图 5.19 所示，它是路由器 AR1 连接内部以太网的接口捕获的报文序列。

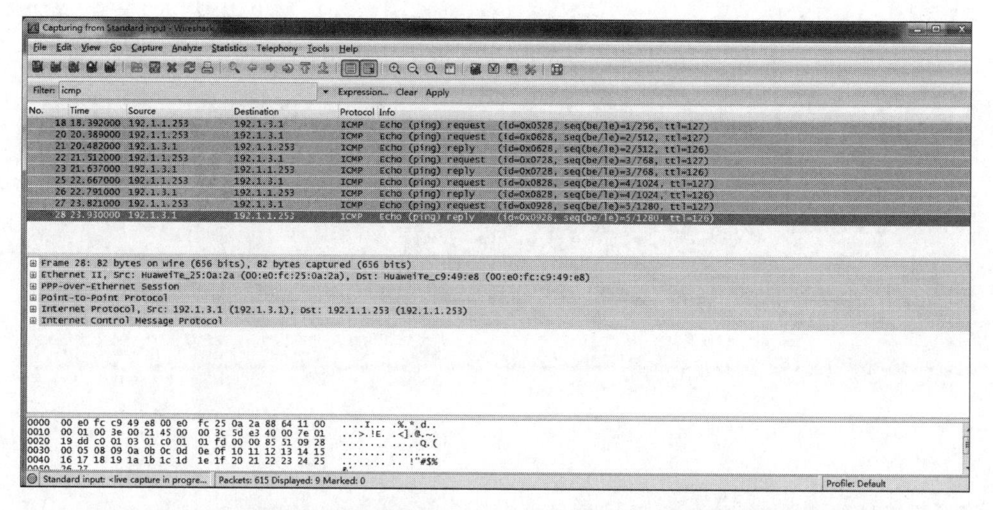

图 5.18 路由器 AR1 连接 Internet 接入网络的接口捕获的报文序列

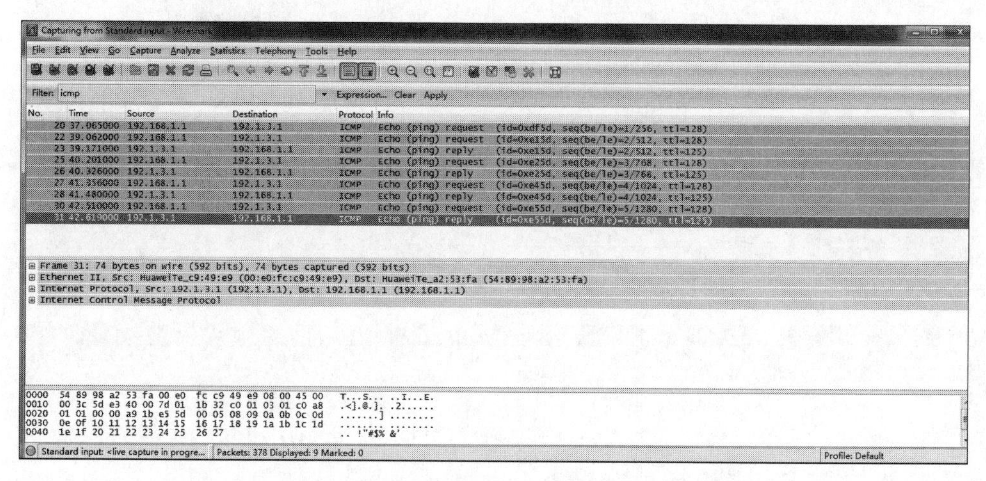

图 5.19 路由器 AR1 连接内部以太网的接口捕获的报文序列

5.2.6 命令行接口配置过程

1. 路由器 AR1 在 5.1 节实验基础上增加的配置过程

```
<Huawei>system-view
[Huawei]interface GigabitEthernet0/0/1
[Huawei-GigabitEthernet0/0/1]ip address 192.168.1.254 24
[Huawei-GigabitEthernet0/0/1]quit
[Huawei]acl 2000
[Huawei-acl-basic-2000]rule 10 permit source 192.168.1.0 0.0.0.255
[Huawei-acl-basic-2000]quit
[Huawei]interface dialer 1
```

```
[Huawei-Dialer1]nat outbound 2000
[Huawei-Dialer1]quit
```

2. 命令列表

路由器配置过程中使用的命令及功能和参数说明如表 5.2 所示。

表 5.2　路由器配置过程中使用的命令及功能和参数说明

命令格式	功能和参数说明
acl *acl-number*	创建编号为 *acl-number* 的 ACL,并进入 ACL 视图。ACL 是访问控制列表,由一组过滤规则组成。这里用 ACL 指定需要进行地址转换的内网 IP 地址范围。
rule [*rule-id*] {**deny**|**permit** } [**source**{ *source-address* *source-wildcard* | **any** }	配置一条用于指定允许通过或拒绝通过的 IP 分组的源 IP 地址范围的规则。参数 *rule-id* 是规则编号,用于确定匹配顺序;参数 *source-address* 和 *source-wildcard* 用于指定源 IP 地址范围,参数 *source-address* 是网络地址,参数 *source-wildcard* 是反掩码,反掩码是子网掩码的反码
nat outbound *acl-number* [**interface** *interface-type* *interface-number* [. *subnumber*]]	在指定接口启动 PAT 功能。参数 *acl-number* 是访问控制列表编号,用该访问控制列表指定源 IP 地址范围;参数 *interface-type interface-number* [. *subnumber*]是接口类型和编号(可以是子接口编号),指定用该接口的 IP 地址作为全球 IP 地址,对于源 IP 地址属于编号为 *acl-number* 的 ACL 指定的源 IP 地址范围的 IP 分组,用指定接口的全球 IP 地址替换该 IP 分组的源 IP 地址

5.3 内部无线局域网接入 Internet 实验

5.3.1 实验内容

内部无线局域网接入 Internet 实验的网络结构如图 5.20 所示。边缘路由器一端连接 Internet 接入网,另一端连接内部网络交换机 S1。内部网络交换机 S1 连接接入点(AP)和无线控制器(AC)。由 AC 完成对 AP 的配置过程。在内部网络中创建两个 VLAN,分别是 VLAN 2 和 VLAN 3,其中,VLAN 2 用于实现 AP 与 AC 之间的通信过程,VLAN 3 用于实现终端 A 和终端 B 与边缘路由器之间的通信过程。内部网络交换机 S1 作为 DHCP 服务器,分别完成对属于 VLAN 2 的 AP 与属于 VLAN 3 的终端 A 和终端 B 的 IP 地址配置过程。

本实验在 5.1 节 PPPoE 基本配置实验的基础上完成。边缘路由器通过 PPPoE 完成接入 Internet 的过程,路由器 R1 作为接入控制设备完成对边缘路由器的接入控制过程,并为边缘路由器连接 Internet 接入网的接口配置全球 IP 地址。内部网络交换机 S1 对属于 VLAN 2 的 AP 配置属于网络地址 192.168.1.0/24 的私有 IP 地址,对属于 VLAN 3 的终端 A 和终端 B 配置属于网络地址 192.168.2.0/24 的私有 IP 地址。终端 A 和终端

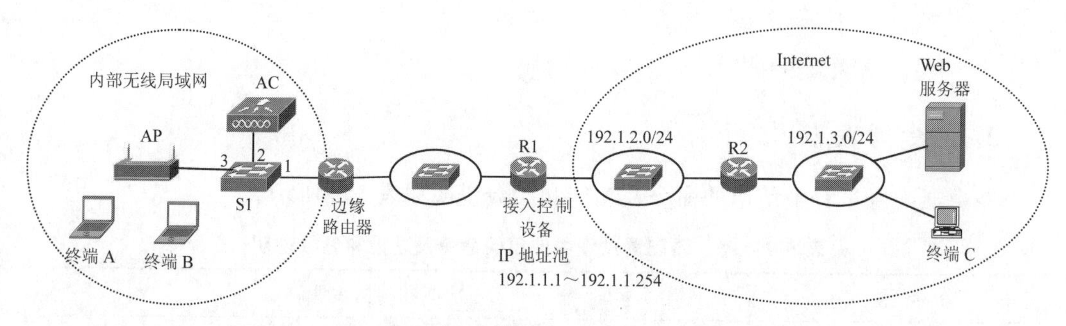

图 5.20　内部无线局域网接入 Internet 实验的网络结构

B 访问 Internet 时，由边缘路由器完成私有 IP 地址与连接 Internet 接入网的接口的全球 IP 地址之间的相互转换过程。

5.3.2　实验目的

(1) 验证 AP+AC 无线局域网结构。
(2) 验证 AC 配置过程。
(3) 验证 AC 自动配置 AP 的过程。
(4) 验证终端接入无线局域网的过程。
(5) 验证内部无线局域网终端访问 Internet 的过程。
(6) 验证网络地址转换过程。

5.3.3　实验原理

由于 AP 和 AC 位于同一个 VLAN 中，AP 通过广播发现请求报文发现 AC，建立与 AC 之间的隧道。AP 建立与 AC 之间的隧道后，由 AC 统一完成对 AP 的配置过程。为了保证 AP 与 AC 属于 VLAN 2，并在 VLAN 3 内建立终端 A 和终端 B 与边缘路由器之间的交换路径，内部交换机 S1 中需要建立如表 5.3 所示的 VLAN 与端口之间的映射。

表 5.3　交换机 S1 VLAN 与端口的映射

VLAN	接入端口	主干端口(共享端口)
VLAN 2		2,3(VLAN 2 的默认端口)
VLAN 3	1	2,3

配置属于网络地址 192.168.2.0/24 的私有 IP 地址的终端 A 和终端 B 访问 Internet 时，对于 IP 分组从终端 A 和终端 B 至 Internet 的传输过程，由边缘路由器完成 IP 分组源 IP 地址终端 A 或终端 B 的私有 IP 地址至边缘路由器连接 Internet 接入网络的接口的全球 IP 地址的转换过程。对于 IP 分组 Internet 至终端 A 和终端 B 的传输过程，由边缘路由器完成 IP 分组目的 IP 地址从边缘路由器连接 Internet 接入网络的接口的全球 IP 地

址至终端 A 或终端 B 的私有 IP 地址的转换过程。

5.3.4 实验步骤

(1) 启动 eNSP，打开完成 5.1 节实验时生成的 topo 文件，按照图 5.20 所示的网络拓扑结构增加内部无线局域网。增加内部无线局域网后的 eNSP 界面如图 5.21 所示。启动所有设备。

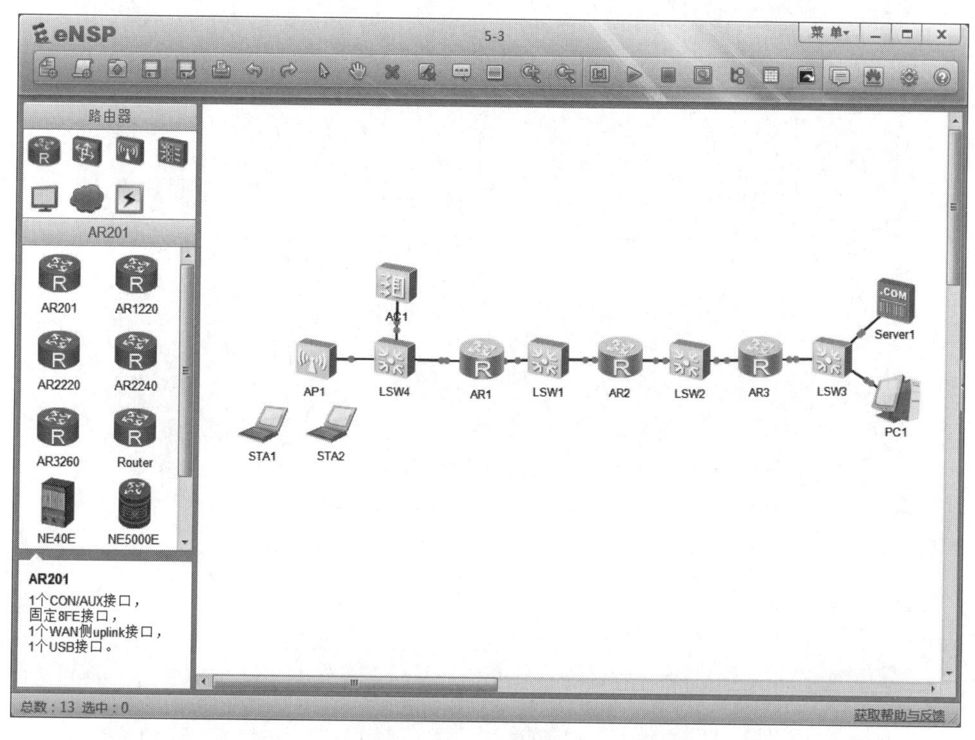

图 5.21　增加内部无线局域网后的 eNSP 界面

(2) 按照表 5.3 所示的 VLAN 与端口之间的映射，在交换机 LSW4 中创建 VLAN 2 和 VLAN 3，并为各个 VLAN 分配端口。交换机 LSW4 中各个 VLAN 的端口组成如图 5.22 所示。在 AC1 中创建 VLAN 2 和 VLAN 3，AC1 连接交换机 LSW4 的端口的 VLAN 特性与 LSW4 的端口 GE0/0/2 相同。

(3) 完成交换机 LSW4 的 VLAN 2 和 VLAN 3 对应的 IP 接口以及 DHCP 服务器的配置过程。LSW4 中有关 DHCP 服务器的配置信息如图 5.23 所示。AP1 自动从作为 DHCP 服务器的 LSW4 中获取 IP 地址、子网掩码和默认网关地址，如图 5.24 所示。

(4) 在 AC1 中配置 AP 鉴别方式，将 AP1 添加到 AC1 中。创建 AP 组，将 AP1 添加到 AP 组中。AP1 的 MAC 地址如图 5.25 所示。将 AP1 添加到 AC1 中后，可以通过显示所有 AP 命令检查已经添加的 AP 的状态，如图 5.26 所示。

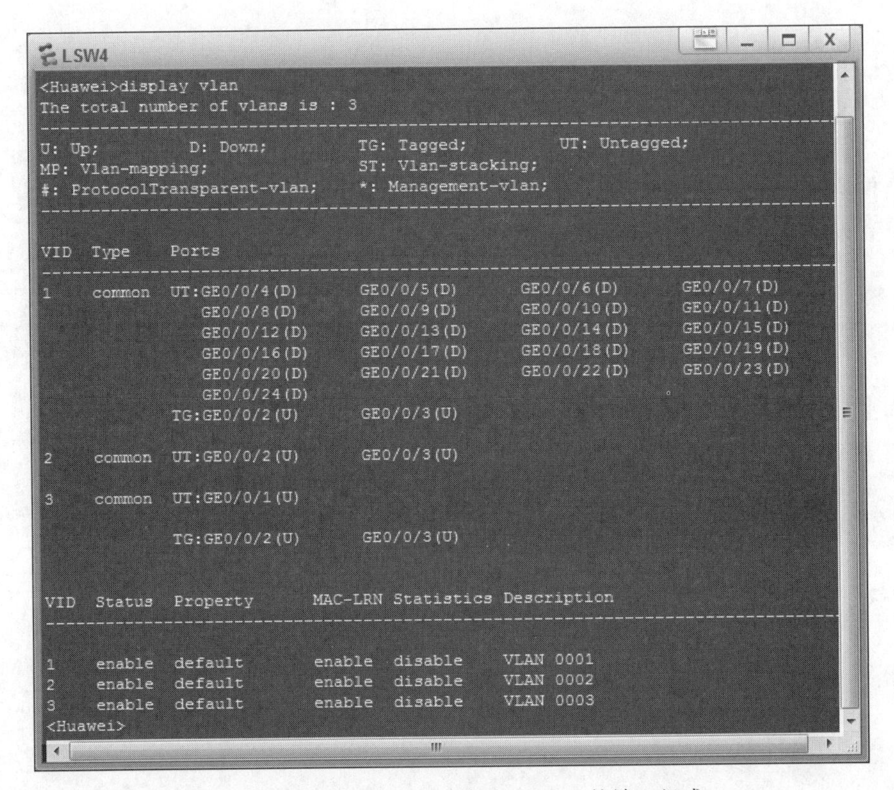

图 5.22　交换机 LSW4 中各个 VLAN 的端口组成

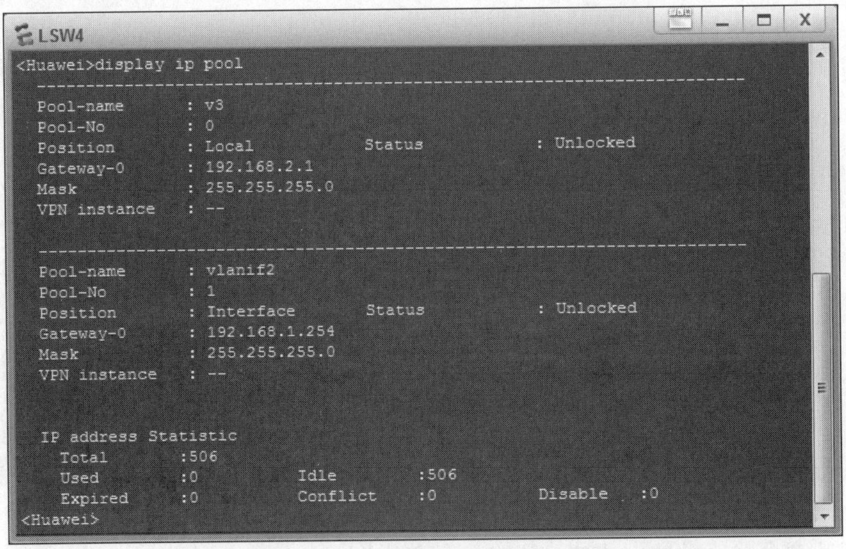

```
LSW4
<Huawei>display ip pool
  -----------------------------------------------------------------------
  Pool-name      : v3
  Pool-No        : 0
  Position       : Local           Status           : Unlocked
  Gateway-0      : 192.168.2.1
  Mask           : 255.255.255.0
  VPN instance   : --

  -----------------------------------------------------------------------
  Pool-name      : vlanif2
  Pool-No        : 1
  Position       : Interface       Status           : Unlocked
  Gateway-0      : 192.168.1.254
  Mask           : 255.255.255.0
  VPN instance   : --


  IP address Statistic
    Total       :506
    Used        :0          Idle        :506
    Expired     :0          Conflict    :0          Disable    :0
<Huawei>
```

图 5.23　交换机 LSW4 中有关 DHCP 服务器的配置信息

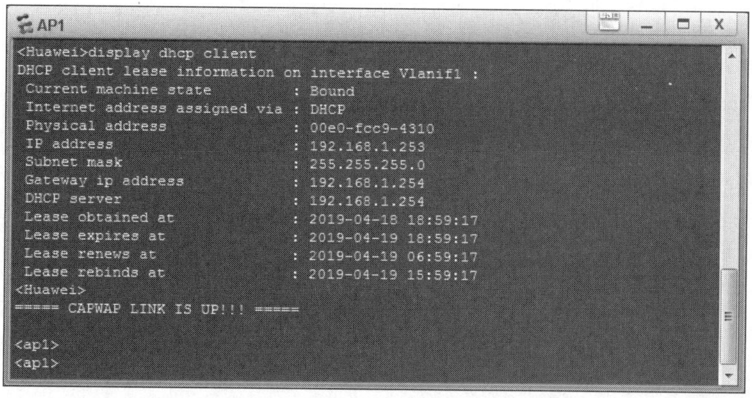

```
<Huawei>display dhcp client
DHCP client lease information on interface Vlanif1 :
 Current machine state          : Bound
 Internet address assigned via  : DHCP
 Physical address               : 00e0-fcc9-4310
 IP address                     : 192.168.1.253
 Subnet mask                    : 255.255.255.0
 Gateway ip address             : 192.168.1.254
 DHCP server                    : 192.168.1.254
 Lease obtained at              : 2019-04-18 18:59:17
 Lease expires at               : 2019-04-19 18:59:17
 Lease renews at                : 2019-04-19 06:59:17
 Lease rebinds at               : 2019-04-19 15:59:17
<Huawei>
===== CAPWAP LINK IS UP!!! =====

<ap1>
<ap1>
```

图 5.24　AP1 获取的网络信息

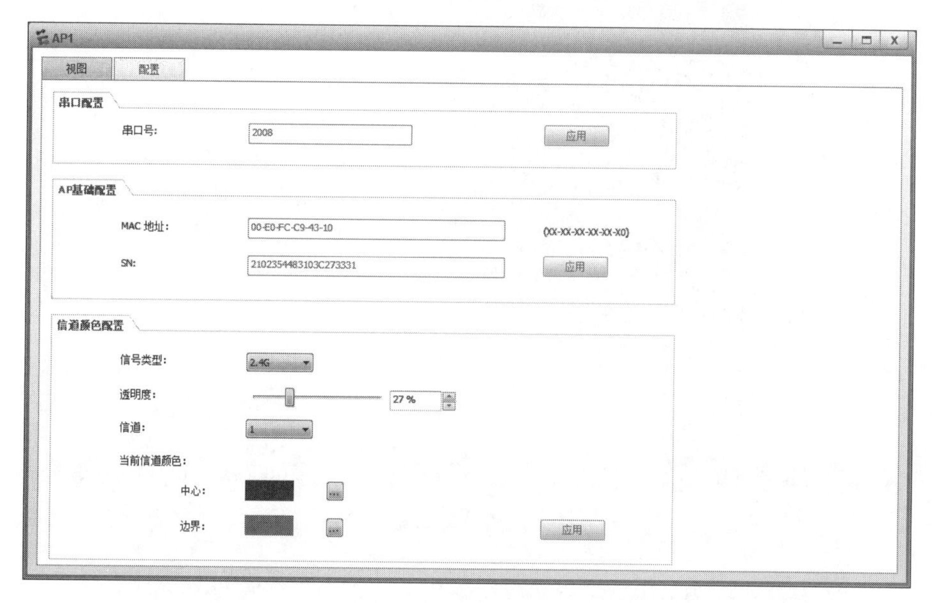

图 5.25　AP1 的 MAC 地址

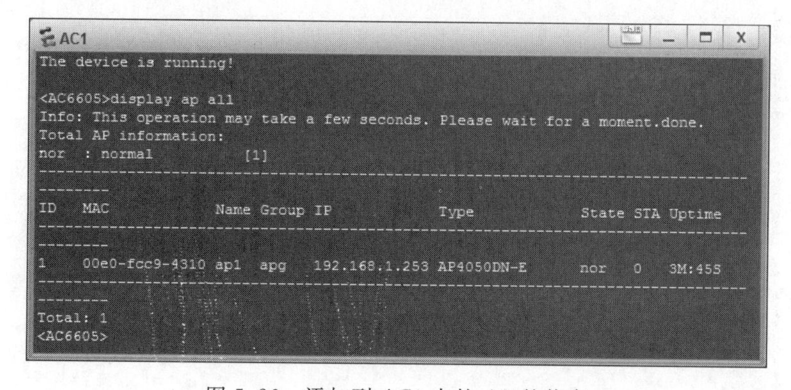

图 5.26　添加到 AC1 中的 AP 的状态

(5) 完成安全模板和 SSID 模板的创建过程。创建 VAP 模板，并在 VAP 模板中引用已经创建的安全模板和SSID模板。在AP的射频上引用VAP模板。VAP模板用于确定SSID、加密和鉴别机制。

(6) 完成AC1和交换机LSW4配置过程后，AC1将配置信息自动下传给各个AP。各个AP进入就绪状态，允许接入无线工作站，如图5.27所示。保证移动终端STA1和STA2位于AP1的有效通信范围内。STA1完成连接过程后的界面如图5.28所示。完成连接过程后，STA1自动获取如图5.29所示的IP地址、子网掩码和默认网关地址，默认网关地址是路由器AR1连接内部无线局域网的接口的IP地址。

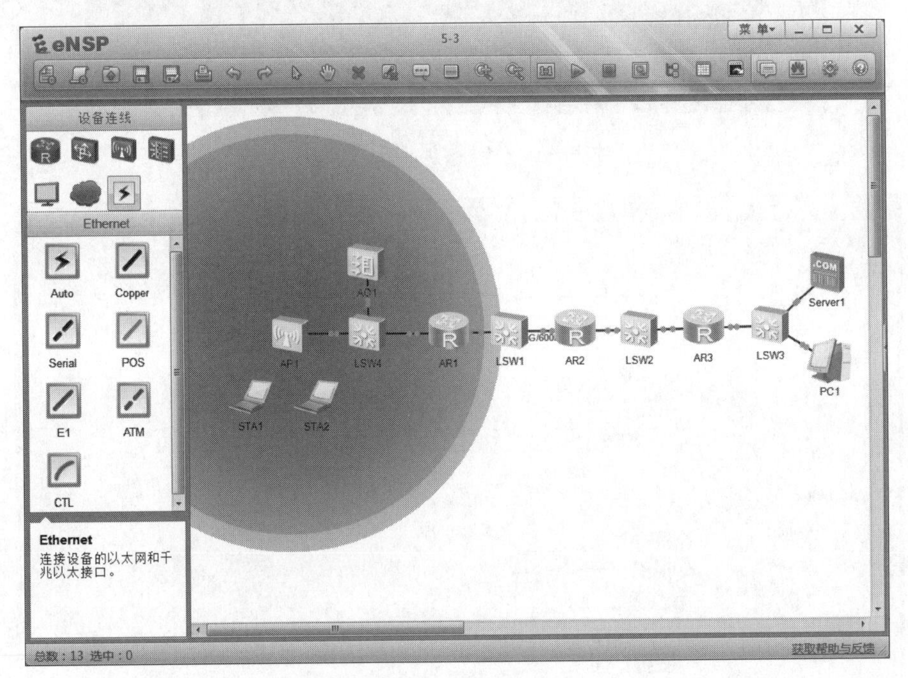

图5.27 进入就绪状态的AP1

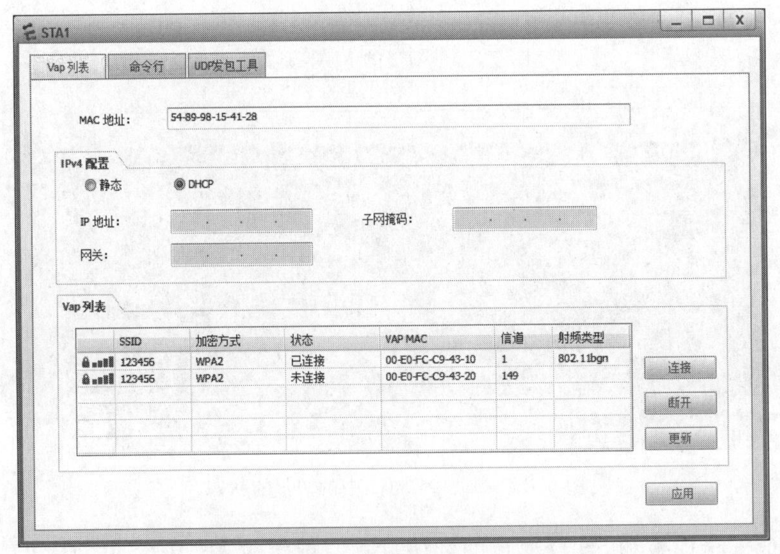

图5.28 STA1完成连接过程后的界面

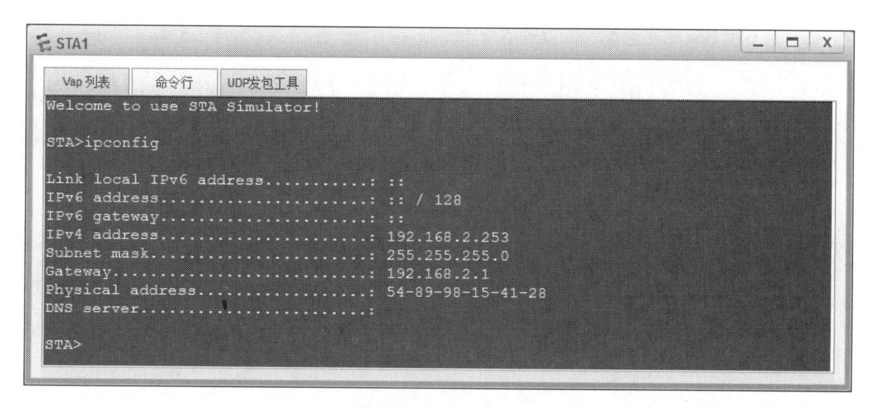

图 5.29　STA1 自动获取的网络信息

(7) 在 5.1 节实验的基础上，完成 AR1 连接内部无线局域网接口 IP 地址和子网掩码的配置过程，完成 AR1 有关 PAT 的配置过程。

(8) 启动 STA1 至 PC1 的 UDP 报文传输过程，STA1 启动 UDP 报文传输过程的界面如图 5.30 所示。UDP 报文在 STA1 至 AR1 这一段的封装格式如图 5.31 所示，它是在 AR1 连接内部无线局域网的接口上捕获的报文序列。UDP 报文在 AR1 至 PC1 这一段的封装格式如图 5.32 所示，它是在 AR1 连接 Internet 接入网络的接口上捕获的报文序列。由 AR1 完成封装该 UDP 报文的 IP 分组源 IP 地址转换过程，用唯一的全局端口号取代 UDP 报文中的源端口号，并建立唯一的全局端口号与 STA1 私有 IP 地址之间的关联。

图 5.30　STA1 启动 UDP 报文传输过程的界面

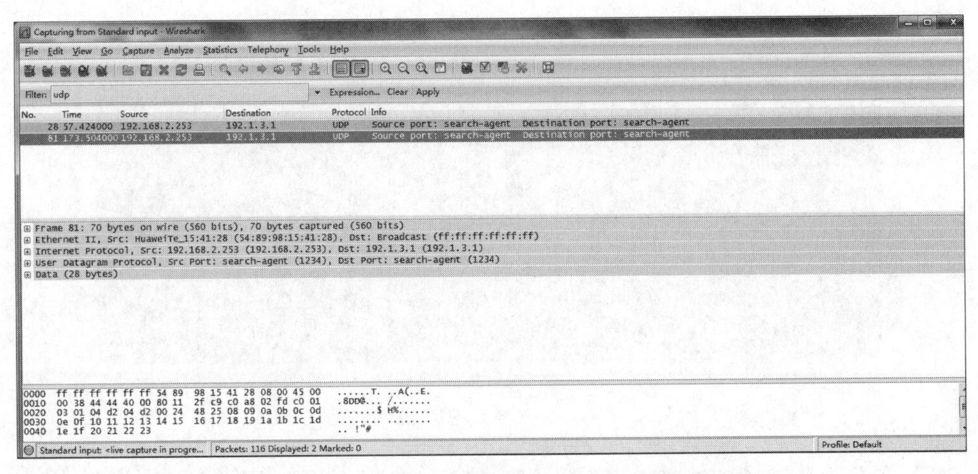

图 5.31　在 AR1 连接内部无线局域网的接口上捕获的报文序列

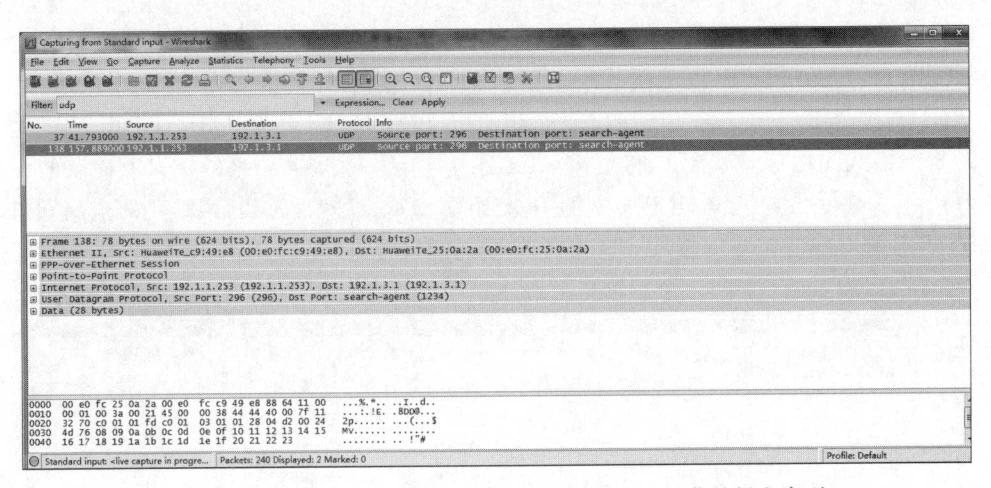

图 5.32　在 AR1 连接 Internet 接入网络的接口上捕获的报文序列

5.3.5 命令行接口配置过程

1. 交换机 LSW4 配置过程

```
<Huawei>system-view
[Huawei]undo info-center enable
[Huawei]vlan batch 2 3
[Huawei]interface GigabitEthernet0/0/1
[Huawei-GigabitEthernet0/0/1]port link-type access
[Huawei-GigabitEthernet0/0/1]port default vlan 3
[Huawei-GigabitEthernet0/0/1]quit
[Huawei]interface GigabitEthernet0/0/2
[Huawei-GigabitEthernet0/0/2]port link-type trunk
```

```
[Huawei-GigabitEthernet0/0/2]port trunk pvid vlan 2
[Huawei-GigabitEthernet0/0/2]port trunk allow-pass vlan 2 3
[Huawei-GigabitEthernet0/0/2]quit
[Huawei]interface GigabitEthernet0/0/3
[Huawei-GigabitEthernet0/0/3]port link-type trunk
[Huawei-GigabitEthernet0/0/3]port trunk pvid vlan 2
[Huawei-GigabitEthernet0/0/3]port trunk allow-pass vlan 2 3
[Huawei-GigabitEthernet0/0/3]quit
[Huawei]dhcp enable
[Huawei]ip pool v3
[Huawei-ip-pool-v3]network 192.168.2.0 mask 255.255.255.0
[Huawei-ip-pool-v3]gateway-list 192.168.2.1
[Huawei-ip-pool-v3]quit
[Huawei]interface vlanif 2
[Huawei-Vlanif2]ip address 192.168.1.254 24
[Huawei-Vlanif2]dhcp select interface
[Huawei-Vlanif2]quit
[Huawei]interface vlanif 3
[Huawei-Vlanif3]ip address 192.168.2.254 24
[Huawei-Vlanif3]dhcp select global
[Huawei-Vlanif3]quit
```

2. 无线局域网控制器 AC1 配置过程

```
<AC6605>system-view
[AC6605]undo info-center enable
[AC6605]vlan batch 2 3
[AC6605]interface GigabitEthernet0/0/1
[AC6605-GigabitEthernet0/0/1]port link-type trunk
[AC6605-GigabitEthernet0/0/1]port trunk pvid vlan 2
[AC6605-GigabitEthernet0/0/1]port trunk allow-pass vlan 2 3
[AC6605-GigabitEthernet0/0/1]quit
[AC6605]interface vlanif 2
[AC6605-Vlanif2]ip address 192.168.1.1 24
[AC6605-Vlanif2]quit
[AC6605]wlan
[AC6605-wlan-view]ap-group name apg
[AC6605-wlan-ap-group-apg]quit
[AC6605-wlan-view]regulatory-domain-profile name domain
[AC6605-wlan-regulate-domain-domain]country-code cn
[AC6605-wlan-regulate-domain-domain]quit
[AC6605-wlan-view]ap-group name apg
[AC6605-wlan-ap-group-apg]regulatory-domain-profile domain
Warning: Modifying the country code will clear channel, power and antenna gain
```

```
configurations of the radio and reset the AP. Continue?[Y/N]:y
[AC6605-wlan-ap-group-apg]quit
[AC6605-wlan-view]quit
[AC6605]capwap source interface vlanif 2
[AC6605]wlan
[AC6605-wlan-view]ap auth-mode mac-auth
[AC6605-wlan-view]ap-id 1 ap-mac 00e0-fcc9-4310
[AC6605-wlan-ap-1]ap-name ap1
[AC6605-wlan-ap-1]ap-group apg
Warning: This operation may cause AP reset. If the country code changes, it will
clear channel, power and antenna gain configurations of the radio, Whether to
continue? [Y/N]:y
[AC6605-wlan-ap-1]quit
[AC6605-wlan-view]security-profile name security
[AC6605-wlan-sec-prof-security]security wpa2 psk pass-phrase Aa-12345678 aes
[AC6605-wlan-sec-prof-security]quit
[AC6605-wlan-view]ssid-profile name ssid
[AC6605-wlan-ssid-prof-ssid]ssid 123456
[AC6605-wlan-ssid-prof-ssid]quit
[AC6605-wlan-view]vap-profile name vap
[AC6605-wlan-vap-prof-vap]forward-mode tunnel
[AC6605-wlan-vap-prof-vap]service-vlan vlan-id 3
[AC6605-wlan-vap-prof-vap]security-profile security
[AC6605-wlan-vap-prof-vap]ssid-profile ssid
[AC6605-wlan-vap-prof-vap]quit
[AC6605-wlan-view]ap-group name apg
[AC6605-wlan-ap-group-apg]vap-profile vap wlan 1 radio 0
[AC6605-wlan-ap-group-apg]vap-profile vap wlan 1 radio 1
[AC6605-wlan-ap-group-apg]quit
```

3. AR1 在 5.1 节实验基础上增加的配置过程

```
<Huawei>system-view
[Huawei]undo info-center enable
[Huawei]interface GigabitEthernet0/0/1
[Huawei-GigabitEthernet0/0/1]ip address 192.168.2.1 24
[Huawei-GigabitEthernet0/0/1]quit
[Huawei]acl 2000
[Huawei-acl-basic-2000]rule 110 permit source 192.168.2.0 0.0.0.255
[Huawei-acl-basic-2000]quit
[Huawei]interface dialer 1
[Huawei-Dialer1]nat outbound 2000
[Huawei-Dialer1]quit
```

5.4 VPN 配置实验

5.4.1 实验内容

L2TP 访问集中器(L2TP Access Concentrator,LAC)远程接入内部网络的过程如图 5.33 所示。LAC 连接在 Internet 上,分配全球 IP 地址。L2TP 网络服务器(L2TP Network Server,LNS)一端连接内部网络,连接内部网络的接口分配私有 IP 地址;另一端连接 Internet,连接 Internet 的接口分配全球 IP 地址。由于内部网络及内部网络分配的私有 IP 地址对 Internet 是透明的,因此,LAC 无法直接访问内部网络。

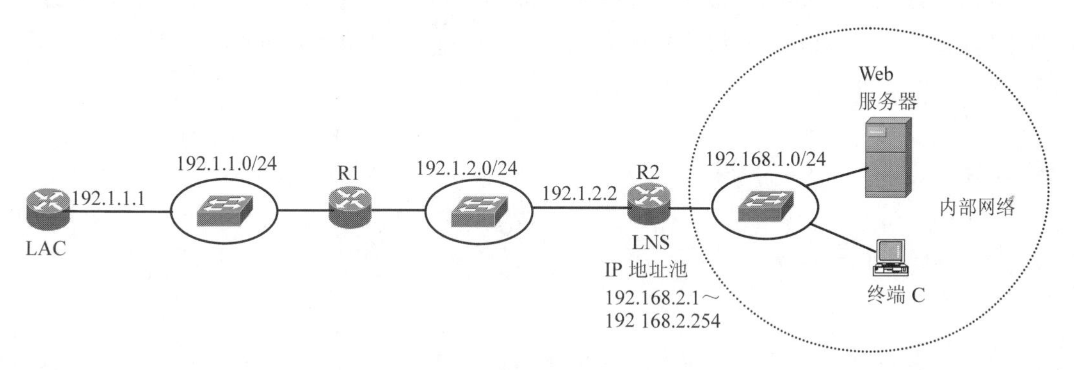

图 5.33 LAC 远程接入内部网络的过程

LAC 为了访问内部网络,建立与 LNS 之间的 L2TP 隧道,基于 L2TP 隧道完成接入内部网络过程,在接入内部网络的过程中,由 LNS 为 LAC 分配私有 IP 地址。LAC 发送的以私有 IP 地址为源和目的 IP 地址的 IP 分组,封装成 L2TP 隧道格式后,基于 LAC 与 LNS 之间的 L2TP 隧道完成 LAC 至 LNS 的传输过程。

5.4.2 实验目的

(1) 验证 LAC 的配置过程。

(2) 验证 LNS 的配置过程。

(3) 验证 L2TP 隧道的建立过程。

(4) 验证 LAC 接入内部网络的过程。

(5) 验证通过 LAC 与 LNS 之间的隧道完成以私有 IP 地址为源和目的 IP 地址的 IP 分组 LAC 至 LNS 的传输过程。

(6) 验证 L2TP 隧道的格式封装过程。

5.4.3 实验原理

建立 LAC 与 LNS 之间的 L2TP 隧道，基于 L2TP 隧道建立 PPP 链路，由 LNS 通过 PPP 完成 LAC 的接入控制过程，为 LAC 分配私有 IP 地址。为了建立 LAC 与 LNS 之间的 L2TP 隧道，LAC 需要配置目的网络是 192.1.2.2/32 的静态路由项，LNS 需要配置目的网络是 192.1.1.1/32 的静态路由项。192.1.1.1 是 L2TP 隧道 LAC 一端的全球 IP 地址，192.1.2.2 是 L2TP 隧道 LNS 一端的全球 IP 地址。

LAC 为了能够访问内部网络，需要配置目的网络是 192.168.1.0/24、输出接口是连接 L2TP 隧道的虚拟接口的静态路由项。

LAC 发送给内部网络的 IP 分组是以 LNS 分配给 LAC 的私有 IP 地址为源 IP 地址、以内部网络私有 IP 地址为目的 IP 地址的 IP 分组。该 IP 分组经过 L2TP 隧道完成 LAC 至 LNS 的传输过程。

5.4.4 关键命令说明

1. LAC 配置命令

(1) 配置 L2TP 隧道命令如下：

```
[lac]l2tp enable
[lac]l2tp-group 1
[lac-l2tp1]tunnel name lac
[lac-l2tp1]start l2tp ip 192.1.2.2 fullusername huawei
[lac-l2tp1]tunnel authentication
[lac-l2tp1]tunnel password cipher huawei
[lac-l2tp1]quit
```

l2tp enable 是系统视图下使用的命令，该命令的作用是启动 LAC 设备的 L2TP 功能。

l2tp-group 1 是系统视图下使用的命令，该命令的作用是创建一个 L2TP 组，并进入 L2TP 组视图。L2TP 组视图下配置的参数是建立 LAC 与 LNS 之间的 L2TP 隧道时相互协商的参数。

tunnel name lac 是 L2TP 组视图下使用的命令，该命令的作用是指定 L2TP 隧道一端(这里是 LAC 一端)的名字，其中 lac 是名字。

start l2tp ip 192.1.2.2 fullusernamehuawei 是 L2TP 组视图下使用的命令。该命令的作用有两个：一是指定 LNS 的 IP 地址，这里是 L2TP 隧道 LNS 一端的 IP 地址 192.1.2.2；二是指定 LAC 发起建立 L2TP 隧道的条件，这里是用户全名为 huawei 的用户请求接入 LNS。

tunnel authentication 是 L2TP 组视图下使用的命令，该命令的作用是启动 L2TP 隧道鉴别功能。一旦启动该功能，在建立 L2TP 隧道时，就需要鉴别 L2TP 隧道发起者的身份。

tunnel password cipher huawei 是 L2TP 组视图下使用的命令，该命令的作用是指定用于隧道鉴别的密钥，huawei 是指定的密钥。

(2) 配置虚拟接口模板的命令如下：

```
[lac]interface virtual-template 1
[lac-Virtual-Template1]ppp chap user huawei
[lac-Virtual-Template1]ppp chap password cipher huawei
[lac-Virtual-Template1]ip address ppp-negotiate
[lac-Virtual-Template1]quit
```

interface virtual-template 1 是系统视图下使用的命令，该命令的作用是创建编号为 1 的虚拟接口模板，并进入虚拟接口模板视图。

ppp chap user huawei 是虚拟接口模板视图下使用的命令，该命令的作用是在选择 CHAP 作为鉴别协议后，指定 huawei 为用户名。

ppp chap password cipher huawei 是虚拟接口模板视图下使用的命令，该命令的作用是在选择 CHAP 作为鉴别协议后，指定 huawei 为口令。

ip address ppp-negotiate 是虚拟接口模板视图下使用的命令，该命令的作用是指定通过 PPP 协商获取接口的 IP 地址。

(3) 配置自动发起建立 L2TP 隧道的命令如下：

```
[lac]interface virtual-template 1
[lac-Virtual-Template1]l2tp-auto-client enable
[lac-Virtual-Template1]quit
```

l2tp-auto-client enable 是虚拟接口模板视图下使用的命令，该命令的作用是启动 LAC 自动发起建立 L2TP 隧道过程的功能。

(4) 配置通往内部网络的静态路由项的命令如下：

```
[lac]ip route-static 192.168.1.0 24 virtual-template 1
```

ip route-static 192.168.1.0 24 virtual-template 1 是系统视图下使用的命令，该命令的作用是指定通往内部网络 192.168.1.0/24 的输出接口，virtual-template 1 是指定的输出接口。

2. LNS 配置命令

(1) 创建授权用户的命令如下：

```
[lns]aaa
[lns-aaa]local-user huawei password cipher huawei
[lns-aaa]local-user huawei service-type ppp
```

```
[lns-aaa]quit
```

local-user huawei password cipher huawei 是 AAA 视图下使用的命令，该命令的作用是创建一个用户名为 huawei、口令为 huawei 的授权用户。

local-user huawei service-type ppp 是 AAA 视图下使用的命令，该命令的作用是指定 PPP 作为名为 huawei 的授权用户的接入类型。

（2）配置虚拟接口模板的命令如下：

```
[lns]interface virtual-template 1
[lns-Virtual-Template1]ppp authentication-mode chap
[lns-Virtual-Template1]remote address pool lns
[lns-Virtual-Template1]ip address 192.168.2.254 255.255.255.0
[lns-Virtual-Template1]quit
```

ppp authentication-mode chap 是虚拟接口模板视图下使用的命令，该命令的作用是在作为接入控制设备的 LNS 中指定 CHAP 为鉴别用户身份的鉴别协议。

remote address pool lns 是虚拟接口模板视图下使用的命令，该命令的作用是指定用名为 lns 的地址池中的 IP 地址作为分配给远程用户的 IP 地址。

ip address 192.168.2.254 255.255.255.0 是虚拟接口模板视图下使用的命令，该命令的作用是指定 IP 地址 192.168.2.254 和子网掩码 255.255.255.0 为虚拟接口的 IP 地址和子网掩码。

（3）配置 L2TP 隧道的命令如下：

```
[lns-l2tp1]tunnel name lns
[lns-l2tp1]allow l2tp virtual-template 1 remote lac
[lns-l2tp1]quit
```

tunnel name lac 是 L2TP 组视图下使用的命令，该命令的作用是指定 L2TP 隧道一端（这里是 LNS 一端）的名字，其中 lns 是名字。

allow l2tp virtual-template 1 remote lac 是 L2TP 组视图下使用的命令，该命令的作用是在 LNS 端指定允许建立的 LAC 与 LNS 之间的 L2TP 隧道 LAC 一端的名字和建立 L2TP 隧道时使用的虚拟接口模板，其中 lac 是 L2TP 隧道 LAC 端的名字，1 是虚拟接口模板编号。

5.4.5 实验步骤

（1）启动 eNSP，按照图 5.33 所示的网络拓扑结构放置和连接设备。完成设备放置和连接后的 eNSP 界面如图 5.34 所示。启动所有设备。

（2）完成 LAC、AR2 和 LNS 各个接口的 IP 地址和子网掩码配置过程。在 LAC 和 LNS 中完成用于指明 LAC 与 LNS 之间传输路径的静态路由项的配置过程。LAC、AR2 和 LNS 各个接口的状态分别如图 5.35 至图 5.37 所示。LAC、AR2 和 LNS 的路由表分别如图 5.38 至图 5.40 所示。

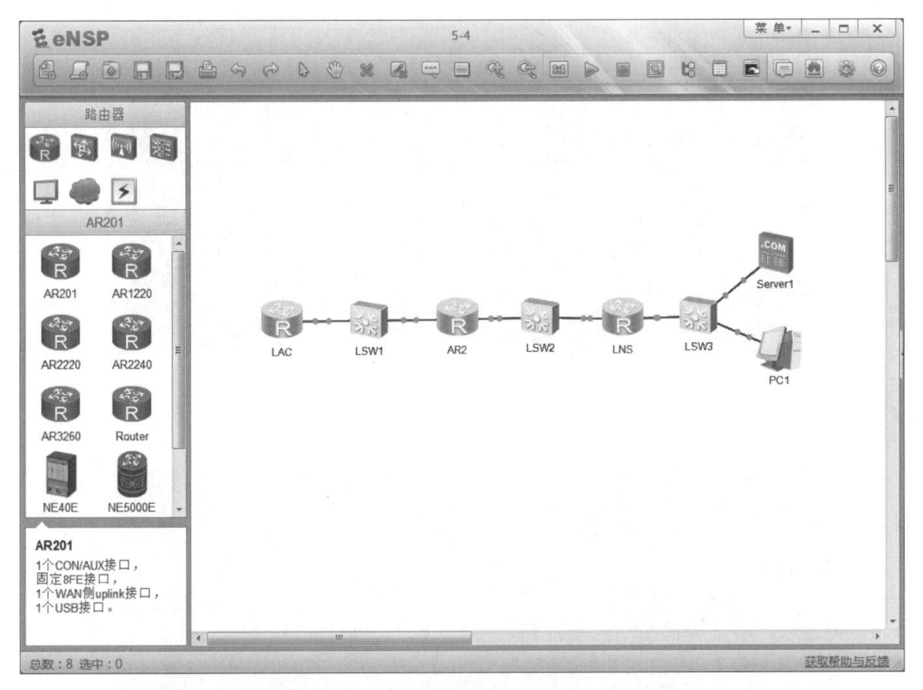

图 5.34　完成设备放置和连接后的 eNSP 界面

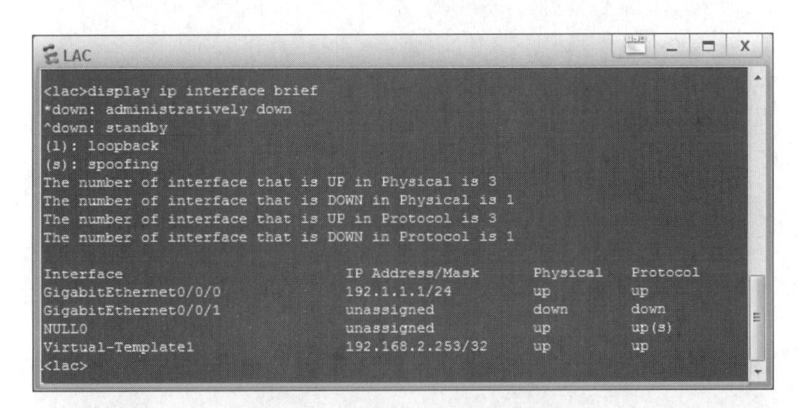

图 5.35　LAC 各个接口的状态

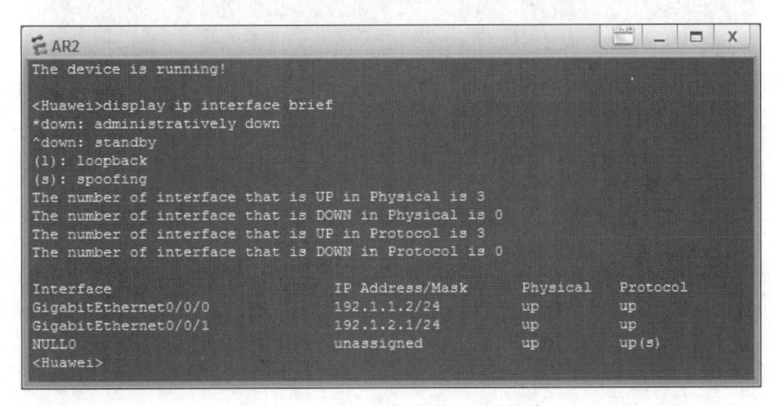

图 5.36　AR2 各个接口的状态

```
LNS
<lns>display ip interface brief
*down: administratively down
^down: standby
(l): loopback
(s): spoofing
The number of interface that is UP in Physical is 4
The number of interface that is DOWN in Physical is 0
The number of interface that is UP in Protocol is 4
The number of interface that is DOWN in Protocol is 0

Interface                         IP Address/Mask      Physical   Protocol
GigabitEthernet0/0/0              192.1.2.2/24         up         up
GigabitEthernet0/0/1              192.168.1.254/24     up         up
NULL0                             unassigned           up         up(s)
Virtual-Template1                 192.168.2.254/24     up         up
<lns>
```

图 5.37　LNS 各个接口的状态

```
LAC
<lac>display ip routing-table
Route Flags: R - relay, D - download to fib
------------------------------------------------------------------------------
Routing Tables: Public
         Destinations : 11       Routes : 11

Destination/Mask    Proto   Pre  Cost      Flags NextHop         Interface

      127.0.0.0/8   Direct  0    0           D   127.0.0.1       InLoopBack0
      127.0.0.1/32  Direct  0    0           D   127.0.0.1       InLoopBack0
127.255.255.255/32  Direct  0    0           D   127.0.0.1       InLoopBack0
      192.1.1.0/24  Direct  0    0           D   192.1.1.1       GigabitEthernet
0/0/0
      192.1.1.1/32  Direct  0    0           D   127.0.0.1       GigabitEthernet
0/0/0
    192.1.1.255/32  Direct  0    0           D   127.0.0.1       GigabitEthernet
0/0/0
      192.1.2.2/32  Static  60   0          RD   192.1.1.2       GigabitEthernet
0/0/0
    192.168.1.0/24  Static  60   0           D   192.168.2.253   Virtual-Templat
e1
  192.168.2.253/32  Direct  0    0           D   127.0.0.1       Virtual-Templat
e1
  192.168.2.254/32  Direct  0    0           D   192.168.2.254   Virtual-Templat
e1
255.255.255.255/32  Direct  0    0           D   127.0.0.1       InLoopBack0

<lac>
```

图 5.38　LAC 的路由表

```
AR2
<Huawei>display ip routing-table
Route Flags: R - relay, D - download to fib
------------------------------------------------------------------------------
Routing Tables: Public
         Destinations : 10       Routes : 10

Destination/Mask    Proto   Pre  Cost      Flags NextHop         Interface

      127.0.0.0/8   Direct  0    0           D   127.0.0.1       InLoopBack0
      127.0.0.1/32  Direct  0    0           D   127.0.0.1       InLoopBack0
127.255.255.255/32  Direct  0    0           D   127.0.0.1       InLoopBack0
      192.1.1.0/24  Direct  0    0           D   192.1.1.2       GigabitEthernet
0/0/0
      192.1.1.2/32  Direct  0    0           D   127.0.0.1       GigabitEthernet
0/0/0
    192.1.1.255/32  Direct  0    0           D   127.0.0.1       GigabitEthernet
0/0/0
      192.1.2.0/24  Direct  0    0           D   192.1.2.1       GigabitEthernet
0/0/1
      192.1.2.1/32  Direct  0    0           D   127.0.0.1       GigabitEthernet
0/0/1
    192.1.2.255/32  Direct  0    0           D   127.0.0.1       GigabitEthernet
0/0/1
255.255.255.255/32  Direct  0    0           D   127.0.0.1       InLoopBack0

<Huawei>
```

图 5.39　AR2 的路由表

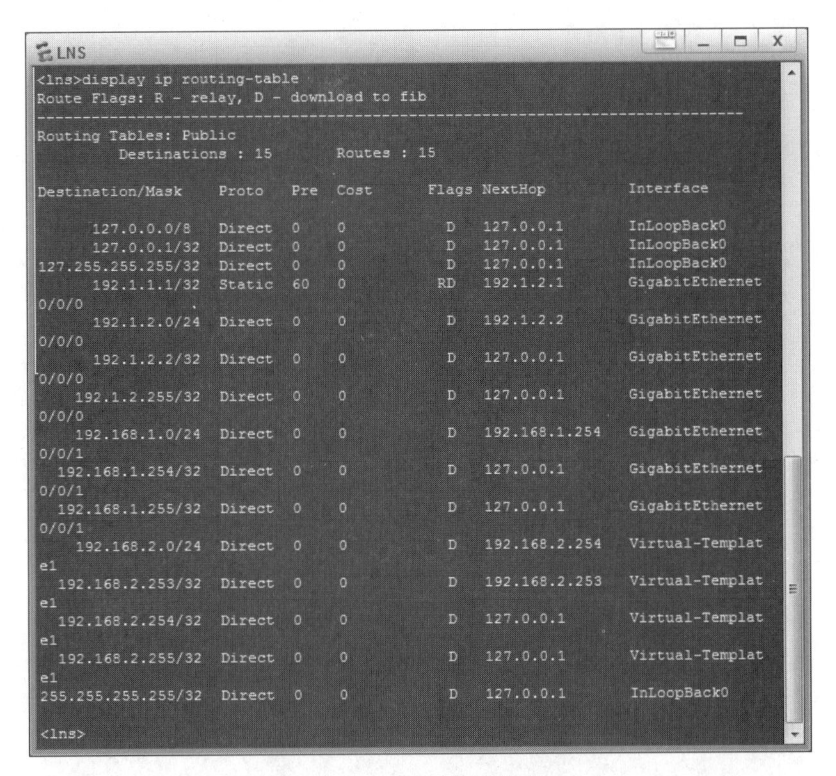

图 5.40　LNS 的路由表

(3) 在 LAC 和 LNS 中完成与 L2TP 隧道有关的配置过程，成功建立 LAC 与 LNS 之间的 L2TP 隧道。LAC 中显示的 L2TP 隧道信息如图 5.41 所示，LNS 中显示的 L2TP 隧道信息如图 5.42 所示。

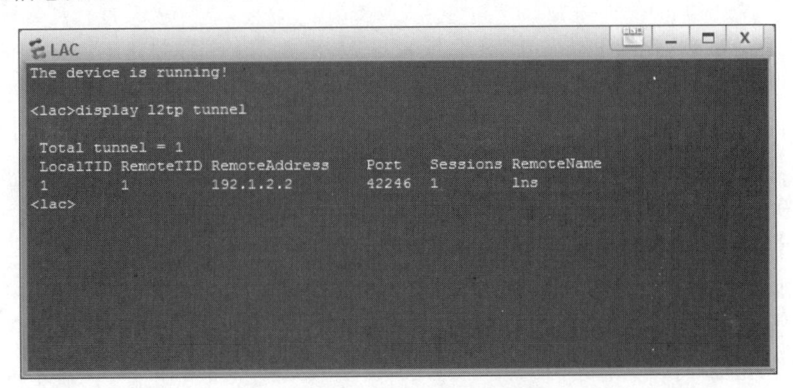

图 5.41　LAC 中显示的 L2TP 隧道信息

(4) LAC 与 LNS 之间的 L2TP 隧道等同于点对点链路，LNS 基于 PPP 完成对 LAC 的接入控制过程，为 LAC 分配 IP 地址和默认网关地址，IP 地址属于地址池中的私有 IP 地址 192.168.2.0/24，默认网关地址是 LNS 连接与 LAC 之间的虚拟点对点链路的虚拟接口的 IP 地址，这里是 192.168.2.254。LNS 地址池中的信息如图 5.43 所示。对于 LNS，LAC 直接通过虚拟点对点链路连接，因此，针对 LAC 的私有 IP 地址的路由项的协

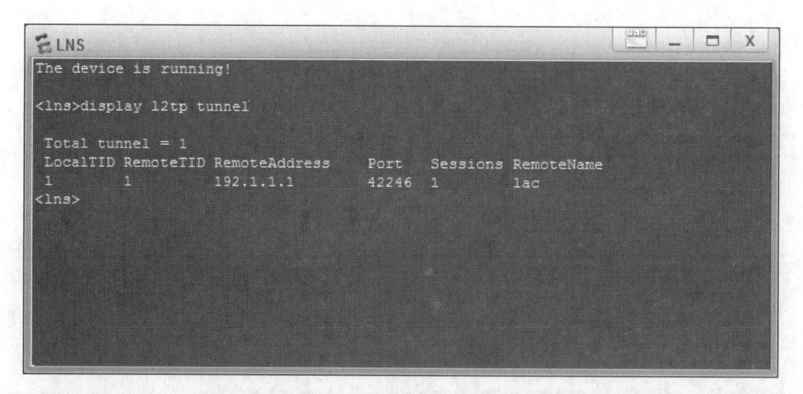

图 5.42 LNS 中显示的 L2TP 隧道信息

议类型是直接(Direct),例如图 5.40 中目的网络(Destination/Mask)为 192.168.2.253/32、协议类型(Proto)为 Direct 的路由项。

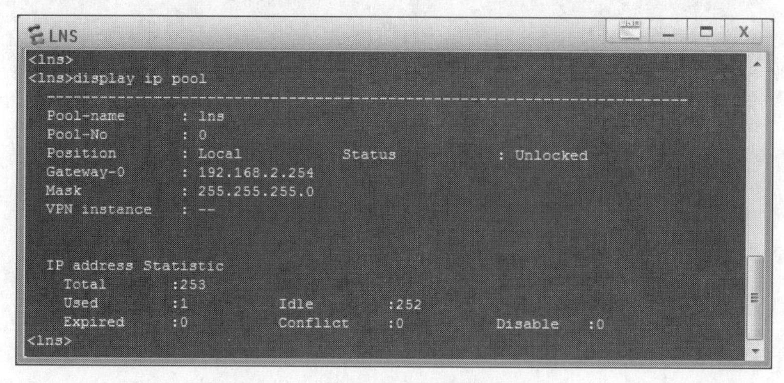

图 5.43 LNS 地址池中的信息

(5) PC1 分配内部网络的私有 IP 地址,PC1 分配的私有 IP 地址、子网掩码和默认网关地址如图 5.44 所示。LAC 成功接入内部网络后,等同于直接通过虚拟点对点链路连接 LNS,因此,LAC 中用于指明通往内部网络的传输路径的路由项的输出接口是 LAC 连接与 LNS 之间虚拟点对点链路的虚拟接口,例如图 5.38 中目的网络(Destination/Mask)为 192.168.1.0/24、协议类型(Proto)为 Static、输出接口(Interface)为 Virtual-Template1 的路由项。

(6) LAC 成功接入内部网络后,可以用 LNS 分配的私有 IP 地址访问内部网络。图 5.45 是 LAC 执行 ping 操作的界面。LAC 发送给 PC1 的 ICMP ECHO 请求报文封装成以 LAC 的私有 IP 地址 192.168.2.253 为源 IP 地址、以 PC1 的私有 IP 地址 192.168.1.1 为目的 IP 地址的 IP 分组,如图 5.46 所示,它是 LNS 连接内部网络的接口捕获的报文序列。该 IP 分组经过 LAC 与 LNS 之间的 L2TP 隧道传输时,首先被封装成 PPP 帧,PPP 帧被封装成 L2TP 数据消息格式,L2TP 数据消息被封装成目的端口号为 1701 的 UDP 报文,UDP 报文被封装成以 LAC 连接 Internet 一端的全球 IP 地址 192.1.1.1 为源 IP 地址、以 LNS 连接 Internet 一端的全球 IP 地址 192.1.2.2 为目的 IP 地址的 IP 分组。图 5.47 是路由器 AR2 捕获的报文序列。

PC1

基础配置 | 命令行 | 组播 | UDP发包工具 | 串口

主机名:

MAC 地址: 54-89-98-60-31-81

IPv4 配置

◉ 静态 ○ DHCP ☐ 自动获取 DNS 服务器地址

IP 地址: 192 . 168 . 1 . 1 DNS1: 0 . 0 . 0 . 0

子网掩码: 255 . 255 . 255 . 0 DNS2: 0 . 0 . 0 . 0

网关: 192 . 168 . 1 . 254

IPv6 配置

◉ 静态 ○ DHCPv6

IPv6 地址: ::

前缀长度: 128

IPv6 网关: ::

应用

图 5.44 PC1 分配的私有 IP 地址、子网掩码和默认网关地址

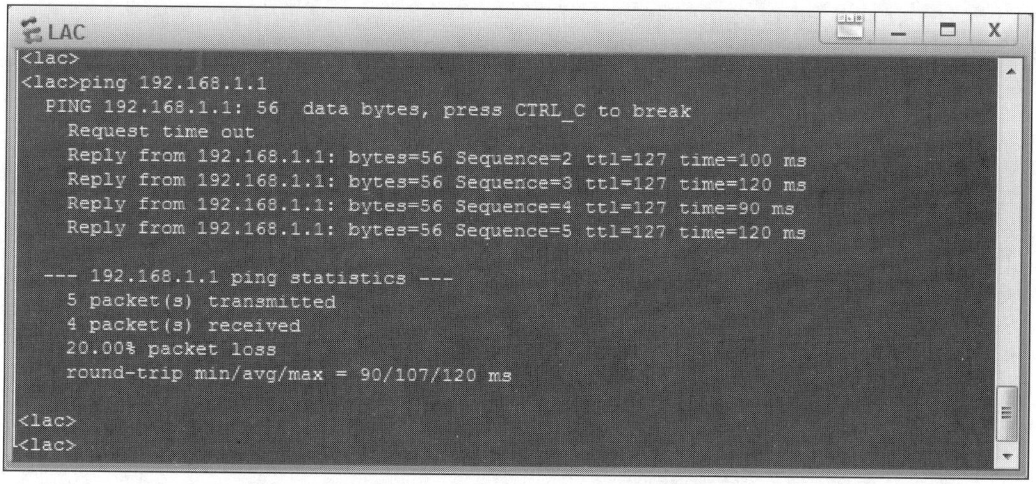

LAC

```
<lac>
<lac>ping 192.168.1.1
  PING 192.168.1.1: 56  data bytes, press CTRL_C to break
    Request time out
    Reply from 192.168.1.1: bytes=56 Sequence=2 ttl=127 time=100 ms
    Reply from 192.168.1.1: bytes=56 Sequence=3 ttl=127 time=120 ms
    Reply from 192.168.1.1: bytes=56 Sequence=4 ttl=127 time=90 ms
    Reply from 192.168.1.1: bytes=56 Sequence=5 ttl=127 time=120 ms

  --- 192.168.1.1 ping statistics ---
    5 packet(s) transmitted
    4 packet(s) received
    20.00% packet loss
    round-trip min/avg/max = 90/107/120 ms

<lac>
<lac>
```

图 5.45 LAC 执行 ping 操作的界面

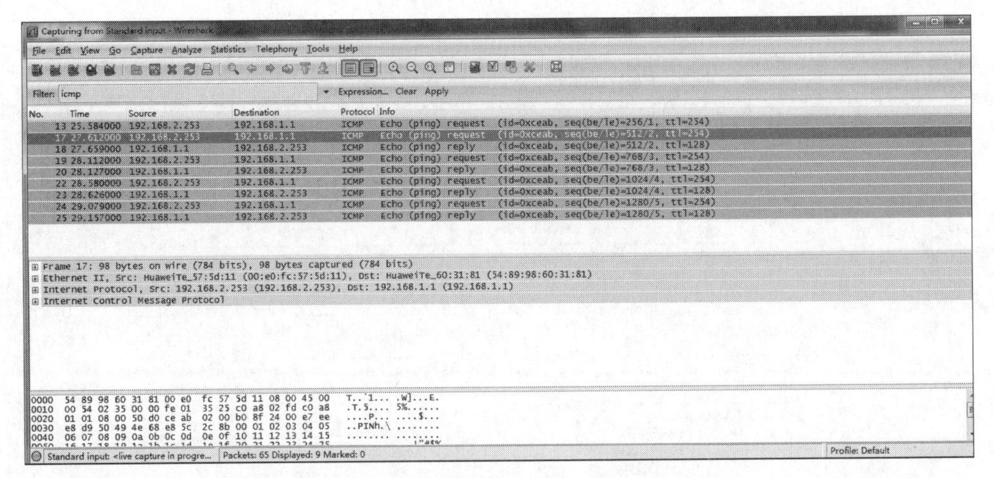

图 5.46　LNS 连接内部网络的接口捕获的报文序列

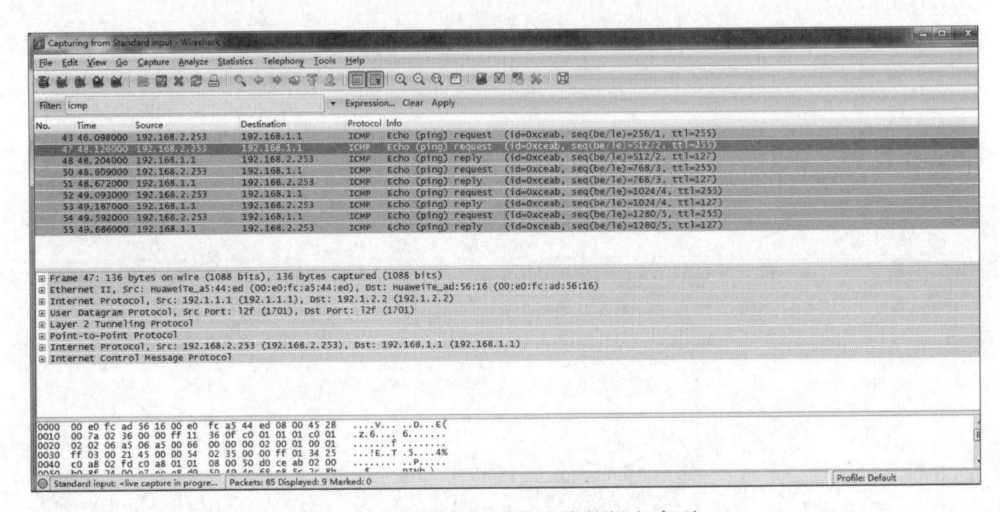

图 5.47　路由器 AR2 捕获的报文序列

5.4.6　命令行接口配置过程

1. LAC 配置过程

```
<Huawei>system-view
[Huawei]sysname lac
[lac]undo info-center enable
[lac]interface GigabitEthernet0/0/0
[lac-GigabitEthernet0/0/0]ip address 192.1.1.1 24
[lac-GigabitEthernet0/0/0]quit
[lac]ip route-static 192.1.2.2 32 192.1.1.2
[lac]l2tp enable
[lac]l2tp-group 1
```

```
[lac-l2tp1]tunnel name lac
[lac-l2tp1]start l2tp ip 192.1.2.2 fullusername huawei
[lac-l2tp1]tunnel authentication
[lac-l2tp1]tunnel password cipher huawei
[lac-l2tp1]quit
[lac]interface virtual-template 1
[lac-Virtual-Template1]ppp chap user huawei
[lac-Virtual-Template1]ppp chap password cipher huawei
[lac-Virtual-Template1]ip address ppp-negotiate
[lac-Virtual-Template1]quit
[lac]interface virtual-template 1
[lac-Virtual-Template1]l2tp-auto-client enable
[lac-Virtual-Template1]quit
[lac]ip route-static 192.168.1.0 24 virtual-template 1
```

2. AR2 配置过程

```
<Huawei>system-view
[Huawei]undo info-center enable
[Huawei]interface GigabitEthernet0/0/0
[Huawei-GigabitEthernet0/0/0]ip address 192.1.1.2 24
[Huawei-GigabitEthernet0/0/0]quit
[Huawei]interface GigabitEthernet0/0/1
[Huawei-GigabitEthernet0/0/1]ip address 192.1.2.1 24
[Huawei-GigabitEthernet0/0/1]quit
```

3. LNS 配置过程

```
<Huawei>system-view
[Huawei]undo info-center enable
[Huawei]sysname lns
[lns]interface GigabitEthernet0/0/0
[lns-GigabitEthernet0/0/0]ip address 192.1.2.2 24
[lns-GigabitEthernet0/0/0]quit
[lns]interface GigabitEthernet0/0/1
[lns-GigabitEthernet0/0/1]ip address 192.168.1.254 24
[lns-GigabitEthernet0/0/1]quit
[lns]ip route-static 192.1.1.1 32 192.1.2.1
[lns]aaa
[lns-aaa]local-user huawei password cipher huawei
[lns-aaa]local-user huawei service-type ppp
[lns-aaa]quit
[lns]ip pool lns
[lns-ip-pool-lns]network 192.168.2.0 mask 24
```

```
[lns-ip-pool-lns]gateway-list 192.168.2.254
[lns-ip-pool-lns]quit
[lns]interface virtual-template 1
[lns-Virtual-Template1]ppp authentication-mode chap
[lns-Virtual-Template1]remote address pool lns
[lns-Virtual-Template1]ip address 192.168.2.254 255.255.255.0
[lns-Virtual-Template1]quit
[lns]l2tp enable
[lns]l2tp-group 1
[lns-l2tp1]tunnel name lns
[lns-l2tp1]allow l2tp virtual-template 1 remote lac
[lns-l2tp1]tunnel authentication
[lns-l2tp1]tunnel password cipher huawei
[lns-l2tp1]quit
```

4. 命令列表

LAC和LNS配置过程中使用的命令及功能和参数说明如表5.4所示。

表5.4 LAC和LNS配置过程中使用的命令及功能和参数说明

命令格式	功能和参数说明
l2tp enable	启动设备的L2TP功能
l2tp-group *group-number*	创建L2TP组,进入L2TP组视图。参数 *group-number* 是L2TP组编号
tunnel name *tunnel-name*	指定L2TP隧道本端的名称。参数 *tunnel-name* 是隧道名称
start l2tp ip *ip-address* { **domain** *domain-name* | **fullusername** *user-name* }	指定LAC发起建立L2TP隧道的条件。参数 *ip-address* 是L2TP隧道LNS一端的IP地址;参数 *domain-name* 是域名,参数 *user-name* 是用户名,域名指定发起建立L2TP隧道的用户所属的用户域,用户名指定发起建立L2TP隧道的用户
tunnel authentication	启动L2TP隧道的身份鉴别功能
tunnel password { **simple** | **cipher** } *password*	指定用于L2TP隧道身份鉴别的口令,simple表明以明文方式存储口令,cipher表明以密文方式存储口令。参数 *password* 是口令
l2tp-auto-client enable	启动LAC自动发起建立LAC与LNS之间的L2TP隧道的功能
allow l2tp virtual-template *virtual-template-number* **remote** *remote-name*	在LNS端指定建立L2TP隧道时使用的虚拟接口模板和允许建立的L2TP隧道LAC端的名称。参数 *virtual-template-number* 是虚拟接口模板编号,参数 *remote-name* 是L2TP隧道LAC端名称
ppp authentication-mode { **chap** | **pap** }	指定用于鉴别接入用户身份的鉴别协议,CHAP和PAP是两种鉴别协议。采用默认鉴别域指定的鉴别机制,默认鉴别域指定的鉴别机制通常为本地鉴别机制

第6章

应用层实验

应用层实验主要是完成各种应用系统的配置过程。实现各种应用系统的基础是互联网，因此，各种应用系统的配置过程分为互联网设计与配置过程和应用服务器的配置过程两部分。根据网络应用的不同，应用系统配置过程可以分为域名系统配置过程、DHCP配置过程等。由路由器实现DHCP服务器功能。

Telnet是应用层协议，可以通过Telnet实现对网络设备的远程配置过程。

6.1 域名系统配置实验

6.1.1 实验内容

简单域名系统的实现过程如图6.1所示，为终端A和终端B设置本地域名服务器，本地域名服务器中给出域名www.a.com与IP地址192.1.2.3之间绑定，使得终端A和终端B可以通过域名www.a.com访问到IP地址为192.1.2.3的Web服务器。

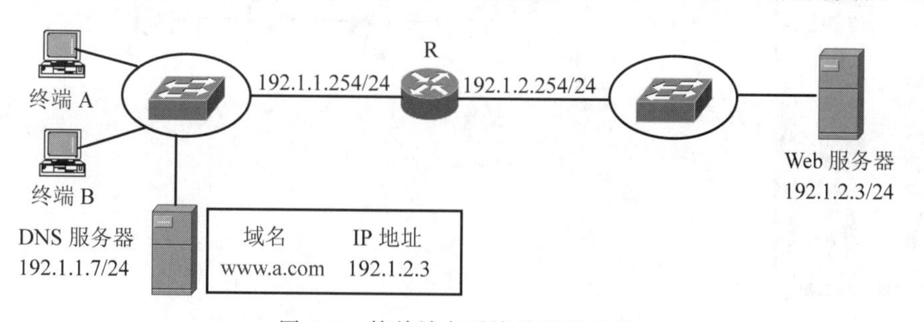

图6.1 简单域名系统的实现过程

6.1.2 实验目的

(1) 验证域名系统(Domain Name System，DNS)的工作机制。

(2) 验证资源记录的功能和作用。

（3）验证域名服务器配置过程。

（4）验证域名解析过程。

6.1.3 实验原理

终端A和终端B配置本地域名服务器地址。当通过浏览器地址栏输入域名www.a.com时，终端A或终端B发起域名解析过程，向本地域名服务器发送域名www.a.com解析请求。本地域名服务器完成域名解析过程后，向终端A或终端B回送域名解析响应。域名解析响应中给出与域名www.a.com绑定的IP地址192.1.2.3。终端A或终端B通过域名解析过程获取的Web服务器的IP地址192.1.2.3完成对Web服务器的访问过程。

6.1.4 实验步骤

（1）启动华为eNSP，按照图6.1所示的网络拓扑结构放置和连接设备。完成设备放置和连接后的eNSP界面如图6.2所示。启动所有设备。

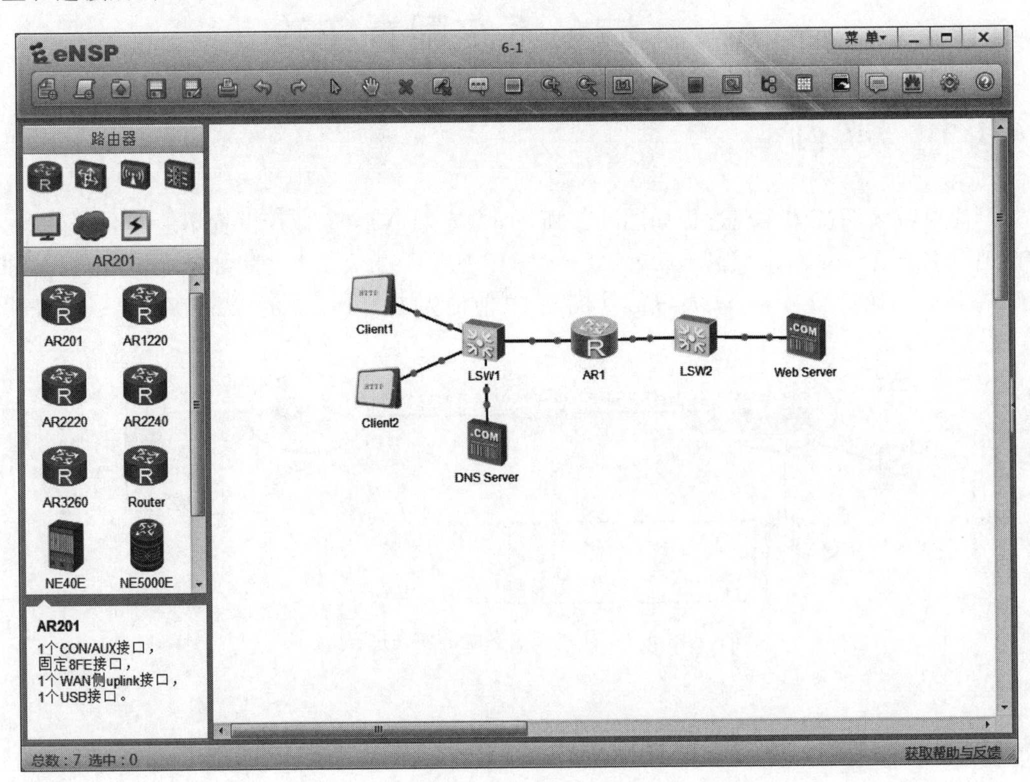

图6.2 完成设备放置和连接后的eNSP界面

（2）完成路由器AR1各个接口的IP地址和子网掩码配置过程。路由器AR1各个接口配置的网络信息如图 6.3 所示。路由器 AR1 的直连路由项如图 6.4 所示。

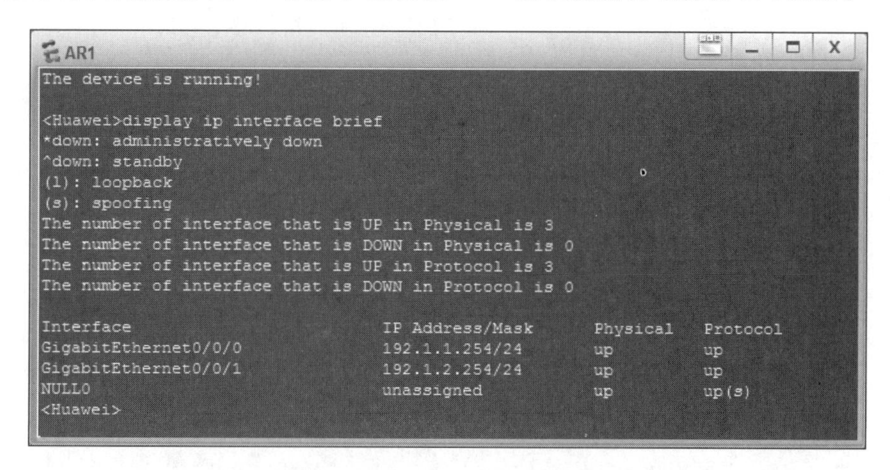

图 6.3 路由器 AR1 各个接口配置的网络信息

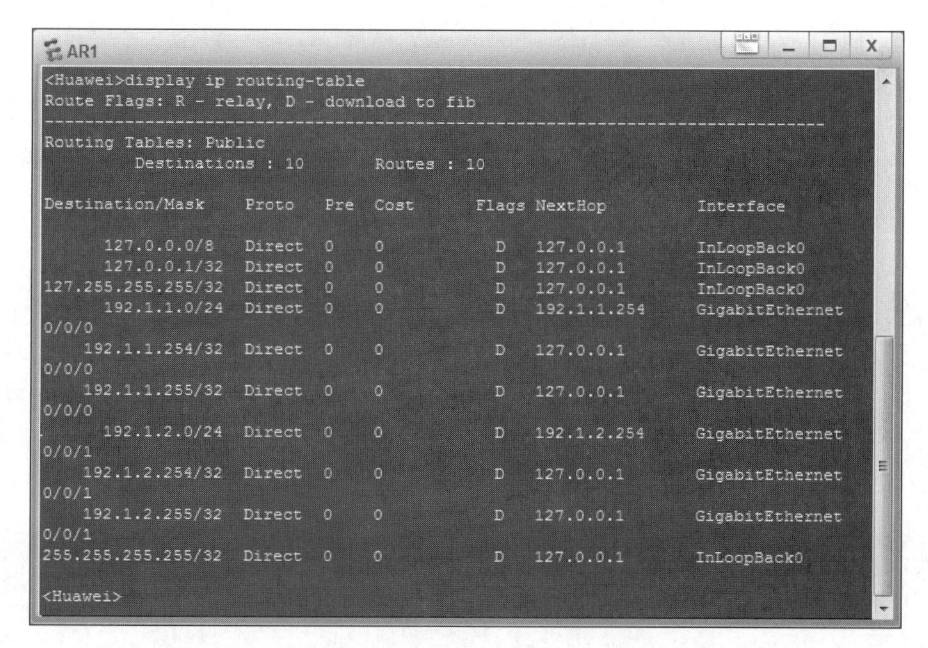

图 6.4 路由器 AR1 的直连路由项

(3) 完成各个客户端设备 IP 地址、子网掩码、默认网关地址和本地域名服务器地址的配置过程。图 6.5 是 Client1 配置的网络信息，本地域名服务器的 IP 地址是 192.1.1.7。

(4) 本地域名服务器的 IP 地址必须与各个客户端设备配置的本地域名服务器的 IP 地址相同，这里是 192.1.1.7。图 6.6 是本地域名服务器配置的网络信息。同时，必须通过配置资源记录建立域名 www.a.com 与 IP 地址 192.1.2.3 之间的绑定，如图 6.7 所示，192.1.2.3 是 Web 服务器的 IP 地址。通过单击“启动”按钮启动域名服务器的服务功能。

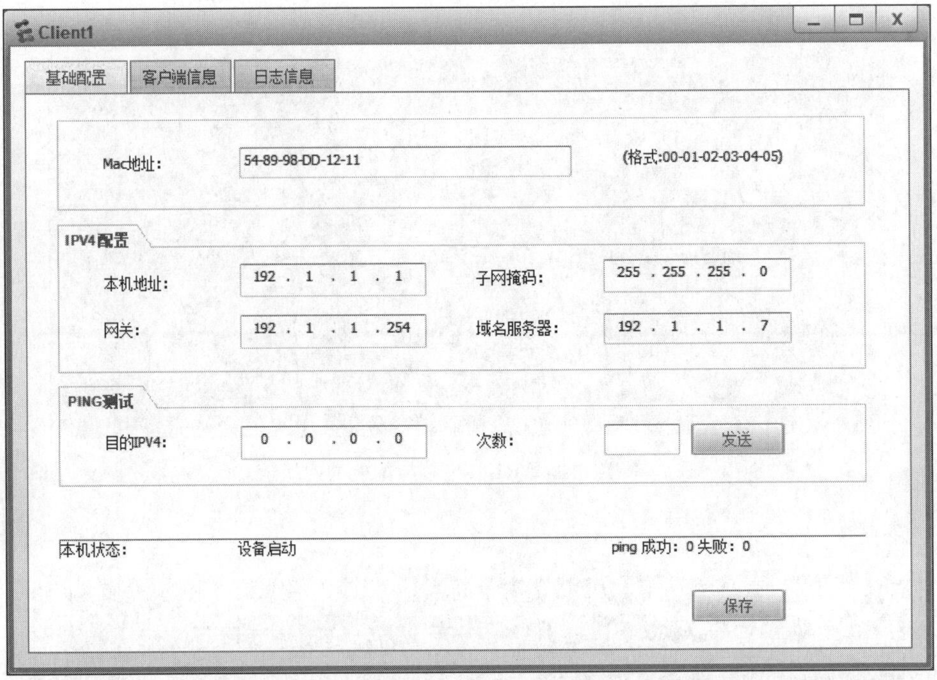

Client1

基础配置　客户端信息　日志信息

Mac地址:　54-89-98-DD-12-11　(格式:00-01-02-03-04-05)

IPV4配置

本机地址:　192 . 1 . 1 . 1　子网掩码:　255 . 255 . 255 . 0

网关:　192 . 1 . 1 . 254　域名服务器:　192 . 1 . 1 . 7

PING测试

目的IPV4:　0 . 0 . 0 . 0　次数:　发送

本机状态:　设备启动　ping 成功: 0 失败: 0

保存

图 6.5　Client1 配置的网络信息

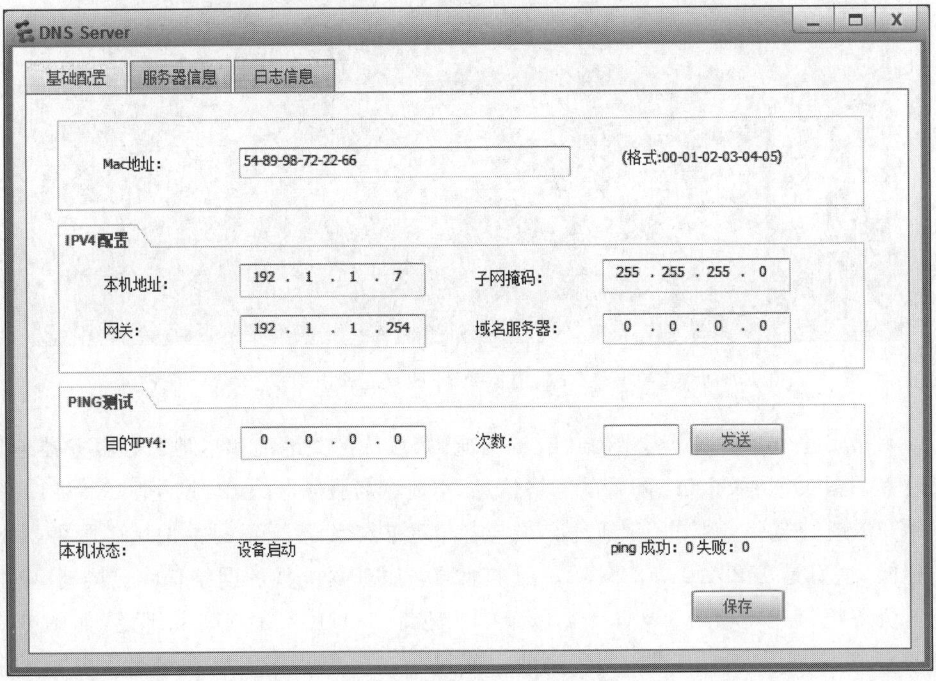

DNS Server

基础配置　服务器信息　日志信息

Mac地址:　54-89-98-72-22-66　(格式:00-01-02-03-04-05)

IPV4配置

本机地址:　192 . 1 . 1 . 7　子网掩码:　255 . 255 . 255 . 0

网关:　192 . 1 . 1 . 254　域名服务器:　0 . 0 . 0 . 0

PING测试

目的IPV4:　0 . 0 . 0 . 0　次数:　发送

本机状态:　设备启动　ping 成功: 0 失败: 0

保存

图 6.6　本地域名服务器配置的网络信息

图 6.7　本地域名服务器配置的资源记录

(5) Web 服务器的 IP 地址必须和本地域名服务器中与域名 www.a.com 绑定的 IP 地址相同,这里是 192.1.2.3。图 6.8 是 Web 服务器配置的网络信息。在“服务器信息”选项卡的“文件根目录”文本框中需要给出存储 default.htm 文件的逻辑盘符,例如图 6.9 中的 D:\。通过单击“启动”按钮启动 Web 服务器的服务功能。此时已经建立客户端设备的本地域名服务器地址→本地域名服务器→域名 www.a.com 与 IP 地址 192.1.2.3

图 6.8　Web 服务器配置的网络信息

之间绑定的域名解析链，因此，客户端设备可以通过域名 www.a.com 访问 IP 地址为 192.1.2.3 的 Web 服务器。

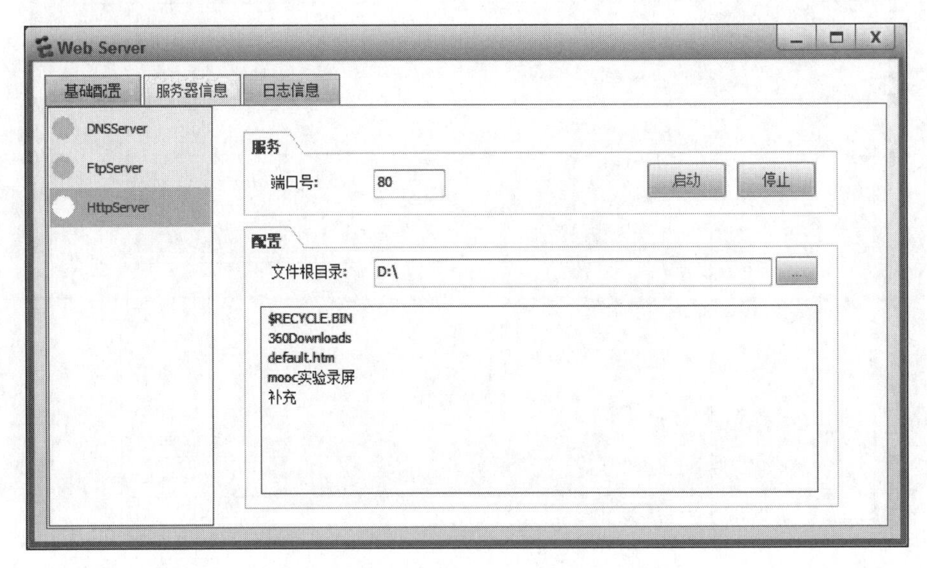

图 6.9　存储 default.htm 文件的逻辑盘符

(6) 在 Client1 的"地址"文本框中输入 URL：http://www.a.com/default.htm，如图 6.10 所示，Client1 可以访问 Web 服务器 D 目录下的文件 default.htm。Client1 通过域名 www.a.com 访问 Web 服务器时发生的域名解析过程如图 6.11 所示，它是交换机

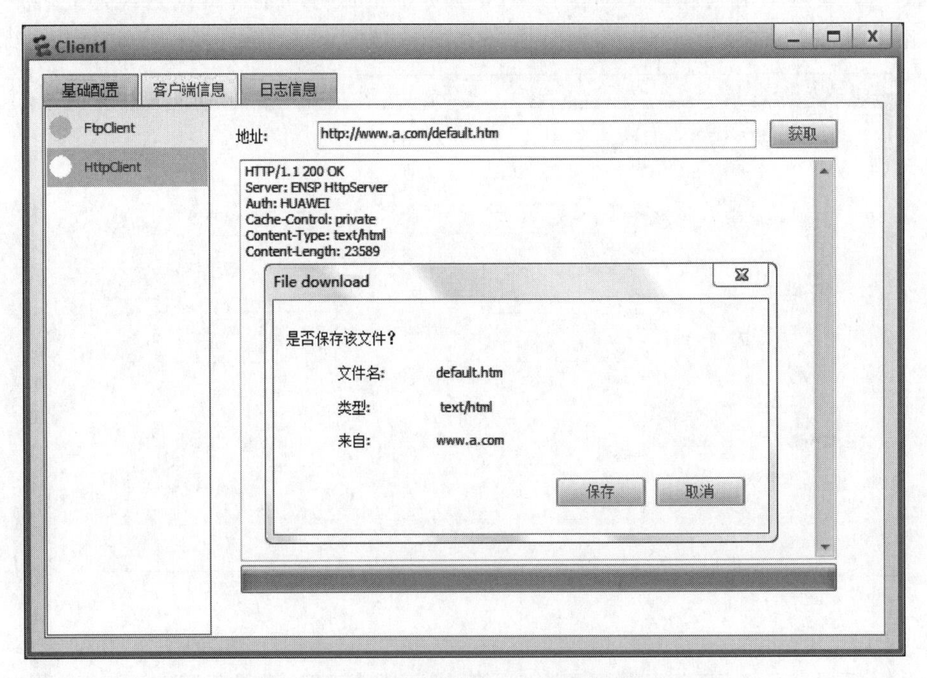

图 6.10　在 Client1 的"地址"文本框中输入 URL

LSW1 连接域名服务器的端口捕获的报文序列。Client1 与本地域名服务器之间完成一次域名解析请求和响应消息的交互过程。

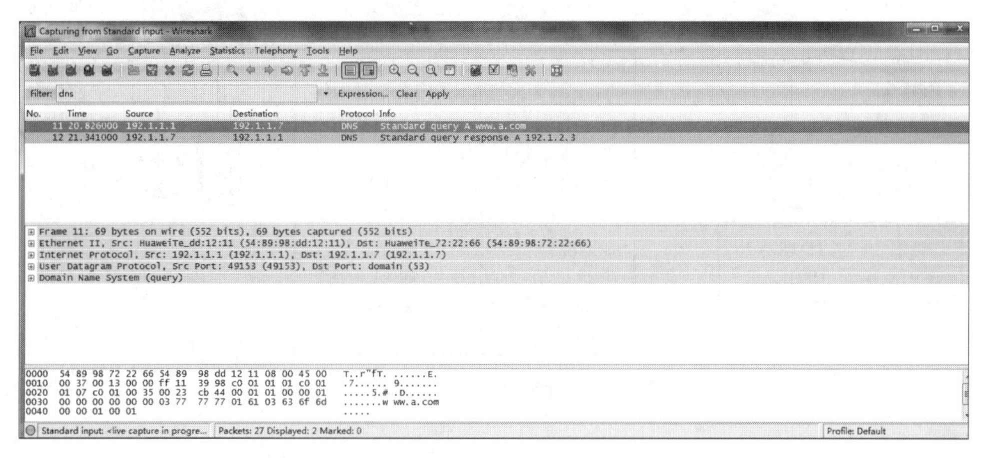

图 6.11　交换机 LSW1 连接域名服务器的端口捕获的报文序列

6.1.5　命令行接口配置过程

路由器 AR1 的配置过程如下：

```
<Huawei>system-view
[Huawei]undo info-center enable
[Huawei]interface GigabitEthernet0/0/0
[Huawei-GigabitEthernet0/0/0]ip address 192.1.1.254 24
[Huawei-GigabitEthernet0/0/0]quit
[Huawei]interface GigabitEthernet0/0/1
[Huawei-GigabitEthernet0/0/1]ip address 192.1.2.254 24
[Huawei-GigabitEthernet0/0/1]quit
```

6.2　无中继 DHCP 配置实验

6.2.1　实验内容

无中继动态主机配置协议(Dynamic Host Configuration Protocol，DHCP)实现过程如图 6.12 所示。路由器 R 作为 DHCP 服务器，在路由器 R 中定义两个作用域，并分别将这两个作用域与路由器 R 的两个接口绑定，使得路由器 R 通过作用域 1 定义的网络信息完成对接口 1 连接的网络中的终端的配置过程，通过作用域 2 定义的网络信息完成对接口 2 连接的网络中的终端的配置过程。

终端自动获取的网络信息中包含本地域名服务器地址，因此，终端自动获取网络信息

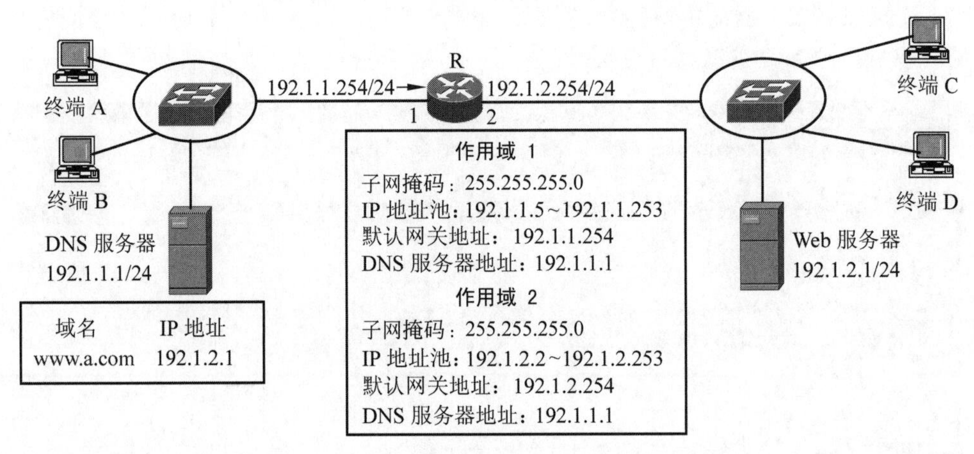

图 6.12　无中继 DHCP 实现过程

后，可以通过域名 www.a.com 完成对 Web 服务器的访问过程。

服务器 IP 地址通常需要手工配置，因此，在定义的作用域中需要将已经分配给服务器的 IP 地址排除在可分配的 IP 地址范围外。

6.2.2　实验目的

（1）验证无中继 DHCP 的工作过程。

（2）验证路由器 DHCP 服务器功能的配置过程。

（3）验证终端通过 DHCP 自动获取网络信息的过程。

（4）验证用路由器接口建立的作用域与作用域作用的网络之间的关联过程。

6.2.3　实验原理

在路由器 R 中分别定义两个作用域，并将两个作用域与路由器 R 的两个接口绑定。如图 6.12 所示，将路由器 R 接口 1 与作用于终端 A 所在网络的作用域 1 绑定，启动终端 A 通过 DHCP 自动获取网络信息的功能后，终端 A 广播 DHCP 发现消息。路由器 R 接口 1 接收到该 DHCP 发现消息后，根据作用域 1 定义的网络信息生成分配给终端 A 的网络信息，向终端 A 发送 DHCP 提供消息。终端 A 和路由器 R 之间通过交互 DHCP 请求和确认消息完成对终端 A 的网络信息的配置过程。

6.2.4　关键命令说明

```
[Huawei]dhcp enable
[Huawei]interface GigabitEthernet0/0/0
[Huawei-GigabitEthernet0/0/0]ip address 192.1.1.254 24
[Huawei-GigabitEthernet0/0/0]dhcp select interface
```

```
[Huawei-GigabitEthernet0/0/0]dhcp server dns-list 192.1.1.1
[Huawei-GigabitEthernet0/0/0]dhcp server excluded-ip-address 192.1.1.1 192.1.
1.4
[Huawei-GigabitEthernet0/0/0]quit
```

dhcp enable 是系统视图下使用的命令，该命令的作用是启动设备的 DHCP 服务器功能。

dhcp select interface 是接口视图下使用的命令，该命令的作用是启动基于接口定义作用域的功能。在这种情况下，接口的 IP 地址作为作用域中的默认网关地址。根据接口的 IP 地址和子网掩码确定的网络地址作为作用域中的 IP 地址池，即 IP 地址池是网络地址中除接口 IP 地址外的其他可分配 IP 地址。

dhcp server dns-list 192.1.1.1 是接口视图下使用的命令，该命令的作用是定义作用域中的本地域名服务器地址，其中 192.1.1.1 是本地域名服务器地址。

dhcp server excluded-ip-address 192.1.1.1 192.1.1.4 是接口视图下使用的命令，该命令的作用是指定 IP 地址池中不能分配的 IP 地址范围，其中 192.1.1.1～192.1.1.4 是不能分配的 IP 地址范围。

6.2.5 实验步骤

(1) 启动华为 eNSP，按照图 6.12 所示的网络拓扑结构放置和连接设备。完成设备放置和连接后的 eNSP 界面如图 6.13 所示。启动所有设备。

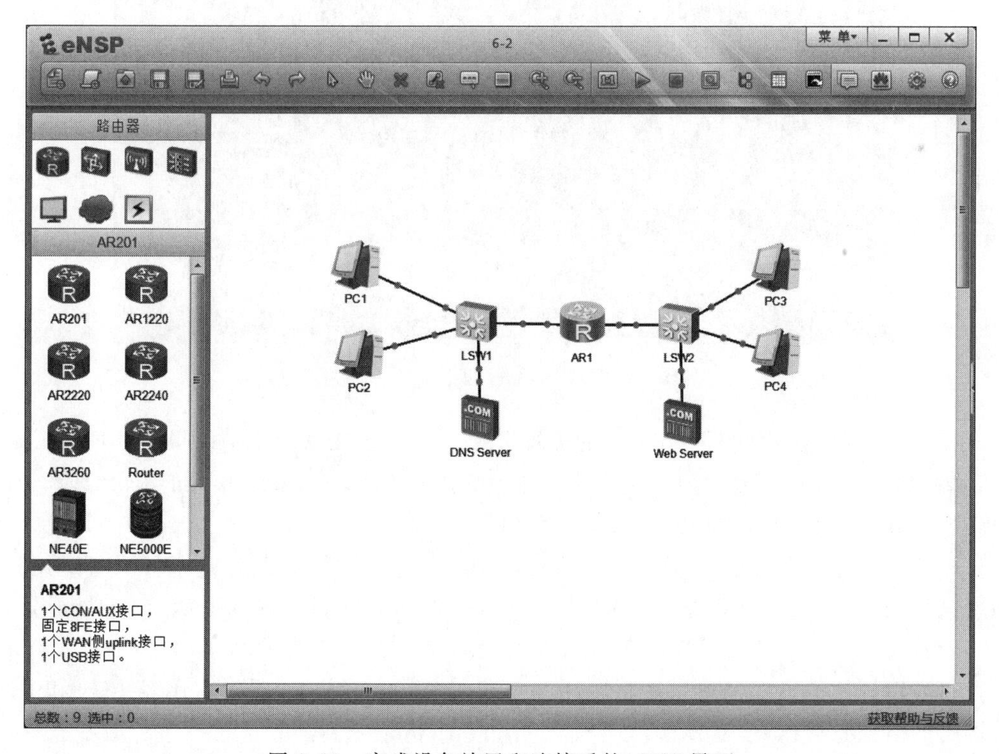

图 6.13　完成设备放置和连接后的 eNSP 界面

（2）完成路由器 AR1 各个接口 IP 地址和子网掩码的配置过程，路由器 AR1 各个接口的状态如图 6.14 所示，自动生成的直连路由项如图 6.15 所示。

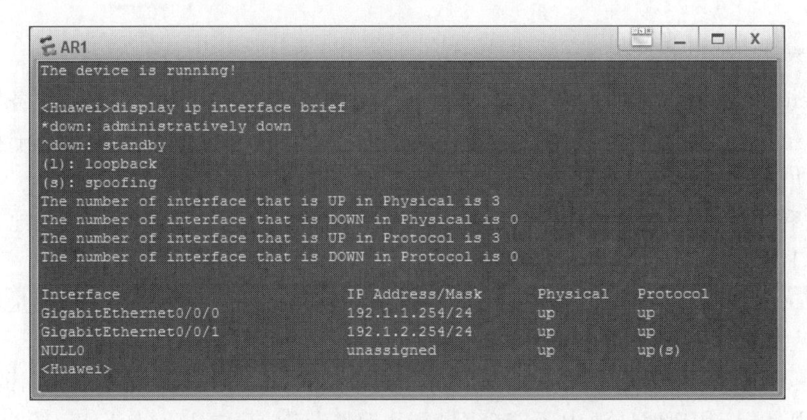

图 6.14　路由器 AR1 各个接口的状态

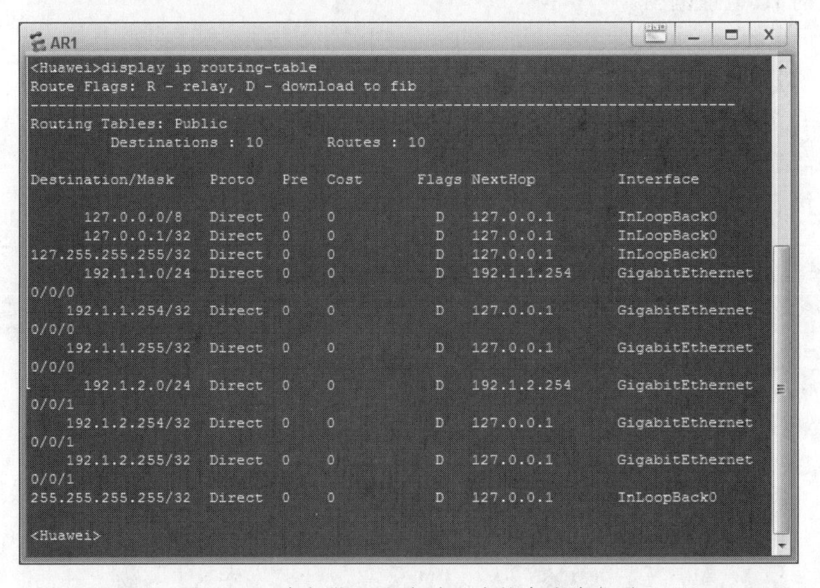

图 6.15　路由器 AR1 自动生成的直连路由项

（3）完成基于接口的两个作用域的配置过程。路由器 AR1 基于接口 GigabitEthernet0/0/0 和接口 GigabitEthernet0/0/1 的两个作用域如图 6.16 所示。根据接口的 IP 地址和子网掩码生成 IP 地址池，接口的 IP 地址作为默认网关地址。

（4）各个终端可以通过 DHCP 自动获取网络信息。PC1 选择通过 DHCP 自动获取网络信息的界面如图 6.17 所示。在“IPv4 配置”下选择 DHCP 单选按钮，单击“应用”按钮，启动通过 DHCP 自动获取网络信息的过程。PC1 自动获取的网络信息如图 6.18 所示。PC3 以同样的方式完成自动获取网络信息过程，如图 6.19 所示。比较 PC1 和 PC3 获取的网络信息可以发现，PC1 从与接口 GigabitEthernet0/0/0 绑定的作用域中获取网络信息，PC3 从与接口 GigabitEthernet0/0/1 绑定的作用域中获取网络信息，且 PC1 位于接口 GigabitEthernet0/0/0 连接的网络上，PC3 位于接口 GigabitEthernet0/0/1 连接的网络上。

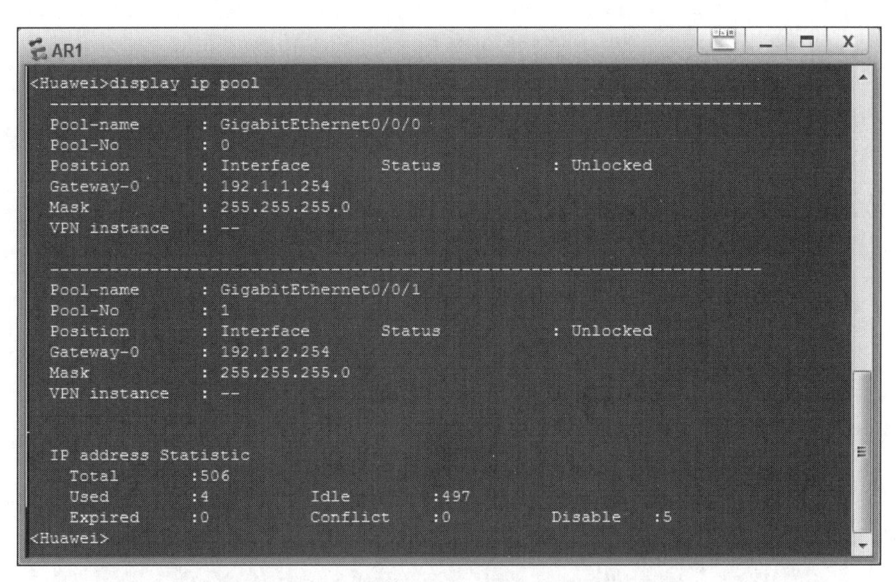

图 6.16 路由器 AR1 基于接口的两个作用域

图 6.17 PC1 选择通过 DHCP 自动获取网络信息的界面

图 6.18　PC1 自动获取的网络信息

图 6.19　PC3 自动获取的网络信息

(5) 由于两个作用域中指定 IP 地址 192.1.1.1 为本地域名服务器地址，因此，需要将本地域名服务器的 IP 地址配置为 192.1.1.1。图 6.20 是本地域名服务器配置的网络

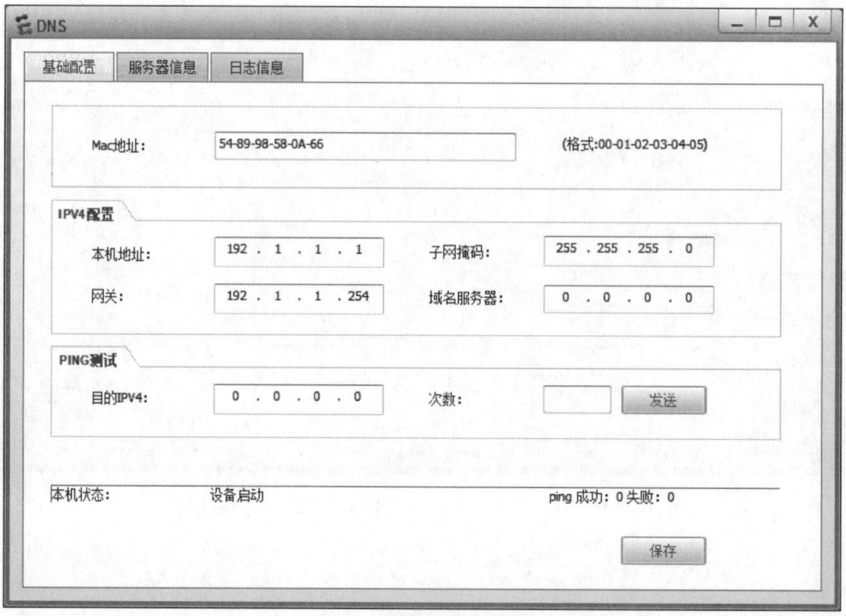

图 6.20　本地域名服务器配置的网络信息

信息。由于在本地域名服务器中通过配置资源记录建立域名 www.a.com 与 IP 地址 192.1.2.1 之间的绑定，如图 6.21 所示，因此，需要将 Web 服务器的 IP 地址配置为 192.1.2.1。图 6.22 是 Web 服务器配置的网络信息。

图 6.21 建立域名 www.a.com 与 IP 地址 192.1.2.1 之间的绑定

图 6.22 Web 服务器配置的网络信息

(6) 各个终端可以直接用域名 www.a.com 访问 Web 服务器。图 6.23 是 PC1 直接对域名 www.a.com 执行 ping 操作的界面，图 6.24 是 PC3 直接对域名 www.a.com 执行 ping 操作的界面。分别在 LSW1 连接本地域名服务器的端口和 LSW2 连接 Web 服务器的端口启动报文捕获功能。在完成如图 6.24 所示的操作过程后，LSW1 连接本地域名服务器的端口捕获的报文序列如图 6.25 所示，报文序列中只包含完成域名解析过程交互的 DNS 消息。LSW2 连接 Web 服务器的端口捕获的报文序列如图 6.26 所示，报文序列中只包含交互的 ICMP ECHO 请求和响应报文。

PC1

基础配置 命令行 组播 UDP发包工具 串口

```
PC>ping www.a.com

Ping www.a.com [192.1.2.1]: 32 data bytes, Press Ctrl_C to break
From 192.1.2.1: bytes=32 seq=1 ttl=254 time=63 ms
From 192.1.2.1: bytes=32 seq=2 ttl=254 time=62 ms
From 192.1.2.1: bytes=32 seq=3 ttl=254 time=47 ms
From 192.1.2.1: bytes=32 seq=4 ttl=254 time=62 ms
From 192.1.2.1: bytes=32 seq=5 ttl=254 time=47 ms

--- 192.1.2.1 ping statistics ---
  5 packet(s) transmitted
  5 packet(s) received
  0.00% packet loss
  round-trip min/avg/max = 47/56/63 ms

PC>
```

图 6.23　PC1 直接对域名执行 ping 操作的界面

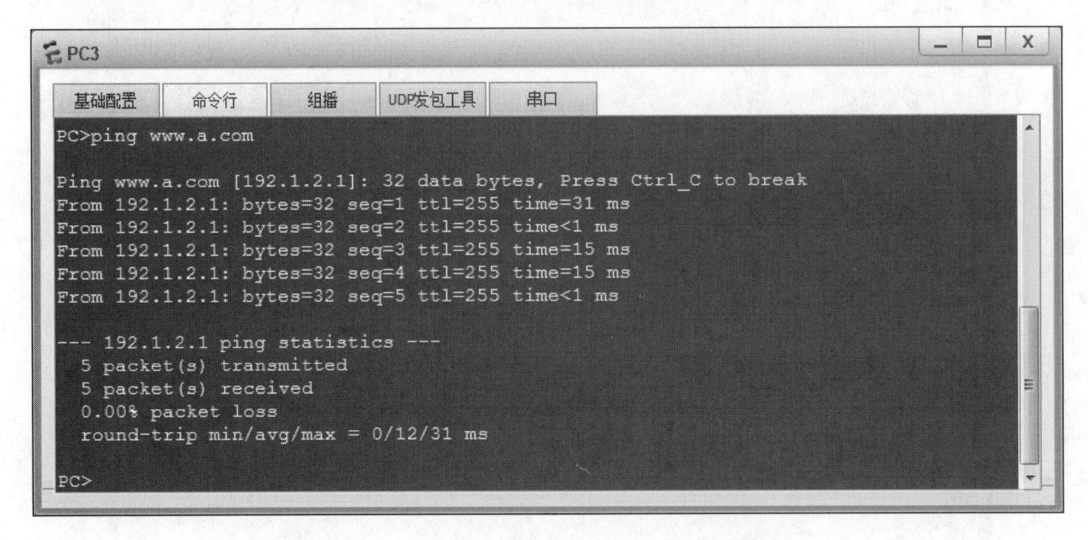

图 6.24　PC3 直接对域名执行 ping 操作的界面

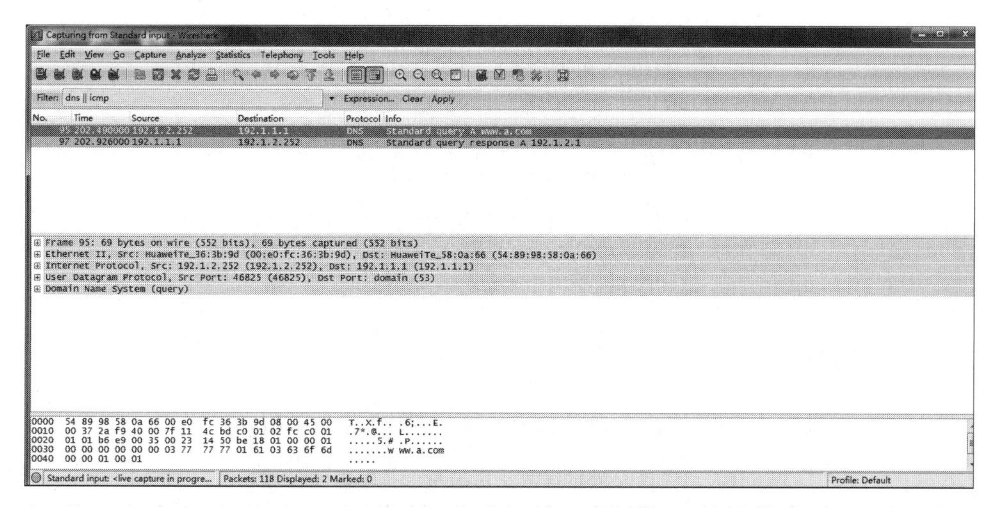

图 6.25　交换机 LSW1 连接本地域名服务器的端口捕获的报文序列

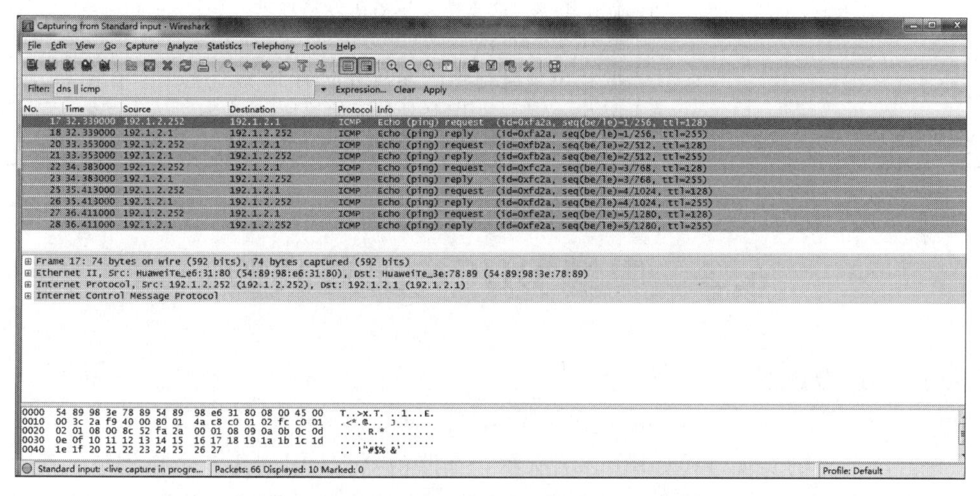

图 6.26　交换机 LSW2 连接 Web 服务器的端口捕获的报文序列

6.2.6　命令行接口配置过程

1. 路由器 AR1 配置过程

```
<Huawei>system-view
[Huawei]undo info-center enable
[Huawei]dhcp enable
[Huawei]interface GigabitEthernet0/0/0
[Huawei-GigabitEthernet0/0/0]ip address 192.1.1.254 24
[Huawei-GigabitEthernet0/0/0]dhcp select interface
[Huawei-GigabitEthernet0/0/0]dhcp server dns-list 192.1.1.1
[Huawei-GigabitEthernet0/0/0]dhcp server excluded-ip-address 192.1.1.1 192.1.
```

```
1.4
[Huawei-GigabitEthernet0/0/0]quit
[Huawei]interface GigabitEthernet0/0/1
[Huawei-GigabitEthernet0/0/1]ip address 192.1.2.254 24
[Huawei-GigabitEthernet0/0/1]dhcp select interface
[Huawei-GigabitEthernet0/0/1]dhcp server dns-list 192.1.1.1
[Huawei-GigabitEthernet0/0/1]dhcp server excluded-ip-address 192.1.2.1
[Huawei-GigabitEthernet0/0/1]quit
```

2. 命令列表

路由器配置过程中使用的命令及功能和参数说明如表 6.1 所示。

表 6.1　路由器配置过程中使用的命令及功能和参数说明

命令格式	功能和参数说明
dhcp server dns-list *ip-address*	在作用域中配置本地域名服务器地址。参数 *ip-address* 是本地域名服务器地址
dhcp server excluded-ip-address *start-ip-address* [*end-ip-address*]	指定 IP 地址池中不参与分配的 IP 地址范围。参数 *start-ip-address* 是一组 IP 地址的起始地址，参数 *end-ip-address* 是一组 IP 地址的结束地址。如果只有单个地址，只需配置起始地址

6.3　中继 DHCP 配置实验

6.3.1　实验内容

中继 DHCP 的实现过程如图 6.27 所示。在路由器 R1 中创建 3 个作用域：其中一个作用域是基于接口的作用域，用于为位于该接口直接连接的网络上的终端 A 和终端 B 配置网络信息；其他两个作用域是全局作用域，分别用于为属于 VLAN 2 的终端 C 和属于 VLAN 3 的终端 D 配置网络信息。全局作用域不与接口绑定。由于 VLAN 2 和 VLAN 3 不与路由器 R1 直接连接，因此，终端 C 或终端 D 广播的 DHCP 发现消息无法直接到达路由器 R1。为此，需要启动路由器 R2 的中继功能，在路由器 R2 连接 VLAN 2 和 VLAN 3 的逻辑接口上配置中继地址，即路由器 R1 连接路由器 R2 的接口配置的 IP 地址 192.1.4.1。当路由器 R2 通过连接 VLAN 2 或 VLAN 3 的逻辑接口接收到终端 C 或终端 D 广播的 DHCP 发现消息时，将 DHCP 发现消息重新封装成以路由器 R1 的接口地址 192.1.4.1 为目的 IP 地址的单播 IP 分组，并将其转发给路由器 R1，同时在 DHCP 消息中添加接收该 DHCP 消息的逻辑接口的 IP 地址。在路由器 R1 创建的两个全局作用域中，分别以路由器 R2 连接 VLAN 2 和 VLAN 3 的逻辑接口的 IP 地址为默认网关地址，因此，当路由器 R1 接收到路由器 R2 转发的 DHCP 消息时，不是通过接收该 DHCP 消息的接口确定与此 DHCP 消息匹配的作用域，而是通过 DHCP 消息中携带的中继代理地址，即路由器 R2 接收该 DHCP 消息的逻辑接口的 IP 地址，确定与此 DHCP 消息匹配的全局作用域。

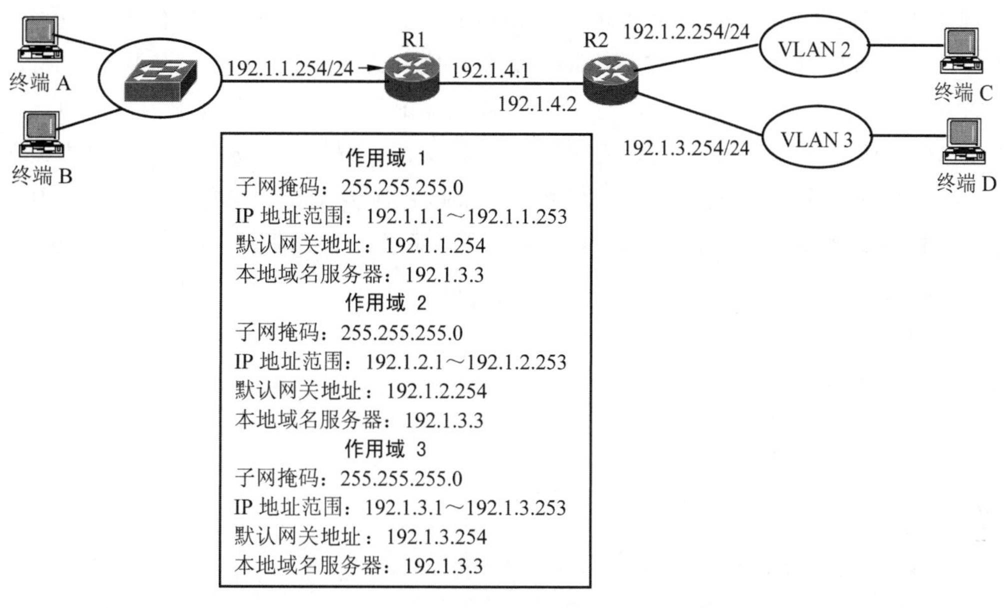

图 6.27　中继 DHCP 的实现过程

6.3.2　实验目的

（1）验证中继 DHCP 的工作过程。

（2）验证中继 DHCP 的工作过程下作为 DHCP 服务器的路由器的配置过程。

（3）验证路由器中继 DHCP 消息的过程。

（4）验证中继后的 DHCP 消息的封装过程。

（5）验证作为 DHCP 服务器的路由器根据 DHCP 消息中的中继代理地址匹配作用域的过程。

6.3.3　实验原理

实现如图 6.27 所示的中继 DHCP 的工作过程需要完成以下两个配置过程：一是在作为 DHCP 服务器的路由器 R1 上配置两个全局作用域，其中一个作用域的默认网关地址是路由器 R2 连接 VLAN 2 的虚拟接口的 IP 地址，另一个作用域的默认网关地址是路由器 R2 连接 VLAN 3 的虚拟接口的 IP 地址；二是在路由器 R2 连接 VLAN 2 和 VLAN 3 的虚拟接口中配置 DHCP 服务器的 IP 地址，这里是路由器 R1 连接路由器 R2 的接口的 IP 地址。完成上述配置过程后，终端 C 发送给作为 DHCP 服务器的路由器 R1 的 DHCP 消息经过两段传输路径。一段是终端 C 至路由器 R2 连接 VLAN 2 的虚拟接口。

由于终端C发送的DHCP消息最终封装成目的地址为广播地址的MAC帧，因此，终端C发送的DHCP消息到达连接在VLAN 2上的所有终端和路由器接口。另一段是路由器R2至作为DHCP服务器的路由器R1。路由器R2通过连接VLAN 2的虚拟接口接收到终端C发送的DHCP消息后，将DHCP消息封装成以路由器R2连接VLAN 2的虚拟接口的IP地址为源IP地址、以路由器R1连接路由器R2的接口的IP地址为目的IP地址的IP分组，该IP分组经过IP传输路径到达作为DHCP服务器的路由器R1。路由器R2将终端C发送的DHCP消息转发给路由器R1时，将连接VLAN 2的虚拟接口的IP地址作为DHCP消息中的中继代理地址，路由器R1根据DHCP消息中的中继代理地址匹配全局作用域。

6.3.4 关键命令说明

1. 定义全局作用域

```
[Huawei]ip pool v2
[Huawei-ip-pool-v2]network 192.1.2.0 mask 255.255.255.0
[Huawei-ip-pool-v2]gateway-list 192.1.2.254
[Huawei-ip-pool-v2]dns-list 192.1.3.3
[Huawei-ip-pool-v2]quit
```

ip pool v2是系统视图下使用的命令，该命令的作用是创建一个名为v2的IP地址池，并进入IP地址池视图。这里的IP地址池等同于一个全局作用域。

network 192.1.2.0 mask 255.255.255.0是IP地址池视图下使用的命令，该命令的作用是用网络地址方式给出可分配的IP地址范围。这里192.1.2.0是网络地址，255.255.255.0是子网掩码，可分配的IP地址范围是192.1.2.0/24，即192.1.2.1～192.1.2.254。

gateway-list 192.1.2.254是IP地址池视图下使用的命令，该命令的作用是指定作用域中的默认网关地址，192.1.2.254是默认网关地址。指定默认网关地址后，自动将默认网关地址排除在可分配的IP地址范围外。

dns-list 192.1.3.3是IP地址池视图下使用的命令，该命令的作用是指定作用域中的本地域名服务器地址，192.1.3.3是本地域名服务器地址。

2. 启动基于全局作用域分配IP地址功能

```
[Huawei]interface GigabitEthernet0/0/1
[Huawei-GigabitEthernet0/0/1]dhcp select global
[Huawei-GigabitEthernet0/0/1]quit
```

dhcp select global是接口视图下使用的命令，该命令的作用是在当前接口(这里是接口GigabitEthernet0/0/1)中启动基于全局作用域分配IP地址的功能。

3. 启动接口的 DHCP 中继功能

```
[Huawei]interface GigabitEthernet0/0/1.1
[Huawei-GigabitEthernet0/0/1.1]dhcp select relay
[Huawei-GigabitEthernet0/0/1.1]dhcp relay server-ip 192.1.4.1
[Huawei-GigabitEthernet0/0/1.1]quit
```

dhcp select relay 是子接口视图下使用的命令，该命令的作用是启动当前子接口（这里是 GigabitEthernet0/0/1.1）的 DHCP 中继功能。一旦在某个接口或子接口中启动 DHCP 中继功能，就会将从该接口或子接口接收到的 DHCP 发现消息或 DHCP 请求消息转发给该接口或子接口代理的 DHCP 服务器。

dhcp relay server-ip 192.1.4.1 是子接口视图下使用的命令，该命令的作用是指定当前接口代理的 DHCP 服务器的 IP 地址。192.1.4.1 是 DHCP 服务器的 IP 地址，即作为 DHCP 服务器的路由器 AR1 连接路由器 AR2 的接口的 IP 地址。

6.3.5 实验步骤

（1）启动华为 eNSP，按照图 6.27 所示的网络拓扑结构放置和连接设备，完成设备放置和连接后的 eNSP 界面如图 6.28 所示。启动所有设备。

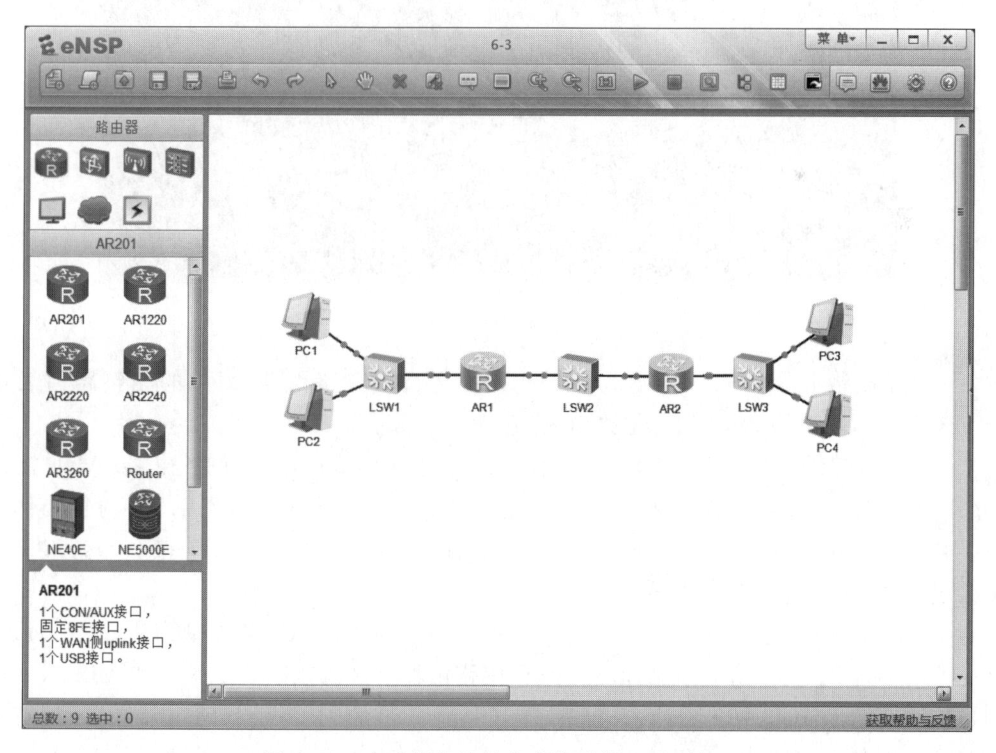

图 6.28　完成设备放置和连接后的 eNSP 界面

(2) 完成路由器 AR1 和 AR2 各个接口的 IP 地址和子网掩码配置过程。路由器 AR1 各个接口的状态如图 6.29 所示，路由器 AR2 各个接口的状态如图 6.30 所示。

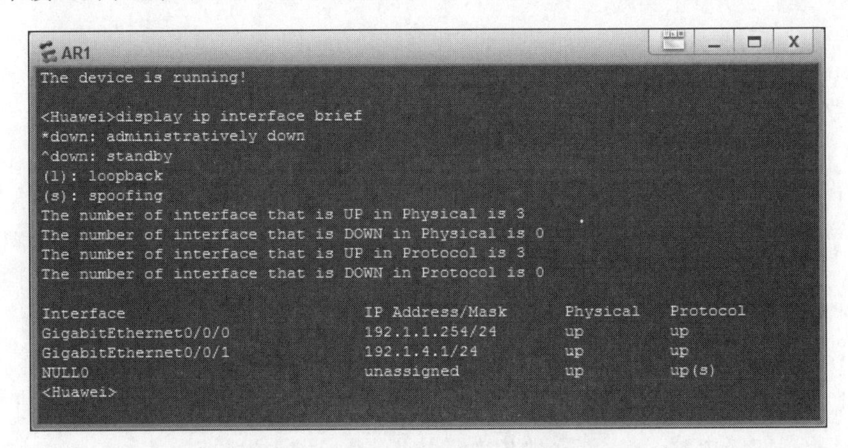

图 6.29 路由器 AR1 各个接口的状态

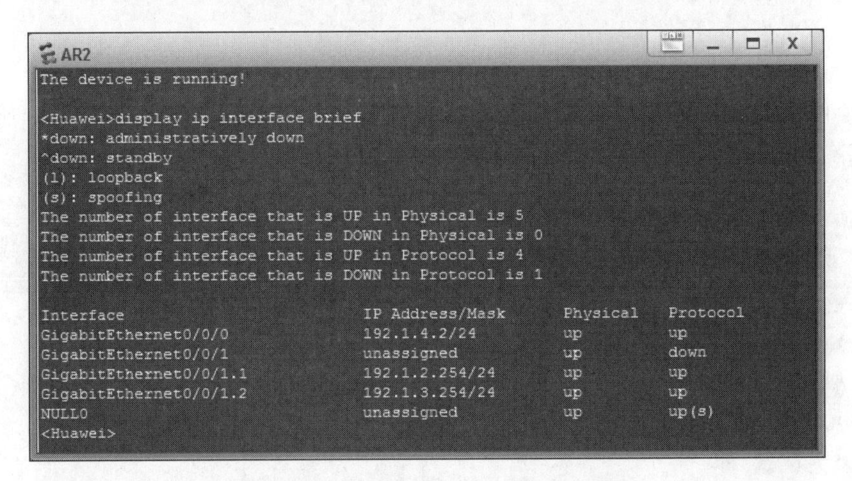

图 6.30 路由器 AR2 各个接口的状态

(3) 完成路由器 AR1 和 AR2 有关 RIP 配置过程。路由器 AR1 的完整路由表如图 6.31 所示，路由器 AR2 的完整路由表如图 6.32 所示。

(4) 在路由器 AR1 中创建 3 个作用域：其中一个是基于路由器 AR1 接口 GigabitEthernet0/0/0 的作用域，另外两个分别是 IP 地址池名为 V2 和 V3 的全局作用域。名为 V2 和 V3 的两个作用域的默认网关地址分别是 192.1.2.254 和 192.1.3.254。路由器 AR1 的 3 个作用域如图 6.33 所示。

(5) 由于分别连接在 VLAN 2 和 VLAN 3 上的 PC3 和 PC4 需要从作为 DHCP 服务器的路由器 AR1 获取网络信息，因此，需要在路由器 AR2 连接 VLAN 2 和 VLAN 3 的虚拟接口启动 DHCP 中继功能，并配置 DHCP 服务器的 IP 地址。路由器 AR2 配置的 DHCP 中继信息如图 6.34 所示。

(6) 在交换机 LSW3 中创建 VLAN 2 和 VLAN 3，将连接 PC3 的交换机端口作为接

```
AR1
<Huawei>display ip routing-table
Route Flags: R - relay, D - download to fib
------------------------------------------------------------------------------
Routing Tables: Public
         Destinations : 12       Routes : 12

Destination/Mask    Proto   Pre  Cost      Flags NextHop         Interface

      127.0.0.0/8   Direct  0    0           D   127.0.0.1       InLoopBack0
      127.0.0.1/32  Direct  0    0           D   127.0.0.1       InLoopBack0
127.255.255.255/32  Direct  0    0           D   127.0.0.1       InLoopBack0
      192.1.1.0/24  Direct  0    0           D   192.1.1.254     GigabitEthernet
0/0/0
    192.1.1.254/32  Direct  0    0           D   127.0.0.1       GigabitEthernet
0/0/0
    192.1.1.255/32  Direct  0    0           D   127.0.0.1       GigabitEthernet
0/0/0
      192.1.2.0/24  RIP     100  1           D   192.1.4.2       GigabitEthernet
0/0/1
      192.1.3.0/24  RIP     100  1           D   192.1.4.2       GigabitEthernet
0/0/1
      192.1.4.0/24  Direct  0    0           D   192.1.4.1       GigabitEthernet
0/0/1
      192.1.4.1/32  Direct  0    0           D   127.0.0.1       GigabitEthernet
0/0/1
    192.1.4.255/32  Direct  0    0           D   127.0.0.1       GigabitEthernet
0/0/1
255.255.255.255/32  Direct  0    0           D   127.0.0.1       InLoopBack0

<Huawei>
```

图 6.31　路由器 AR1 的完整路由表

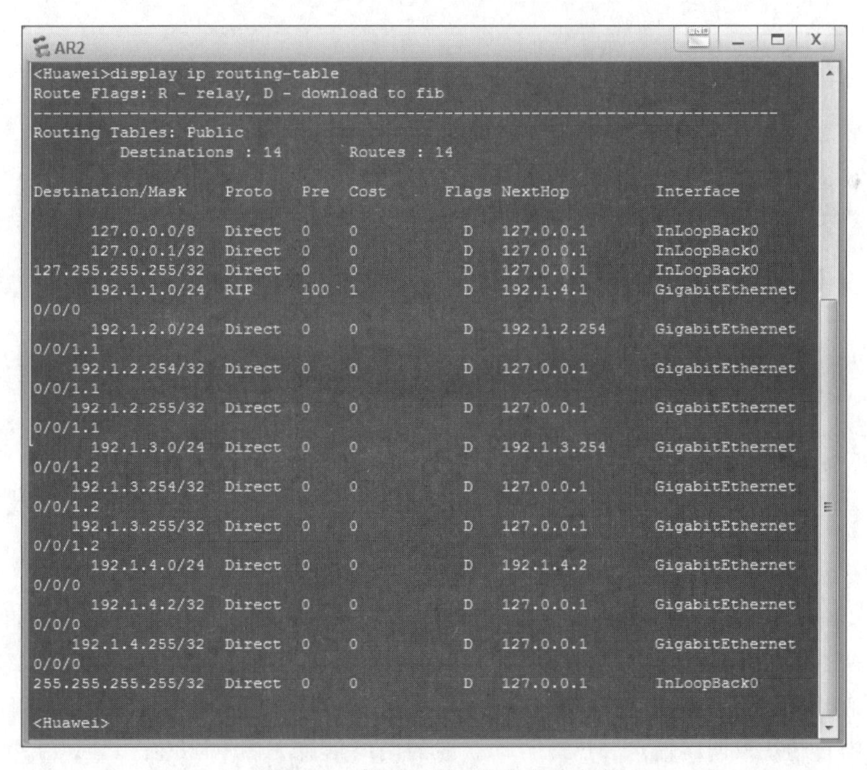

```
AR2
<Huawei>display ip routing-table
Route Flags: R - relay, D - download to fib
------------------------------------------------------------------------------
Routing Tables: Public
         Destinations : 14       Routes : 14

Destination/Mask    Proto   Pre  Cost      Flags NextHop         Interface

      127.0.0.0/8   Direct  0    0           D   127.0.0.1       InLoopBack0
      127.0.0.1/32  Direct  0    0           D   127.0.0.1       InLoopBack0
127.255.255.255/32  Direct  0    0           D   127.0.0.1       InLoopBack0
      192.1.1.0/24  RIP     100  1           D   192.1.4.1       GigabitEthernet
0/0/0
      192.1.2.0/24  Direct  0    0           D   192.1.2.254     GigabitEthernet
0/0/1.1
    192.1.2.254/32  Direct  0    0           D   127.0.0.1       GigabitEthernet
0/0/1.1
    192.1.2.255/32  Direct  0    0           D   127.0.0.1       GigabitEthernet
0/0/1.1
      192.1.3.0/24  Direct  0    0           D   192.1.3.254     GigabitEthernet
0/0/1.2
    192.1.3.254/32  Direct  0    0           D   127.0.0.1       GigabitEthernet
0/0/1.2
    192.1.3.255/32  Direct  0    0           D   127.0.0.1       GigabitEthernet
0/0/1.2
      192.1.4.0/24  Direct  0    0           D   192.1.4.2       GigabitEthernet
0/0/0
      192.1.4.2/32  Direct  0    0           D   127.0.0.1       GigabitEthernet
0/0/0
    192.1.4.255/32  Direct  0    0           D   127.0.0.1       GigabitEthernet
0/0/0
255.255.255.255/32  Direct  0    0           D   127.0.0.1       InLoopBack0

<Huawei>
```

图 6.32　路由器 AR2 的完整路由表

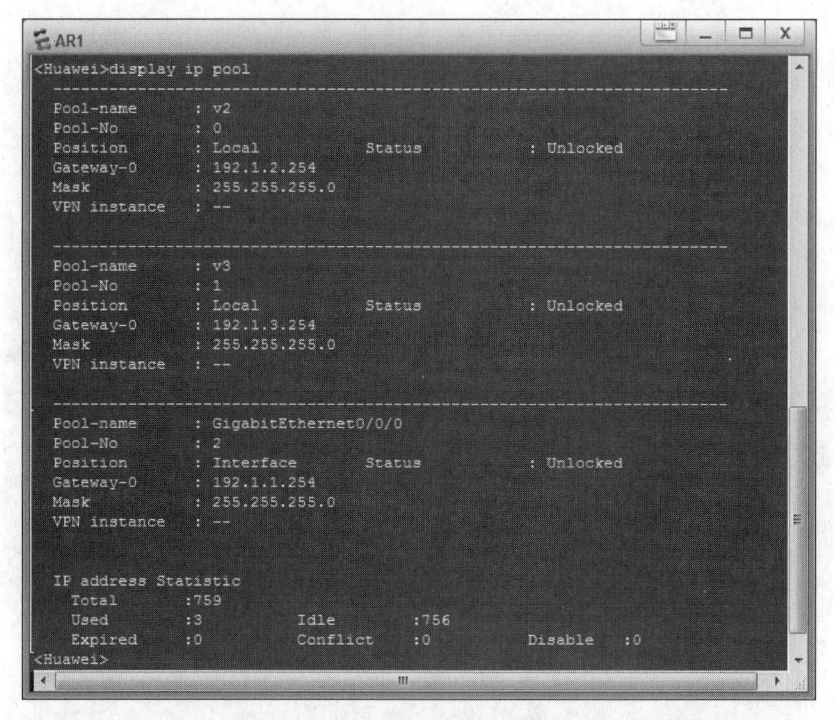

图 6.33　路由器 AR1 的 3 个作用域

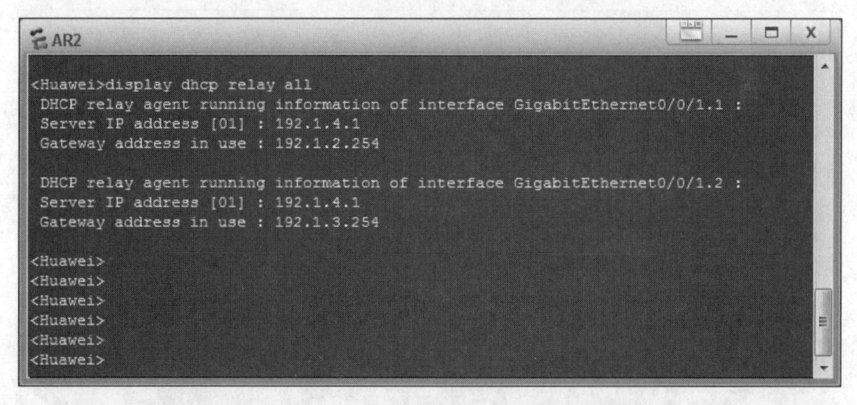

图 6.34　路由器 AR2 配置的 DHCP 中继信息

入端口分配给 VLAN 2,将连接 PC4 的交换机端口作为接入端口分配给 VLAN 3,将连接路由器 AR2 的交换机端口定义为被 VLAN 2 和 VLAN 3 共享的共享端口。交换机 LSW3 各个 VLAN 的端口组成如图 6.35 所示。

(7) PC1 和 PC2 可以从基于路由器 AR1 接口 GigabitEthernet0/0/0 的作用域中获取网络信息。PC1 选择通过 DHCP 自动获取网络信息方式的界面如图 6.36 所示,PC1 自动获取的网络信息如图 6.37 所示。PC3 可以从默认网关地址为 192.1.2.254 的全局作用域中自动获取网络信息。PC3 自动获取的网络信息如图 6.38 所示。PC4 可以从默认网关地址为 192.1.3.254 的全局作用域中自动获取网络信息。PC4 自动获取的网络信息如图 6.39 所示。

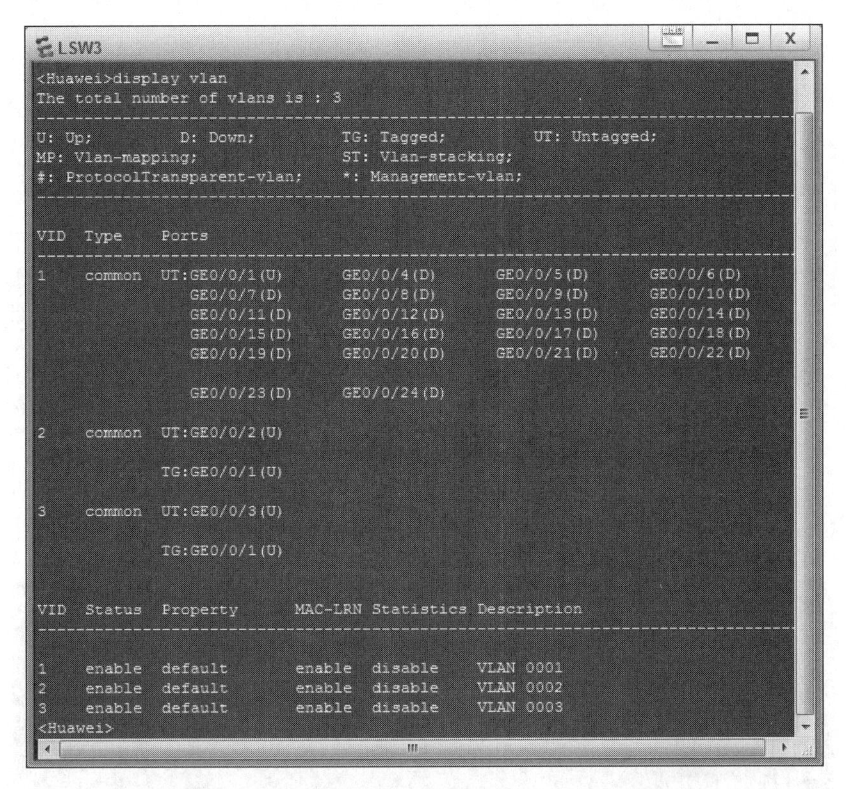

```
LSW3
<Huawei>display vlan
The total number of vlans is : 3
--------------------------------------------------------------------------------
U: Up;         D: Down;         TG: Tagged;         UT: Untagged;
MP: Vlan-mapping;               ST: Vlan-stacking;
#: ProtocolTransparent-vlan;    *: Management-vlan;
--------------------------------------------------------------------------------

VID  Type    Ports
--------------------------------------------------------------------------------
1    common  UT:GE0/0/1(U)      GE0/0/4(D)      GE0/0/5(D)      GE0/0/6(D)
                GE0/0/7(D)      GE0/0/8(D)      GE0/0/9(D)      GE0/0/10(D)
                GE0/0/11(D)     GE0/0/12(D)     GE0/0/13(D)     GE0/0/14(D)
                GE0/0/15(D)     GE0/0/16(D)     GE0/0/17(D)     GE0/0/18(D)
                GE0/0/19(D)     GE0/0/20(D)     GE0/0/21(D)     GE0/0/22(D)

                GE0/0/23(D)     GE0/0/24(D)

2    common  UT:GE0/0/2(U)

             TG:GE0/0/1(U)

3    common  UT:GE0/0/3(U)

             TG:GE0/0/1(U)


VID  Status  Property      MAC-LRN Statistics Description
--------------------------------------------------------------------------------

1    enable  default       enable  disable    VLAN 0001
2    enable  default       enable  disable    VLAN 0002
3    enable  default       enable  disable    VLAN 0003
<Huawei>
```

图 6.35　交换机 LSW3 各个 VLAN 的端口组成

PC1

基础配置 | 命令行 | 组播 | UDP发包工具 | 串口

主机名:

MAC 地址: 54-89-98-0B-0A-3B

IPv4 配置

静态　DHCP　自动获取 DNS 服务器地址

IP 地址:　DNS1:

子网掩码:　DNS2:

网关:

IPv6 配置

静态　DHCPv6

IPv6 地址: ::

前缀长度: 128

IPv6 网关: ::

应用

图 6.36　PC1 选择通过 DHCP 自动获取网络信息方式的界面

```
PC1
基础配置 命令行 组播 UDP发包工具 串口

PC>ipconfig

Link local IPv6 address...........: fe80::5689:98ff:fe0b:a3b
IPv6 address......................: :: / 128
IPv6 gateway......................: ::
IPv4 address......................: 192.1.1.253
Subnet mask.......................: 255.255.255.0
Gateway...........................: 192.1.1.254
Physical address..................: 54-89-98-0B-0A-3B
DNS server........................: 192.1.3.3

PC>
```

图 6.37　PC1 自动获取的网络信息

```
PC3
基础配置 命令行 组播 UDP发包工具 串口
Welcome to use PC Simulator!

PC>ipconfig

Link local IPv6 address...........: fe80::5689:98ff:feeb:7a11
IPv6 address......................: :: / 128
IPv6 gateway......................: ::
IPv4 address......................: 192.1.2.253
Subnet mask.......................: 255.255.255.0
Gateway...........................: 192.1.2.254
Physical address..................: 54-89-98-EB-7A-11
DNS server........................: 192.1.3.3

PC>
```

图 6.38　PC3 自动获取的网络信息

图 6.39　PC4 自动获取的网络信息

(8) 在路由器 AR2 连接路由器 AR1 的接口上启动捕获报文功能，启动 PC3 通过 DHCP 自动获取网络信息的过程。在路由器 AR2 连接路由器 AR1 的接口上捕获的报文序列如图 6.40 所示。PC3 广播的 DHCP 发现消息和请求消息被路由器 AR2 重新封装成以路由器 AR2 连接 VLAN 2 的虚拟接口的 IP 地址 192.1.2.254 为源 IP 地址、以在路由器 AR2 各个虚拟接口中配置的代理 DHCP 服务器地址 192.1.4.1 为目的 IP 地址的单播 IP 分组。作为 DHCP 服务器的路由器 AR1 回送的 DHCP 提供消息和确认消息被封装成以路由器 AR1 连接路由器 AR2 的接口的 IP 地址 192.1.4.1 为源 IP 地址、以路由器 AR2 连接 VLAN 2 的虚拟接口的 IP 地址 192.1.2.254 为目的 IP 地址的单播 IP 分组。

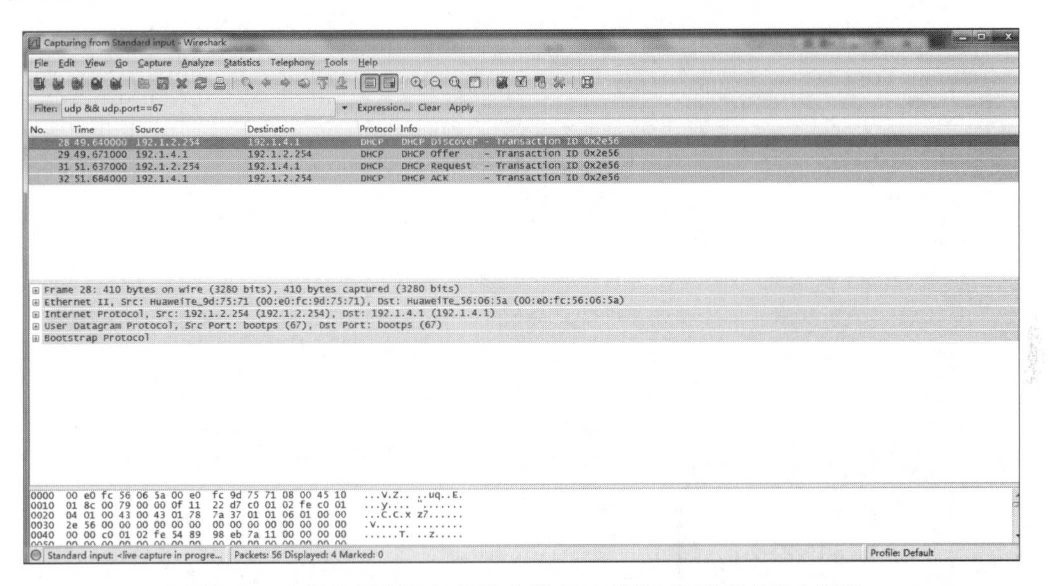

图 6.40 在路由器 AR2 连接路由器 AR1 的接口上捕获的报文序列

（9）各个终端自动获取网络信息后，就可以实现相互通信过程。图 6.41 就是 PC1 与 PC4 之间的通信过程。

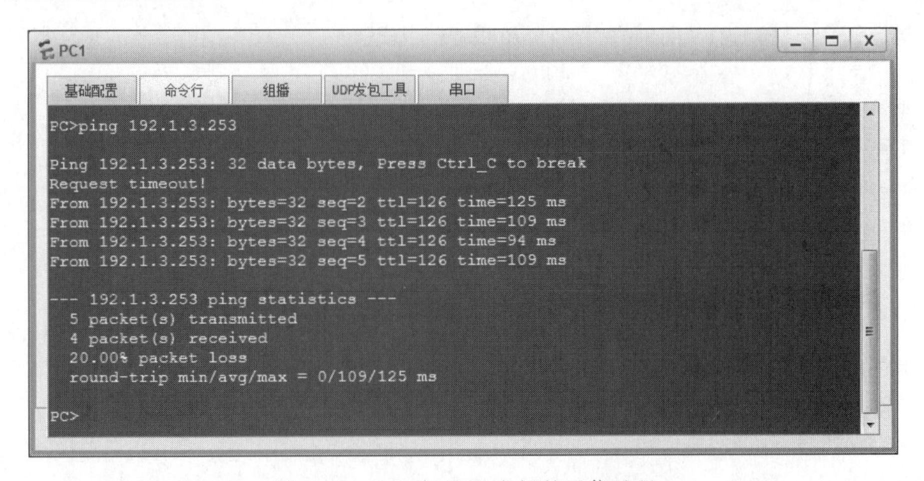

图 6.41 PC1 与 PC4 之间的通信过程

6.3.6 命令行接口配置过程

1. 路由器 AR1 配置过程

```
<Huawei>system-view
[Huawei]undo info-center enable
[Huawei]dhcp enable
[Huawei]ip pool v2
[Huawei-ip-pool-v2]network 192.1.2.0 mask 255.255.255.0
[Huawei-ip-pool-v2]gateway-list 192.1.2.254
[Huawei-ip-pool-v2]dns-list 192.1.3.3
[Huawei-ip-pool-v2]quit
[Huawei]ip pool v3
[Huawei-ip-pool-v3]network 192.1.3.0 mask 255.255.255.0
[Huawei-ip-pool-v3]gateway-list 192.1.3.254
[Huawei-ip-pool-v3]dns-list 192.1.3.3
[Huawei-ip-pool-v3]quit
[Huawei]interface GigabitEthernet0/0/0
[Huawei-GigabitEthernet0/0/0]ip address 192.1.1.254 255.255.255.0
[Huawei-GigabitEthernet0/0/0]dhcp select interface
[Huawei-GigabitEthernet0/0/0]dhcp server dns-list 192.1.3.3
[Huawei-GigabitEthernet0/0/0]quit
[Huawei]interface GigabitEthernet0/0/1
[Huawei-GigabitEthernet0/0/1]ip address 192.1.4.1 255.255.255.0
[Huawei-GigabitEthernet0/0/1]dhcp select global
[Huawei-GigabitEthernet0/0/1]quit
[Huawei]rip 1
[Huawei-rip-1]network 192.1.1.0
[Huawei-rip-1]network 192.1.4.0
[Huawei-rip-1]quit
```

2. 路由器 AR2 配置过程

```
<Huawei>system-view
[Huawei]undo info-center enable
[Huawei]dhcp enable
[Huawei]interface GigabitEthernet0/0/0
[Huawei-GigabitEthernet0/0/0]ip address 192.1.4.2 255.255.255.0
[Huawei-GigabitEthernet0/0/0]quit
[Huawei]interface GigabitEthernet0/0/1.1
```

```
[Huawei-GigabitEthernet0/0/1.1]dot1q termination vid 2
[Huawei-GigabitEthernet0/0/1.1]ip address 192.1.2.254 255.255.255.0
[Huawei-GigabitEthernet0/0/1.1]arp broadcast enable
[Huawei-GigabitEthernet0/0/1.1]dhcp select relay
[Huawei-GigabitEthernet0/0/1.1]dhcp relay server-ip 192.1.4.1
[Huawei-GigabitEthernet0/0/1.1]quit
[Huawei]interface GigabitEthernet0/0/1.2
[Huawei-GigabitEthernet0/0/1.2]dot1q termination vid 3
[Huawei-GigabitEthernet0/0/1.2]ip address 192.1.3.254 255.255.255.0
[Huawei-GigabitEthernet0/0/1.2]arp broadcast enable
[Huawei-GigabitEthernet0/0/1.2]dhcp select relay
[Huawei-GigabitEthernet0/0/1.2]dhcp relay server-ip 192.1.4.1
[Huawei-GigabitEthernet0/0/1.2]quit
[Huawei]rip 2
[Huawei-rip-2]network 192.1.4.0
[Huawei-rip-2]network 192.1.2.0
[Huawei-rip-2]network 192.1.3.0
[Huawei-rip-2]quit
```

3. 交换机 LSW3 配置过程

```
<Huawei>system-view
[Huawei]undo info-center enable
[Huawei] vlan batch 2 to 3
[Huawei]interface GigabitEthernet0/0/1
[Huawei-GigabitEthernet0/0/1]port link-type trunk
[Huawei-GigabitEthernet0/0/1]port trunk allow-pass vlan 2 to 3
[Huawei-GigabitEthernet0/0/1]quit
[Huawei]interface GigabitEthernet0/0/2
[Huawei-GigabitEthernet0/0/2]port link-type access
[Huawei-GigabitEthernet0/0/2]port default vlan 2
[Huawei-GigabitEthernet0/0/2]quit
[Huawei]interface GigabitEthernet0/0/3
[Huawei-GigabitEthernet0/0/3]port link-type access
[Huawei-GigabitEthernet0/0/3]port default vlan 3
[Huawei-GigabitEthernet0/0/3]quit
```

4. 命令列表

路由器配置过程中使用的命令及功能和参数说明如表 6.2 所示。

表 6.2 路由器配置过程中使用的命令及功能和参数说明

命令格式	功能和参数说明
ip pool *ip-pool-name*	创建一个 IP 地址池,并进入 IP 地址池视图。参数 *ip-pool-name* 是 IP 地址池名称。这里的 IP 地址池等同于全局作用域
network *ip-address* [**mask** { *mask* | *mask-length* }]	以网络地址方式指定可分配的 IP 地址范围。参数 *ip-address* 是网络地址;参数 *mask* 是子网掩码,参数 *mask-length* 是网络前缀长度,子网掩码和网络前缀长度二者选一
gateway-list *ip-address*	指定默认网关地址。参数 *ip-address* 是默认网关地址
dns-list *ip-address*	指定本地域名服务器地址。参数 *ip-address* 是本地域名服务器地址
dhcp select global	在当前接口中启动基于全局作用域分配 IP 地址的功能
dhcp select relay	在当前接口中启动 DHCP 中继功能
dhcp relay server-ip *ip-address*	在当前接口中配置该接口代理的 DHCP 服务器的 IP 地址。参数 *ip-address* 是 DHCP 服务器的 IP 地址

6.4 远程配置网络设备实验

6.4.1 实验内容

构建图 6.42 所示的网络结构,使得终端 A 和终端 B 能够通过 Telnet 对路由器 R1、R2 和交换机 S1 实施远程配置。在实际应用环境下,一般先通过控制台端口完成网络设备基本信息配置过程,如交换机管理接口地址以及与建立各个终端与交换机管理接口之间传输通路相关的信息;然后,由各个终端统一对网络设备实施远程配置。

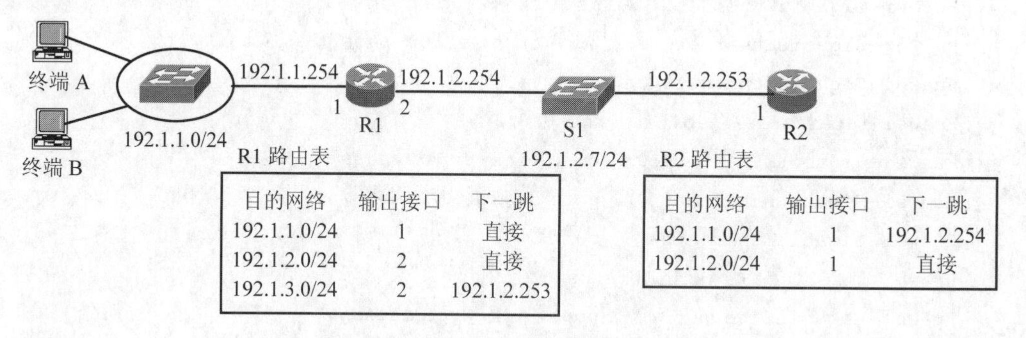

图 6.42 实施远程配置的网络结构

6.4.2 实验目的

(1) 掌握终端实施远程配置的前提条件。

(2) 掌握通过 Telnet 实施远程配置的过程。

（3）掌握终端与网络设备之间传输路径的建立过程。

6.4.3 实验原理

终端通过 Telnet 对网络设备实施远程配置的前提条件有两个：一是需要建立终端与网络设备之间的传输路径，二是网络设备需要完成 Telnet 相关参数的配置过程。

路由器每一个接口的 IP 地址都可作为管理地址，当然，也可为路由器定义单独的管理地址。在图 6.42 所示的网络结构中，为路由器 R2 配置单独的管理地址 192.1.3.1。对于交换机，需要配置管理地址，例如图 6.42 中的交换机 S1 的管理地址 192.1.2.7。

网络设备可以配置多种鉴别远程用户身份的机制，常见的有口令和本地授权用户这两种鉴别方式。

需要说明的是，华为 eNSP 中的终端设备没有 Telnet 实用程序，因此，需要通过在另一个网络设备中启动 Telnet 实用程序实施对路由器 R1、R2 和交换机 S1 的远程配置过程。

6.4.4 关键命令说明

1. 配置交换机管理地址和子网掩码

```
[Huawei]interface vlanif 1
[Huawei-Vlanif1]ip address 192.1.2.7 24
[Huawei-Vlanif1]quit
```

interface vlanif 1 是系统视图下使用的命令，该命令的作用是定义 VLAN 1 对应的 IP 接口，并进入 VLAN 1 对应的 IP 接口的接口视图。

ip address 192.1.2.7 24 是接口视图下使用的命令，该命令的作用是为指定接口（这里是 VLAN 1 对应的 IP 接口）分配 IP 地址和子网掩码。其中，192.1.2.7 是 IP 地址，24 是网络前缀长度。

2. 配置默认网关地址

```
[Huawei]ip route-static 0.0.0.0 0 192.1.2.254
```

ip route-static 0.0.0.0 0 192.1.2.254 是系统视图下使用的命令，该命令的作用是配置静态路由项。0.0.0.0 是目的网络的网络地址，0 是目的网络的网络前缀长度，任何 IP 地址都与 0.0.0.0/0 匹配，因此，这是一个默认路由项。192.1.2.254 是下一跳 IP 地址。三层交换机通过配置默认路由项给出默认网关地址。

3. 启动 VTY 终端服务

虚拟终端（Virtual Teletype Terminal，VTY）是指这样一种远程终端，该远程终端通过建立与设备之间的 Telnet 会话，可以仿真与该设备直接连接的终端，对该设备进行管理和配置。

```
[Huawei]user-interface vty 0 4
[Huawei-ui-vty0-4]protocol inbound telnet
[Huawei-ui-vty0-4]shell
[Huawei-ui-vty0-4]quit
```

user-interface vty 0 4 是系统视图下使用的命令。该命令的作用有两个：一是定义允许同时建立的 Telnet 会话数量，0 和 4 将允许同时建立的 Telnet 会话的编号范围指定为 0～4；二是从系统视图进入用户界面视图，而且在该用户界面视图下完成的配置同时对编号范围为 0～4 的 Telnet 会话起作用。

protocol inbound telnet 是用户界面视图下使用的命令，该命令的作用是指定 Telnet 为 VTY 所使用的协议。

shell 是用户界面视图下使用的命令，该命令的作用是启动终端服务。

4. 配置口令鉴别方式

远程用户通过远程终端建立与设备之间的 Telnet 会话时，设备需要鉴别远程用户身份。口令鉴别方式需要在设备中配置口令，只有能够提供与设备中配置的口令相同的口令的远程用户才能通过设备的身份鉴别过程。

```
[Huawei]user-interface vty 0 4
[Huawei-ui-vty0-4]authentication-mode password
[Huawei-ui-vty0-4]set authentication password cipher 123456
[Huawei-ui-vty0-4]quit
```

authentication-mode password 是用户界面视图下使用的命令，该命令的作用是指定用口令鉴别方式鉴别远程用户身份。

set authentication password cipher 123456 是用户界面视图下使用的命令，该命令的作用是指定字符串 123456 为口令。关键词 cipher 表明用密文方式存储口令。

5. 配置 AAA 鉴别方式

AAA 鉴别方式指定用 AAA 提供的与鉴别有关的安全服务完成对远程用户的身份鉴别过程。

```
[Huawei]user-interface vty 0 4
[Huawei-ui-vty0-4]authentication-mode aaa
[Huawei-ui-vty0-4]quit
[Huawei]aaa
[Huawei-aaa]local-user aaa1 password cipher bbb1
[Huawei-aaa]local-user aaa1 service-type telnet
[Huawei-aaa]quit
```

authentication-mode aaa 是用户界面视图下使用的命令，该命令的作用是指定用 AAA 鉴别方式鉴别远程用户身份。

aaa 是系统视图下使用的命令，该命令的作用是从系统视图进入 AAA 视图。在 AAA 视图下，可以完成与 AAA 鉴别方式相关的配置过程。

local-user aaa1 password cipher bbb1 是 AAA 视图下使用的命令，该命令的作用是创建一个用户名为 aaa1、密码为 bbb1 的授权用户。关键词 cipher 表明用密文方式存储密码。

local-user aaa1 service-type telnet 是 AAA 视图下使用的命令，该命令的作用是指定用户名为 aaa1 的授权用户是 Telnet 用户类型，Telnet 用户类型是指通过建立与设备之间的 Telnet 会话对设备实施远程管理的授权用户。

6. 配置远程用户权限

```
[Huawei]user-interface vty 0 4
[Huawei-ui-vty0-4]user privilege level 15
[Huawei-ui-vty0-4]quit
```

user privilege level 15 是用户界面视图下使用的命令，该命令的作用是将远程用户的权限等级设置为 15 级。权限等级分为 0～15 级，权限等级的值越大，权限越高。

7. 定义环回接口

```
[Huawei]interface loopback 1
[Huawei-LoopBack1]ip address 192.1.3.1 24
[Huawei-LoopBack1]quit
```

interface loopback 1 是系统视图下使用的命令，该命令的作用是定义一个环回接口，1 是环回接口编号，每一个环回接口用唯一编号标识。环回接口是虚拟接口，需要分配 IP 地址和子网掩码，只要存在终端与该环回接口之间的传输路径，终端就可以像访问物理接口一样访问该环回接口。环回接口 IP 地址与物理接口 IP 地址一样，可以作为路由器的管理地址，终端可以通过建立与环回接口之间的 Telnet 会话，对路由器实施远程配置。

6.4.5 实验步骤

(1) 启动华为 eNSP，按照图 6.42 所示的网络拓扑结构放置和连接设备。完成设备放置和连接后的 eNSP 界面如图 6.43 所示。启动所有设备。

(2) 完成路由器 AR1 和 AR2 各个接口的 IP 地址和子网掩码配置过程。在路由器 AR2 中定义一个用于管理的环回接口，并为该接口配置 IP 地址和子网掩码。为了能够远程管理交换机 LSW2，需要在交换机 LSW2 中定义管理接口，并配置 IP 地址和子网掩码。为了能够通过在交换机 LSW1 中启动 Telnet 客户端对网络设备实施远程配置，需要在交换机 LSW1 中定义管理接口，并配置 IP 地址和子网掩码。交换机 LSW1、LSW2 中定义的管理接口以及路由器 AR1 和 AR2 各个接口的状态分别如图 6.44 至图 6.47 所示。

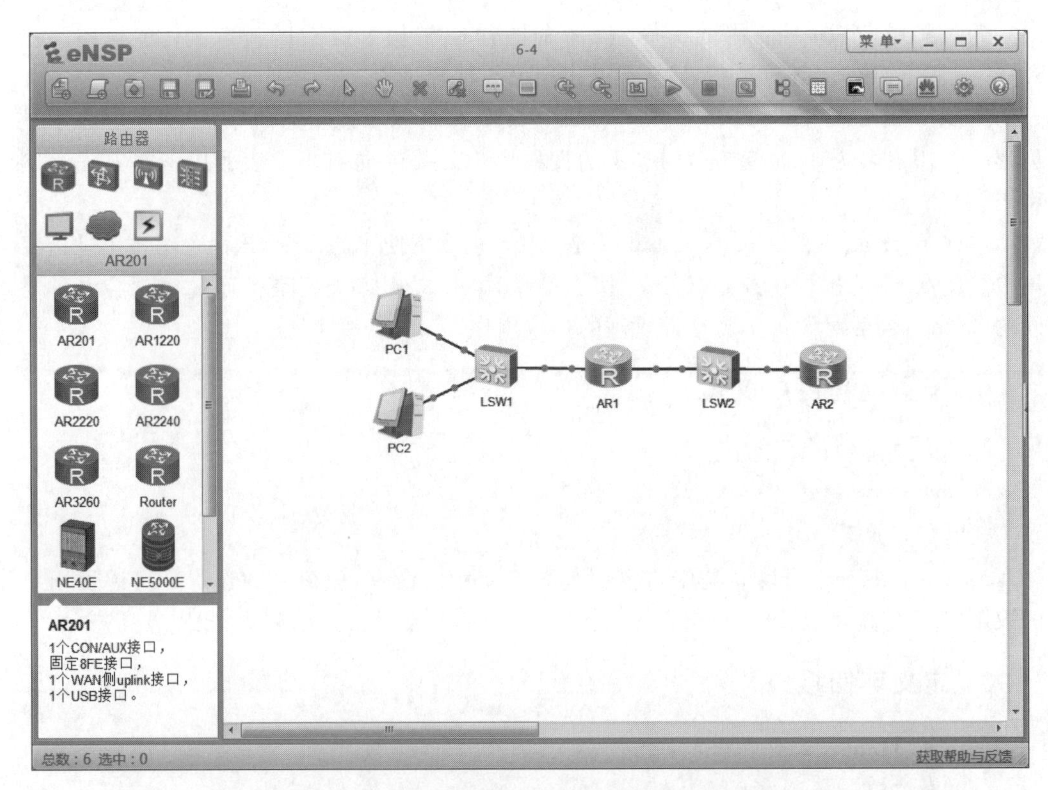

图 6.43 完成设备放置和连接后的 eNSP 界面

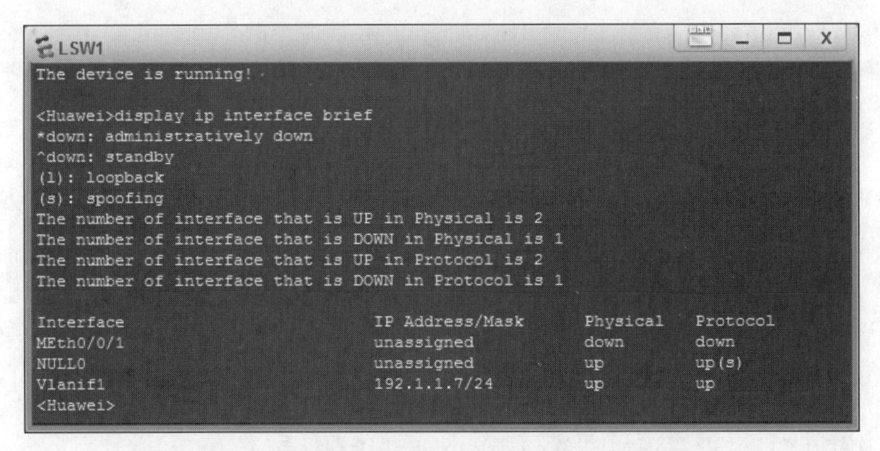

图 6.44 交换机 LSW1 中定义的管理接口的状态

(3) 由于路由器 AR2 环回接口的 IP 地址 192.1.3.1 属于网络地址 192.1.3.0/24，因此，在路由器 AR1 中需要配置用于指明通往网络 192.1.3.0/24 的传输路径的静态路由项，在路由器 AR2 中需要配置用于指明通往网络 192.1.1.0/24 的传输路径的静态路由项。为了保证交换机 LSW1 和 LSW2 能够通过管理接口的 IP 地址与路由器 AR1 和 AR2 相互通信，需要为交换机 LSW1 和 LSW2 配置默认网关地址，LSW1 的默认网关地址是路由器 AR1 连接 LSW1 的接口的 IP 地址，LSW2 的默认网关地址可以在路由器

```
LSW2
The device is running!

<Huawei>display ip interface brief
*down: administratively down
^down: standby
(l): loopback
(s): spoofing
The number of interface that is UP in Physical is 2
The number of interface that is DOWN in Physical is 1
The number of interface that is UP in Protocol is 2
The number of interface that is DOWN in Protocol is 1

Interface                         IP Address/Mask      Physical   Protocol
MEth0/0/1                         unassigned           down       down
NULL0                             unassigned           up         up(s)
Vlanif1                           192.1.2.7/24         up         up
<Huawei>
```

图 6.45　交换机 LSW2 中定义的管理接口的状态

```
AR1
The device is running!

<Huawei>display ip interface brief
*down: administratively down
^down: standby
(l): loopback
(s): spoofing
The number of interface that is UP in Physical is 3
The number of interface that is DOWN in Physical is 0
The number of interface that is UP in Protocol is 3
The number of interface that is DOWN in Protocol is 0

Interface                         IP Address/Mask      Physical   Protocol
GigabitEthernet0/0/0              192.1.1.254/24       up         up
GigabitEthernet0/0/1              192.1.2.254/24       up         up
NULL0                             unassigned           up         up(s)
<Huawei>
```

图 6.46　路由器 AR1 各个接口的状态

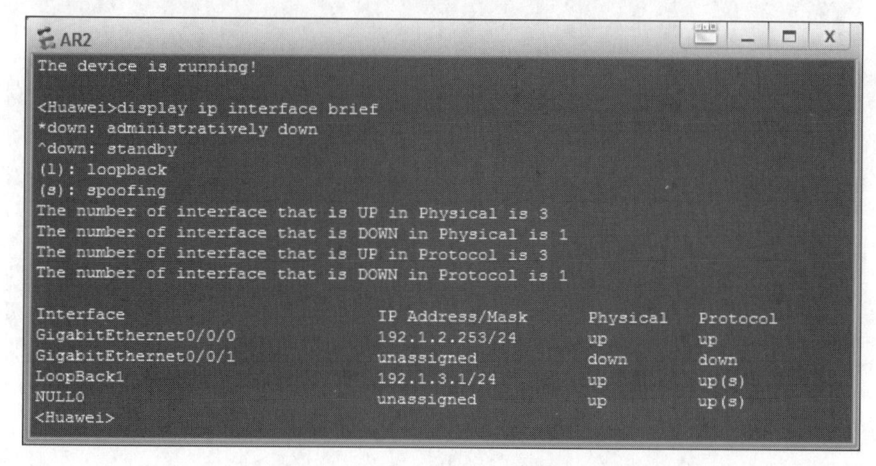

图 6.47　路由器 AR2 各个接口的状态

AR1 连接 LSW2 的接口的 IP 地址和路由器 AR2 连接 LSW2 的接口的 IP 地址中任选一

个。路由器 AR1 和 AR2 的完整路由表以及交换机 LSW1 和 LSW2 的默认路由项分别如图 6.48 至图 6.51 所示。

```
<Huawei>display ip routing-table
Route Flags: R - relay, D - download to fib
------------------------------------------------------------------------------
Routing Tables: Public
         Destinations : 11       Routes : 11

Destination/Mask    Proto   Pre  Cost      Flags NextHop         Interface

      127.0.0.0/8   Direct  0    0           D   127.0.0.1       InLoopBack0
      127.0.0.1/32  Direct  0    0           D   127.0.0.1       InLoopBack0
127.255.255.255/32  Direct  0    0           D   127.0.0.1       InLoopBack0
      192.1.1.0/24  Direct  0    0           D   192.1.1.254     GigabitEthernet
0/0/0
    192.1.1.254/32  Direct  0    0           D   127.0.0.1       GigabitEthernet
0/0/0
    192.1.1.255/32  Direct  0    0           D   127.0.0.1       GigabitEthernet
0/0/0
      192.1.2.0/24  Direct  0    0           D   192.1.2.254     GigabitEthernet
0/0/1
    192.1.2.254/32  Direct  0    0           D   127.0.0.1       GigabitEthernet
0/0/1
    192.1.2.255/32  Direct  0    0           D   127.0.0.1       GigabitEthernet
0/0/1
      192.1.3.0/24  Static  60   0          RD   192.1.2.253     GigabitEthernet
0/0/1
255.255.255.255/32  Direct  0    0           D   127.0.0.1       InLoopBack0

<Huawei>
```

图 6.48 路由器 AR1 的完整路由表

```
<Huawei>display ip routing-table
Route Flags: R - relay, D - download to fib
------------------------------------------------------------------------------
Routing Tables: Public
         Destinations : 11       Routes : 11

Destination/Mask    Proto   Pre  Cost      Flags NextHop         Interface

      127.0.0.0/8   Direct  0    0           D   127.0.0.1       InLoopBack0
      127.0.0.1/32  Direct  0    0           D   127.0.0.1       InLoopBack0
127.255.255.255/32  Direct  0    0           D   127.0.0.1       InLoopBack0
      192.1.1.0/24  Static  60   0          RD   192.1.2.254     GigabitEthernet
0/0/0
      192.1.2.0/24  Direct  0    0           D   192.1.2.253     GigabitEthernet
0/0/0
    192.1.2.253/32  Direct  0    0           D   127.0.0.1       GigabitEthernet
0/0/0
    192.1.2.255/32  Direct  0    0           D   127.0.0.1       GigabitEthernet
0/0/0
      192.1.3.0/24  Direct  0    0           D   192.1.3.1       LoopBack1
      192.1.3.1/32  Direct  0    0           D   127.0.0.1       LoopBack1
    192.1.3.255/32  Direct  0    0           D   127.0.0.1       LoopBack1
255.255.255.255/32  Direct  0    0           D   127.0.0.1       InLoopBack0

<Huawei>
```

图 6.49 路由器 AR2 的完整路由表

(4) 完成各个终端的 IP 地址、子网掩码和默认网关地址的配置过程。PC1 配置的网络信息如图 6.52 所示。PC1 执行 ping 操作的界面如图 6.53 所示，PC1 与路由器 AR2

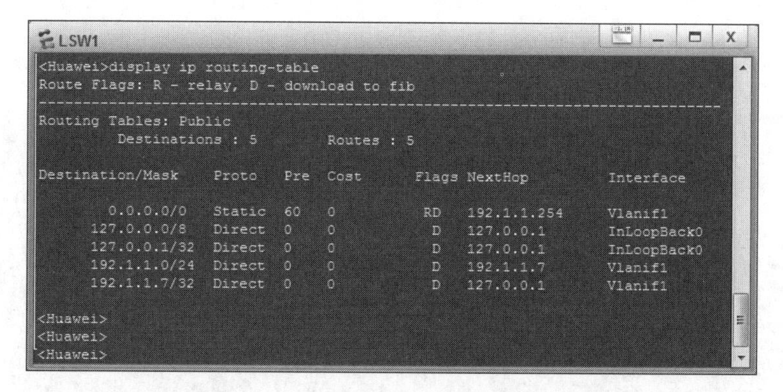

```
LSW1
<Huawei>display ip routing-table
Route Flags: R - relay, D - download to fib
------------------------------------------------------------------------------
Routing Tables: Public
         Destinations : 5        Routes : 5

Destination/Mask    Proto   Pre  Cost      Flags NextHop         Interface

        0.0.0.0/0   Static  60   0           RD   192.1.1.254     Vlanif1
      127.0.0.0/8   Direct  0    0            D   127.0.0.1       InLoopBack0
     127.0.0.1/32   Direct  0    0            D   127.0.0.1       InLoopBack0
     192.1.1.0/24   Direct  0    0            D   192.1.1.7       Vlanif1
     192.1.1.7/32   Direct  0    0            D   127.0.0.1       Vlanif1

<Huawei>
<Huawei>
<Huawei>
```

图 6.50　交换机 LSW1 的默认路由项

```
LSW2
The device is running!

<Huawei>display ip routing-table
Route Flags: R - relay, D - download to fib
------------------------------------------------------------------------------
Routing Tables: Public
         Destinations : 5        Routes : 5

Destination/Mask    Proto   Pre  Cost      Flags NextHop         Interface

        0.0.0.0/0   Static  60   0           RD   192.1.2.254     Vlanif1
      127.0.0.0/8   Direct  0    0            D   127.0.0.1       InLoopBack0
     127.0.0.1/32   Direct  0    0            D   127.0.0.1       InLoopBack0
     192.1.2.0/24   Direct  0    0            D   192.1.2.7       Vlanif1
     192.1.2.7/32   Direct  0    0            D   127.0.0.1       Vlanif1

<Huawei>
```

图 6.51　交换机 LSW2 的默认路由项

环回接口之间可以相互通信。

PC1
基础配置　命令行　组播　UDP发包工具　串口
主机名:
MAC 地址: 54-89-98-F3-2A-FB
IPv4 配置
静态　DHCP　自动获取 DNS 服务器地址
IP 地址: 192 . 1 . 1 . 1　DNS1: 0 . 0 . 0 . 0
子网掩码: 255 . 255 . 255 . 0　DNS2: 0 . 0 . 0 . 0
网关: 192 . 1 . 1 . 254
IPv6 配置
静态　DHCPv6
IPv6 地址: ::
前缀长度: 128
IPv6 网关: ::
应用

图 6.52　PC1 配置的网络信息

```
PC1
基础配置 命令行 组播 UDP发包工具 串口
Welcome to use PC Simulator!

PC>ping 192.1.3.1

Ping 192.1.3.1: 32 data bytes, Press Ctrl_C to break
Request timeout!
From 192.1.3.1: bytes=32 seq=2 ttl=254 time=94 ms
From 192.1.3.1: bytes=32 seq=3 ttl=254 time=63 ms
From 192.1.3.1: bytes=32 seq=4 ttl=254 time=47 ms
From 192.1.3.1: bytes=32 seq=5 ttl=254 time=78 ms

--- 192.1.3.1 ping statistics ---
  5 packet(s) transmitted
  4 packet(s) received
  20.00% packet loss
  round-trip min/avg/max = 0/70/94 ms

PC>
```

图 6.53　PC1 执行 ping 操作的界面

(5) 在交换机 LSW1 中启动 Telnet 客户端，远程登录路由器 AR1，显示路由器 AR1 各个接口的状态。整个远程登录过程如图 6.54 所示，其中 IP 地址 192.1.2.254 是路由器 AR1 的一个接口的 IP 地址，这里作为管理地址。交换机 LSW1 通过 Telnet 远程登录交换机 LSW2，显示交换机 LSW2 管理接口的状态的过程如图 6.55 所示，其中 IP 地址 192.1.2.7 是交换机 LSW2 管理接口的 IP 地址。交换机 LSW1 通过 Telnet 远程登录路由器 AR2，显示路由器 AR2 各个接口的状态的过程如图 6.56 所示，其中 IP 地址 192.1.3.1 是路由器 AR2 环回接口的 IP 地址。

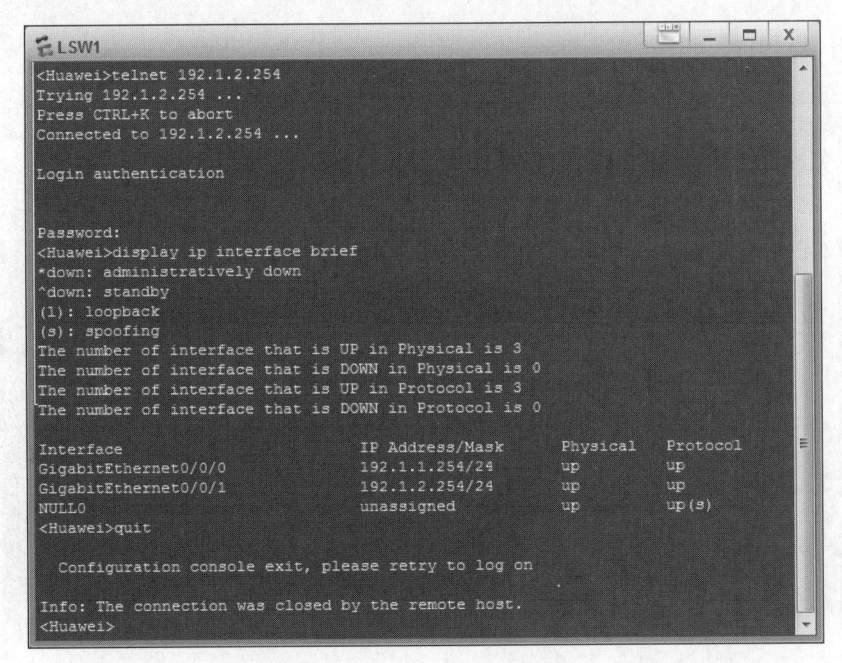

图 6.54　交换机 LSW1 通过 Telnet 远程登录路由器 AR1 的过程

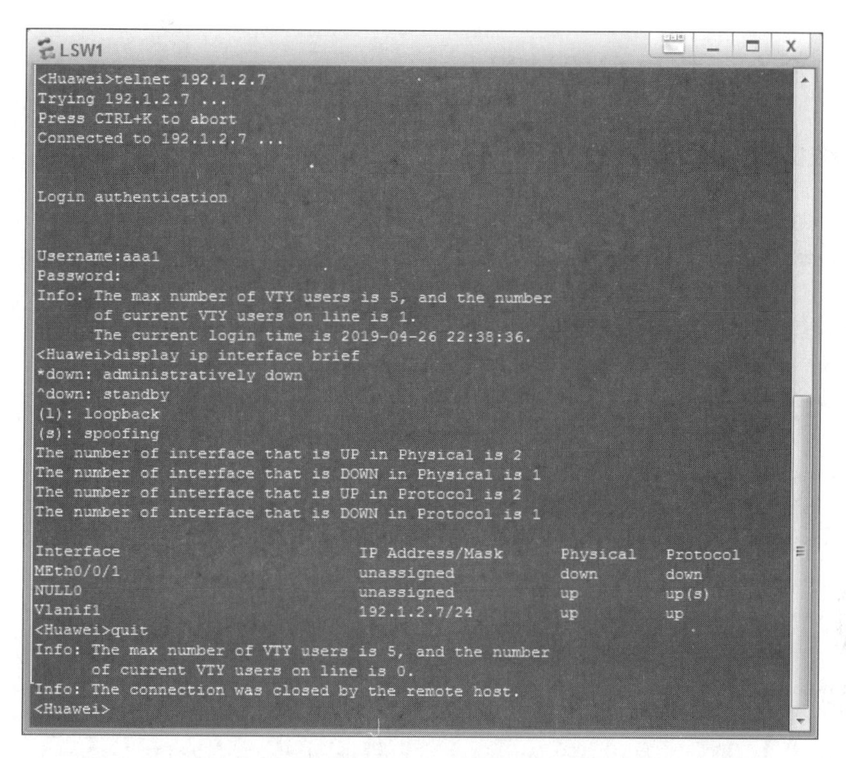

图 6.55　交换机 LSW1 通过 Telnet 远程登录交换机 LSW2 的过程

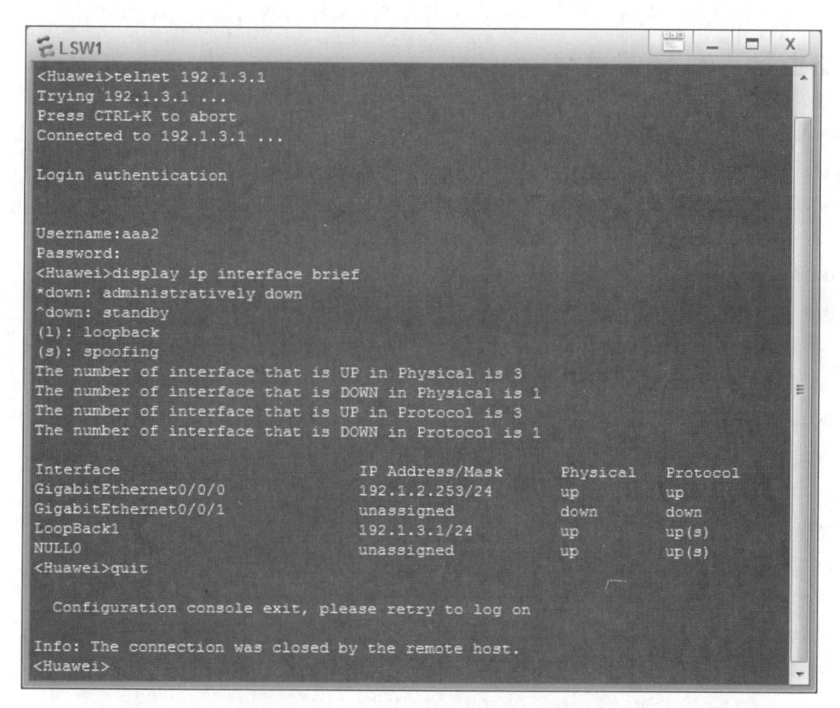

图 6.56　交换机 LSW1 通过 Telnet 远程登录路由器 AR2 的过程

6.4.6 命令行接口配置过程

1. 路由器 AR1 配置过程

```
<Huawei>system-view
[Huawei]undo info-center enable
[Huawei]interface GigabitEthernet0/0/0
[Huawei-GigabitEthernet0/0/0]ip address 192.1.1.254 24
[Huawei-GigabitEthernet0/0/0]quit
[Huawei]interface GigabitEthernet0/0/1
[Huawei-GigabitEthernet0/0/1]ip address 192.1.2.254 24
[Huawei-GigabitEthernet0/0/1]quit
[Huawei]ip route-static 192.1.3.0 24 192.1.2.253
[Huawei]user-interface vty 0 4
[Huawei-ui-vty0-4]shell
[Huawei-ui-vty0-4]protocol inbound telnet
[Huawei-ui-vty0-4]user privilege level 15
[Huawei-ui-vty0-4]authentication-mode password
Please configure the login password (maximum length 16):123456
[Huawei-ui-vty0-4]set authentication password cipher 123456
[Huawei-ui-vty0-4]quit
```

2. 路由器 AR2 配置过程

```
<Huawei>system-view
[Huawei]undo info-center enable
[Huawei]interface GigabitEthernet0/0/0
[Huawei-GigabitEthernet0/0/0]ip address 192.1.2.253 24
[Huawei-GigabitEthernet0/0/0]quit
[Huawei]ip route-static 192.1.1.0 24 192.1.2.254
[Huawei]interface loopback 1
[Huawei-LoopBack1]ip address 192.1.3.1 24
[Huawei-LoopBack1]quit
[Huawei]user-interface vty 0 4
[Huawei-ui-vty0-4]shell
[Huawei-ui-vty0-4]protocol inbound telnet
[Huawei-ui-vty0-4]authentication-mode aaa
[Huawei-ui-vty0-4]user privilege level 15
[Huawei-ui-vty0-4]quit
[Huawei]aaa
[Huawei-aaa]local-user aaa2 password cipher bbb2
[Huawei-aaa]local-user aaa2 service-type telnet
[Huawei-aaa]quit
```

3. 交换机 LSW1 配置过程

```
<Huawei>system-view
[Huawei]undo info-center enable
[Huawei]interface vlanif 1
[Huawei-Vlanif1]ip address 192.1.1.7 24
[Huawei-Vlanif1]quit
[Huawei]ip route-static 0.0.0.0 0 192.1.1.254
```

4. 交换机 LSW2 配置过程

```
<Huawei>system-view
[Huawei]undo info-center enable
[Huawei]interface vlanif 1
[Huawei-Vlanif1]ip address 192.1.2.7 24
[Huawei-Vlanif1]quit
[Huawei]ip route-static 0.0.0.0 0 192.1.2.254
[Huawei]user-interface vty 0 4
[Huawei-ui-vty0-4]shell
[Huawei-ui-vty0-4]protocol inbound telnet
[Huawei-ui-vty0-4]authentication-mode aaa
[Huawei-ui-vty0-4]user privilege level 15
[Huawei-ui-vty0-4]quit
[Huawei]aaa
[Huawei-aaa]local-user aaa1 password cipher bbb1
[Huawei-aaa]local-user aaa1 service-type telnet
[Huawei-aaa]quit
```

5. 命令列表

交换机和路由器配置过程中使用的命令及功能和参数说明如表 6.3 所示。

表 6.3　交换机和路由器配置过程中使用的命令及功能和参数说明

命令格式	功能和参数说明
user-interface *ui-type first-ui-number* [*last-ui-number*]	进入一个或一组用户界面视图。参数 *ui-type* 用于指定用户界面类型，用户界面类型可以是 console 或 vty；参数 *first-ui-number* 用于指定第一个用户界面编号，如果需要指定一组用户界面，用参数 *last-ui-number* 指定最后一个用户界面编号
shell	启动终端服务
protocol inbound { **all** | **ssh** | **telnet** }	指定 vty 用户界面所支持的协议

续表

命令格式	功能和参数说明
authentication-mode { **aaa** | **password** | **none** }	指定用于鉴别远程登录用户身份的鉴别方式
set authentication password[**cipher** *password*]	在指定鉴别方式为口令鉴别方式的情况下用于指定口令。参数 *password* 用于指定口令,关键词 cipher 表明用密文方式存储口令
user privilege level *level*	指定远程登录用户的权限等级。参数 *level* 用于指定权限等级。
aaa	进入 AAA 视图
local-user *user-name* { **password** { **cipher** | **irreversible-cipher** } *password*	创建授权用户。参数 *user-name* 用于指定用户名,参数 *password* 用于指定密码,关键词 cipher 表明用密文方式存储密码,关键词 irreversible-cipher 表明用不可逆密文方式存储密码
local-user *user-name* **service-type** { 8021**x** | **ppp** | **ssh** | **telnet** }	指定授权用户的登录方式。参数 *user-name* 用于指定授权用户的用户名

第7章

网络安全实验

理解网络安全，需要了解网络攻击过程和网络安全技术。网络安全技术包括特定传输网络对应的安全技术（如以太网安全技术等）和通用安全技术（如防火墙等），因此，网络安全实验主要包括网络攻击和防御实验、以太网安全实验和防火墙配置实验等。

7.1 RIP 路由项欺骗攻击和防御实验

7.1.1 实验内容

构建图 7.1 所示的由 3 个路由器互联 4 个网络而成的互联网，通过 RIP 生成终端 A 至终端 B 的 IP 传输路径，实现 IP 分组终端 A 至终端 B 的传输过程。然后在网络地址为 192.1.2.0/24 的以太网上接入入侵路由器，由入侵路由器伪造与网络 192.1.4.0/24 直接连接的路由项，用伪造的路由项改变终端 A 至终端 B 的 IP 传输路径，使得终端 A 传输给终端 B 的 IP 分组被路由器 R1 错误地转发给入侵路由器。

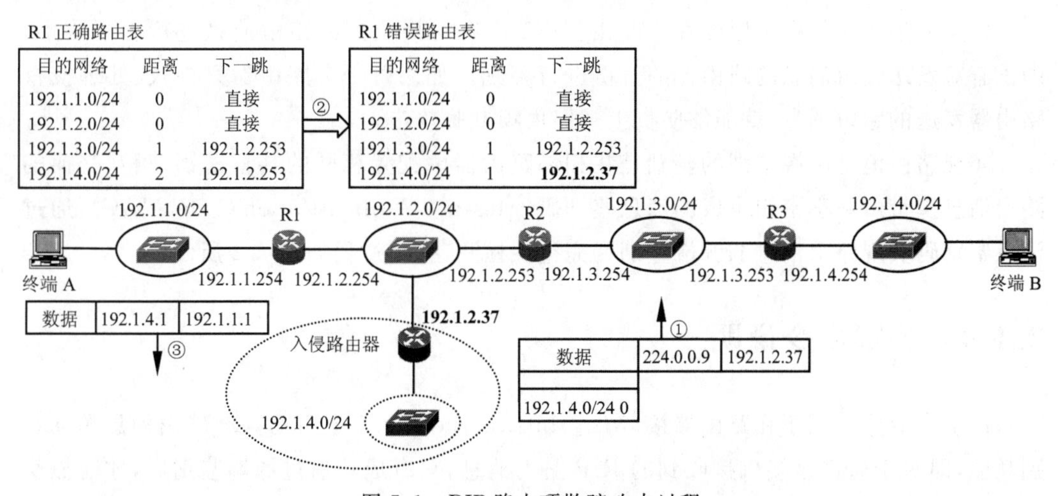

图 7.1　RIP 路由项欺骗攻击过程

在路由器 R1 和 R2 连接网络 192.1.2.0/24 的接口上启动路由项源端鉴别功能，使得入侵路由器发送的伪造路由项因为无法通过路由器 R1 的源端鉴别而不被采用，以此保证路由器 R1 路由表的正确性。

7.1.2 实验目的

（1）验证路由器 RIP 配置过程。
（2）验证 RIP 生成动态路由项的过程。
（3）验证 RIP 的安全缺陷。
（4）验证利用 RIP 实施路由项欺骗攻击的过程。
（5）验证入侵路由器截获 IP 分组的过程。
（6）验证 RIP 源端鉴别功能的配置过程。
（7）验证 RIP 路由项欺骗攻击的防御过程。

7.1.3 实验原理

构建图 7.1 所示的由 3 个路由器互联 4 个网络而成的互联网，完成路由器 RIP 配置过程，路由器 R1 生成图 7.1 所示的路由器 R1 正确路由表，路由表中的路由项＜192.1.4.0/24,2,192.1.2.253＞表明路由器 R1 通往网络 192.1.4.0/24 的传输路径上的下一跳是路由器 R2，以此保证终端 A 至终端 B 的 IP 传输路径是正确的。此时有入侵路由器接入网络 192.1.2.0/24，并发送了伪造的表示与网络 192.1.4.0/24 直接连接的路由消息＜192.1.4.0/24,0＞。路由器 R1 接收到该路由消息后，如果认可该路由消息，将通往网络 192.1.4.0/24 的传输路径上的下一跳由路由器 R2 改为入侵路由器，就会导致终端 A 至终端 B 的 IP 传输路径发生错误。

发生上述错误的根本原因在于路由器 R1 没有对接收到的路由消息进行源端鉴别，即没有对发送路由消息的路由器的身份进行鉴别。如果每一个路由器只接收、处理授权路由器发送的路由消息，就能够防御上述路由项欺骗攻击。

实现路由消息源端鉴别的基础是在相邻路由器中配置相同的共享密钥，相互交换的路由消息携带由共享密钥生成的消息鉴别码(Message Authentication Code，MAC)，通过消息鉴别码实现路由消息的源端鉴别和完整性检测，整个过程如图 7.2 所示。

7.1.4 关键命令说明

以下命令序列用于在路由器接口 GigabitEthernet0/0/1 上启动 RIP 路由消息源端鉴别功能，即对于通过该接口接收到的 RIP 路由消息，只有成功通过源端鉴别后，才能提交给 RIP 路由进程处理。

```
[Huawei]interface GigabitEthernet0/0/1
```

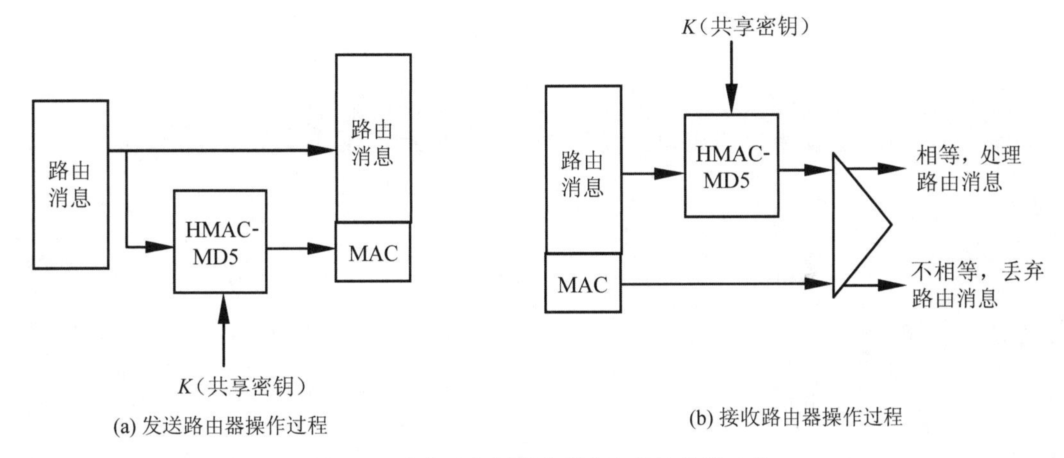

图 7.2　路由消息源端鉴别和完整性检测过程

```
[Huawei-GigabitEthernet0/0/1] rip version 2 multicast
[Huawei - GigabitEthernet0/0/1] rip authentication - mode hmac - sha256 cipher
12345678 255
[Huawei-GigabitEthernet0/0/1]quit
```

rip version 2 multicast 是接口视图下使用的命令，该命令的作用是将当前接口(这里是接口 GigabitEthernet0/0/1)的 RIP 版本指定为 2，并指定以多播方式发送 RIPv2 路由消息。

rip authentication-mode hmac-sha256 cipher 12345678 255 是接口视图下使用的命令，该命令的作用是启动当前接口(这里是接口 GigabitEthernet0/0/1)RIPv2 路由消息的源端鉴别功能，通过 hmac-sha256 生成鉴别码，密钥是 12345678，以密文方式存储密钥，密钥标识符是 255。

7.1.5　实验步骤

(1) 启动华为 eNSP，按照图 7.1 中未接入入侵路由器时的网络拓扑结构放置和连接设备。完成设备放置和连接后的 eNSP 界面如图 7.3 所示。启动所有设备。

(2) 完成所有路由器各个接口 IP 地址和子网掩码配置过程，完成所有路由器有关 RIP 的配置过程。所有路由器成功建立完整路由表。路由器 AR2 各个接口的状态如图 7.4 所示，路由器 AR1 的完整路由表如图 7.5 所示，路由器 AR1 通往网络 192.1.4.0/24 传输路径上的下一跳是路由器 AR2。

(3) 完成各个终端的 IP 地址、子网掩码和默认网关地址的配置过程。PC1 配置的网络信息如图 7.6 所示，PC2 配置的网络信息如图 7.7 所示。PC1 与 PC2 之间可以相互通信。图 7.8 是 PC1 执行 ping 操作的界面。

(4) 接入入侵路由器(intrusion)，完成入侵路由器接入后的网络拓扑结构如图 7.9 所示。分别为入侵路由器的两个接口配置属于网络地址 192.1.2.0/24 和 192.1.4.0/24

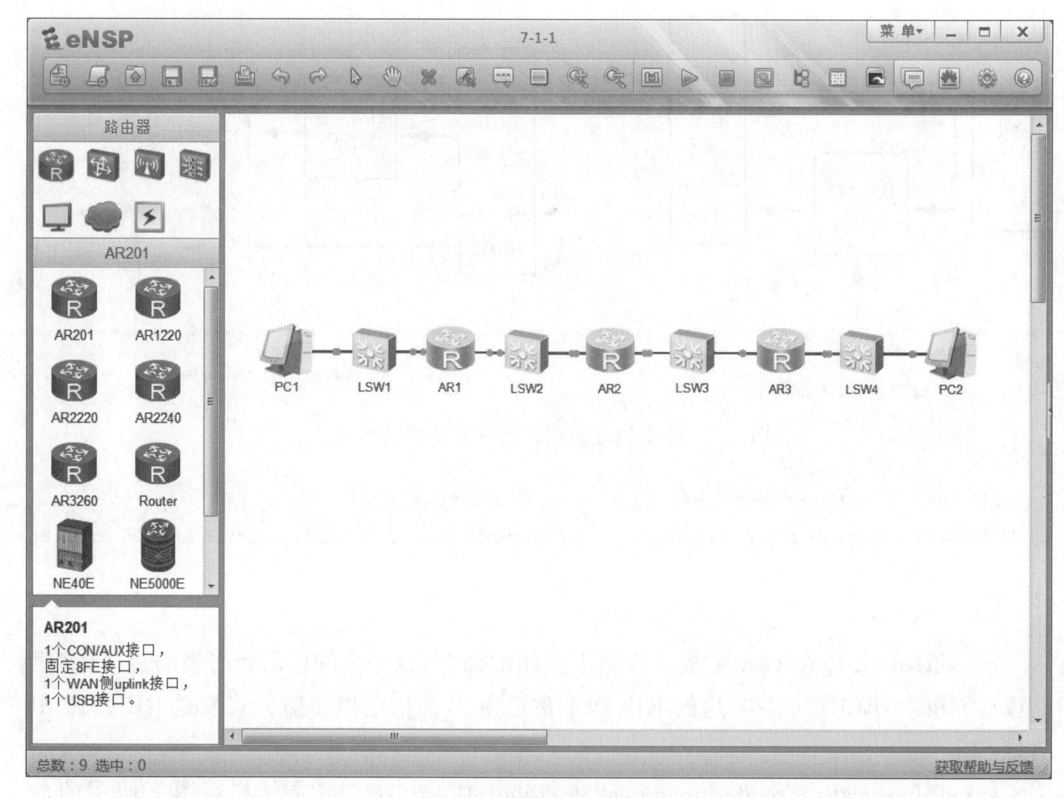

图 7.3　完成设备放置和连接后的 eNSP 界面

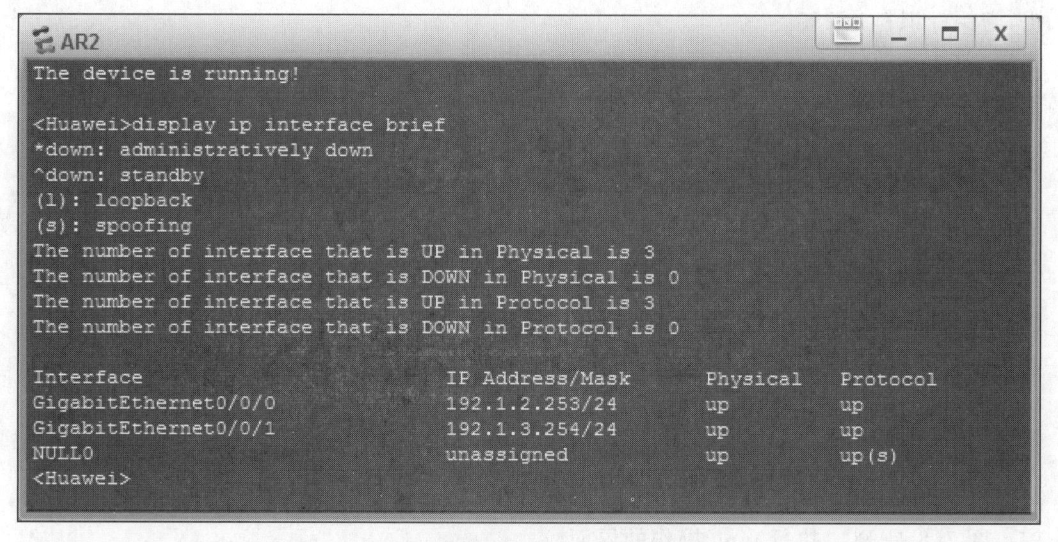

图 7.4　路由器 AR2 各个接口的状态

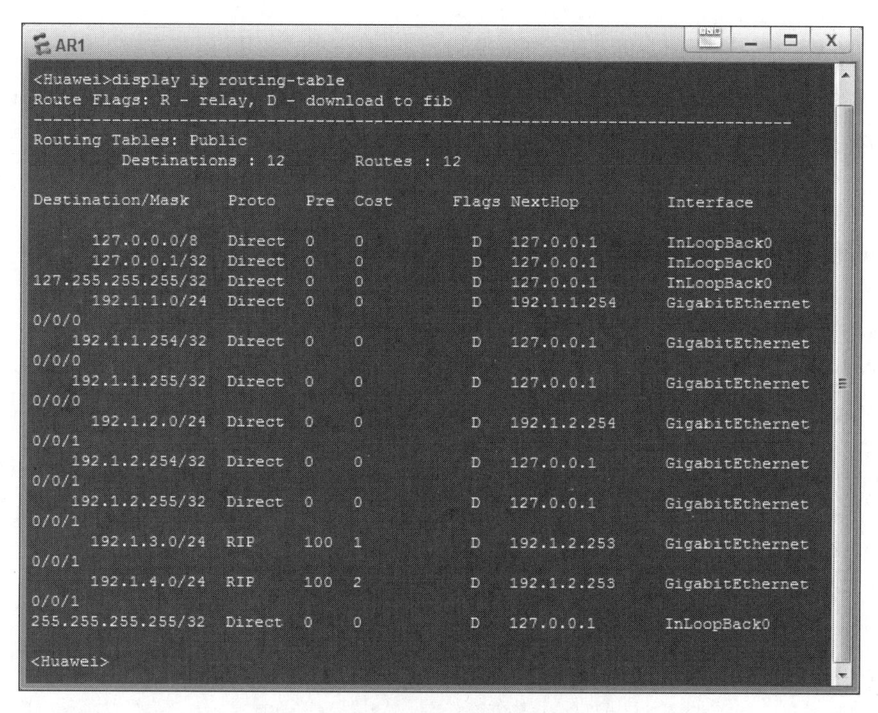

```
AR1
<Huawei>display ip routing-table
Route Flags: R - relay, D - download to fib
------------------------------------------------------------------------------
Routing Tables: Public
         Destinations : 12        Routes : 12

Destination/Mask    Proto   Pre  Cost      Flags NextHop         Interface

      127.0.0.0/8   Direct  0    0           D   127.0.0.1       InLoopBack0
      127.0.0.1/32  Direct  0    0           D   127.0.0.1       InLoopBack0
127.255.255.255/32  Direct  0    0           D   127.0.0.1       InLoopBack0
      192.1.1.0/24  Direct  0    0           D   192.1.1.254     GigabitEthernet
0/0/0
    192.1.1.254/32  Direct  0    0           D   127.0.0.1       GigabitEthernet
0/0/0
    192.1.1.255/32  Direct  0    0           D   127.0.0.1       GigabitEthernet
0/0/0
      192.1.2.0/24  Direct  0    0           D   192.1.2.254     GigabitEthernet
0/0/1
    192.1.2.254/32  Direct  0    0           D   127.0.0.1       GigabitEthernet
0/0/1
    192.1.2.255/32  Direct  0    0           D   127.0.0.1       GigabitEthernet
0/0/1
      192.1.3.0/24  RIP     100  1           D   192.1.2.253     GigabitEthernet
0/0/1
      192.1.4.0/24  RIP     100  2           D   192.1.2.253     GigabitEthernet
0/0/1
255.255.255.255/32  Direct  0    0           D   127.0.0.1       InLoopBack0

<Huawei>
```

图 7.5　路由器 AR1 的完整路由表

PC1

基础配置　命令行　组播　UDP发包工具　串口

主机名:

MAC 地址: 54-89-98-BE-12-D4

IPv4 配置

静态　DHCP　自动获取 DNS 服务器地址

IP 地址: 192 . 1 . 1 . 1　DNS1: 0 . 0 . 0 . 0

子网掩码: 255 . 255 . 255 . 0　DNS2: 0 . 0 . 0 . 0

网关: 192 . 1 . 1 . 254

IPv6 配置

静态　DHCPv6

IPv6 地址: ::

前缀长度: 128

IPv6 网关: ::

应用

图 7.6　PC1 配置的网络信息

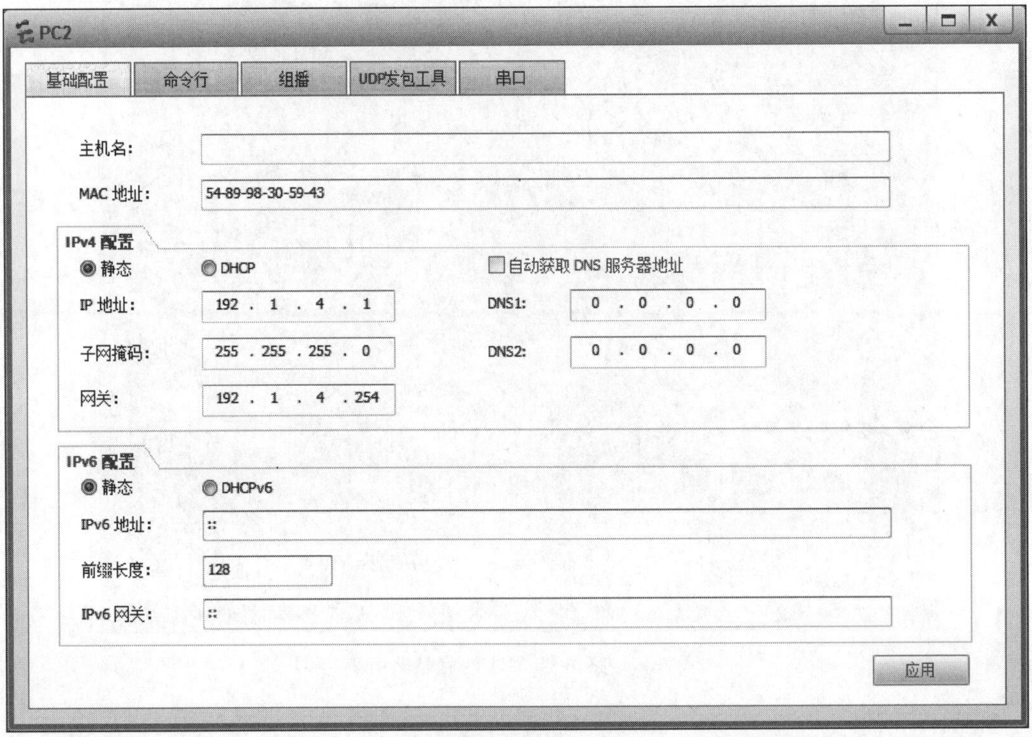

PC2
基础配置
命令行
组播
UDP发包工具
串口
主机名:
MAC 地址:
54-89-98-30-59-43
IPv4 配置
静态
DHCP
自动获取 DNS 服务器地址
IP 地址:
192 . 1 . 4 . 1
DNS1:
0 . 0 . 0 . 0
子网掩码:
255 . 255 . 255 . 0
DNS2:
0 . 0 . 0 . 0
网关:
192 . 1 . 4 . 254
IPv6 配置
静态
DHCPv6
IPv6 地址:
::
前缀长度:
128
IPv6 网关:
::
应用

图 7.7　PC2 配置的网络信息

PC1
基础配置
命令行
组播
UDP发包工具
串口
PC>ping 192.1.4.1
Ping 192.1.4.1: 32 data bytes, Press Ctrl_C to break
From 192.1.4.1: bytes=32 seq=1 ttl=125 time=141 ms
From 192.1.4.1: bytes=32 seq=2 ttl=125 time=140 ms
From 192.1.4.1: bytes=32 seq=3 ttl=125 time=141 ms
From 192.1.4.1: bytes=32 seq=4 ttl=125 time=125 ms
From 192.1.4.1: bytes=32 seq=5 ttl=125 time=156 ms
--- 192.1.4.1 ping statistics ---
5 packet(s) transmitted
5 packet(s) received
0.00% packet loss
round-trip min/avg/max = 125/140/156 ms
PC>

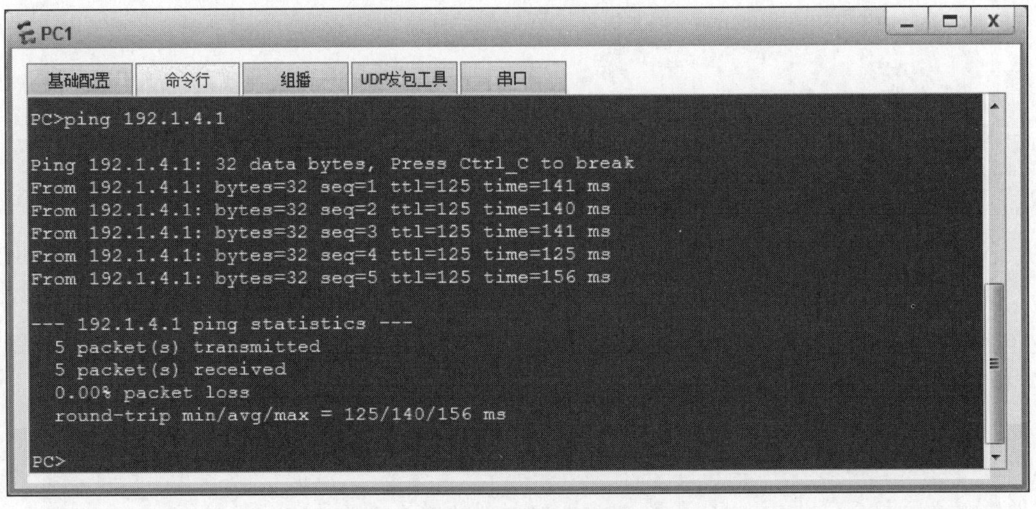

图 7.8　PC1 执行 ping 操作的界面

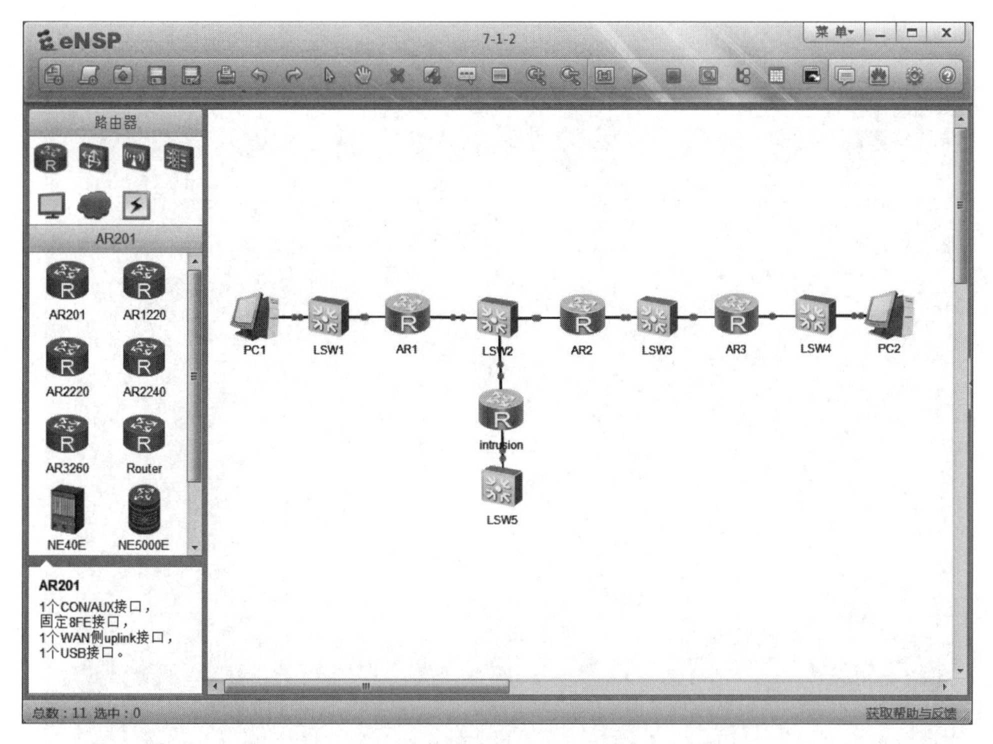

图 7.9　完成入侵路由器接入后的网络拓扑结构

的 IP 地址 192.1.2.37 和 192.1.4.253，以此伪造与网络 192.1.4.0/24 直接相连的直连路由项。入侵路由器各个接口的状态如图 7.10 所示。完成入侵路由器有关 RIP 的配置过程后，路由器 AR1 的完整路由表如图 7.11 所示，路由器 AR1 通往网络 192.1.4.0/24 的传输路径上的下一跳变为入侵路由器。

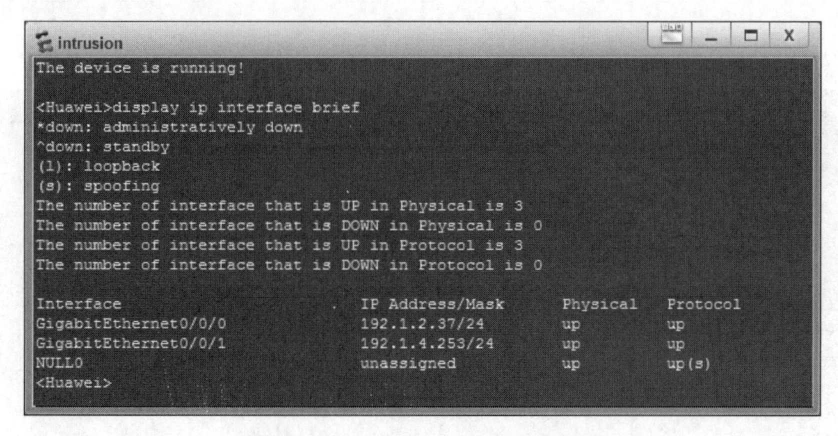

图 7.10　入侵路由器各个接口的状态

（5）PC1 至 PC2 的 IP 分组被入侵路由器拦截，无法成功到达 PC2。图 7.12 是 PC1 执行 ping 操作的界面。图 7.13 是 PC1 执行 ping 操作时入侵路由器连接网络 192.1.2.0/24 的接口捕获的报文序列。

```
AR1
<Huawei>display ip routing-table
Route Flags: R - relay, D - download to fib
------------------------------------------------------------------------------
Routing Tables: Public
         Destinations : 12       Routes : 12

Destination/Mask    Proto   Pre  Cost      Flags NextHop         Interface

      127.0.0.0/8   Direct  0    0           D   127.0.0.1       InLoopBack0
      127.0.0.1/32  Direct  0    0           D   127.0.0.1       InLoopBack0
127.255.255.255/32  Direct  0    0           D   127.0.0.1       InLoopBack0
      192.1.1.0/24  Direct  0    0           D   192.1.1.254     GigabitEthernet
0/0/0
    192.1.1.254/32  Direct  0    0           D   127.0.0.1       GigabitEthernet
0/0/0
    192.1.1.255/32  Direct  0    0           D   127.0.0.1       GigabitEthernet
0/0/0
      192.1.2.0/24  Direct  0    0           D   192.1.2.254     GigabitEthernet
0/0/1
    192.1.2.254/32  Direct  0    0           D   127.0.0.1       GigabitEthernet
0/0/1
    192.1.2.255/32  Direct  0    0           D   127.0.0.1       GigabitEthernet
0/0/1
      192.1.3.0/24  RIP     100  1           D   192.1.2.253     GigabitEthernet
0/0/1
      192.1.4.0/24  RIP     100  1           D   192.1.2.37      GigabitEthernet
0/0/1
255.255.255.255/32  Direct  0    0           D   127.0.0.1       InLoopBack0

<Huawei>
```

图 7.11　路由器 AR1 的完整路由表

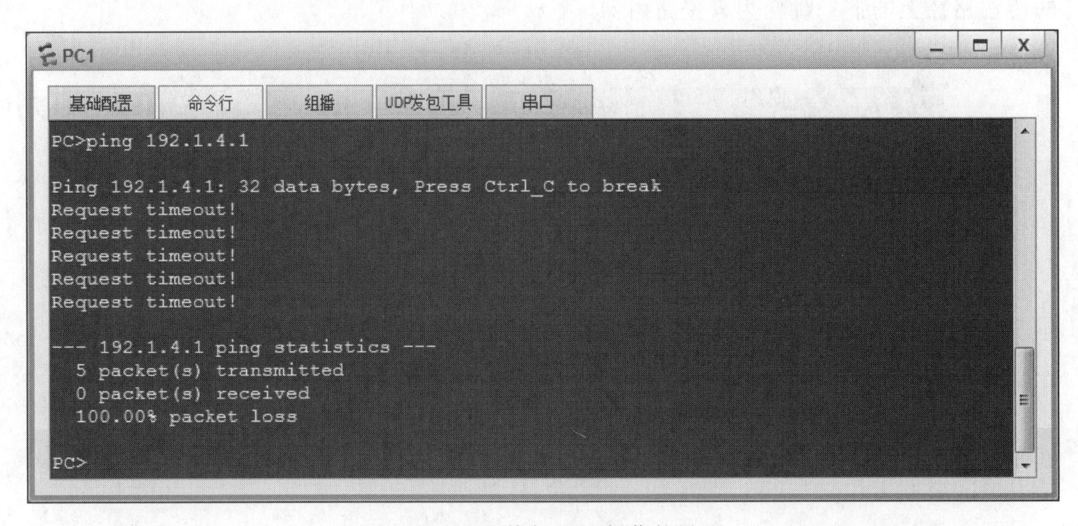

PC1
基础配置
命令行
组播
UDP发包工具
串口
PC>ping 192.1.4.1
Ping 192.1.4.1: 32 data bytes, Press Ctrl_C to break
Request timeout!
Request timeout!
Request timeout!
Request timeout!
Request timeout!
--- 192.1.4.1 ping statistics ---
5 packet(s) transmitted
0 packet(s) received
100.00% packet loss
PC>

图 7.12　PC1 执行 ping 操作的界面

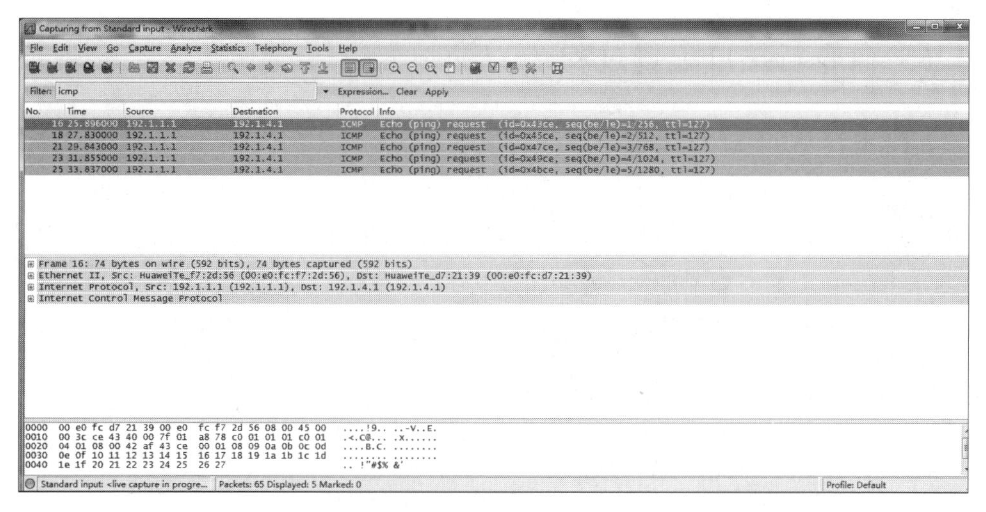

图 7.13　入侵路由器连接网络 192.1.2.0/24 的接口捕获的报文序列

(6) 在路由器 AR1 和 AR2 连接网络 192.1.2.0/24 的接口上启动 RIPv2 路由消息源端鉴别功能，配置相同的鉴别算法和鉴别密钥。入侵路由器发送的 RIP 路由消息由于无法通过路由器 AR1 的源端鉴别，从而无法对路由器 AR1 生成路由项的过程产生影响，路由器 AR1 的完整路由表恢复到接入入侵路由器之前的状态，如图 7.14 所示。路由器 AR1 通往网络 192.1.4.0/24 的传输路径上的下一跳重新变为路由器 AR2，PC1 与 PC2 之间恢复正常通信过程。

```
AR1
<Huawei>display ip routing-table
Route Flags: R - relay, D - download to fib
------------------------------------------------------------------------------
Routing Tables: Public
         Destinations : 12       Routes : 12

Destination/Mask    Proto   Pre  Cost      Flags NextHop         Interface

      127.0.0.0/8   Direct  0    0           D   127.0.0.1       InLoopBack0
      127.0.0.1/32  Direct  0    0           D   127.0.0.1       InLoopBack0
127.255.255.255/32  Direct  0    0           D   127.0.0.1       InLoopBack0
      192.1.1.0/24  Direct  0    0           D   192.1.1.254     GigabitEthernet
0/0/0
    192.1.1.254/32  Direct  0    0           D   127.0.0.1       GigabitEthernet
0/0/0
    192.1.1.255/32  Direct  0    0           D   127.0.0.1       GigabitEthernet
0/0/0
      192.1.2.0/24  Direct  0    0           D   192.1.2.254     GigabitEthernet
0/0/1
    192.1.2.254/32  Direct  0    0           D   127.0.0.1       GigabitEthernet
0/0/1
    192.1.2.255/32  Direct  0    0           D   127.0.0.1       GigabitEthernet
0/0/1
      192.1.3.0/24  RIP     100  1           D   192.1.2.253     GigabitEthernet
0/0/1
      192.1.4.0/24  RIP     100  2           D   192.1.2.253     GigabitEthernet
0/0/1
255.255.255.255/32  Direct  0    0           D   127.0.0.1       InLoopBack0

<Huawei>
```

图 7.14　路由器 AR1 恢复后的完整路由表

7.1.6 命令行接口配置过程

1. 路由器 AR1 配置过程

```
<Huawei>system-view
[Huawei]undo info-center enable
[Huawei]interface GigabitEthernet0/0/0
[Huawei-GigabitEthernet0/0/0]ip address 192.1.1.254 24
[Huawei-GigabitEthernet0/0/0]quit
[Huawei]interface GigabitEthernet0/0/1
[Huawei-GigabitEthernet0/0/1]ip address 192.1.2.254 24
[Huawei-GigabitEthernet0/0/1]quit
[Huawei]rip 1
[Huawei-rip-1]version 2
[Huawei-rip-1]network 192.1.1.0
[Huawei-rip-1]network 192.1.2.0
[Huawei-rip-1]quit
```

注：以下命令序列在完成7.1.5节的实验步骤(6)时执行。

```
[Huawei]interface GigabitEthernet0/0/1
[Huawei-GigabitEthernet0/0/1]rip version 2 multicast
[Huawei-GigabitEthernet0/0/1] rip authentication-mode hmac-sha256 cipher
12345678 255
[Huawei-GigabitEthernet0/0/1]quit
```

2. 路由器 AR2 配置过程

```
<Huawei>system-view
[Huawei]undo info-center enable
[Huawei]interface GigabitEthernet0/0/0
[Huawei-GigabitEthernet0/0/0]ip address 192.1.2.253 24
[Huawei-GigabitEthernet0/0/0]quit
[Huawei]interface GigabitEthernet0/0/1
[Huawei-GigabitEthernet0/0/1]ip address 192.1.3.254 24
[Huawei-GigabitEthernet0/0/1]quit
[Huawei]rip 2
[Huawei-rip-1]version 2
[Huawei-rip-2]network 192.1.2.0
[Huawei-rip-2]network 192.1.3.0
[Huawei-rip-2]quit
```

注：以下命令序列在完成7.1.5节的实验步骤(6)时执行。

```
[Huawei]interface GigabitEthernet0/0/0
[Huawei-GigabitEthernet0/0/0]rip version 2 multicast
[Huawei - GigabitEthernet0/0/0] rip authentication - mode hmac - sha256 cipher
12345678 255
[Huawei-GigabitEthernet0/0/0]quit
```

3. 路由器 AR3 配置过程

```
<Huawei>system-view
[Huawei]undo info-center enable
[Huawei]interface GigabitEthernet0/0/0
[Huawei-GigabitEthernet0/0/0]ip address 192.1.3.253 24
[Huawei-GigabitEthernet0/0/0]quit
[Huawei]interface GigabitEthernet0/0/1
[Huawei-GigabitEthernet0/0/1]ip address 192.1.4.254 24
[Huawei-GigabitEthernet0/0/1]quit
[Huawei]rip 3
[Huawei-rip-1]version 2
[Huawei-rip-3]network 192.1.3.0
[Huawei-rip-3]network 192.1.4.0
[Huawei-rip-3]quit
```

4. 路由器 intrusion 配置过程

```
<Huawei>system-view
[Huawei]undo info-center enable
[Huawei]interface GigabitEthernet0/0/0
[Huawei-GigabitEthernet0/0/0]ip address 192.1.2.37 24
[Huawei-GigabitEthernet0/0/0]quit
[Huawei]interface GigabitEthernet0/0/1
[Huawei-GigabitEthernet0/0/1]ip address 192.1.4.253 24
[Huawei-GigabitEthernet0/0/1]quit
[Huawei]rip 4
[Huawei-rip-1]version 2
[Huawei-rip-4]network 192.1.2.0
[Huawei-rip-4]network 192.1.4.0
[Huawei-rip-4]quit
```

5. 命令列表

路由器配置过程中使用的命令及功能和参数说明如表 7.1 所示。

表 7.1　路由器配置过程中使用的命令及功能和参数说明

命令格式	功能和参数说明
rip version { **1** | **2** [**multicast** | **broadcast**] }	该命令的作用是将当前接口的 RIP 版本指定为 1 或 2，并指定以多播方式(multicast)或广播方式(broadcast)发送 RIP 路由消息
rip authentication-mode hmac-sha256 { **plain** *plain-text* | [**cipher**] *password-key* } *key-id*	启动当前接口 RIPv2 路由消息的源端鉴别功能，hmac-sha256 是鉴别算法。参数 *plain-text* 是明文密钥(plain)；参数 *password-key* 是密文方式存储的密钥(cipher)；参数 *key-id* 是密钥标识符。

7.2　DHCP 欺骗攻击与防御实验

7.2.1　实验内容

构建图 7.15(a)所示的网络应用系统，完成 DHCP 服务器、DNS 服务器的配置过程，使得终端 A 和终端 B 能够通过 DHCP 自动获取网络信息，并能够用完全合格的域名 www.a.com 访问 Web 服务器。

构建图 7.15(b)所示的实施 DHCP 欺骗攻击的网络应用系统，使得终端 A 和终端 B 从伪造的 DHCP 服务器中获取网络信息，得到错误的本地域名服务器地址，从而通过伪造的 DNS 服务器完成完全合格的域名 www.a.com 的解析过程，得到伪造的 Web 服务器的 IP 地址，因此导致用完全合格的域名 www.a.com 访问到伪造的 Web 服务器。

完成交换机防御 DHCP 欺骗攻击功能的配置过程，使得终端 A 和终端 B 只能从 DHCP 服务器获取网络信息。

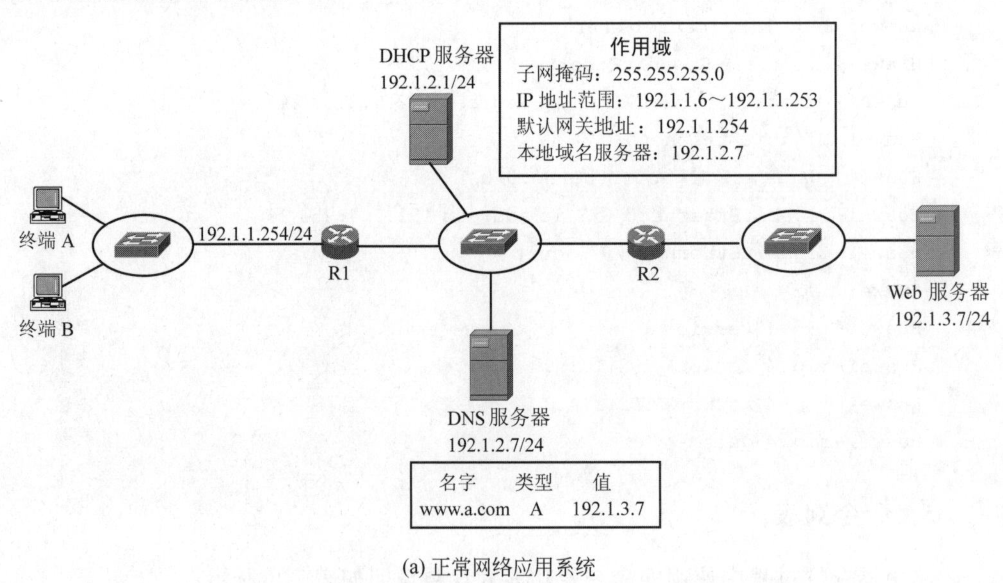

(a) 正常网络应用系统

图 7.15　DHCP 欺骗攻击与防御

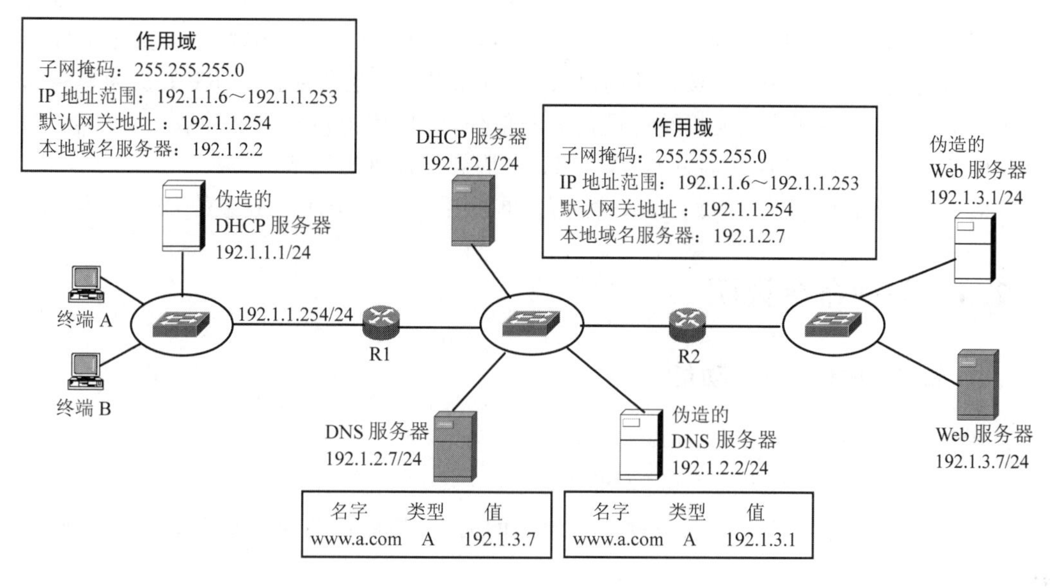

(b) 实施 DHCP 欺骗攻击的网络应用系统

图 7.15 （续）

7.2.2 实验目的

（1）验证 DHCP 服务器的配置过程。

（2）验证 DNS 服务器的配置过程。

（3）验证终端用完全合格的域名访问 Web 服务器的过程。

（4）验证 DHCP 欺骗攻击过程。

（5）验证钓鱼网站欺骗攻击过程。

（6）验证交换机防御 DHCP 欺骗攻击功能的配置过程。

7.2.3 实验原理

终端通过 DHCP 自动获取的网络信息中包含本地域名服务器地址。对于图 7.15(a)所示的网络应用系统，DHCP 服务器中给出的本地域名服务器地址是 192.1.2.7，地址为 192.1.2.7 的域名服务器中与完全合格的域名 www.a.com 绑定的 Web 服务器地址是 192.1.3.7。因此，终端可以用完全合格的域名 www.a.com 访问 Web 服务器。

如图 7.15(b)所示，一旦终端连接的网络中接入了伪造的 DHCP 服务器，终端很可能从伪造的 DHCP 服务器获取网络信息，得到伪造的域名服务器的 IP 地址 192.1.2.2。伪造的域名服务器中将完全合格的域名 www.a.com 与伪造的 Web 服务器的 IP 地址 192.1.3.1 绑定在一起，导致终端用完全合格的域名 www.a.com 访问的是伪造的 Web 服务器。

如果交换机启动防御 DHCP 欺骗攻击的功能，只有连接在信任端口的 DHCP 服务器才能为终端提供自动配置网络信息的服务。因此，对于图 7.15(b)所示的实施 DHCP 欺骗攻击的网络应用系统，连接终端的以太网中，如果只将连接路由器 R1 的交换机端口设置为信任端口，将其他交换机端口设置为非信任端口，使得终端只能接收由路由器 R1 转发的 DHCP 消息，导致终端只能获取 DHCP 服务器提供的网络信息。

对于 eNSP，路由器 R2 兼做 DHCP 服务器，单独用一个路由器作为伪造的 DHCP 服务器。

7.2.4 关键命令说明

1. 启动 DHCP 侦听功能

```
[Huawei]dhcp snooping enable
[Huawei]dhcp snooping enable vlan 1
```

dhcp snooping enable 是系统视图下使用的命令，该命令的作用是启动 DHCP 侦听功能。

dhcp snooping enable vlan 1 是系统视图下使用的命令，该命令的作用是启动 VLAN 1 的 DHCP 侦听功能。

启动 DHCP 侦听功能的顺序是：首先启动全局的 DHCP 侦听功能，然后启动某个 VLAN 或某个接口的 DHCP 侦听功能。

2. 配置信任端口

```
[Huawei]interface GigabitEthernet0/0/3
[Huawei-GigabitEthernet0/0/3]dhcp snooping trusted
[Huawei-GigabitEthernet0/0/3]quit
```

dhcp snooping trusted 是接口视图下使用的命令，该命令的作用是将当前交换机端口(这里是 GigabitEthernet0/0/3)指定为信任端口。在启动 DHCP 侦听功能后，交换机只转发从信任端口接收的 DHCP 提供消息和确认消息。

7.2.5 实验步骤

(1) 启动 eNSP，按照图 7.15(a)所示的网络拓扑结构放置和连接设备。完成设备放置和连接后的 eNSP 界面如图 7.16 所示。启动所有设备。

(2) 完成路由器 AR1 和 AR2 各个接口的 IP 地址和子网掩码配置过程。路由器 AR1 和 AR2 各个接口的状态分别如图 7.17 和图 7.18 所示。由于将路由器 AR2 作为 DHCP 服务器，因此，路由器 AR2 连接交换机 LSW2 的接口的 IP 地址成为 DHCP 服务器的 IP 地址。

(3) 完成路由器 AR1 和 AR2 有关 RIP 配置过程。路由器 AR1 和 AR2 的完整路由表分别如图 7.19 和图 7.20 所示。

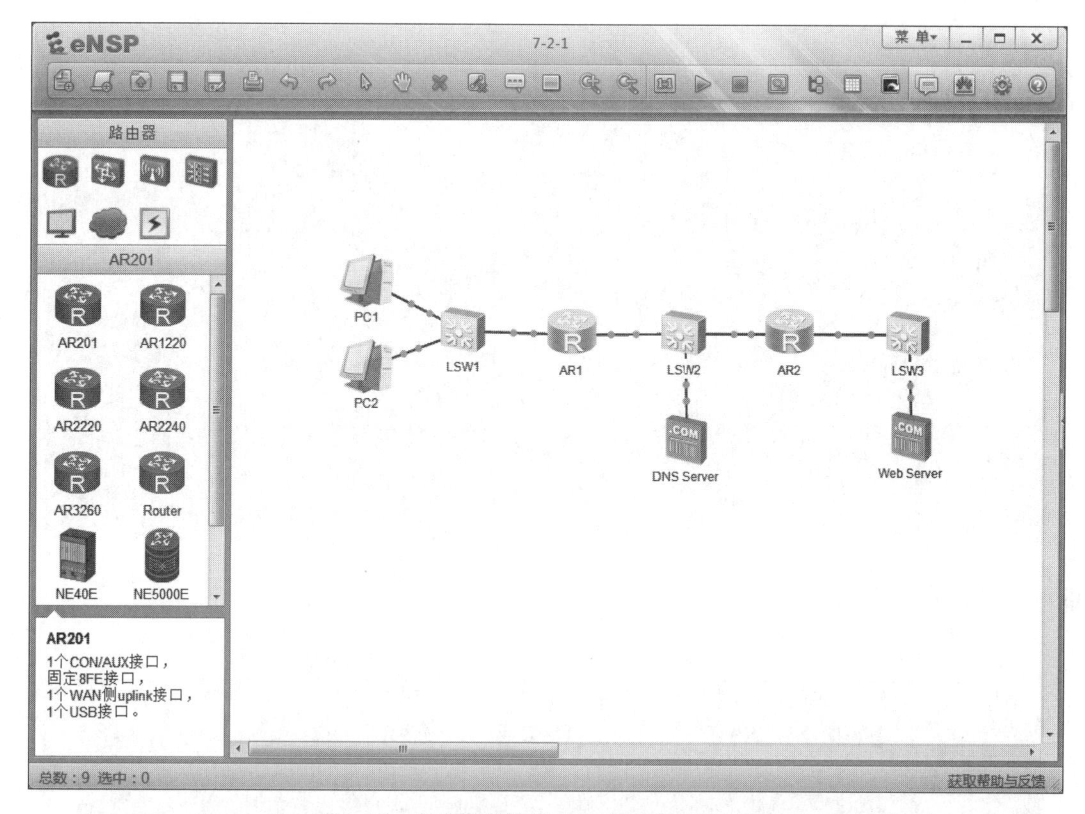

图 7.16　完成设备放置和连接后的 eNSP 界面

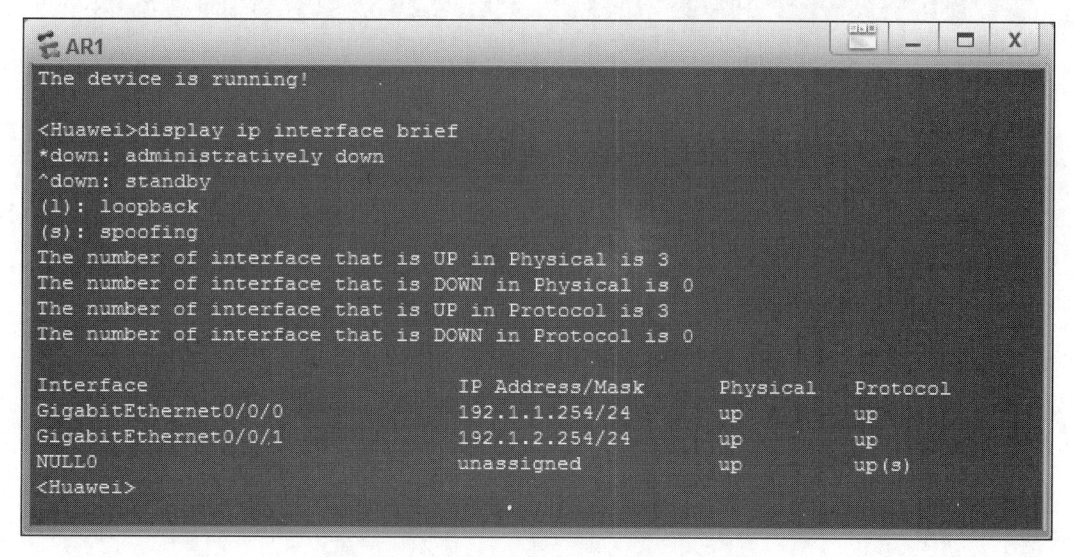

图 7.17　路由器 AR1 各个接口的状态

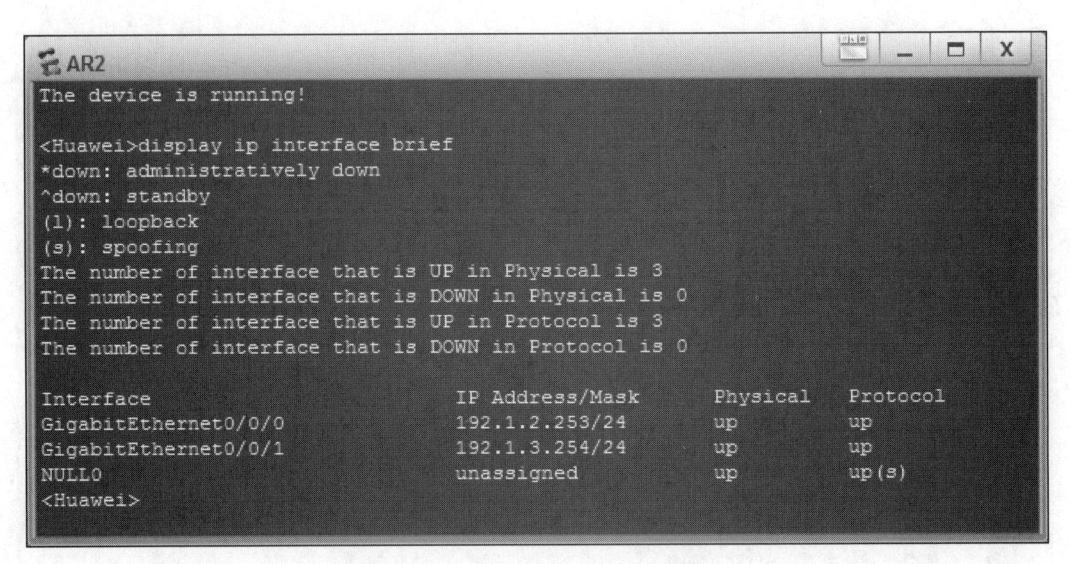

图 7.18　路由器 AR2 各个接口的状态

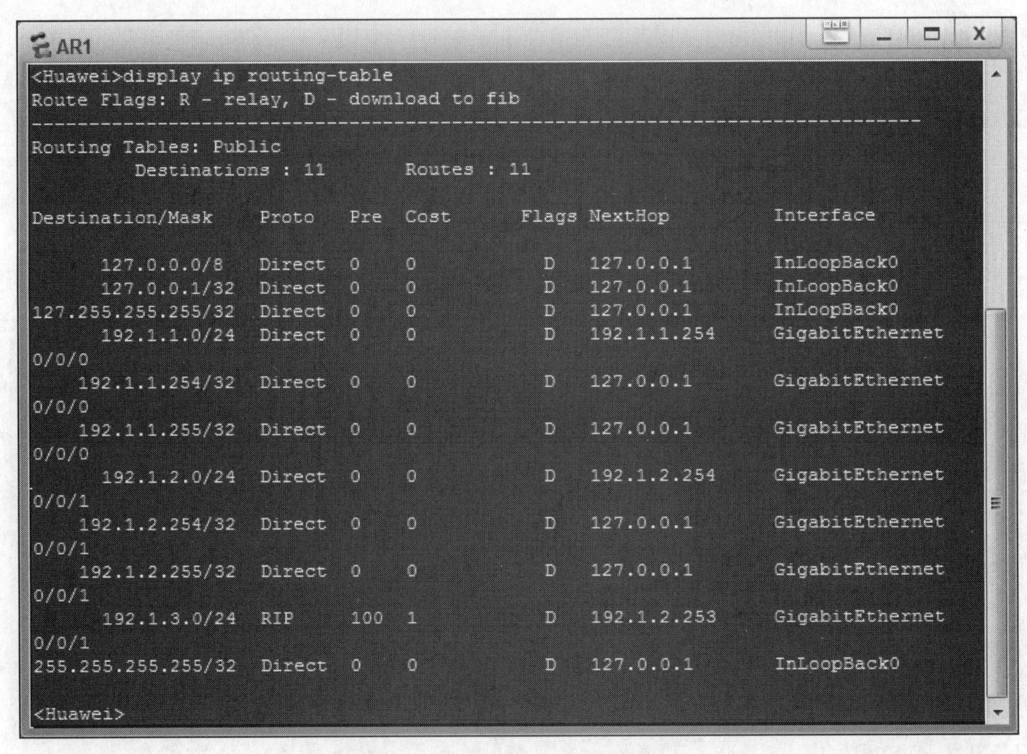

图 7.19　路由器 AR1 的完整路由表

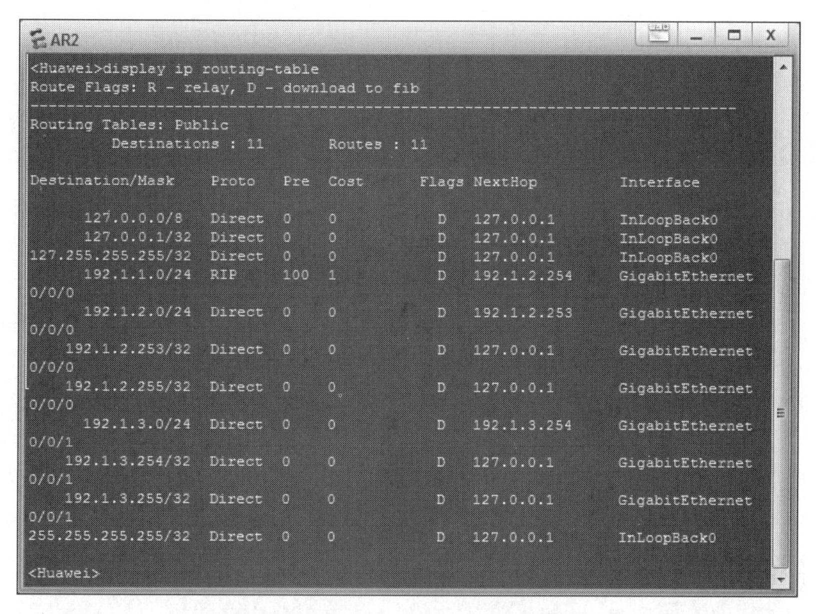

图 7.20　路由器 AR2 的完整路由表

(4) 在路由器 AR2 中创建图 7.21 所示的 IP 地址池。在路由器 AR1 连接交换机 LSW1 的接口中配置代理的 DHCP 服务器的 IP 地址，如图 7.22 所示，代理的 DHCP 服务器的 IP 地址是路由器 AR2 连接交换机 LSW2 的接口的 IP 地址。

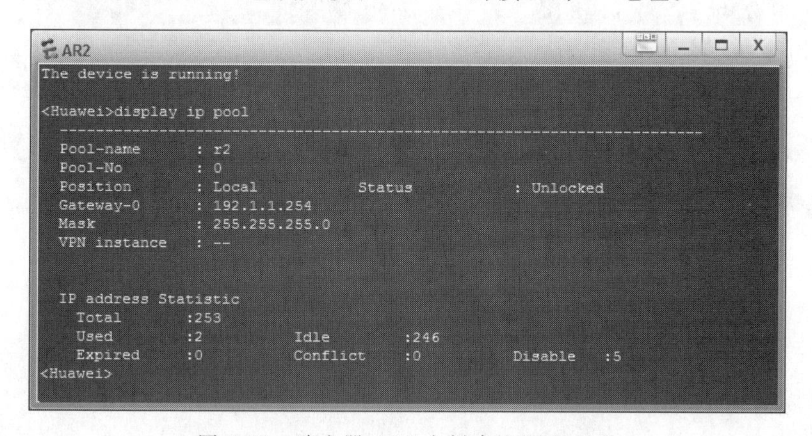

图 7.21　路由器 AR2 中创建的 IP 地址池

(5) PC1 和 PC2 可以选择通过 DHCP 自动获取网络信息。PC1 自动获取的网络信息如图 7.23 所示，自动配置的本地域名服务器的 IP 地址是 192.1.2.7。本地域名服务器的基础配置如图 7.24 所示，IP 地址为 192.1.2.7，与 PC1 自动获取的本地域名服务器的 IP 地址相同。本地域名服务器中通过资源记录建立域名 www.a.com 与 IP 地址 192.1.3.7 之间的绑定，如图 7.25 所示。Web 服务器的基础配置如图 7.26 所示，IP 地址为 192.1.3.7，与本地域名服务器中和域名 www.a.com 绑定的 IP 地址相同。这种情况下，PC1 能够正确地完成域名 www.a.com 的解析过程，用域名 www.a.com 访问 Web 服务器。图 7.27 是 PC1 用域名 www.a.com 访问 Web 服务器的过程。

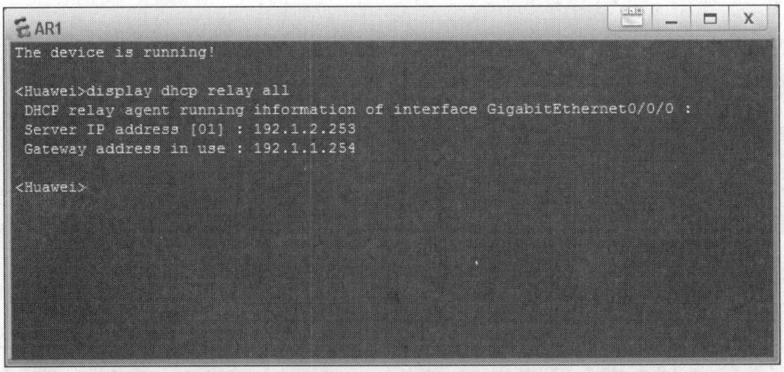

```
AR1
The device is running!

<Huawei>display dhcp relay all
 DHCP relay agent running information of interface GigabitEthernet0/0/0 :
 Server IP address [01] : 192.1.2.253
 Gateway address in use : 192.1.1.254

<Huawei>
```

图 7.22　代理的 DHCP 服务器的 IP 地址

```
PC1
基础配置 命令行 组播 UDP发包工具 串口
Welcome to use PC Simulator!

PC>ipconfig

Link local IPv6 address...........: fe80::5689:98ff:fef8:4057
IPv6 address......................: :: / 128
IPv6 gateway......................: ::
IPv4 address......................: 192.1.1.252
Subnet mask.......................: 255.255.255.0
Gateway...........................: 192.1.1.254
Physical address..................: 54-89-98-F8-40-57
DNS server........................: 192.1.2.7


PC>
```

图 7.23　PC1 自动获取的网络信息

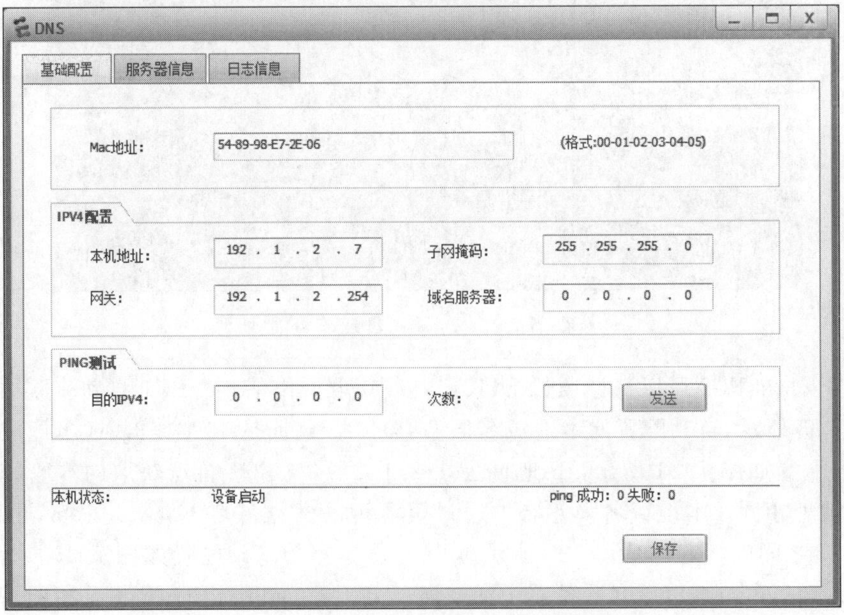

```
DNS
基础配置 服务器信息 日志信息

Mac地址: 54-89-98-E7-2E-06        (格式:00-01-02-03-04-05)

IPV4配置
本机地址: 192 . 1 . 2 . 7         子网掩码: 255 . 255 . 255 . 0
网关: 192 . 1 . 2 . 254           域名服务器: 0 . 0 . 0 . 0

PING测试
目的IPV4: 0 . 0 . 0 . 0           次数:        发送

本机状态: 设备启动                 ping 成功: 0 失败: 0

保存
```

图 7.24　本地域名服务器的基础配置界面

图 7.25　建立域名 www.a.com 与 IP 地址 192.1.3.7 之间的绑定

图 7.26　Web 服务器的基础配置界面

(6) 为了实施 DHCP 欺骗攻击，将伪造的 DHCP 服务器(forged DHCP Server)接入交换机 LSW1。在伪造的 DHCP 服务器中，将本地域名服务器地址设置为伪造的域名服务器(forged DNS Server)的 IP 地址 192.1.2.2。在伪造的域名服务器(forged DNS

```
PC1
基础配置 命令行 组播 UDP发包工具 串口

PC>ping www.a.com

Ping www.a.com [192.1.3.7]: 32 data bytes, Press Ctrl_C to break
Request timeout!
From 192.1.3.7: bytes=32 seq=2 ttl=253 time=109 ms
From 192.1.3.7: bytes=32 seq=3 ttl=253 time=94 ms
From 192.1.3.7: bytes=32 seq=4 ttl=253 time=94 ms
From 192.1.3.7: bytes=32 seq=5 ttl=253 time=62 ms

--- 192.1.3.7 ping statistics ---
  5 packet(s) transmitted
  4 packet(s) received
  20.00% packet loss
  round-trip min/avg/max = 0/89/109 ms

PC>
```

图 7.27　PC1 用域名 www.a.com 访问 Web 服务器的过程

Server)中,建立域名 www.a.com 与伪造的 Web 服务器的 IP 地址 192.1.3.1 之间的绑定。实施 DHCP 欺骗攻击的拓扑结构如图 7.28 所示。用路由器作为伪造的 DHCP 服务器,其接口状态如图 7.29 所示。在伪造的 DHCP 服务器中创建的 IP 地址池如图 7.30 所示。伪造的 DNS 服务器的基础配置如图 7.31 所示。建立域名 www.a.com 与伪造的 Web 服务器(forged Web Server)的 IP 地址 192.1.3.1 之间绑定的资源记录如图 7.32 所示。伪造的 Web 服务器的基本配置如图 7.33 所示。这种情况下,PC1 很可能从伪造的 DHCP 服务器中获取网络信息,得到伪造的本地域名服务器的 IP 地址,如图 7.34 所示。至此,用域名 www.a.com 访问的就是伪造的 Web 服务器,如图 7.35 所示。

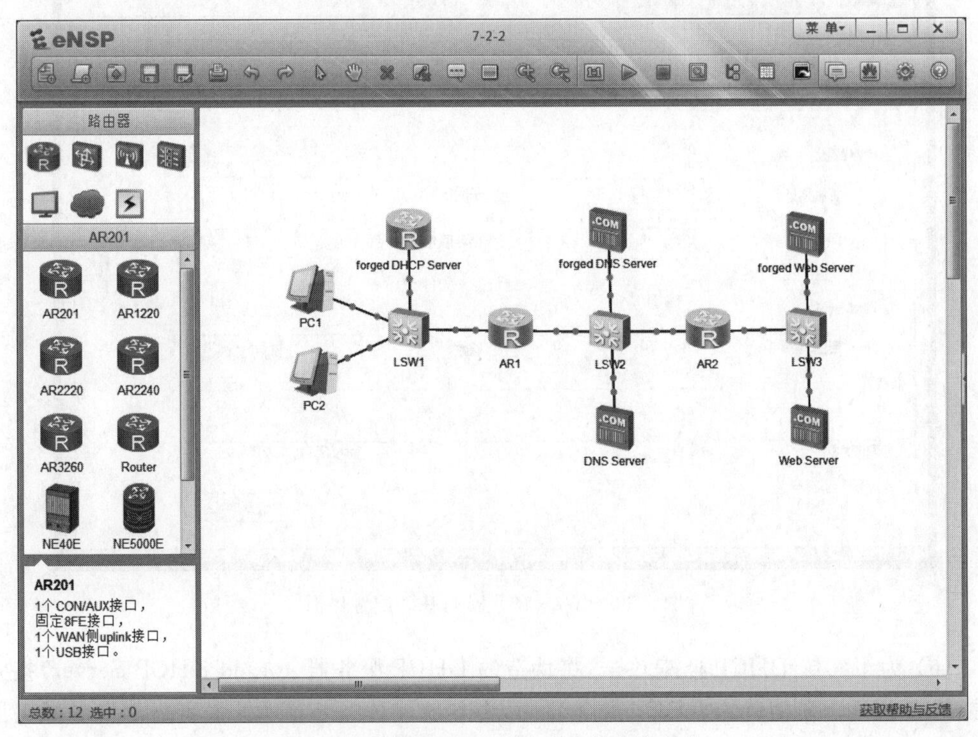

图 7.28　实施 DHCP 欺骗攻击的拓扑结构

```
forged DHCP Server
The device is running!

<Huawei>display ip interface brief
*down: administratively down
^down: standby
(l): loopback
(s): spoofing
The number of interface that is UP in Physical is 2
The number of interface that is DOWN in Physical is 1
The number of interface that is UP in Protocol is 2
The number of interface that is DOWN in Protocol is 1

Interface                         IP Address/Mask      Physical   Protocol
GigabitEthernet0/0/0              192.1.1.1/24         up         up
GigabitEthernet0/0/1              unassigned           down       down
NULL0                             unassigned           up         up(s)
<Huawei>
```

图 7.29　伪造的 DHCP 服务器的接口状态

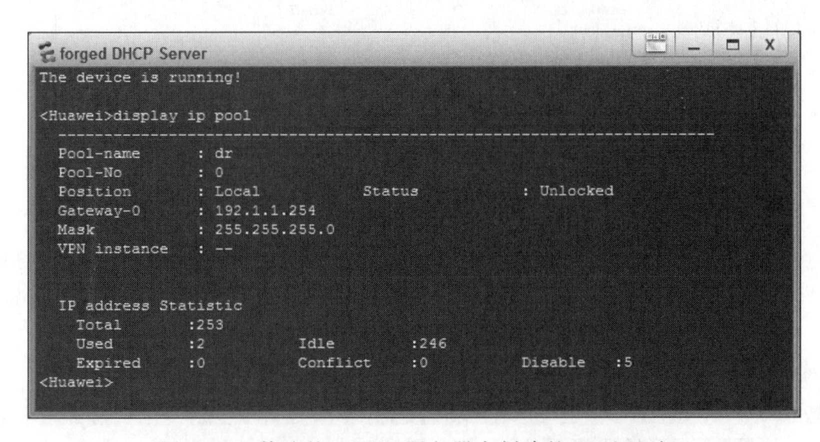

图 7.30　伪造的 DHCP 服务器中创建的 IP 地址池

forged

基础配置　服务器信息　日志信息

Mac地址: 54-89-98-D0-71-82　(格式:00-01-02-03-04-05)

IPV4配置

本机地址: 192 . 1 . 2 . 2　子网掩码: 255 . 255 . 255 . 0

网关: 192 . 1 . 2 . 254　域名服务器: 0 . 0 . 0 . 0

PING测试

目的IPV4: 0 . 0 . 0 . 0　次数:　发送

本机状态: 设备启动　ping 成功: 0 失败: 0

保存

图 7.31　伪造的 DNS 服务器的基础配置界面

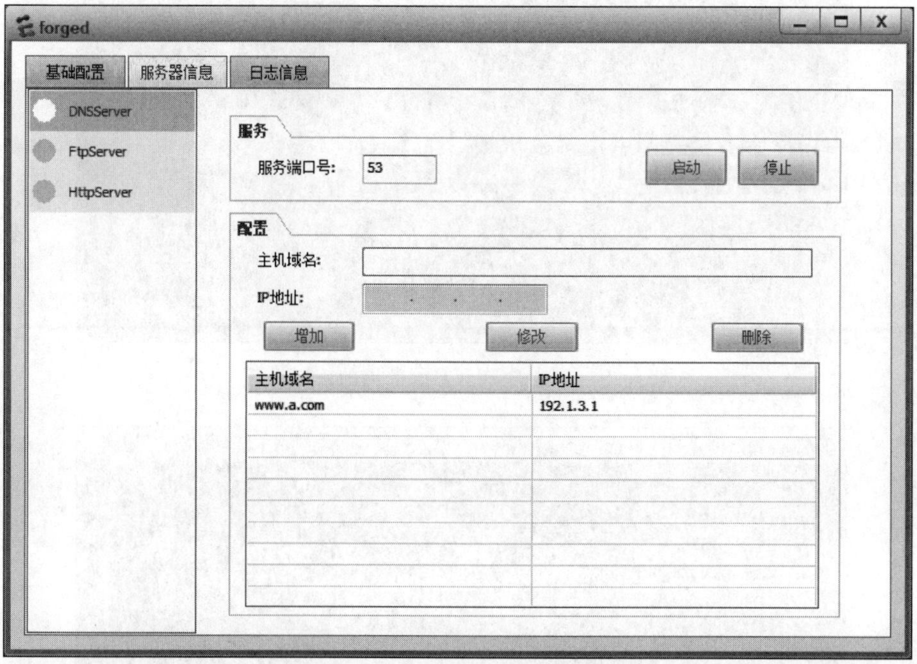

图 7.32　建立域名 www.a.com 与伪造的 Web 服务器的 IP 地址 192.1.3.1 之间绑定的资源记录

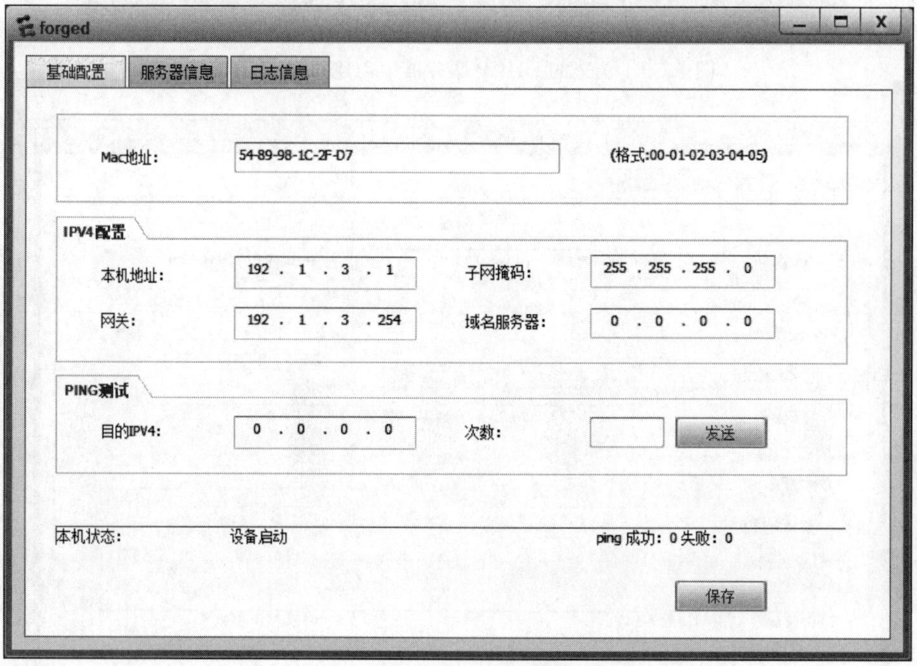

图 7.33　伪造的 Web 服务器的基础配置界面

```
PC1
基础配置 命令行 组播 UDP发包工具 串口
Welcome to use PC Simulator!

PC>ipconfig

Link local IPv6 address...........: fe80::5689:98ff:fef8:4057
IPv6 address......................: :: / 128
IPv6 gateway......................: ::
IPv4 address......................: 192.1.1.253
Subnet mask.......................: 255.255.255.0
Gateway...........................: 192.1.1.254
Physical address..................: 54-89-98-F8-40-57
DNS server........................: 192.1.2.2

PC>
```

图 7.34　PC1 从伪造的 DHCP 服务器中获取的网络信息

```
PC1
基础配置 命令行 组播 UDP发包工具 串口
PC>ping www.a.com

Ping www.a.com [192.1.3.1]: 32 data bytes, Press Ctrl_C to break
From 192.1.3.1: bytes=32 seq=1 ttl=253 time=62 ms
From 192.1.3.1: bytes=32 seq=2 ttl=253 time=78 ms
From 192.1.3.1: bytes=32 seq=3 ttl=253 time=62 ms
From 192.1.3.1: bytes=32 seq=4 ttl=253 time=46 ms
From 192.1.3.1: bytes=32 seq=5 ttl=253 time=78 ms

--- 192.1.3.1 ping statistics ---
  5 packet(s) transmitted
  5 packet(s) received
  0.00% packet loss
  round-trip min/avg/max = 46/65/78 ms

PC>
```

图 7.35　PC1 用域名 www.a.com 访问伪造的 Web 服务器的过程

(7) 为了防止各个终端从伪造的 DHCP 服务器中获取网络信息，启动交换机 LSW1 的 DHCP 侦听功能，只将交换机 LSW1 连接路由器 AR1 的端口(这里是端口 GigabitEthernet0/0/3)设置为信任端口。由于交换机 LSW1 只转发通过信任端口接收到的 DHCP 提供和确认消息，因此，各个终端只能从路由器 AR2 中获取网络信息。交换机 LSW1 有关 DHCP 侦听功能的配置如图 7.36 所示。

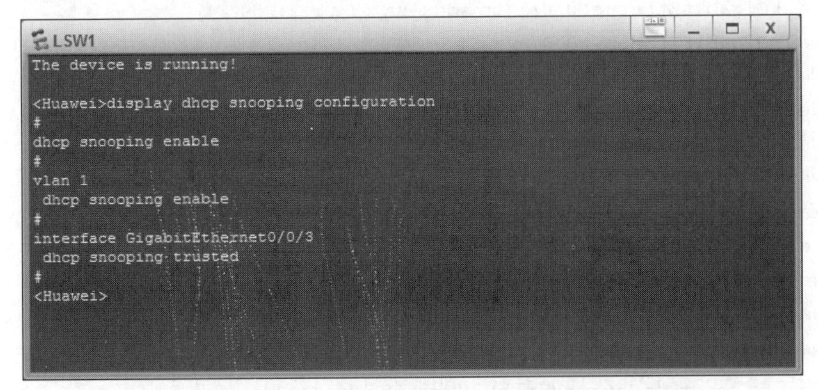

图 7.36　交换机 LSW1 有关 DHCP 侦听功能的配置信息

7.2.6 命令行接口配置过程

1. 路由器 AR1 配置过程

```
<Huawei>system-view
[Huawei]undo info-center enable
[Huawei]interface GigabitEthernet0/0/0
[Huawei-GigabitEthernet0/0/0]ip address 192.1.1.254 24
[Huawei-GigabitEthernet0/0/0]quit
[Huawei]interface GigabitEthernet0/0/1
[Huawei-GigabitEthernet0/0/1]ip address 192.1.2.254 24
[Huawei-GigabitEthernet0/0/1]quit
[Huawei]rip 1
[Huawei-rip-1]version 2
[Huawei-rip-1]network 192.1.1.0
[Huawei-rip-1]network 192.1.2.0
[Huawei-rip-1]quit
[Huawei]dhcp enable
[Huawei]interface GigabitEthernet0/0/0
[Huawei-GigabitEthernet0/0/0]dhcp select relay
[Huawei-GigabitEthernet0/0/0]dhcp relay server-ip 192.1.2.253
[Huawei-GigabitEthernet0/0/0]quit
[Huawei]quit
```

2. 路由器 AR2 配置过程

```
<Huawei>system-view
[Huawei]undo info-center enable
[Huawei]interface GigabitEthernet0/0/0
[Huawei-GigabitEthernet0/0/0]ip address 192.1.2.253 24
[Huawei-GigabitEthernet0/0/0]quit
[Huawei]interface GigabitEthernet0/0/1
[Huawei-GigabitEthernet0/0/1]ip address 192.1.3.254 24
[Huawei-GigabitEthernet0/0/1]quit
[Huawei]rip 2
[Huawei-rip-2]version 2
[Huawei-rip-2]network 192.1.2.0
[Huawei-rip-2]network 192.1.3.0
[Huawei-rip-2]quit
[Huawei]ip pool r2
[Huawei-ip-pool-r2]network 192.1.1.0 mask 24
[Huawei-ip-pool-r2]gateway-list 192.1.1.254
[Huawei-ip-pool-r2]dns-list 192.1.2.7
[Huawei-ip-pool-r2]excluded-ip-address 192.1.1.1 192.1.1.5
[Huawei-ip-pool-r2]quit
```

```
[Huawei]dhcp enable
[Huawei]interface GigabitEthernet0/0/0
[Huawei-GigabitEthernet0/0/0]dhcp select global
[Huawei-GigabitEthernet0/0/0]quit
```

3. 伪造的 DHCP 服务器配置过程

```
<Huawei>system-view
[Huawei]undo info-center enable
[Huawei]dhcp enable
[Huawei]interface GigabitEthernet0/0/0
[Huawei-GigabitEthernet0/0/0]ip address 192.1.1.1 24
[Huawei-GigabitEthernet0/0/0]dhcp select global
[Huawei-GigabitEthernet0/0/0]quit
[Huawei]ip pool dr
[Huawei-ip-pool-dr]network 192.1.1.0 mask 24
[Huawei-ip-pool-dr]gateway-list 192.1.1.254
[Huawei-ip-pool-dr]dns-list 192.1.2.2
[Huawei-ip-pool-dr]excluded-ip-address 192.1.1.1 192.1.1.5
[Huawei-ip-pool-dr]quit
```

4. 交换机 LSW1 配置过程

```
<Huawei>system-view
[Huawei]undo info-center enable
[Huawei]dhcp enable
[Huawei]dhcp snooping enable
[Huawei]dhcp snooping enable vlan 1
[Huawei]interface GigabitEthernet0/0/3
[Huawei-GigabitEthernet0/0/3]dhcp snooping trusted
[Huawei-GigabitEthernet0/0/3]quit
```

5. 命令列表

交换机配置过程中使用的命令及功能和参数说明如表 7.2 所示。

表 7.2 交换机配置过程中使用的命令及功能和参数说明

命令格式	功能和参数说明
dhcp snooping enable [**ipv4** | **ipv6**]	启动 DHCP 侦听功能。指定 ipv4,表示只启动 DHCPv4 侦听功能;指定 ipv6,表示只启动 DHCPv6 侦听功能
dhcp snooping enable vlan { *vlan-id*1 [**to** *vlan-id*2] }	在指定 VLAN 中启动 DHCP 侦听功能。参数 *vlan-id*1 是起始 VLAN 标识符,参数 *vlan-id*2 是结束 VLAN 标识符。如果只有参数 *vlan-id*1,则只指定唯一 VLAN
dhcp snooping trusted	将当前交换机端口指定为信任端口

7.3 安全端口配置实验

7.3.1 实验内容

安全端口方式下终端接入控制过程如图 7.37 所示。交换机端口 1 设置为安全端口，将交换机端口 1 访问控制列表中 MAC 地址数的上限设定为 2。首先以手工配置方式将终端 A 的 MAC 地址作为静态 MAC 地址添加到交换机端口 1 的访问控制列表中。然后将交换机端口 1 学习到的第一个 MAC 地址自动添加到访问控制列表中。交换机其他端口不启动安全功能。将终端 D 接入交换机端口 2。完成以下操作过程：先将终端 A 接入交换机端口 1。由于交换机端口 1 的访问控制列表中已经添加了终端 A 的 MAC 地址，因此，能够实现终端 A 与终端 D 之间的数据传输过程。然后将终端 B 接入交换机端口 1，实现终端 B 与终端 D 之间的数据传输过程，由于允许将交换机端口 1 学习到的除终端 A 的 MAC 地址以外的第一个 MAC 地址添加到访问控制列表中，因此，交换机端口 1 访问控制列表中允许添加终端 B 的 MAC 地址。添加两个 MAC 地址后的访问控制列表如图 7.37 所示。再将终端 C 接入交换机端口 1，实现终端 C 与终端 D 之间的数据传输过程。由于该 MAC 帧的源 MAC 地址不在访问控制列表中，且访问控制列表中的 MAC 地址数已经到达 MAC 地址数上限 2，因此交换机丢弃该 MAC 帧。如果再将终端 A 接入交换机端口 1，依然可以实现终端 A 与终端 D 之间的数据传输过程。

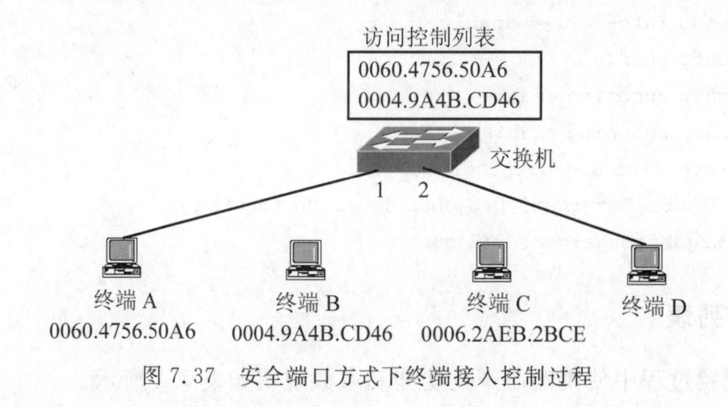

图 7.37　安全端口方式下终端接入控制过程

如果终端 C 先于终端 B 进行与终端 D 之间的数据传输过程，交换机端口 1 访问控制列表中将添加终端 A 和终端 C 的 MAC 地址。

7.3.2 实验目的

(1) 验证交换机安全端口功能的配置过程。

(2) 验证访问控制列表自动添加 MAC 地址的过程。

(3) 验证对违规接入终端采取的各种动作的含义。

（4）验证安全端口方式下的终端接入控制过程。

7.3.3 实验原理

每一个交换机端口都拥有独立的访问控制列表，可以为访问控制列表设置 MAC 地址数上限。访问控制列表中的 MAC 地址可以是手工配置的静态 MAC 地址，也可以是通过地址学习过程学习到的 MAC 地址，这两种 MAC 地址之和不能超过设置的 MAC 地址数上限。因此，如果 MAC 地址数上限为 n，手工配置了 m 个静态 MAC 地址，那么，该交换机端口最先学习到的 $n-m$ 个 MAC 地址将自动添加到访问控制列表中。

当交换机端口 1 设置为安全端口，将访问控制列表中的 MAC 地址数上限设置为 2，将终端 A 的 MAC 地址手工配置为静态 MAC 地址后，除终端 A 以外，其他终端中最先接入交换机端口 1 且向交换机端口 1 发送 MAC 帧的终端的 MAC 地址将自动添加到交换机端口 1 的访问控制列表中。因此，在终端 B 接入交换机端口 1，并向交换机端口 1 发送 MAC 帧后，如果再将终端 C 接入交换机端口 1 并向交换机端口 1 发送 MAC 帧，由于 MAC 帧的源 MAC 地址不属于访问控制列表中的 MAC 地址，且访问控制列表中的 MAC 地址数已经达到地址数上限 2，因此，交换机将丢弃该 MAC 帧。

7.3.4 关键命令说明

```
[Huawei]interface GigabitEthernet0/0/1
[Huawei-GigabitEthernet0/0/1]port-security enable
[Huawei-GigabitEthernet0/0/1]port-security max-mac-num 2
[Huawei-GigabitEthernet0/0/1]port-security mac-address sticky
[Huawei-GigabitEthernet0/0/1]port-security mac-address sticky 5489-9891-766C
vlan 1
[Huawei-GigabitEthernet0/0/1]port-security protect-action protect
[Huawei-GigabitEthernet0/0/1]quit
```

port-security enable 是接口视图下使用的命令，该命令的作用是启动当前交换机端口（这里是 GigabitEthernet0/0/1）的安全端口功能。

port-security max-mac-num 2 是接口视图下使用的命令，该命令的作用是将当前交换机端口对应的访问控制列表中的 MAC 地址数上限设置为 2。

port-security mac-address sticky 是接口视图下使用的命令，该命令的作用是启动将当前交换机端口学习到的 MAC 地址自动添加到访问控制列表中的功能。

port-security mac-address sticky 5489-9891-766C vlan 1 是接口视图下使用的命令，该命令的作用是手工配置一个转发项，该转发项的转发端口是当前交换机端口，MAC 地址为 5489-9891-766C，转发项对应的 VLAN 为 VLAN 1，并将 MAC 地址 5489-9891-766C 添加到访问控制列表中。

port-security protect-action protect 是接口视图下使用的命令，该命令的作用是指定当前交换机端口接收到违规 MAC 帧时采取的动作。动作 protect 是丢弃当前交换机端口接收到的违规的 MAC 帧。违规的 MAC 帧是指在访问控制列表中的 MAC 地址数已经达到设置的 MAC 地址数上限的情况下，当前交换机端口接收到的源 MAC 地址不在访问控制列表中的 MAC 帧。

7.3.5 实验步骤

(1) 启动 eNSP，按照图 7.37 所示的网络拓扑结构放置和连接设备。完成设备放置和连接后的 eNSP 界面如图 7.38 所示。启动所有设备。

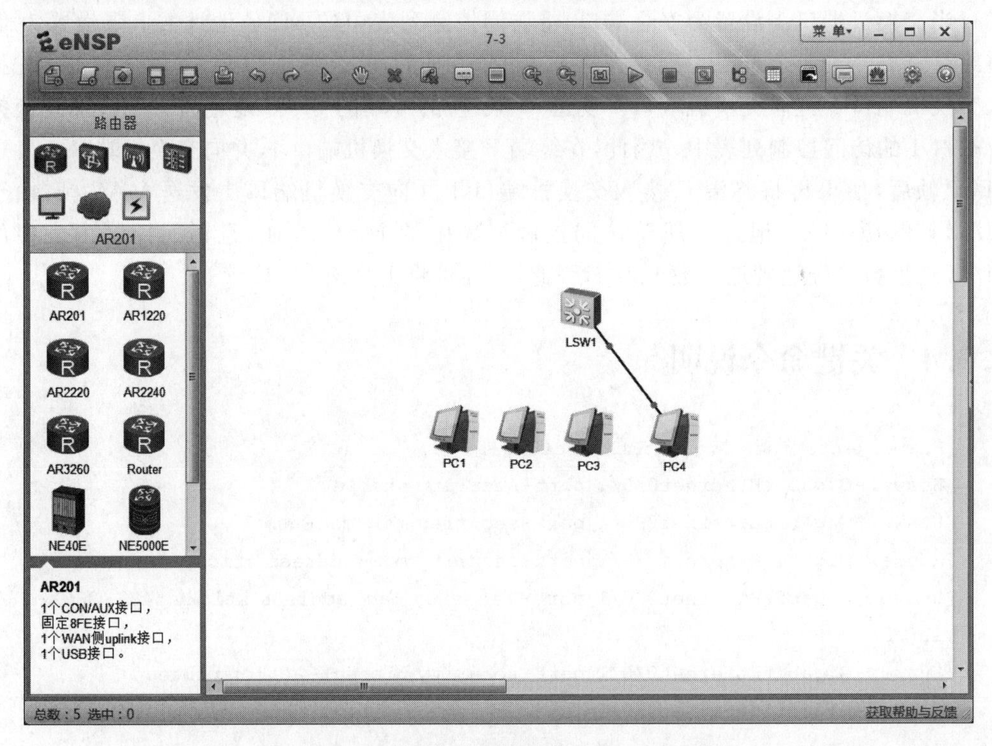

图 7.38 完成设备放置和连接后的 eNSP 界面

(2) 完成各个终端的 IP 地址和子网掩码配置过程。PC1～PC4 分别配置 IP 地址 192.1.1.1～192.1.1.4。PC1 和 PC2 的基础配置界面分别如图 7.39 和图 7.40 所示。

(3) 完成交换机 LSW1 端口 GigabitEthernet0/0/1 有关安全端口功能的配置过程，将 PC1 的 MAC 地址通过手工配置添加到端口 GigabitEthernet0/0/1 的访问控制列表中。将 PC1 连接到端口 GigabitEthernet0/0/1，如图 7.41 所示。启动 PC1 与 PC4 之间的通信过程，验证 PC1 可以与 PC4 相互通信，PC1 执行 ping 操作的界面如图 7.42 所示。将 PC2 连接到端口 GigabitEthernet0/0/1，如图 7.43 所示。启动 PC2 与 PC4 之间的通信过程，验证 PC2 可以与 PC4 相互通信，PC2 执行 ping 操作的界面如图 7.44 所示。显示端口 GigabitEthernet0/01 的访问控制列表，访问控制列表中已经分别添加了 PC1 和 PC2 的 MAC 地址，如图 7.45 所示。

PC1

基础配置 | 命令行 | 组播 | UDP发包工具 | 串口

主机名:

MAC 地址: 54-89-98-91-76-6C

IPv4 配置

◉ 静态　◎ DHCP　□ 自动获取 DNS 服务器地址

IP 地址: 192 . 1 . 1 . 1　DNS1: 0 . 0 . 0 . 0

子网掩码: 255 . 255 . 255 . 0　DNS2: 0 . 0 . 0 . 0

网关: 0 . 0 . 0 . 0

IPv6 配置

◉ 静态　◎ DHCPv6

IPv6 地址: ::

前缀长度: 128

IPv6 网关: ::

应用

图 7.39　PC1 的基础配置界面

PC2

基础配置 | 命令行 | 组播 | UDP发包工具 | 串口

主机名:

MAC 地址: 54-89-98-EC-02-AB

IPv4 配置

◉ 静态　◎ DHCP　□ 自动获取 DNS 服务器地址

IP 地址: 192 . 1 . 1 . 3　DNS1: 0 . 0 . 0 . 0

子网掩码: 255 . 255 . 255 . 0　DNS2: 0 . 0 . 0 . 0

网关: 0 . 0 . 0 . 0

IPv6 配置

◉ 静态　◎ DHCPv6

IPv6 地址: ::

前缀长度: 128

IPv6 网关: ::

应用

图 7.40　PC2 的基础配置界面

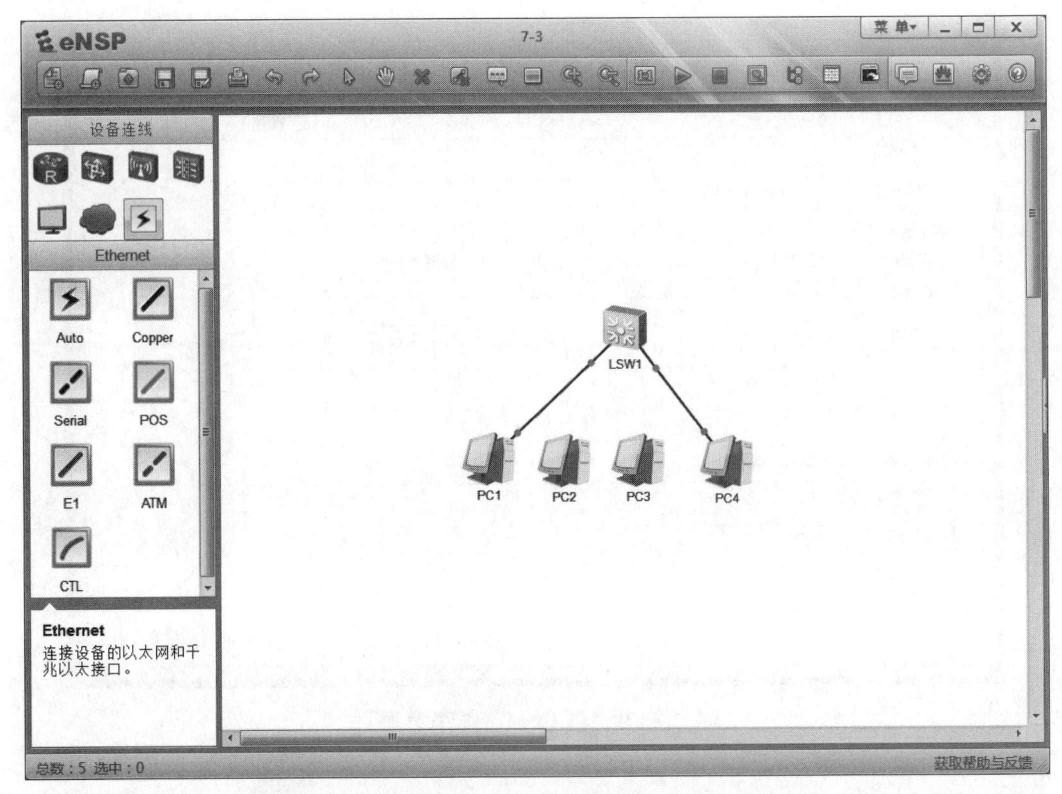

图 7.41　PC1 连接到端口 GigabitEthernet0/0/1 的情况

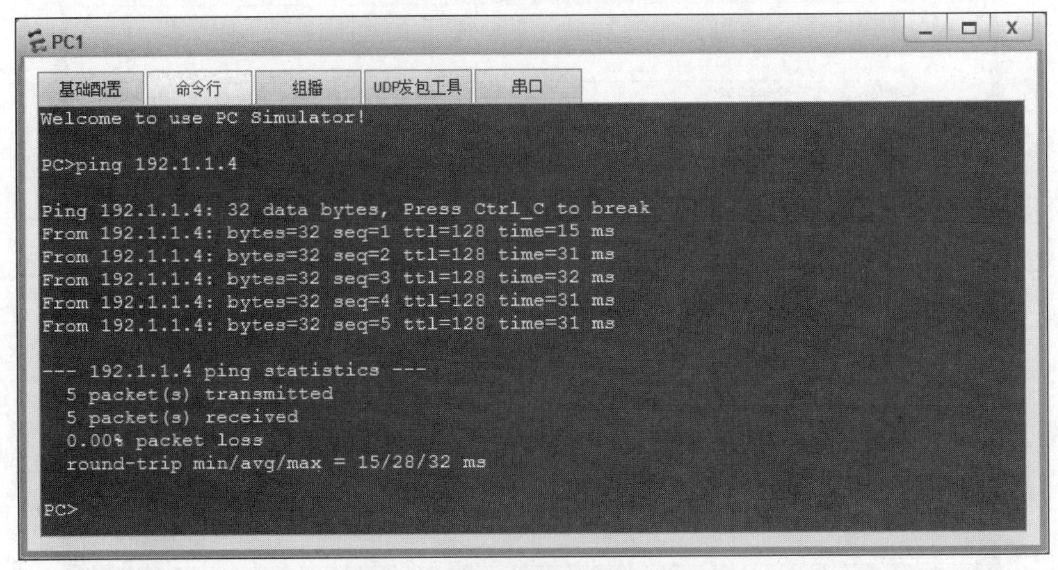

图 7.42　PC1 执行 ping 操作的界面

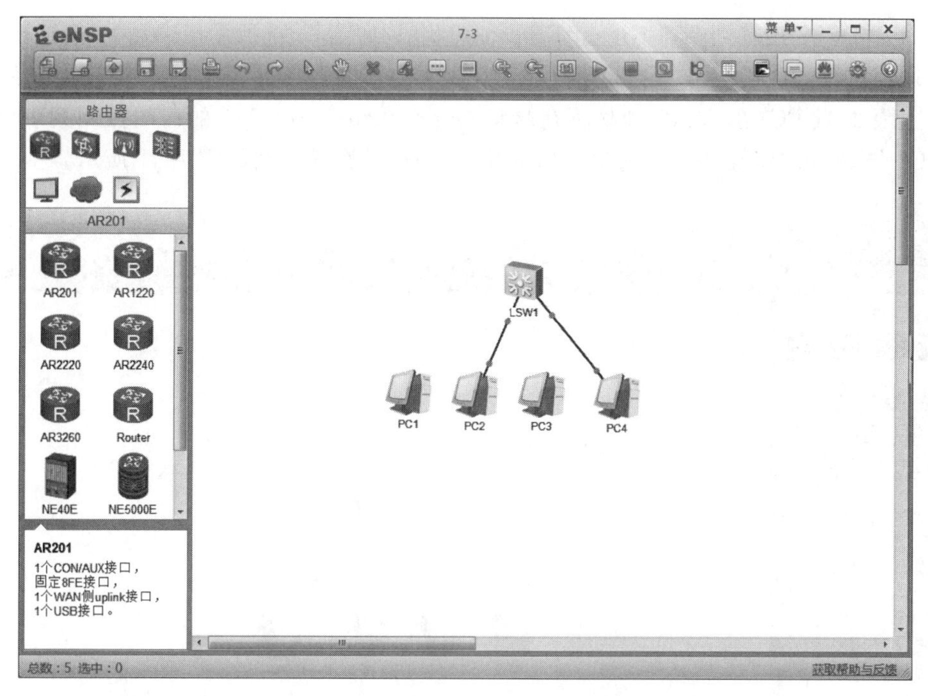

图 7.43　PC2 连接到端口 GigabitEthernet0/0/1 的情况

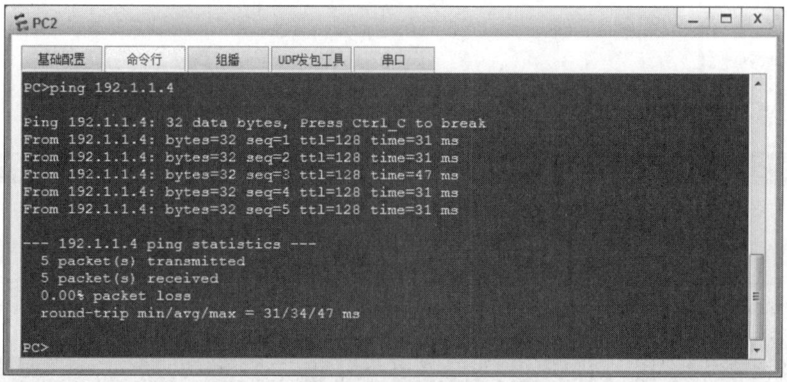

PC2

基础配置　命令行　组播　UDP发包工具　串口

```
PC>ping 192.1.1.4

Ping 192.1.1.4: 32 data bytes, Press Ctrl_C to break
From 192.1.1.4: bytes=32 seq=1 ttl=128 time=31 ms
From 192.1.1.4: bytes=32 seq=2 ttl=128 time=31 ms
From 192.1.1.4: bytes=32 seq=3 ttl=128 time=47 ms
From 192.1.1.4: bytes=32 seq=4 ttl=128 time=31 ms
From 192.1.1.4: bytes=32 seq=5 ttl=128 time=31 ms

--- 192.1.1.4 ping statistics ---
  5 packet(s) transmitted
  5 packet(s) received
  0.00% packet loss
  round-trip min/avg/max = 31/34/47 ms

PC>
```

图 7.44　PC2 执行 ping 操作的界面

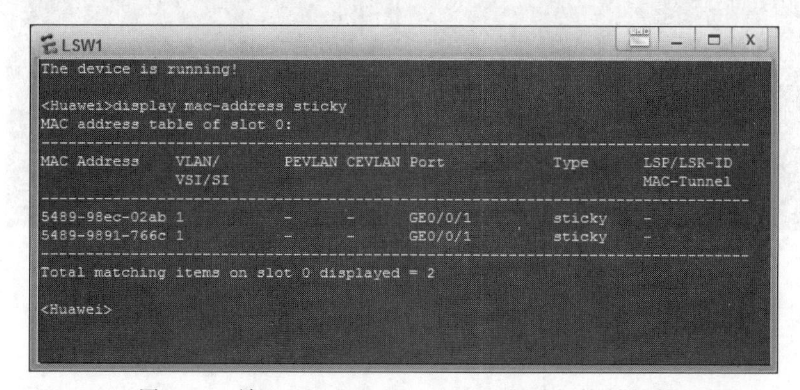

图 7.45　端口 GigabitEthernet0/0/1 的访问控制列表

(4) 将 PC3 连接到端口 GigabitEthernet0/0/1,如图 7.46 所示。启动 PC3 与 PC4 之间的通信过程。由于端口 GigabitEthernet0/0/1 的访问控制列表中的 MAC 地址数已经到达上限 2,且 PC3 的 MAC 地址不在端口 GigabitEthernet0/0/1 的访问控制列表中,因此 PC3 与 PC4 之间无法相互通信。PC3 执行 ping 操作的界面如图 7.47 所示。

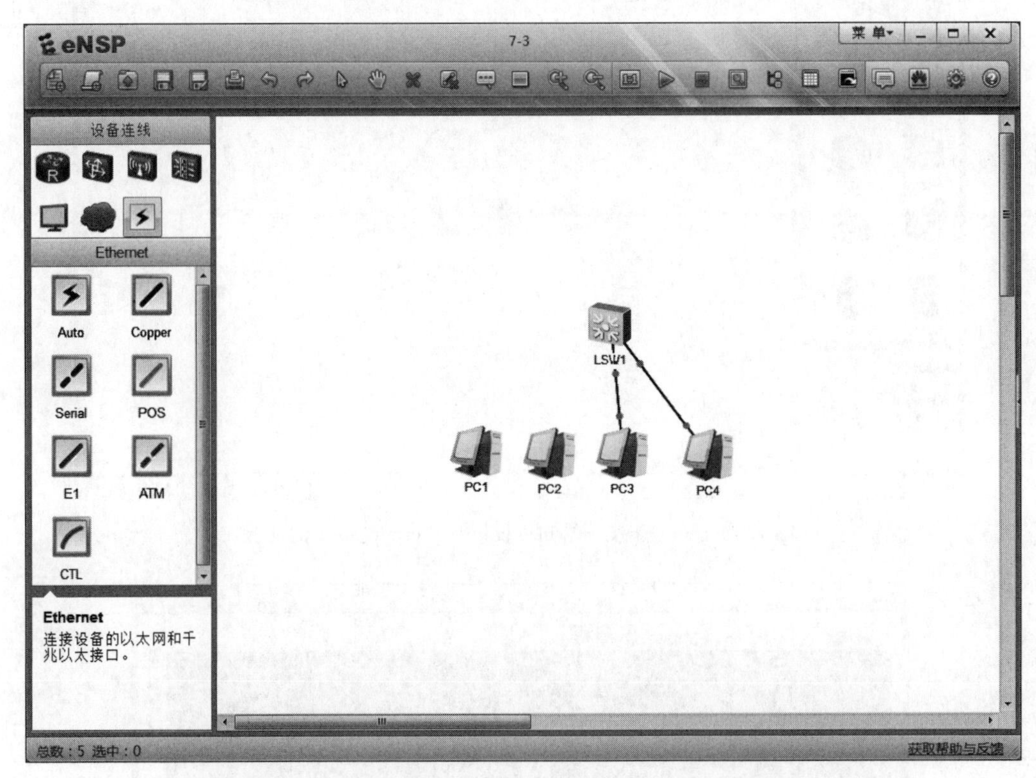

图 7.46　PC3 连接到端口 GigabitEthernet0/0/1 的情况

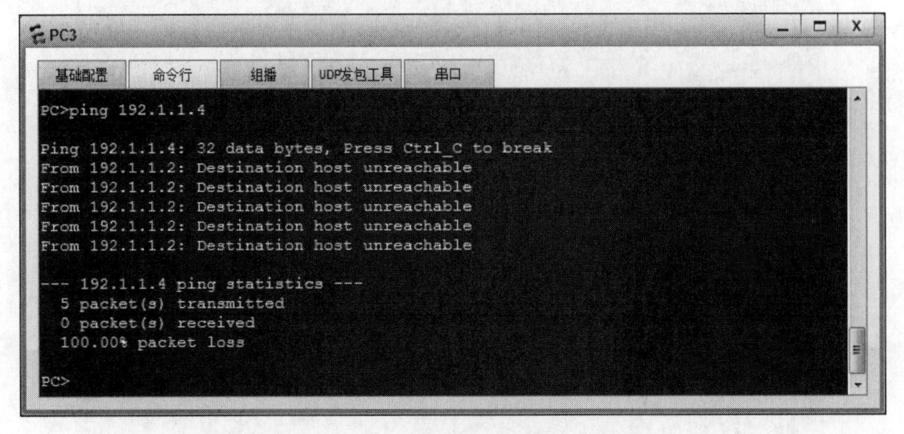

图 7.47　PC3 执行 ping 操作的界面

7.3.6 命令行接口配置过程

1. 交换机 LSW1 配置过程

```
<Huawei>system-view
[Huawei]undo info-center enable
[Huawei]interface GigabitEthernet0/0/1
[Huawei-GigabitEthernet0/0/1]port-security enable
[Huawei-GigabitEthernet0/0/1]port-security max-mac-num 2
[Huawei-GigabitEthernet0/0/1]port-security mac-address sticky
[Huawei-GigabitEthernet0/0/1]port-security mac-address sticky 5489-9891-766C
vlan 1
[Huawei-GigabitEthernet0/0/1]port-security protect-action protect
[Huawei-GigabitEthernet0/0/1]quit
```

2. 命令列表

交换机配置过程中使用的命令及功能和参数说明如表 7.3 所示。

表 7.3 交换机配置过程中使用的命令及功能和参数说明

命令格式	功能和参数说明
port-security enable	启动当前交换机端口的安全端口功能
port-security max-mac-num *max-number*	指定访问控制列表的 MAC 地址数上限。参数 *max-number* 是 MAC 地址数上限
port-security mac-address sticky	启动当前交换机端口的 sticky MAC 功能。sticky MAC 功能是指将通过地址学习过程建立的转发项或手工配置的转发项自动添加到访问控制列表中
port-security mac-address sticky *mac-address* **vlan** *vlan-id*	手工配置一个转发项,并将该转发项自动添加到访问控制列表中。参数 *mac-address* 用于指定转发项中的 MAC 地址,参数 *vlan-id* 用于指定该转发项对应的 VLAN
port-security protect-action { **protect** | **restrict** | **shutdown** }	指定已经启动安全端口功能的交换机端口对接收到的违规 MAC 帧所采取的动作。protect 表示丢弃违规 MAC 帧;restrict 表示不仅丢弃违规 MAC 帧,且发出报警信息;shutdown 表示丢弃违规 MAC 帧,关闭当前交换机端口,发出报警信息。违规 MAC 帧是指在访问控制列表中的 MAC 地址数已经达到上限的情况下,源 MAC 地址不在访问控制列表中的 MAC 帧

7.4 无状态分组过滤器配置实验

7.4.1 实验内容

互联网结构如图 7.48 所示，分别在路由器 R1 接口 1 输入方向和路由器 R2 接口 2 输入方向设置无状态分组过滤器，实现只允许终端 A 访问 Web 服务器，终端 B 访问 FTP 服务器，禁止其他一切网络间通信过程的访问控制策略。

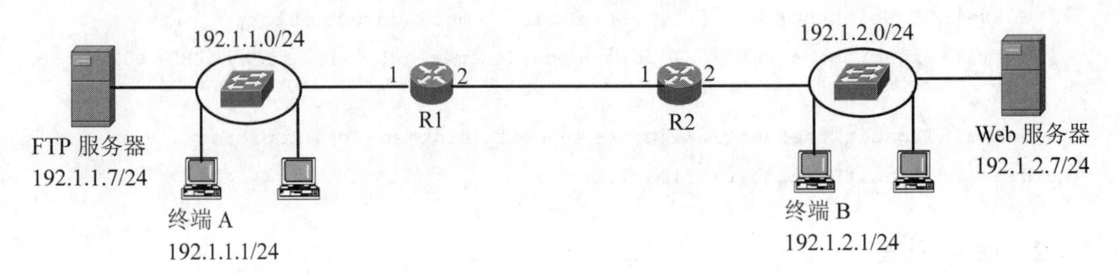

图 7.48 互联网结构

7.4.2 实验目的

（1）验证无状态分组过滤器的配置过程。

（2）验证无状态分组过滤器实现访问控制策略的过程。

（3）验证过滤规则的设置原则和方法。

（4）验证过滤规则的作用过程。

7.4.3 实验原理

路由器 R1 接口 1 输入方向的过滤规则集如下。

过滤规则①：协议类型＝TCP，源 IP 地址＝192.1.1.1/32，源端口号＝*，目的 IP 地址＝192.1.2.7/32，目的端口号＝80；正常转发。

过滤规则②：协议类型＝TCP，源 IP 地址＝192.1.1.7/32，源端口号＝21，目的 IP 地址＝192.1.2.1/32，目的端口号＝*；正常转发。

过滤规则③：协议类型＝TCP，源 IP 地址＝192.1.1.7/32，源端口号＞1024，目的 IP 地址＝192.1.2.1/32，目的端口号＝*；正常转发。

过滤规则④：协议类型＝*，源 IP 地址＝any，目的 IP 地址＝any；丢弃。

路由器 R2 接口 2 输入方向的过滤规则集如下。

过滤规则①：协议类型＝TCP，源 IP 地址＝192.1.2.1/32，源端口号＝*，目的 IP

地址＝192.1.1.7/32，目的端口号＝21；正常转发。

过滤规则②：协议类型＝TCP，源 IP 地址＝192.1.2.1/32，源端口号＝＊，目的 IP 地址＝192.1.1.7/32，目的端口号＞1024；正常转发。

过滤规则③：协议类型＝TCP，源 IP 地址＝192.1.2.7/32，源端口号＝80，目的 IP 地址＝192.1.1.1/32，目的端口号＝＊；正常转发。

过滤规则④：协议类型＝＊，源 IP 地址＝any，目的 IP 地址＝any；丢弃。

条件“协议类型＝＊”是指 IP 分组首部中的协议字段值可以是任意值，“源端口号＝＊”是指源端口号可以是任意值。

路由器 R1 接口 1 输入方向过滤规则①表明只允许终端 A 以 HTTP 访问 Web 服务器的 TCP 报文继续正常转发。过滤规则②表明只允许属于 FTP 服务器和终端 B 之间控制连接的 TCP 报文继续正常转发。过滤规则③表明只允许属于 FTP 服务器和终端 B 之间数据连接的 TCP 报文继续正常转发。由于 FTP 服务器是被动打开的，因此，FTP 服务器一端的数据连接端口号是不确定的，在大于 1024 的端口号中随机选择一个端口号作为数据连接的端口号。过滤规则④表明丢弃所有不符合上述过滤规则的 IP 分组。路由器 R2 接口 2 输入方向过滤规则集的作用与此相似。

7.4.4 关键命令说明

1. 配置无状态分组过滤器规则集

```
[Huawei]acl 3001
[Huawei-acl-adv-3001]rule 10 permit tcp source 192.1.1.1 0.0.0.0 destination
192.1.2.7 0.0.0.0 destination-port eq 80
[Huawei-acl-adv-3001]rule 20 permit tcp source 192.1.1.7 0.0.0.0 source-port eq
21 destination 192.1.2.1 0.0.0.0
[Huawei-acl-adv-3001]rule 30 permit tcp source 192.1.1.7 0.0.0.0 source-port gt
1024 destination 192.1.2.1 0.0.0.0
[Huawei-acl-adv-3001]rule 40 deny ip source any destination any
[Huawei-acl-adv-3001]quit
```

acl 3001 是系统视图下使用的命令，该命令的作用是创建一个编号为 3001 的规则集，并进入 ACL 视图。编号 3000～3999 对应高级 ACL，高级 ACL 中定义的规则集可以根据源和目的 IP 地址、协议类型、源和目的端口号（协议类型为 TCP 或 UDP 的情况）等对 IP 分组进行分类。

rule 10 permit tcp source 192.1.1.1 0.0.0.0 destination 192.1.2.7 0.0.0.0 destination-port eq 80 是 ACL 视图下使用的命令，该命令的作用是定义一条对应“协议类型＝TCP，源 IP 地址＝192.1.1.1/32，源端口号＝＊，目的 IP 地址＝192.1.2.7/32，目的端口号＝80；正常转发”的规则。10 是规则序号，过滤 IP 分组时，按照规则序号顺序匹配规则。permit 是规则指定的动作，表示允许与该规则匹配的 IP 分组输入或输出。tcp

是 IP 分组首部中的协议类型，表示 IP 分组净荷是 TCP 报文。source 192.1.1.1 0.0.0.0 表示源 IP 地址范围是符合以下条件的所有 IP 地址：IP 地址 ‖ 0.0.0.0=192.1.1.1 ‖ 0.0.0.0，这里的符号 ‖ 是“或”运算符。显然，符合上述条件的 IP 地址只有一个，即 192.1.1.1。因此，source 192.1.1.1 0.0.0.0 表示源 IP 地址只能是 192.1.1.1。同理，destination 192.1.2.7 0.0.0.0 表示目的 IP 地址只能是 192.1.2.7。destination-port eq 80 表示目的端口号等于 80，eq 是等号。

rule 20 permit tcp source 192.1.1.7 0.0.0.0 source-port eq 21 destination 192.1.2.1 0.0.0.0 是 ACL 视图下使用的命令，该命令的作用是定义一条对应“协议类型=TCP，源 IP 地址=192.1.1.7/32，源端口号=21，目的 IP 地址=192.1.2.1/32，目的端口号=＊；正常转发”的规则。

rule 30 permit tcp source 192.1.1.7 0.0.0.0 source-port gt 1024 destination 192.1.2.1 0.0.0.0 是 ACL 视图下使用的命令，该命令的作用是定义一条对应“协议类型=TCP，源 IP 地址=192.1.1.7/32，源端口号＞1024，目的 IP 地址=192.1.2.1/32，目的端口号=＊；正常转发”的规则。

rule 40 deny ip source any destination any 是 ACL 视图下使用的命令，该命令的作用是定义一条对应“协议类型=＊，源 IP 地址=any，目的 IP 地址=any；丢弃”的规则，＊表示任意协议类型，any 表示任意值。命令中的 deny 表示禁止与该规则匹配的 IP 分组输入或输出。

2. 将规则集作用到指定接口

```
[Huawei]interface GigabitEthernet0/0/0
[Huawei-GigabitEthernet0/0/0]traffic-filter inbound acl 3001
[Huawei-GigabitEthernet0/0/0]quit
```

traffic-filter inbound acl 3001 是接口视图下使用的命令，该命令的作用是指定以下功能：在当前接口（这里是 GigabitEthernet0/0/0）的输入方向（inbound）上，根据编号为 3001 的规则集对 IP 分组实施过滤。

7.4.5 实验步骤

（1）启动 eNSP，按照图 7.48 所示的网络拓扑结构放置和连接设备。完成设备放置和连接后的 eNSP 界面如图 7.49 所示。启动所有设备。

（2）完成路由器 AR1 和 AR2 各个接口的 IP 地址和子网掩码配置过程。路由器 AR1 和 AR2 各个接口的状态分别如图 7.50 和图 7.51 所示。完成路由器 AR1 和 AR2 有关 RIP 的配置过程。路由器 AR1 和 AR2 的完整路由表分别如图 7.52 和图 7.53 所示。

（3）完成各个客户端 IP 地址、子网掩码和默认网关地址配置过程。完成各个服务器基础配置过程和服务器功能配置过程。FTP 服务器的基础配置界面如图 7.54 所示，FTP 服务器的服务器功能配置界面如图 7.55 所示。Web 服务器的基础配置界面如图 7.56 所示，Web 服务器的服务器功能配置界面如图 7.57 所示。

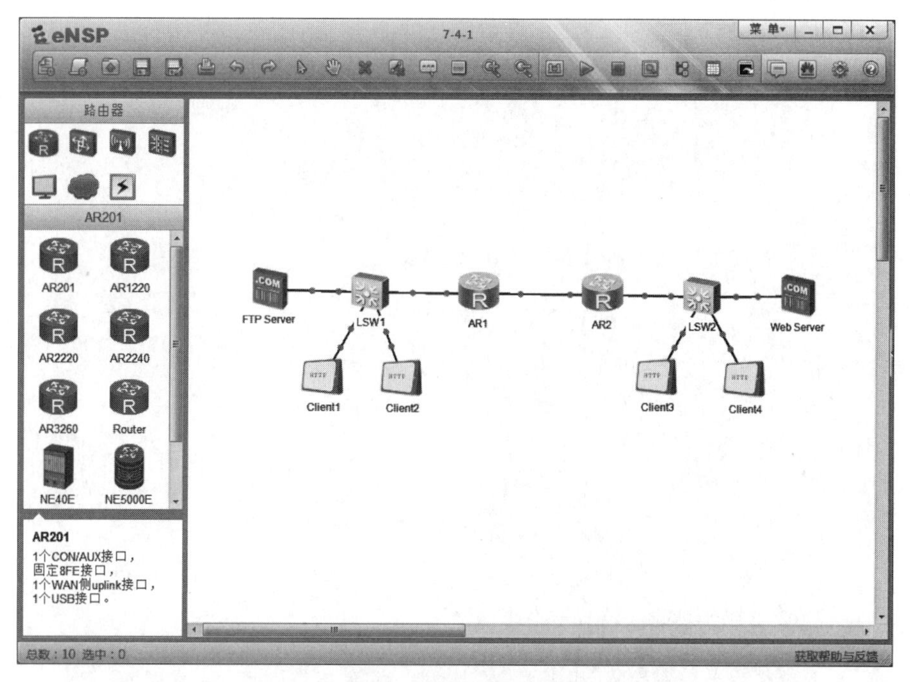

图 7.49　完成设备放置和连接后的 eNSP 界面

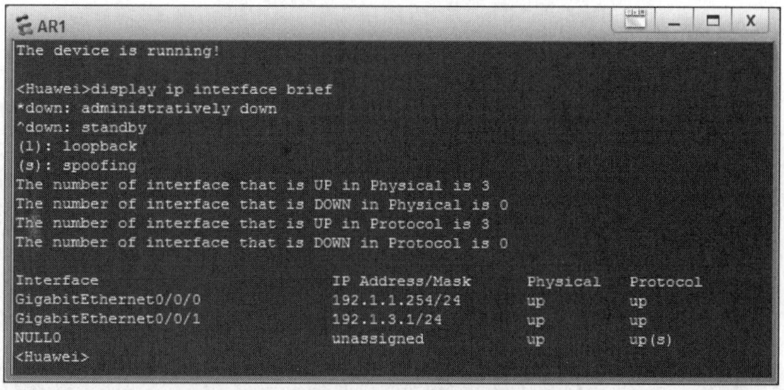

```
AR1
The device is running!

<Huawei>display ip interface brief
*down: administratively down
^down: standby
(l): loopback
(s): spoofing
The number of interface that is UP in Physical is 3
The number of interface that is DOWN in Physical is 0
The number of interface that is UP in Protocol is 3
The number of interface that is DOWN in Protocol is 0

Interface                         IP Address/Mask      Physical   Protocol
GigabitEthernet0/0/0              192.1.1.254/24       up         up
GigabitEthernet0/0/1              192.1.3.1/24         up         up
NULL0                             unassigned           up         up(s)
<Huawei>
```

图 7.50　路由器 AR1 各个接口的状态

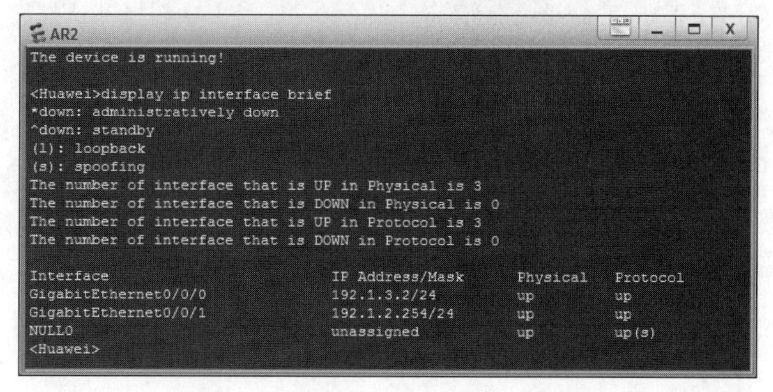

图 7.51　路由器 AR2 各个接口的状态

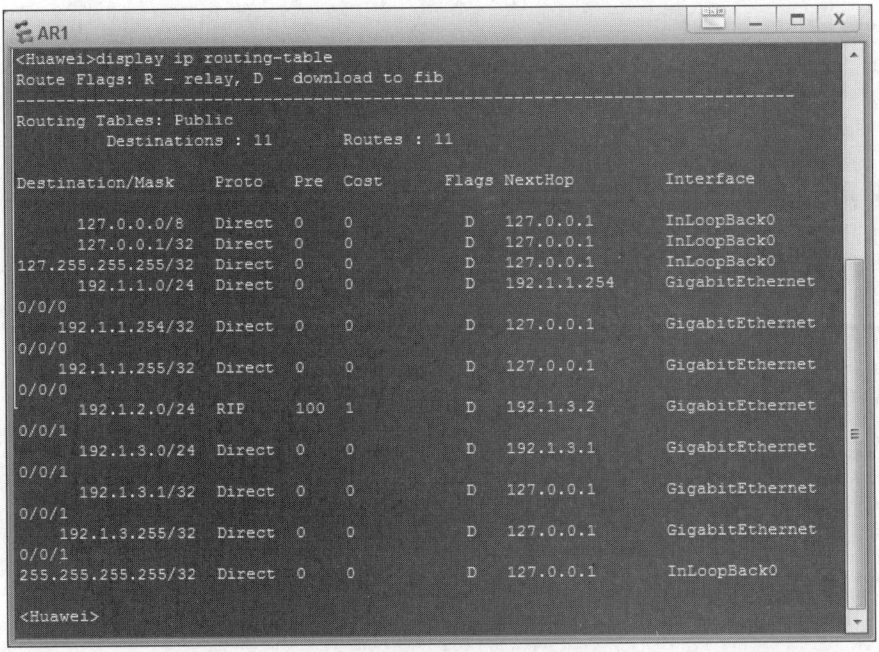

```
AR1
<Huawei>display ip routing-table
Route Flags: R - relay, D - download to fib
------------------------------------------------------------------------------
Routing Tables: Public
         Destinations : 11       Routes : 11

Destination/Mask    Proto   Pre  Cost      Flags NextHop         Interface

      127.0.0.0/8   Direct  0    0           D   127.0.0.1       InLoopBack0
      127.0.0.1/32  Direct  0    0           D   127.0.0.1       InLoopBack0
127.255.255.255/32  Direct  0    0           D   127.0.0.1       InLoopBack0
      192.1.1.0/24  Direct  0    0           D   192.1.1.254     GigabitEthernet
0/0/0
    192.1.1.254/32  Direct  0    0           D   127.0.0.1       GigabitEthernet
0/0/0
    192.1.1.255/32  Direct  0    0           D   127.0.0.1       GigabitEthernet
0/0/0
      192.1.2.0/24  RIP     100  1           D   192.1.3.2       GigabitEthernet
0/0/1
      192.1.3.0/24  Direct  0    0           D   192.1.3.1       GigabitEthernet
0/0/1
      192.1.3.1/32  Direct  0    0           D   127.0.0.1       GigabitEthernet
0/0/1
    192.1.3.255/32  Direct  0    0           D   127.0.0.1       GigabitEthernet
0/0/1
255.255.255.255/32  Direct  0    0           D   127.0.0.1       InLoopBack0

<Huawei>
```

图 7.52　路由器 AR1 的完整路由表

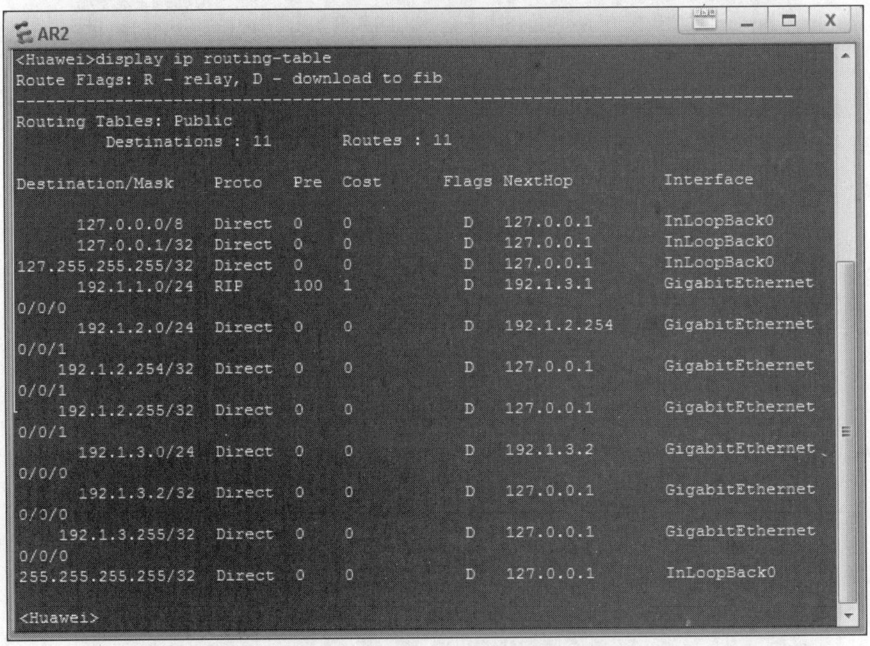

```
AR2
<Huawei>display ip routing-table
Route Flags: R - relay, D - download to fib
------------------------------------------------------------------------------
Routing Tables: Public
         Destinations : 11       Routes : 11

Destination/Mask    Proto   Pre  Cost      Flags NextHop         Interface

      127.0.0.0/8   Direct  0    0           D   127.0.0.1       InLoopBack0
      127.0.0.1/32  Direct  0    0           D   127.0.0.1       InLoopBack0
127.255.255.255/32  Direct  0    0           D   127.0.0.1       InLoopBack0
      192.1.1.0/24  RIP     100  1           D   192.1.3.1       GigabitEthernet
0/0/0
      192.1.2.0/24  Direct  0    0           D   192.1.2.254     GigabitEthernet
0/0/1
    192.1.2.254/32  Direct  0    0           D   127.0.0.1       GigabitEthernet
0/0/1
    192.1.2.255/32  Direct  0    0           D   127.0.0.1       GigabitEthernet
0/0/1
      192.1.3.0/24  Direct  0    0           D   192.1.3.2       GigabitEthernet
0/0/0
      192.1.3.2/32  Direct  0    0           D   127.0.0.1       GigabitEthernet
0/0/0
    192.1.3.255/32  Direct  0    0           D   127.0.0.1       GigabitEthernet
0/0/0
255.255.255.255/32  Direct  0    0           D   127.0.0.1       InLoopBack0

<Huawei>
```

图 7.53　路由器 AR2 的完整路由表

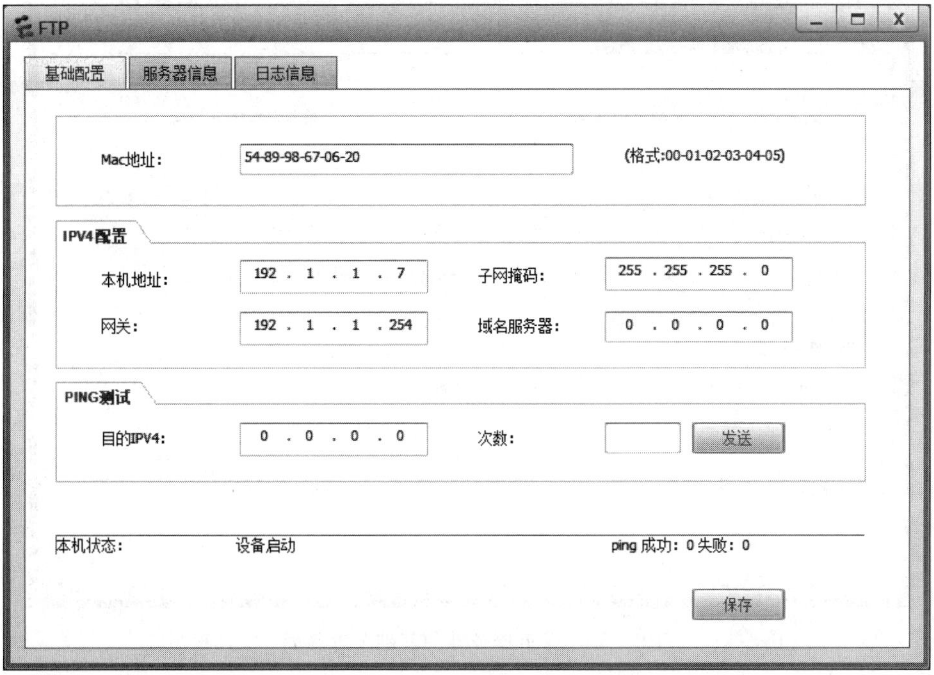

FTP
基础配置
服务器信息
日志信息
Mac地址:
54-89-98-67-06-20
(格式:00-01-02-03-04-05)
IPV4配置
本机地址:
192 . 1 . 1 . 7
子网掩码:
255 . 255 . 255 . 0
网关:
192 . 1 . 1 . 254
域名服务器:
0 . 0 . 0 . 0
PING测试
目的IPV4:
0 . 0 . 0 . 0
次数:
发送
本机状态:
设备启动
ping 成功: 0 失败: 0
保存

图 7.54　FTP 服务器的基础配置界面

FTP
基础配置
服务器信息
日志信息
DNSServer
FtpServer
HttpServer
服务
监听端口号:
21
启动
停止
配置
文件根目录:
D:\
$RECYCLE.BIN
360Downloads
default.htm
mooc实验录屏
补充

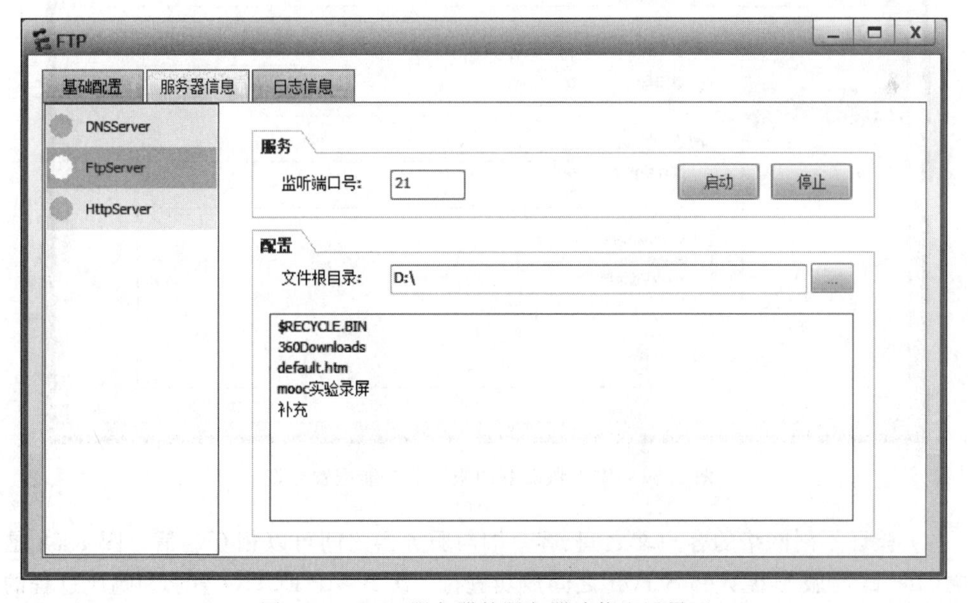

图 7.55　FTP 服务器的服务器功能配置界面

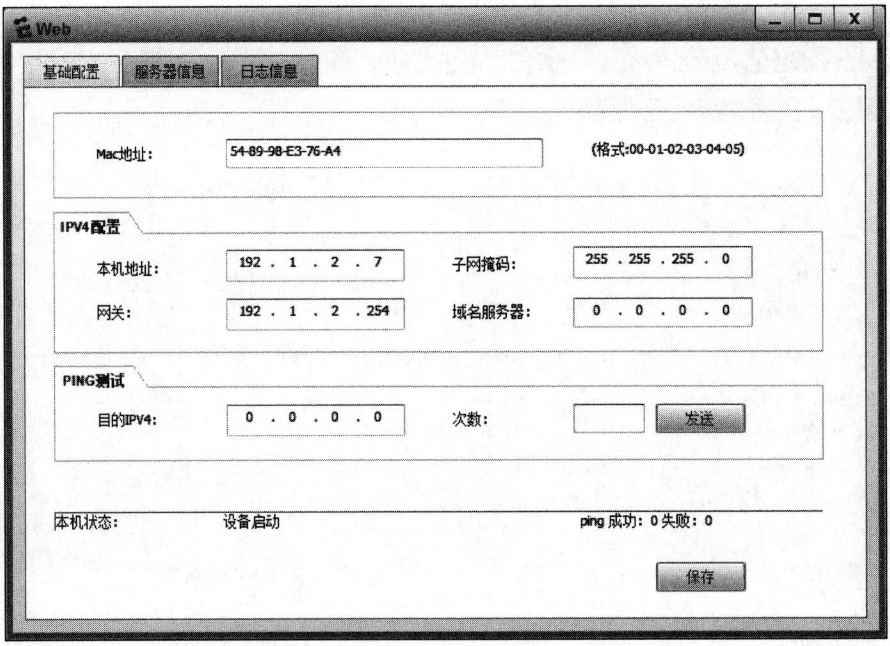

图 7.56　Web 服务器的基础配置界面

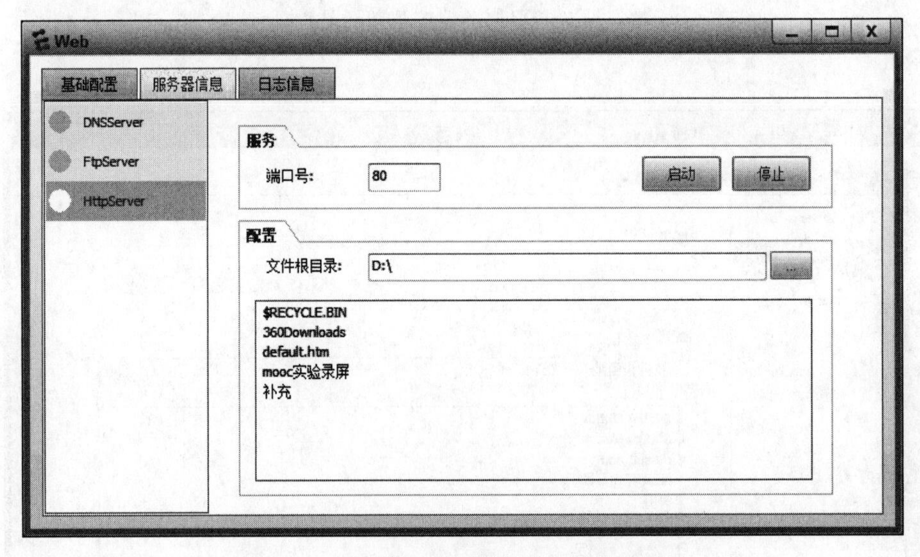

图 7.57　Web 服务器的服务器功能配置界面

(4) 验证不同网络的客户端之间、客户端与服务器之间可以相互通信。图 7.58 是客户端 Client1 与服务器 Web Server 之间成功进行 3 次 ICMP ECHO 请求和响应过程的界面。图 7.59 是客户端 Client2 通过浏览器成功访问服务器 Web Server 的界面。图 7.60 是客户端 Client3 与服务器 FTP Server 之间成功进行 3 次 ICMP ECHO 请求和响应过程的界面。图 7.61 是客户端 Client4 通过 FTP 客户端成功访问服务器 FTP Server 的界面。

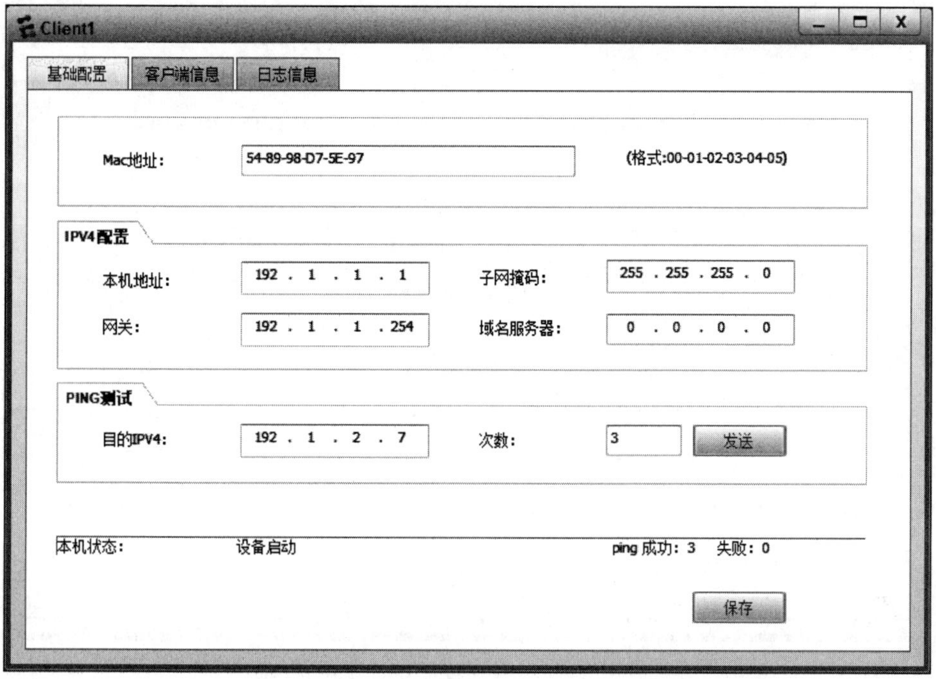

图 7.58 Client1 成功执行 ping 操作的界面

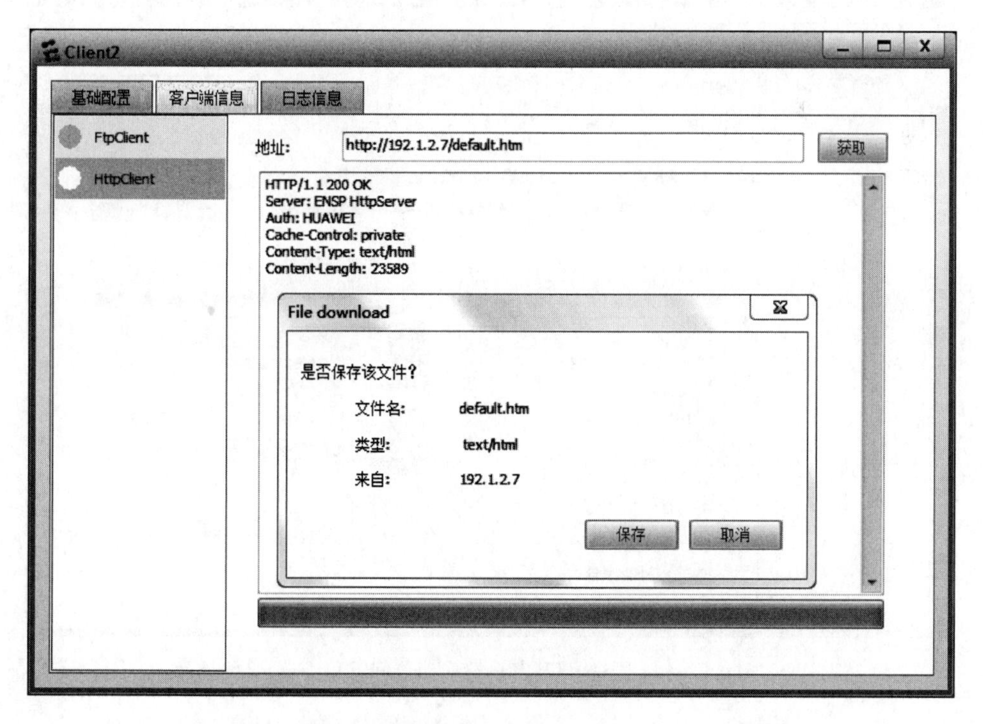

图 7.59 Client2 通过浏览器成功访问 Web Server 的界面

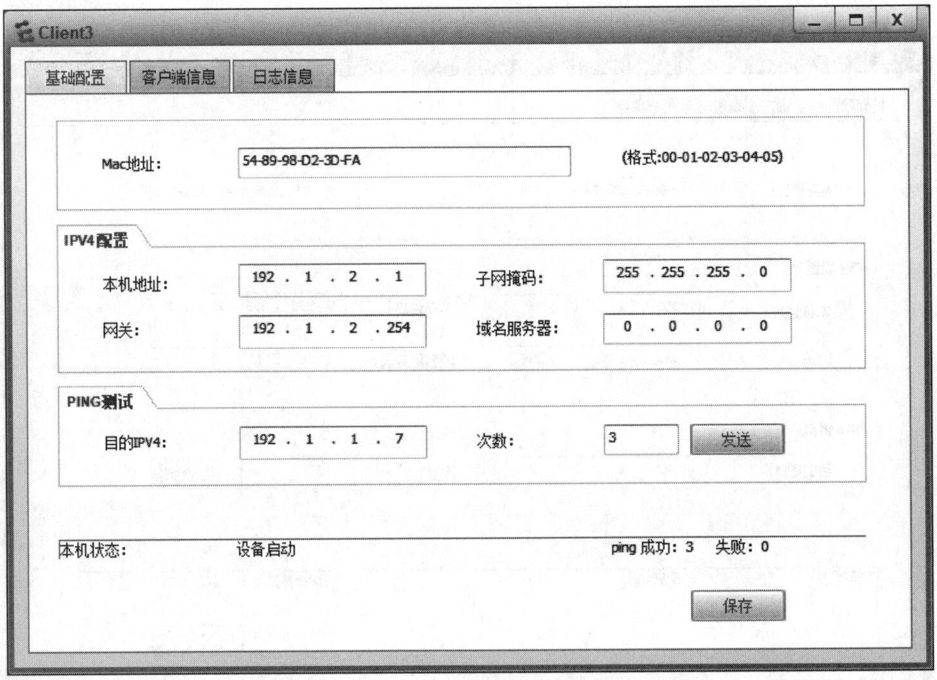

图 7.60 Client3 成功执行 ping 操作的界面

图 7.61 Client4 通过 FTP 客户端成功访问 FTP Server 的界面

(5) 在路由器 AR1 和 AR2 中创建用于实施访问控制策略"只允许客户端 Client1 通

过 HTTP 访问 Web Server，只允许 Client3 通过 FTP 访问 FTP Server，禁止其他一切网络间通信过程”的规则集，并将该规则集作用到 AR1 连接交换机 LSW1 的接口的输入方向和 AR2 连接交换机 LSW2 的接口的输入方向。路由器 AR1 配置的规则集如图 7.62 所示，路由器 AR2 配置的规则集如图 7.63 所示。

```
AR1
The device is running!

<Huawei>display acl all
 Total quantity of nonempty ACL number is 1

Advanced ACL 3001, 4 rules
Acl's step is 5
 rule 10 permit tcp source 192.1.1.1 0 destination 192.1.2.7 0 destination-port
eq www
 rule 20 permit tcp source 192.1.1.7 0 source-port eq ftp destination 192.1.2.1
0
 rule 30 permit tcp source 192.1.1.7 0 source-port gt 1024 destination 192.1.2.1
 0
 rule 40 deny ip (74 matches)

<Huawei>
```

图 7.62　路由器 AR1 配置的规则集

```
AR2
<Huawei>display acl all
 Total quantity of nonempty ACL number is 1

Advanced ACL 3001, 4 rules
Acl's step is 5
 rule 10 permit tcp source 192.1.2.1 0 destination 192.1.1.7 0 destination-port
eq ftp
 rule 20 permit tcp source 192.1.2.1 0 destination 192.1.1.7 0 destination-port
gt 1024
 rule 30 permit tcp source 192.1.2.7 0 source-port eq www destination 192.1.1.1
0
 rule 40 deny ip (119 matches)

<Huawei>
<Huawei>
<Huawei>
```

图 7.63　路由器 AR2 配置的规则集

(6) Client1 可以通过浏览器成功访问 Web Server，如图 7.64 所示。但 Client1 无法与 Web Server 之间成功进行 ICMP ECHO 请求和响应过程，如图 7.65 所示。Client2 也无法通过浏览器成功访问 Web Server，如图 7.66 所示。Client3 可以通过 FTP 客户端成功访问 FTP Server，如图 7.67 所示，但 Client3 无法与 FTP Server 之间成功进行 ICMP ECHO 请求和响应过程，如图 7.68 所示。Client4 也无法通过 FTP 客户端成功访问 FTP Server，如图 7.69 所示。

Client1
基础配置
客户端信息
日志信息
FtpClient
HttpClient
地址:
http://192.1.2.7/default.htm
获取
HTTP/1.1 200 OK
Server: ENSP HttpServer
Auth: HUAWEI
Cache-Control: private
Content-Type: text/html
Content-Length: 23589
File download
是否保存该文件?
文件名:
default.htm
类型:
text/html
来自:
192.1.2.7
保存
取消

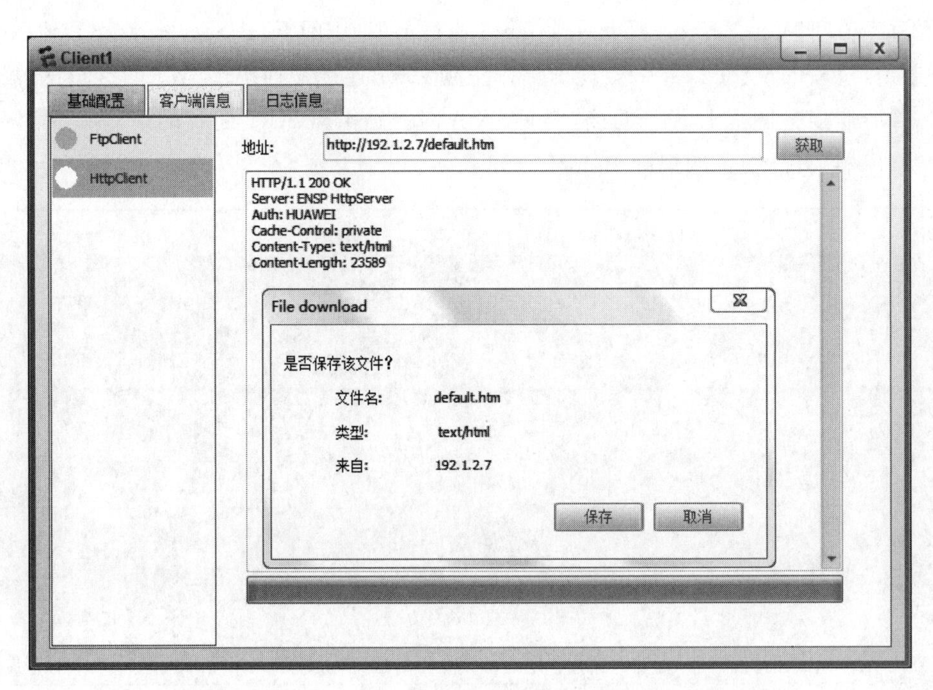

图 7.64　Client1 通过浏览器成功访问 Web Server 的界面

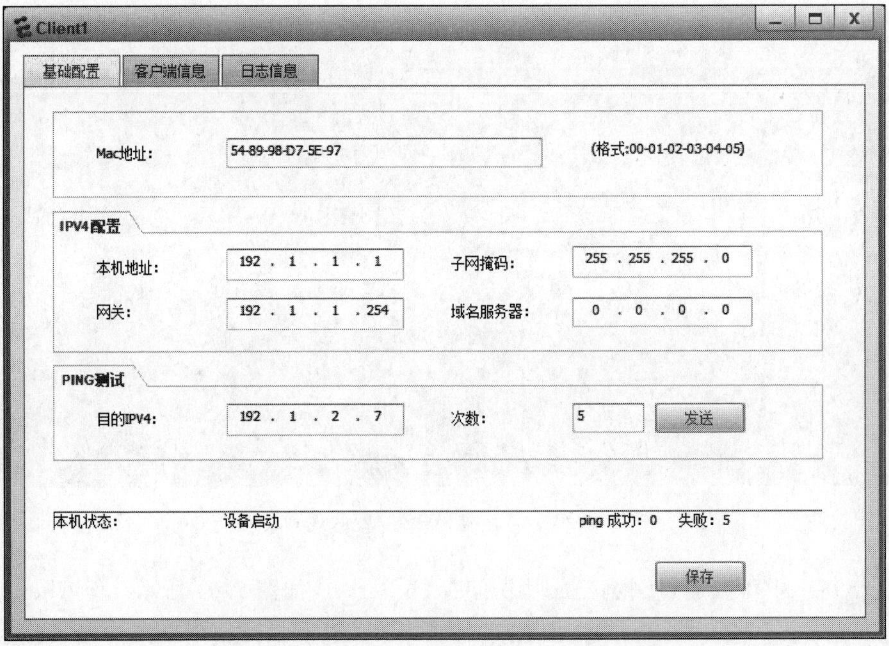

Client1
基础配置
客户端信息
日志信息
Mac地址:
54-89-98-D7-5E-97
(格式:00-01-02-03-04-05)
IPV4配置
本机地址:
192 . 1 . 1 . 1
子网掩码:
255 . 255 . 255 . 0
网关:
192 . 1 . 1 . 254
域名服务器:
0 . 0 . 0 . 0
PING测试
目的IPV4:
192 . 1 . 2 . 7
次数:
5
发送
本机状态:
设备启动
ping 成功: 0　失败: 5
保存

图 7.65　Client1 ping Web Server 失败的界面

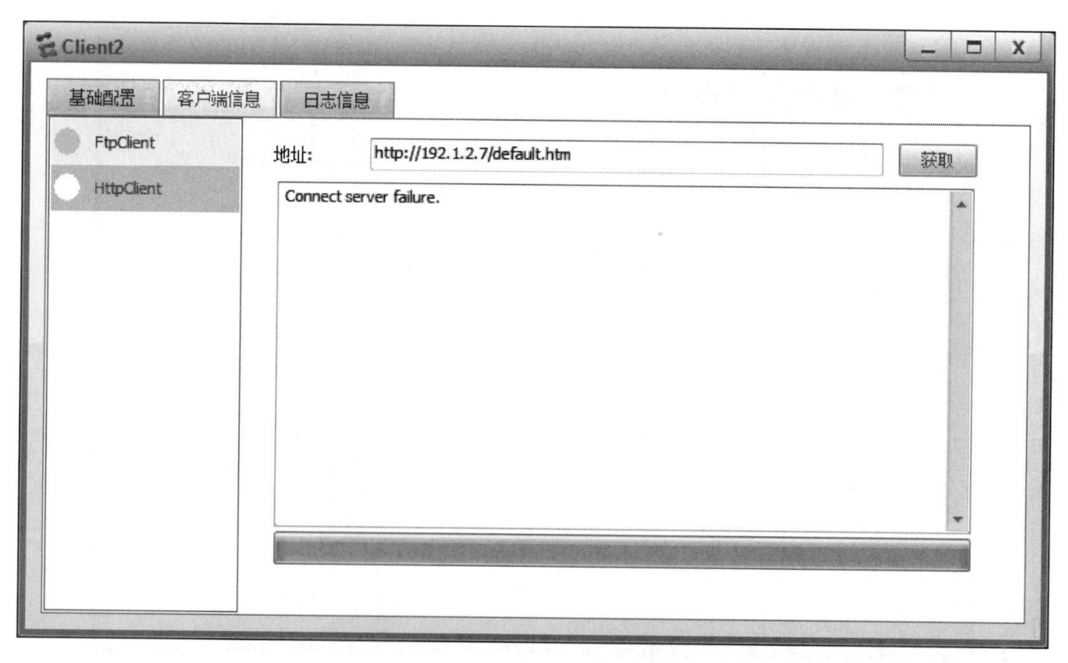

图 7.66　Client2 通过浏览器访问 Web Server 失败的界面

图 7.67　Client3 通过 FTP 客户端成功访问 FTP Server 的界面

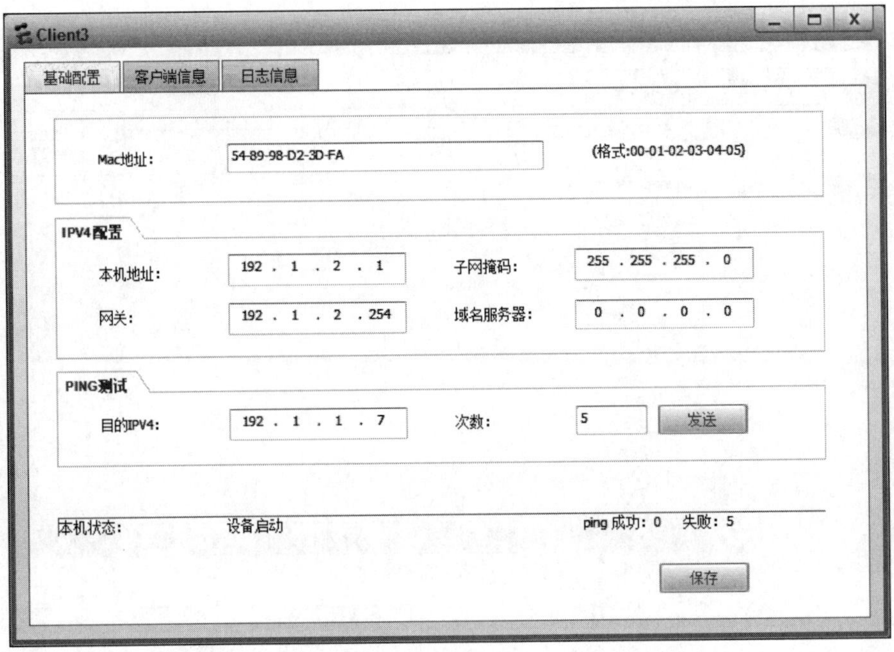

Client3
基础配置
客户端信息
日志信息
Mac地址：
54-89-98-D2-3D-FA
(格式:00-01-02-03-04-05)
IPV4配置
本机地址：
192 . 1 . 2 . 1
子网掩码：
255 . 255 . 255 . 0
网关：
192 . 1 . 2 . 254
域名服务器：
0 . 0 . 0 . 0
PING测试
目的IPV4：
192 . 1 . 1 . 7
次数：
5
发送
本机状态：
设备启动
ping 成功：0 失败：5
保存

图 7.68 Client3 ping FTP Server 失败的界面

Client4
基础配置
客户端信息
日志信息
FtpClient
HttpClient
服务器地址：
192 . 1 . 1 . 7
用户名：
1
端口号：
21
密码：
1
文件传输模式
PASV
PORT
类型
Binary
ASCII
Auto check
登录
登出
错误
连接服务器失败。
确定
大小(B)
Program Files
Program Files (x86)
只显示小于1M的文件

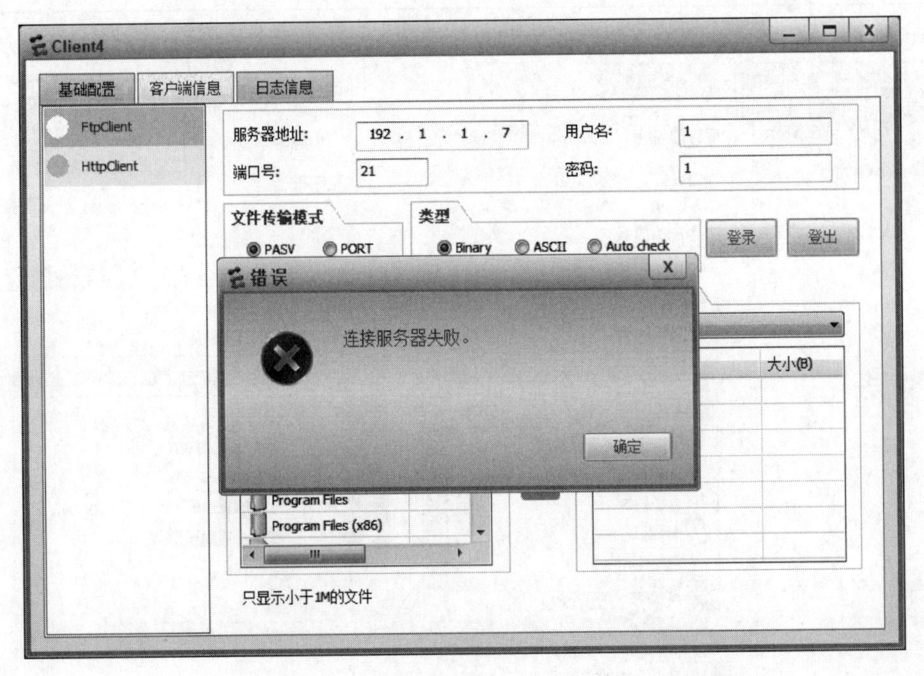

图 7.69 Client4 通过 FTP 客户端访问 FTP Server 失败的界面

7.4.6 命令行接口配置过程

1. 路由器 AR1 配置过程

```
<Huawei>system-view
[Huawei]undo info-center enable
[Huawei]interface GigabitEthernet0/0/0
[Huawei-GigabitEthernet0/0/0]ip address 192.1.1.254 24
[Huawei-GigabitEthernet0/0/0]quit
[Huawei]interface GigabitEthernet0/0/1
[Huawei-GigabitEthernet0/0/1]ip address 192.1.3.1 24
[Huawei-GigabitEthernet0/0/1]quit
[Huawei]rip 1
[Huawei-rip-1]version 2
[Huawei-rip-1]network 192.1.1.0
[Huawei-rip-1]network 192.1.3.0
[Huawei-rip-1]quit
```

注：以下命令序列在完成 7.4.5 节的实验步骤(5)时执行。

```
[Huawei]acl 3001
[Huawei-acl-adv-3001]rule 10 permit tcp source 192.1.1.1 0.0.0.0 destination
192.1.2.7 0.0.0.0 destination-port eq 80
[Huawei-acl-adv-3001]rule 20 permit tcp source 192.1.1.7 0.0.0.0 source-port eq
21 destination 192.1.2.1 0.0.0.0
[Huawei-acl-adv-3001]rule 30 permit tcp source 192.1.1.7 0.0.0.0 source-port gt
1024 destination 192.1.2.1 0.0.0.0
[Huawei-acl-adv-3001]rule 40 deny ip source any destination any
[Huawei-acl-adv-3001]quit
[Huawei]interface GigabitEthernet0/0/0
[Huawei-GigabitEthernet0/0/0]traffic-filter inbound acl 3001
[Huawei-GigabitEthernet0/0/0]quit
```

2. 路由器 AR2 配置过程

```
<Huawei>system-view
[Huawei]undo info-center enable
[Huawei]interface GigabitEthernet0/0/0
[Huawei-GigabitEthernet0/0/0]ip address 192.1.3.2 24
[Huawei-GigabitEthernet0/0/0]quit
[Huawei]interface GigabitEthernet0/0/1
[Huawei-GigabitEthernet0/0/1]ip address 192.1.2.254 24
[Huawei-GigabitEthernet0/0/1]quit
[Huawei]rip 2
[Huawei-rip-2]version 2
```

```
[Huawei-rip-2]network 192.1.2.0
[Huawei-rip-2]network 192.1.3.0
[Huawei-rip-2]quit
```

注：以下命令序列在完成 7.4.5 节的实验步骤(5)时执行。

```
[Huawei]acl 3001
[Huawei-acl-adv-3001]rule 10 permit tcp source 192.1.2.1 0.0.0.0 destination
192.1.1.7 0.0.0.0 destination-port eq 21
[Huawei-acl-adv-3001]rule 20 permit tcp source 192.1.2.1 0.0.0.0 destination
192.1.1.7 0.0.0.0 destination-port gt 1024
[Huawei-acl-adv-3001]rule 30 permit tcp source 192.1.2.7 0.0.0.0 source-port eq
80 destination 192.1.1.1 0.0.0.0
[Huawei-acl-adv-3001]rule 40 deny ip source any destination any
[Huawei-acl-adv-3001]quit
[Huawei]interface GigabitEthernet0/0/1
[Huawei-GigabitEthernet0/0/1]traffic-filter inbound acl 3001
[Huawei-GigabitEthernet0/0/1]quit
```

3. 命令列表

路由器配置过程中使用的命令及功能和参数说明如表 7.4 所示。

表 7.4 路由器配置过程中使用的命令及功能和参数说明

命令格式	功能和参数说明
acl *acl-number*	创建规则集，并进入 ACL 视图。参数 *acl-number* 是规则集编号
rule [*rule-id*] { **deny** | **permit** } **tcp** [**destination**{*destination-address destination-wildcard* | **any**} | **destination-port** { **eq** *port* | **gt** *port* | **lt** *port*} | **source** { *source-address source-wildcard* | **any** } | **source-port** { **eq** *port* | **gt** *port* | **lt** *port* }	配置规则。参数 *rule-id* 是规则序号；deny 表示拒绝符合条件的 IP 分组通过，permit 表示允许符合条件的 IP 分组通过；参数 *destination-address* 和 *destination-wildcard* 表示目的 IP 地址范围，其中参数 *destination-wildcard* 是反掩码，反掩码是子网掩码的反码；参数 *source-address* 和 *source-wildcard* 表示源 IP 地址范围，any 表示任意 IP 地址；参数 *port* 是端口号，eq 表示等于，gt 表示大于，lt 表示小于
traffic-filter { **inbound** | **outbound** } **acl** *acl-number*	将编号为 *acl-number* 的规则集作用到指定路由器接口的输入方向(inbound)或输出方向(outbound)

7.5 有状态分组过滤器配置实验

7.5.1 实验内容

互联网结构如图 7.70 所示，分别在路由器 R 接口 1 和接口 2 设置了状态分组过滤器，实现只允许终端 A 访问 Web 服务器和终端 B 访问 FTP 服务器，禁止其他一切网络间通信过程的访问控制策略。

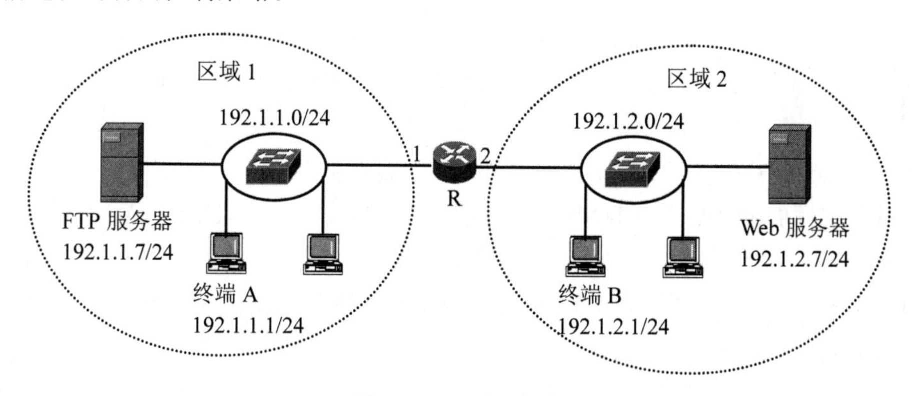

图 7.70　互联网结构

7.5.2　实验目的

（1）验证有状态分组过滤器的配置过程。

（2）验证有状态分组过滤器实现访问控制策略的过程。

（3）验证过滤规则设置原则和方法。

（4）验证过滤规则的作用过程。

（5）验证基于会话的信息交换控制机制。

（6）验证区域配置过程。

（7）验证控制区域间信息交换的过程。

7.5.3　实验原理

如图 7.70 所示，在定义区域 1 和区域 2 后，如果区域 1 的优先级高于区域 2，则只允许区域 1 内的终端和服务器对区域 2 内的终端和服务器发起访问，而区域 2 内的终端和服务器无法主动与区域 1 内的终端和服务器进行通信，只有在区域 1 内的终端和服务器向区域 2 内的终端和服务器发出访问请求后，区域 2 内的终端和服务器才允许向区域 1 内的终端和服务器发送该访问请求对应的访问响应。

为了实现只允许终端 A 访问 Web 服务器和终端 B 访问 FTP 服务器，禁止其他一切网络间通信过程的访问控制策略，区域 1 至区域 2 方向只允许传输终端 A 发送给 Web 服务器的 TCP 请求报文。且只有在区域 1 至区域 2 方向已经传输终端 A 发送给 Web 服务器的 TCP 请求报文后，区域 2 至区域 1 方向才允许传输 Web 服务器发送给终端 A 的 TCP 响应报文。

完成区域 1 和区域 2 的配置过程后，由于区域 2 的优先级低于区域 1 的优先级，因此，区域 2 内的终端和服务器无法主动向区域 1 内的终端和服务器发送 TCP 请求报文。

为了允许终端B对FTP服务器发起访问,需要允许区域2至区域1方向传输终端B发送给FTP服务器的TCP请求报文。且只有在区域2至区域1方向已经传输终端B发送给FTP服务器的TCP请求报文后,区域1至区域2方向才允许传输FTP服务器发送给终端B的TCP响应报文。

为此,需要在区域1至区域2方向定义如下过滤规则集。

过滤规则①:协议类型=TCP,源IP地址=192.1.1.1/32,源端口号=*,目的IP地址=192.1.2.7/32,目的端口号=80;正常转发。

过滤规则②:协议类型=*,源IP地址=any,目的IP地址=any;丢弃。

需要在区域2至区域1方向定义如下过滤规则集。

过滤规则①:协议类型=TCP,源IP地址=192.1.2.1/32,源端口号=*,目的IP地址=192.1.1.7/32,目的端口号=21;正常转发。

过滤规则②:协议类型=TCP,源IP地址=192.1.2.1/32,源端口号=*,目的IP地址=192.1.1.7/32,目的端口号>1024;正常转发。

过滤规则③:协议类型=*,源IP地址=any,目的IP地址=any;丢弃。

在区域2至区域1方向定义的过滤规则集中设置过滤规则②的目的是为了允许建立FTP服务器与终端B之间的数据连接,但结果是几乎开放了所有FTP服务器与终端B之间的TCP连接。为了解决这一问题,华为路由器引进了深度检测,通过检测经过FTP服务器与终端B之间的控制连接传输的命令,确定FTP服务器与终端B之间的数据连接所使用的两端端口号,从而自动生成允许建立FTP服务器与终端B之间的数据连接的过滤规则,而且在该过滤规则中指定FTP服务器与终端B之间的数据连接所使用的两端端口号。

为此,需要在区域2至区域1方向定义如下过滤规则集。

过滤规则①:协议类型=TCP,源IP地址=192.1.2.1/32,源端口号=*,目的IP地址=192.1.1.7/32,目的端口号=21;正常转发。

过滤规则②:协议类型=*,源IP地址=any,目的IP地址=any;丢弃。

同时在两个区域间的传输过程中引入深度检测功能。

7.5.4 关键命令说明

1. 创建安全区域并为安全区域配置优先级

```
[Huawei]firewall zone trust
[Huawei-zone-trust]priority 14
[Huawei-zone-trust]quit
```

firewall zone trust是系统视图下使用的命令,该命令的作用是创建名为trust的安全区域,并进入安全区域视图。

priority 14是安全区域视图下使用的命令,该命令的作用是将当前安全区域(这里是名为 trust 的安全区域)的优先级值设置为 14,优先级值越高,优先级越高。不同类型的路由器有不同的优先级值范围。

2. 创建安全域间并启动安全域间的防火墙功能

```
[Huawei]firewall interzone trust untrust
[Huawei-interzone-trust-untrust]firewall enable
[Huawei-interzone-trust-untrust]quit
```

firewall interzone trust untrust 是系统视图下使用的命令,该命令的作用是创建名为 trust 和名为 untrust 这两个安全区域之间的安全域间(interzone),并进入安全域间视图。

firewall enable 是安全域间视图下使用的命令,该命令的作用是启动当前安全域间的防火墙功能。

3. 将路由器接口加入安全区域

```
[Huawei]interface GigabitEthernet0/0/0
[Huawei-GigabitEthernet0/0/0]zone trust
[Huawei-GigabitEthernet0/0/0]quit
```

zone trust 是接口视图下使用的命令,该命令的作用是将当前接口(这里是 GigabitEthernet0/0/0)加入名为 trust 的安全区域。

4. 启动安全域间的分组过滤功能

```
[Huawei]firewall interzone trust untrust
[Huawei-interzone-trust-untrust]packet-filter 3001 inbound
[Huawei-interzone-trust-untrust]packet-filter 3002 outbound
[Huawei-interzone-trust-untrust]quit
```

packet-filter 3001 inbound 是安全域间视图下使用的命令,该命令的作用是将编号为 3001 的过滤规则集作用到当前安全域间的输入方向。安全域间的输入方向是指从低优先级安全区域到高优先级安全区域的传输方向。

packet-filter 3002 outbound 是安全域间视图下使用的命令,该命令的作用是将编号为 3002 的过滤规则集作用到当前安全域间的输出方向。安全域间的输出方向是指从高优先级安全区域到低优先级安全区域的传输方向。

5. 启动安全域间的深度检测功能

```
[Huawei]firewall interzone trust untrust
[Huawei-interzone-trust-untrust]detect aspf ftp
[Huawei-interzone-trust-untrust]quit
```

detect aspf ftp 是安全域间视图下使用的命令,该命令的作用是启动针对应用层协议 FTP 的深度检测功能。启动该功能后,通过检测经过控制连接传输的命令,确定数据连接两端的端口号,在安全域间过滤规则集中自动添加允许数据连接建立的过滤规则。

7.5.5 实验步骤

(1) 启动 eNSP,按照图 7.70 所示的网络拓扑结构放置和连接设备。完成设备放置和连接后的 eNSP 界面如图 7.71 所示。启动所有设备。

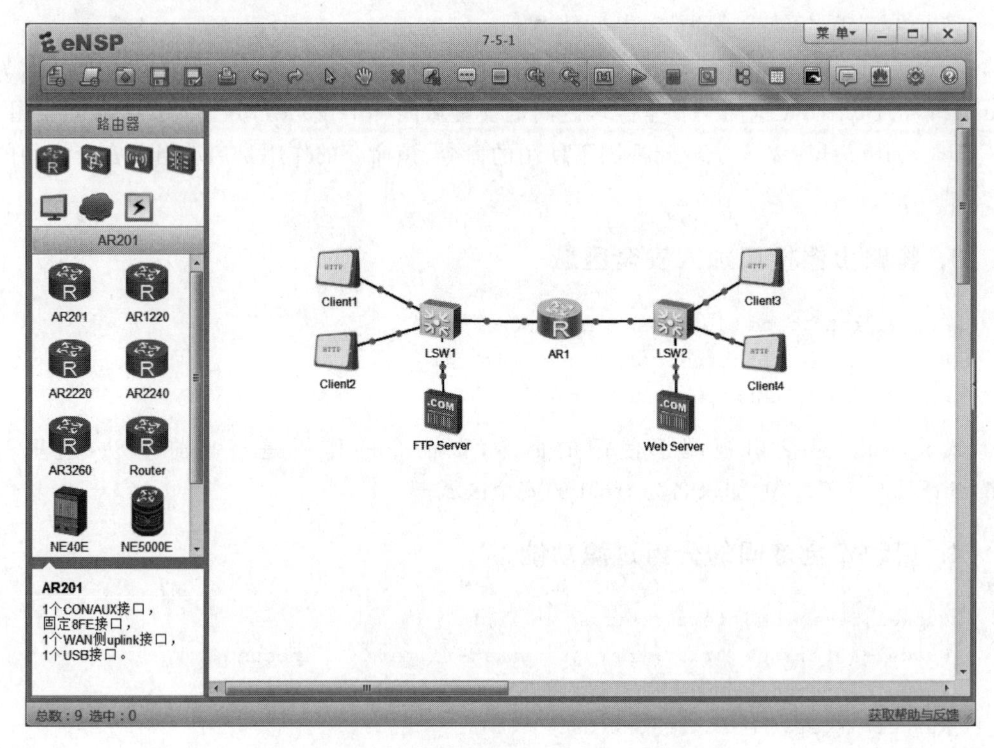

图 7.71 完成设备放置和连接后的 eNSP 界面

(2) 完成路由器 AR1 各个接口 IP 地址和子网掩码配置过程。创建两个名为 trust 和 untrust 的安全区域,分别将路由器接口加入对应的安全区域,启动安全域间的防火墙功能。有关路由器 AR1 安全区域和安全域间的信息如图 7.72 所示。值得注意的是,trust(高优先级安全区域)至 untrust(低优先级安全区域)方向的默认配置是允许传输所有 IP 分组,untrust(低优先级安全区域)至 trust(高优先级安全区域)方向的默认配置是禁止传输所有 IP 分组。

(3) 完成各个客户端和服务器的 IP 地址、子网掩码和默认网关地址配置过程。允许位于 trust 安全区域内的 Client1、Client2 和 FTP Server 发起对位于 untrust 安全区域内的 Client3、Client4 和 Web Server 的访问过程,但禁止方向相反的访问过程。图 7.73 是 Client1 对 Client3 进行的 ping 操作。操作结果表明:Client1 能够发起对 Client3 的 ICMP ECHO 请求和响应过程。图 7.74 是 Client3 对 Client1 进行的 ping 操作,操作结果表明:Client3 无法对 Client1 发起 ICMP ECHO 请求和响应过程。

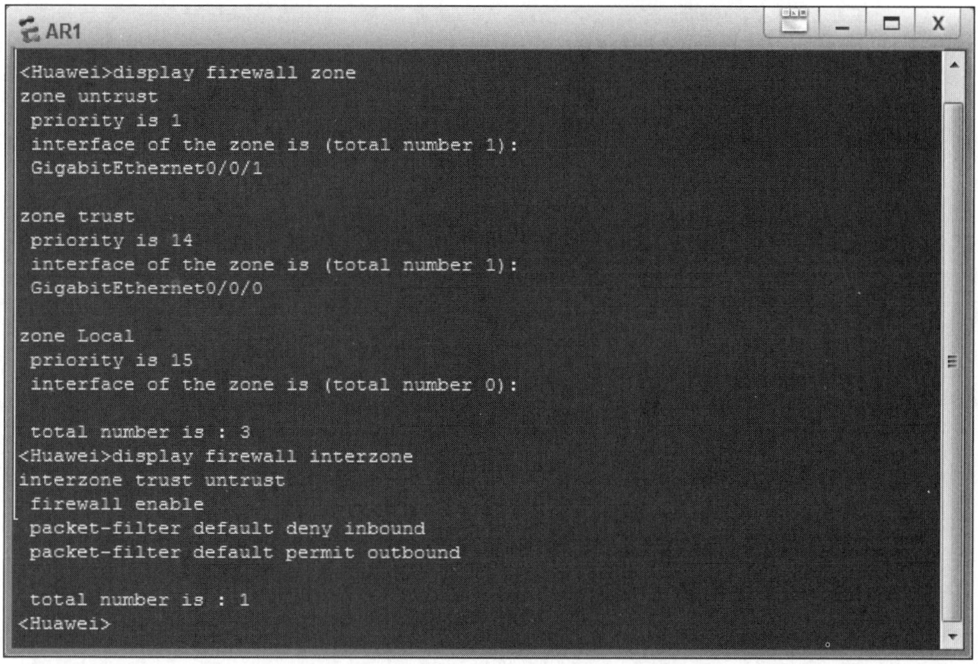

```
<Huawei>display firewall zone
zone untrust
 priority is 1
 interface of the zone is (total number 1):
 GigabitEthernet0/0/1

zone trust
 priority is 14
 interface of the zone is (total number 1):
 GigabitEthernet0/0/0

zone Local
 priority is 15
 interface of the zone is (total number 0):

 total number is : 3
<Huawei>display firewall interzone
interzone trust untrust
 firewall enable
 packet-filter default deny inbound
 packet-filter default permit outbound

 total number is : 1
<Huawei>
```

图 7.72　有关路由器 AR1 安全区域和安全域间的信息

Client1

基础配置　客户端信息　日志信息

Mac地址: 54-89-98-46-7D-3D　(格式:00-01-02-03-04-05)

IPV4配置

本机地址: 192 . 1 . 1 . 1　子网掩码: 255 . 255 . 255 . 0

网关: 192 . 1 . 1 . 254　域名服务器: 0 . 0 . 0 . 0

PING测试

目的IPV4: 192 . 1 . 2 . 1　次数: 5　发送

本机状态: 设备启动　ping 成功: 4　失败: 1

保存

图 7.73　Client1 对 Client3 进行的 ping 操作

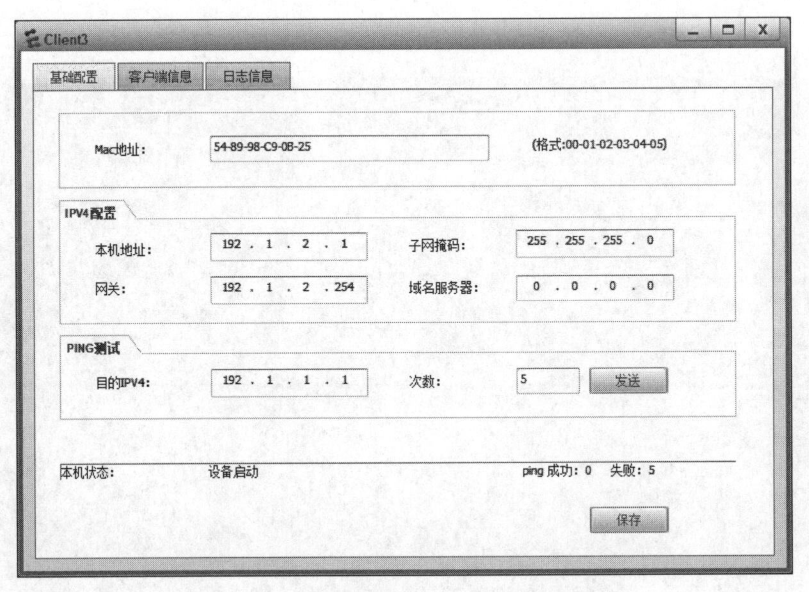

图 7.74　Client3 对 Client1 进行的 ping 操作

(4) trust 至 untrust 方向配置只允许传输与 Client1 通过 HTTP 访问 Web Server 有关的 TCP 报文的过滤规则集。untrust 至 trust 方向配置只允许传输与 Client3 通过 FTP 访问 FTP Server 有关的 TCP 报文的过滤规则集。配置的过滤规则集如图 7.75 所示，安全域间不同方向作用的过滤规则集如图 7.76 所示。

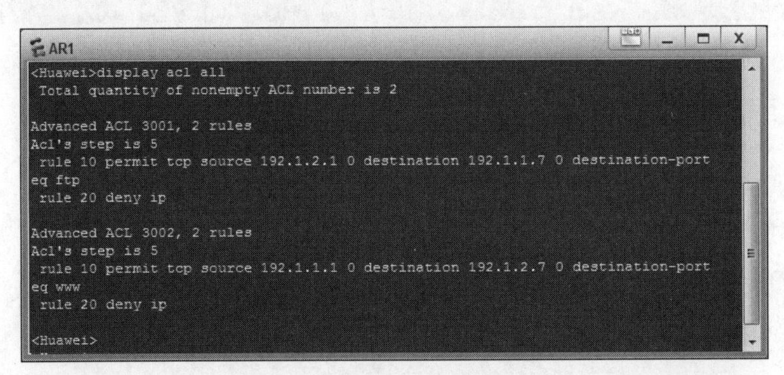

图 7.75　配置的过滤规则集

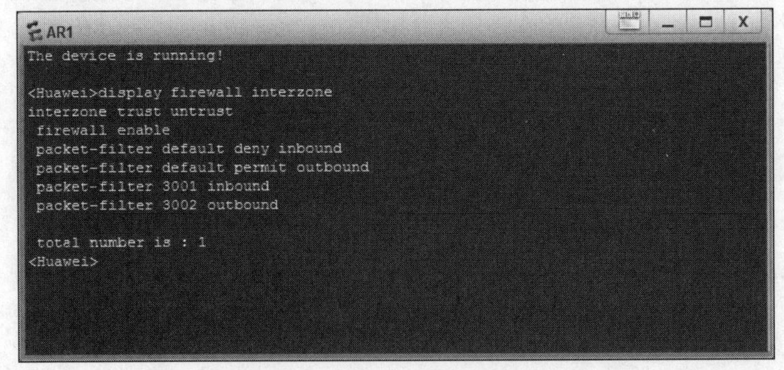

图 7.76　安全域间不同方向作用的过滤规则集

(5) 完成 FTP Server 有关 FTP 服务器功能的配置过程，配置界面如图 7.77 所示。完成 Web Server 有关 Web 服务器功能的配置过程，配置界面如图 7.78 所示。Client1 可以通过浏览器访问 Web 服务器，访问过程如图 7.79 所示。Client3 可以通过 FTP 客户端访问 FTP 服务器，访问过程如图 7.80 所示。需要说明的是，Client3 只能登录 FTP 服务器，但无法查看 FTP 服务器中的文件目录。原因是 untrust 至 trust 方向配置的过滤规则集只允许传输与建立 Client3 和 FTP Server 之间控制连接有关的 TCP 报文，使得 Client3 无法建立与 FTP Server 之间的数据连接，导致 Client3 只能登录 FTP 服务器，但无法查看 FTP 服务器中的文件目录。

图 7.77　有关 FTP 服务器功能的配置界面

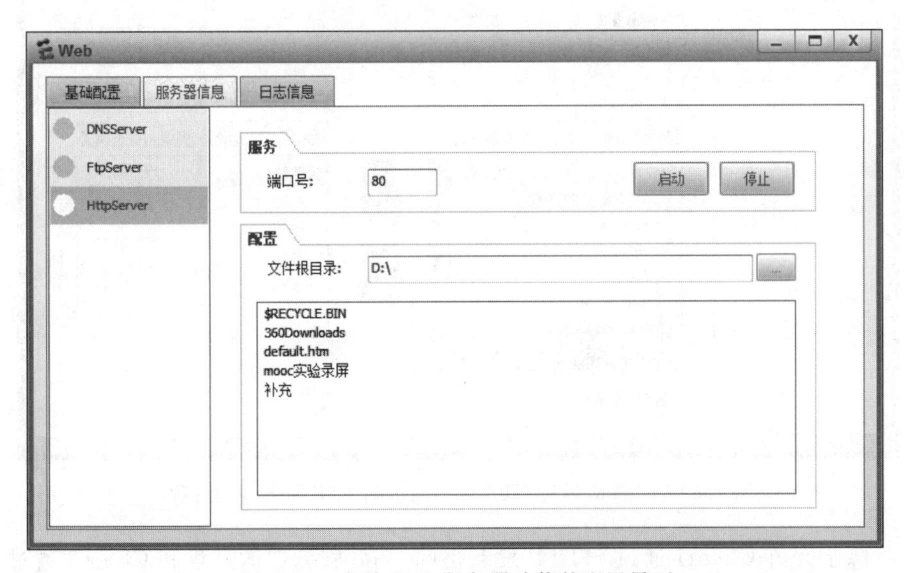

图 7.78　有关 Web 服务器功能的配置界面

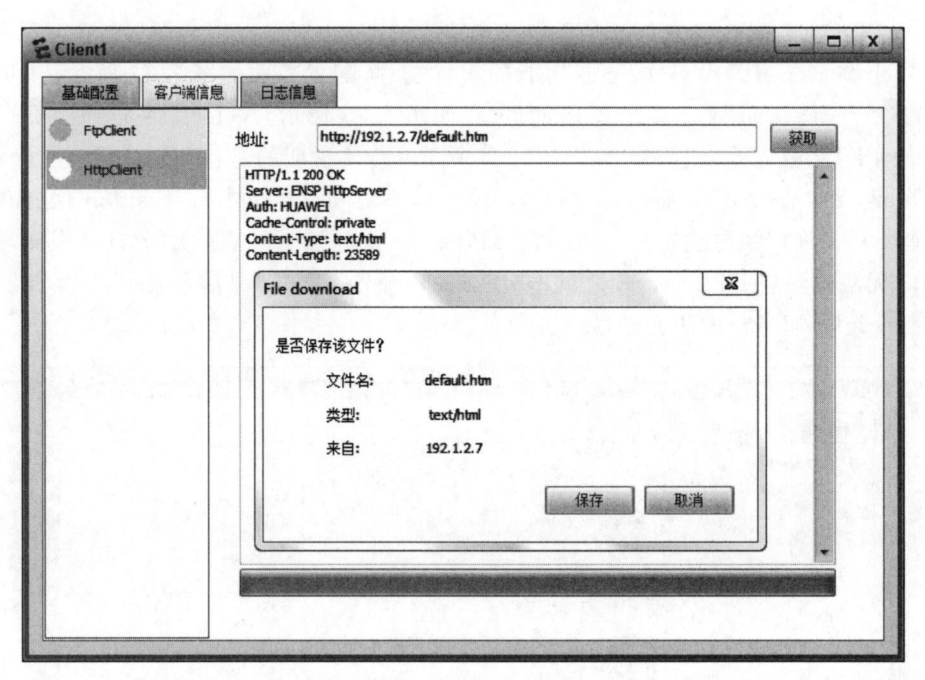

图 7.79 Client1 通过浏览器访问 Web 服务器的过程

图 7.80 Client3 通过 FTP 客户端访问 FTP 服务器的过程

（6）除了允许 Client1 通过 HTTP 发起访问 Web 服务器的过程和 Client3 通过 FTP 发起访问 FTP 服务器的过程外，禁止两个安全区域间的其他一切通信过程。图 7.81 是 Client1 无法发起对 Client3 的 ICMP ECHO 请求和响应过程的界面。图 7.82 是 Client1

无法发起对 Web 服务器的 ICMP ECHO 请求和响应过程的界面。图 7.83 是 Client3 无法发起对 FTP 服务器的 ICMP ECHO 请求和响应过程的界面。

图 7.81　Client1 对 Client3 进行的 ping 操作

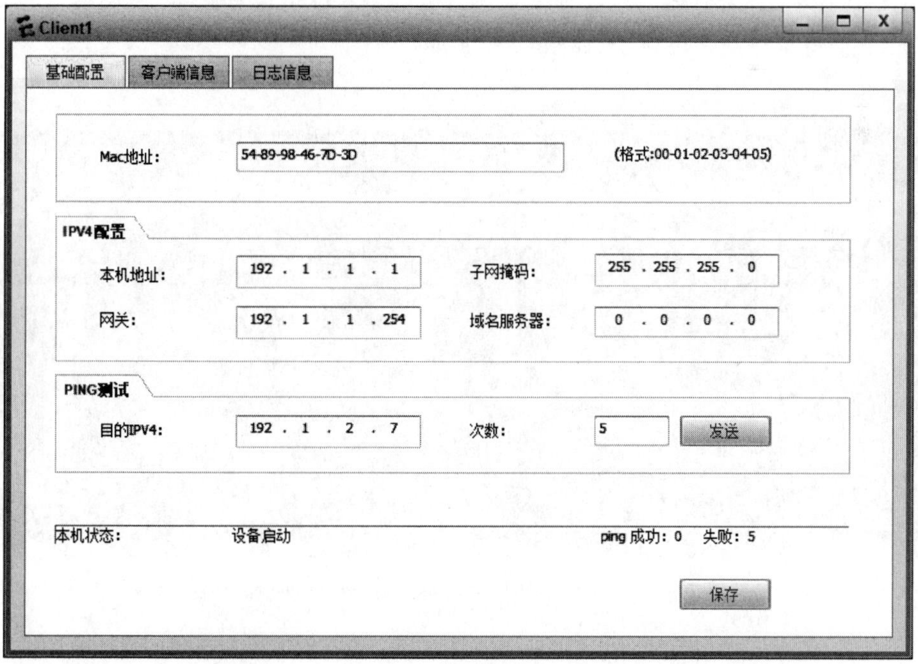

图 7.82　Client1 对 Web 服务器进行的 ping 操作

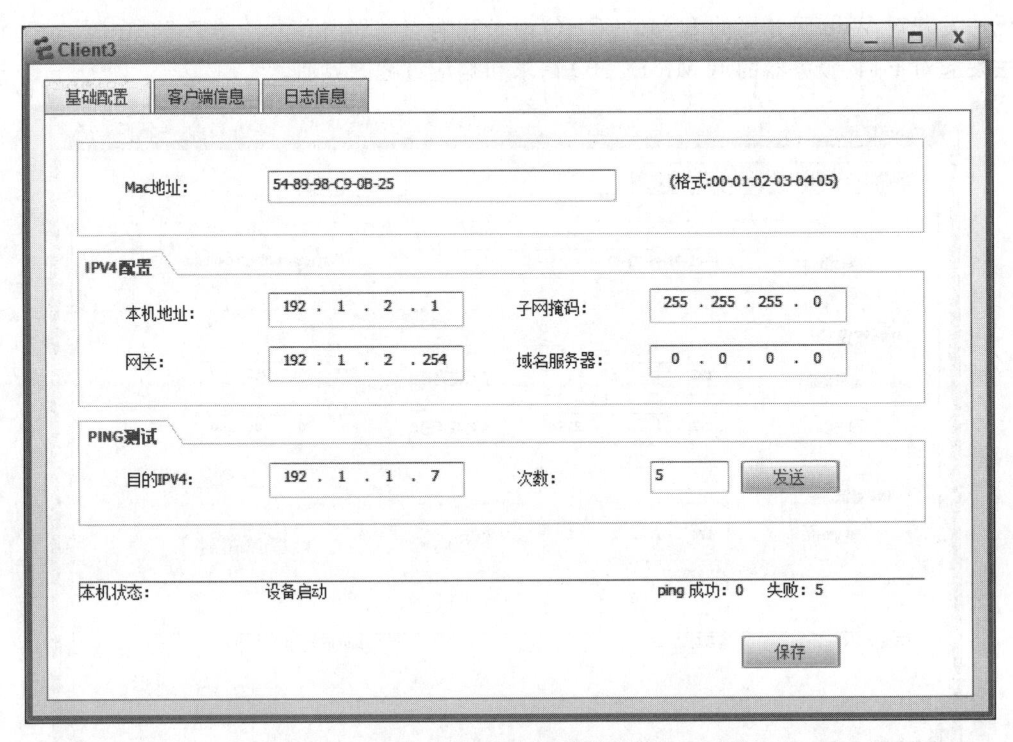

图 7.83　Client3 对 FTP 服务器进行的 ping 操作

(7) 在安全域间启动针对 FTP 的深度检测功能。安全域间作用的过滤规则集和深度检测功能如图 7.84 所示。在这种情况下,Client3 不仅可以登录 FTP 服务器,还可以访问 FTP 服务器中的文件目录,如图 7.85 所示。

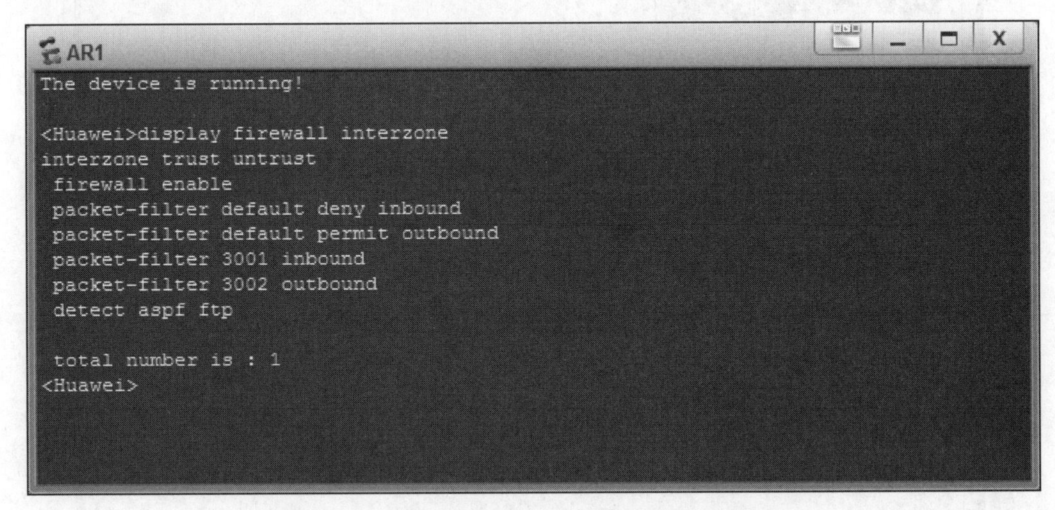

图 7.84　安全域间作用的过滤规则集和深度检测功能

图 7.85 Client3 访问 FTP 服务器的过程

7.5.6 命令行接口配置过程

1. 路由器 AR1 配置过程

```
<Huawei>system-view
[Huawei]undo info-center enable
[Huawei]firewall zone trust
[Huawei-zone-trust]priority 14
[Huawei-zone-trust]quit
[Huawei]firewall zone untrust
[Huawei-zone-untrust]priority 1
[Huawei-zone-untrust]quit
[Huawei]firewall interzone trust untrust
[Huawei-interzone-trust-untrust]firewall enable
[Huawei-interzone-trust-untrust]quit
[Huawei]interface GigabitEthernet0/0/0
[Huawei-GigabitEthernet0/0/0]ip address 192.1.1.254 24
[Huawei-GigabitEthernet0/0/0]zone trust
[Huawei-GigabitEthernet0/0/0]quit
[Huawei]interface GigabitEthernet0/0/1
[Huawei-GigabitEthernet0/0/1]ip address 192.1.2.254 24
[Huawei-GigabitEthernet0/0/1]zone untrust
```

```
[Huawei-GigabitEthernet0/0/1]quit
```

注：以下命令序列在完成 7.5.5 节的实验步骤(4)时执行。

```
[Huawei]acl 3001
[Huawei-acl-adv-3001]rule 10 permit tcp source 192.1.2.1 0.0.0.0 destination
192.1.1.7 0.0.0.0 destination-port eq 21
[Huawei-acl-adv-3001]rule 20 deny ip
[Huawei-acl-adv-3001]quit
[Huawei]acl 3002
[Huawei-acl-adv-3002]rule 10 permit tcp source 192.1.1.1 0.0.0.0 destination
192.1.2.7 0.0.0.0 destination-port eq 80
[Huawei-acl-adv-3002]rule 20 deny ip
[Huawei-acl-adv-3002]quit
[Huawei]firewall interzone trust untrust
[Huawei-interzone-trust-untrust]packet-filter 3001 inbound
[Huawei-interzone-trust-untrust]packet-filter 3002 outbound
[Huawei-interzone-trust-untrust]quit
```

注：以下命令序列在完成 7.5.5 节的实验步骤(7)时执行。

```
[Huawei]firewall interzone trust untrust
[Huawei-interzone-trust-untrust]detect aspf ftp
[Huawei-interzone-trust-untrust]quit
```

2. 命令列表

路由器配置过程中使用的命令及功能和参数说明如表 7.5 所示。

表 7.5　路由器配置过程中使用的命令及功能和参数说明

命令格式	功能和参数说明
firewall zone *zone-name*	创建一个安全区域，并进入安全区域视图。参数 *zone-name* 是安全区域名
priority *security-priority*	为当前安全区域配置优先级值。参数 *security-priority* 是优先级值，优先级值越大，优先级越高
firewall interzone *zone-name*1 *zone-name*2	创建一个安全域间，并进入安全域间视图。参数 *zone-name*1 和 *zone-name*2 是构成安全域间的两个安全区域名
firewall enable	启动当前安全域间的防火墙功能
zone *zone-name*	将当前接口加入安全区域。参数 *zone-name* 是安全区域名
packet-filter *acl-number* { **inbound** | **outbound** }	将编号为 *acl-number* 的过滤规则集作用到当前安全域间的入方向(inbound)或出方向(outbound)
detect aspf { **ftp** | **rtsp** | **sip** }	在当前安全域间启动针对某个应用层协议的深度检测功能

第 8 章

校园网设计和实现过程

实际校园网设计和实现过程包括以下步骤：根据校园布局设计网络拓扑结构，完成设备选型和逻辑结构设计，完成布线和网络设备安装、配置、调试过程等。本章假设一个校园布局，根据校园布局完成网络拓扑结构设计、设备选型和逻辑结构设计等，然后在华为 eNSP 中完成网络设备放置、连接、配置和调试过程等。

8.1 校园布局和设计要求

本节假设一个简单的校园和校园内楼宇布局，完成各个楼宇内终端和服务器之间的互连过程，引申出校园网设计和设备选型的一般原则。

8.1.1 校园布局

校园布局如图 8.1 所示，楼宇之间的距离为 1～2km。要求通过校园网实现分布在各个楼中的终端和服务器之间的互连。为了简化起见，只要求将每一栋教学楼中的若干终端和主楼中的若干服务器连接到校园网上，不考虑主楼和办公楼中的终端。

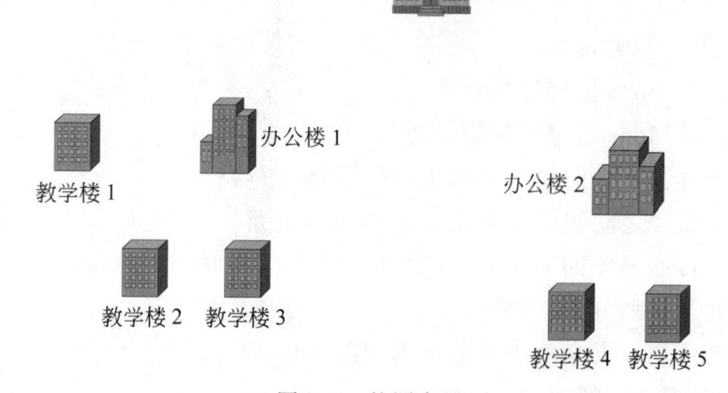

图 8.1　校园布局

8.1.2 网络拓扑结构

网络拓扑结构设计要考虑3个方面：一是布线系统的实施难度和成本，二是放置和管理网络设备的方便性，三是数据传输系统的设计要求。根据如图8.1所示的校园布局，设计出如图8.2所示的校园网拓扑结构。接入层设备放置在各个教学楼和主楼中，其功能是连接教学楼中的终端和主楼中的服务器。汇聚层设备放置在两个办公楼中，其功能有两个，一是连接核心层设备，二是连接分布在教学楼中的接入层设备。办公楼1中的汇聚层设备连接教学楼1、教学楼2和教学楼3中的接入层设备。办公楼2中的汇聚层设备连接教学楼4和教学楼5的接入层设备。核心层设备放置在主楼中，其功能有两个，一是连接放置在办公楼1和办公楼2中的汇聚层设备，二是连接主楼中的接入层设备。

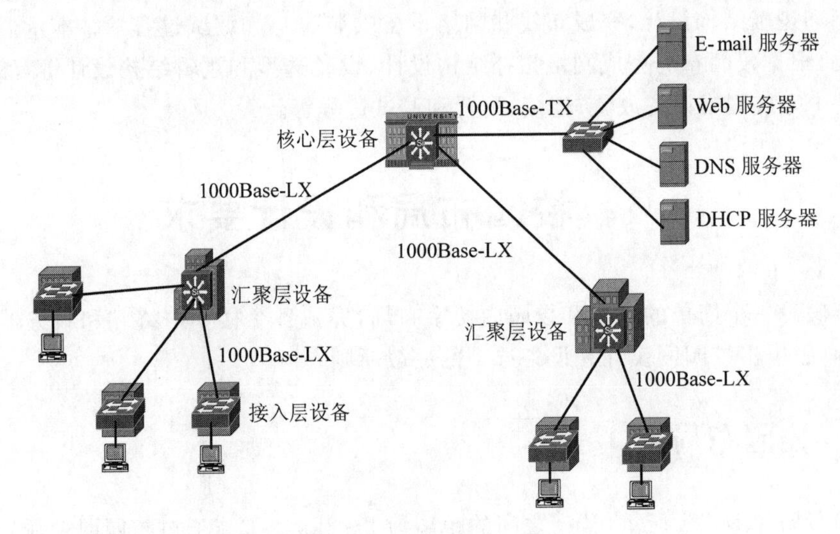

图8.2 校园网拓扑结构

8.1.3 数据传输网络设计要求

数据传输网络设计要求如下：

- 全双工、100Mb/s 链路连接终端。
- 全双工、100Mb/s 链路连接服务器。
- 教学楼与办公楼之间提供全双工、1000Mb/s 链路。
- 主楼与办公楼之间提供全双工、1000Mb/s 链路。
- 主楼与连接服务器的交换机之间提供全双工、1000Mb/s 链路。
- 允许跨教学楼划分 VLAN。
- 允许按照应用和安全等级为服务器分配 VLAN。
- 完成各个 VLAN 的 IP 地址分配。
- 选择 RIP 作为路由协议。

• 按照安全系统要求建立端到端传输路径。

8.1.4 安全系统设计要求

实现如下访问控制策略：只允许教学楼终端通过对应的应用层协议访问这些服务器,禁止教学楼终端与服务器之间的其他通信过程。

8.1.5 设备选型和端口配置

1. 设备选型依据

接入层设备选择二层交换机,汇聚层和核心层设备选择三层交换机。接入层设备选择二层交换机的依据如下：

- 接入层设备需要具有 VLAN 划分功能。
- 终端、服务器与接入层设备之间需要采用全双工通信方式。
- 接入层设备一般不需要提供 VLAN 间路由功能。
- 由于接入层设备的量比较大,要求采用比较便宜的设备。

汇聚层设备选择三层交换机的依据如下：

- 需要汇聚层设备支持跨接入层设备的 VLAN 划分。
- 需要汇聚层设备实现 VLAN 间路由功能。
- 需要汇聚层设备实现资源访问控制功能。
- 需要汇聚层设备生成端到端 IP 传输路径。

核心层设备选择三层交换机的依据如下：

- 需要核心层设备实现 VLAN 间路由功能。
- 需要核心层设备具有高速转发 IP 分组的功能。

2. 设备端口配置

根据图 8.3 所示的连接方式,各个交换机的端口配置如表 8.1 所示。假设每一栋教学楼中的接入层交换机连接两个终端,根据数据传输网络设计要求,每一台接入层交换机需要提供 2 个 100Base-TX 端口,用于连接两个终端;还需要提供 1 个 1000Base-LX 端口,用于连接与办公楼之间的 1000Mb/s 的光纤链路。

表 8.1 设备类型和端口配置

设备名称	类型	100Base-TX 端口	1000Base-TX 端口	1000Base-LX 端口
S1	二层交换机	2		1
S2	二层交换机	2		1
S3	二层交换机	2		1
S4	二层交换机	2		1

续表

设备名称	类型	100Base-TX 端口	1000Base-TX 端口	1000Base-LX 端口
S5	二层交换机	2		1
S6	二层交换机	4	1	
S7	三层交换机			4
S8	三层交换机			3
S9	三层交换机		1	2

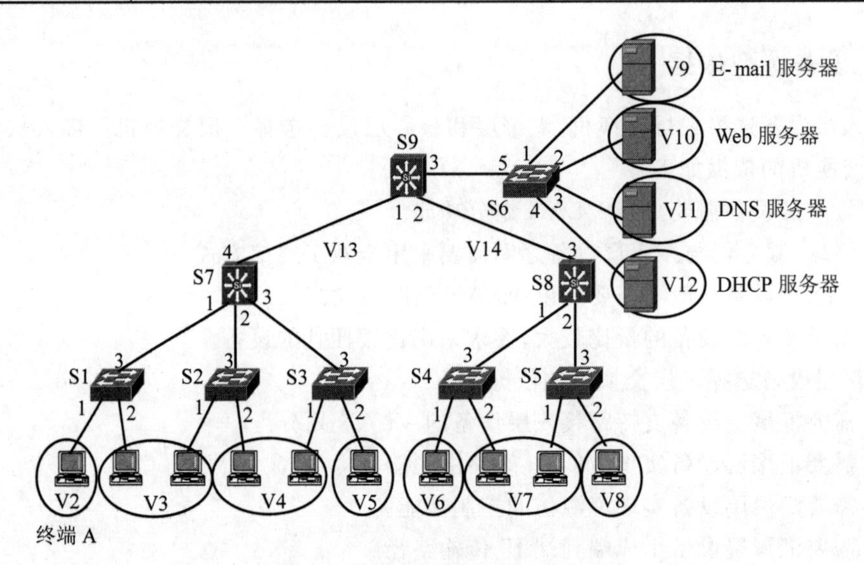

图 8.3　终端与服务器的连接方式

办公楼 1 中的汇聚层交换机需要提供 4 个 1000Base-LX 端口，其中 3 个 1000Base-LX 端口分别用于连接与教学楼 1、教学楼 2 和教学楼 3 之间的 1000Mb/s 的光纤链路，1 个 1000Base-LX 端口用于连接与主楼之间的 1000Mb/s 的光纤链路。

办公楼 2 中的汇聚层交换机需要提供 3 个 1000Base-LX 端口，其中 2 个 1000Base-LX 端口分别用于连接与教学楼 4 和教学楼 5 之间的 1000Mb/s 的光纤链路，1 个 1000Base-LX 端口用于连接与主楼之间的 1000Mb/s 的光纤链路。

主楼中的核心层交换机需要提供 2 个 1000Base-LX 端口，分别连接与办公楼 1 和办公楼 2 之间的 1000Mb/s 光纤链路；还需要提供 1 个 1000Base-TX 端口，用于连接与连接服务器的二层交换机之间的 1000Mb/s 双绞线缆。

8.2　交换机 VLAN 划分过程

本节给出创建 VLAN 和为 VLAN 分配端口的原则，并根据这些原则给出各个交换机的 VLAN 与端口映射表。

8.2.1 创建 VLAN 和 VLAN 端口分配原则

1. 三层交换机的二层交换功能

划分 VLAN 和实现 VLAN 内通信过程时，主要使用三层交换机的二层交换功能，因此，三层交换机的 VLAN 划分过程与二层交换机相同。

交换机 VLAN 划分过程必须保证属于同一 VLAN 的终端之间存在交换路径。确定某个交换机端口是属于单个 VLAN 的接入端口还是被多个 VLAN 共享的共享端口的原则如下：

- 如果某个交换机端口只有属于同一 VLAN 的单条或多条交换路径经过，该交换机端口配置成属于该 VLAN 的接入端口。
- 如果某个交换机端口被属于不同 VLAN 的多条交换路径经过，该交换机端口配置成被这些 VLAN 共享的共享端口。

交换机创建 VLAN 的原则如下：

- 如果某个交换机存在分配给某个 VLAN 的接入端口，交换机需要创建该 VLAN。
- 如果某个交换机存在被某个 VLAN 共享的共享端口，交换机需要创建该 VLAN。

2. 三层交换机定义 IP 接口条件

如果需要在三层交换机中定义某个 VLAN 对应的 IP 接口，必须满足以下条件：

- 该三层交换机中创建了该 VLAN。
- 该三层交换机中有端口属于该 VLAN，属于该 VLAN 端口可以是分配给该 VLAN 的接入端口，也可以是被该 VLAN 共享的共享端口。

8.2.2 VLAN 划分过程

基于上述创建 VLAN 和 VLAN 端口配置原则，各个交换机的 VLAN 与交换机端口的映射分别如表 8.2 至表 8.10 所示。

表 8.2 交换机 S1 的 VLAN 与交换机端口的映射

VLAN	接入端口	共享端口(主干端口)
VLAN 2	端口 1	端口 3
VLAN 3	端口 2	端口 3

表 8.3 交换机 S2 的 VLAN 与交换机端口的映射

VLAN	接入端口	共享端口(主干端口)
VLAN 3	端口 1	端口 3
VLAN 4	端口 2	端口 3

表 8.4　交换机 S3 的 VLAN 与交换机端口的映射

VLAN	接入端口	共享端口(主干端口)
VLAN 4	端口 1	端口 3
VLAN 5	端口 2	端口 3

表 8.5　交换机 S4 的 VLAN 与交换机端口的映射

VLAN	接入端口	共享端口(主干端口)
VLAN 6	端口 1	端口 3
VLAN 7	端口 2	端口 3

表 8.6　交换机 S5 的 VLAN 与交换机端口的映射

VLAN	接入端口	共享端口(主干端口)
VLAN 7	端口 1	端口 3
VLAN 8	端口 2	端口 3

表 8.7　交换机 S6 的 VLAN 与交换机端口的映射

VLAN	接入端口	共享端口(主干端口)
VLAN 9	端口 1	端口 5
VLAN 10	端口 2	端口 5
VLAN 11	端口 3	端口 5
VLAN 12	端口 4	端口 5

表 8.8　交换机 S7 的 VLAN 与交换机端口的映射

VLAN	接入端口	共享端口(主干端口)
VLAN 2		端口 1
VLAN 3		端口 1、端口 2
VLAN 4		端口 2、端口 3
VLAN 5		端口 3
VLAN 13	端口 4	

表 8.9　交换机 S8 的 VLAN 与交换机端口的映射

VLAN	接入端口	共享端口(主干端口)
VLAN 6		端口 1
VLAN 7		端口 1、端口 2
VLAN 8		端口 2
VLAN 14	端口 3	

表 8.10　交换机 S9 的 VLAN 与交换机端口的映射

VLAN	接入端口	共享端口(主干端口)
VLAN 9		端口 3
VLAN 10		端口 3
VLAN 11		端口 3
VLAN 12		端口 3
VLAN 13	端口 1	
VLAN 14	端口 2	

8.3　IP 接口定义过程和 RIP 配置过程

完成 IP 接口定义过程后，三层交换机中自动生成用于指明通往这些直接连接的网络的传输路径的直连路由项。完成 RIP 配置后，三层交换机生成用于指明通往校园网中所有网络的传输路径的完整路由表。

8.3.1　互联网结构和 IP 接口

1. 互联网结构

每一个 VLAN 等同于独立的以太网，多个 VLAN 互联的校园网是一个如图 8.4 所示的互联网。需要为每一个 VLAN 分配网络地址，同时，需要在三层交换机中定义 VLAN 对应的 IP 接口。在三层交换机 S7 中分别定义 VLAN 2、VLAN 3、VLAN 4、VLAN 5 和 VLAN 13 对应的 IP 接口，因此，三层交换机 S7 分别连接这 5 个 VLAN。在三层交换机 S8 中分别定义 VLAN 6、VLAN 7、VLAN 8 和 VLAN 14 对应的 IP 接口，因此，三层交换机 S8 分别连接这 4 个 VLAN。在三层交换机 S9 中分别定义 VLAN 9、VLAN 10、VLAN 11、VLAN 12、VLAN 13 和 VLAN 14 对应的 IP 接口，因此，三层交换机 S9 分别连接这 6 个 VLAN。VLAN 13 用于实现三层交换机 S7 与 S9 之间互连。VLAN 14 用于实现三层交换机 S8 与 S9 之间互连。

2. IP 接口

分别为这些 IP 接口分配 IP 地址和子网掩码，这同时也决定了该 IP 接口连接的 VLAN 的网络地址。在三层交换机 S7 中分别定义 VLAN 2、VLAN 3、VLAN 4、VLAN 5 和 VLAN 13 对应的 IP 接口，在三层交换机 S8 中分别定义 VLAN 6、VLAN 7、VLAN 8 和 VLAN 14 对应的 IP 接口，在三层交换机 S9 中分别定义 VLAN 9、VLAN 10、VLAN 11、VLAN 12、VLAN 13 和 VLAN 14 对应的 IP 接口，并分别为这些 IP 接口分配如表 8.11 所示的 IP 地址和子网掩码。三层交换机 S7 连接 VLAN 13 的 IP 接口分配的 IP 地址和三层交换机 S9 连接 VLAN 13 的 IP 接口分配的 IP 地址必须是网络号相同、主机号不同的

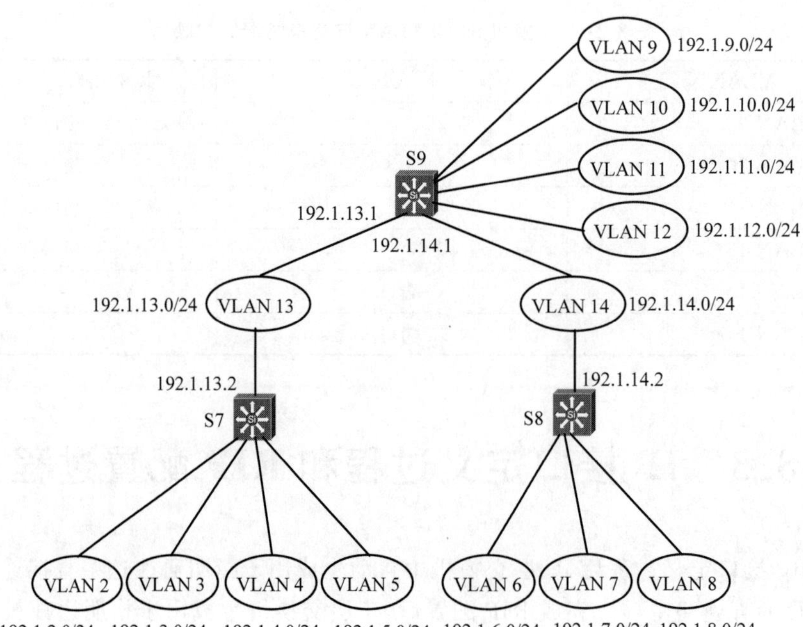

图 8.4　互联网结构

IP 地址。同样，三层交换机 S8 连接 VLAN 14 的 IP 接口分配的 IP 地址和三层交换机 S9 连接 VLAN 14 的 IP 接口分配的 IP 地址也必须是网络号相同、主机号不同的 IP 地址。

表 8.11　IP 接口分配的 IP 地址

设备名称	IP 接口	IP 地址和子网掩码	VLAN 对应的网络地址
S7	VLAN 2	192.1.2.254/24	192.1.2.0/24
	VLAN 3	192.1.3.254/24	192.1.3.0/24
	VLAN 4	192.1.4.254/24	192.1.4.0/24
	VLAN 5	192.1.5.254/24	192.1.5.0/24
	VLAN 13	192.1.13.2/24	192.1.13.0/24
S8	VLAN 6	192.1.6.254/24	192.1.6.0/24
	VLAN 7	192.1.7.254/24	192.1.7.0/24
	VLAN 8	192.1.8.254/24	192.1.8.0/24
	VLAN 14	192.1.14.2/24	192.1.14.0/24
S9	VLAN 9	192.1.9.254/24	192.1.9.0/24
	VLAN 10	192.1.10.254/24	192.1.10.0/24
	VLAN 11	192.1.11.254/24	192.1.11.0/24
	VLAN 12	192.1.12.254/24	192.1.12.0/24
	VLAN 13	192.1.13.1/24	192.1.13.0/24
	VLAN 14	192.1.14.1/24	192.1.14.0/24

8.3.2 RIP 配置过程

实现 VLAN 间通信过程时，三层交换机等同于路由器，因此，每一个三层交换机需要配置直接连接的网络中参与 RIP 创建动态路由项的网络。因此，对于三层交换机 S7，直接连接的网络中参与 RIP 创建动态路由项的网络有 192.1.2.0/24、192.1.3.0/24、192.1.4.0/24、192.1.5.0/24 和 192.1.13.0/24。对于三层交换机 S8，直接连接的网络中参与 RIP 创建动态路由项的网络有 192.1.6.0/24、192.1.7.0/24、192.1.8.0/24 和 192.1.14.0/24。对于三层交换机 S9，直接连接的网络中参与 RIP 创建动态路由项的网络有 192.1.9.0/24、192.1.10.0/24、192.1.11.0/24、192.1.12.0/24、192.1.13.0/24 和 192.1.14.0/24。

8.4 应用服务器配置过程

根据各个服务器的网络信息完成 DHCP 服务器各个作用域的配置过程和 DNS 服务器资源记录配置过程，并在 E-mail 服务器中创建信箱。

8.4.1 服务器网络信息配置过程

服务器的基本信息如表 8.12 所示。首先完成各个服务器网络信息配置过程。

表 8.12 服务器的基本信息

服务器名称	IP 地址	子网掩码	域名
E-mail 服务器	192.1.9.7	255.255.255.0	mail.a.com
Web 服务器	192.1.10.7	255.255.255.0	www.a.com
DNS 服务器	192.1.11.7	255.255.255.0	
DHCP 服务器	192.1.12.7	255.255.255.0	

8.4.2 DHCP 服务器配置过程

连接在 VLAN 2～VLAN 8 上的终端可以通过 DHCP 自动从 DHCP 服务器获取网络信息，因此，需要在 DHCP 服务器中配置如表 8.13 所示的分别对应 VLAN 2～VLAN 8 的 7 个作用域，每一个作用域用连接对应 VLAN 的 IP 接口的 IP 地址唯一标识，该 IP 地址也是连接在对应 VLAN 上的终端的默认网关地址。作用域中的本地域名服务器地址是 DNS 服务器的 IP 地址 192.1.11.7。

表 8.13　DHCP 服务器中各个作用域的配置信息

作用域	默认网关地址	本地域名服务器地址	子网掩码	IP 地址范围
作用域 1（对应 VLAN 2）	192.1.2.254	192.1.11.7	255.255.255.0	192.1.2.1～192.1.2.253
作用域 2（对应 VLAN 3）	192.1.3.254	192.1.11.7	255.255.255.0	192.1.3.1～192.1.3.253
作用域 3（对应 VLAN 4）	192.1.4.254	192.1.11.7	255.255.255.0	192.1.4.1～192.1.4.253
作用域 4（对应 VLAN 5）	192.1.5.254	192.1.11.7	255.255.255.0	192.1.5.1～192.1.5.253
作用域 5（对应 VLAN 6）	192.1.6.254	192.1.11.7	255.255.255.0	192.1.6.1～192.1.6.253
作用域 6（对应 VLAN 7）	192.1.7.254	192.1.11.7	255.255.255.0	192.1.7.1～192.1.7.253
作用域 7（对应 VLAN 8）	192.1.8.254	192.1.11.7	255.255.255.0	192.1.8.1～192.1.8.253

由于 DHCP 服务器与连接在 VLAN 2～VLAN 8 上的终端不在同一个 VLAN 中，因此，三层交换机 S7 和 S8 连接 VLAN 2～VLAN 8 的 IP 接口中需要定义 DHCP 服务器的 IP 地址 192.1.12.7。

8.4.3 DNS 服务器配置过程

E-mail 服务器完全合格的域名为 mail.a.com，Web 服务器完全合格的域名为 www.a.com，因此，需要通过在 DNS 服务器中配置如表 8.14 所示的资源记录建立域名 mail.a.com 和 www.a.com 与 E-mail 服务器的 IP 地址 192.1.9.7 和 Web 服务器的 IP 地址 192.1.10.7 之间的关联。

表 8.14　DNS 服务器配置的资源记录

名　字	类　型	值
mail.a.com	A	192.1.9.7
www.a.com	A	192.1.10.7

8.5　安全功能配置过程

为了保证各个服务器的安全，只允许终端通过对应的应用层协议访问这些服务器，禁止终端与服务器之间的其他通信过程。通过在连接 VLAN 9～VLAN 12 的 IP 接口的输出方向设置无状态分组过滤器实现上述安全功能。

8.5.1 保护 E-mail 服务器的分组过滤器配置过程

连接 VLAN 9 的 IP 接口的输出方向只允许输出与访问 E-mail 服务器有关的 TCP 报文，因此，配置以下规则集。

过滤规则①：协议类型=TCP，源 IP 地址=any，源端口号=*，目的 IP 地址=192.1.9.7/32，目的端口号=110；正常转发。

过滤规则②：协议类型=TCP，源 IP 地址=any，源端口号=*，目的 IP 地址=192.1.9.7/32，目的端口号=25；正常转发。

过滤规则③：协议类型=*，源 IP 地址=any，目的 IP 地址=any；丢弃。

端口号 110 是 POP3 对应的著名端口号，端口号 25 是 SMTP 对应的著名端口号。

8.5.2 保护 Web 服务器的分组过滤器配置过程

连接 VLAN 10 的 IP 接口的输出方向只允许输出与访问 Web 服务器有关的 TCP 报文，因此，配置以下规则集。

过滤规则①：协议类型=TCP，源 IP 地址=any，源端口号=*，目的 IP 地址=192.1.10.7/32，目的端口号=80；正常转发。

过滤规则②：协议类型=*，源 IP 地址=any，目的 IP 地址=any；丢弃。

端口号 80 是 HTTP 对应的著名端口号。

8.5.3 保护 DNS 服务器的分组过滤器配置过程

连接 VLAN 11 的 IP 接口的输出方向只允许输出与访问 DNS 服务器有关的 UDP 报文，因此，配置以下规则集。

过滤规则①：协议类型=UDP，源 IP 地址=any，源端口号=*，目的 IP 地址=192.1.11.7/32，目的端口号=53；正常转发。

过滤规则②：协议类型=*，源 IP 地址=any，目的 IP 地址=any；丢弃。

端口号 53 是 DNS 对应的著名端口号。

8.5.4 保护 DHCP 服务器的分组过滤器配置过程

连接 VLAN 12 的 IP 接口的输出方向只允许输出与访问 DHCP 服务器有关的 UDP 报文，因此，配置以下规则集。

过滤规则①：协议类型=UDP，源 IP 地址=any，源端口号=68，目的 IP 地址=192.1.11.7/32，目的端口号=67；正常转发。

过滤规则②：协议类型＝＊，源 IP 地址＝any，目的 IP 地址＝any；丢弃。

端口号 67 和 68 都是 DHCP 对应的著名端口号。

8.6 华为 eNSP 实现过程

可以通过华为 eNSP 完成校园网设计、配置和调试过程。完成配置和调试过程后生成的配置文件可以导出。在实际配置华为设备时，可以直接导入这些配置文件。因此，可以将华为 eNSP 作为校园网设计方案的验证工具。

8.6.1 华为 eNSP 设备选型限制

1. 交换机限制

华为 eNSP 可选的交换机类型只有 S5700 和 S3700 两种，这两种交换机都属于三层交换机，并且只能使用默认端口类型，因此，无法完全按照表 8.1 所示配置交换机端口类型。

2. 服务器限制

华为 eNSP 没有 E-mail 服务器和 DHCP 服务器。由于路由器具有 DHCP 服务器功能，因此用路由器代替 DHCP 服务器，但需要取消 E-mail 服务器。

8.6.2 实验步骤

(1) 根据图 8.3 所示的网络拓扑结构放置和连接设备。完成设备放置和连接后的 eNSP 界面如图 8.5 所示。需要指出的是，在如图 8.5 所示的 eNSP 拓扑结构中，所有交换机选用 S5700，交换机之间互连统一使用 1000Base-TX 端口。

(2) 根据要求在各个交换机上创建 VLAN，为 VLAN 分配交换机端口。交换机 LSW1、LSW7、LSW8 和 LSW9 上创建的 VLAN 及成员组成分别如图 8.6 至图 8.9 所示。

(3) 在交换机 LSW7、LSW8 和 LSW9 上完成 IP 接口定义过程，如图 8.10 至图 8.12 所示。

(4) 在交换机 LSW7、LSW8 和 LSW9 上完成 RIP 配置过程，交换机 LSW7、LSW8 和 LSW9 生成的完整路由表分别如图 8.13 至图 8.15 所示。

(5) 完成 DHCP 服务器各个作用域的配置过程。DHCP 服务器配置的各个作用域如图 8.16 所示。

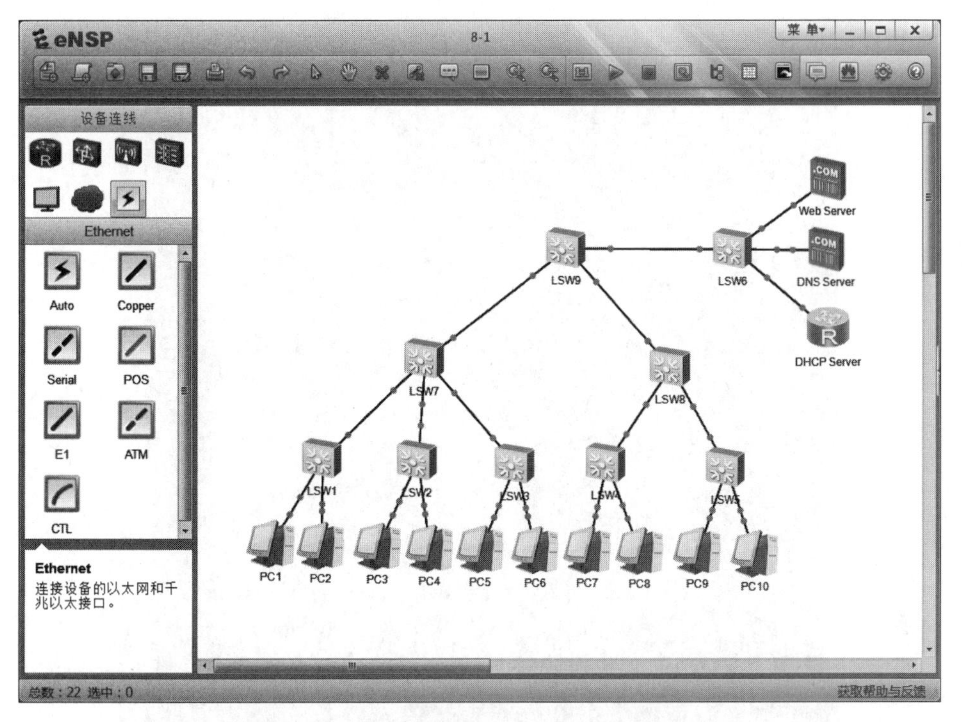

图 8.5　完成设备放置和连接后的 eNSP 界面

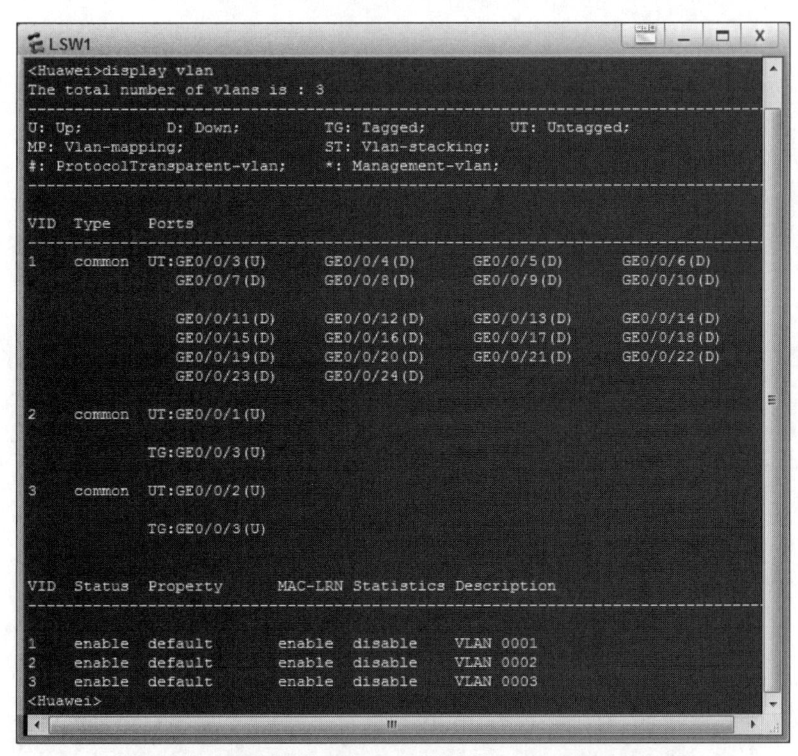

图 8.6　交换机 LSW1 上创建的 VLAN 及成员组成

```
LSW7
<Huawei>display vlan
The total number of vlans is : 6
--------------------------------------------------------------------------------
U: Up;          D: Down;          TG: Tagged;          UT: Untagged;
MP: Vlan-mapping;                 ST: Vlan-stacking;
#: ProtocolTransparent-vlan;      *: Management-vlan;
--------------------------------------------------------------------------------

VID  Type    Ports
--------------------------------------------------------------------------------
1    common  UT:GE0/0/1(U)      GE0/0/2(U)      GE0/0/3(U)      GE0/0/5(D)
                GE0/0/6(D)      GE0/0/7(D)      GE0/0/8(D)      GE0/0/9(D)
                GE0/0/10(D)     GE0/0/11(D)     GE0/0/12(D)     GE0/0/13(D)
                GE0/0/14(D)     GE0/0/15(D)     GE0/0/16(D)     GE0/0/17(D)
                GE0/0/18(D)     GE0/0/19(D)     GE0/0/20(D)     GE0/0/21(D)
                GE0/0/22(D)     GE0/0/23(D)     GE0/0/24(D)

2    common  TG:GE0/0/1(U)

3    common  TG:GE0/0/1(U)      GE0/0/2(U)

4    common  TG:GE0/0/2(U)      GE0/0/3(U)

5    common  TG:GE0/0/3(U)

13   common  UT:GE0/0/4(U)

VID  Status  Property      MAC-LRN Statistics Description
--------------------------------------------------------------------------------

1    enable  default       enable  disable    VLAN 0001
2    enable  default       enable  disable    VLAN 0002
3    enable  default       enable  disable    VLAN 0003
4    enable  default       enable  disable    VLAN 0004
5    enable  default       enable  disable    VLAN 0005
13   enable  default       enable  disable    VLAN 0013
<Huawei>
```

图 8.7　交换机 LSW7 上创建的 VLAN 及成员组成

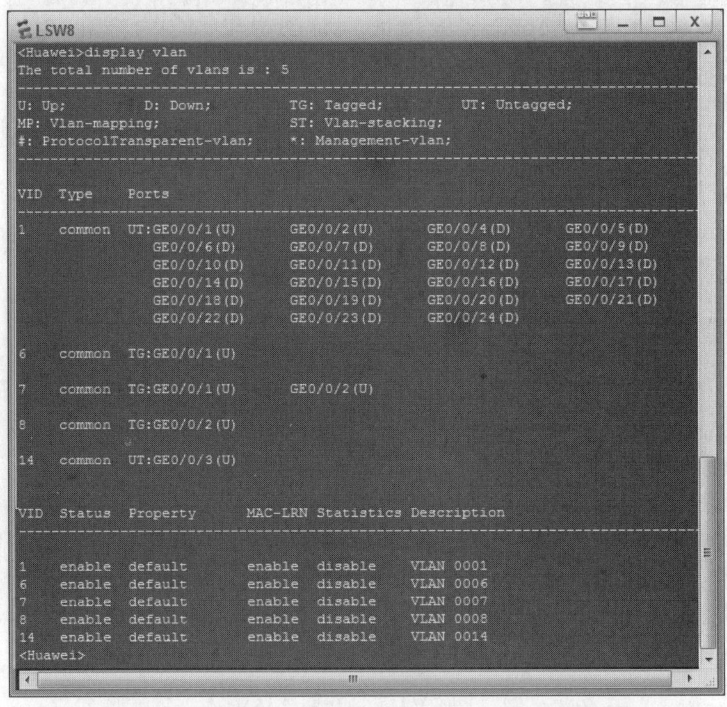

```
LSW8
<Huawei>display vlan
The total number of vlans is : 5
--------------------------------------------------------------------------------
U: Up;          D: Down;          TG: Tagged;          UT: Untagged;
MP: Vlan-mapping;                 ST: Vlan-stacking;
#: ProtocolTransparent-vlan;      *: Management-vlan;
--------------------------------------------------------------------------------

VID  Type    Ports
--------------------------------------------------------------------------------
1    common  UT:GE0/0/1(U)      GE0/0/2(U)      GE0/0/4(D)      GE0/0/5(D)
                GE0/0/6(D)      GE0/0/7(D)      GE0/0/8(D)      GE0/0/9(D)
                GE0/0/10(D)     GE0/0/11(D)     GE0/0/12(D)     GE0/0/13(D)
                GE0/0/14(D)     GE0/0/15(D)     GE0/0/16(D)     GE0/0/17(D)
                GE0/0/18(D)     GE0/0/19(D)     GE0/0/20(D)     GE0/0/21(D)
                GE0/0/22(D)     GE0/0/23(D)     GE0/0/24(D)

6    common  TG:GE0/0/1(U)

7    common  TG:GE0/0/1(U)      GE0/0/2(U)

8    common  TG:GE0/0/2(U)

14   common  UT:GE0/0/3(U)

VID  Status  Property      MAC-LRN Statistics Description
--------------------------------------------------------------------------------

1    enable  default       enable  disable    VLAN 0001
6    enable  default       enable  disable    VLAN 0006
7    enable  default       enable  disable    VLAN 0007
8    enable  default       enable  disable    VLAN 0008
14   enable  default       enable  disable    VLAN 0014
<Huawei>
```

图 8.8　交换机 LSW8 上创建的 VLAN 及成员组成

```
LSW9
<Huawei>display vlan
The total number of vlans is : 7
--------------------------------------------------------------------------------
U: Up;         D: Down;         TG: Tagged;         UT: Untagged;
MP: Vlan-mapping;               ST: Vlan-stacking;
#: ProtocolTransparent-vlan;    *: Management-vlan;
--------------------------------------------------------------------------------

VID  Type    Ports
--------------------------------------------------------------------------------
1    common  UT:GE0/0/3(U)      GE0/0/4(D)      GE0/0/5(D)      GE0/0/6(D)
                GE0/0/7(D)      GE0/0/8(D)      GE0/0/9(D)      GE0/0/10(D)

                GE0/0/11(D)     GE0/0/12(D)     GE0/0/13(D)     GE0/0/14(D)
                GE0/0/15(D)     GE0/0/16(D)     GE0/0/17(D)     GE0/0/18(D)
                GE0/0/19(D)     GE0/0/20(D)     GE0/0/21(D)     GE0/0/22(D)
                GE0/0/23(D)     GE0/0/24(D)

9    common  TG:GE0/0/3(U)

10   common  TG:GE0/0/3(U)

11   common  TG:GE0/0/3(U)

12   common  TG:GE0/0/3(U)

13   common  UT:GE0/0/1(U)

14   common  UT:GE0/0/2(U)


VID  Status  Property      MAC-LRN Statistics Description
--------------------------------------------------------------------------------

1    enable  default       enable  disable    VLAN 0001
9    enable  default       enable  disable    VLAN 0009
10   enable  default       enable  disable    VLAN 0010
11   enable  default       enable  disable    VLAN 0011
12   enable  default       enable  disable    VLAN 0012
13   enable  default       enable  disable    VLAN 0013
14   enable  default       enable  disable    VLAN 0014
<Huawei>
```

图 8.9　交换机 LSW9 上创建的 VLAN 及成员组成

```
LSW7
<Huawei>display ip interface brief
*down: administratively down
^down: standby
(l): loopback
(s): spoofing
The number of interface that is UP in Physical is 7
The number of interface that is DOWN in Physical is 1
The number of interface that is UP in Protocol is 6
The number of interface that is DOWN in Protocol is 2

Interface                         IP Address/Mask      Physical   Protocol
MEth0/0/1                         unassigned           down       down
NULL0                             unassigned           up         up(s)
Vlanif1                           unassigned           up         down
Vlanif2                           192.1.2.254/24       up         up
Vlanif3                           192.1.3.254/24       up         up
Vlanif4                           192.1.4.254/24       up         up
Vlanif5                           192.1.5.254/24       up         up
Vlanif13                          192.1.13.2/24        up         up
<Huawei>
```

图 8.10　在交换机 LSW7 上定义的 IP 接口

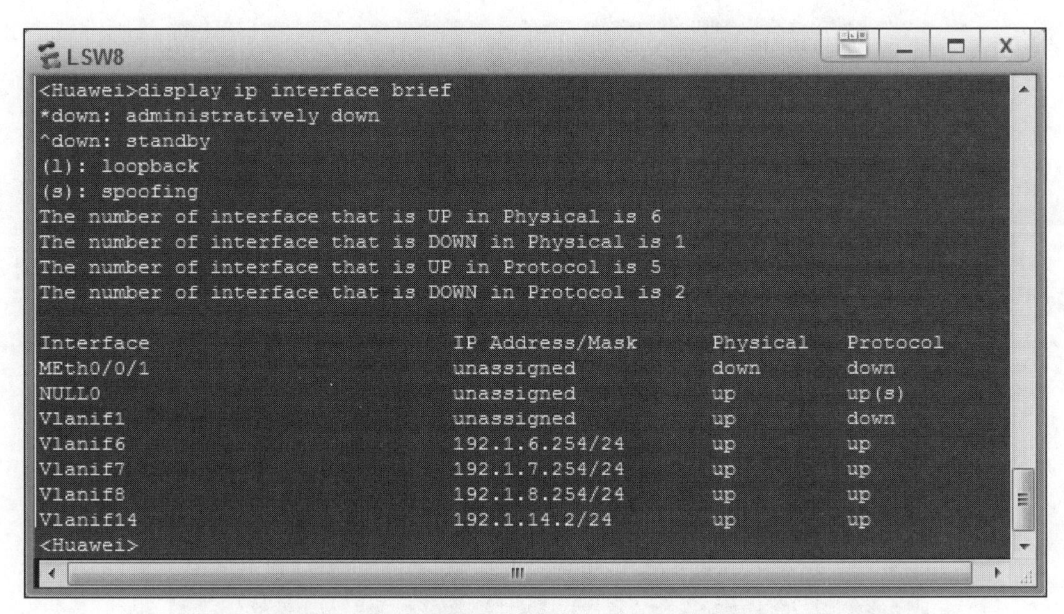

图 8.11 在交换机 LSW8 上定义的 IP 接口

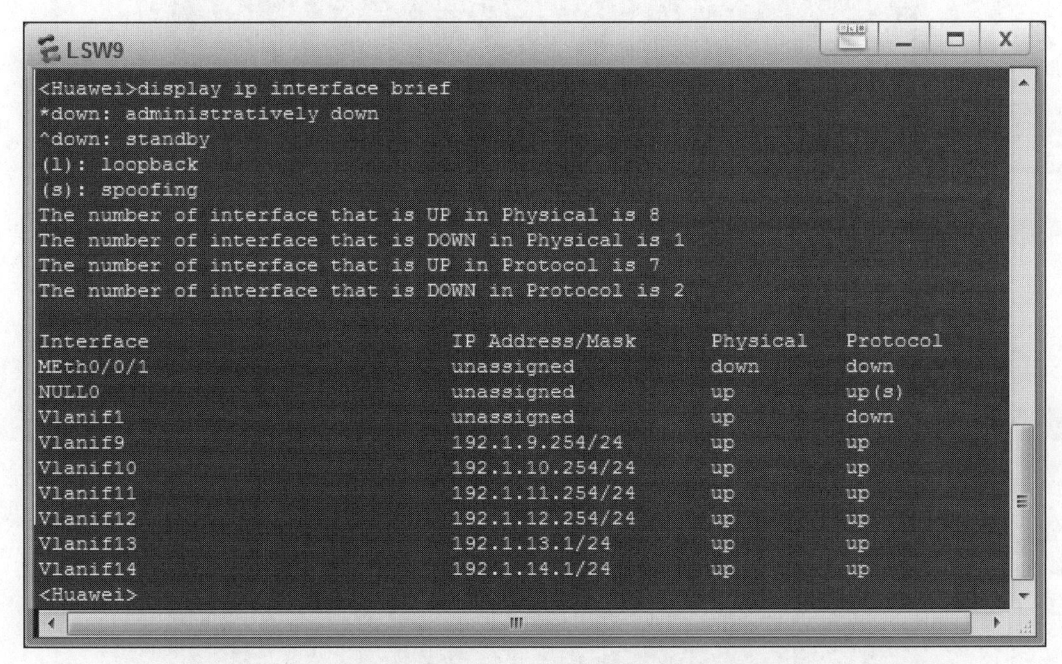

图 8.12 在交换机 LSW9 上定义的 IP 接口

LSW7

```
<Huawei>display ip routing-table
Route Flags: R - relay, D - download to fib
------------------------------------------------------------------------------
Routing Tables: Public
         Destinations : 20       Routes : 20

Destination/Mask    Proto   Pre  Cost      Flags NextHop         Interface

      127.0.0.0/8   Direct  0    0           D   127.0.0.1       InLoopBack0
      127.0.0.1/32  Direct  0    0           D   127.0.0.1       InLoopBack0
      192.1.2.0/24  Direct  0    0           D   192.1.2.254     Vlanif2
    192.1.2.254/32  Direct  0    0           D   127.0.0.1       Vlanif2
      192.1.3.0/24  Direct  0    0           D   192.1.3.254     Vlanif3
    192.1.3.254/32  Direct  0    0           D   127.0.0.1       Vlanif3
      192.1.4.0/24  Direct  0    0           D   192.1.4.254     Vlanif4
    192.1.4.254/32  Direct  0    0           D   127.0.0.1       Vlanif4
      192.1.5.0/24  Direct  0    0           D   192.1.5.254     Vlanif5
    192.1.5.254/32  Direct  0    0           D   127.0.0.1       Vlanif5
      192.1.6.0/24  RIP     100  2           D   192.1.13.1      Vlanif13
      192.1.7.0/24  RIP     100  2           D   192.1.13.1      Vlanif13
      192.1.8.0/24  RIP     100  2           D   192.1.13.1      Vlanif13
      192.1.9.0/24  RIP     100  1           D   192.1.13.1      Vlanif13
     192.1.10.0/24  RIP     100  1           D   192.1.13.1      Vlanif13
     192.1.11.0/24  RIP     100  1           D   192.1.13.1      Vlanif13
     192.1.12.0/24  RIP     100  1           D   192.1.13.1      Vlanif13
     192.1.13.0/24  Direct  0    0           D   192.1.13.2      Vlanif13
     192.1.13.2/32  Direct  0    0           D   127.0.0.1       Vlanif13
     192.1.14.0/24  RIP     100  1           D   192.1.13.1      Vlanif13

<Huawei>
```

图 8.13 交换机 LSW7 的完整路由表

LSW8

```
<Huawei>display ip routing-table
Route Flags: R - relay, D - download to fib
------------------------------------------------------------------------------
Routing Tables: Public
         Destinations : 19       Routes : 19

Destination/Mask    Proto   Pre  Cost      Flags NextHop         Interface

      127.0.0.0/8   Direct  0    0           D   127.0.0.1       InLoopBack0
      127.0.0.1/32  Direct  0    0           D   127.0.0.1       InLoopBack0
      192.1.2.0/24  RIP     100  2           D   192.1.14.1      Vlanif14
      192.1.3.0/24  RIP     100  2           D   192.1.14.1      Vlanif14
      192.1.4.0/24  RIP     100  2           D   192.1.14.1      Vlanif14
      192.1.5.0/24  RIP     100  2           D   192.1.14.1      Vlanif14
      192.1.6.0/24  Direct  0    0           D   192.1.6.254     Vlanif6
    192.1.6.254/32  Direct  0    0           D   127.0.0.1       Vlanif6
      192.1.7.0/24  Direct  0    0           D   192.1.7.254     Vlanif7
    192.1.7.254/32  Direct  0    0           D   127.0.0.1       Vlanif7
      192.1.8.0/24  Direct  0    0           D   192.1.8.254     Vlanif8
    192.1.8.254/32  Direct  0    0           D   127.0.0.1       Vlanif8
      192.1.9.0/24  RIP     100  1           D   192.1.14.1      Vlanif14
     192.1.10.0/24  RIP     100  1           D   192.1.14.1      Vlanif14
     192.1.11.0/24  RIP     100  1           D   192.1.14.1      Vlanif14
     192.1.12.0/24  RIP     100  1           D   192.1.14.1      Vlanif14
     192.1.13.0/24  RIP     100  1           D   192.1.14.1      Vlanif14
     192.1.14.0/24  Direct  0    0           D   192.1.14.2      Vlanif14
     192.1.14.2/32  Direct  0    0           D   127.0.0.1       Vlanif14

<Huawei>
```

图 8.14 交换机 LSW8 的完整路由表

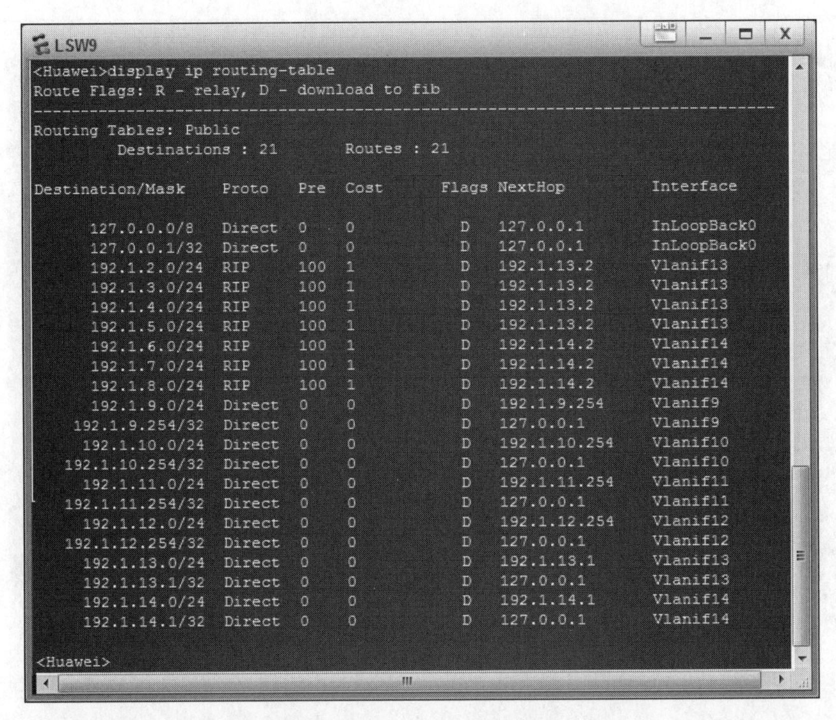

```
LSW9
<Huawei>display ip routing-table
Route Flags: R - relay, D - download to fib
------------------------------------------------------------------------------
Routing Tables: Public
         Destinations : 21       Routes : 21

Destination/Mask    Proto   Pre  Cost      Flags NextHop         Interface

      127.0.0.0/8   Direct  0    0           D   127.0.0.1       InLoopBack0
      127.0.0.1/32  Direct  0    0           D   127.0.0.1       InLoopBack0
      192.1.2.0/24  RIP     100  1           D   192.1.13.2      Vlanif13
      192.1.3.0/24  RIP     100  1           D   192.1.13.2      Vlanif13
      192.1.4.0/24  RIP     100  1           D   192.1.13.2      Vlanif13
      192.1.5.0/24  RIP     100  1           D   192.1.13.2      Vlanif13
      192.1.6.0/24  RIP     100  1           D   192.1.14.2      Vlanif14
      192.1.7.0/24  RIP     100  1           D   192.1.14.2      Vlanif14
      192.1.8.0/24  RIP     100  1           D   192.1.14.2      Vlanif14
      192.1.9.0/24  Direct  0    0           D   192.1.9.254     Vlanif9
    192.1.9.254/32  Direct  0    0           D   127.0.0.1       Vlanif9
     192.1.10.0/24  Direct  0    0           D   192.1.10.254    Vlanif10
   192.1.10.254/32  Direct  0    0           D   127.0.0.1       Vlanif10
     192.1.11.0/24  Direct  0    0           D   192.1.11.254    Vlanif11
   192.1.11.254/32  Direct  0    0           D   127.0.0.1       Vlanif11
     192.1.12.0/24  Direct  0    0           D   192.1.12.254    Vlanif12
   192.1.12.254/32  Direct  0    0           D   127.0.0.1       Vlanif12
     192.1.13.0/24  Direct  0    0           D   192.1.13.1      Vlanif13
     192.1.13.1/32  Direct  0    0           D   127.0.0.1       Vlanif13
     192.1.14.0/24  Direct  0    0           D   192.1.14.1      Vlanif14
     192.1.14.1/32  Direct  0    0           D   127.0.0.1       Vlanif14

<Huawei>
```

图 8.15　交换机 LSW9 的完整路由表

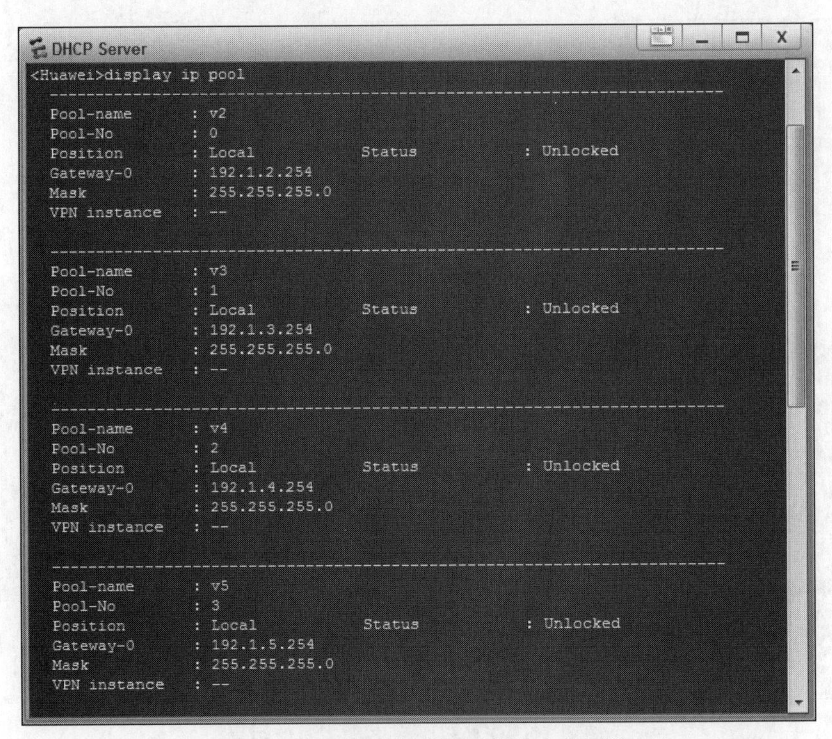

```
DHCP Server
<Huawei>display ip pool
  -----------------------------------------------------------------------
  Pool-name      : v2
  Pool-No        : 0
  Position       : Local           Status           : Unlocked
  Gateway-0      : 192.1.2.254
  Mask           : 255.255.255.0
  VPN instance   : --

  -----------------------------------------------------------------------
  Pool-name      : v3
  Pool-No        : 1
  Position       : Local           Status           : Unlocked
  Gateway-0      : 192.1.3.254
  Mask           : 255.255.255.0
  VPN instance   : --

  -----------------------------------------------------------------------
  Pool-name      : v4
  Pool-No        : 2
  Position       : Local           Status           : Unlocked
  Gateway-0      : 192.1.4.254
  Mask           : 255.255.255.0
  VPN instance   : --

  -----------------------------------------------------------------------
  Pool-name      : v5
  Pool-No        : 3
  Position       : Local           Status           : Unlocked
  Gateway-0      : 192.1.5.254
  Mask           : 255.255.255.0
  VPN instance   : --
```

图 8.16　DHCP 服务器配置的各个作用域

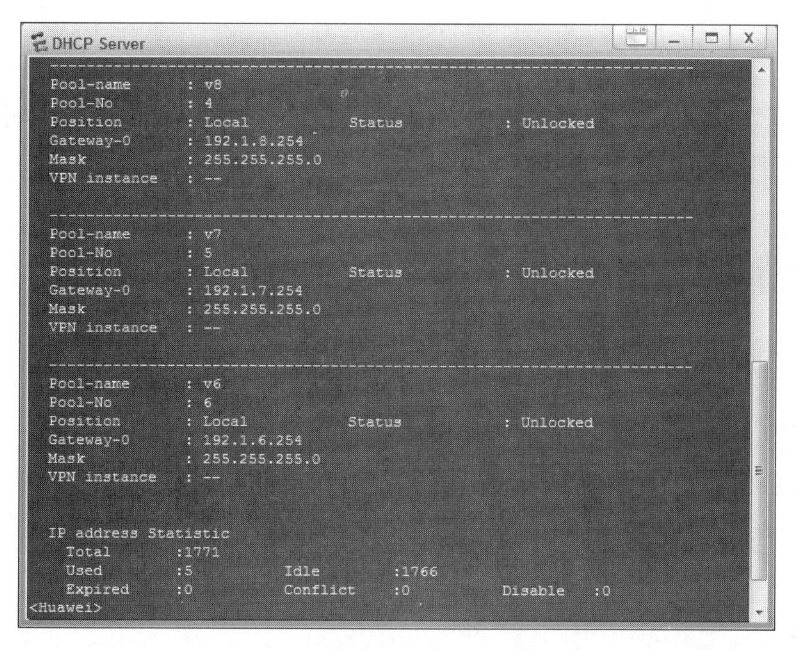

图 8.16 （续）

（6）完成交换机 LSW7 和 LSW8 中继功能配置过程。交换机 LSW7 和 LSW8 配置中继功能的接口及配置的中继地址如图 8.17 所示。

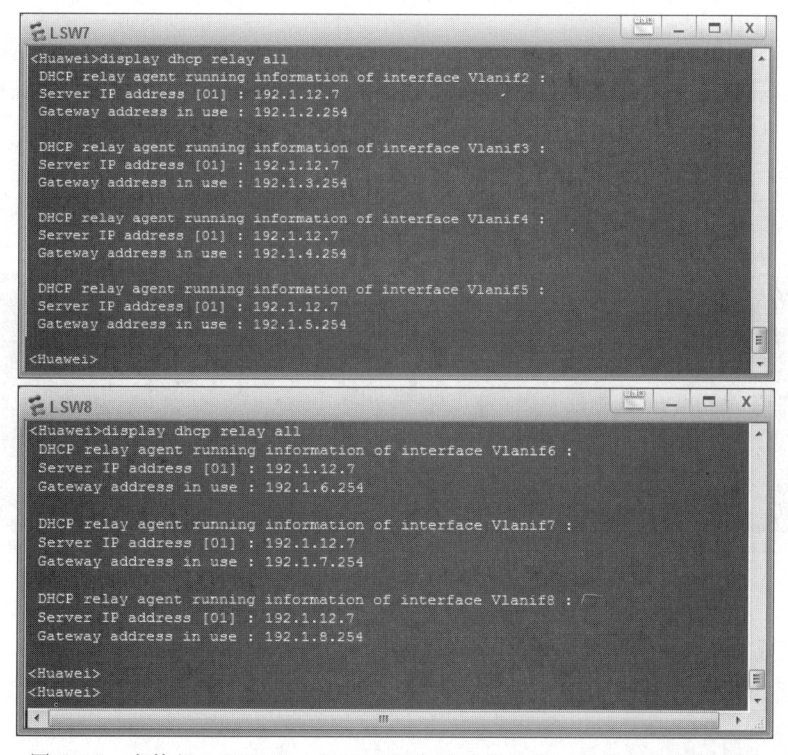

图 8.17 交换机 LSW7 和 LSW8 配置中继功能的接口及配置的中继地址

(7) 完成 DHCP 服务器各个作用域的配置过程和交换机 LSW7、LSW8 中继功能的配置过程后，各个终端可以通过 DHCP 自动获取网络信息。PC1 基础配置界面如图 8.18 所示，选择 DHCP 单选按钮，单击“应用”按钮，完成通过 DHCP 自动获取网络信息的过程。PC1 自动获取的网络信息如图 8.19 所示。

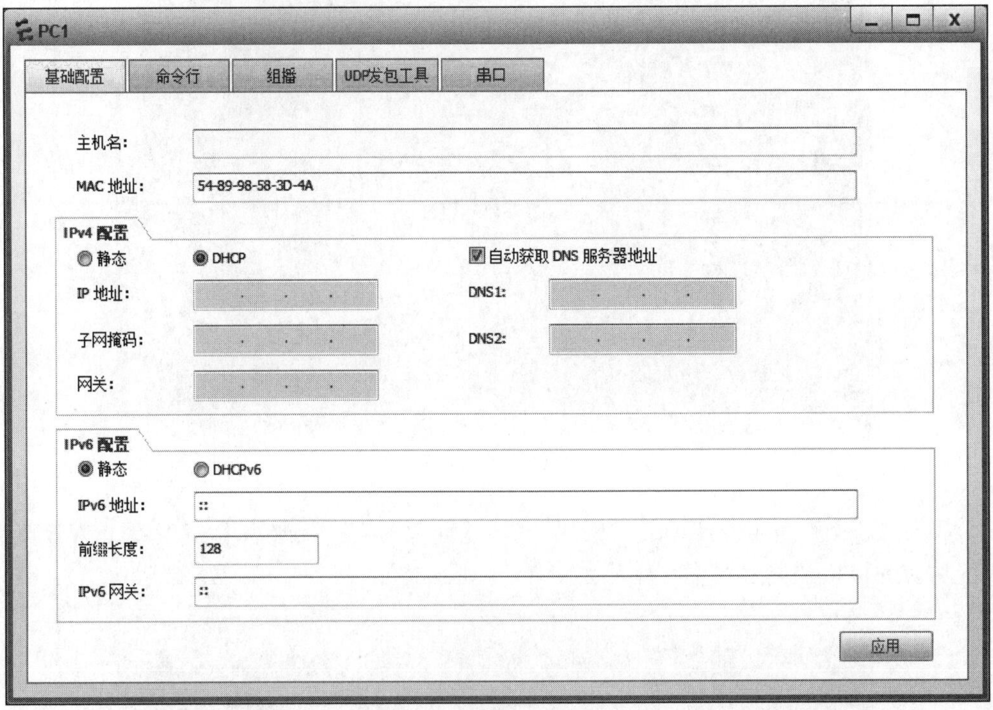

图 8.18　PC1 基础配置界面

图 8.19　PC1 自动获取的网络信息

(8) 完成 DNS 服务器配置过程。DNS 服务器基础配置界面如图 8.20 所示。资源记录配置界面如图 8.21 所示，配置的资源记录将域名 www.a.com 与 IP 地址 192.1.10.7 绑定在一起。

(9) 完成 DNS 服务器配置过程后，PC1 可以通过域名 www.a.com 访问 Web 服务

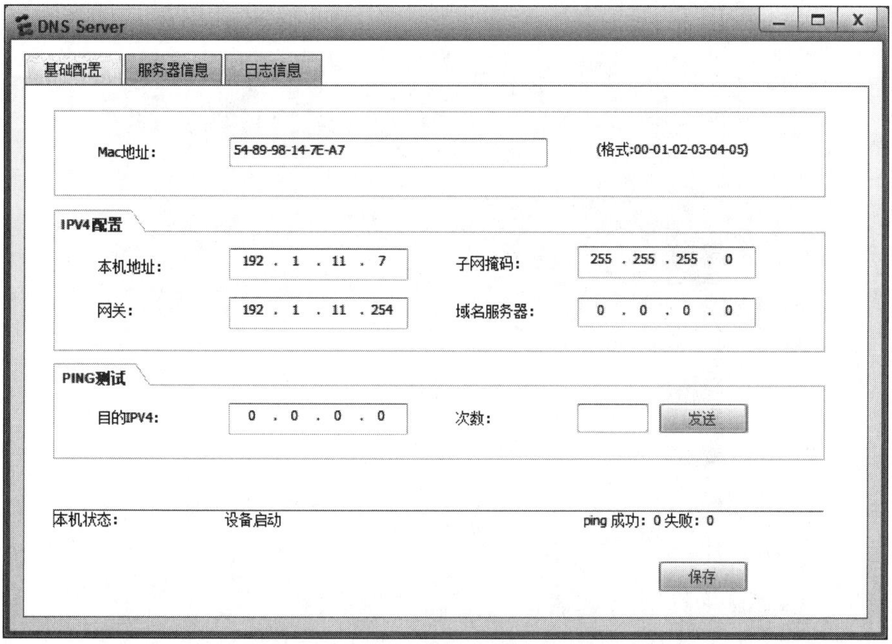

DNS Server

基础配置 服务器信息 日志信息

Mac地址： 54-89-98-14-7E-A7 (格式:00-01-02-03-04-05)

IPV4配置

本机地址： 192 . 1 . 11 . 7 子网掩码： 255 . 255 . 255 . 0

网关： 192 . 1 . 11 . 254 域名服务器： 0 . 0 . 0 . 0

PING测试

目的IPV4： 0 . 0 . 0 . 0 次数： 发送

本机状态： 设备启动 ping 成功：0 失败：0

保存

图 8.20　DNS 服务器基础配置界面

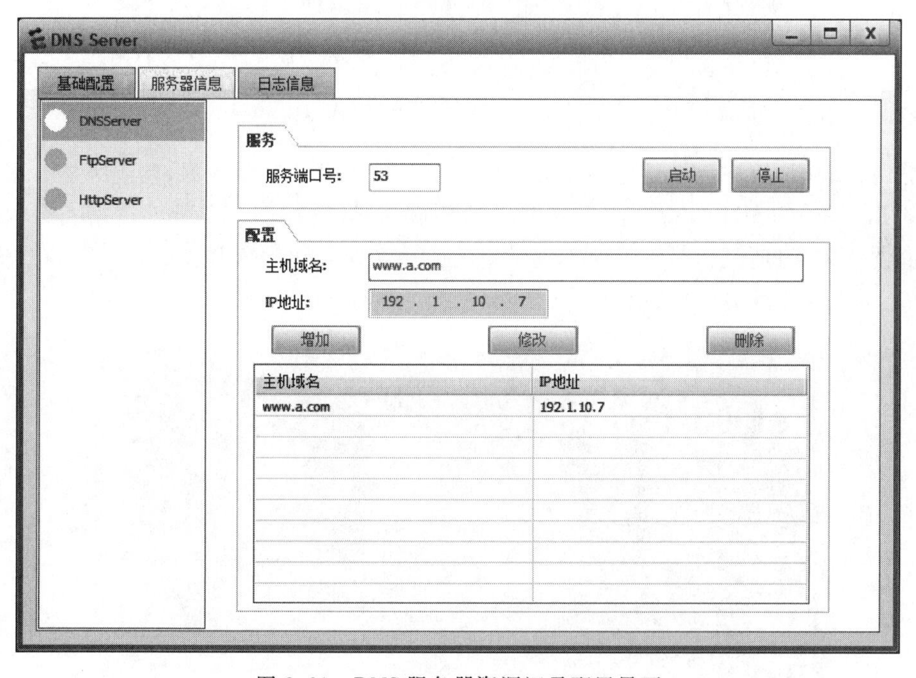

图 8.21　DNS 服务器资源记录配置界面

器，如图 8.22 所示。在交换机 LSW9 中配置无状态分组过滤器之前，各个终端可以与各个服务器相互通信。PC1 与 DHCP 服务器通信的过程如图 8.23 所示。

(10) 在交换机 LSW9 中针对 VLAN 10、VLAN 11 和 VLAN 12 的输入方向配置无

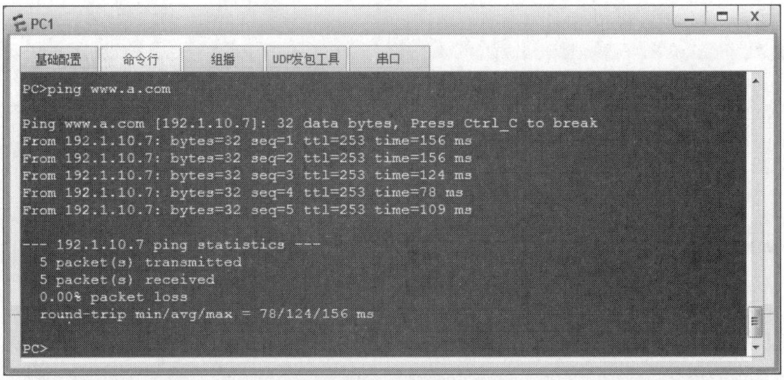

PC1

基础配置 命令行 组播 UDP发包工具 串口

```
PC>ping www.a.com

Ping www.a.com [192.1.10.7]: 32 data bytes, Press Ctrl_C to break
From 192.1.10.7: bytes=32 seq=1 ttl=253 time=156 ms
From 192.1.10.7: bytes=32 seq=2 ttl=253 time=156 ms
From 192.1.10.7: bytes=32 seq=3 ttl=253 time=124 ms
From 192.1.10.7: bytes=32 seq=4 ttl=253 time=78 ms
From 192.1.10.7: bytes=32 seq=5 ttl=253 time=109 ms

--- 192.1.10.7 ping statistics ---
  5 packet(s) transmitted
  5 packet(s) received
  0.00% packet loss
  round-trip min/avg/max = 78/124/156 ms

PC>
```

图 8.22　PC1 可以通过域名 www.a.com 访问 Web 服务器

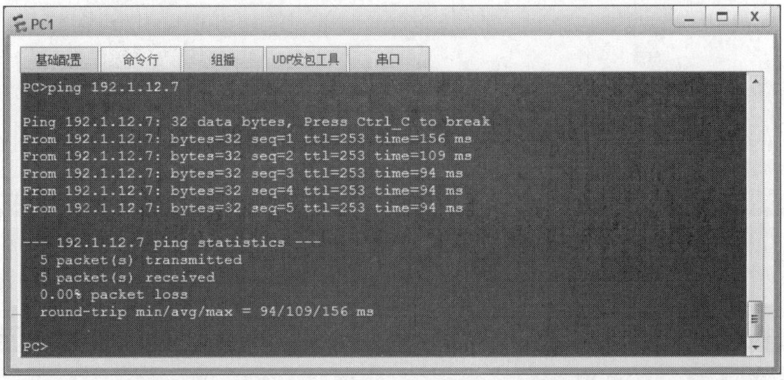

PC1

基础配置 命令行 组播 UDP发包工具 串口

```
PC>ping 192.1.12.7

Ping 192.1.12.7: 32 data bytes, Press Ctrl_C to break
From 192.1.12.7: bytes=32 seq=1 ttl=253 time=156 ms
From 192.1.12.7: bytes=32 seq=2 ttl=253 time=109 ms
From 192.1.12.7: bytes=32 seq=3 ttl=253 time=94 ms
From 192.1.12.7: bytes=32 seq=4 ttl=253 time=94 ms
From 192.1.12.7: bytes=32 seq=5 ttl=253 time=94 ms

--- 192.1.12.7 ping statistics ---
  5 packet(s) transmitted
  5 packet(s) received
  0.00% packet loss
  round-trip min/avg/max = 94/109/156 ms

PC>
```

图 8.23　PC1 与 DHCP 服务器通信的过程

状态分组过滤器，只允许终端通过对应的应用层协议访问这些服务器，禁止终端与服务器之间的其他通信过程。LSW9 配置的无状态分组过滤器如图 8.24 所示。完成无状态分组过滤器的配置过程后，终端只能通过对应的应用层协议访问这些服务器。如图 8.25 所示，PC1 可以完成域名解析过程，但无法访问 Web 服务器。

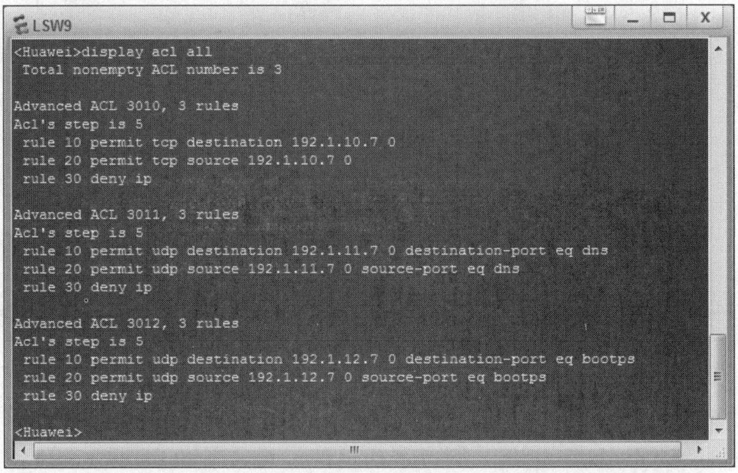

LSW9

```
<Huawei>display acl all
 Total nonempty ACL number is 3

Advanced ACL 3010, 3 rules
Acl's step is 5
 rule 10 permit tcp destination 192.1.10.7 0
 rule 20 permit tcp source 192.1.10.7 0
 rule 30 deny ip

Advanced ACL 3011, 3 rules
Acl's step is 5
 rule 10 permit udp destination 192.1.11.7 0 destination-port eq dns
 rule 20 permit udp source 192.1.11.7 0 source-port eq dns
 rule 30 deny ip

Advanced ACL 3012, 3 rules
Acl's step is 5
 rule 10 permit udp destination 192.1.12.7 0 destination-port eq bootps
 rule 20 permit udp source 192.1.12.7 0 source-port eq bootps
 rule 30 deny ip

<Huawei>
```

图 8.24　LSW9 配置的无状态分组过滤器

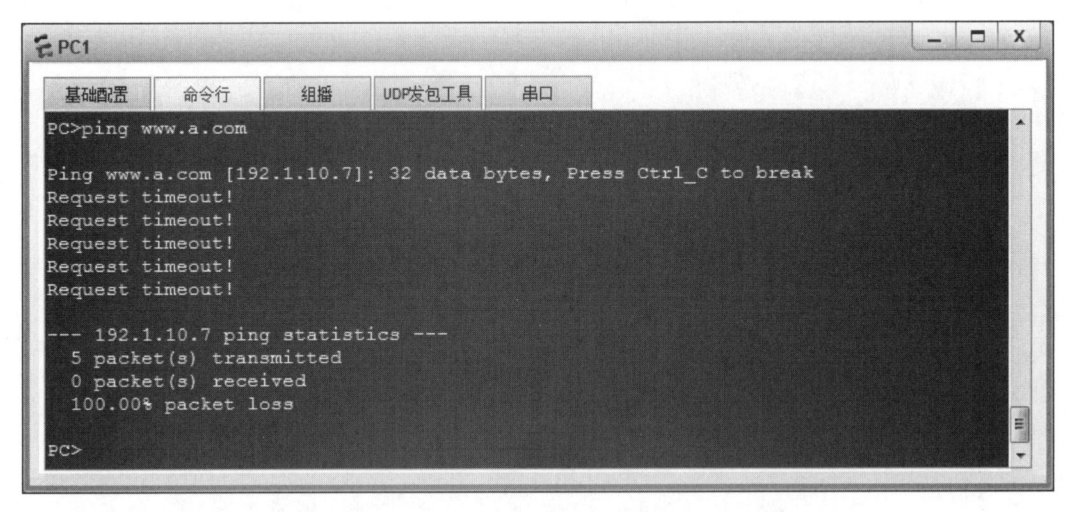

图 8.25　PC1 对域名 www.a.com 进行的 ping 操作

(11) 为了验证可以通过 HTTP 访问 Web 服务器，接入 Client1，为 Client1 静态配置网络信息，如图 8.26 所示。Client1 通过浏览器用域名 www.a.com 成功访问 Web 服务器的过程如图 8.27 所示。但 Client1 无法 ping 通 Web 服务器，如图 8.28 所示。

Client1
基础配置　客户端信息　日志信息
Mac地址：54-89-98-FD-2B-0D　(格式:00-01-02-03-04-05)
IPV4配置
本机地址：192 . 1 . 4 . 1　子网掩码：255 . 255 . 255 . 0
网关：192 . 1 . 4 . 254　域名服务器：192 . 1 . 11 . 7
PING测试
目的IPV4：0 . 0 . 0 . 0　次数：　发送
本机状态：设备启动　ping 成功：0 失败：0
保存

图 8.26　Client1 静态配置的网络信息

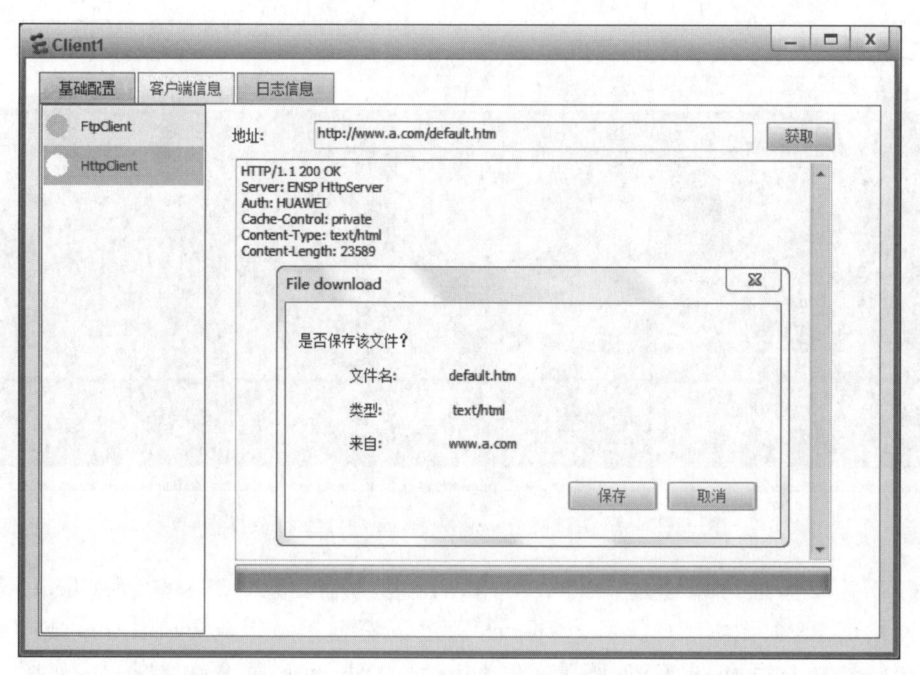

图 8.27　Client1 通过浏览器成功访问 Web 服务器的过程

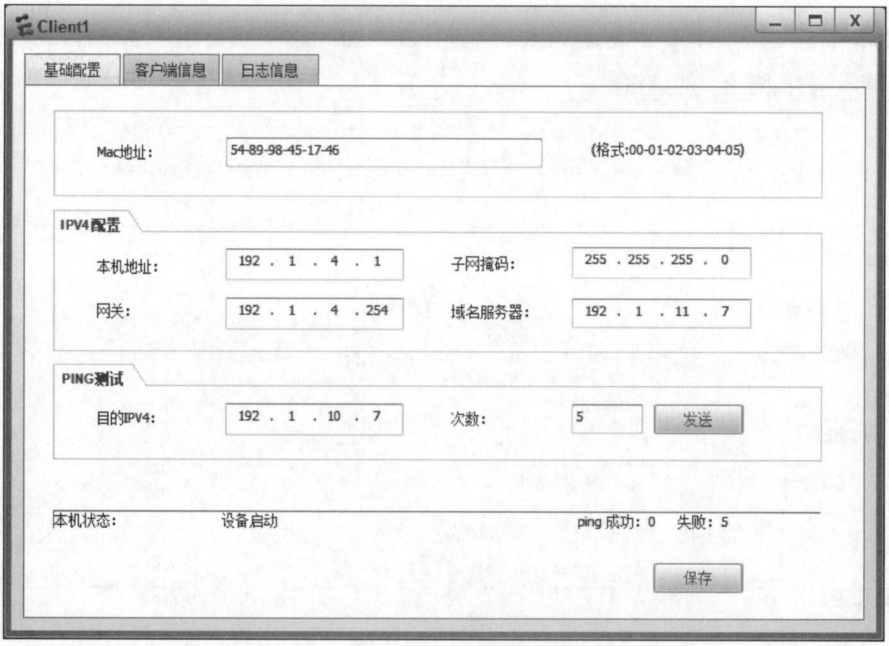

图 8.28　Client1 无法 ping 通 Web 服务器

8.6.3 命令行接口配置过程

1. 交换机 LSW1 配置过程

```
<Huawei>system-view
[Huawei]undo info-center enable
[Huawei]vlan batch 2 3
[Huawei]interface GigabitEthernet0/0/1
[Huawei-GigabitEthernet0/0/1]port link-type access
[Huawei-GigabitEthernet0/0/1]port default vlan 2
[Huawei-GigabitEthernet0/0/1]quit
[Huawei]interface GigabitEthernet0/0/2
[Huawei-GigabitEthernet0/0/2]port link-type access
[Huawei-GigabitEthernet0/0/2]port default vlan 3
[Huawei-GigabitEthernet0/0/2]quit
[Huawei]interface GigabitEthernet0/0/3
[Huawei-GigabitEthernet0/0/3]port link-type trunk
[Huawei-GigabitEthernet0/0/3]port trunk allow-pass vlan 2 3
[Huawei-GigabitEthernet0/0/3]quit
```

交换机 S2～S5 的配置过程与交换机 S1 相似，这里不再赘述。

2. 交换机 LSW6 配置过程

```
<Huawei>system-view
[Huawei]undo info-center enable
[Huawei]vlan batch 9 to 12
[Huawei]interface GigabitEthernet0/0/1
[Huawei-GigabitEthernet0/0/1]port link-type access
[Huawei-GigabitEthernet0/0/1]port default vlan 9
[Huawei-GigabitEthernet0/0/1]quit
[Huawei]interface GigabitEthernet0/0/2
[Huawei-GigabitEthernet0/0/2]port link-type access
[Huawei-GigabitEthernet0/0/2]port default vlan 10
[Huawei-GigabitEthernet0/0/2]quit
[Huawei]interface GigabitEthernet0/0/3
[Huawei-GigabitEthernet0/0/3]port link-type access
[Huawei-GigabitEthernet0/0/3]port default vlan 11
[Huawei-GigabitEthernet0/0/3]quit
[Huawei]interface GigabitEthernet0/0/4
[Huawei-GigabitEthernet0/0/4]port link-type access
[Huawei-GigabitEthernet0/0/4]port default vlan 12
[Huawei-GigabitEthernet0/0/4]quit
[Huawei]interface GigabitEthernet0/0/5
```

```
[Huawei-GigabitEthernet0/0/5]port link-type trunk
[Huawei-GigabitEthernet0/0/5]port trunk allow-pass vlan 9 to 12
[Huawei-GigabitEthernet0/0/5]quit
```

3. 交换机 LSW7 配置过程

```
<Huawei>system-view
[Huawei]undo info-center enable
[Huawei]vlan batch 2 to 5 13
[Huawei]interface GigabitEthernet0/0/1
[Huawei-GigabitEthernet0/0/1]port link-type trunk
[Huawei-GigabitEthernet0/0/1]port trunk allow-pass vlan 2 3
[Huawei-GigabitEthernet0/0/1]quit
[Huawei]interface GigabitEthernet0/0/2
[Huawei-GigabitEthernet0/0/2]port link-type trunk
[Huawei-GigabitEthernet0/0/2]port trunk allow-pass vlan 3 4
[Huawei-GigabitEthernet0/0/2]quit
[Huawei]interface GigabitEthernet0/0/3
[Huawei-GigabitEthernet0/0/3]port link-type trunk
[Huawei-GigabitEthernet0/0/3]port trunk allow-pass vlan 4 5
[Huawei-GigabitEthernet0/0/3]quit
[Huawei]interface GigabitEthernet0/0/4
[Huawei-GigabitEthernet0/0/4]port link-type access
[Huawei-GigabitEthernet0/0/4]port default vlan 13
[Huawei-GigabitEthernet0/0/4]quit
[Huawei]dhcp enable
[Huawei]interface vlanif 2
[Huawei-Vlanif2]ip address 192.1.2.254 24
[Huawei-Vlanif2]dhcp select relay
[Huawei-Vlanif2]dhcp relay server-ip 192.1.12.7
[Huawei-Vlanif2]quit
[Huawei]interface vlanif 3
[Huawei-Vlanif3]ip address 192.1.3.254 24
[Huawei-Vlanif3]dhcp select relay
[Huawei-Vlanif3]dhcp relay server-ip 192.1.12.7
[Huawei-Vlanif3]quit
[Huawei]interface vlanif 4
[Huawei-Vlanif4]ip address 192.1.4.254 24
[Huawei-Vlanif4]dhcp select relay
[Huawei-Vlanif4]dhcp relay server-ip 192.1.12.7
[Huawei-Vlanif4]quit
[Huawei]interface vlanif 5
[Huawei-Vlanif5]ip address 192.1.5.254 24
[Huawei-Vlanif5]dhcp select relay
```

```
[Huawei-Vlanif5]dhcp relay server-ip 192.1.12.7
[Huawei-Vlanif5]quit
[Huawei]interface vlanif 13
[Huawei-Vlanif13]ip address 192.1.13.2 24
[Huawei-Vlanif13]quit
[Huawei]rip 7
[Huawei-rip-7]version 2
[Huawei-rip-7]network 192.1.2.0
[Huawei-rip-7]network 192.1.3.0
[Huawei-rip-7]network 192.1.4.0
[Huawei-rip-7]network 192.1.5.0
[Huawei-rip-7]network 192.1.13.0
[Huawei-rip-7]quit
```

4. 交换机 LSW8 配置过程

```
<Huawei>system-view
[Huawei]undo info-center enable
[Huawei]vlan batch 6 7 8 14
[Huawei]interface GigabitEthernet0/0/1
[Huawei-GigabitEthernet0/0/1]port link-type trunk
[Huawei-GigabitEthernet0/0/1]port trunk allow-pass vlan 6 7
[Huawei-GigabitEthernet0/0/1]quit
[Huawei]interface GigabitEthernet0/0/2
[Huawei-GigabitEthernet0/0/2]port link-type trunk
[Huawei-GigabitEthernet0/0/2]port trunk allow-pass vlan 7 8
[Huawei-GigabitEthernet0/0/2]quit
[Huawei]interface GigabitEthernet0/0/3
[Huawei-GigabitEthernet0/0/3]port link-type access
[Huawei-GigabitEthernet0/0/3]port default vlan 14
[Huawei-GigabitEthernet0/0/3]quit
[Huawei]dhcp enable
[Huawei]interface vlanif 6
[Huawei-Vlanif6]ip address 192.1.6.254 24
[Huawei-Vlanif6]dhcp select relay
[Huawei-Vlanif6]dhcp relay server-ip 192.1.12.7
[Huawei-Vlanif6]quit
[Huawei]interface vlanif 7
[Huawei-Vlanif7]ip address 192.1.7.254 24
[Huawei-Vlanif7]dhcp select relay
[Huawei-Vlanif7]dhcp relay server-ip 192.1.12.7
[Huawei-Vlanif7]quit
[Huawei]interface vlanif 8
[Huawei-Vlanif8]ip address 192.1.8.254 24
```

```
[Huawei-Vlanif8]dhcp select relay
[Huawei-Vlanif8]dhcp relay server-ip 192.1.12.7
[Huawei-Vlanif8]quit
[Huawei]interface vlanif 14
[Huawei-Vlanif14]ip address 192.1.14.2 24
[Huawei-Vlanif14]quit
[Huawei]rip 8
[Huawei-rip-8]version 2
[Huawei-rip-8]network 192.1.6.0
[Huawei-rip-8]network 192.1.7.0
[Huawei-rip-8]network 192.1.8.0
[Huawei-rip-8]network 192.1.14.0
[Huawei-rip-8]quit
```

5. 交换机 LSW9 配置过程

```
<Huawei>system-view
[Huawei]undo info-center enable
[Huawei]vlan batch 9 to 14
[Huawei]interface GigabitEthernet0/0/1
[Huawei-GigabitEthernet0/0/1]port link-type access
[Huawei-GigabitEthernet0/0/1]port default vlan 13
[Huawei-GigabitEthernet0/0/1]quit
[Huawei]interface GigabitEthernet0/0/2
[Huawei-GigabitEthernet0/0/2]port link-type access
[Huawei-GigabitEthernet0/0/2]port default vlan 14
[Huawei-GigabitEthernet0/0/2]quit
[Huawei]interface GigabitEthernet0/0/3
[Huawei-GigabitEthernet0/0/3]port link-type trunk
[Huawei-GigabitEthernet0/0/3]port trunk allow-pass vlan 9 to 12
[Huawei-GigabitEthernet0/0/3]quit
[Huawei]interface vlanif 9
[Huawei-Vlanif9]ip address 192.1.9.254 24
[Huawei-Vlanif9]quit
[Huawei]interface vlanif 10
[Huawei-Vlanif10]ip address 192.1.10.254 24
[Huawei-Vlanif10]quit
[Huawei]interface vlanif 11
[Huawei-Vlanif11]ip address 192.1.11.254 24
[Huawei-Vlanif11]quit
[Huawei]interface vlanif 12
[Huawei-Vlanif12]ip address 192.1.12.254 24
[Huawei-Vlanif12]quit
[Huawei]interface vlanif 13
```

```
[Huawei-Vlanif13]ip address 192.1.13.1 24
[Huawei-Vlanif13]quit
[Huawei]interface vlanif 14
[Huawei-Vlanif14]ip address 192.1.14.1 24
[Huawei-Vlanif14]quit
[Huawei]rip 9
[Huawei-rip-9]version 2
[Huawei-rip-9]network 192.1.9.0
[Huawei-rip-9]network 192.1.10.0
[Huawei-rip-9]network 192.1.11.0
[Huawei-rip-9]network 192.1.12.0
[Huawei-rip-9]network 192.1.13.0
[Huawei-rip-9]network 192.1.14.0
[Huawei-rip-9]quit
```

注：以下命令序列在完成 8.6.2 节的实验步骤(9)时执行。

```
[Huawei]acl 3010
[Huawei-acl-adv-3010]rule 10 permit tcp destination 192.1.10.7 0.0.0.0
[Huawei-acl-adv-3010]rule 20 permit tcp source 192.1.10.7 0.0.0.0
[Huawei-acl-adv-3010]rule 30 deny ip
[Huawei-acl-adv-3010]quit
[Huawei]acl 3011
[Huawei-acl-adv-3011]rule 10 permit udp destination 192.1.11.7 0.0.0.0
destination-port eq 53
[Huawei-acl-adv-3011]rule 20 permit udp source 192.1.11.7 0.0.0.0 source-port eq
53
[Huawei-acl-adv-3011]rule 30 deny ip
[Huawei-acl-adv-3011]quit
[Huawei]acl 3012
[Huawei-acl-adv-3012]rule 10 permit udp destination 192.1.12.7 0.0.0.0
destination-port eq 67
[Huawei-acl-adv-3012]rule 20 permit udp source 192.1.12.7 0.0.0.0 source-port eq
67
[Huawei-acl-adv-3012]rule 30 deny ip
[Huawei-acl-adv-3012]quit
[Huawei]traffic-filter vlan 10 inbound acl 3010
[Huawei]traffic-filter vlan 11 inbound acl 3011
[Huawei]traffic-filter vlan 12 inbound acl 3012
[Huawei]quit
```

6. DHCP 服务器配置过程

```
<Huawei>system-view
[Huawei]undo info-center enable
```

```
[Huawei]dhcp enable
[Huawei]ip pool v2
[Huawei-ip-pool-v2]network 192.1.2.0 mask 24
[Huawei-ip-pool-v2]dns-list 192.1.11.7
[Huawei-ip-pool-v2]gateway-list 192.1.2.254
[Huawei-ip-pool-v2]quit
[Huawei]ip pool v3
[Huawei-ip-pool-v3]network 192.1.3.0 mask 24
[Huawei-ip-pool-v3]dns-list 192.1.11.7
[Huawei-ip-pool-v3]gateway-list 192.1.3.254
[Huawei-ip-pool-v3]quit
[Huawei]ip pool v4
[Huawei-ip-pool-v4]network 192.1.4.0 mask 24
[Huawei-ip-pool-v4]dns-list 192.1.11.7
[Huawei-ip-pool-v4]gateway-list 192.1.4.254
[Huawei-ip-pool-v4]quit
[Huawei]ip pool v5
[Huawei-ip-pool-v5]network 192.1.5.0 mask 24
[Huawei-ip-pool-v5]dns-list 192.1.11.7
[Huawei-ip-pool-v5]gateway-list 192.1.5.254
[Huawei-ip-pool-v5]quit
Huawei]ip pool v6
[Huawei-ip-pool-v6]network 192.1.6.0 mask 24
[Huawei-ip-pool-v6]dns-list 192.1.11.7
[Huawei-ip-pool-v6]gateway-list 192.1.6.254
[Huawei-ip-pool-v6]quit
[Huawei]ip pool v7
[Huawei-ip-pool-v7]network 192.1.7.0 mask 24
[Huawei-ip-pool-v7]dns-list 192.1.11.7
[Huawei-ip-pool-v7]gateway-list 192.1.7.254
[Huawei-ip-pool-v7]quit
[Huawei]ip pool v8
[Huawei-ip-pool-v8]network 192.1.8.0 mask 24
[Huawei-ip-pool-v8]dns-list 192.1.11.7
[Huawei-ip-pool-v8]gateway-list 192.1.8.254
[Huawei-ip-pool-v8]quit
[Huawei]interface GigabitEthernet0/0/0
[Huawei-GigabitEthernet0/0/0]ip address 192.1.12.7 24
[Huawei-GigabitEthernet0/0/0]dhcp select global
[Huawei-GigabitEthernet0/0/0]quit
[Huawei]ip route-static 0.0.0.0 0 192.1.12.254
```

参 考 文 献

[1] Peterson L L, Davie B S. 计算机网络：系统方法(英文版)[M]. 5 版. 北京：机械工业出版社，2012.

[2] Tanenbaum A S. 计算机网络(英文版)[M]. 5 版. 北京：机械工业出版社，2011.

[3] Clark K, Hamilton K. Cisco LAN Switching[M]. 北京：人民邮电出版社，2003.

[4] Doyle J, Carroll J. TCP/IP 路由技术：第一卷[M]. 葛建立，吴剑章，译. 北京：人民邮电出版社，2003.

[5] Doyle J, Carroll J D. TCP/IP 路由技术：第二卷(英文版)[M]. 北京：人民邮电出版社，2003.

[6] 沈鑫剡. 计算机网络技术及应用[M]. 2 版. 北京：清华大学出版社，2010.

[7] 沈鑫剡. 计算机网络[M]. 2 版. 北京：清华大学出版社，2010.

[8] 沈鑫剡. 计算机网络技术及应用学习辅导和实验指南[M]. 北京：清华大学出版社，2011.

[9] 沈鑫剡. 计算机网络学习辅导与实验指南[M]. 北京：清华大学出版社，2011.

[10] 沈鑫剡. 路由和交换技术[M]. 北京：清华大学出版社，2013.

[11] 沈鑫剡. 路由和交换技术实验及实训[M]. 北京：清华大学出版社，2013.

[12] 沈鑫剡. 计算机网络工程[M]. 北京：清华大学出版社，2013.

[13] 沈鑫剡. 计算机网络工程实验教程[M]. 北京：清华大学出版社，2013.

[14] 沈鑫剡. 网络技术基础与计算思维[M]. 北京：清华大学出版社，2016.

[15] 沈鑫剡. 网络技术基础与计算思维实验教程[M]. 北京：清华大学出版社，2016.

[16] 沈鑫剡. 网络技术基础与计算思维习题详解[M]. 北京：清华大学出版社，2016.

[17] 沈鑫剡. 网络安全[M]. 北京：清华大学出版社，2017.

[18] 沈鑫剡. 网络安全实验教程[M]. 北京：清华大学出版社，2017.

[19] 沈鑫剡. 网络安全习题详解[M]. 北京：清华大学出版社，2018.

[20] 沈鑫剡. 路由和交换技术[M]. 2 版. 北京：清华大学出版社，2018.

图书资源支持

感谢您一直以来对清华版图书的支持和爱护。为了配合本书的使用，本书提供配套的资源，有需求的读者请扫描下方的“书圈”微信公众号二维码，在图书专区下载，也可以拨打电话或发送电子邮件咨询。

如果您在使用本书的过程中遇到了什么问题，或者有相关图书出版计划，也请您发邮件告诉我们，以便我们更好地为您服务。

书圈

我们的联系方式：

地　　址：北京市海淀区双清路学研大厦 A 座 701

邮　　编：100084

电　　话：010-83470236　010-83470237

资源下载：http://www.tup.com.cn

客服邮箱：tupjsj@vip.163.com

QQ：2301891038（请写明您的单位和姓名）

扫一扫，获取最新目录

课 程 直 播

用微信扫一扫右边的二维码，即可关注清华大学出版社公众号“书圈”。